KLEINE GEOGRAPHISCHE SCHRIFTEN

Herausgegeben von

Professor Dr. Hanno Beck

Band 9

DIETRICH REIMER VERLAG BERLIN

Hans-Jürgen Nitz

ALLGEMEINE UND VERGLEICHENDE SIEDLUNGSGEOGRAPHIE

(Ausgewählte Arbeiten Band II)

Mit einer Einführung von Klaus Fehn

Herausgegeben von Günther Beck
unter Mitarbeit von Wolfgang Aschauer
und Hans-Jürgen Hofmann

1998

DIETRICH REIMER VERLAG BERLIN

Die Deutsche Bibliothek – CIP-Einheitsaufnahme

Nitz, Hans-Jürgen:
Ausgewählte Arbeiten / Hans-Jürgen Nitz. Hrsg. von Günther Beck
unter Mitarb. von Wolfgang Aschauer und Hans-Jürgen Hofmann. –
Berlin : Reimer

Bd. 2. Allgemeine und vergleichende Siedlungsgeographie /
mit einer Einf. von Klaus Fehn. – 1998
(Kleine geographische Schriften ; Bd. 9)
ISBN 3-496-02550-6

©1998 by Dietrich Reimer Verlag
Dr. Friedrich Kaufmann
Unter den Eichen 57
12203 Berlin

Alle Rechte vorbehalten
Printed in Germany

Inhalt

Editorisches Vorwort..7

Klaus Fehn: Der Beitrag von Hans-Jürgen Nitz zur Methodik und
Forschungsgeschichte der Historisch-genetischen Siedlungsgeographie..................9

Verzeichnis der Veröffentlichungen von H.-J. Nitz zur allgemeinen und
vergleichenden Siedlungsgeographie..26

I

Zur Konzeption einer gesellschaftswissenschaftlichen Siedlungsgeographie

Ländliche Siedlungen und Siedlungsräume – Stand und Perspektiven
in Forschung und Lehre..33

Siedlungsgeographie als historisch-gesellschaftswissenschaftliche
Prozeßforschung...61

Die außereuropäischen Siedlungsräume und ihre Siedlungsformen.
Gedanken zu einem Darstellungskonzept...77

Grundzüge einer Siedlungsgeographie der Dritten Welt.
Ein Versuch am Beispiel Afrikas und Asiens...95

II

Zur Forschungsgeschichte der Siedlungsgeographie

Historische Geographie 1952–1992: Entwicklungen, Trends
und Perspektiven..121

Martins Borns wissenschaftliches Werk unter besonderer
Berücksichtigung seines Beitrages zur Erforschung der
ländlichen Siedlungen in Mitteleuropa..147

Der Beitrag Anneliese Krenzlins zur historisch-genetischen
Siedlungsforschung in Mitteleuropa..167

Wilhelm Müller-Wille (1906–1983) – Seine Leistung für die
Siedlungsgeographie Mitteleuropas...187

III

Studien zur vergleichenden Siedlungsgeographie

A. Innovationen, Übertragungen, Konvergenzen und die Bedeutung von Herrschaftsideologien im Siedlungsprozeß

Zur Entstehung und Ausbreitung schachbrettartiger Grundrißformen ländlicher Siedlungen und Fluren: Ein Beitrag zum Problem 'Konvergenz und Übertragung' 209

Konvergenz und Evolution in der Entstehung ländlicher Siedlungsformen 242

Reihensiedlungen mit Streifeneinödfluren in Waldkolonisationsgebieten der Alten und der Neuen Welt 265

Introduction from above: Intentional spread of common-field systems by feudal authorities through colonization and reorganization 290

Planung von Tempelstädten und Priesterdörfern als räumlicher Ausdruck herrschaftlicher Ritualpolitik – das Beispiel des Chola-Reiches in Südindien 307

B. Siedlungsprozesse der Neuzeit in großräumig-vergleichender und systematischer Perspektive

Zur Historischen Geographie der Transatlantischen Peripherie des frühneuzeitlichen europäischen Kolonial- und Weltwirtschaftssystems 321

Landerschließung und Kulturlandschaftswandel an den Siedlungsgrenzen der Erde – Wege und Themen der Forschung 341

The temporal and spatial pattern of field reorganization in Europe (18th and 19th centuries). A comparative overview 356

Kulturlandschaftsverfall und Kulturlandschaftsumbau in der Randökumene der westlichen Industriestaaten 376

Historische Strukturen im Industriezeitalter – Beobachtungen, Fragen und Überlegungen zu einem aktuellen Thema 398

Editorisches Vorwort

Dem vor drei Jahren (1994) zum 65. Geburtstag von Hans-Jürgen Nitz erschienenen Band I Ausgewählter Arbeiten des Autors über „Historische Kolonisation und Plansiedlung in Deutschland" folgt mit dem vorliegenden Band II eine diese Edition abschließende Auswahl von Schriften zu Themen der „Allgemeinen und vergleichenden Siedlungsgeographie", eingeleitet durch eine Würdigung des wissenschaftlichen Werdegangs und Wirkens von H.-J. Nitz durch K. Fehn. Zusammen mit den Ausführungen von H. Hildebrandt in Band I liegt damit auch eine erste Gesamtwürdigung der siedlungsgeographischen Forschungen des ehemaligen Lehrstuhlinhabers für Anthropogeographie an der Universität Göttingen vor.

Während sich die Arbeiten in Band I vor allem auf die sachlich-empirischen Fragen bei der Untersuchung von planmäßigen, durch Kolonisation entstandenen Siedlungsformen in der Geschichte der Kulturlandschaften (vorwiegend Deutschlands) richten, zielen die Abhandlungen in Band II überwiegend auf die Forschungsmethodik und die systematische Aufbereitung der Ergebnisse von Untersuchungen auf dem Gebiet der Historisch-Genetischen Geographie des Siedlungswesens bzw. der Siedlungslandschaften (nunmehr aller Erdteile). Charakteristisch für den Autor ist dabei das stetige Bestreben, durch detaillierte Aufnahme sowie ordnende Darstellung der Resultate zu allgemeinen Aussagen über Vorkommen und Verbreitung, Entstehen und Fortbestehen bzw. Weiterentwicklung und Wandel von kulturlandschaftlichen Phänomenen zu gelangen und damit paradigmatische Beweisstücke für den Nutzwert historisch-genetischen Arbeitens und Denkens zu erbringen. Durch seinen weit gefaßten Zugriff auf die Thematik und den Gegenstand der Historischen Geographie spricht H.-J. Nitz die interessierte scientific community im engeren Sinn ebenso an wie einen breiteren Leserkreis. Auf das fruchtbringende Verfahren des wissenschaftlichen Diskurses versteht er sich in gleichem Maße wie darauf, Lehrende und Studierende, Forscher und Laien auf dem Gebiet der Historischen Geographie zu selbständigen Überlegungen anzuregen. Seine Gedanken und Ergebnisse trägt er dabei engagiert in der Form und dezidiert im Inhalt vor. Und wo sich H.-J. Nitz kritisch mit abweichenden Auffassungen anderer Autoren auseinandersetzt, geschieht dies niemals inkriminierend, sondern allemal im Interesse der zur Debatte stehenden Fragen, sine ira et studio.

H.-J. Nitz gehört zweifelsohne zu jenen Autoren, die nicht von sich sagen müssen, daß der geschriebene Teil des Gesamtwerkes zwar sehr wichtig, der noch nicht geschriebene aber der wichtigere sei. Daß von ihm wohl auch in Zukunft noch bedeutende Beiträge zur Historischen Geographie zu erwarten sind, liegt nicht zuletzt daran, daß der Autor auf dem aufbauen kann, was nunmehr auch in den beiden Bänden seiner Ausgewählten Arbeiten dokumentiert ist. Zu seinen richtungweisenden, in vielerlei Hinsicht innovativen Schriften zur Erforschung von älteren und jüngeren Siedlungsformen und der bei ihrer Entstehung und Gestaltung entscheidenden wirtschaftlichen, sozialen und politischen Gegebenheiten sind aber auch die jüngsten Studien zur Historischen Stadtgeographie zu rechnen, die jedoch ebenso wie seine agrargeographischen Arbeiten in dieser Edition nicht berücksichtigt werden konnten.

Als Herausgeber standen wir – wie bei Band I – vor dem Problem, aus dem umfangreichen Schrifttum des Autors in Absprache mit ihm eine begründete und bündige Auswahl treffen zu müssen – wir meinen, daß dies gelungen ist. Auch wenn der eine oder der andere Leser vielleicht eine bestimmte Publikation von H.-J. Nitz vermissen sollte: Eine editio castigata, die wichtige Teile seines siedlungsgeographischen Werkes nicht enthielte, sollte es nicht werden und ist es nicht geworden.

Die Redigierung der Texte für den Wiederabdruck verlangte durchgängig nicht nur ihre gründliche Überprüfung, sondern stellenweise ihre eingehende, letzten Endes jedoch immer behutsame Überarbeitung. Die dadurch entstandene editorische Arbeit hatten wir freilich gewaltig unterschätzt (was auch die zeitliche Verzögerung im Erscheinen von Band II erklären kann). Neben der Korrektur ursprünglicher Druckfehler sind die in der Regel gleichfalls stillschweigend vorgenommenen stilistischen Glättungen sowie die substantiellen Änderungen jedoch allesamt in Übereinstimmung mit dem Autor durchgeführt worden. (Das gleiche gilt für den einführenden Text von K. Fehn.) – Die hier abgedruckten Texte sind dergestalt wiederum von des (jeweiligen) Autors letzter Hand.

Dank sagen wir abermals dem Verlag Dietrich Reimer, insbesondere Herrn Dr. Friedrich Kaufmann, und dem Herausgeber der Reihe 'Kleine Geographische Schriften', Prof. Dr. Hanno Beck, im Hinblick vor allem auf die Geduld, die sie uns während der Vorbereitungen zur Herausgabe auch dieses Bandes entgegengebracht haben, sowie der Sparkasse Göttingen, die die Drucklegung von Band II durch einen weiteren finanziellen Beitrag unterstützt hat.

G. B., W. A. u. H.-J. H.

Der Beitrag von Hans-Jürgen Nitz zur Methodik und Forschungsgeschichte der Historisch-genetischen Siedlungsgeographie

Klaus Fehn

Hans-Jürgen Nitz kann als Vertreter einer Forschungsrichtung innerhalb der Geographie angesehen werden, die in überzeugender Weise verschiedene Forschungsansätze miteinander verbindet. Er hat quellenintensive Regionalstudien vorgelegt und fast ins Spekulative gehende Gesamtschauen verfaßt. Die enge Kooperation mit den Historischen Geographen nicht nur in Europa, sondern in der ganzen Welt (insbesondere im englisch-amerikanischen Sprachraum), ist ihm ebenso wichtig wie das intensive interdisziplinäre Gespräch über komplizierte Fragen der mitteleuropäischen Siedlungs- und Kulturlandschaftsentwicklung. Hierfür sind die beiden Berichte über die „Gründung eines Arbeitskreises für genetische Siedlungsforschung in Mitteleuropa" (1975a) bzw. die „Ständige Europäische Konferenz zur Erforschung der ländlichen Kulturlandschaft" (1985a) ein gutes Zeugnis. Beeindruckend ist auch die souveräne Kenntnis der historisch-geographischen Forschungen deutscher Geographen über Gebiete außerhalb von Mitteleuropa, die leider häufig von den auf Mitteleuropa fixierten Wissenschaftlern nicht oder nur unzureichend zur Kenntnis genommen werden. Schließlich untersucht Nitz konkrete Siedlungsabläufe in Teilregionen der Erde ebenso wie Regelhaftigkeiten von weltweiten Entwicklungen. Dabei bleibt er jedoch immer im Bereich der interpretativen Methodik, der er im Zusammenhang seiner historisch-genetischen Untersuchungen eine hohe Erklärungskraft zuspricht. Quantitativen rechnergestützten Modellbildungen und entsprechenden Simulationen steht er offensichtlich skeptisch gegenüber, wohl nicht zuletzt aus der Überzeugung heraus, daß es für den Einsatz solcher Verfahren im Bereich der historisch orientierten Geographie bei weitem nicht genügend verwertbares, detailliertes, gleichartiges Material gibt.

Als Ausgangspunkt für die eingehendere Würdigung der wissenschaftlichen Leistung von Hans-Jürgen Nitz ist seine Heidelberger Dissertation aus dem Jahre 1958 gut geeignet. Diese Abhandlung trägt den Titel: „Die ländlichen Siedlungsformen des Odenwaldes. Untersuchungen über ihre Typologie und Genese und die Prinzipien der räumlichen Organisation des mittelalterlichen Siedlungsbildes" (1962). Aus dem „Vorwort" und aus der „Einleitung und Aufgabenstellung" sind wichtige Gesichtspunkte für die Verortung seiner Arbeit zu entnehmen. So wird das wissenschaftliche Umfeld erwähnt, in dem die Arbeit entstanden ist: der Lehrkörper des Geographischen Instituts der Universität Heidelberg (Pfeifer, Overbeck, Graul, Tichy), andere Geographen aus dem südwestdeutschen Raum (Krenzlin, Schwarz, Huttenlocher, Eggers, Habbe) sowie Historiker und Vermessungsfachleute (Engel, Klemm, Weber, Schaab, Buxbaum). Die Untersuchung sollte zunächst, der Tradition Waibel/Pfeifer folgend, agrargeographisch orientiert sein. Wenn auch die Dissertation letztlich ein Beitrag zur Siedlungsgeographie wurde, so bleibt diese agrargeographische Grundprägung des Verfassers doch bei sehr vielen späteren siedlungsgeographischen Arbeiten erhalten. Bei den Untersuchungen in Indien tritt dieser Aspekt besonders in den Vordergrund; viele davon sind sogar mehr der Agrargeographie als der Siedlungsgeographie zuzurechnen.

Schon aus dem Untertitel der Dissertation sind die zentralen Fragestellungen zu entnehmen; in der Einleitung formuliert Nitz diese noch präziser, wie er auch in seinen späteren Arbeiten auf eine klare Problemstellung immer großen Wert legt. Folgende Themen sollten in der Dissertation behandelt werden:

(1) Orts- und Flurformen der ländlichen Siedlungen eines Raumes: formale Typen, Verbreitung dieser Typen in diesem Raum;

(2) das Siedlungsbild eines Raumes: Entstehung, Siedlungsträger, gestaltende Kräfte;

(3) einzelne Siedlungsformentypen: großräumige Verbreitung, Genese.

Die zentralen Quellen für die Untersuchung sind die frühesten modernen Katasterkarten aus dem 19. Jahrhundert, die ausführlich erläutert und analysiert werden. Hinzu kommen vor allem Geländebegehungen und historische Quellen wie z. B. Besitzverzeichnisse. Aufschlußreich ist in diesem Zusammenhang eine methodische Bemerkung aus der Einleitung: „Auf einer Verbreitungskarte kommen die Areale der Siedlungstypen zur Darstellung. Das so gewonnene Verbreitungsbild wird zu den Ergebnissen der Siedlungsgeschichte in Beziehung gesetzt, um so in einer historisch-geographischen Synthese das Wirken der Siedlungsträger und ihren gestaltenden Einfluß auf die räumliche Organisation des mittelalterlichen Siedlungsbildes deutlich werden zu lassen." (1962, S. 11)

Aus der intensiven Beschäftigung mit dem Oberrheingebiet und den angrenzenden Mittelgebirgen erwuchs eine weitere zentrale Fragestellung, der Nitz über die Jahrzehnte hinweg kontinuierlich nachgehen sollte. Er spürte Planformen bereits für das spätere Frühmittelalter auf und brachte diese in eine Verbindung mit den merowingischen und karolingischen Herrschaftsträgern ('fränkische Staatskolonisation'). – Zu dieser Thematik äußert sich Helmut Hildebrandt ausführlich in der Einführung zu Band I.

In seiner Dissertation verwendet Nitz noch ausdrücklich den Begriff 'Landeskunde' („Die vorliegende Abhandlung stellt sich zunächst einmal die Aufgabe, einen siedlungsgeographischen Beitrag zur Landeskunde des Odenwaldes zu liefern"; 1962, S. 11). In den späteren Arbeiten operiert er mit diesem Begriff nur noch sehr selten. Andere Begriffe, mit denen er den Standort seiner Untersuchungen charakterisieren will, treten in den Vordergrund.

Durchgängig taucht in seinen Forschungsarbeiten der Ausdruck 'Siedlungsgeographie' auf; Nitz stellt ihn meist neben 'Stadtgeographie' und 'Kulturlandschaftsforschung', versteht also darunter die Geographie der ländlichen Siedlungen. Siedlungsgeographie ohne historische Dimension ist für Nitz unvorstellbar; dies ist wohl der Hauptgrund dafür, daß er die Begriffe 'Historische Siedlungsgeographie' und überhaupt 'Historische Geographie' (wozu für ihn auch andere Teilgebiete der Geographie wie z. B. die Historische Wirtschaftsgeographie zählen) in den ersten Phasen seiner wissenschaftlichen Entwicklung nur sehr selten verwendet und wenn, dann in einem speziellen, auf die Erforschung der historischen Perioden ausgerichteten Sinn (vgl. die oben zitierte Charakterisierung seines Vorgehens bei der Erforschung der Entstehung des Siedlungsbildes als „historisch-geographische Synthese"). Erst in der jüngsten Vergangenheit weitet sich bei ihm der Begriff 'Historische Geographie' und umfaßt nun sowohl die Historische Geographie im engeren Sinne (d. h. ohne Gegenwartsbezug) als auch die Genetische Siedlungsgeographie mit direktem Bezug zu den gegenwärtigen Verhältnissen (vgl. den Forschungsbericht von 1992b über „Historical Geography"). Obwohl Nitz von Anfang an ausgesprochen interdisziplinär orientiert ist, unterscheidet er doch immer deutlich zwischen der 'Historisch-genetischen Siedlungsgeographie' und dem interdisziplinären Sammelbegriff 'Historisch-genetische bzw. Genetische Siedlungsforschung'.

Besonders enge Kontakte hatte der Verfasser von Anfang an zu den Historikern; diese Verbindung besteht auch heute noch. Die Archäologie spielte für ihn zunächst keine größere Rolle; parallel zum Erstarken der Siedlungsarchäologie bezog Nitz aber auch diesen Nachbarbereich intensiver in seine Überlegungen ein. Einen großen Einfluß übte hier der 1974 gegründete interdisziplinäre 'Arbeitskreis für genetische Siedlungsforschung in Mitteleuropa' aus, der von Anfang an konsequent auf die Zusammenarbeit der drei Fächer Geographie, Geschichte und Archäologie setzte. Nitz hatte entscheidenden Anteil an der Gründung dieses Zusammenschlusses und war auch viele Jahre im Vorstand des Arbeitskreises tätig. Die Kontakte zu anderen Wissenschaften, die sich zumindest mit Teilaspekten von Siedlungen befassen, sind weniger eng, jedoch trotzdem von erheblicher Bedeutung; besonders erwähnt werden soll hier die Namenkunde. Bemerkenswert erscheint in diesem Zusammenhang, daß Nitz sich entschieden gegen die immer wieder geäußerte Vorstellung wandte, jede Wissenschaft müsse zunächst völlig unabhängig von anderen Wissenschaften mit ihren eigenen Methoden forschen und dürfe nur die so gewonnenen Ergebnisse in ein interdisziplinäres Gespräch einbringen. Für Nitz ist die immer wieder negativ apostrophierte 'Mischargumentation' nicht nur nicht als unwissenschaftlich abzulehnen, sondern – mit der nötigen Vorsicht praktiziert – für die Historisch-geographische Siedlungsgeographie geradezu unverzichtbar.

Wie schon erwähnt, war der räumliche Ausgangspunkt seiner Forschungen das weitere Oberrheingebiet. Über diesen Raum erschienen vor allem in den 60er Jahren noch einige Veröffentlichungen in Sammelwerken, so z. B. im Pfalzatlas oder in der Kreisbeschreibung von Baden-Württemberg. Insgesamt sind solche mehr landeskundlich orientierte Beiträge im wissenschaftlichen Gesamtwerk relativ selten. Eine Ausnahme bildet eigentlich nur Indien. Ansonsten steht immer ein Sachproblem im Vordergrund. Nach einer längeren Unterbrechung durch die mehr agrargeographisch orientierten Untersuchungen in Indien erschienen in den späten 60er Jahren wieder Fallstudien über mitteleuropäische Regionen. Im Zusammenhang mit der Berufung nach Göttingen, aber auch beeinflußt durch die Herkunft aus

Norddeutschland, beanspruchten nun Niedersachsen sowie die angrenzenden Gebiete von Hessen, Nordrhein-Westfalen und den Niederlanden das besondere Interesse. In einer noch späteren Phase kamen die bayerisch-österreichischen Randgebirge des böhmischen Kessels sowie das östliche Deutschland (mit besonderer Berücksichtigung der Niederlausitz und – ganz aktuell – von Rügen) hinzu. Ausgehend von dem Bestreben nach überregionalen Vergleichen, das schon in der Dissertation zu belegen ist, dehnte Nitz sein regionales Interesse von Süddeutschland über Mitteleuropa und Europa schließlich auf die ganze Welt aus; selbstverständlich konnte er nicht in allen diesen unterschiedlichen Räumen jeweils vor Ort forschen. Den Kontakt zur Regionalforschung hielt er aber auch für Indien aufrecht, indem er seine Untersuchungen – über sein nordindisches Arbeitsgebiet hinaus – noch auf weitere Regionen, so vor allem auf Teilgebiete Südindiens ausdehnte.

Im Mittelpunkt der Dissertation steht zeitlich gesehen das Früh- und Hochmittelalter. Diese Periode beansprucht bis heute die besondere Aufmerksamkeit des Jubilars. Aber auch hier kam es zu einer wesentlichen Ausweitung. Zahlreiche seiner Untersuchungen beschäftigen sich mit dem Spätmittelalter und der frühen Neuzeit. Gelegentlich stößt Nitz mit seinen Forschungen auch ins Industriezeitalter vor, wobei ihn hier besonders die Frage der Persistenz von Kulturlandschaftselementen bis in die Gegenwart hinein interessiert.

Großen Wert legt Nitz auf die Präsentation seiner Forschungsergebnisse auf wissenschaftlichen Kongressen, Tagungen und Symposien und den Gedankenaustausch mit zahlreichen Kollegen. Deshalb sind auch ungewöhnlich viele seiner Veröffentlichungen in Tagungsbänden und Festschriften erschienen. Die Zusammenstellung der einschlägigen Veranstaltungen sowie der Namen der mit Festschriften Geehrten vermittelt – ohne Anspruch auf Vollständigkeit – manche Erkenntnisse über das wissenschaftliche Umfeld. An folgenden Veranstaltungen hat Nitz mitgewirkt:

– *Allgemein*: Tagungen der 'Ständigen Europäischen Konferenz zur Erforschung der ländlichen Kulturlandschaft' (seit 1966) sowie des 'Arbeitskreises für genetische Siedlungsforschung in Mitteleuropa' (seit 1974).

– *Speziell* (mit Vorträgen, etc): Flurformensymposium, Göttingen (1961), Tagung der Arbeitsgemeinschaft für westdeutsche Landes- und Volksforschung, Bühlertal (1962), Deutscher Geographentag, Heidelberg (1963), Waibel-Symposium, Heidelberg (1966), Europäische Konferenz, Würzburg (1966), Deutscher Schulgeographentag, Oldenburg (1971), Frankentagung, Bonn (1971), Internationaler Geographentag, Toronto (1972), Tagung über früh- und hochmittelalterliche Siedlungsformen I und II, Marburg (1973 und 1974), Meynen-Symposium, Köln (1973), Czajka-Symposium, Göttingen (1973), Europäische Konferenz, Warschau (1975), Deutscher Geographentag, Innsbruck (1975), Tagung des Arbeitskreises Genetische Siedlungsforschung, Saarbrücken (1977), Deutscher Geographentag, Göttingen (1979), Europäische Konferenz, Durham (1981), Deutscher Geographentag, Mannheim (1981), Gedenkkolloquium Born, Bonn (1983), Deutscher Geographentag, Münster (1983), Internationaler Geographentag, Paris

(1984), Symposium über Siedlungsformen, Zwettl (1984), Jubiläumskongreß des Arbeitskreises Genetische Siedlungsforschung, Trier (1984), Europäische Konferenz, Rastede (1985), Europäische Konferenz, Stockholm (1987), Tagung über Grundherrschaft, Göttingen (1988), Europäische Konferenz, Baarn (1989), Tagung zur Landesforschung in Niedersachsen, Hannover (1989), Tagung „Natur und Geschichte", Göttingen (1989), Tagung des Arbeitskreises Genetische Siedlungsforschung, Passau (1991), Europäische Konferenz, Lyon (1991), Tagung „Ideology and Landscape", Cambridge (1992), Internationaler Geographentag, Washington (1992), Tagung des Arbeitskreises Genetische Siedlungsforschung, Leipzig (1994).

Für folgende Wissenschaftler stellte Nitz Fachbeiträge zu Festschriften, Symposiumsbänden oder Aufsatzsammelbänden zur Verfügung: W. Czajka, H. Graul, H. Grees, W. Grotelüschen, H. Jäger, W. Klaer, E. Meynen, G. Niemeier, G. Oberbeck, E. Otremba, H. Patze, G. Pfeifer, H. Poser, W. D. Sick, R. L. Singh, H. Uhlig. Eine besonders wichtige Aufgabe sah er auch in der Erforschung der Wissenschaftsgeschichte und hierbei vor allem in dem präzisen Nachvollzug des wissenschaftlichen Fortschritts in einem Problemfeld. Deshalb verfaßte er eingehende Würdigungen für M. Born, A. Krenzlin, I. Leister und W. Müller-Wille und setzte sich mit einem wichtigen Teilaspekt des theoretischen Gebäudes von L. Waibel auseinander.

Die Veröffentlichungen des Verfassers bilden ein erstaunlich geschlossenes Ganzes, wenn man sie von den zentralen Fragestellungen aus betrachtet. Die meisten von ihnen kommen bereits in der Dissertation zum Tragen bzw. waren dort angelegt: (1) Die Erfassung von Siedlungsformen, ihre Typisierung und die Feststellung ihrer Verbreitung. (2) Die Erforschung der Entstehung konkreter Einzelsiedlungen und Siedlungsgefüge bzw. Kulturlandschaftsmuster. (3) Die Untersuchung der bestimmenden siedlungs- und raumgestaltenden Prozesse. (4) Die Herausarbeitung der Voraussetzungen konkreter siedlungs- und raumgestaltender Prozesse und die Charakterisierung ihrer Träger. (5) Forschungen zu Entstehung und Verbreitung von Siedlungstypen. (6) Die Untersuchungen von Regelhaftigkeiten bei Siedlungsprozessen. Zwangsläufig verfolgte Nitz bei seinen Forschungen in Indien im wesentlichen Fragen zum ersten Problemfeld, da dort eine historisch-genetische Siedlungsgeographie nach mitteleuropäischen Standards nicht möglich war. Das Hauptgewicht der Untersuchungen lag zudem nicht auf den Siedlungen, sondern auf den „Formen der Landwirtschaft und ihrer räumlichen Ordnung". Seine umfangreichen Überlegungen zur Vergleichbarkeit der Forschungsbedingungen in Mitteleuropa und in Indien sind äußerst aufschlußreich. Dabei wird deutlich, in welch hohem Maße historisch-siedlungsgeographische Forschungen vom Vorhandensein bestimmter Quellen, besonders von genauen Katasterkarten, abhängig sind.

Sicherlich wäre es nicht zu der kontinuierlichen Ausweitung der vergleichenden Untersuchungen zu Siedlungstypen gekommen, wenn Nitz nicht derartig intensiv in einem völlig anderen Kulturraum gearbeitet hätte. Mit der regionalen Ausweitung seiner Untersuchungen steht Nitz' neuester Forschungsschwerpunkt in Zusammenhang, der auf die Regelhaftigkeiten von Siedlungsprozessen und die dahinterstehenden Kräfte zielt. In seinem Vortrag auf dem Geographentag in Göttingen 1979 stellte Nitz dazu zwei neue Ansätze heraus: das typengenetische Konzept und die Untersuchung der entscheidenden Steuerungsfaktoren von Siedlungsprozessen. Es ist zu hoffen, daß die im Aufsatz über ein mögliches Darstellungskonzept für die außereuropäischen Siedlungsräume und ihre Siedlungsformen (1985b) angekündigte lehrbuchartige Darstellung in Ergänzung des Buches von M. Born: Geographie der ländlichen Siedlungen Band 1 (1977) vom Verfasser noch fertiggestellt wird.

In seinem für die Entwicklung historisch-genetischer Forschungsperspektiven in der Geographie grundlegenden Forschungsbericht im Tagungsband des Göttinger Geographentags von 1979 stellt Nitz einleitend mit Recht fest: „Die deutschsprachige Geographie der ländlichen Siedlungen und ländlichen Siedlungsräume hat seit ihren Anfängen in ihrem mitteleuropäischen Forschungsraum das Schwergewicht auf die vorindustriezeitlichen Formungsphasen gelegt: auf die sich dabei herausbildenden Orts- und Flurformen, auf die im Ablauf der Formungsphasen sich herausbildenden großräumigen Gefüge von Siedlungsmustern, und auf die während der jeweiligen Formungsphase wirksamen Siedlungsträger und Siedlergruppen sowie auf die verschiedenen Determinanten, unter deren Wirkung diese Gruppen ihre Entscheidungen trafen und die Siedlungsprozesse abliefen. Die Geographie der ländlichen Siedlungen ist daher zu Recht als ein primär historisch-genetisch ausgerichteter Forschungszweig angesprochen worden." (1980, S. 79 [im vorliegenden Band S. 33]) Im Gegensatz zu dem von ihm herausgegebenen Sammelband in der Reihe „Wege der Forschung" zum Thema „Historisch-genetische Siedlungsforschung" (1974) konzentriert sich Nitz im folgenden aber auf „*die* Gebiete, die in jüngerer Zeit zum genannten klassischen Forschungsschwerpunkt der Siedlungsgeographie hinzugetreten sind bzw. ein zunehmend stärkeres Gewicht erhalten haben" (1980, S. 79 [S. 33]). In dem angesprochenen, 1974 erschienenen Sammelband hatte er den Weg gewählt, die historisch-genetische Erforschung ländlicher Siedlungen als das „nach Forschungsintensität wichtigste Teilgebiet" (1974, S. 3 f.) herauszugreifen und in diesem Rahmen besonders anhand der Untersuchungen zu den Gewannfluren, Langstreifenfluren und Rundlingen den Fortschritt der Forschung zu demonstrieren. Dieses Vorgehen stieß nicht auf einhellige Zustimmung; nach der Meinung einiger Kritiker wurde so ein einseitiges Bild der Historisch-genetischen Siedlungsforschung vermittelt und die Vielfalt der Forschungsfelder nicht genügend berücksichtigt.

Auf dem Geographentag in Göttingen 1979 benannte Nitz sehr präzise die neueren Tendenzen bei der Erforschung von ländlichen Siedlungen und Siedlungsräumen (1980, S. 79 ff. [S. 33 ff.]):

(1) Die Ausweitung historisch-geographischer Forschungen auf die Zeit vom 16. Jahrhundert bis zur Gegenwart in Mitteleuropa.

(2) Die Berücksichtigung der vormittelalterlichen Zeit in Mitteleuropa.

(3) Die Untersuchung der Wüstungsperioden des 20. Jahrhunderts außerhalb von Mitteleuropa.

(4) Die Erforschung der Überformung der Siedlungsstrukturen der traditionellen vorindustriellen Gesellschaften in der Dritten Welt durch die Kolonisierung und die Einbeziehung in die Weltwirtschaft.

Danach beschäftigte sich Nitz ausführlich mit den „Synthesen als Aufgabe einer allgemeinen vergleichenden Siedlungsgeographie" (1980, S. 84 ff. [S. 39 ff.]). Derartige Synthesen sollten nicht nur eine „systematische Ordnung der Vielfalt der Siedlungsformen" bieten, sondern ebenso eine Zusammenfassung „der Siedlungsabläufe, der Formungsprozesse und formenden Kräfte, Faktoren, Determinanten, die eine Erklärung, zumindest ein Verstehen der Zusammenhänge ermöglichen" (1980, S. 84 [S. 39]). Der Verfasser nannte vier mögliche Synthesen: 1. die regional-historische Synthese; 2. die typologisch-klassifikatorische Synthese; 3. den typengenetischen Synthese-Ansatz; und 4. die Synthese auf der Basis der großräumig und langfristig wirksamen Komplexe von Rahmenbedingungen und Steuerungsfaktoren. Während Nitz sich mit den beiden ersten Synthesemöglichkeiten nicht ausführlicher beschäftigte, würdigte er im Hinblick auf den dritten Ansatz eingehend das Buch von M. Born über die Genese der Siedlungsformen in Europa (1977). Am umfangreichsten waren die Ausführungen über die vierte Synthese-Möglichkeit. Hier brachte der Verfasser zahlreiche eigene Forschungsergebnisse und Forschungsperspektiven ein. Selbstkritisch schloß er aber mit folgendem Satz: „Die Anwendung des Konzeptes der Stufen der Gesellschafts- und Wirtschaftsentfaltung auf eine allgemeine vergleichende, auf die Erkenntnis von Regelhaftigkeiten gerichtete Geographie des ländlichen Siedlungswesens ist *eine* neben mehreren anderen bereits bewährten Formen der Synthese. Sie ist bisher noch wenig erprobt, verdient es m. E. aber, als methodische Perspektive der Siedlungsgeographie erprobt und diskutiert zu werden." (1980, S. 102 [S. 60])

Der Aufsatz „Siedlungsgeographie als historisch-gesellschaftswissenschaftliche Prozeßforschung" (1984a) wird von den Herausgebern der Geographischen Rundschau mit der plakativen Frage eingeführt: „Lassen sich regionale Siedlungsprozesse und Siedlungstypen in wirtschaftliche und gesellschaftspolitische Systeme mit ihren nationalen wie internationalen Verflechtungen einbinden?" (1984a, S. 162). Die Antwort lautet ja, das Konzept von Nitz wird als „ein wichtiger Beitrag für das Verständnis vieler Siedlungsentwicklungen" (ibid.) bezeichnet, der über die bisherige Siedlungsgeographie hinausführe. Nitz selbst sieht den wesentlichen Fortschritt dieses Ansatzes in der Übertragung von bis zu diesem Zeitpunkt lokal und regional orientierten Fragestellungen auf großräumige Zusammenhänge. Er verwahrt sich dagegen, daß als Hauptforschungsgegenstand der Siedlungsgeographie häufig immer noch die Formentypenlehre bezeichnet wird und verweist auf die vielen Regionalmonographien, die sich durch eine historisch-dynamische Betrachtungsweise auszeichnen.

Während in dem Aufsatz von 1984a nur ein neues Forschungsfeld beschrieben wird und der Titel so betrachtet etwas zu weit gefaßt ist, enthält der Forschungs-

bericht über „40 Jahre Historische Geographie in Deutschland", der für den Internationalen Geographenkongreß 1992 in Washington verfaßt wurde (1992b), die ganze Palette der älteren und neueren Ansätze. Nitz stellt einleitend fest, daß Historische Geographie von Beginn an meist Historische Siedlungsgeographie war und innerhalb der Historischen Siedlungsgeographie wesentlich mehr Forschungen zu den ländlichen als zu den städtischen Siedlungen durchgeführt wurden. Er betont die Übereinstimmung bei den deutschen Geographen über drei Basisaspekte der Historischen Geographie. Diese sind:
– der genetische, der zur Erklärung der Entwicklung der heutigen Siedlungsverhältnisse eingesetzt werden soll;
– der historische, der auf Vergleiche der Gegenwart mit Perioden der Vergangenheit abzielt;
– der prozessuale, der die Erkenntnis regelhafter Entwicklungen fördern soll.

Zum bewährten Kernbestand der Historischen Geographie rechnet Nitz die Erforschung von Raumstrukturen und funktionalen Systemen für eine bestimmte geschichtliche Periode, die Untersuchung einzelner siedlungs- und kulturlandschaftsprägender Prozesse und die Beschreibung der Kulturlandschaftsgeschichte einer Region über einen längeren Zeitraum hinweg. Die wichtigsten neuen Ansätze sind nach Nitz die Allgemeine Historische Geographie, die sich der Erforschung von Typologien, Konzepten und Theorien widmet, die konsequente interdisziplinäre Zusammenarbeit im Rahmen der Genetischen Siedlungsforschung vor allem mit Historikern und Archäologen sowie die Angewandte Historische Geographie. Als Beispiel für die effiziente Erarbeitung von formalen Typologien nennt Nitz die Tätigkeit der Forschergruppe um Harald Uhlig, der drei Bände über Ortsformen, Flurformen und ländliche Bevölkerungsgruppen zu verdanken sind (Uhlig/Lienau 1967-1974). Was die Lehre von den genetischen Typen betrifft, erwähnt er vor allem die zusammenfassende Darstellung der Siedlungsformengenese durch Martin Born. Zudem verweist er auf die von ihm selbst aufgeworfene – ein umfassenderes forschungsbegleitendes Konzept kennzeichnende – Frage, ob das Auftreten gleichgestalteter Siedlungsformen auf eine von einem bestimmten Innovationszentrum ausgehende Ausbreitung oder auf eine gleichzeitige Innovation dieser Siedlungsformen an verschiedenen Orten zurückzuführen ist. Während sich Nitz intensiv bemüht, die Wirtschaftsstufentheorie von Hans Bobek für die Historische Siedlungsgeographie fruchtbar zu machen, steht er einer allgemeinen Prozeßtheorie im Sinne Dietrich Fliedners (vgl. Fliedner 1989) skeptisch gegenüber.

Nitz stellt in allen seinen Veröffentlichungen nicht nur die wissenschaftlichen Fragestellungen jeweils klar heraus, sondern er ordnet seine Forschungsergebnisse auch häufig in die Wissenschaftsgeschichte ein. Eine noch intensivere Auseinandersetzung mit den Positionen anderer Forscher erfolgt in den Würdigungen zu runden Geburtstagen oder in Nachrufen. Dabei wurden auch Bereiche sehr sachkundig abgehandelt, die sonst nicht zu seinen Themen gehören. Als Beispiele sind hier die Ausführungen zur Wüstungsforschung im Nachruf für Martin Born (1979b), zur Gewannflurforschung in der Laudatio für Anneliese Krenzlin (1983b), zur Eschkerntheorie im Nachruf für Wilhelm Müller-Wille (1986b) und vor allem zu den unterschiedlichen Forschungsthemen von Ingeborg Leister (u. a. über britische Großstädte, die Kontinuität Römerzeit-Frühmittelalter, schleswig-holsteinische Rittergüter; vgl. den Nachruf 1990c) zu nennen. Nitz verweist an vielen Stellen mit großem Respekt auch auf Forscher früherer Generationen, wie z. B. Leo Waibel, August Meitzen, Robert Gradmann, Rudolf Kötzschke, Otto Schlüter. Prioritäten in der Entwicklung von grundlegenden Einsichten werden deutlich herausgestellt, auch wenn dadurch der eigene Anteil optisch etwas geringer wird. Ein gutes Beispiel bilden die Bemerkungen im Nachruf für Martin Born, wo klargestellt wird, daß der Vortrag auf dem Innsbrucker Geographentag 1975 zur Problematik „Konvergenz und Evolution in der Entwicklung ländlicher Siedlungsformen" von Born angeregt worden sei und dieser bereits 1970 die entscheidenden Ideen hatte, die er dann in seinem grundlegenden Werk von 1977 über die genetischen Typen der Siedlungsformen ausführlich dargestellt habe.

Während Nitz im Rahmen seiner Studien über mitteleuropäische Räume nie auf die genetische Vertiefung verzichtete und sich nur randlich mit der bloß formalen und funktionalen Typologie der Siedlungsformen beschäftigte, war er bei seinem Forschungsaufenthalt in Indien wegen des fast völligen Fehlens einschlägiger historisch-siedlungsgeographischer Untersuchungen gezwungen, zunächst eine gegenwartsorientierte Bestandsaufnahme der Siedlungsverhältnisse und Agrarwirtschaftsformationen durchzuführen. In mehreren Veröffentlichungen begründet er dieses Vorgehen mit der andersartigen Forschungslage in Indien und bedauert, daß ihm eine genetische Vertiefung durchweg nicht möglich war. (Für ein Gesamtbild des Forschers Nitz ist es sicherlich von Bedeutung, auch seine erfolgreiche Tätigkeit als Feldforscher in Indien zur Kenntnis zu nehmen!)

An dieser Stelle verdienen auch die theoretischen Arbeiten zur begrifflichen Erfassung von kleinräumigen Nutzungseinheiten innerhalb einer Landwirtschaftsformation sowie zu den Termini „Agrarlandschaft", „Landwirtschaftsformation", „Wirtschaftsraum" und „Wirtschaftsformation" eine Erwähnung. Ähnliche theoretische Ausführungen zu den zentralen Begriffen der Siedlungsgeographie, wie z. B. „Siedlungsgefüge" oder „Siedlungsprozeß", liegen erstaunlicherweise von Nitz nicht vor, wenn man von zahlreichen verstreuten Einzelbemerkungen absieht. Im Grunde lehnt er die formale Typologie als Selbstzweck ab; andererseits wirft er der heutigen Stadtgeographie vor, den formalen Aspekt gegenüber dem funktionalen zu vernachlässigen. Dieser scheinbare Widerspruch löst sich auf, wenn man beachtet, daß die eigentlichen Forschungsprobleme sich für ihn erst bei der Frage nach den Gründen für die formale Gestaltung ergeben.

Nitz' besonderes Interesse gilt der Entstehung der planmäßigen Orts- und Flurformen im Früh- und Hochmittelalter. Die unentbehrliche Basis dieser Untersuchungen ist eine minutiöse Auswertung der Katasterkarten aus dem frühen 19. Jahrhundert; diese stellen die zentralen Quellen dar, die durch Altkarten und Archivalien, aber auch durch andere Quellen wie z. B. Orts-, Flur- und Geländenamen ergänzt werden. Besonders intensiv hat sich Nitz mit den Reihensiedlungen, den Streifeneinödfluren, den Langstreifenfluren und den Platzdörfern beschäftigt.

Im Rahmen anderer Forschungsschwerpunkte des Jubilars, auf die noch einzugehen sein wird, entstanden auch noch Untersuchungen über schachbrettartige Grundrisse und Moorkolonien. Bei den mitteleuropäischen Forschungen spielen Hausformen keinerlei Rolle; auch hier ist ein Hinweis auf die indischen Arbeiten unumgänglich, in denen genaue Beschreibungen von Behausungen jeglicher Art mit aufschlußreichen eigenen Zeichnungen enthalten sind. Forschungen zu städtischen Siedlungen oder Siedlungen zwischen Stadt und Land hat Nitz nicht durchgeführt; ausführliche Miszellen, wie z. B. der Bericht zur Tagung des Arbeitskreises für genetische Siedlungsforschung in Mitteleuropa 1977 zum Thema „Rohstoffgebundene Gewerbesiedlungen" (1978), oder zu den stadtgeographischen Veröffentlichungen von Ingeborg Leister (1990c), belegen aber auch für diesen Bereich seine Kompetenz.

Sehr aufschlußreich für die Kennzeichnung von Nitz' Forschungsinteressen ist seine nachstehend aufgeführte Diskussionsbemerkung im Rahmen der Wilhelmshavener Tagung des Arbeitskreises für genetische Siedlungsforschung in Mitteleuropa (1978) zum Thema „Vorindustrielle Verkehrssiedlungen am Wasser" (Fehn/Oberbeck 1979, S. 201): „Wenn der Geograph von Siedlungsmustern spricht, dann interessiert er sich vor allem dafür, ob diese Muster einigermaßen regelmäßig sind und Züge von Planung zeigen, oder ob sie regellos sind und mehr oder weniger spontan entstanden sind. Wenn sich dann Züge von Planung zeigen, dann fragt er danach, wer der Planer war und woher die Planidee stammt." Anders ausgedrückt, Nitz möchte nicht primär die Siedlungsformen darstellen, sondern die Siedlungsprozesse, die Siedlungsträger, die Steuerungsfaktoren (und darüber hinaus auch die naturräumlichen Rahmenbedingungen) herausarbeiten.

Bedauerlicherweise gestattet es die Quellenlage meist nicht, die damit verbundenen Fragen, die bei der Untersuchung des mittelalterlichen Landesausbaus von Nitz gestellt werden, zu beantworten. Hierin unterscheidet sich diese Zeit von der Frühneuzeit, wofür Siedlungsprozesse häufig genauestens dokumentiert sind. Die günstigere Quellenlage hat sich Nitz bei der Erforschung der Moor- und Heidekolonisation im 18. und 19. Jahrhundert zunutze gemacht. Während die Untersuchungen zur Siedlungspolitik der absolutistischen Landesherren neben den Arbeiten über die Siedlungsprozesse im Früh- und Hochmittelalter einen zweiten Schwerpunkt darstellen, liegen thematisch und regional gebundene Forschungen zur neuesten Zeit und zur vormittelalterlichen Zeit gar nicht und zum Spätmittelalter nur vereinzelt vor. Auch zu diesen Zeitabschnitten gibt es aber umfangreiche Miszellen und Diskussionsbemerkungen, wie z. B. diejenige, daß ein früherer Forschungsbereich der Historischen Siedlungsgeographie, nämlich die Altlandschaftsforschung, von der Archäologie übernommen worden sei, die sich immer stärker mit den Überresten von Siedlung und Kulturlandschaft beschäftige. Was die Siedlungsprozesse anbetrifft, so haben die meisten Veröffentlichungen des Autors progressive Erscheinungen im Sinne von Helmut Jäger, z. B. den Landesausbau oder die Binnenkolonisation, zum Thema. Wüstungserscheinungen, aber auch Umstrukturierungen wie z. B. die Entstehung der Verdichtung der Altsiedlungen durch die Ansiedlung unterbäuerlicher Schichten, werden nur selten angesprochen. Große

Aufmerksamkeit schenkt Nitz der Erforschung der Siedlungsträger, vor allem der Grund- und Landesherrschaften. Eingehend dargestellt wird aber auch das gesamte 'Milieu' der Gründungszeit, also z. B. die Sozialstrukturen, die Bodennutzungssysteme, die technischen Innovationen etc. Was das Verhältnis der „siedlungsgestaltenden Kräfte" zueinander betrifft, so legt sich Nitz nicht so eindeutig fest, wie es A. Krenzlin mit ihrem kulturökologischen Konzept der Anpassung der bäuerlichen Siedlungsformen an die agraren Betriebsformen bzw. Anbausysteme tut. Stärker als Krenzlin berücksichtigt er Einflüsse aus anderen Bereichen, z. B. aus dem herrschaftlichen, aber unter Umständen auch aus dem kultisch-kirchlichen oder dem kulturellen. Die Einführung des Gewannflursystems betrachtet er als eine Maßnahme von oben, die bereits ins 8. Jahrhundert zu datieren sei; hier steht Nitz im Gegensatz zu einigen anderen Forschungsmeinungen, die annehmen, daß sich dieses erst in den folgenden Jahrhunderten allmählich von bestimmten Zentren ausgebreitet habe.

Zu den wichtigsten Ergebnissen der speziellen Untersuchungen zu mitteleuropäischen Siedlungsprozessen äußert sich ausführlich Helmut Hildebrandt in der Einführung zu Band I. Hier geht es darum, in Verbindung mit den zentralen allgemeinen Fragestellungen die Arbeitsmethode von Nitz darzustellen. Obwohl die meisten seiner einschlägigen Untersuchungen aus diesem Bereich schon länger zurückliegen, erscheinen hierzu doch noch regelmäßig Aufsätze, in denen die methodischen Perspektiven freilich immer wieder leicht verschoben werden. Zu nennen ist vor allem die umfangreiche Studie über „Siedlungsstrukturen der königlichen und adeligen Grundherrschaft der Karolingerzeit – der Beitrag der historisch-genetischen Siedlungsgeographie" (1989a).

Ausführlicher müssen noch die Veröffentlichungen zu einigen anderen Bereichen gewürdigt werden, die Nitz in seinen Forschungsberichten als neuere Arbeitsfelder der Historisch-genetischen Siedlungsgeographie bezeichnet hat. So untersucht Nitz an mehreren Beispielen die Verbreitung von markanten Siedlungsformen in der Welt bzw. in verschiedenen Erdteilen und stellt dann die Frage nach der Entstehung dieser Formen in den einzelnen Gebieten. Er gelangt dabei zu dem Ergebnis, daß bei relativ einfachen Formen, etwa den Reihensiedlungen mit Streifeneinödfluren, viel eher mit Konvergenz zu rechnen sei als bei vermessungstechnisch hochkomplizierten Formen, wie z. B. den schachbrettartigen Fluren, die durch Übertragung des Formungsprinzips entstanden seien. Häufig ist der Nachweis der Übertragung nicht exakt zu führen, so daß nur begründete Hypothesen zustande kommen. Wesentliche Kriterien sind dabei Übereinstimmungen in möglichst vielen formalen Merkmalen und eventuell identische Rechts-, Namen- und Hausformen. Intensiv setzt sich Nitz auch mit der genetischen Formentypologie auseinander; dabei war mit dem Abschluß des einschlägigen Buches von Born 1977 jedoch eine neue Situation entstanden, die ein Weiterarbeiten auf diesem Feld zumindest im mitteleuropäischen Kontext als nicht mehr sinnvoll erscheinen ließ. Wesentliche weiterführende Gedanken finden sich hierzu in den einschlägigen Abschnitten des Nachrufes auf Born. Besonders wichtig ist für Nitz die dezidierte Forderung, daß möglichst intensive Einzeluntersuchungen angestellt werden müßten, um die Entwicklungsreihen bei den Primär- und bei den Sekundärformen abzusichern. Für einen gewissen Pragmatismus spricht aber seine Reaktion auf die harsche Kritik von A. Krenzlin an der „formal-phänotypologischen Bestandsaufnahme" der Orts- und Flurformen für den „Atlas der deutschen Agrarlandschaft" durch ein Team von Geographen unter Leitung von E. Otremba. Nitz bezweifelt, ab nach dem damaligen Kenntnisstand unter den gegebenen personellen und finanziellen Bedingungen eine auch genetische Aspekte berücksichtigende Typologie nach einheitlichen Kriterien zu realisieren gewesen wäre.

Mit dem Einleitungsvortrag zum Symposium für Willi Czajka 1973 (1976a) wandte sich Nitz einem Themenbereich zu, der bis dahin in der Siedlungsgeographie noch keine größere Rolle spielte. Es handelt sich hierbei um weltweit vergleichende Untersuchungen von Siedlungsprozessen und deren Steuerungsfaktoren. Nitz begab sich damit auf ein methodisch besonders schwieriges Terrain. Vergleiche, die sich auf sehr unterschiedliche Räume beziehen, erbringen m. E. oft an sich schon relativ wenig; wenn diese aber noch auf verschiedene Zeiten ausgedehnt sind, werden die Ergebnisse nicht selten fragwürdig. Der Grund dafür liegt darin, daß die wirtschaftliche, gesellschaftliche und kulturelle Gesamtkonstellation jeweils anders war und deshalb sogar völlig identisch wirkende Siedlungsformen einen ganz andersartigen genetischen Hintergrund haben können. Nitz versuchte in seinem Beitrag zum Gedächtnis-Symposium für Martin Born 1983 (1985b) über die außereuropäischen Siedlungsräume und ihre Siedlungsformen – in bewußter Anknüpfung an die in der Darstellung von Born 1977 niedergelegten Ergebnisse – Prinzipien anzugeben, wie zumindest „eine Überblicksdarstellung, die Lücken bewußt in Kauf nehmen und den Mut zur Generalisierung haben müßte" (1985b, S. 70 [S. 78]), zustande kommen könnte. Unter Verwendung des verbesserten Konzepts der Hauptstufen der Gesellschafts- und Wirtschaftsentfaltung von Bobek gibt Nitz unter Ausklammerung Europas und der Städte „zu einzelnen Gesellschaftstypen und ihren phasenhaften Veränderungen Beispiele von zugehörigen Siedlungsprozessen und Siedlungsformen im ländlichen Raum" (1985b, S. 71 [S. 79]). Die vorgesehene Gesamtdarstellung, geplant als Band II zur Veröffentlichung von Born 1977, ist bis heute – wie schon erwähnt – leider nicht erschienen. Bei der weiteren Beschäftigung mit dem Thema ist Nitz wohl klar geworden, daß die von ihm in seinem Vortrag von 1983 (1985b) genannte Grundbedingung nur schwerlich, bestimmt aber nicht von einem einzelnen, zu leisten sei. Es heißt dort, daß „einer Darstellung außereuropäischer ländlicher Siedlungen ebenfalls zunächst eine Bestimmung von Räumen in sich gleicher gesellschaftlicher und wirtschaftlicher Verfassung vorausgehen müßte, wobei es sich auch hier um historischzeitgebundene Verfassungen handelt". (1985b, S. 70 [S. 78])

In der Folgezeit beteiligte sich Nitz trotz der günstigen Quellenlage nicht an der Erforschung der großen neuzeitlichen Siedlungsbewegungen in den außereuropäischen Kontinenten, sondern er versuchte, eine Konzeption für eine Siedlungsgeographie der Länder der Dritten Welt zu entwickeln. Er behandelt die Problematik der Siedlungen in der Dritten Welt unter besonderer Beachtung der für die Siedlungsprozesse und die Entstehung der Siedlungsgefüge wirksamen Steuerungsfaktoren. Über die Zuordnung der Steuerungsfaktoren zu den Siedlungsprozessen hinaus geht es Nitz darum, auch kausale Verknüpfungen über größere Räume hinweg herzustellen, was verständlicherweise sehr schwierig ist. Während bei einigen Aufsätzen Europa und Amerika ausgespart bleiben, um die speziellen Gegebenheiten der Länder der Dritten Welt besser behandeln zu können, legt Nitz für die Frühneuzeit eine Darstellung der Steuerungsmechanismen für den europäisch-amerikanischen Raum vor. Als Basis für seine Untersuchungen verwendet er diesmal eine von dem Wirtschaftshistoriker Wallerstein entwickelte Theorie über die Entstehung des kapitalistischen Weltwirtschaftssystems und die Auswirkungen der dieses System kennzeichnenden ökonomischen Vorgänge auf die Siedlungsentwicklung der eizelnen Regionen. Nitz ist der Meinung, daß sich die in diesen Gebieten ablaufenden Siedlungsprozesse und die sich herausbildenden Siedlungs- und Wirtschaftsformen zumindest partiell nur aus der Rolle der genannten Räume als Zentralraum, Semiperipherie oder Peripherie verstehen lassen. Hier zeigt sich die zentrale Problematik derartiger weltumspannender Synthesen sehr deutlich. Es müssen sowohl die Steuerungsfaktoren als auch die Siedlungsgefüge erforscht sein, um Kausalitäten oder zumindest Beziehungen zwischen jenen feststellen zu können. Da dies aber höchstens für kleinere Teilgebiete der Fall ist, müssen allgemeine Theorien aushelfen, die der Siedlungsgeograph alleine nicht verifizieren kann. Ein Vergleich sehr unterschiedlicher Räume ist schon schwierig genug; wenn aber noch die zeitliche Dimension hinzukommt, potenzieren sich die Probleme. Die Untersuchungen zu den Siedlungsprozessen und Siedlungsstrukturen heutiger autochthoner Gesellschaften im Bereich der Dritten Welt bzw. zu den frühneuzeitlichen Gesellschaften in Europa und Amerika haben dennoch ihren großen Wert: sie lassen das Spannungsverhältnis von Theorie und Empirie, das auch die Siedlungsgeographie durchzieht, sehr deutlich hervortreten.

Wichtige Beiträge zur Siedlungsgeographie der neuesten Zeit stellen Nitz' Forschungen zu den Siedlungsschwankungen und den damit verbundenen Prozessen von Kulturlandschaftsumbau und Kulturlandschaftsverfall an den horizontalen und vertikalen Grenzen des Siedlungsraumes dar. Der schon angesprochene Einleitungsvortrag zum Czajka-Symposium über Landerschließung und Kulturlandschaftswandel an den Siedlungsgrenzen der Erde (1976a) ist dabei hauptsächlich ein stark wissenschaftsgeschichtlich orientierter Forschungsbericht, während der Aufsatz in der Geographischen Zeitschrift von 1982 (1982a) eine historisch-genetische Typologie von Randökumeneräumen heutiger westlicher Industriestaaten bietet. Sehr instruktiv sind auch die Ausführungen zum unterschiedlichen Umgang verschiedener Gesellschaften mit historischen Strukturen im Laufe der Zeiten. Nitz definiert diese folgendermaßen: 'Historische Strukturen' sind „Strukturen, die von einer früheren Gesellschaft für ihre damals herrschenden Verhältnisse als sozial, ökonomisch und stilistisch angemessen geschaffen wurden und die von der jeweils gegenwärtigen Gesellschaft mit ihren veränderten Verhältnissen und Vorstellungen so nicht mehr geschaffen werden, weil sie ihr nicht mehr entsprechen". (1982b, S. 195 [S. 401])

Nitz hat zwar seit Beginn seiner Forschertätigkeit einigen zentralen Themen immer wieder seine Hauptaufmerksamkeit geschenkt. Dies bedeutet aber nicht, daß er die Bedeutung anderer Aufgabenbereiche gering schätzte. Als Beispiel seien hier die Angewandte Historische Geographie und die Historische Umweltforschung genannt. Nitz steht dem neuen, immer wichtiger werdenden Feld der planungsbezogenen Historischen Geographie durchaus wohlwollend gegenüber, warnt aber davor, die Grundlagenforschung zugunsten der Erarbeitung von Gutachten für die Planung zu vernachlässigen. In den letzten Jahren hat sich Nitz auch verstärkt der aktuellen Thematik der Historischen Umweltforschung zugewandt. Er untersuchte z. B. die Entstehung und Entwicklung der mittelalterlichen Moorsiedlungen unter ökologischen Aspekten, wobei er sehr genau zwischen den geplanten Veränderungen und den ungeplanten Einwirkungen auf die schwierigen naturräumlichen Gegebenheiten differenziert. Diese zuletzt angesprochenen Veröffentlichungen sind Belege für die Intention des Jubilars, aus dem historisch-geographischen Studium der Vergangenheit mit aller weiter oben angesprochenen Vorsicht auch die eine oder andere Lehre für die Bewältigung von lebensräumlichen und ökologischen Problemen der Gegenwart zu gewinnen.

Zitierte Veröffentlichungen von Hans-Jürgen Nitz

1962　　Die ländlichen Siedlungsformen des Odenwaldes. (Heidelberger Geogr. Arbeiten 7) Heidelberg/München [Dissertation].

1970　　Agrarlandschaft und Landwirtschaftsformation. In: Moderne Geographie in Forschung und Unterricht 39/40 (= Festschrift W. Grotelüschen). Hannover, S. 70-93.

1971　　Formen der Landwirtschaft und ihre räumliche Ordnung in Rajasthan und der oberen Gangesebene. Habilitationsschrift Phil. Fak. Univ. Heidelberg 1966. In gedruckter Fassung nur Teil 2: Formen der Landwirtschaft und ihre räumliche Ordnung in der oberen Gangesebene. (Heidelberger Geogr. Arbeiten 28) Wiesbaden.

1972　　Zur Entstehung und Ausbreitung schachbrettartiger Grundrißformen ländlicher Siedlungen und Fluren. Ein Beitrag zum Problem „Konvergenz und Übertragung". In: Hans-Poser-Festschrift. Hg. v. J. Hövermann u. G. Oberbeck. (Göttinger Geogr. Abhandlungen 60) Göttingen, S. 375-400.

1973　　Reihensiedlungen mit Streifeneinödfluren in Waldkolonisationsgebieten der Alten und Neuen Welt. In: Im Dienste der Geographie und Kartographie. Symposium Emil Meynen. (Kölner Geogr. Arbeiten 30) Köln,. S. 72-93.

1974　　Wege der historisch-genetischen Siedlungsforschung. In: Historisch-genetische Siedlungsforschung. Genese und Typen ländlicher Siedlungen und Flurformen. Hg. von H.-J. Nitz. (Wege der Forschung 300) Darmstadt, S. 1-11.

1975a　Die Gründung eines Arbeitskreises für genetische Siedlungsforschung in Mitteleuropa. Ein Bericht über die Situation der deutschen Siedlungsgeographie. In: Geogr. Zeitschrift 63, S. 299-302.

1975b Wirtschaftsraum und Wirtschaftsformation. In: Der Wirtschaftsraum. Beiträge zu Methode und Anwendung eines geographischen Forschungsansatzes. Festschrift für Erich Otremba zu seinem 65. Geburtstag, hg. v. U. I. Küpper u. E. W. Schamp. (Erdkundliches Wissen – Beihefte z. Geogr. Zeitschrift 41). Wiesbaden. S. 42-58.

1976a Landerschließung und Kulturlandschaftswandel an den Siedlungsgrenzen der Erde – Wege und Themen der Forschung. In: Landerschließung und Kulturlandschaftswandel an den Siedlungsgrenzen der Erde. Symposium anläßlich des 75. Geburtstags von Willi Czajka, Göttingen 1973. Hg. v. H.-J. Nitz. (Göttinger Geogr. Abhandlungen 66) Göttingen, S. 11-24.

1976b Konvergenz und Evolution in der Entstehung ländlicher Siedlungsformen. In: 40. Deutscher Geographentag Innsbruck 1975. Tagungsbericht und wissenschaftliche Abhandlungen. Hg. v. H. Uhlig u. E. Ehlers. (Verhandlungen d. Dt. Geographentages 41) Wiesbaden 1976, S. 208-227.

1978 Rohstoffgebundene Gewerbesiedlungen. Bericht über die 4. Tagung des Arbeitskreises für genetische Siedlungsforschung in Mitteleuropa vom 5. bis 7. Mai 1977 in Saarbrücken. In: Zeitschrift f. Archäologie d. Mittelalters 6, S. 115-127.

1979a Gefügemuster von Siedlungsräumen. Vorbemerkungen zum Begriff und zur Auswahl der regionalen Beispiele. In: Gefügemuster der Erdoberfläche. Die genetische Analyse von Reliefkomplexen und Siedlungsräumen. Hg. v. J. Hagedorn, J. Hövermann u. H.-J. Nitz , Göttingen S. 185-186.

1979b Martin Borns wissenschaftliches Werk unter besonderer Berücksichtigung seines Beitrages zur Erforschung der ländlichen Siedlungen in Mitteleuropa. In: Berichte z. dt. Landeskunde 53, S. 187-205.

1980 Ländliche Siedlungen und Siedlungsräume – Stand und Perspektiven in Forschung und Lehre. In: 42. Deutscher Geographentag Göttingen 1979. Tagungsbericht und wissenschaftliche Abhandlungen. Hg. v. G. Sandner u. H. Nuhn. (Verhandlungen d. Dt. Geographentages 42) Wiesbaden, S. 79-102.

1982a Kulturlandschaftsverfall und Kulturlandschaftsumbau in der Randökumene der westlichen Industriestaaten. In: Geogr. Zeitschrift 74, S. 162-183.

1982b Historische Strukturen im Industrie-Zeitalter – Beobachtungen, Fragen und Überlegungen zu einem aktuellen Thema. In: Berichte z. dt. Landeskunde 56, S. 193-217.

1983a Siedlungsschwankungen an den Grenzen der Ökumene. Einführung in die Fachsitzung. In: 43. Deutscher Geographentag Mannheim 1981. Tagungsbericht und wissenschaftliche Abhandlungen. Hg. v. H. Hagedorn u. K. Gießner (Verhandlungen d. Dt. Geographentages 43) Wiesbaden, S. 279-282.

1983b Der Beitrag Anneliese Krenzlins zur historisch-genetischen Siedlungsforschung in Mitteleuropa. In: Anneliese Krenzlin, Beiträge zur Kulturlandschaftsgenese in Mitteleuropa. Gesammelte Aufsätze aus vier Jahrzehnten. Hg. v. H.-J. Nitz u. H. Quirin. (Erkundliches Wissen – Beihefte z. Geogr. Zeitschrift 63) Wiesbaden, S. 11-28 (unter Mitwirkung von H. Quirin, Berlin).

1984a Siedlungsgeographie als historisch-gesellschaftswissenschaftliche Prozeßforschung. In: Geogr. Rundschau 36, S. 162-169.

1984b Ländlich-bäuerliche Siedlungsräume einheimischer Völker Außereuropas – Genetische Schichtung und gegenwärtige Entwicklungsprozesse: Einführung in das Thema der Sitzung. In: Ländliche Siedlungen einheimischer Völker Außereuropas – Genetische Schichtung und gegenwärtige Entwicklungsprozesse. Hg. v. G. Henkel u. H.-J. Nitz. (Essener Geogr. Arbeiten 8) Paderborn, S. 1-5.

1985a Die „Ständige Europäische Konferenz zur Erforschung der ländlichen Kulturlandschaft." Vorstellung eines internationalen Arbeitskreises anläßlich seiner Tagung 1985 in der Bundesrepublik Deutschland. In: Siedlungsforschung. Archäologie – Geschichte – Geographie 3, S. 213-226.

1985b Die außereuropäischen Siedlungsräume und ihre Siedlungsformen. Gedanken zu einem Darstellungskonzept. In: Siedlungsforschung. Archäologie – Geschichte – Geographie 3, S. 69-85.

1986a Neue Tendenzen der Siedlungsformenforschung seit dem Zweiten Weltkrieg. In: Siedlungsnamen und Siedlungsformen als Quellen zur Besiedlungsgeschichte Niederösterreichs. Hg. v. H. Feigl. (Studien u. Forschungen a. d. Niederösterreich. Institut f. Landeskunde 8) Wien, S. 97-121.

1986b Wilhelm Müller-Wille (1906-1983). Seine Leistung für die Siedlungsgeographie Mitteleuropas. In: Siedlungsforschung. Archäologie – Geschichte – Geographie 4, S. 194-214.

1988a Genetische Siedlungsforschung in der Bundesrepublik Deutschland aus der Sicht der Siedlungsgeographie. In: Genetische Siedlungsforschung in Mitteleuropa und seinen Nachbarräumen. Hg. v. K. Fehn, K. Brandt, D. Denecke u. F. Irsigler. Bonn, Band 1, S. 89-124.

1988b Introduction from above: Intentional spread of common-field systems by feudal authorities through colonization and reorganization. In: Geografiska Annaler 70 B, No. 1, S. 149-159.

1989a Siedlungsstrukturen der königlichen und adeligen Grundherrschaft der Karolingerzeit – der Beitrag der historisch-genetischen Siedlungsgeographie. In: Strukturen der Grundherrschaft im frühen Mittelalter. Hg. v. W. Rösener. Göttingen, S. 411-482. [Abgedruckt in Band I, S. 77-136]

1989b Mittelalterliche Moorsiedlungen. Agrarische Umgestaltung unter schwierigen naturräumlichen Voraussetzungen. In: Umwelt in der Geschichte. Hg. v. B. Herrmann. Göttingen, S. 40-62.

1989c Strukturen der historischen Kulturlandschaft in ökologischer Perspektive. In: Naturwissenschaftliche und historische Beiträge zu einer ökologischen Grundbildung. Sommerschule „Natur und Geschichte" vom 14. bis 27. September 1989 an der Universität Göttingen. Hg. v. B. Herrmann u. A. Budde. Göttingen, S. 189-198.

1989d Transformation of old and formation of new structures in the rural landscape of Northern Central Europe during the 16th to 18th centuries under the impact of the early modern commercial economy. In: Tijdschrift van de Belgische Vereniging voor Aardrijkskundige Studies 58, Nr. 2, S. 267-290.

1990a Grundzüge einer Siedlungsgeographie der Dritten Welt. Ein Versuch am Beispiel Afrikas und Asiens. In: Festschrift für Wendelin Klaer zum 65. Geburtstag. Hg. v. M. Domrös, E. Gormsen u. J. Stadelbauer. (Mainzer Geogr. Studien 34) Mainz, S. 351-374.

1990b Zur historischen Geographie der transatlantischen Peripherie des frühneuzeitlichen europäischen Kolonial- und Weltwirtschaftssystems. In: Der nordatlantische Raum. Festschrift für Gerhard Oberbeck. Hg. v. F. N. Nagel. (Mitteilungen d. Geogr. Gesellschaft in Hamburg 80). Hamburg/Stuttgart, S. 49-70.

1990c Ingeborg Leister (1926-1990). Ihre Bedeutung für die Siedlungsgeographie und die Kulturlandschaftsforschung. In: Siedlungsforschung. Archäologie – Geschichte – Geographie 8, S. 227-247.

1991   Planung von Tempelstädten und Priesterdörfern als räumlicher Ausdruck herrschaftlicher Ritualpolitik – das Beispiel des Chola-Reiches in Südindien. In: Jahrbuch d. Braunschweigischen Wissenschaftlichen Gesellschaft 1990. Göttingen, S. 57-66.

1992a The temporal and spatial pattern of field reorganization in Europe (18th and 19th centuries). A comparative overview. In: The Transformation of the European Rural Landscape: Methodological issues and agrarian change 1770-1914. In: Tijdschrift van de Belgische Vereniging voor Aardrijkskundige Studies 61, Nr. 1, S. 146-158.

1992b Historical Geography. In: 40 Years After: German Geography. Developments, Trends and Prospects 1952-1992. A Report to the International Geographical Union. Ed. by E. Ehlers. Tübingen, S. 145-172 [überarbeitete deutsche Fassung in: Siedlungsforschung. Archäologie – Geschichte – Geographie 10, S. 211-237].

Weitere im vorstehenden Artikel zitierte Literatur

Bobek, H. (1959): Die Hauptstufen der Gesellschafts- und Wirtschaftsentfaltung in geographischer Sicht. In: Die Erde 90, S. 259-298.

Born, M. (1977): Geographie der ländlichen Siedlungen, Band 1: Die Genese der Siedlungsformen in Mitteleuropa. (Teubner Studienbücher der Geographie) Stuttgart.

Fehn, K. und Oberbeck, G. (1979): Vorindustrielle Verkehrssiedlungen am Wasser. Bericht über die 5. Tagung des Arbeitskreises für genetische Siedlungsforschung in Mitteleuropa 1978 in Wilhelmshaven. In: Zeitschrift f. Archäologie d. Mittelalters 7, S. 189-205.

Fliedner, D. (1989): Die Struktur raumverändernder Prozesse in der Geschichte. In: Geographie in der Geschichte. Hg. v. D. Denecke und K. Fehn (Erdkundliches Wissen – Beihefte z. Geogr. Zeitschrift 96). Stuttgart, S. 39-49.

Uhlig, H. und Lienau, C. (Hg.) (1967–1974): Materialien zur Terminologie der Agrarlandschaft. 3 Bände. Gießen (Band 1 in 2. Aufl. 1978).

Wallerstein, I. (1974–1980): The Modern World-System, 2 Bände. New York 1974 und 1980.

Verzeichnis der Veröffentlichungen von H.-J. Nitz zur allgemeinen und vergleichenden Siedlungsgeographie

(* im vorliegenden Band abgedruckt)

1966   Geographical studies in the field patterns of Northern India and Germany. In: The Geographer (The Aligarh Muslim University, Geographical Society) 13, S. 61-74.

1968   Beobachtungen an ländlichen Siedlungen in Nordindien im Lichte der europäischen siedlungsgeographischen Forschung. In: Beiträge zur Genese der Siedlungs- und Agrarlandschaft in Europa. Rundgespräch vom 4. bis 6. Juli 1966 in Würzburg, unter Leitung von H. Jäger, A. Krenzlin und H. Uhlig. (Erkundl. Wissen – Beih. z. Geogr. Zeitschrift 18) Wiesbaden, S. 126-137.

1968   Siedlungsgang und ländliche Siedlungsformen im Himalaya-Vorland von Kumaon (Nordindien). In: Erdkunde 22, S. 191-205.

1972   *Zur Entstehung und Ausbreitung schachbrettartiger Grundrißformen ländlicher Siedlungen und Fluren. Ein Beitrag zum Problem 'Konvergenz und Übertragung'. In: Hans-Poser-Festschrift, hg. v. J. Hövermann und G. Oberbeck. (Göttinger Geogr. Abhandlungen 60) Göttingen, S. 375-400.

1972   Objectives and methods of geographical research in the evolution of rural settlement regions. In: National Geographer (Allahabad, Indien) VII, S. 1-12.

1973   *Reihensiedlungen mit Streifeneinödfluren in Waldkolonisationsgebieten der Alten und Neuen Welt. In: Im Dienste der Geographie und Kartographie. Symposium Emil Meynen. (Kölner Geogr. Arbeiten 30) Köln, S. 72-93.

1974   Historisch-genetische Siedlungsforschung. Genese und Typen ländlicher Siedlungen und Flurformen. (Wege d. Forschung 300) Darmstadt.

1974   Einleitung: Wege der historisch-genetischen Siedlungsforschung. Ibid., S. 1-11.

1975   Die Gründung eines Arbeitskreises für genetische Siedlungsforschung in Mitteleuropa. Ein Bericht über die Situation der deutschen Siedlungsgeographie. In: Geogr. Zeitschrift 63, S. 299-302.

1976   (Hg.) Landerschließung und Kulturlandschaftswandel an den Siedlungsgrenzen der Erde. Symposium anläßlich des 75. Geburtstages von Prof. Dr. Willi Czajka vom 9.-11. November 1973 im Geographischen Institut der Universität Göttingen. (Göttinger Geogr. Abhandlungen 66) Göttingen.

1976   *Landerschließung und Kulturlandschaftswandel an den Siedlungsgrenzen der Erde – Wege und Themen der Forschung. Ibid., S. 11-24.

1976   *Konvergenz und Evolution in der Entstehung ländlicher Siedlungsformen. In: 40. Deutscher Geographentag Innsbruck 1975. Tagungsbericht und wissenschaftliche Abhandlungen, hg. v. H. Uhlig und E. Ehlers. (Verh. d. Dt. Geographentages 40) Wiesbaden, S. 208-227.

1977   Settlement Processes and the Evolution of Settlement and Field Forms in the Himalayan Foreland of Kumaon (North India). In: Man, Culture and

Settlement. Festschrift to R. L. Singh, ed. by R. C. Eidt, K. N. Singh and R. P. B. Singh. (National Geogr. Society of India, Research Publications No. 17) New Delhi, Ludhiana, S. 12-23. [Engl. Version des Artikels „Beobachtungen an ländlichen Siedlungen in Nordindien ..." (1968).]

1978 Où en est la recherche en matière de géographie agraire en République Fédérale Allemande? (Zum Forschungsstand der Agrargeographie in der Bundesrepublik Deutschland). In: L'Espace géographique 7, S. 199-207.

1979 Zus. mit J. Hagedorn und J. Hövermann (Hg.): Gefügemuster der Erdoberfläche. Die genetische Analyse von Reliefkomplexen und Siedlungsräumen. Festschrift zum 42. Deutschen Geographentag in Göttingen. Göttingen.

1979 Gefügemuster von Siedlungsräumen. Vorbemerkungen zum Begriff und zur Auswahl der regionalen Beispiele. Ibid., S. 185-186.

1979 *Martin Borns wissenschaftliches Werk unter besonderer Berücksichtigung seines Beitrages zur Erforschung der ländlichen Siedlungen in Mitteleuropa. In: Ber. z. dt. Landeskunde 53, H. 2, S. 187-209. – Wiederabdruck in: Siedlungsgenese und Kulturlandschaftsentwicklung in Mitteleuropa, Gesammelte Beiträge von Martin Born (†), hg. v. K. Fehn. (Erdkundl. Wissen – Beih. z. Geogr. Zeitschrift 53) Wiesbaden 1980, S. XXIII-XL.

1980 Historische Strukturen als Bedingungen der Raumgestaltung im Industriezeitalter. In: Geographie u. Schule 2, H. 3, S. 3-11.

1980 *Ländliche Siedlungen und Siedlungsräume – Stand und Perspektiven in Forschung und Lehre. In: 42. Deutscher Geographentag Göttingen 1979. Tagungsbericht und wissenschaftliche Abhandlungen, hg. v. G. Sandner und H. Nuhn. (Verh. d. Dt. Geographentages 42) Wiesbaden, S. 79-102. – Wiederabdruck in G. Henkel (Hg.): Die ländliche Siedlung als Forschungsgegenstand der Geographie. (Wege d. Forschung 616) Darmstadt 1983, S. 454-470.

1982 *Kulturlandschaftsverfall und Kulturlandschaftsumbau in der Randökumene der westlichen Industriestaaten. In: Geogr. Zeitschrift 70, S. 162-183.

1982 *Historische Strukturen im Industrie-Zeitalter. – Beobachtungen, Fragen und Überlegungen zu einem aktuellen Thema. In: Ber. z. dt. Landeskunde 56, S. 193-217.

1983 Siedlungsschwankungen an den Grenzen der Ökumene. Einführung in die Fachsitzung. In: 43. Deutscher Geographentag Mannheim 1981. Tagungsbericht und wissenschaftliche Abhandlungen, hg. v. H. Hagedorn und K. Gießner. (Verh. d. Dt. Geographentages 43) Wiesbaden, S. 279-281.

1983 Zus. mit H. Quirin (Hg.): Anneliese Krenzlin: Beiträge zur Kulturlandschaftsgenese in Mitteleuropa. Gesammelte Aufsätze aus vier Jahrzehnten. (Erdkundl. Wissen – Beih. z. Geogr. Zeitschrift 63) Wiesbaden.

1983 *(unter Mitwirkung von Heinz Quirin, Berlin): Der Beitrag Anneliese Krenzlins zur historisch-genetischen Siedlungsforschung in Mitteleuropa. Ibid., S. XI-XXXVIII.

1984 *Siedlungsgeographie als historisch-gesellschaftswissenschaftliche Prozeßforschung. In: Geogr. Rundschau 36, S. 162-169.

1984 Zus. mit G. Henkel: Ländliche Siedlungen – Herkunft und Zukunft. Ländlich-bäuerliche Siedlungsräume einheimischer Völker Außereuropas, insbesondere Afrikas und Asiens. Genetische Schichtung und gegenwärtige Entwicklungsprozesse. In: 44. Deutscher Geographentag Münster 1983. Tagungsbericht und wissenschaftliche Abhandlungen, hg. v. K. Lenz und F. Scholz. (Verh. d. Dt. Geographentages 44) Stuttgart, S.480-485.

1984 Zus. mit G. Henkel (Hg.): Ländliche Siedlungen einheimischer Völker Außereuropas – Genetische Schichtung und gegenwärtige Entwicklungsprozesse. Beiträge zur Arbeitskreissitzung 'Ländliche Siedlungen – Herkunft und Zukunft' des 44. Deutschen Geographentages Münster 1983. (Essener Geogr. Arbeiten 8) Paderborn.

1984 Ländlich-bäuerliche Siedlungsräume einheimischer Völker Außereuropas – Genetische Schichtung und gegenwärtige Entwicklungsprozesse: Einführung in das Thema der Sitzung [des Arbeitskreises 'Ländliche Siedlungen – Herkunft und Zukunft' des 44. Deutschen Geographentages Münster 1983]. (Essener Geogr. Arbeiten 8) Paderborn, S. 1-5.

1984 Zus. mit M. Perret: The evolution of settlement and land use in countries of european expansion since the Great Discoveries. Tagungsbericht über Thema 11. 25th International Geographical Congress, Congress Proceedings, Paris 1984. Caen, S. 67-72.

1985 *Die außereuropäischen Siedlungsräume und ihre Siedlungsformen. Gedanken zu einem Darstellungskonzept. In: Siedlungsforschung. Archäologie – Geschichte – Geographie 3, S. 69-85.

1985 Die "Ständige Europäische Konferenz zur Erforschung der ländlichen Kulturlandschaft". Vorstellung eines internationalen kulturgeographischen Arbeitskreises anläßlich seiner Tagung 1985 in der Bundesrepublik Deutschland. In: Siedlungsforschung. Archäologie – Geschichte – Geographie 3, S. 213-226.

1986 Neue Tendenzen der Siedlungsformenforschung seit dem Zweiten Weltkrieg. In: Siedlungsnamen und Siedlungsformen als Quellen zur Besiedlungsgeschichte Niederösterreichs. Vorträge und Diskussionen, abgehalten auf dem 5. Symposion des Niederösterreichischen Instituts für Landeskunde auf Schloß Zwettl vom 2.-4. Juli 1984, hg. v. H. Feigl. (Studien u. Forschungen a. d. Niederösterr. Inst. f. Landeskunde 8) Wien, S. 97-121.

1986 *Wilhelm Müller-Wille (1906-1983). Seine Leistung für die Siedlungsgeographie Mitteleuropas. In: Siedlungsforschung. Archäologie – Geschichte – Geographie 4, S. 197-214.

1987 Dynamics of peasant settlement in Third World Highlands – a case study from India and Nepal. In: Nordia (Oulu) 21, 1, S. 59-65.

1987 Order in Land Organization: Historical Spatial Planning in Rural Areas in the Medieval Kingdoms of South India. In: Exploration in the Tropics, ed. by V. S. Datye et alii. (University of Poona, Prof. K. R. Dikshit Felicitation Volume Committee) Pune (Indien), S. 258-279.

1987 (Hg.): The Medieval and Early-Modern Rural Landscape of Europe under the Impact of the Commercial Economy. Göttingen.

1988   Genetische Siedlungsforschung in der Bundesrepublik Deutschland aus der Sicht der Siedlungsgeographie. In: Genetische Siedlungsforschung in Mitteleuropa und seinen Nachbarräumen, hg. v. K. Fehn, K. Brandt, D. Denecke und F. Irsigler. Bonn, Teilband 1, S. 89-124.

1988   *Introduction from above: Intentional spread of common-field systems by feudal authorities through colonization and reorganisation. In: Geografiska Annaler 70 B, 1, S. 149-159. – Auch in: The Transformation of Rural Society, Economy and Landscape. Papers from the 1987 meeting of The Permanent European Conference for the Study of the Rural Landscape, ed. by U. Sporrong. (Stockholms universitet, Kulturgeografiska Institutionen, Meddelanden serie B 71) Stockholm 1990, S. 169-179.

1989   Aufgaben der Landesforschung aus der Sicht der historisch-geographischen Forschung. In: Stand und Perspektiven der Landesforschung in Niedersachsen. (Wissenschaftl. Ges. z. Studium Niedersachsens – Arbeitspapiere), o. O. [Hannover], o. J. [1989], S. 57-77.

1989   Strukturen der historischen Kulturlandschaft in ökologischer Perspektive. In: Natur und Geschichte. Naturwissenschaftliche und historische Beiträge zu einer ökologischen Grundbildung, hg. v. B. Herrmann und A. Budde. Göttingen, S. 189-198.

1990   *Grundzüge einer Siedlungsgeographie der Dritten Welt. Ein Versuch am Beispiel Afrikas und Asiens. In: Festschrift für Wendelin Klaer zum 65. Geburtstag, hg. v. E. Domrös, E. Gormsen und J. Stadelbauer. (Mainzer Geogr. Studien 34) Mainz, S. 351-374.

1990   *Zur historischen Geographie der Transatlantischen Peripherie des frühneuzeitlichen europäischen Kolonial- und Weltwirtschaftssystems. In: Der nordatlantische Raum. Festschrift für Gerhard Oberbeck, hg. v. F. N. Nagel. (Mitteilungen d. Geogr. Ges. in Hamburg 80) Stuttgart, S. 49-70.

1990   Ingeborg Leister (1926-1990). Ihre Bedeutung für die Siedlungsgeographie und die Kulturlandschaftsforschung. In: Siedlungsforschung. Archäologie – Geschichte – Geographie 8, S. 227-247.

1991   *Planung von Tempelstädten und Priesterdörfern als räumlicher Ausdruck herrschaftlicher Ritualpolitik – das Beispiel des Chola-Reiches in Südindien. In: Braunschweigische Wiss. Gesellschaft – Jahrbuch 1990. Göttingen, S. 57-66.

1992   Planned temple towns and Brahmin villages as spatial expressions of the ritual politics of medieval kingdoms in South India. In: Ideology and Landscpae in historical Perspective, ed. by A. R. Baker and G. Biger. Cambridge, S. 107-124.

1992   *The temporal and spatial pattern of field reorganization in Europe (18th and 19th centuries). A comparative overview. In: The Transformation of the European Rural Landscape: Methodological issues and agrarian change 1770-1914, ed. by A. Verhoeve and J. A. J. Vervloet. In: Tijdschrift van de Belgische Vereniging voor Aardrijkskundige Studies – BEVAS; Bulletin de la Société Belge d'Etudes Géographiques – SOBEG, 61, S. 146-158.

1992   Historical Geography. In: 40 Years After: German Geography. Developments, Trends and Prospects 1952-1992, ed. by E. Ehlers. (Applied Geography and Development, Suppl. Vol.) Bonn/Tübingen 1992, S. 145-172.

1992	*Historische Geographie. In: Siedlungsforschung. Archäologie – Geschichte – Geographie 10, 1992, S.217-237.
1992	Man and Environment in Highlands: An Historical-Geographical Approach to Human Ecology. In: Development and Ecology. Essays in Honour of Professor Mohammad Shafi, ed. by M. Raza. Jaipur, New Delhi, S. 299-309.
1993	(Hg.): The Early-Modern World-System in Geographical Perspective. (Erdkundl. Wissen – Beih. z. Geogr. Zeitschrift 110) Wiesbaden.
1993	Introduction. Ibid., S. 1-25.
1993	The European World-System: A von Thünen Interpretation of its Eastern Continental Sector. Ibid., S. 62-83.
1995	Brüche in der Kulturlandschaftsentwicklung. (Einführungsvortrag zur 21.Tagung des "Arbeitskreises für genetische Siedlungsforschung in Mitteleuropa" vom 21. bis 24. September 1995 in Leipzig.) In: Siedlungsforschung. Archäologie – Geschichte – Geographie 13, S. 9-30.
1995	Brüche in der Kulturlandschaftsentwicklung. Bericht über die 21. Tagung des "Arbeitskreises für genetische Siedlungsforschung in Mitteleuropa" vom 21. bis 24. September 1995 in Leipzig. In: Siedlungsforschung. Archäologie – Geschichte – Geographie 13, S. 283-288.
1997	Der Beitrag der Historischen Geographie zur Erforschung von Peripherien. In: European Internal Peripheries in the 20th Century, ed. by H.-H. Nolte. (Histor. Mitteilungen d. Ranke-Gesellschaft, Beih. 23) Stuttgart, S. 17-36.

I

Zur Konzeption einer gesellschaftswissenschaftlichen Siedlungsgeographie

Ländliche Siedlungen und Siedlungsräume – Stand und Perspektiven in Forschung und Lehre

I. Zum Stand regionaler und thematischer Einzelforschung

Die deutschsprachige Geographie der ländlichen Siedlungen und ländlichen Siedlungsräume hat seit ihren Anfängen in ihrem mitteleuropäischen Forschungsraum das Schwergewicht auf die vorindustriezeitlichen Formungsphasen gelegt: auf die sich dabei herausbildenden Orts- und Flurformen, auf die im Ablauf der Formungsphasen sich herausbildenden großräumigen Gefüge von Siedlungsmustern, und auf die während der jeweiligen Formungsphase wirksamen Siedlungsträger und Siedlergruppen sowie auf die verschiedenen Determinanten, unter deren Wirkung diese Gruppen ihre Entscheidungen trafen und die Siedlungsprozesse abliefen. Die Geographie der ländlichen Siedlungen ist daher zu Recht als ein primär historisch-genetisch ausgerichteter Forschungszweig angesprochen worden.

In seinem Buch „Die Entwicklung der deutschen Agrarlandschaft", in dem M. Born kommentierend einen umfassenden Überblick über den Forschungsstand gibt (umfangreiches Literaturverzeichnis mit ca. 600 Titeln), sind dieser Ausrichtung entsprechend 130 von 150 Seiten der vorindustriellen Entwicklung gewidmet.[1] Im Hinblick auf Borns Forschungsbericht sehe ich die Aufgabe dieses Vortrages darin, meine Ausführungen zum Forschungsstand auf *die* Gebiete zu richten, die in jüngerer Zeit zum genannten klassischen Forschungsschwerpunkt der Siedlungsgeographie hinzugetreten sind bzw. ein zunehmend stärkeres Gewicht erhalten haben.

Die erst während des Zeitalters der Industrialisierung und Urbanisierung sich durchsetzenden Wandlungen im ländlichen Siedlungsraum sind keineswegs unbeachtet geblieben. Insbesondere die jüngsten kräftigen Strukturwandlungen durch Flurbereinigungen, durch Hofaussiedlungen, durch die damit verbundenen Althofsanierungen und Erneuerungsmaßnahmen in den alten Dörfern sind in verschiedenen Arbeiten dargestellt worden und haben inzwischen ja auch bereits in den Schulerdkundebüchern und Atlanten ihren Platz gefunden.[2] Diese jungen Wandlungen der ländlichen Siedlungsstruktur vollziehen sich in einigen Räumen besonders intensiv, so die Aussiedlungsmaßnahmen im östlichen Westfalen und in Nordhessen und wohl noch stärker und auch schon früher in den industrienahen Realteilungsgebieten Südwestdeutschlands, vor allem in der Oberrheinebene. Doch gewinnt man den Eindruck, daß sich diese vom Staat initiierten Wandlungen über-

---

[1] *M. Born:* Die Entwicklung der deutschen Agrarlandschaft. (Erträge d. Forschung 29) Darmstadt 1974.

[2] *M. Born* (wie Anm. 1), S. 159-178. – Als jüngeres Beispiel sei genannt: *F. Becker:* Neuordnung ländlicher Siedlungen in der Bundesrepublik Deutschland. (Bochumer Geogr. Arbeiten 26) Paderborn 1976.

all nach ganz ähnlichen Prinzipien und mit gleichartigen Formen vollziehen, so daß bereits mit wenigen regionalen Untersuchungen die wesentlichen Grundzüge dieser Veränderungen und ihre Resultate zu erfassen sind. Dies ist sicherlich darauf zurückzuführen, daß derartige Maßnahmen nach weitgehend ähnlichen Gesetzen der Bundesländer durchgeführt werden. Lohnend wäre daher sicherlich ein *internationaler* Vergleich solcher Maßnahmen.

Auf ein in diesem Sachzusammenhang des jüngsten Wandels sich neu eröffnendes Arbeitsfeld der Siedlungsgeographie hat kürzlich G. Henkel nachdrücklich aufmerksam gemacht. Er weist darauf hin, daß eine Gefahr dieser tendenziell zur Uniformierung der ländlichen Siedlungen führenden planmäßigen und spontanen Umbau- und Erneuerungsmaßnahmen darin liegt, daß in den Dörfern deren ursprünglich geschlossenes historisch überkommenes Grundriß- und Gebäudebild zerstört wird.

Man kann diese Gefahr für belanglos halten und die radikale Modernisierung der Dorfgestalt für wünschenswert erklären. Eine alternative Entscheidung, die sogar politisch gefördert wird, ist die sog. erhaltende Dorferneuerung, die darauf abzielt, soweit wie möglich die historisch gewachsene Individualität des Siedlungsbildes zu erhalten, aber auch die Typik ländlicher Siedlungen, wie sie sich z. B. in der Rundlingsform oder in der scheinbar verkehrswidrigen verschlungenen Straßenführung der Haufendörfer zeigt. Henkel plädiert für eine tradierte Formenelemente erhaltende Dorferneuerung, an der sich als kompetente Wissenschaftler die Siedlungsgeographen mit ihrer gründlichen Kenntnis der historischen Formen beteiligen sollten.[3]

Mit ihrer bisher geübten Konzentration auf die vorindustriellen Formungsphasen entzieht sich die Geographie der ländlichen Siedlungen zugleich der Problematik, daß ihr Objekt – ländliche Siedlung, ländlicher Siedlungsraum – im Zuge der Urbanisierung mehr und mehr an Eindeutigkeit verliert: der ländlich-dörfliche Charakter geht verloren durch das Eindringen städtischer Wertvorstellungen, städtischer Lebensformen, die im Siedlungsbild in städtischen Bauformen und „vorstädtischen" Wohnstraßen und Wohnvierteln zum Ausdruck kommen. Die ehedem so klare Grenze zwischen Stadt und Land ist einem Kontinuum gewichen. Damit kann es eigentlich auch kein auf den aktuellen Siedlungsraum bezogenes eindeutiges Forschungsobjekt der ländlichen Siedlungsgeographie geben – es sei denn, wir ziehen die Konsequenz, uns auf *die* Teilstrukturen des aktuellen Siedlungsraumes zu beschränken, die noch agrarisch bestimmt sind, eben auf die vorhin angesprochenen Wandlungen der Flurstruktur, auf Aussiedlungsmaßnahmen usw. Es ist dies m. E. eine Frage der Pragmatik. Der Stadtgeograph und der an städtischen Problemen geschulte Sozialgeograph wird die Verstädterung des ländlichen Raumes

---

3 Vgl. die Kurzfassung des Vortrages von *G. Henkel* in der Fachsitzung „Theorien und Modelle in der genetischen Siedlungsgeographie", in: 42. Deutscher Geographentag Göttingen 1979. Tagungsbericht und wissenschaftliche Abhandlungen, hg. v. G. Sandner u. H. Nuhn. (Verh. d. Dt. Geographentages 42) Wiesbaden 1980, S. 931-393. [Vollständige Fassung des Vortrages s. *G. Henkel*, Der Dorferneuerungsplan und seine inhaltliche Ausfüllung durch die genetische Siedlungsgeographie. In: Ber. z. dt. Landeskunde 53, 1979, S. 95-117.]

u. U. mit seinen Methoden und Kriterien angemessener erfassen und beurteilen können.

Es besteht im Hinblick auf diese von den Städten ausgehende Schrumpfung des ländlichen Siedlungsraumes jedoch keineswegs die Gefahr, daß es der siedlungsgeographischen Forschung in Zukunft an Themen und an Untersuchungsgebieten mangeln wird. Wie die Zusammenfassung des Forschungsstandes durch unseren so früh verstorbenen Kollegen M. Born über die Entwicklung der deutschen Agrarlandschaft zeigt (vgl. Anm. 1), sind zwar die großen mittelalterlichen Siedlungsausbauphasen und auch die spätmittelalterlichen Strukturwandlungen der Wüstungsperiode inzwischen so gut erforscht, daß m. E. nur noch in bestimmten Räumen wesentliche neue Erkenntnisse zu erwarten sind. Die deutsche Siedlungsforschung hat sich in mehreren Richtungen aus diesem ihrem traditionellen Kernbereich herausbewegt und neue oder bisher noch wenig bearbeitete Forschungsfelder in Angriff genommen. Eine dieser Richtungen geht in die Gegenwart – auf die jüngeren Wandlungen seit Beginn des Industriezeitalters als Forschungsgegenstand habe ich bereits hingewiesen. Es haben sich jedoch noch weitere Forschungsfelder außerhalb der „Siedlungsgeographie mittelalterlicher Formungsphasen" als fruchtbar erwiesen. Auf diese werde ich in meinem Überblick über den Forschungsstand noch kurz eingehen, ehe ich mich im zweiten Teil meines Vortrages der Frage zuwenden will, wie wir die zunehmende Fülle der Forschungsergebnisse in Synthesen zusammenfassen können. Neben der Fortführung thematisch und regional gebundener Forschung scheint mir dies eine ganz wesentliche Aufgabe und zukünftige Perspektive der „Allgemeinen vergleichenden Siedlungsgeographie" zu sein.

Schien es lange Zeit so, als sei mit dem mittelalterlichen Landesausbau und der deutschen Ostsiedlungsbewegung sowie mit den anschließenden Rückschnitten durch die Wüstungsvorgänge des späten Mittelalters die Struktur des ländliches Siedlungsraumes in Mitteleuropa für die folgenden Jahrhunderte festgelegt gewesen, so haben inzwischen eine ganze Reihe von Untersuchungen unterstrichen, in welchem Maße während der *frühen Neuzeit* und insbesondere durch die Maßnahmen der *absolutistischen Landesherrschaften* vor allem im 18. Jahrhundert noch Neusiedlungsgebiete erschlossen worden sind. Dies gilt nicht nur für die ostdeutschen Gebiete, wo man mit W. Kuhn geradezu von einer „Zweiten deutschen Ostsiedlung" sprechen kann, und für Polen, wo eine Welle von Siedlungsgründungen mit über zweitausend Reihendörfern die Flußniederungen und Talsandgebiete im Bereich der Weichsel erschließt. Auch die Peuplierungs- und Inwertsetzungspolitik der Fürsten im westlichen Mitteleuropa hat, dies konnte in mehreren neuen Arbeiten gezeigt werden, zu umfangreichen Siedlungs- und Koloniegründungen geführt, in den Mittelgebirgen, vor allem auch in den Moor- und Heidegebieten Nord- und Nordwestdeutschlands und Dänemarks.[4] Die ganz vorzügliche amtliche Dokumen-

---

4 Zusätzlich zu den bereits bei *M. Born* (s. Anm. 1) zitierten Arbeiten seien ohne Anspruch auf Vollständigkeit noch einige neuere Untersuchungen angeführt: *M. Born:* Die frühneuzeitliche Ausbauperiode in Mitteleuropa. Bemerkungen zum zeitlichen Ablauf. In: Ber. z. dt. Landeskunde 48, 1974, S. 111–128; *B. Lievenbrück:* Die Erschließung der rechtsemsischen Moorgebiete. In: Spieker – Landeskundl. Beiträge u. Berichte 25, 1977, S. 71–97; *ders.:*

tation dieser jungen Siedlungsvorgänge des 17./18. Jahrhunderts erlaubt uns einen detaillierten Einblick in die Siedlungsprozesse und die hinter ihnen stehende Siedlungspolitik der damaligen Staatsverwaltungen, wie sie für die mittelalterlichen Besiedlungsvorgänge leider nicht in diesem Maße faßbar sind. Der parallel laufende Vorgang der Auffüllung der alten Dörfer durch die zunächst unterbäuerlich eingestuften Nachsiedler ist ebenfalls ein Forschungsfeld, das lohnende Einsichten in das Werden der dörflichen Sozialstruktur vermittelt, wie die Arbeiten von H. Grees für Süddeutschland gezeigt haben.[5]

Vernachlässigt wurde bisher von der deutschen Siedlungsforschung sicherlich auch die *Phase der großen Agrarreformen des 18. und 19. Jahrhunderts*, die für die Flurformen der meisten deutschen Siedlungsräume einen geradezu grundstürzenden Umbruch gebildet haben. Seit der ersten Übersicht durch G. Schwarz vor mehr als zwanzig Jahren[6] sind kaum neue Untersuchungen hinzugekommen. Die Arbeiten von H. Kraatz für Braunschweig und von W. Prange für Schleswig-Holstein,[7] beide auf das 18. Jahrhundert bezogen, bilden die wichtigsten neuen Forschungen hierzu, die aber noch nicht ausreichen, um etwa eine dringend erwünschte vergleichende Übersicht zu gewinnen, denn im Gegensatz zu den heute ablaufenden Maßnahmen waren die damaligen Agrarreformen in den einzelnen deutschen und europäischen Staaten keineswegs einheitlich in ihrer umformenden Wirkung.* Welche Erkenntnisse sich aus der Analyse dieser Umformungsprozesse des 18./19. Jahrhunderts ergeben können, hat S. Helmfrid an einem schwedischen Beispiel gezeigt.[8]

Siedlungsentwicklung als Prozeß der Raumbeherrschung – Zur politischen Geographie der Gemeinde Börger/Hümmling. In: Ber. z. dt. Landeskunde 52/1, 1978, S. 33–48; *K. Müller-Scheeßel:* Jürgen Christian Findorff und die kurhannoversche Moorkolonisation im 18. Jahrhundert. (Veröff. d. Inst. f. Histor. Landesforschung d. Univ. Göttingen 7) Hildesheim 1975; *H.-J. Nitz:* Moorkolonien. Zum Landesausbau im 18./19. Jahrhundert westlich der Weser. In: Mensch und Erde. Festschrift für Wilhelm Müller-Wille, hg. v. K.-F. Schreiber u. P. Weber (Westfälische Geogr. Studien 33) Münster 1976, S. 159–180; *ders.:* Smallholder Colonization in the Heathlands of Northwest Germany during the 18th and 19th Century. In: Geogr. Polonica 38, 1978, S. 207-213. – Die beiden zuletzt genannten Arbeiten sind wieder abgedruckt in *H.-J. Nitz,* Historische Kolonisation und Plansiedlung in Deutschland. Ausgewählte Arbeiten Band I. (Kleine Geogr. Schriften 8) Berlin 1994, S. 337-366.

5 Zusammenfassend in *H. Grees:* Ländliche Unterschichten und ländliche Siedlung in Ostschwaben. (Tübinger Geogr. Studien 58, Sonderbd. 8) Tübingen 1975.

6 *G. Schwarz*: Die Agrarreformen des 18. bis 20. Jahrhunderts in ihrem Einfluß auf das Siedlungsbild. In: Hannoversches Hochschuljahrbuch 1954/55, S. 155–167.

7 *H. Kraatz*: Die Generallandesvermessung des Landes Braunschweig von 1746–1784. Ihre Ziele, Methoden und Techniken und ihre flurgeographische Bedeutung. (Veröff. d. Niedersächsischen Inst. f. Landeskunde u. Landesentwicklung a. d. Univ. Göttingen – Forschungen z. Niedersächsischen Landeskunde 104) Göttingen 1975; *W. Prange:* Die Anfänge der großen Agrarreform in Schleswig-Holstein bis um 1771. (Quellen u. Forschungen z. Geschichte Schleswig–Holsteins 60) Neumünster 1971.

* Siehe hierzu den 1992 veröffentlichten und in diesem Band abgedruckten Beitrag des Verf. „The temporal and spatial pattern of field reorganization in Europe (18th and 19the centuries). A comparative overview".

8 *S. Helmfrid:* „Storskifte" und „laga skifte" in Väversunda. In: Geogr. Zeitschrift 56, 1968, S. 194–212.

Der zweite Schritt aus dem bisherigen Schwerpunktgebiet der Siedlungsgeographie heraus führt in die *vormittelalterlichen Besiedlungs- und Entsiedlungsperioden*. Hier allerdings ist inzwischen eine andere Wissenschaft, gewissermaßen eine neue Schwester der Siedlungsgeographie, tätig geworden, die Siedlungsarchäologie, der es mit geradezu aufregenden Ergebnissen gelungen ist, ein zunehmend klareres Bild des Siedlungswesens in den frühgeschichtlichen Jahrhunderten zu entwerfen. Doch würde eine Darstellung in Rahmen dieses Vortrags zu weit führen.

Wesentlicher ist für die deutschsprachige Siedlungsgeographie die Verstärkung ihrer Forschungen außerhalb Mitteleuropas, und das heißt vor allem: in den *außereuropäischen Kontinenten*. Hier lag und liegt bis heute das Schwergewicht auf der Erforschung der großen neuzeitlichen Siedlungsbewegungen in Nord- und Südamerika, Südafrika und Australien, und zwar sowohl der von europäischen Auswanderern getragenen als auch der nationalstaatlichen ganz jungen Agrarkolonisationen. Ich nenne hier nur als Beispiele die Arbeiten von H. Hottenroth und E. Ehlers über die kanadischen Pioniersiedlungen und von J. Dahlke über die Weizenfarmer-Kolonisation in Westaustralien sowie die zahlreichen von H. Wilhelmy und F. Monheim angeregten Arbeiten über die gegenwärtige Agrarkolonisation der Andenstaaten in ihren östlichen Tieflandgebieten und G. Kohlhepps noch laufende Forschungsarbeiten in den brasilianischen neuen Erschließungsgebieten.[9]

Auch zu diesem außereuropäischen Kerngebiet deutscher Siedlungsforschung mit zeitlichem Schwerpunkt in der Neuzeit sind zwei zeitlich erweiterte Forschungsfelder hinzugetreten: Nach vorwärts in die Gegenwart hinein die Untersuchung eines Phänomens, das man vielleicht eines Tages als *die große Wüstungsperiode des 20. Jahrhunderts* bezeichnen wird: An den Siedlungsgrenzen der Agrarräume der Industrieländer vollzieht sich eine teilweise geradezu dramatische Schrumpfung in Form von Hofaufgaben mit Hofverfall und Wiederverwaldung der Fluren, in weniger dramatischer Form durch Zusammenlegen zu größeren Farmeinheiten, verbunden mit dem Verschwinden aufgegebener Einzelhöfe. Diese Vorgänge absoluter Schrumpfung spielen sich in Europa in Nordskandinavien, in den Alpen sowie in einer Reihe hoher Mittelgebirge ab, z. B. im Zentralmassiv und im Appenin,[10] in Nordamerika vor allem in den atlantischen Provinzen Kanadas und an der Nordgrenze des bisherigen Pioniersiedlungsraumes! Die Ausdünnung des

---

9 Zahlreiche exemplarische Regionalstudien zu diesem Themenkreis sowie eine Literaturübersicht finden sich in dem von *H.-J. Nitz* herausgegebenen Band „Landerschließung und Kulturlandschaftswandel an den Siedlungsgrenzen der Erde". Willi Czajka-Symposium. (Göttinger Geogr. Abhandlungen 66) Göttingen 1976. [Die Einführung von *H.-J. Nitz* ist in diesem Band wieder abgedruckt.] – An neueren Beiträgen seien noch genannt: *W. Brücher:* Formen und Effizienz staatlicher Agrarkolonisation in den östlichen Regenwaldgebieten der tropischen Andenländer. In: Geogr. Zeitschrift 65, 1977, S. 3–22; *G. Kohlhepp:* Planung und heutige Situation staatlicher kleinbäuerlicher Kolonisationsprojekte an der Transamazônica. In: Geogr. Zeitschrift 64, 1976, S. 171–211.

10 Als Beispiel sei genannt die Untersuchung von *E. Blohm:* Landflucht und Wüstungserscheinungen im südöstlichen Massif Central und seinem Vorland seit dem 19. Jahrhundert. (Trierer Geogr. Studien 1) Trier 1976.

Farmennetzes durch Zusammenlegung hat die Weizenbaugebiete des mittleren Westens und neuerdings auch Ackerbau- und Weidewirtschaftsgebiete in Australien und Neuseeland erfaßt, wie B. Fautz auf seiner jüngsten Forschungsreise feststellen konnte. Dieser siedlungsräumliche Wandel ist Ausdruck und Konsequenz der jüngsten Entfaltungsphase der industriell-urbanen Gesellschaft, deren quasi industriell wirtschaftende agrare Kerngebiete inzwischen eine solche Produktivitätssteigerung erreicht haben, daß die marginalen Agrarsiedlungsräume überflüssig werden. In Kanada haben A. Wieger und A. Pletsch mit der Untersuchung dieser Wüstungsprozesse begonnen.*

Die andere Erweiterung der Siedlungsforschung in Außereuropa ist die verstärkte Hinwendung zu den inzwischen z. T. bereits *historisch gewordenen Siedlungsstrukturen der traditionellen, vorindustriellen Gesellschaften in Asien, Afrika und Lateinamerika und deren Überformung durch die Kolonisierung und die Einbeziehung in die Weltwirtschaft.***

So haben, um nur einige Beispiele zu nennen, im Vorderen Orient die Arbeiten von W. Hütteroth in der Türkei und Palästina, von W. Richter ebenfalls im historischen Palästina und im heutigen Israel, von H. Bobek und E. Ehlers in Iran und von F. Scholz in Belutschistan auf der Grundlage eines überraschend reichen historischen Quellenmaterials sehr genaue Vorstellungen entwickelt vom traditionellen Siedlungswesen, von den dahinterstehenden historischen sozioökonomischen Strukturen und den meist extern verursachten Prozessen, die zu Siedlungswandel und Siedlungsausbau führen.[11] Mit noch früheren historischen Siedlungsperioden der indianischen Hochkulturen und der spanischen Kolonialzeit befassen sich Forschungen, die im Rahmen des deutschen Mexiko-Projektes von F. Tichy und seinen Mitarbeitern durchgeführt werden. Die erste große Zusammenfassung der Ergebnisse findet sich in der Festschrift dieses Geographentages.[12]

---

* Ein jüngerer Beitrag des Verf. hierzu ist in diesem Band abgedruckt: „Kulturlandschaftsverfall und Kulturlandschaftsumbau in der Randökumene der westlichen Industriestaaten" (1982).

** Vgl. hierzu die Abhandlungen des Verf. in diesem Band: „Die außereuropäischen Siedlungsräume und ihre Siedlungsformen – Gedanken zu einem Darstellungskonzept" (1985) sowie „Grundzüge einer Siedlungsgeographie der Dritten Welt. Ein Versuch am Beispiel Afrikas und Asiens" (1990).

11 *W. Hütteroth:* Ländliche Siedlungen im südlichen Inneranatolien in den letzten vierhundert Jahren. (Göttinger Geogr. Abhandlungen 46) Göttingen 1968; *W. Richter:* Israel und seine Nachbarräume. Ländliche Siedlungen und Landnutzung seit dem 19. Jahrhundert. (Erdwissenschaftl. Forschung 14) Wiesbaden 1979; *H. Bobek:* Entstehung und Verbreitung der Hauptflursysteme Irans – Grundzüge einer sozialgeographischen Theorie. In: Mitteilungen d. Österr. Geogr. Ges. 118, II u. III, 1976, S. 274–322; *E. Ehlers:* Traditionelle und moderne Formen der Landwirtschaft in Iran. Siedlung, Wirtschaft und Agrarsozialstruktur im nördlichen Khuzistan seit dem Ende des 19. Jahrhunderts. (Marburger Geogr. Schriften 64) Marburg 1975; *F. Scholz:* Belutschistan (Pakistan). Eine sozialgeographische Studie des Wandels in einem Nomadenland seit Beginn der Kolonialzeit. (Göttinger Geogr. Abhandlungen 63) Göttingen 1974.

12 *F. Tichy:* Genetische Analyse eines Altsiedellandes im Hochland von Mexiko – Das Becken von Puebla-Tlaxcala. In: Gefügemuster der Erdoberfläche. Festschrift zum 42. Deutschen Geographentag in Göttingen 1979, hg. v. J. Hagedorn, J. Hövermann u. H.-J. Nitz. Göttingen 1979, S. 339–374.

Sehr viel schwieriger ist eine historisch-genetische Siedlungsforschung in Ländern, wo weder historische Quellen noch Flurpläne verfügbar sind, wie z. B. in den meisten Gebieten Schwarzafrikas. Noch in der ersten Hälfte dieses Jahrhunderts mußten siedlungsgeographische Beobachtungen ausschließlich vor Ort gemacht werden. Klassische Beispiele dafür bieten die Arbeiten in dem Sammelband „Die ländlichen Siedlungen in verschiedenen Klimazonen" (hrsg. von F. Klute) aus dem Jahre 1933.[12a]

Inzwischen sind Luftbilder eine neue wichtige Quelle für das kartierende Erfassen von Siedlungsmustern und ihrer Verbreitung geworden. Auch hier hat ein Großprojekt der Deutschen Forschungsgemeinschaft, das Afrika-Kartenwerk, umfangreiche Untersuchungen in verschiedenen Regionen Afrikas ermöglicht. Als Beispiel nenne ich die Studien von K. Grenzebach, der unter Anwendung der in Mitteleuropa entwickelten Fragestellungen und Begriffe der genetischen Siedlungsgeographie nicht nur die Siedlungsformen, sondern auch eine Reihe von Siedlungsprozessen in traditionellen und in kolonial überformten Agrargesellschaften herausarbeiten konnte.[13] Den inzwischen erreichten Forschungsstand in Afrika faßt die Übersicht von B. Wiese in der Festschrift zu diesem Geographentag zusammen.[14]

II. Synthesen als Aufgabe einer allgemeinen vergleichenden Siedlungsgeographie

Die Fülle der inzwischen viele Regionen der Erde und in diesen jeweils mehrere historische Schichten erfassenden Einzelforschungen drängt nach Zusammenschau, nach systematischer Ordnung, nach Synthese – nicht nur als systematische Ordnung der Vielfalt der Siedlungsformen, sondern ebenso als Synthese der Siedlungsabläufe, der Formungsprozesse und formenden Kräfte, Faktoren, Determinanten, die eine Erklärung, zumindest ein Verstehen der Zusammenhänge ermöglichen. Dies ist die Zielsetzung einer allgemeinen vergleichenden Siedlungsgeographie, deren Aufgabe es sein muß, einerseits mit einer solchen Zusammenschau der *Forschung* neue Perspektiven zu eröffnen, andererseits für die *Lehre* die Forschungsergebnisse in einer Weise aufzubereiten und darzustellen, daß dem Lernenden ein vertieftes Verständnis für übergreifend gültige räumliche Ordnungs- und Gestaltungsprinzipien des ländlichen Siedlungswesens vermittelt wird.

12a *F. Klute (Hg.):* Die ländlichen Siedlungsformen. Breslau 1933.
13 *K. Grenzebach:* Luftbilder: Indikatoren für regionale Komplexanalyse. Orba (East Central State, Nigeria) – Strukturwandel in einem dichtbesiedelten Agrarraum Ostnigerias. In: Die Erde 105, 1974, S. 97–123; *ders.:* Indikatoren agrarräumlicher Innovationsprozesse in Tropisch-Afrika, dargestellt an Untersuchungen planmäßiger Flurformen. In: Die Erde 107, 1976, S. 152–179.
14 *B. Wiese:* Gefügemuster ländlicher Siedlungsräume in Afrika. In: Gefügemuster ... (s. Anm. 12), S. 375–408.

Nach meiner Kenntnis des siedlungsgeographischen Forschungsstandes glaube ich wenigstens vier Möglichkeiten derartiger Synthesen herausstellen zu können, die jeweils von unterschiedlichen Ansätzen und Zielen ausgehen:

1. *Die regional-historische Synthese.* In ihr werden gleichartige regionale Siedlungsformengefüge zu Siedlungsräumen zusammengefaßt und diese Gefüge erklärt als das Ergebnis einer Abfolge historischer Formungsphasen. Dieses Konzept der Synthese liegt z. B. den siedlungsgeographischen Beiträgen der Festschrift zum Geographentag 1979 (s. Anm. 12) zugrunde, ebenso M. Borns Buch „Die Entwicklung der deutschen Agrarlandschaft" (s. Anm. 1).

2. *Die typologisch-klassfikatorische Synthese.* Sie ordnet die im überregionalen und historische Perioden übergreifenden Vergleich erkannten Siedlungsmerkmale und Siedlungsstrukturen – z. B. Orts- und Flurgrundrisse – systematisch nach bestimmten Kriterien – z. B. nach den Kriterien der formalen Gestaltung. Sie gewinnt so ein typologisches Ordnungsgerüst, das sich durch eine möglichst logisch aufgebaute Begrifflichkeit auszuzeichnen hat. Der Ansatz ist primär beschreibend-klassifizierend, in einem zweiten Schritt werden die verschiedenen Entstehungsumstände der erkannten Typen erörtert. Diese Form der Synthese ist das Ziel der Terminologie-Bände von H. Uhlig und C. Lienau;[15] als ein Gliederungskonzept wird es auch in Lehrbüchern der Allgemeinen Siedlungsgeographie verwandt.

3. *Der typengenetische Synthese-Ansatz.* Er wurde erstmals konsequent von M. Born in seinem letzten Buch „Geographie der ländlichen Siedlungen 1: Die Genese der Siedlungsformen in Mitteleuropa" (1977) angewandt. Er ordnet die Siedlungsformen in formal-logischer Reihung nach ihren „verwandtschaftlichen" Zusammenhängen, d. h. nach ihren aufeinander folgenden formalen Entwicklungsstadien. Born konnte dieses Konzept nur noch am Siedlungsbestand Mitteleuropas erproben. Es ist auf Großräume gleicher oder doch ähnlicher gesellschafts- und wirtschaftsgeschichtlicher Entwicklung anwendbar, in denen gleichartige Steuerungsfaktoren zu gleichartigen Formenabfolgen geführt haben.

4. Eine Form der Synthese, die nicht primär von den Siedlungsformen und -prozessen ausgeht, sondern von den *übergreifenden Steuerungsfaktoren und Rahmenbedingungen.* Dieser Ansatz fragt also umgekehrt von diesen Faktoren und Bedingungsrahmen her nach den unter ihrer Wirkung entstandenen Siedlungsstrukturen und ausgelösten siedlungsformenden Prozessen. Das Ziel einer möglichst umfassenden Synthese großräumiger Gültigkeit kann dann erreicht werden, wenn großräumig und langfristig wirksame Komplexe von Rahmenbedingungen und Steuerungsfaktoren herangezogen werden. Dies sind einmal die Hauptwirtschaftsformen oder Wirtschaftsstufen der Erde, zum anderen die von H. Bobek herausgestellten, um die gesellschaftliche Komponente erweiterten 'Stufen der Gesellschafts- und Wirtschaftsentfaltung der Erde'.

---

15 *H. Uhlig und C. Lienau:* Flur und Flurformen. Materialien zur Terminologie der Agrarlandschaft. Bd. 1, 2. A. Gießen 1978; *dies.:* Die Siedlungen des ländlichen Raumes. Materialien ... Bd. 2, Gießen 1972.

Die beiden letztgenannten Ansätze sind erst in jüngerer Zeit konsequent angewandt worden und verdienen daher besondere Beachtung. Ich werde sie daher im folgenden näher erörtern und zur Diskussion stellen.

Der von Born angewandte typengenetische Ansatz ordnet die in Mitteleuropa vorkommenden Orts- und Flurformentypen zwei Arten von Entwicklungen zu. Erstens: Die Primärformen, d. h. die Gründungsformen von Orts- und Fluranlagen, werden gedanklich geordnet nach dem Grad der Reife ihrer formalen Gestaltung: „In Formenreihen äußern sich Entwicklungsstadien der primären Gestalt von Siedlungstypenformen" (Born 1977, wie Anm. S. 83). Das heißt: das Grundmuster eines Flurtyps oder eines Ortsformentyps – z. B. des Straßendorfes – kann unterschiedlich sorgfältig und konsequent ausgeführt werden, was sich am klarsten bei den geplanten Formen zeigt (Abb. 1). Die Grundrisse lassen sich nach der erkennbaren formalen Entwicklungsrichtung oder Reife der Gestaltung in eine *Formenreihe* einordnen. Born bezeichnet die Stadien einer solchen Formenreihe als Initialform, Grundform und Hochform, wobei sich die Entwicklung in der „zunehmenden Betonung spezifischer Grundmerkmale" zu erkennen gibt.

Durch Hinzufügen von Formelementen zur Grund- oder Hochform kommt es zu sog. Ergänzungsformen; Kümmerformen sind Kleinformen unter Beibehaltung des in der Grund- oder Hochform erreichten Gestaltungsprinzips.

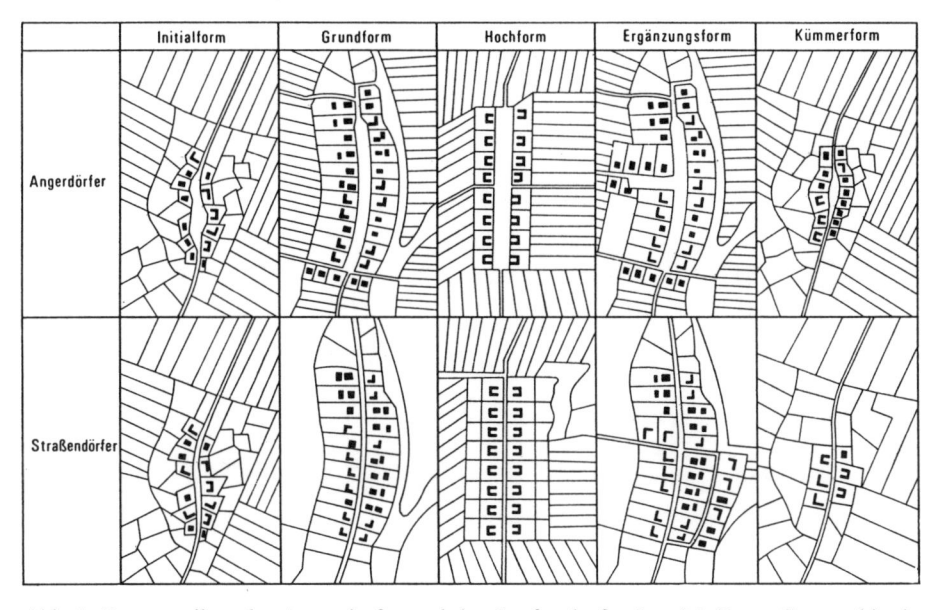

Abb. 1: Formenreihen des Angerdorfes und des Straßendorfes (aus M. Born, Geographie der ländlichen Siedlungen 1, 1977, Abb. 23)

Die hinter der Entwicklung solcher Formenreihen stehenden Ursachen lassen sich nicht auf einen einfachen systematisierbaren Nenner bringen. Sie können im wirtschaftlichen Bereich liegen, aber auch im siedlungstechnischen Fortschritt, in der Veränderung der Agrarverfassung usw. Der *methodische Fortschritt*, den dieser Ansatz eröffnet, liegt m. E. darin, daß erst das Erkennen solcher Formenreihen überhaupt die Frage nach den dahinterstehenden Gestaltungskräften aufwerfen läßt, ebenso Fragen nach der „Art des Siedlungsvorganges, indem konvergente Entstehung einer Siedlungsform oder ihre Übertragung aus anderen Gebieten nachgewiesen oder wahrscheinlich gemacht werden können" (Born 1977, S. 84), und so ganz neue Erkenntnisse über siedlungsgestaltende Prozesse zu gewinnen sind.

Dies ist zweitens eine Art von Entwicklungen, nun im Sinne von Wandlungsvorgängen, die Born unter dem Begriff der *Formensequenz* faßt. Hierunter ist die Abfolge von Umformungsstadien zu verstehen, welche eine einzelne Siedlung,

Primärform: Blockgemengeflur   Auflösungsstadium

Zerfallsstadium   Endstadium: Kreuzlaufende Kurzgewannflur

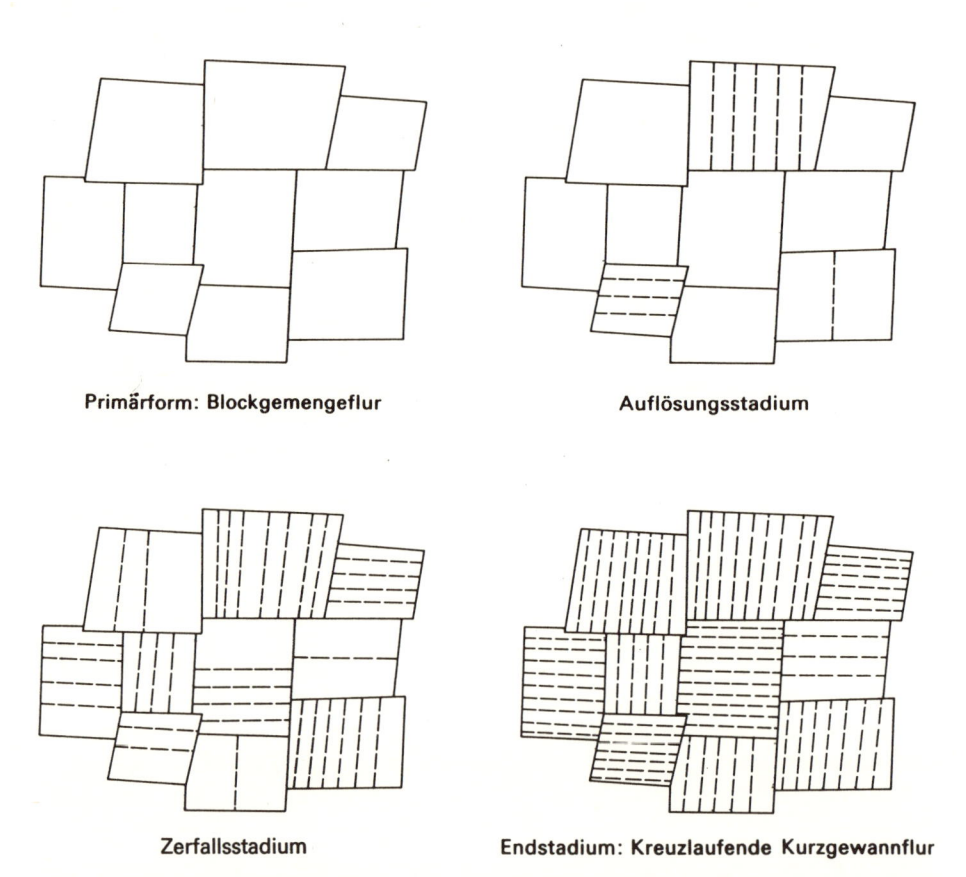

Abb. 2: Beispiel einer Formensequenz: von der Blockflur zur kreuzlaufenden Kurzgewannflur (schematische Darstellung)

ausgehend von ihrer Gründungsform, gewissermaßen in einem Alterungsprozeß durchlaufen kann. Die Formensequenz erfaßt typische regelhaft auftretende Umformungsstadien, die über den Vergleich zahlreicher Siedlungen gewonnen wurden. „Die einzelnen Stadien werden gekennzeichnet durch die verschieden weit fortgeschrittene Aufgabe des primären Gestaltungsprinzips." (ebd.) Besonders klar läßt sich dies am Prozeß der sog. Vergewannung von Blockfluren zeigen (Abb. 2). Am Ausgang der Formensequenz steht als Primärform die Blockgemengeflur, die unter einem fortschreitenden Zersplitterungsprozeß zunächst in das sog. *Auflösungsstadium* eintritt, in dem einzelne Blöcke breitstreifig meist in gleichgroße Parzellen geteilt werden; im zweiten Stadium, dem *Zerfallsstadium*, ist die bisherige Blockflur mit streifigen Parzellierungen bereits stärker durchsetzt, während im dritten, dem *Endstadium* des Wandlungsprozesses, eine umfassende Gewannbildung als die neue Parzellierungsweise sich durchgesetzt hat. Die Ausgangsform des Blocks ist nur noch in einzelnen Gewannumrissen zu erkennen (vgl. ebd., S. 180).

Auch hier führt die Feststellung solcher regelhaft auftretenden Formensequenzen zur Frage nach den diesen Umformungsprozeß auslösenden und steuernden Faktoren. Um auch dies am gleichen Beispiel zu zeigen: In den Vergewannungsgebieten wurden, vor allem von A. Krenzlin, als auslösender Faktorenkomplex Bevölkerungswachstum, Durchsetzen der Realteilungssitte, Besitzmobilität und die Ausbreitung der Dreifelderwirtschaft in Form der Dreizelgenwirtschaft erkannt.[16]

Der von mir als vierter genannte, hier ausführlicher zu diskutierende Ansatz einer allgemein-vergleichenden Siedlungsgeographie geht, wie bereits ausgeführt, von den übergreifenden wirtschaftlichen und gesellschaftlichen Steuerungsfaktoren aus. Es ist ja auch durchaus konsequent und sachgerecht, das ländlich-agrare Siedlungswesen in einer allgemeinen, weltweit vergleichenden Betrachtung funktional von den *agraren Wirtschaftsstrukturen* her zu interpretieren.

Dieser Ansatz kann allerdings nicht die Erwartung erfüllen, nun sämtliche ländlich-agraren Siedlungsstrukturen in ihrer Entstehung und in ihren Wandlungen von den ökonomischen Funktionen her zu erklären – dies wäre gewissermaßen ein ökonomischer Determinismus, denn die Siedlungen erfüllen ja nicht nur ökonomische Zwecke. Es geht also bei diesem Ansatz darum, darzustellen, daß *bestimmte* wesentliche Merkmale und Elemente des ländlichen Siedlungswesens in einer deutlichen Beziehung zu den in ihnen ablaufenden wirtschaftlichen Funktionen gestaltet wurden. Einen solchen Zusammenhang hat in der deutschen Siedlungsgeographie vor allem A. Krenzlin konstatiert.

In zwei Lehrbuchdarstellungen ist dieser von den agraren Wirtschaftsformen ausgehende Erklärungsansatz angewandt worden: Von G. Schwarz in ihrem Lehrbuch der Allgemeinen Siedlungsgeographie (1966, s. Anm. 17) als einer von mehreren Ansätzen, und von dem französischen Geographen R. Lebeau in seinem soeben in dritter, völlig neubearbeiteter Auflage erschienenen Buch mit dem Titel „Les grands types de structures agraire dans le monde" (Paris 1979). Da Lebeau

---

16 *A. Krenzlin und L. Reusch:* Die Entstehung der Gewannflur nach Untersuchungen im nördlichen Unterfranken. (Frankfurter Geogr. Hefte 35/1) Frankfurt 1961; darin: *A. Krenzlin:* Die Entstehung der Gewannflur, S. 76-131, hier insb. S. 108 ff.

dieses Prinzip durchgängig seiner Darstellung zugrundelegt, läßt sich an seiner Arbeit besonders deutlich zeigen, was es zu leisten vermag. Er geht von folgender Prämisse aus: Die agraren Siedlungsstrukturen – das sind die Flurformen, die Feldformen, die Wohnplatz- und Hausformen – bilden eine Teilstruktur der *structure agraire*, neben der anderen Teilstruktur der Landnutzungssysteme, mit denen sie in einem funktionalen Zusammenhang stehen, wobei die siedlungs- und flurstrukturellen Formen in starkem Maße als von den agrarwirtschaftlichen Funktionen geprägt aufgefaßt werden. Die gesamte jeweilige *structure agraire* wird noch von drei weiteren übergreifend wirksamen Faktorenkomplexen beeinflußt: 1. von sozialen Faktoren, vor allem im Sinne der ländlichen Besitz- und Sozialverfassung, 2. vom Bevölkerungsdruck und 3. vom sog. *milieu économique*; als dessen drei weltweit vertretene Haupttypen nennt Lebeau a) die traditionelle, auf häusliche Selbstversorgung ausgerichtete Landwirtschaft, b) die *économie de spéculation*, d. h. die privatunternehmerische marktwirtschaftliche Form, und c) die sozialistische Wirtschaft.

Nach einer einleitenden analytischen Übersicht über die wichtigsten Merkmale dieser Teilstrukturen und Faktorengruppen ist der Hauptteil des Buches der Synthese in Form der großen agrarräumlichen Strukturtypen oder Agrarlandschaftstypen (*pays d'agriculture*) gewidmet, in welche jeweils eine Reihe bestimmter Siedlungs- und Flurformentypen funktionsbestimmt eingebunden sind.

Die Ausgliederung dieser großen Agrarraumstrukturtypen geht konsequent von agrar*wirtschaftlichen* Kriterien aus: 1. von der Lage in den Klimazonen als Zonen bestimmter wirtschaftlicher Eignung, 2. von den wirtschaftlichen Entwicklungsstufen, bei denen er allerdings nur zwei unterscheidet – die sog. traditionelle und die moderne, nach agrarwissenschaftlichen Prinzipien betriebene mechanisierte Landwirtschaft, und 3. die Unterscheidung nach der Agrarverfassung in privatwirtschaftliche und sozialistische Landwirtschaft. Aus der Kombination dieser drei Leitkriterien ergeben sich die Hauptstrukturtypen der Erde und ihre Untertypen. Als Beispiele nenne ich aus den Tropen die traditionelle seßhafte Ackerbauwirtschaft und den zu ihr kontrastierenden Typ der modernen, privatwirtschaftlich betriebenen Plantagen. In der gemäßigten Zone der Alten Welt unterscheidet Lebeau drei traditionelle Strukturtypen: 1. den der traditionellen offenen Ackerbaulandschaften – die Franzosen verwenden dafür den englischen Ausdruck „open field" –, 2. den Typ der Heckenlandschaft – *structure agraire d'enclos* – und 3. eine Gruppe von traditionellen mediterranen Agrarstrukturen. Für alle traditionellen Strukturtypen wird jeweils anschließend deren Transformation zu den modernen Agrarstrukturen dargestellt. Wesentlich für unsere siedlungsgeographische Fragestellung ist nun, daß Lebeau jedem Strukturtyp bestimmte ländliche Siedlungsstrukturen, gelegentlich auch mehrere, zuordnet und diese Zuordnung, wie gesagt, wirtschaftsfunktional begründet.

Ich will dies an zwei Beispielen kurz erläutern, zunächst dem der traditionellen, inzwischen schon historisch gewordenen offenen Ackerbaulandschaft. Die ihr entsprechende Flurstruktur der Gewannflur mit Streulage der Besitzparzellen wird funktional aus der einseitig vorherrschenden, durch Rodung immer weiter ausgedehnten Getreidewirtschaft und der dadurch verknappten Weidefläche begründet. Dies zwingt zur systematischen Nutzung der Brachweide, wofür die optimale Lösung die räumliche Zusammenlegung aller Brachparzellen ist. Damit ergibt sich die Gliederung der Gesamtflur in drei Zelgen entsprechend der Dreifelderbrachwirtschaft. Hieraus leitet Lebeau das auch von der deutschen Forschung ähnlich gedeutete Streben der Höfe nach gleichmäßiger Streuung der Besitzparzellen in alle drei Zelgen ab, woraus sich die extreme Gemengelage der Gewannflur ergeben hat. In neugegründeten Siedlungen wird die Gewannflur von vornherein eingeführt, in Skandinavien und Polen durch Umlegung älterer Flurformen geschaffen. Der genossenschaftlichen Organisation der Ackerwirtschaft entspricht funktional das geschlossene Dorf.

Für den ebenfalls seit historischer Zeit bestehenden Strukturtyp der Heckenlandschaft mit der vorherrschenden Siedlungsstruktur der Einzelhöfe und Weiler mit Blockparzellen und stärkerer Besitzarrondierung nennt Lebeau als funktionale Begründung die betriebliche Verbindung von Acker- und Dauerweidewirtschaft im Bereich des grünlandgünstigen maritimen Klimas der Küstenzone und der höheren Bergländer. Die seit dem 18. Jahrhundert einsetzende *enclosure* und Verkoppelung von Gewannfluren versteht Lebeau daher konsequent als Ausweitung des Typs der eingehegten Agrarlandschaft aufgrund einer verstärkten viehwirtschaftlichen Orientierung unter Abwendung von der einseitigen Getreidewirtschaft.

Es dürfte deutlich geworden sein, daß Lebeaus Konzept in erster Linie ein auf die gesamte Agrarlandschaftsstruktur gerichtetes ist, wobei die agrarwirtschaftlichen Aspekte betont im Vordergrund stehen. Ein stärker *siedlungsgeographisches* Konzept müßte die Gewichte m. E. etwas anders setzen: 1. Die Siedlungsstrukturen würden in einer primär auf *deren* Erklärung gerichteten allgemein-vergleichenden Arbeit noch konsequenter *in den Mittelpunkt* gestellt werden. 2. Die Rolle der jeweiligen *Gesellschaftsverfassung* für die Gestaltung der Siedlungen und Siedlungsräume sollte gegenüber den Agrarwirtschaftsformen in stärkerem Maße Berücksichtigung finden,[17] und 3. müßte das historisch-genetische Prinzip noch *differenzierter* angewendet werden – die einfache Dreistufung in die traditionellen Formen, die modern-privatwirtschaftlichen Formen und die modern-sozialistischen Formen reicht m. E. nicht aus, zumindest die ersten beiden bedürfen einer weiteren Aufgliederung, um der Realität der siedlungsstrukturellen Entwicklung und Differenzierung weltweit gerecht zu werden.

Einem in dieser Weise modifizierten Konzept kommt Bobeks bekannte Darstellung der „*Hauptstufen der Gesellschafts- und Wirtschaftsentfaltung*" entgegen, die er 1959 vorgelegt hat.[18] Bobek stellt die folgenden „vom geographischen Stand-

---

17 Diesen Gesichtspunkt hebt auch *G. Schwarz* betont hervor, wenn sie schreibt, daß „die ländlichen Siedlungen der Pflugbauvölker ebenso wie die der Primitivvölker zum Zeitpunkt ihrer Anlage ein Abbild des bestehenden Sozialgefüges darstellen." (*Schwarz, G.*: Allgemeine Siedlungsgeographie. [Lehrbuch der Allgemeinen Geographie Band 6] 3. A. Berlin 1966, S. 133)

18 *H. Bobek*: Die Hauptstufen der Gesellschafts- und Wirtschaftsentfaltung in geographischer Sicht. In: Die Erde, Jg. 90, 1959, S. 259–298. [Wiederabdruck – mit Kürzungen – in:

punkt aus wesentlichen Schritte in der Herausbildung der grundlegenden Typen der Sozial- und Wirtschaftsentfaltung" (S. 262) heraus: Die Wildbeuterstufe, die Stufe der spezialisierten Sammler, Jäger und Fischer, die Stufe des Sippenbauerntums, den Seitenzweig des Hirtennomadismus, die Stufe der herrschaftlich organisierten Agrargesellschaft, die Stufe des älteren Städtewesens und des Rentenkapitalismus, und schließlich die Stufe des produktiven Kapitalismus, der industriellen Gesellschaft und des jüngeren Städtewesens.

Für eine allgemeine, vergleichend arbeitende Siedlungsgeographie gilt es also zu prüfen, wieweit sich den Gesellschafts- und Wirtschaftsverfassungen jeder Entfaltungsstufe und deren Unterphasen bestimmte siedlungsformale Strukturen – Orts- und Flurformen –, bestimmte Formen des siedlungsräumlichen Verhaltens, bestimmte Siedlungsprozesse wie z. B. starke Expansivität oder auch Schrumpfung des Siedlungsraumes zuordnen lassen, aber nicht nur zuordnen, sondern aus den wesentlichen Bedingungen der Gesellschafts- und Wirtschaftsverfassungen heraus verstehen lassen.[19] Dabei ist durchaus in Rechnung zu stellen, daß sich z. B. bestimmte Orts- und Flurformentypen in verschiedenen Gesellschafts- und Wirtschaftsverfassungen wiederholen. Sie müßten jedoch, trotz formaler Gleichartigkeit, eine jeweils andere, der speziellen Gesellschaftsverfassung entsprechende Rolle oder *Bedeutung* haben (so auch G. Schwarz, wie Anm. 17, S. 131). Ein gutes Beispiel bieten die gewannartigen Schmalstreifenfluren, die sich im Iran als sog. Umteilungsfluren mit Teilbauverträgen aus der feudalistisch-rentenkapitalistischen Agrarverfassung erklären lassen,[20] während formal ähnliche Streifenfluren unter der Feudalverfassung europäischen Typs der grundherrschaftlichen Hufenordnung entsprachen, und schließlich drittens wiederum in bestimmten Gebieten des Vorderen Orients solche schmallangstreifigen Fluren der speziellen Agrarverfassung seßhaft gewordener nomadischer Stämme mit deren Prinzip der paritätischen Beteiligung aller berechtigten Stammesmitglieder entsprechen.[21]

Skeptisch könnte man sein, ob die weltweite Vielfalt des ländlichen Siedlungswesens von der ja immer noch recht begrenzten Zahl von nur sieben Hauptstufen, einschließlich des Zweiges des Nomadismus, her zu erfassen ist. Bobek hat jedoch in seinem Aufsatz von 1959 bereits deutlich gemacht, daß jeder der Hauptstufen eine Reihe von Untertypen und Varianten entspricht, die sich zwischen Extremen einordnen lassen. Diese einander verwandten stufenbezogenen konkreten Agrarver-

---

E. Wirth: Wirtschaftsgeographie. (Wege d. Forschung, Bd. CCXIX) Darmstadt 1969, S. 441–485.]

19 Einen außerordentlich anregenden, sicherlich ausbaufähigen Versuch zur Anwendung des etwas modifizierten Bobekschen Konzeptes auf die Entwicklungsstufen von Mittelpunktsiedlungen hat *H. Schmitz* unternommen in seiner Arbeit „Zur Entwicklung von Mittelpunktsiedlungen im nördlichen Afrika", abgedruckt in: Symposium „Planung und Entwicklung von Mittelpunktsiedlungen in überseeischen Kolonisations- und Kolonialgebieten". (Frankfurter Wirtschafts- u. Sozialgeogr. Schriften 28) 1978, S. 5–26.

20 *H. Bobek*: Entstehung und Verbreitung ... (wie Anm. 11), S. 274–322, insb. S. 294–299.

21 *F. Scholz*: Sozialgeographische Theorien zur Genese streifenförmiger Fluren in Vorderasien. In: 40. Deutscher Geographentag Innsbruck 1975. Tagungsbericht und wissenschaftliche Abhandlungen, hg. v. H. Uhlig u. E. Ehlers. (Verh. d. Dt. Geographentages 42) Wiesbaden 1976, S. 334–350, insb. S. 348.

fassungen sind es, denen sich die Siedlungsstrukturen zuordnen lassen. Schließlich läßt sich eine wesentliche Erfahrung der historisch-genetischen Siedlungsforschung mit Bobeks Konzept sehr gut in Einklang bringen, daß nämlich die Entwicklung von Siedlungsräumen mit ihrem Siedlungsbestand sich in Siedlungs*phasen* vollzieht.

Diesen entspricht einerseits die Folge der Hauptstufen, die sich allerdings über sehr lange Zeiträume erstreckt; wichtig ist daher die Festellung Bobeks, daß sich diese Hauptstufen über Vorstufen und mehrere Phasen bis zu ihrer vollen Ausprägung entfalten. Diesen Entfaltungsphasen innerhalb einer Stufe und dem Übergang von einer zur nächsten Stufe müßten also die bereits von der historisch-genetischen Siedlungsgeographie erkannten Siedlungsphasen entsprechen. Das wiederum würde es bei der von Bobek konstatierten überregionalen Gültigkeit des Konzeptes der Entfaltungsstufen und -phasen erlauben, die entsprechenden regional erkannten Siedlungsphasen in einen überregionalen Vergleich einzubeziehen.

Schließlich ist neben der im Idealfall ungestörten Fortentwicklung von Phase zu Phase und Stufe zu Stufe noch *der* Fall zu berücksichtigen, daß Bevölkerungen etwa auf der Stufe der spezialisierten Jäger – wie die Eskimos –, auf der Stufe des Sippenbauerntums oder des Hirtennomadismus die Gesellschafts- und Wirtschaftsverfassung einer anderen Entfaltungsstufe gewaltsam übergestülpt wird, durch herrschaftliche Überschichtung oder durch Kolonisierung. Scholz hat diesen Ablauf mit seinen Konsequenzen für den nomadischen Lebensraum in Belutschistan verfolgt.[22] Da sich solche Vorgänge weltweit abgespielt haben, müßten sich in einem überregionalen Vergleich Regelhaftigkeiten auch im Wandel des Siedlungswesens erkennen lassen.

Ich will die Brauchbarkeit dieses Ansatzes für eine allgemeine, vergleichend arbeitende Siedlungsgeographie an zwei Beispielen exemplarisch aufzeigen, 1. für die Stufe des Sippenbauerntums, und 2. für den Übergang zum produktiven Kapitalismus in Europa/Nordamerika.

Ich versuche zunächst für die *Stufe des Sippenbauerntums* aus dessen Gesellschafts- und Wirtschaftsverfassung heraus wesentliche Determinanten für das Siedlungsverhalten zu gewinnen. Die Begrenzung des hier zugrundegelegten Materials auf Afrika und Südostasien bedingt allerdings auch eine Begrenzung in der Weise, daß nicht alle möglicherweise vorhandenen Varianten siedlungsräumlichen Verhaltens dieser Entfaltungsstufe erfaßt werden. Erst die vergleichende Untersuchung möglichst vieler Beispiele regionaler und auch historischer Gesellschaften kann die volle Variationsbreite aufzeigen und damit zugleich auch die übergreifenden stufenspezifischen Gemeinsamkeiten erkennbar werden lassen. In ihrem Lehrbuch bietet G. Schwarz (1966) bereits eine große Zahl regionaler Beispiele; jedoch werden die m. E. möglichen Generalisierungen von ihr nicht durchgängig angestrebt. Im folgenden wird ein solcher Versuch – in den genannten Grenzen – gewagt.

---

22 *F. Scholz:* Belutschistan ... (s. Anm. 11).

Grundelement der sippenbäuerlichen Gesellschaft ist die Großfamilie, verstanden als eine Gruppe verwandter Einzelfamilien, die unter einem patriarchalischen Familienoberhaupt gemeinsam wohnen und wirtschaften. So ergibt sich als Grundelement der Siedlung das Großfamiliengehöft oder das Großfamilienlanghaus. Eine Mehrzahl blutsverwandter Großfamilien als Abkömmlinge eines gemeinsamen Ahnen bilden Verwandtschaftslinien (*lineages*) oder Sippen, und diese wiederum können sich zu den größeren politischen Einheiten der Stammesverbände zusammenschließen. Die größere Bedeutung in der Gesellschaftsverfassung aber kommt der Sippe zu, deren Oberhaupt als sog. „Herr der Erde" für das Kollektiv der Sippe ein Territorium, das Banngebiet, unter dem Recht der Okkupation in Besitz nimmt und durch Generationen weitergibt. Er teilt den Familien, als den Wirtschaftseinheiten, das von ihrer Personenzahl her notwendige Land zu.

Wichtig für die Flurform oder besser *Feldform* (da es sich nicht um Besitzparzellen handelt) erscheint mir, daß diese Verteilung überwiegend mehr oder weniger ad hoc nach dem Bedarf der einzelnen Großfamilie erfolgt und nicht wie unter nomadischem Stammesrecht genossenschaftlich nach paritätischen Nutzungsansprüchen. So entspricht dieser individuell gehandhabten Form der Zuweisung von Nutzungsparzellen deren individuelle Gestaltung nach Größe und Form, die meist blockartig ist. Diese Parzellenform entspricht aber auch der Agrartechnik, da mit Grabstock, Hacke oder Hakenpflug die kompakte Blockparzelle zweckmäßiger als ein langer schmaler Streifen bearbeitet werden kann. Es kommen allerdings streifenförmige Unterteilungen von Großfamilienblöcken vor.

Wie wirkt sich die sippenmäßige Gesellschaftsverfassung auf das *Siedlungsverhalten* aus? Vom landwirtschaftlichen Standpunkt aus wären Großfamilien-Einzelgehöfte mit der diese umgebenden Wirtschaftsfläche zu erwarten, zumal die in der Regel vorherrschende Landwechselwirtschaft mit den notwendigen umfangreichen Landreserven und den darin wechselnden Feldern zu einem hohen Wegeaufwand führt. Diesen ökonomisch begründeten Erwartungen entsprechen eine Reihe ostafrikanischer und sudanischer Siedlungsräume von bestimmten Stämmen, aber keineswegs alle Savannengebiete und schon gar nicht die Waldsiedelräume. Vor allem die Autoren des von F. Klute herausgegebenen Sammelbandes über „Die ländlichen Siedlungen in verschiedenen Klimazonen" (1933; s. Anm. 12a) betonen für die von ihnen untersuchten Sippenbauern-Räume das Vorherrschen von Gruppensiedlungen, häufig in Dorfgröße, sowohl für weite Teile Afrikas als auch für Südostasien, so für Sumatra, für Neuguinea, für die Salomoneninseln, und dies bestätigt auch in seiner noch unveröffentlichten Habilitationsschrift J. H. Metzner für die vorkoloniale Zeit auf der Insel Flores.* Für Amazonien gibt Bennet (nach Schwarz 1966, wie Anm. 17, S. 126) 50–60 Menschen als durchschnittliche Einwohnerzahl der Weilersiedlungen an.

Für die Wahl der Gruppensiedlungsweise stehen gesellschaftliche Beweggründe im Vordergrund, und unter diesen steht überraschenderweise die gemeinsame Ver-

---

* Inzwischen erschienen unter dem Titel *J. K. Metzner:* Agriculture and population pressure in Sikka, Isle of Flores. (The Australien National University. Development Studies Centre, Monograph 28) Canberra 1982.

teidigung, das *Sicherheitsbedürfnis* an erster Stelle. Aus allen genannten Räumen wird berichtet, daß es sich um „*Wehrdörfer*" handelt. Es sind durch Pallisaden, dichte Hecken, durch Erdwälle und Gräben geschützte Gruppensiedlungen, die überall dort, wo sich dazu Gelegenheit bietet, schwer zugängliche Standorte aufsuchen: auf schmalen Bergrücken oder isolierten Höhen, am Hang von Inselbergen, in engen Flußschlingen oder versteckt im Wald. Sicherheit vor Feinden rangiert als siedlungsgestaltendes Motiv vor den Zweckmäßigkeiten der Landwirtschaft und der Wasserversorgung, so daß oft weite Wege zu den Außenfeldern in Kauf genommen werden müssen.

Das politische Verhältnis zwischen den Sippen oder Stämmen war durch ständigen Kleinkrieg geprägt. Die Gründe dafür liegen im Unterschied zur Situation im nomadischen Lebensraum nicht primär im Kampf um knappe Wirtschaftsflächen, die es zu verteidigen galt. Auf den Inseln Südostasiens spielt die Kopfjagd eine Hauptrolle, ein Fruchtbarkeitsritus, hinter dem der Mythos steht, daß nur nach Tötung bestehenden Lebens neues Leben und Fruchtbarkeit bei Mensch und Pflanze möglich ist.[23] Ein bei afrikanischen Sippenbauern in den Vordergrund tretendes Motiv ist der Kampf als Prinzip der Bewährung. Wenn als Ergebnis des Kampfes Gefangene erbeutet werden, die als Sklaven die Arbeitskraft der Großfamilie erhöhen, mag das als weiterer Antrieb hinzukommen. Reguläre Sklavenjagden sind eine Sonderentwicklung.

Diesem *Fehde-Verhalten* entspricht als *siedlungsräumliches Verhalten* die Abkapselung der Bannbezirke der Sippen und der Stammesterritorien gegeneinander durch breite Pufferzonen in Form siedlungsleerer Wald- oder Savannengürtel – Grenzwälder könnte man sie nennen –, in denen sich, wie z. B. auf der Insel Flores in Südostasien, die Kämpfe abspielten und Frieden geschlossen wurde. Kennzeichnend für das siedlungsmäßige Territorialverhalten sippenbäuerlicher Gesellschaften ist demnach die *Absonderung in Siedlungskammern*, um einen von der deutschen Siedlungsarchäologie für entsprechende frühgeschichtliche Verhältnisse in Mitteleuropa eingeführten Ausdruck zu verwenden.

Das Siedlungswesen des Sippenbauerntums ist selbstverständlich kein statisches. Bei Bevölkerungswachstum kommt es zur Gründung von Tochtersiedlungen. Ist die Tragfähigkeit einer Siedlungskammer überschritten, erfolgt eine Abspaltung von Sippen oder Teilstämmen mit Abwanderung und Okkupation eines neuen Bannbereiches, zur Landnahme entweder im unbesiedelten Wald- oder Savannenland oder zur kriegerischen Auseinandersetzung und Verdrängung anderer Stammesbevölkerungen. *Völkerwanderung* und *Landnahme* in Stammesverbänden gehören zum Siedlungsverhalten sippenbäuerlicher Gesellschaften.

Auch die innere räumliche Gliederung sippenbäuerlicher Dörfer spiegelt in der Regel den sozialen Aufbau dieses Gesellschaftstyps wider. Auf diesen Aspekt legt G. Schwarz (1966, wie Anm. 17, S. 126 ff. u. Abb. 13) besonderes Gewicht. Durch Zäune oder hohe Lehmmauern voneinander abgegrenzte Gehöftkomplexe der Großfamilien bauen das Dorf wie Zellen auf. Dieses Gliederungsprinzip haben be-

---

23 *K. Dittmer:* Allgemeine Völkerkunde. Braunschweig 1954, S. 111.

reits H. Wilhelmy, G. Schwarz und M. Born als wesentlich erkannt[24] und mit der Bezeichnung *Zellen-Haufendorf* bzw. *Zellendorf* gekennzeichnet.

Dem additiven Prinzip des Dorfaufbaus entspricht das Fehlen primär angelegter Straßen, die Zuwegung erfolgt durch die Zwischenräume zwischen den Zellen. Eine planvolle Anlage ist selten, kommt aber durchaus vor. K. Grenzebach stellte z. B. in Ostnigeria eine radiale Anordnung linearer Gehöfte fest.[25]

Nach dem bisher Gesagten ist es keineswegs überraschend, daß sich auch in den vor- und frühgeschichtlichen Siedlungskammern Europas seit dem Neolithikum befestigte Dörfer nachweisen lassen, wenngleich sie nicht durchgängig vertreten sind; daneben tritt als weitere, alternative Form die Fluchtburg mit umgebenden offenen Siedlungen auf.[26] Hier kann es sich aber u. U. bereits um eine herrschaftlich organisierte Gesellschaft handeln.

Es soll nun keineswegs die Verteidigungsgemeinschaft der sippenbäuerlichen Gruppen als einziger Zweck der Dorfbildung gesehen werden, wenngleich die nach der von den Kolonialmächten durchgesetzten Befriedung vielfach einsetzende Auflösung von Dörfern durch Aussiedlung in Einzelhöfe dafür spricht, im Sicherheitsbestreben einen sehr wesentlichen Grund zu sehen. Des weiteren spielen die *Feldgemeinschaft* und wohl noch mehr die *Kult- und Festgemeinschaft* der verwandtschaftlich oder clan-mäßig verbundenen Gruppen für die Bildung der Dorfgemeinschaft eine dominante Rolle. Darauf weist das Auftreten von zentralen Plätzen mit Versammlungshäusern hin. G. Schwarz mißt diesem Aspekt der sozialen Organisation sippenbäuerlicher Gesellschaften ein besonderes Gewicht bei.

Einen Widerspruch zu dem bisher festgestellten Zusammenhang zwischen sippenbäuerlicher Gesellschaftsverfassung einerseits und Siedlungsstruktur andererseits bildet das Vorkommen der sippenbäuerlichen *Streusiedlung,* speziell in einigen Savannengebieten Ostafrikas und Ostnigerias, hier vielfach in der verdichteten Form der *Schwarmsiedlung.* In der Diskussion zu diesem Vortrag wies H. Schmitz (Köln) darauf hin, daß auch in den sippenbäuerlichen Gebieten Marokkos beide Siedlungsweisen – das geschlossene befestigte Dorf und die Schwarmsiedlung – jeweils in bestimmten Regionen vorherrschen. Offensichtlich haben wir es hier in den Streusiedlungsgebieten mit speziellen Untertypen des Sippenbauerntums zu tun, deren Sozialverfassungen im Hinblick auf das siedlungsräumliche Verhalten noch genauer studiert werden müßten. Zunächst erhebt sich natürlich die Frage: Gilt bei ihnen das Fehdeverhalten und die Verteidigungsnotwendigkeit nicht, spielen hier Feld- und Kultgemeinschaft keine Rolle?

K. Grenzebach berichtet für das nördliche Ibo-Land Nigerias durchaus von früheren erbitterten Landstreitigkeiten und daß die einzelnen Siedlungsschwärme der

---

24 *H. Wilhelmy:* Völkische und koloniale Siedlungsformen der Slawen. Ein Beitrag zum Einzelhof-, Haufendorf und Rundlingsproblem. In: Geogr. Zeitschrift 42, 1936, S. 81–97, hier: S. 83 ff.; *G. Schwarz:* Allgemeine Siedlungsgeographie ... (s. Anm. 17), S. 148; *M. Born; D. R. Lee; J. B. Randell:* Ländliche Siedlungen im nordöstlichen Sudan. (Arbeiten a. d. Geogr. Inst. d. Univ. d. Saarlandes 14) Saarbrücken 1971, S. 65 und Abb. 24–26.
25 Fig. 7, S. 202 f. in *H. Uhlig und C. Lienau:* Die Siedlungen ... (s. Anm. 15).
26 *H. Jankuhn:* Einführung in die Siedlungsarchäologie. Berlin 1977, S. 131.

Sippenverbände durch Leerräume als Pufferzonen getrennt waren.[27] B. Grohmann-Kerouach betont, daß im östlichen Rif die Einzelgehöfte der Großfamilienverbände geradezu Festungen glichen, weil die Blutrache zu einem ausgeprägten Fehde-Verhalten führte.[28]

Wenn trotzdem die verstreute Siedlungsweise vorherrschte, so könnte in den nördlichen und östlichen Savannengebieten Afrikas die Begründung darin liegen, daß das Gesellschafts- und Wirtschaftssystem in zweierlei Hinsicht von dem bisher dargestellten abweicht: Erstens handelt es sich bei diesen Savannenvölkern um Hirten-Bauern, die wie die Kipsigis in Kenia sogar nomadischer Herkunft sein können; Weidewirtschaft und nächtliche Kralhaltung aber ist bei geschlossenen Dörfern schwierig zu verwirklichen. Zweitens wiesen diese Völker offenbar eine Organisation in größeren kriegerischen Stammesverbänden auf, die eine wirksame Verteidigung garantierten. Eine derartige Interpretation gibt bereits G. Schwarz (1966, wie Anm. 17, S. 125), die in diesem Zusammenhang auch auf die zunehmende Ausprägung der sozialen Schichtung mit Häuptlingsherrschaft hinweist, die sich in Richtung auf eine „staatliche" Organisation hin entwickelt. Unter deren Schutz wird eine gewisse Individualisierung vor allem in der Siedlungsweise möglich.

Diese Interpretation ist auf die Streusiedlungsweise der Großfamilien-(Sippen-)Gehöfte im östlichen Rif Marokkos nicht anwendbar, da es sich hier um ein altes seßhaftes Bauerntum handelt, bei dem die Viehhaltung eine nur zweitrangige Rolle spielt. B. Grohmann-Kerouach (1971, wie Anm. 28) betont die starke Individualisierung der patriarchalisch organisierten Großfamilienverbände, denen gegenüber die gemeinschaftlichen Bindungen weniger ins Gewicht fallen: Die einzelnen Sippen waren ehedem so wehrhaft und so fehdefreudig, daß demgegenüber die kooperativen, die Dorfsiedlung fördernden Elemente der Sozialverfassung in den Hintergrund traten; selbst die Stammesverbände waren durch die häufigen Sippenfehden gespalten. Obwohl sich somit dieser Regionaltyp nicht in die aufgezeigten großräumig vorherrschenden Verhältnissen der sippenbäuerlichen Gesellschaften einordnen läßt, macht er dennoch die hervorragende Rolle der Gesellschaftsverfassung – hier die Aufsplitterung in individualistische Großfamilienverbände, symbolisiert in den Wehrtürmen der Einzelgehöfte – deutlich.

Allen Varianten gemeinsam und damit typisch für sippenbäuerliche Gesellschaften ist offensichtlich das Fehde-Verhalten und daraus abgeleitet in der Regel die Bildung von Bannbereichen als Siedlungskammern mit trennenden und zugleich schützenden siedlungsleeren Grenzgürteln. Daß es von diesen herausgestellten Regelhaftigkeiten weitere abweichende Sonderformen geben wird, stelle ich in Rechnung.

In meinem zweiten Beispiel soll gezeigt werden, daß unter den Bedingungen und den Impulsen des *produktiven Kapitalismus und des jüngeren Städtewesens* in

---

27 *K. Grenzebach*: Luftbilder ... (s. Anm. 13), S. 116.
28 *G. Grohmann-Kerouach:* Der Siedlungsraum der Ait Ouriaghel im östlichen Rif. Kulturgeographie eines Rückzugsgebietes. (Heidelberger Geogr. Arbeiten 35) Heidelberg 1971, S. 41 ff.

regelhafter Weise das bis dahin von der grundherrschaftlichen Verfassung geprägte ländliche Siedlungswesen umgestaltet und der sich durchsetzenden neuen Gesellschafts- und Wirtschaftsverfassung angepaßt wird. Ich werde mich aus Zeitgründen auf die erste Phase der Entwicklung bis Anfang des 19. Jahrhunderts und räumlich auf Europa und Nordamerika beschränken.

Der produktive Kapitalismus wurzelt im Bürgertum der mittelalterlichen Handels- und Gewerbestädte, die sich von der Herrengewalt der Stadtherren emanzipierten und in einer genossenschaftlich-republikanischen Bürgerverfassung selbst verwalteten. Den stadtbürgerlichen Unternehmer kennzeichnet Gewinnstreben und spekulatives, wagendes Handeln, rationale Haltung, Rechenhaftigkeit im Sinne von Kapitalrechnung, dem die Entwicklung eines Bankwesens entspricht. Die Entfaltung dieser als „Frühkapitalismus" bezeichneten freien Wirtschaft geht seit dem 11. Jahrhundert von den Städten Oberitaliens aus und greift von dort in das übrige Europa über. Während sie sich in England und den Niederlanden kontinuierlich weiterentfaltet und den überseeischen Welthandel eröffnet, erfährt sie in Mitteleuropa seit dem späten Mittelalter Stagnation, z. T. sogar Rückgang. Im Zeitalter des Merkantilismus erfährt die Wirtschaft eine staatliche Lenkung, doch fördert der Staat bewußt Tüchtigkeit, Leistungsfähigkeit und unternehmerisches Streben seiner Untertanen im Sinne rationalen, produktiv-kapitalistischen Wirtschaftens.

Unter der neuen geistigen Haltung des Liberalismus endlich befreit sich die wirtschaftliche Betätigung von allen Eingriffen jeglicher regulierenden Obrigkeit. In der Bauernbefreiung aus der feudalistischen Agrarverfassung werden alle bisherigen persönlich-herrschaftlichen Beziehungen auf den rein ökonomischen Tatbestand zurückgeführt, der Lehensbauer wird zum selbständigen Landwirt, der Guts- und Grundherr zum bloßen Gutsbesitzer, wie es der Wirtschaftshistoriker F. Lütge formuliert.[29]

Fragen wir nun nach den siedlungsgeographischen Konsequenzen des aufkommenden produktiven Kapitalismus im ländlichen Raum. Sie müssen sich zeigen
1. im *Umbau des ländlichen Siedlungswesens*, das bis dahin entsprechend der grundherrschaftlichen Agrarverfassung organisiert und in den Ackerbaugebieten bestimmt war durch Hufenverfassung, bäuerliche Erblehen, Dorfsiedlung, Gewannflur, Zelgenwirtschaft, Gemeinschaftsweide und Herrenhöfe, deren Land mit dem der Bauern im Gemenge lag. Konsequenzen des Wandels der Gesellschaftsverfassung müssen sich 2. in den *Neusiedlungsgebieten* zeigen, in denen die neue Wirtschafts- und Gesellschaftsverfassung in Konkurrenz tritt mit der älteren grundherrschaftlichen Verfassung.

Das Interesse einer vergleichend arbeitenden Siedlungsgeographie gilt vor allem der Frage, ob sich in der Intensität des Siedlungsumbaus, in dessen räumlicher Verbreitung und im zeitlichen Ablauf der Ausbreitung neuartiger Siedlungsstrukturen bestimmte Regelhaftigkeiten erkennen lassen, die sich aus der Stärke der Impuls-

---

29 *F. Lütge:* Deutsche Sozial- und Wirtschaftsgeschichte. Berlin, Göttingen, Heidelberg 1952, S. 325.

geber erklären lassen, letztlich also aus der Stärke der Impulse, die von den großen Städten ausgehen, und ob sich andererseits ein Nachhinken im Siedlungswandel erklären läßt aus der größeren Distanz zu den Innovationszentren oder auch aus den in den überkommenen Siedlungs- und Dorfverfassungsstrukturen liegenden Widerständen, aus der Persistenz gegenüber dem Wandel.

Wie sieht dieser Ablauf in Europa aus? Der früheste Wandel erfolgt entsprechend der Ausbildung der frühesten städtischen Zentren neuen Typs in *Oberitalien* in der Toskana und im Po-Tiefland bereits im Mittelalter. F. Dörrenhaus hat dies eindrucksvoll für die Toskana dargestellt, W. Matzat gibt einen Überblick über die entsprechende Entwicklung im Po-Tiefland.[30] In der Toskana kommt es bereits seit dem 11. Jahrhundert im Bereich der frühesten Städte des neuen Typs im Sinne Bobeks unter dem aktiven Zugriff der städtischen Unternehmer und der von ihnen getragenen Stadtkommunen zu einer Auflösung der Feudalherrschaft in ihrem Umland – diese wird schlicht ausgekauft. Das Umland, der *Contado* (die Grafschaft), wird mit der jeweiligen Stadt zur Stadtrepublik, zur freien Stadt-Land-Commune zusammengeschlossen. Wie Dörrenhaus eindrucksvoll gezeigt hat, ist die Toskana das Innovationszentrum, von dem aus die Bewegung nach Norden das Po-Tiefland im 12./13. Jahrhundert erfaßt. Städtische Unternehmer, im Fernhandel und manufakturellen Großgewerbe wohlhabend geworden, kaufen dem Adel in den Dörfern die Bauernhufen ab und organisieren unter erheblichem Kapitaleinsatz Land und Leute neu im Sinne produktiv-kapitalistischer Agrarunternehmung: Aus der bisherigen Gemengeflur entstehen geschlossene Besitzblöcke von 5 bis über 50 ha, die mit neuen Einzelhöfen besetzt werden. Diese als *podere* bezeichneten Betriebseinheiten werden in privater, grundsätzlich kündbarer Halbpacht – *mezzadria* – an Pächterfamilien übertragen. Die aus dem feudalen Personenverband herausgelösten Bauern wurden rechtlich frei, was zur Folge hatte, daß der nach der Rationalisierung der Landwirtschaft überschüssige Teil der Landbevölkerung in die Städte abwanderte, deren republikanisches Bürgerrecht sie ja bereits hatten. Die expandierende städtische Wirtschaft erhielt damit den dringend erwünschten Nachschub. Die Dörfer wurden ausgezehrt, viele verschwanden ganz. Die Rationalisierung und Intensivierung der Landwirtschaft zeigt sich in der Einführung der *coltura mista*, die eine Vielzahl von Produkten erzeugt, so wie es dem städtischen Selbstversorger- und Marktbedürfnis entsprach.[31]

Zentrum eines Komplexes von *poderi* in der Hand eines städtischen Unternehmers ist die *villa*. Gleichzeitig verschwinden vom Lande die bisherigen Zentren, die Kastelle und Burgen des Feudaladels, der in die Stadtgesellschaft einbezogen wird. Die *villa* ist kein Gutshof, sondern sommerlicher Zweitwohnsitz des städti-

---

30 *F. Dörrenhaus:* Urbanität und gentile Lebensform. Der europäische Dualismus mediterraner und indoeuropäischer Verhaltensweisen entwickelt aus einer Diskussion um den Tiroler Einzelhof. (Erdkundl. Wissen – Beih. z. Geogr. Zeitschrift 25) Wiesbaden 1970; *ders.:* Villa und Villegiatura in der Toskana. Eine italienische Institution und ihre gesellschaftsgeographische Bedeutung. (Erdkundl. Wissen – Beih. z. Geogr. Zeitschrift 44) Wiesbaden 1976; *W. Matzat:* Phasen siedlungsstruktureller und -räumlicher Entwicklung im ländlichen Raum der Padania (Po-Tiefland). In: Gefügemuster ... (s. Anm. 12), S. 309-338, hier S. 321 ff.

31 *F. Dörrenhaus:* Villa und Villegiatura ... (s. Anm. 30), S. 33.

schen Unternehmers und zugleich als *fattoria* organisatorischer Mittelpunkt, in dem durch einen Verwalter die Wirtschaft der *poderi* koordiniert wird und wo deren Naturalerträge gesammelt werden.

Der kapitalistische Zuschnitt wird von F. Dörrenhaus besonders betont: „Diese erstaunlich frühe Umorganisierung der ehemals feudalen Landschaft setzt einen energischen Wirtschaftswillen und intelligente Planung voraus, die damals nur ein kapitalistisch denkendes und kalkulierendes Bürgertum entwickeln konnte. Diese wirtschaftliche Energie macht verständlich, daß hier einer romanisch-mediterranen Bevölkerung eine Siedlungs- und Lebensform auferlegt werden konnte, die ganz und gar nicht deren Leitbildern entsprach" – nämlich der Einzelhof anstelle des stadtartigen Dorfes.[32] Nach Norden, von der Toskana in die Padania, kann W. Matzat ein interessantes Intensitätsgefälle dieses Wandels in die Bereiche hinein feststellen, wo der Reichsadel sich stärker erhalten konnte, so im lombardischen Raum. Hier kommt es zunächst unter den freien Communen nur zur Einführung der Teilpacht, zur Intensivierung und zu Arrondierungsbestrebungen, jedoch noch nicht zur Auflösung der Weiler und Dörfer. Erst unter der frühmerkantilistischen Wirtschaftspolitik der Visconti-Regierung im Stato di Milano kommt es zu einer kräftigen Förderung der bürgerlichen Unternehmer, welche durch Großpacht feudalen und klösterlichen Landeigentums vor allem in den bewässerungsfähigen Gebieten mit der Intensivierung auch die Einzelhofsiedlung durchsetzen.[33]

Im Prinzipiellen ähnlich verläuft seit der frühen Neuzeit die Entwicklung nördlich der Alpen. In *Großbritannien* zeigt sich der Umbruch in der *Enclosure-Bewegung*.[34] Hier kommt es, zunächst ausschließlich vom Landadel und bürgerlichen Großgrundbesitzern bewirkt, ab der Mitte des 15. Jahrhunderts zur Auflösung von bis dahin traditionell-grundherrschaftlich organisierten Dörfern, deren von Pächterbauern und freieigenen Bauern bewirtschaftete Allmende vom Landlord für seine eigenen Zwecke eingehegt und ihnen entzogen wird, deren in Gemengelage in Gewannfluren im Zelgensystem bewirtschaftete Höfe vom Grundherren eingezogen oder unter Druck aufgekauft werden, um zu einem einzigen oder zu wenigen großen Betrieben mit eingehegten blockförmigen Parzellen zusammengelegt und von neuerrichteten Einzelhöfen durch Großpächter oder vom vergrößerten Gutshof aus bewirtschaftet zu werden.

Wo sich eine Dorfgemeinde in der Hand eines einzigen Grundherren befand, war dieser radikale Umbau besonders leicht: Die Bauern wurden von ihren Höfen und aus dem Dorf hinausgesetzt, das dann niedergelegt wurde. Diese Bewegung setzte sich trotz der Härten, die Bauernaufstände auslösten, fort und wurde schließlich seit dem frühen 18. Jahrhundert durch Parlamentsverordnungen in eine kontrollierte gesetzliche Form überführt. In deren Rahmen kam es dann auch zur Zusammenlegung und Einhegung von Land der Bauernbetriebe, die damit erhalten blieben und vielfach auch ihre Hofplätze im Dorf beließen. Auf diese Weise blieben auch

---

32 Ebd., S. 35
33 *W. Matzat:* Phasen ... (s. Anm. 30), S. 322 ff.
34 Die jüngste zusammenfassende Darstellung gibt *J. A. Yelling:* Common Field and Enclosure in England, 1450-1850. London 1977, dem unsere Darstellung im wesentlichen folgt.

Dörfer erhalten. Auf die weiteren Details ist im Zusammenhang unserer Thematik nicht einzugehen.

Bemerkenswert an dieser einen grundlegenden Wandel der ländlichen Siedlungs- und Sozialstruktur auslösenden Bewegung ist, daß sie – im Blick auf die Agrargesellschaft – gewissermaßen *von oben* eingeleitet wird, von den bisherigen Grundherren, die zum produktiv-kapitalistischen Großbetrieb übergehen wollen, mit dem Ziel einer unternehmerisch betriebenen profitablen Marktproduktion. Der alte feudalgesellschaftliche Unterbau der Lehensbauern, die genossenschaftlich organisierte Dorfwirtschaft, wird gewissermaßen abgestoßen.

Die Impulse dazu kommen eindeutig aus der städtischen Gewerbe- und Exporthandelswirtschaft, die im 15./16. Jahrhundert im wesentlichen auf dem Wolltuchhandel beruht, dessen Markt rasch expandiert und vor allem Seehandelsstädte wie London stark wachsen läßt. Es ist also die steigende Nachfrage nach Wolle, dann bald auch nach Fleisch und Getreide für den städtischen Markt, die eine nach Profitgesichtspunkten betriebene Großflächenwirtschaft wesentlich einträglicher macht als das bisherige Pächterbauernsystem.

Angesichts dieser Auflösung des mittelalterlichen Feudalsystems in England ist es nicht überraschend, daß es sich in den *englischen Kolonien* in Nordamerika nicht mehr neu etablieren konnte. Versuche in dieser Richtung schlugen bald fehl. Die Inwertsetzung der Kolonie wurde von der Krone kommerziellen Gesellschaften und Großgrundbesitzern übertragen.[35] In den mittel- und südatlantischen Kolonien entstanden zwar Großgrundbesitzungen feudalen Zuschnitts, deren Herrenhäuser nach Art der englischen *manors* errichtet wurden, die mit dienstverpflichteten Arbeitern (*indentured servants*) als Großbetriebe (auch mit Vorwerken) bewirtschaftet wurden, aber bereits in der neuen Form der exportorientierten Plantage. Weitere Landflächen wurden von den Großgrundbesitzern an Einzelsiedler, vielfach Landarbeiter nach Ende ihrer Dienstverpflichtung, in Form arrondierter Besitzungen verpachtet, die völlig individuell zu bewirtschaften waren. In gleicher Weise wurde von den Kolonialverwaltungen unmittelbar an Einwanderer nach dem *head right system* eine großzügig bemessene Kopfquote an Land vergeben – zu einer fixierten Geldpacht –, was bei vielköpfigen Familien weit über 100 ha ausmachen konnte und nach individueller Auswahl durch die Siedler stets in geschlossenen Blöcken vermessen wurde. Damit war die Einzelhofsiedlung gegeben. Dies macht deutlich, daß sich in den mittel- und südatlantischen Kolonien das System des frei wirtschaftenden Individualbetriebes durchgesetzt hatte, der sich an der Exportwirtschaft beteiligte.

Wenn in den nördlich anschließenden Neuengland-Kolonien zunächst von den Handelsgesellschaften als Kolonialverwaltungen die dorfmäßige Siedlung vorgeschrieben wurde,[36] so findet dies seine Erklärung einerseits in der hier offenbar

---

35 Hierzu und zum folgenden s. *D. Denecke*: Tradition und Anpassung der agraren Raumorganisation und Siedlungsgestaltung im Landnahmeprozeß des östlichen Nordamerika im 17. und 18. Jahrhundert. In: 40. Deutscher Geographentag ... (s. Anm. 21), 1976, S. 237 ff.

36 *E. Meynen*: Dorf und Farm. Das Schicksal altweltlicher Dörfer in Amerika. In: Gegenwartsprobleme der Neuen Welt, T. 1: Nordamerika, hg. v. *O. Schmieder*. (Lebensraumfragen. –

stärker empfundenen Indianergefahr, andererseits in der überwiegenden Besiedlung durch puritanische Einwanderergruppen, religiöse Gemeinschaften (*ecclesiastical societies*), deren Organisationsform der Kirchengemeinde sich in der Dorfsiedlung am besten verwirklichen ließ.[37] Dabei wurden traditionelle Elemente des mittelalterlichen Dorfes übernommen, das im Rahmen der Feudalgesellschaft entstanden war: der Dorfanger (*village green*), die Gewannflur mit Gemengelage des Besitzes, die Allmende mit Gemeinschaftsweide.

Ob es nun das im Menschen angelegte „individuelle Streben" war oder das Bekanntwerden der in England und in den übrigen Kolonien sich ausbreitenden neuen individualistischen Gesellschafts- und Wirtschaftsverfassung der frei wirtschaftenden, unternehmerisch handelnden Landwirte, sei dahingestellt; jedenfalls setzte sich auch in diesen Kolonien noch im 17. Jahrhundert entgegen den drastischen Bestimmungen der Kolonialverwaltungen und der Gemeinderäte die Einzelhofsiedlung durch Neugründung und Aussiedlung durch. An die Stelle von Gründergemeinden traten immer mehr bloße Interessentengemeinschaften und Landspekulanten als Siedlungsträger, d. h. es setzten sich auch im Besiedlungsvorgang selbst unternehmerisch-kapitalistische Prinzipien durch. Die Organisationsform der Landvergabe in *townships* (Gemarkungen, Gemeinden) begünstigte allerdings die geregelte Aufteilung in Reihen von Einödstreifen und Rechteckblöcken.

Auf dem europäischen Kontinent wirken sich die von den großen Gewerbe- und Fernhandelsstädten in England und den Niederlanden sowie Flandern ausgehenden Nachfrageimpulse über die *Verstärkung der Getreidewirtschaft im östlichen Mitteleuropa* aus. Die Gutsherren beginnen hier in ihren Großbetrieben mit der kommerziellen, exportorientierten Getreideproduktion. Sie vergrößern die Fläche der eigenbewirtschafteten Güter durch Bauernlegen, vor allem in Mecklenburg, Vorpommern und Polen. Wie M. Kietczewska-Zaleska in ihrem Festschrift-Beitrag über Zentral-Polen ausführt, kommt es hier durch stadtsässige unternehmerische Adelige geradezu zu einer – man könnte sagen – Agrarkonzernbildung: bis zu 99 agrare Großbetriebe liegen in einer Hand. Die Weichsel bildet die Transportachse, Danzig ist der große Getreideexporthafen.[37a]

Um Lübeck und Hamburg kommt es demgegenüber seit dem 16. Jahrhundert zu einer Verstärkung der marktorientierten *Ochsenmast- und Milchwirtschaft*, die zunächst ebenfalls auf den Gutsbetrieben zu einer absatzorientierten Rationalisierung führt: zur Herauslösung aus der Gemengelage mit den Bauernhufen und zur Anlage eingehegter Koppeln, die in Feld-Gras-Wirtschaft genutzt werden. Dieses Vorbild der Güter wird von Bauerngemeinden aufgegriffen; die Umlegung der Gewannflur in eine eingehegte Koppelflur beginnt sich durchzusetzen, zunächst allerdings noch nicht in den von Gutsherren beherrschten Dörfern, deren leibeigene Bauern die er-

---

Geogr. Forschungsergebnisse, Bd. 3) Leipzig 1943, S. 570. – Ebenso *D. Denecke:* Tradition ... (s. Anm. 35), S. 245.

37 *D. Denecke:* Tradition ... (s. Anm. 35), S. 244.

37a *M. Kietczewska-Zaleska:* Siedlungsperioden und Siedlungsformen in Zentralpolen, dargestellt am Beispiel von Masowien. In: Gefügemuster ... (wie Anm. 12), 1979.

höhten Arbeitsleistungen für den modernisierten Großbetrieb zu bringen haben und daher ihre Höfe nicht den neuen Betriebsformen anpassen dürfen.

In *Polen* dagegen ist, so möchte ich annehmen, diese neue rationalistisch-kommerzielle Haltung der Grundherren ein wesentlicher Grund, weshalb diese und die staatliche Güterverwaltung sowohl im preußisch wie im russisch verwalteten Teil des Landes bestrebt sind, seit Anfang des 19. Jahrhunderts die Gewanndörfer mit Zelgenwirtschaft völlig aufzulösen und die Bauernstellen für die individuelle Bewirtschaftung in Form gereihter Einzelhöfe mit arrondierten Breitstreifen auszusiedeln. Gleichzeitig erfolgt die Befreiung aus der Leibeigenschaft.

In *Skandinavien* setzte sich eine ähnlich radikale Dorfauflösung, von Dänemark ausgehend, schon seit Anfang des 18. Jahrhunderts durch. Auch dort waren es zunächst die Grundherren, die sie bereits vor der allgemeinen Bauernbefreiung einleiteten, um ihre Grundherrschaften nach Produktivitäts-Gesichtspunkten zu rationalisieren.[38] Der Staat zog mit entsprechender Gesetzgebung nach. Einen Impuls für die Entwicklung des neuen kapitalistisch-unternehmerischen Denkens dürfte in Dänemark auch von den Erfahrungen in der überseeischen Plantagenwirtschaft ausgegangen sein, an der sich dänische Gutsherren bereits um 1700 in Westindien beteiligten.

Wenn sich also zeigt, daß diese Umformung des überkommenen ländlichen Siedlungssystems von oben aus der Schicht der bisherigen Grundherren initiiert wurde – in England, in Dänemark, in Polen –, und zwar um so radikaler, je stärker die Grundherren bereits mit der neuen absatzorientierten rationalen Großbetriebswirtschaft auf geschlossenen Großfeldern Erfahrung hatten, dann ergibt sich möglicherweise von hier aus eine Erklärung für die großräumige Abstufung der Radikalität der Umformung der Gewannflur-Dörfer im nord- und mitteleuropäischen Bereich (vgl. zum folgenden Abb. 3).

Sie ist am stärksten in Skandinavien mit sternförmiger oder blockförmiger Vollarrondierung und in Polen mit Breitstreifen-Arrondierung, in beiden Räumen verbunden mit Dorfauflösung zugunsten einer Einzelhofsiedlung. Etwas geringer ist die Radikalität des Wandels im gutswirtschaftlich geprägten Mecklenburg und Vorpommern, wo der Ackerbesitz der noch nicht dem Bauernlegen zum Opfer gefallenen Höfe Ende des 18./Anfang des 19. Jahrhunderts in Breitstreifen bei geschlossenem Besitz separiert wird, jedoch ohne Dorfauflösung. In Preußen, Hannover und Braunschweig, wo die Agrarexportwirtschaft damals noch keine Rolle spielte, kam es bei den Flurbereinigungen des 19. Jahrhunderts nur zu einer Reduzierung der Gemengelage auf wenige große Parzellen pro Hof im Rahmen einer Block- und Breitstreifengemengflur. Die Dörfer blieben voll erhalten. Noch geringer waren die Umformungen weiter im mitteleuropäischen Binnenland. In Südwestdeutschland kam es nur zu einer Feldwegebereinigung: In die Gewannflur, die erhalten blieb, wurde ein verdichtetes Wegenetz gelegt, die Gewanne wenn

---

38 *S. Helmfrid:* Räume und genetische Schichten der skandinavischen Agrarlandschaft. In: Gefügemuster ... (s. Anm. 12), 1979, S. 195 und 203.

Dänemark und Südschweden

| Hufe 1 |
| Hufe 2 |
| Hufe 3 |
| Hufe 4 |
| Hufe 5 |
| Hufe 6 |
| Hufe 7 |
| Hufe 8 |

Mecklenburg

Vorwerk

Polen

Nordwestdeutschland Südwestdeutschland

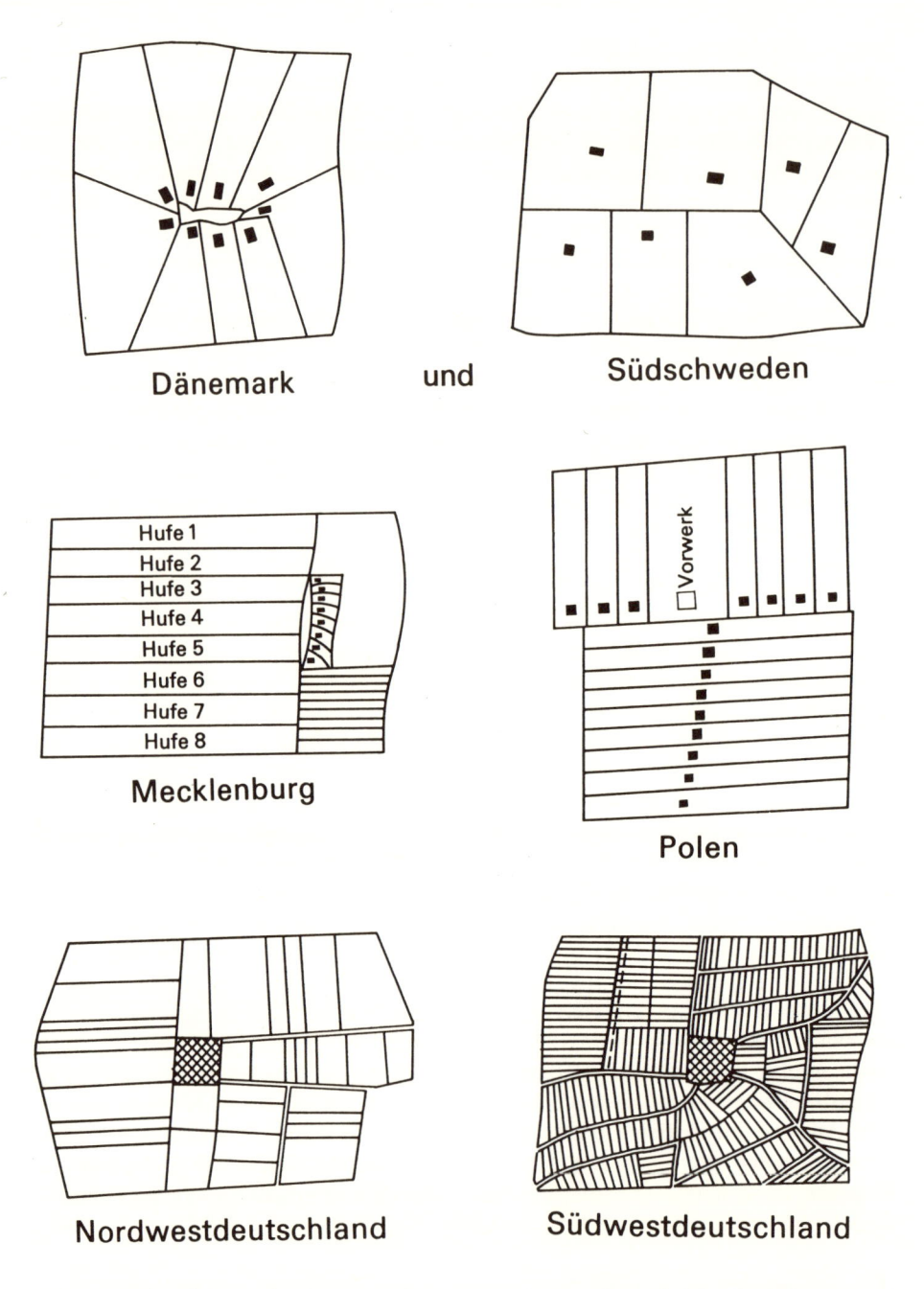

Abb. 3: Grad und Form der Zusammenlegung von Gewannfluren bei Verkoppelungen und Flurbereinigungen im 18./19. Jh. in Nord- und Mitteleuropa (schematische Darstellung)

nötig neu geordnet, vielfach aber im alten Zustand belassen. Auch in Österreich haben weite Teile der Gewannflurgebiete keine Flurbereinigung erfahren. Sie sind heute geradezu lebende Museumsstücke der mittelalterlichen Dorf- und Flurformen.

Verhindert oder verzögert wird in diesen Gebieten während des 18./19. Jahrhunderts der Umbau der ländlichen Siedlungsstruktur entsprechend der sich durchsetzenden neuen Gesellschafts- und Wirtschaftsverfassung m. E. durch drei Faktoren: 1. durch die räumliche Entfernung von den damaligen Innovationszentren in Nordwesteuropa, 2. durch das Fehlen der die Neuerungen in den übrigen Gebieten zuerst aufgreifenden und durchsetzenden Gutsherren – in Südwestdeutschland konnten die absentistischen Grundherren in dieser Hinsicht keinen Einfluß ausüben, und die Zahl der Rittergüter als mögliche Innovationszentren war zu gering, um auf die Masse der Bauern einen Impuls auszuüben, zumal vielfach die Parzellen der Güter noch in Gemengelage in die Gewannflur eingebunden waren und die traditionelle Rotation der Zelgenwirtschaft mitmachen mußten[39], und 3. durch das nicht zuletzt aus diesem Grunde um so stärkere Beharrungsvermögen der infolge der Realteilungssitte vorherrschend kleinbäuerlichen Besitzstruktur und dem damals noch ganz ausgeprägt konservativen Wirtschaftsgeist der Bauern, der u. a. dazu beitrug, daß weithin noch die traditionelle Feldgemeinschaft der Zelgenwirtschaft fortgeführt wurde. Hier war also die Persistenz der alten Strukturen am größten und zugleich die Wirksamkeit der Neuerungsimpulse am geringsten, die dann durch den Ende des 19. Jahrhunderts einsetzenden staatlichen Agrarprotektionismus noch weiter abgewehrt wurden.

Der hier aufgezeigte Übergang zur produktiv-kapitalistischen Verfassung der Gesellschaft läßt sich im ländlich-agraren Bereich nicht allein als rein ökonomischer, schon gar nicht als ein primär betriebswirtschaftlich bedingter Wandel verstehen, etwa derart, daß sich eine Abkehr vom reinen Getreidebau der Dreifelderwirtschaft zur gemischten Wirtschaft mit einem innerbetrieblichen Nebeneinander eingehegter Gras- und Ackerflächen vollzieht, also quasi eine Expansion des „*Bocage*"-Typs der Agrarlandschaft auf Kosten des „*Openfield*"-Typs. Vielmehr erfolgt dieser Wandel in Richtung auf eine Individualisierung in der Flur- und Siedlungsstruktur auch in Räumen, die rein ackerwirtschaftlich orientiert bleiben.[40] Mindestens ebenso wichtig wie die ökonomische Seite ist die gesellschaftliche: In der Dorfauflösung zugunsten von Einzelhöfen und in der Herauslösung arrondierter Besitzblöcke aus der Gewannflur mit ihrem Flurzwang dokumentieren sich m. E. besonders prägnant die *Vorstellungen der neuen liberalen Gesellschaftsverfassung* vom eigenverantwortlichen, persönlich freien, aus überkommenen Gemeinschaftsformen losgelösten Einzelnen,[41] auch bereits dort, wo diese Wandlungen der formellen Bauernbefreiung, wie z. B. in Dänemark und Schweden, vorausgehen.

---

39 *S. Kullen:* Der Einfluß der Reichsritterschaft auf die Kulturlandschaft im mittleren Neckarland. (Tübinger Geogr. Studien 24) Tübingen 1967, S. 28 ff.
40 *S. Helmfrid* (s. Anm. 38), S. 203.
41 *F. Lütge* (s. Anm. 29), S. 40.

Ich fasse zusammen: Mit den Beispielen der sippenbäuerlichen Stufe der Gesellschafts- und Wirtschaftsentfaltung und des Übergangs von der grundherrschaftlichen Agrargesellschaft in die Stufe des produktiven Kapitalismus habe ich versucht, die Möglichkeiten der Erkenntnisgewinnung aus dem Bobekschen Ansatz für eine allgemeine vergleichende Geographie des ländlichen Siedlungswesens aufzuzeigen. Der heute erreichte umfassende Bestand an Einzelforschungen in der regionalen, verschiedene historische Perioden erfassenden Siedlungsgeographie erlaubt es m. E., in vergleichender Betrachtung das Konzept der Entfaltungsstufen in entsprechender Weise auf die übrigen Gesellschafts- und Wirtschaftsverfassungen mit ihren jeweiligen Phasen und Varianten anzuwenden, etwa auf die gegenwärtige jüngste Phase des produktiven Kapitalismus in den inzwischen voll in die Industrialisierung und Urbanisierung eingetretenen Staaten, in denen das siedlungsgeographische Phänomen der Schrumpfung der peripheren ländlichen Siedlungsräume einer vergleichenden Untersuchung zu unterziehen und aus den Bedingungen dieser jüngsten Phase zu erklären ist. Es ist ebenso anzuwenden auf die sozialistische Variante oder „Abzweigung" des produktiven Kapitalismus im Sinne Bobeks, auf die Überformung der Gesellschaften einfacherer (früherer) Stufe durch die Kolonialwirtschaft, aber auch durch die Einbeziehung solcher Gesellschaften in die modernen westlichen oder sozialistischen Industriegesellschaften, ein Prozeß, der sich in den USA und in Kanada bei den Waldindianern und Eskimos vollzieht, in Grönland, in Lappland, in den sibirischen Gebieten der Sowjetunion und in zunehmendem Maße auch in den auf dem Weg in moderne Gesellschafts- und Wirtschaftsverfassungen sich befindenden Staaten der Dritten Welt.

Die Anwendung des Konzeptes der Stufen der Gesellschafts- und Wirtschaftsentfaltung auf eine allgemeine vergleichende, auf die Erkenntnis von Regelhaftigkeiten gerichtete Geographie des ländlichen Siedlungswesens ist *eine* neben mehreren anderen bereits bewährten Formen der Synthese. Sie ist bisher noch wenig erprobt, verdient es m. E. aber, als methodische Perspektive der Siedlungsgeographie eingesetzt und diskutiert zu werden.*

---

* Siehe hierzu die beiden jüngeren Arbeiten des Verf. in diesem Band: „Die außereuropäischen Siedlungsräume und ihre Siedlungsformen – Gedanken zu einem Darstellungskonzept" (1985) sowie „Grundzüge einer Siedlungsgeographie der Dritten Welt. Ein Versuch am Beispiel Afrikas und Asiens" (1990).

Siedlungsgeographie als historisch-gesellschaftswissenschaftliche Prozeßforschung

Der Siedlungsgeographie wird unter Bezug auf Lehrbücher und entsprechende Vorlesungen gern unterstellt, sie sei im wesentlichen eine Formentypenlehre. Diese Unterstellung trifft nicht zu, sie ist zu pauschal, was durch zahlreiche Regionalmonographien belegt wird, die sich durch eine ausgesprochen historisch-dynamische Betrachtungsweise auszeichnen. Sie arbeiten kulturlandschaftsgeschichtlich und verfolgen mit dem Siedlungsgang eine Abfolge von Siedlungsprozessen, von der phasenweisen Auffüllung des Siedlungsraumes durch Kolonisation (Landesausbau) bis zum ebenso phasenhaften Wandel des ursprünglichen Siedlungsbestandes. Als siedlungsgestaltende Kräftegruppen erscheinen die verschiedenen Siedlungsträger und die Sozialschichten der Dörfer. Ihr Wirken wird interpretiert vor dem Hintergrund bestimmter politischer, gesellschaftlicher und wirtschaftlicher Rahmenbedingungen. Naturräumliche Gegebenheiten sind vor allem auf regional- und lokalwirtschaftlicher Ebene von großer Bedeutung, was auch die jeweilige Siedlungsgestaltung entsprechend beeinflußt hat (Krenzlin 1983, Nitz und Quirin 1983, S. XV ff.). So war und ist diese Art von Siedlungsgeographie stets historisch-gesellschaftswissenschaftliche Prozeßforschung, wobei hier „historisch" im Sinne einer bestimmten zeitgebundenen Faktoren- und Prozeßkonstellation verstanden wird und damit auch die Gegenwart einschließt.

Was bisher noch wenig versucht wurde, ist die Anwendung dieses Konzeptes auf Großräume und großräumige Zusammenhänge. Welche über bisherige Erklärungen hinausreichenden Einsichten in das Siedlungswesen damit gewonnen werden können, soll im folgenden am Beispiel des nordwestlichen Festlandeuropa in der vorindustriellen Phase des 16. bis 18. Jhs. gezeigt werden.

Der Kontext überregionaler Wirtschaftsverflechtungen für Siedlungsprozesse im 16.-18. Jahrhundert

Diese Phase kann man von ihren gestaltenden historischen Kräften her kennzeichnen als zugleich frühkapitalistisch und spätfeudalistisch, letzteres schließlich in der Form des Absolutismus mit merkantilistischer Wirtschaftspolitik. Zu den bekannten siedlungsgeographischen Sachverhalten dieser Phase zählen z. B. Fehnkolonien, Sielhafenorte, Gulfbauernhäuser, Polder und Brinksitzer sowie Gutsbildung und „Zweite Ostkolonisation". Sie werden hier in den Rahmen eines großräumigen historisch-gesellschaftlichen Entwicklungsprozesses gestellt, der in den letzten beiden Jahrzehnten in zunehmendem Maße das Interesse der wirtschafts- und sozialgeschichtlichen Forschung gefunden hat. Auf die zusammenfassenden, in ihrer Interpretation z. T. voneinander abweichenden Darstellungen von Wallerstein (1974, 1980), Kriedtke (1980) und Rothermund (1978) sei besonders hingewiesen.

Wallerstein, ein amerikanischer Sozialhistoriker, entwirft das Modell eines sich seit dem 16. Jh. herausbildenden europäischen Weltwirtschafts-Raumsystems. Dessen dynamisch wachsender *Kernraum* (*core*) liegt im flandrisch-niederländisch-südenglischen Raum, in dem zunächst Antwerpen, dann Amsterdam und schließlich London die führenden *Metropolen* sind. Die Küstengebiete der von den Kernraum-Staaten abhängigen amerikanischen Kolonien bilden die *Peripherie* und exportieren in den Kernraum. Die gleichfalls vom Kernraum beeinflußte europäische Peripherie differenziert sich in sog. *semiperiphere Räume* mit einer geringeren Wirtschafts- und Gesellschaftsdynamik als der Kernraum und in den nord-, ost- und südosteuropäischen Außensaum als *Peripherie* im engeren Sinne. Dieser erscheint im Sinne einer extern bestimmten regionalen Arbeitsteilung wirtschaftsfunktional stärker an den nordwesteuropäischen Kernraum gebunden als die semiperipheren Räume. In der Peripherie spielt die Lieferung von Massenprodukten wie Getreide, Holz und Fleischvieh eine entscheidende Rolle. Besonders ausgeprägt waren diese großräumigen Verflechtungen mit dem Kernraum entlang der Nord- und Ostsee und den in sie mündenden großen Flüssen. Der Wasserweg bot – abgesehen vom Viehtransport in Trecks – beim damaligen Stand des Fernverkehrswesens den kostengünstigsten Massentransport. Frühkapitalistische Handelsunternehmen und merkantilistisch arbeitende Staatsverwaltungen trugen und förderten dieses System, das eindeutig die wirtschaftliche Verflechtung zum Ziel hatte. Die darin eingebundenen regionalen Gesellschaften begannen sich allmählich in diesen Rahmen einzupassen. Sie stellten ihre Wirtschaft allmählich um, und zugleich zeichneten sich als Konsequenz Änderungen auch der Gesellschaftsstrukturen ab. Vielfach wurde auch eine siedlungsgeographische Dynamik in Gang gesetzt: Bestehende Siedlungsstrukturen wurden den neuen Zwecken entsprechend umgeformt, erweitert oder reduziert, neue Siedlungsräume und Siedlungen geschaffen und dabei neue, den veränderten Ansprüchen und Funktionen angemessene Siedlungstypen entwickelt.

Diese Siedlungsprozesse und die durch sie geschaffenen Siedlungsstrukturen des 16.-18. Jhs. im nordwestlichen Festlandseuropa werden im folgenden in ihrem wirtschaftlichen und gesellschaftlichen Kontext dargestellt. Von zentraler Bedeutung ist dabei ihre räumliche „Rolle" im sich entwickelnden frühneuzeitlichen europäischen „Weltsystem".

Siedlungsprozesse und Siedlungsstrukturen im Kernraum

Die Niederlande entwickelten sich seit dem 16. Jh. zum exemplarischen Vertreter des nordwesteuropäischen Kernraumes. Nach dem politisch – durch die Unterwerfung unter die spanische Herrschaft – bedingten Niedergang Antwerpens (nach 1580) übernahm Amsterdam die Rolle des Haupthandelsplatzes. Gefördert wurde dies durch eine ähnlich günstige geschützte Hafenlage und vor allem durch den Zustrom vertriebener bzw. geflüchteter Antwerpener Unternehmer. Ende des

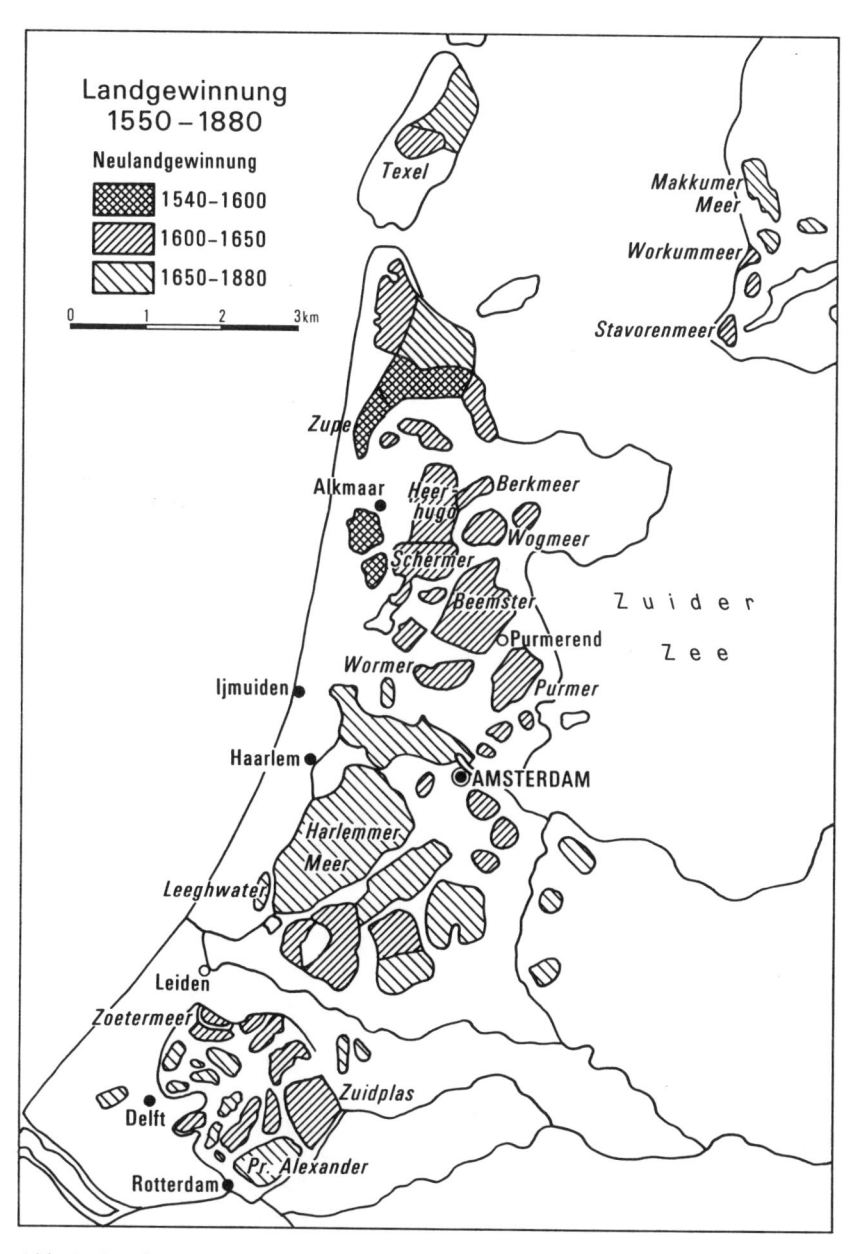

Abb. 1: *Landgewinnung durch Polderung von Binnenseen in den Niederlanden 1550 bis 1880.*

Man beachte die große Zahl von Trockenlegungen nördlich von Amsterdam in den ersten beiden Phasen von zusammen nur 110 Jahren gegenüber den 230 Jahren der dritten Phase.

Quelle: Burke 1961, Abb. 77

Abb. 2: Der Beemster-Polder (ca. 1610), trockengelegt und schematisch in Hofeinheiten parzelliert durch eine Aktiengesellschaft (compagnie) Amsterdamer Unternehmer

Wiedergegeben ist die „Beemster Caerte", gestochen von Daniel van Breen 1658.

Quelle: Harten 1980, S. 67

16. Jhs. stammte ein Drittel der Bevölkerung Amsterdams aus Belgien! (Gottschalk 1978, S. 209). Von 1584 bis 1618 wuchs die Stadtbevölkerung von ca. 25 000 auf ca. 100 000 Einwohner an. Das 17. Jh. war das „goldene Zeitalter" der Niederlande. Hier entwickelten sich die wesentlichen Strukturen der sog. „kommerziellen Revolution" dieser Zeit.

Amsterdam wurde zur Drehscheibe des damaligen Welthandels, der den Ostseehandel, den Levantehandel, den Asienhandel und den Handel mit den amerikanischen Kolonien, insbesondere mit den Plantagengebieten umfaßte. Der Entrepôthandel, d. h. Import und teurerer Reexport, z. T. nach gewerblicher Verarbeitung (Veredlung), ließ die Verdienstspanne der Kaufleute anschwellen. Das Gewerbe Amsterdams und seiner holländischen Nachbarstädte wurde bestimmt durch Schiffsbau, Weiterverarbeitung von Halbfertigtextilien (z. B. Rohleinen bleichen, färben, bedrucken) und tropischer Rohstoffe (Tabak, Rohzucker, Gewürze). Den wirtschaftlichen Aufschwung begleitete ein gewaltiger Zustrom von Arbeitskräften. Die Städte wuchsen in großem Umfang durch neue Wohn- und Gewerbeviertel. Amsterdam überschritt um 1700 die Zahl von 200 000 Einwohner. Die Stadtfläche wurde zwischen 1612 und 1658 planmäßig mehr als verdoppelt (Burke 1961, S. 150). Der für uns im Vordergrund stehende ländliche Siedlungsraum wurde in diese wirtschaftliche Ausdehnung einbezogen und eng mit den Städten verflochten.

Die Versorgung der wachsenden Stadtbevölkerung führte zu einer Intensivierung der landwirtschaftlichen Nutzung, insbesondere zum vermehrten Anbau von Gemüse und „Luxusprodukten" wie Blumen. Die berühmte holländische Tulpenzucht nahm hier zunächst als eine Liebhaberei städtischer Unternehmer ihren Anfang. Ebenso führte diese Intensivierung zu kleineren Betrieben über Landverkäufe und Hofteilungen und damit zu einem verdichteten Siedlungsgefüge. Das aus der Feudalzeit stammende grundherrliche Obereigentum an Hufenland ging in die Hand städtischer Kapitaleigner über. Land wurde zur Ware, zur rentablen Geldanlage.

Bei den steigenden Landpreisen lohnte es sich für städtische Unternehmer, Binnenseen mit hohem technischem Aufwand trockenzulegen. Erstmals wurden hier neu entwickelte Pumpmühlen und aufwendiger Polder-Ringdeichbau eingesetzt (Abb. 1). Dem rationalen Denken der Zeit und dem hohen Stand der Vermessungstechnik entsprechend wurden die Polderflächen streng schachbrettförmig durch ein Gitternetz von Erschließungsstraßen und Entwässerungsgräben aufgegliedert. Im Falle des Beemster-Polders (um 1610) (Abb. 2) sind die ca. 925 m (480 „Rynlantsche Roeden") messenden Quadrate jeweils in 5 breitstreifige Hofeinheiten zu je 17 ha, im Norden und Osten in noch kleinere Parzellen aufgeteilt, worin die erwartete intensive Nutzung, aber auch die unterschiedlichen Anteile der „Aktionäre" zum Ausdruck kommen.

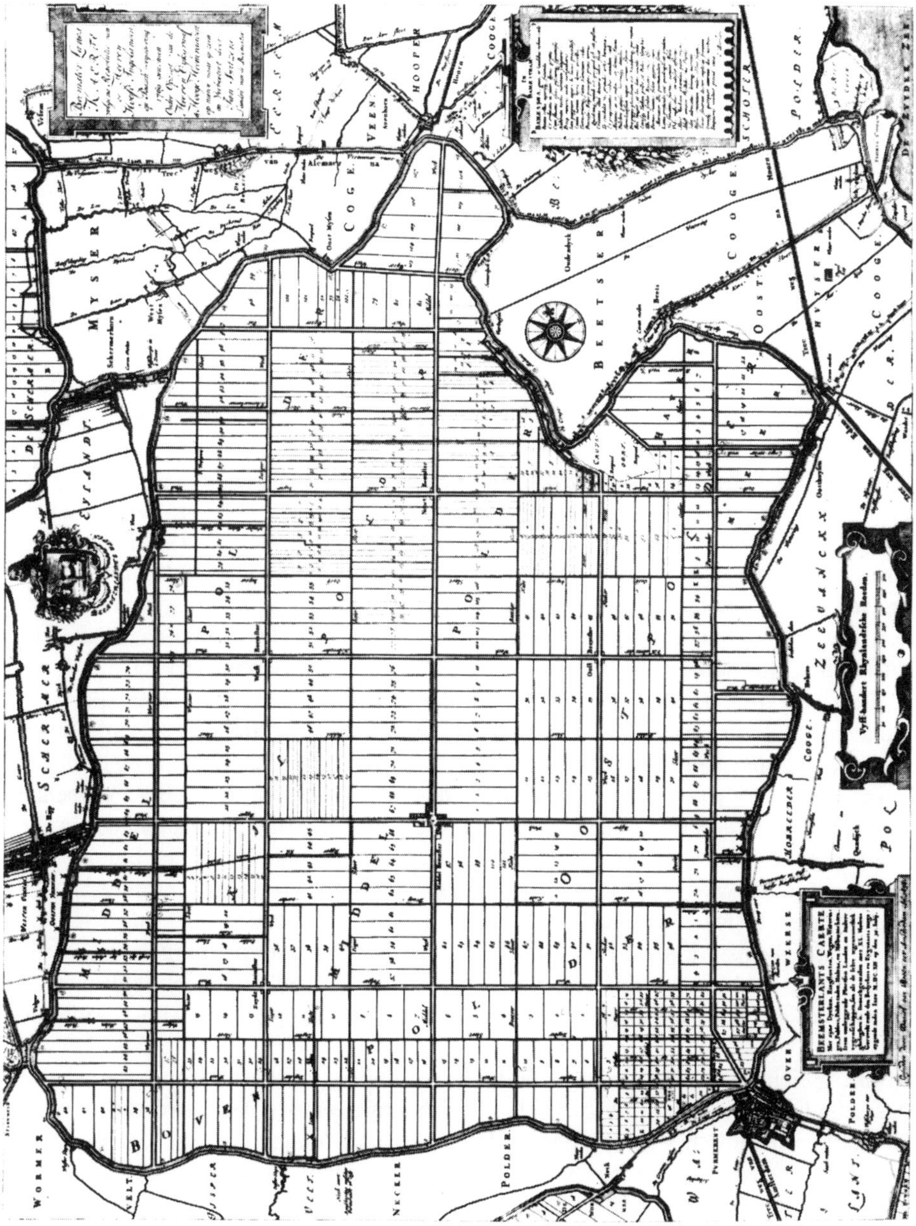

BEEMSTERLANTS CAERTE
Vyff hundert Rhynlandtsche Roeden
WORMER
POLDER

Ein weiteres neues Siedlungselement städtischer Herkunft im Umland der Städte bildeten seit dem 17. Jh. die vornehmen Landsitze (landhuizen, buitenplaatsen) reicher Unternehmer, die bäuerliches Land aufkauften, um ihre vor allem im Sommer bewohnten Villen mit einem parkartigen Garten zu umgeben. Dabei bevorzugte man landschaftlich reizvolle Lagen entlang der Fluß- und Seenufer. Viele Landhäuser waren aber auch mit Landwirtschaftsbetrieben verbunden, die von einem Verwalter geleitet wurden. So waren um 1640 bereits 52 der 259 Landwirtschaftsbetriebe des Beemster-Polders mit herrschaftlichen Landhäusern bebaut. Hier wurden Lebensformen des Adels und Vorbilder der Landvillen im Umkreis der oberitalienischen Städte übernommen (Harten 1978, S. 122 ff.)

Zeigt sich schon im stadtnahen Bereich intensiver Landnutzung der Thünen'sche Ring der „freien Wirtschaft" realisiert, so schloß sich an diesen ein Gegenstück des Thünen'schen Forstringes an: der Brennstoffproduktionsring der Torf erzeugenden Marschhufendörfer. (Das Bauholz für die Häuser wurde aus dem Ostseeraum per Schiff und aus den süddeutschen Mittelgebirgen mit Flößen herangebracht.) Es handelt sich dabei um mittelalterlich gegründete Reihensiedlungen entlang von Flußmarschen- und Niedermoorzonen, deren Hufen rückwärts in „ertrunkenes" Torfmoor hineinreichen, wo unter der Marschenkleidecke überschlickter Torf ansteht (Schmidt 1963, S. 4 ff., Borger 1975, S. 91 ff.). Die steigenden Brennstoffpreise in den Städten machten Torfgewinnung lohnend. Abnehmer waren neben den Haushaltungen und Kontoren die Gewerbebetriebe (Salzsiedereien, Zuckerraffinerien, Bierbrauereien, Keramikwerkstätten in Delft, Ziegeleien).

Der Torf mußte teilweise bis unter den Grundwasserspiegel mit speziellen Geräten als Torfschlamm herausgebaggert werden, schließlich sogar von Booten aus. So wurden die Hufenstreifen durch die Torfausbeutung in Wasserflächen umgewandelt. Zwar mußten zwischen den Hufen nach amtlicher Vorschrift schmale Landstreifen erhalten bleiben, um die Bildung zusammenhängender großer Wasserflächen zu verhindern, deren Wellengang zur Bedrohung der Landflächen und Siedlungen werden konnte, doch vielfach ließ sich dies nicht verhindern. Man baute rücksichtslos allen Torf ab, da der Gewinn die Strafen überwog (Schmidt 1963, S. 24). Am Ende der Torfausbeutung und Landvernichtung stand in der Regel die Verarmung der Bevölkerung, deren „abgebauter" Hufenbesitz im Extremfall auf den Hausplatz und evtl. Garten geschrumpft war (Abb. 3; Schmidt S. 47 ff.).

Ein gleichzeitig einsetzender siedlungsgeographisch konstruktiver Prozeß war die Gründung der Torf produzierenden Fehnkolonien in den der Geest aufliegenden Hochmooren südlich von Groningen, finanziert und organisiert von Unternehmergruppen („compagnien") aus Groningen und holländischen Städten, schließlich auch von der Stadt Groningen als Korporation selbst (Anlage des Stadskanals!). Durch diese Großunternehmen erfolgte der Kanalbau und der mit jeweils Hunderten von Arbeitern, insbesondere Saison-Gastarbeitern aus dem benachbarten Nordwestdeutschland, durchgeführte Torfabbau.

Der Absatz über den Umschlagplatz Groningen ging vor allem in die Marsch, darüber hinaus über Kanalverbindungen zur See aber auch nach Holland. Während

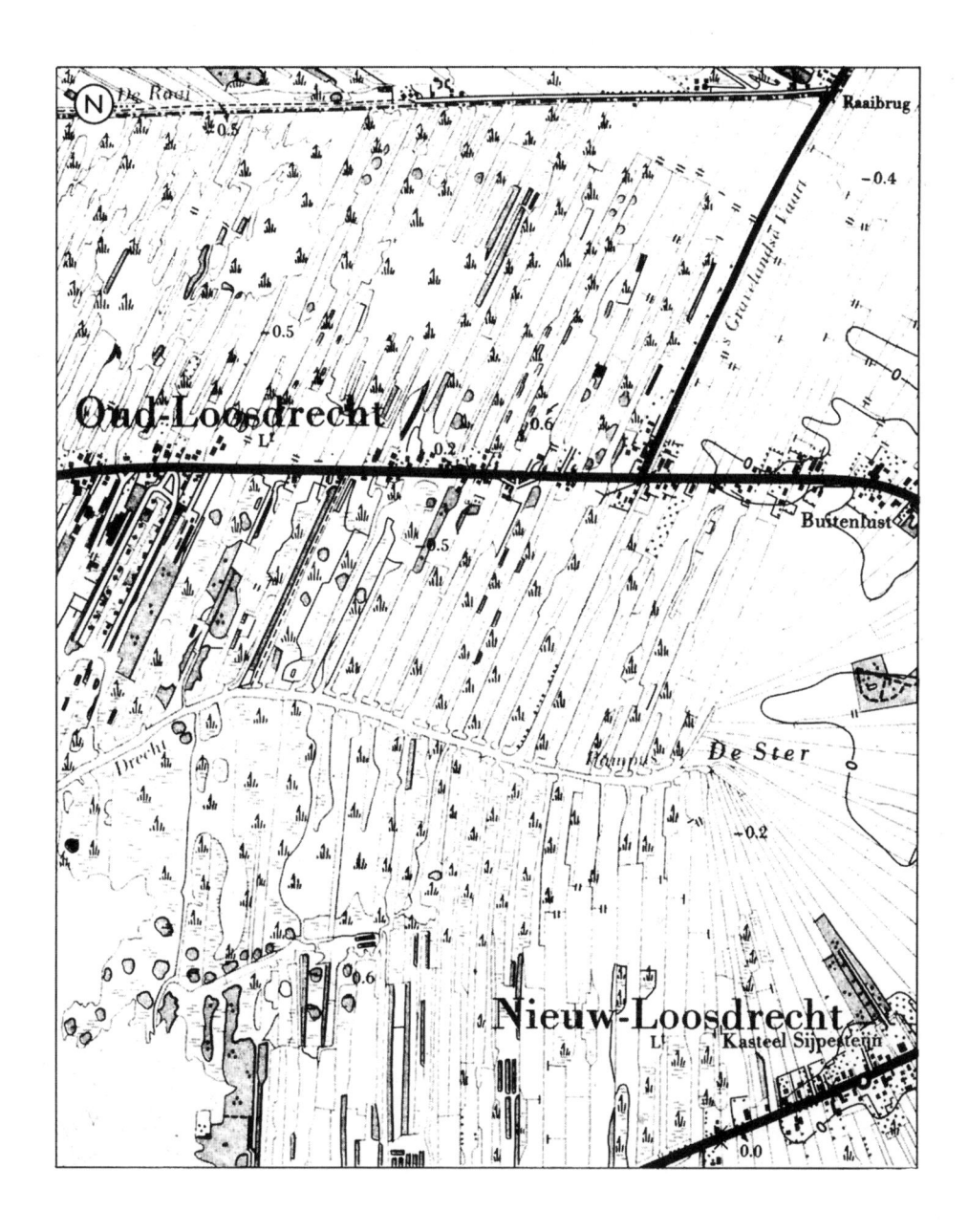

Abb. 3: *Seit dem 17. Jh. durch „Bagger-Verfehnung" entstandene Seen („Plassen"), im Ausschnitt die Loosdrechtschen Plassen westlich von Hilversum*

Quelle: Ausschnitt aus der Top. Karte 1:25 000 der Niederlande (1950), Wiedergabe nach Atlas van Nederland 1964, Karte IX-1

Abb. 4: *Die schrittweise Neulandgewinnung durch Eindeichung in der ehemaligen Harlebucht und die Serie von Sielhäfen, die im Zuge der Vordeichungen verlegt werden mußten.*
Die Jahreszahlen geben das Datum der Eindeichung an. Carolinensiel (Nebenkarte) stellt die Hochform eines Sielhafenortes dar.

der Torfsaison im Sommer entstanden im Fehngebiet zahlreiche temporäre Arbeiterlager und ein auf deren Versorgung ausgerichtetes Gewerbe, das entlang der Kanäle seine Siedlungsstandorte fand.

Die klassische Form der bäuerlichen Fehnkolonie ist in der Regel erst das Ergebnis des Verkaufs der verfehnten, d. h. abgetorften und kultivierten Streifen zwischen den fischgrätenartig angelegten „Wieken", die zu Entwässerungs- und Transportzwecken gebaut wurden. Käufer waren zahlungsfähige Leute, vor allem Söhne von Marschenbauern (Keuning 1933, S. 106). Ihre Wirtschaft war bei Besitzgrößen zwischen 15 und 25 ha von vornherein auf vollbäuerlichen Getreidebau ausgerichtet. Dies machte die Stadt Groningen als Hauptunternehmer zur Vertragsbedingung, denn über ihren Markt lief der Absatz nach Amsterdam. So war der von der Kaufmannschaft gestellte Rat der Stadt die treibende Kraft, die die Wirtschafts- und Siedlungsentwicklung des Hochmoorgebietes im Interesse des in der Stadt erfolgenden Umschlags von Torf und Getreide vorantrieb.

Von Emden aus, damals eine niederländisch geprägte Stadt, begannen Unternehmer ähnliche Projekte, doch war es wohl die hier am Rande des Kernraumes geringere Rentabilität (Transportkosten), die sie veranlaßte, statt der großbetrieblichen Abtorfung diese pachtweise einer großen Zahl kleingewerblicher „Fehntjer" zu überlassen. Daraus gingen die enggebauten gewerblich-kleinbäuerlichen Reihendörfer hervor, die sich bis heute von den vollbäuerlichen groningischen Fehnkolonien so deutlich unterscheiden (Bünstorf 1966).

Seit dem 16. Jh. vollzog sich auch in den Marschen ein grundlegender Wandel. Dominierte bis dahin eine stark grünlandorientierte Wirtschaft, wurde nun der Getreidebau mit Absatz nach Amsterdam intensiviert, wohin über das Wattenmeer ein günstiger Wasserweg bestand. Hauptabnehmer waren einerseits die rasch wachsenden großen Handels- und Gewerbestädte der Niederlande sowie des übrigen Europa, andererseits Spanien und Portugal, wo die von einer umfangreichen Schafweidewirtschaft großer Landbesitzer beanspruchten Flächen eine dem Bevölkerungswachstum entsprechende Ausweitung des Getreidebaus nicht erlaubten. Amsterdam entwickelte sich zum größten Getreideentrepôt Europas.

Eine besonders günstige Transportlage wiesen die Nordseemarschen auf, die mit dem Wattenmeer durch ein enges Netz von schiffbaren Entwässerungskanälen verbunden waren. Begünstigend kam in den Seemarschen hinzu, daß hier eine von Grundherrschaft freie Bauernschaft saß. Sie konnte sich rasch auf die wachsende Nachfrage nach Brotgetreide, Braugerste und Futterhafer (für die städtischen Pferde) umstellen. Die heute als „natürliche" Grünlandgebiete erscheinenden Altmarschen mit ihren schweren Böden wurden bis in das 19. Jh. hinein bis zu über 80% als Ackerland genutzt.

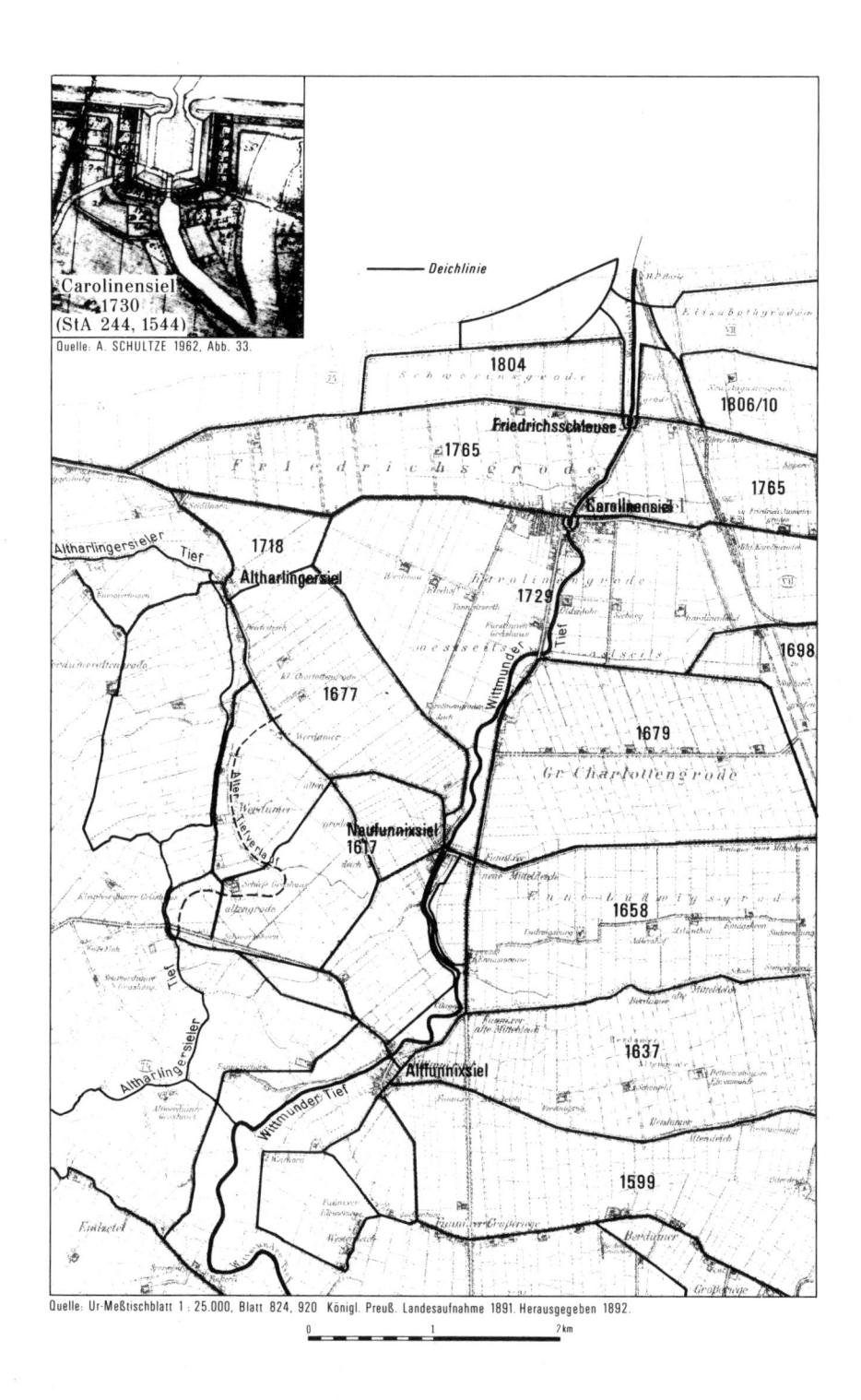

Carolinensiel
1730
(StA 244, 1544)
Quelle: A. SCHULTZE 1962, Abb. 33.

Deichlinie

1804
1806/10
Friedrichsschleuse
1765
Carolinensiel
1765
Altharlingersieler Tief
1718
Altharlingersiel
1729
1698
1677
1679
Gr. Charlottengrode
Neufunnixsiel
1617
1658
1637
Altfunnixsiel
Wittmunder Tief
1599

Quelle: Ur-Meßtischblatt 1 : 25.000, Blatt 824, 920 Königl. Preuß. Landesaufnahme 1891. Herausgegeben 1892.
0   1   2 km

Mit dieser „Vergetreidung" der Marschen waren folgende Wandlungen und Neuerungen im Siedlungswesen verknüpft:

– An den Ausmündungen der Hauptentwässerungskanäle („Tiefs", niederländisch: „Trekvaart", weil die Kähne gezogen wurden) entstanden Getreideexport- und Warenimporthäfen (für Torf, Backsteine, Bauholz), die *Sielhafenorte* (Schultze 1962), deren Siedlungsgestaltung im Zuge der wiederholten Deichvorverlegungen bei den dann notwendigen Neugründungen durch die fürstlichen Planer immer regelmäßiger und funktioneller wurden und in der schematischen Deichnischensiedlung ihre architektonische Hochform erreichten (Abb. 4; Schultze 1962).

– Die gesteigerte Getreideproduktion führte in der (west- und mittel-)friesischen Marsch zur Entwicklung eines neuen Bauernhaustyps, des *Gulfhauses*, eines ausgesprochenen Getreidescheunenhauses. Im Mittelteil des dreischiffigen Gulfhauses konnten bodenlastig erhebliche Erntemengen bis unter das Dach gestapelt werden. Dieser Haustyp, zu dem auch der Dithmarscher Hauberg als regionale Variante gehört, verdrängte westlich der Weser das hier bisher vorherrschende niederdeutsche Hallenhaus (Schepers 1979).

– Gestiegene Getreidepreise machten die Neulandgewinnung durch Eindeichung von *Poldern* (ostfr. Groden, nordfr. Kögen) lohnend. Diese kostspieligen Unternehmungen wurden jeweils kurzfristig in einem Sommer mit mehreren Hundert, bei größeren Projekten sogar mit bis zu zweitausend Tagelöhnern – Wanderarbeitern von der Geest – durchgeführt, da die winterlichen Sturmfluten einen unfertigen Deich wieder zerstören konnten. Sie wurden von den Landesherren finanziert, die auf diese Weise durch Landverkauf, Verpachtung und Domänen-Eigenwirtschaft von der wirtschaftlichen Konjunktur profitierten. Schon in wenigen Jahren waren mit den reichen Ernten des jungfräulichen Bodens die Ausgaben abgedeckt. Wo der Landesherr sich in einer wirtschaftlich schwächeren Lage befand, wie z. B. in Ostfriesland, übernahmen Unternehmerkonsortien die Finanzierung und Durchführung. Niederländer traten nicht nur am Dollart, sondern auch in Nordfriesland auf, wo sie auch im Getreideexport tätig waren. Das Gulfhaus ist hier eine unmittelbare niederländische Innovation.

– Von den Marschhufensiedlungen unterscheiden sich die seit dem 16. Jh. entstandenen *Poldersiedlungen* (Abb. 4) durch die größeren Höfe, deren Besitzer in den Dollartpoldern geradezu als „Polderfürsten" apostrophiert werden. Die breiten Besitzstreifen wurden zwar meist gereiht angelegt, haben jedoch vielfach individuelle Größen, da sie als eine „Ware" und nicht mehr als „Hufe" galten. Der neue Unternehmertyp des Getreidebauern der Marsch fand in dieser Einzelhoflage seinen gemäßen Ausdruck. Der hohe Arbeitskräftebedarf der Getreidebaubetriebe (auch für die Deichunterhaltungsmaßnahmen) zog zahlreiche „kleine Leute" in die Jungmarsch, die in kleinen Nebenerwerbs-Höfchen mit etwas Pachtland an oder auf den alten Deichlinien („Schlafdeichen") seßhaft wurden und hier Deichreihensiedlungen entstehen ließen. Die strikte räumliche Trennung von den großbäuerlichen Einzelhöfen betonte die soziale Distanz.

– Konjunkturelle Preiseinbrüche und die Belastungen durch die Deichkosten nach Sturmflutschäden ließen vor allem *kleinere Höfe* in Konkurs gehen. Besser situierte größere Nachbarhöfe kauften diese dann häufig auf, viele Hofplätze fielen daraufhin wüst. In einigen Gemeinden der Krummhörn bei Emden erreicht der Umfang der Einzelhofwüstungen bis zu 50 % des Höfebestandes (Reinhard 1969, S. 328 ff. u. Karte 51).

— Eine Sonderentwicklung vollzog sich in den Flußmarschen von Ems und Weser, die wie auch die feuchte, tiefgelegene Sietlandmarsch der Küste auf die *Viehwirtschaft* orientiert blieben und neben Butter und Käse in erster Linie Mastrinder produzierten. Die Geestrandstädte mit ihren wachsenden Viehmärkten erlebten in dieser Zeit eine wirtschaftliche und städtebauliche Blüte. In der oldenburgischen Weser- und Jademarsch wurde diese wirtschaftliche Entwicklung durch den Landesherrn energisch vorangetrieben. Er beteiligte sich nicht nur in eigenen Domänen an der Ochsenmast, sondern beanspruchte das Viehexportmonopol und hatte Kommissionäre auf allen großen Viehabsatzmärkten, z. B. in Köln und Amsterdam. So wird es verständlich, daß die Oldenburger Grafen seit dem 16. Jh. die Neulandgewinnung forcierten und in den eingedeichten Gebieten der Wesermarsch auf eigene Rechnung große Neubauernpachthöfe (um 50 ha Größe!) in Reihensiedlungen nach dem Marschhufenprinzip anlegen ließen (z. B. Frieschenmoor). Darüber hinaus gestatteten sie auch den Wurtendörfern auf dem Weserufer nördlich von Brake, im Neuland des abgedämmten Lockfletdurchbruchs Tochtersiedlungen anzulegen, deren wertvolles „Wurpland" sie dann höher besteuerten als das ältere Marschland (Ey 1982).

Siedlungsprozesse und Siedlungsstrukturen in der nordwesteuropäischen Semiperipherie

Die Geestgebiete Nordwestdeutschlands und der östlichen Niederlande sind nach den Kategorien des raumwirtschaftlichen europäischen Weltsystems von Wallerstein der Semiperipherie zuzuordnen. Wegen ihrer ungünstigen Landverkehrslage zum Kernraum und auch wegen ihrer mit der damaligen Agrartechnik nur gering in Wert zu setzenden sandigen Böden konnten sie an der beschriebenen Agrarkonjunktur nicht direkt teilhaben. Ihre indirekte, eher passive Hilfsfunktion ist gekennzeichnet durch die Bereitstellung von Arbeitskräften und die heimgewerbliche Produktion von Halbfertigtextilien für den Kernraum.

In den Niederlanden bestand wegen der Abwanderung eines großen Teils des landeseigenen Bevölkerungsüberschusses in die wachsenden Städte mit ihren guten Verdienstmöglichkeiten ein besonders hoher Arbeitskräftebedarf für einfache Handarbeit in ländlichen Bereichen, eine der modernen Gastarbeiterzuwanderung vergleichbare Situation. Deutsche „Hollandgänger", von denen allein bei Lingen auf dem Höhepunkt der Entwicklung jährlich rund 30 000 die Grenze passierten (Schmidt 1963, S. 47), fanden Arbeit in der Torfwirtschaft, in der Heuernte und in der Heringsfischerei – die niederländische Fischereiflotte war damals die bei weitem größte Europas. In den Seemarschen waren sie bei der Getreideernte und beim Deichbau gefragt.

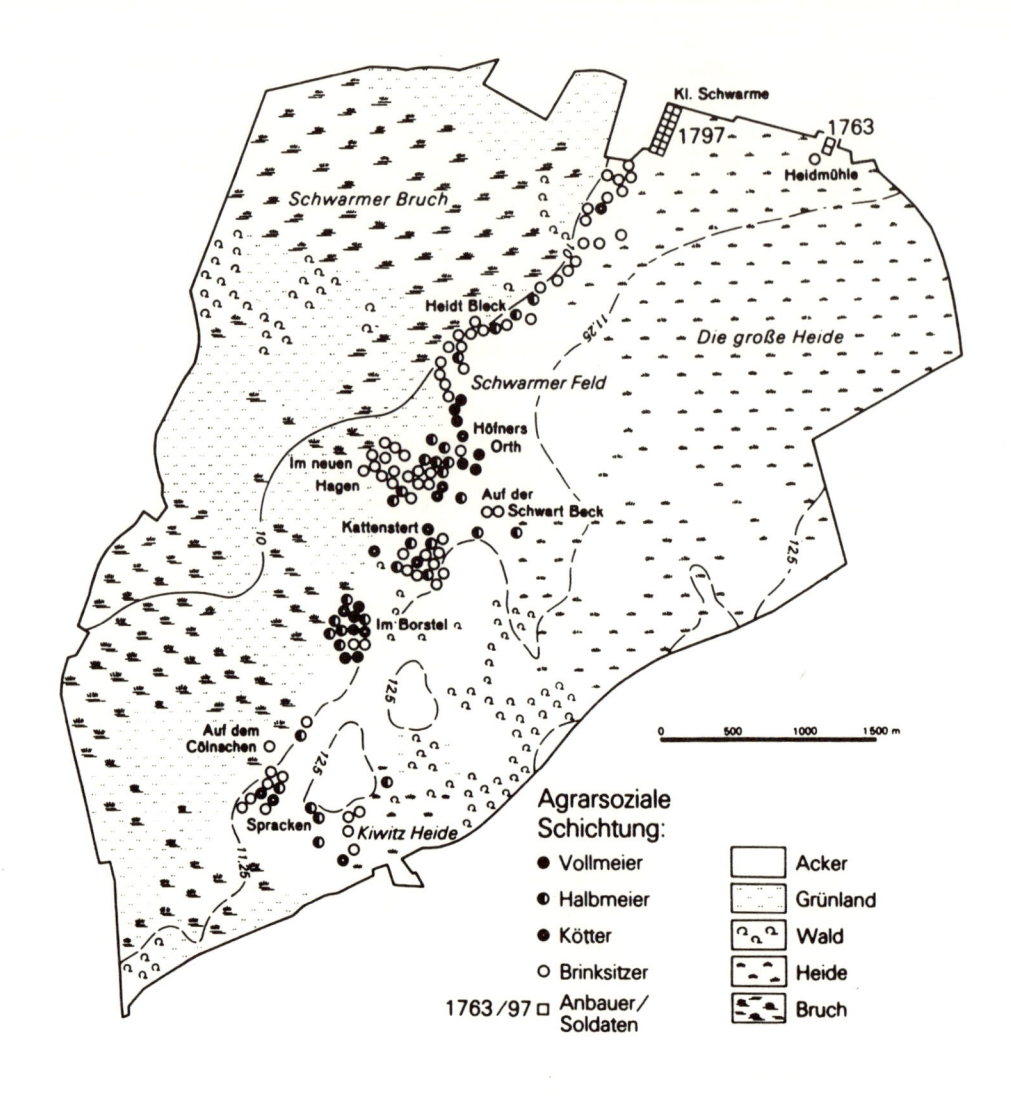

Das Nutzungsgefüge der Dorfschaft Schwarme im 18. Jahrhundert

Abb. 5: *Unterbäuerliche Nachsiedlerklassen des 16.-18. Jhs. im Geestdorf Schwarme östl. von Syke.*

Neben Auffüllung der altbäuerlichen Kernsiedlung auch Bildung ausgesprochener Randviertel.

Quelle: Cordes 1981, Abb. 27

Ihr Verdienst ermöglichte es diesen besitzlosen Mitgliedern der Geestdörfer – nicht-erbenden Söhnen –, ein wenige Hektar großes Stück Heide- oder Moorland zu kaufen und einen landwirtschaftlichen Kleinstbetrieb zu errichten. Sie erwarben damit den sozialen Status eines Brinksitzers o. ä. (Abb. 5). In der Regel kam als dritte Einnahmequelle noch das Spinnen und Weben von Flachs und Schafwolle – vor allem im Winter von der ganzen Familie betrieben – hinzu. Diese Produktion ging zum guten Teil als Halbfertigware in die niederländischen Gewerbestädte (s. o.). Vor allem in den grenz- und marschennahen Geestgebieten mit ihren günstigen Wanderarbeitsmöglichkeiten stieg die Zahl der Brinksitzer („kleine Leute") ganz erheblich.

Im Nordhümmling wuchs die Zahl der Stellen in den Dörfern und ihren „Kolonien" z. T. um das 5-15fache (Lievenbrück 1977, S. 74 f.). Die ursprünglich kleinen Drubbel mit fünf bis zwölf Erbenhöfen entwickelten sich zu Haufendörfern, in denen die „kleinen Leute" entsprechend ihrem sozialen Rang regelrechte Viertel zugewiesen bekamen (Abb. 5).

Ebenso wurde die seit dem 17. Jh. anschwellende Besiedlung der Hochmoore von den „kleinen Leuten" der Geest getragen. Der erste Impuls ging von Unternehmern aus, in Papenburg 1630 vom Drosten D. v. Velen und von vier Emder Unternehmern in Großefehn 1633, denen noch 15 Fehne in Ostfriesland folgten; die Vorbilder stammten aus den benachbarten Groninger Fehnen. Diese nordwestdeutschen Fehnanlagen entsprachen mit ihrer quasi-handwerklichen Produktionsweise nicht dem unternehmerischen Stil des Kernraumes. Das gleiche gilt für die hannoverschen Fehnkolonien des Teufelsmoores.

In noch stärkerem Maße entsprachen die sog. Moorbrandkolonien der wirtschaftlichen Situation der Semiperipherie. In ihnen betrieben die von der Geest stammenden Kolonisten einen risikoreichen Buchweizenanbau in Form der raubbauartigen Aschedüngung auf getrocknetem und dann gebranntem Torfmoos und Weißtorf. Allein in den ostfriesischen Hochmooren entstanden über 150 solcher Kolonien. Besonders das Urbarmachungsedikt (1765) des damaligen preußischen Landesherrn Friedrich d. Gr. förderte diese Entwicklung. Dieses Edikt erklärte die noch ungenutzten Hochmoore zum Staatseigentum und entzog sie bis auf geringe Reste den Geestdörfern.

Während hier die Provinzbehörde den Landhunger und die finanziellen Möglichkeiten der Wanderarbeiter nur durch Siedlungsgenehmigungen an einzelne Kolonisten förderte (Hugenberg 1891), nutzten andere Landesherren unter merkantilistisch-peuplierungspolitischen Zielsetzungen die landhungrigen kleinen Leute der Geest für eine mehr oder weniger planmäßige staatliche Binnenkolonisation. So entstanden in den emsländischen Mooren des Fürstbistums Münster unter Leitung eines Militäringenieurs im Jahre 1788 in kurzer Zeit 14 Kolonien mit 341 Kolonistenstellen. Die klein- bis mittelbäuerlichen Reihensiedlungen (4 bis 8 ha pro Hof Primärausstattung mit Verlängerungsmöglichkeit ins Hochmoor) zeichnen sich durch äußerst exakte schematische Grundrisse aus (Nitz 1976, Lievenbrück 1977, S. 41 ff.).

Die indirekten Zusammenhänge mit der dargestellten großräumigen Wirtschaftsentwicklung über das Wanderarbeiterwesen sind hier noch deutlich zu erkennen; denn auch nach der Ansiedlung im Moor gingen die Kolonisten im Sommer auf den Hollandgang. Im Gegensatz dazu standen für die gleichzeitigen Siedlungsaktivitäten des Kurfürsten von Hannover in den Hochmooren zwischen Bremen und Stade (Müller-Scheeßel 1975) und in den Heidemarken von Geestdörfern im Raum Hoya-Syke (Cordes 1981) in erster Linie innenpolitisch motivierte Zielsetzungen im Vordergrund. Eine gewisse indirekte Förderung durch die überregionale weltwirtschaftliche Entwicklung ist aber auch hier insofern zu erkennen, als Bremen und Hamburg durch Flüsse und durch den die Wasserscheide querenden Hamme-Oste-Kanal für den Torfabsatz der von schmalen Kanälen durchzogenen Kolonien erreichbar wurden. Vor allem Hamburg war neben Amsterdam und London ein wichtiger Entrepôthafen mit wachsendem Wohlstand.

Tatsächlich haben sich die primär als Bauernkolonien konzipierten Moordörfer entgegen den entwicklungspolitischen Vorstellungen der zuständigen Behörde „in erster Zeit fast ausschließlich auf den Torfstich und den Torfverkauf konzentriert" ... „und lebten noch mehr als 100 Jahre nach ihrer Gründung hauptsächlich von den Einnahmen aus dem Torfverkauf" (Müller-Scheeßel 1975, S. 107 u. 121). Letztlich wurde diese Orientierung von der Behörde selbst gefördert, da sie sich von der Kanalverbindung zur Elbe eine Belebung des Warenaustausches mit Bremen, Stade und Hamburg versprach (ebenda, S. 126). Daß wir uns hier in der Semiperipherie des damaligen europäischen Weltwirtschaftssystems befinden, wird an dem Desinteresse privatunternehmerischer Kräfte und an den relativ geringen Investitionen des Staates (im Vergleich etwa mit denen bei der Landgewinnung in den Marschen) erkennbar. So wurde auch das Kanalnetz im Teufelsmoor in sehr kleinen, letztlich unzureichenden Dimensionen ausgelegt. In den münsterschen Moorkolonien verzichtete man ganz darauf und ließ diese zu Moorbrandkolonien werden.

Siedlungsprozesse und Siedlungsstrukturen in der ostmitteleuropäischen Peripherie

Niederländische Kaufleute beherrschten seit dem 16. Jh. den Ostseehandel und initiierten über ihre Nachfrage eine boomartige Steigerung der Getreideproduktion (Roggen). Die Adeligen begannen auf ihren Eigenwirtschaften mit der Großproduktion und vergrößerten diese für sie lohnende Wirtschaft durch das Einziehen von Bauernhufen („Bauernlegen"), was ihnen durch zunehmende polizeiherrschaftliche Verfügungsrechte (vom Staat übertragen) im Rahmen der sich ausbildenden Gutsherrschaft möglich war. Zugleich konnten sie nun die Hofdienstpflichten der Bauern auf 4-6 Tage pro Woche steigern („Zweite Leibeigenschaft").

Die siedlungsgeographischen Konsequenzen waren nun folgende: Durch Einziehen des Hufenlandes vergrößerten sich die Gutsschläge, die Gewannflur schrumpfte zu Resten. Das Bauerndorf (Anger-, Straßendorf) wurde zum Arbeiter-Bauerndorf, im Extremfall zum reinen Gutsarbeiterdorf reduziert. In Mecklenburg, wo wegen der Küstenlage die „Vergüterung" besonders lohnend war, herrschten schließlich im Siedlungsbild die verstreuten Güter und Vorwerke vor. Herrschaftliche schloßartige Gutshäuser auf der einen Seite und Arbeiterkaten auf der anderen spiegelten die klassenmäßig scharf gespaltene Sozialstruktur wider.

Viele Hufenbauern flüchteten vor den Belastungen in die staatlich-peuplierungspolitische „zweite Ostkolonisation" der preußischen und polnischen Könige.

Ausblick

Siedlungsprozesse dieser Art lassen sich in ihren historisch-gesellschaftlichen Zusammenhängen ebenso für andere Regionen und Epochen darstellen (vgl. Nitz 1982). Sie setzen für den Siedlungsgeographen die Einarbeitung in die steuernden wirtschaftlichen, gesellschaftlichen und politischen Rahmenbedingungen und Prozesse voraus. Grundlegende Einsichten in derartige Zusammenhänge wurden bereits 1959 von Bobek in seinem Aufsatz „Die Hauptstufen der Gesellschafts- und Wirtschaftsentfaltung in geographischer Sicht" formuliert, auf den an dieser Stelle nachdrücklich hingewiesen sei.

Literatur

Bobek, H. (1959): Die Hauptstufen der Gesellschafts- und Wirtschaftsentfaltung in geographischer Sicht. In: Die Erde 90, S. 259-298.

Borger, G. J. (1975): De veenhoop. Een historisch-geografisch onderzoek naar het verdwijnen van het veendek in een deel van West-Friesland. Amsterdam.

Burke, G. L. (1961): The making of Dutch Towns. London.

Bünstorf, J. (1966): Die ostfriesische Fehnsiedlung als regionaler Siedlungsform-Typus und Träger sozial-funktionaler Berufstradition. (Göttinger Geogr. Abhandlungen 37) Göttingen.

Cordes, R. (1981): Die Binnenkolonisation auf den Heidegemeinheiten zwischen Hunte und Mittelweser (Grafschaften Hoya und Diepholz) im 18. und frühen 19. Jahrhundert. (Quellen u. Darstellungen z. Geschichte Niedersachsens 93) Hildesheim.

Ey, J. (1982): Die Wurp-Reihensiedlungen und die Moorrand-Reihensiedlungen der linksseitigen mittleren Wesermarsch. Eine siedlungsgeographische Untersuchung. Diplomarbeit im Fach Geographie, Universität Göttingen, 1982. [Inzwischen in erweiterter Fassung (Dissertation) im Druck erschienen unter dem Titel „Hochmittelalterlicher und frühneuzeitlicher Landesausbau zwischen Jadebusen und Weser." In: Probleme d. Küstenforschung im südl. Nordseegebiet 18 (1991), S. 1-88].

Gottschalk, E. (1978): Die Bedeutung geographischer Faktoren für die wirtschaftliche Entwicklung von Hafenstädten: die Ijsselstädte und Amsterdam in der frühen Neuzeit. In: Ber. z. dt. Landeskunde 52, S. 203-212.

Harten, J. D. H. (1978): Stedelijke invloeden op het Hollandse landschap in de 16de, 17de en 18de eeuw. In: Het Land van Holland 10, S. 114-134.

Hugenberg, A. (1891): Innere Kolonisation im Nordwesten Deutschlands. (Abh. d. Staatswiss. Seminars Straßburg 8) Straßburg.

Keuning, H. J. (1933): De Groninger Veenkolonien. Een sociaal-geografische Studie. Amsterdam.

Krenzlin, A. (1983): Beiträge zur Kulturlandschaftsgenese in Mitteleuropa. Gesammelte Aufsätze aus vier Jahrzehnten. Hg. v. H.-J. Nitz u. H. Quirin. (Erdkundl. Wissen – Beih. z. Geogr. Zeitschrift 63) Wiesbaden.

Kriedte, P. (1980): Spätfeudalismus und Handelskapital. Grundlinien der europäischen Wirtschaftsgeschichte vom 16. bis zum Ausgang des 18. Jahrhunderts. Göttingen.

Lievenbrück, B. (1977): Der Nordhümmling. Zur Entwicklung ländlicher Siedlungen im Grenzbereich von Moor und Geest. (Siedlung u. Landschaft in Westfalen 10) Münster.

Müller-Scheeßel, K. (1975): Jürgen Findorff und die kurhannoversche Moorkolonisation im 18. Jahrhundert. (Veröff. d. Inst. f. Histor. Landesforsch. d. Univ. Göttingen 7) Hildesheim.

Nitz, H.-J. (1976): Moorkolonien. Zum Landesausbau im 18./19. Jahrhundert westlich der Weser. In: Mensch und Erde. Festschrift f. Wilhelm Müller-Wille. Hg. v. K.-F. Schreiber u. P. Weber. (Westfälische Geogr. Studien 33) Münster, S. 159-180. [In Band I enthalten.]

Ders. (1982): Kulturlandschaftsverfall und Kulturlandschaftsumbau in der Randökumene der westlichen Industriestaaten. In: Geogr. Zeitschrift 70, S. 162-183. [In diesem Band enthalten.]

Nitz, H.-J. u. H. Quirin (1983): Der Beitrag Anneliese Krenzlins zur historisch-genetischen Siedlungsforschung in Mitteleuropa. In: *Krenzlin* 1983, S. XI-XXXVIII. [In diesem Band enthalten.]

Reinhard, W. (1969): Die Orts- und Flurformen Ostfrieslands in ihrer siedlungsgeschichtlichen Entwicklung. In: Ostfriesland im Schutz des Deiches. Bd. 1. Hg. v. J. Ohling. Pewsum, S. 203-375.

Rothermund, D. (1978): Europa und Asien im Zeitalter des Merkantilismus. (Erträge d. Forschung 80) Darmstadt.

Schepers, J. (1979): Das Bauernhaus in Nordwestdeutschland. Bielefeld.

Schmidt, E. (1963): Anthropogene Landvernichtung in den ertrunkenen Hochmooren der Niederlande. Manuskript, Göttingen 1963.

Schultze, A. (1962): Die Sielhafenorte und das Problem des regionalen Typus im Bauplan der Kulturlandschaft. (Göttinger Geogr. Abhandlungen 27) Göttingen.

Wallerstein, I. (1974): The modern world-system. I. New York.

Ders. (1980): The modern world-system. II. New York.

Die außereuropäischen Siedlungsräume und ihre Siedlungsformen. Gedanken zu einem Darstellungskonzept

Einleitung

Im ersten Band seiner „Geographie der ländlichen Siedlungen" beschränkte sich Born bewußt auf Mitteleuropa. Die Begründung liegt nicht so sehr in der Stoffmenge, sondern ergibt sich aus folgender grundsätzlicher Überlegung: „Orts- und Flurformen resultieren vor allem aus den wirtschaftlichen und gesellschaftlichen Fähigkeiten der Siedlergruppen, den Kenntnissen und Absichten der Siedlungsgründer und dem Beharrungsvermögen von Sozialstrukturen und Wirtschaftsformen."[1] Daraus folgt – so Born –, daß sich die Siedlungsformen wandeln, wenn sich diese Faktoren verändern. Formenentstehung und Formenwandel werden nur verständlich und erklärbar bei Kenntnis der jeweiligen bestimmenden (herrschenden) sozialen und wirtschaftlichen Faktorenkonstellation.

In seinem Band „Die Entwicklung der deutschen Agrarlandschaft" (1974) hat Born solche Wandlungsphasen der gesellschaftlichen und wirtschaftlichen Rahmenbedingungen herausgearbeitet, und zwar Wandlungsphasen der mitteleuropäischen Feudalgesellschaft von der Landnahmezeit bis zum Absolutismus, sowie die darauffolgende große Periode der Entwicklung und Entfaltung der Industriegesellschaft, die sich wiederum in mehrere Phasen mit jeweils bestimmten Wirkungsfaktoren und daraus folgenden Siedlungsprozessen gliedern läßt.

Einer solchen Auffassung, daß die jeweilige Gesellschafts- und Wirtschaftsverfassung und die daraus abzuleitenden Interessen und Fähigkeiten der unterschiedlichen Gesellschaftsgruppen die Gestaltung der Siedlungsformen bestimmen, wird jeder in historisch-genetischen Kategorien denkende Kulturgeograph und ebenso der Siedlungshistoriker und der Siedlungsarchäologe zustimmen.

Daraus folgt zugleich, daß Born sich in seinem Band auf die Genese der ländlichen Siedlungsformen in Europa beschränken mußte – er hat sich dann, wegen des Forschungsstandes, auf Mitteleuropa konzentriert. Denn nur im Rahmen der europäischen mittelalterlichen und frühneuzeitlichen Feudalgesellschaft und deren Wandlungsphasen sind typologische Siedlungsformen-Entwicklungsreihen und Formenwandlungssequenzen zu erkennen und zu erklären, und nur in diesem gesamtgesellschaftlichen Rahmen der europäischen Feudalgesellschaft ist ein auf diese begrenzter und für diese charakteristischer Siedlungsformenschatz zu erwarten. Eine Darstellung anderer europäischer Räume würde bei gleichartiger Gesellschafts- und Wirtschaftsentwicklung zu siedlungsgenetischen Befunden führen, die in ihren Grundzügen ähnlich sind.

---

1 Born 1977, Vorwort.

Daraus ergibt sich, daß einer Darstellung außereuropäischer ländlicher Siedlungen ebenfalls zunächst eine Bestimmung von Räumen in sich gleicher gesellschaftlicher und wirtschaftlicher Verfassung vorausgehen müßte, wobei es sich auch hier um historisch-zeitgebundene Verfassungen handelt.

In meinem Vortrag auf dem Göttinger Geographentag (1979) habe ich bereits die These formuliert, daß der Born'sche typengenetische Synthese-Ansatz „auf Großräume [jeweils in sich] gleicher oder doch ähnlicher gesellschafts- und wirtschaftsgeschichtlicher Entwicklung anwendbar (sei), in denen gleichartige Steuerungsfaktoren zu gleichen Formenabfolgen geführt haben".[2]

Die Konsequenz hieraus wäre allerdings eine große Zahl von Regional-Siedlungsgeographien von der Art des Born'schen Bandes, denn es gibt ja ohne Zweifel im außereuropäischen Raum nicht nur gegenwärtig mehrere verschiedene Gesellschafts- und Wirtschaftsverfassungen, sondern auch ihnen vorausgehende historische Verfassungen; denken wir nur an die Stammesgesellschaften, an die großen Zentralherrschaftsreiche Asiens und Altamerikas und an die Kolonialgesellschaften. Eine im Prinzip notwendige mehrbändige Darstellung ist gegenwärtig nicht nur wegen des gewaltigen Arbeitsaufwandes und der wohl auch fehlenden kompetenten Autoren nicht zu leisten, sondern vor allem wegen des in den meisten außereuropäischen Ländern noch ganz unvollständigen Forschungsstandes. Zu leisten wäre zunächst nur eine Überblicksdarstellung, die Lücken bewußt in Kauf nehmen und den Mut zur Generalisierung haben müßte. Welche Prinzipien bieten sich für eine solche eher programmatische Darstellung an?

In meinem bereits angeführten Geographentagsvortrag (1979) habe ich die „Hauptstufen der Gesellschafts- und Wirtschaftsentfaltung" von Bobek (1959) als einen sinnvollen siedlungsgeographischen Ordnungsrahmen herausgestellt. Es handelt sich um idealtypisch stark vereinfachte Haupttypen, denen sich auch die europäische mittelalterlich-frühneuzeitliche Feudalgesellschaft zuordnen läßt. Es sind dies: 1. die Stufe der Wildbeuter, 2. die Stufe der spezialisierten Sammler, Jäger und Fischer, 3. die Stufe des Sippenbauerntums mit dem Seitenzweig des Hirtennomadismus, 4. die Stufe der herrschaftlich organisierten Agrargesellschaft, 5. die Stufe des älteren Städtewesens und des Rentenkapitalismus und 6. die Stufe des produktiven Kapitalismus, der industriellen Gesellschaft und des jüngeren Städtewesens.

In der siedlungsgeographischen Anwendung erscheint es mir im Hinblick auf die Fülle der Siedlungsprozesse und der daraus hervorgegangenen Siedlungsformen erforderlich, eine feinere Differenzierung der Bobek'schen Hauptstufen vorzunehmen. Vor allem gilt dies hinsichtlich der grundlegenden Veränderungen der Gesellschafts- und Wirtschaftsverfassungen außereuropäischer Regionen und ihrer Bevölkerungen seit dem 16. Jahrhundert durch die externe europäische Kolonialwirtschaft, die sich verstärkt noch im Rahmen der postkolonialen Entwicklungen nach dem Vorbild westlicher oder östlicher Industriegesellschaften, auf der Bobek'schen Stufe des produktiven industriellen Kapitalismus westlicher oder

---

2 Nitz 1980, S. 85; in diesem Band S. 40.

sozialistischer Prägung fortsetzen. Bobek sieht letztere Stufe nur als eine Variante an, siedlungsgeographisch ist es allerdings eine sehr wirksame!

Differenzierte Gliederung der für die außereuropäischen Räume wesentlichen Gesellschafts- und Wirtschaftsverfassungen

Ich gebe im folgenden zunächst einen Überblick über meine auf Bobeks Entwurf aufbauende, aber stärker differenzierende Gliederung der für die außereuropäischen Räume wesentlichen Gesellschafts- und Wirtschaftsverfassungen und deren Varianten in ihrer historischen Abfolge. Anschließend nenne ich zu einzelnen Gesellschaftstypen und ihren phasenhaften Veränderungen Beispiele von zugehörigen Siedlungsprozessen und Siedlungsformen im ländlichen Raum. Unberücksichtigt bleiben – dem Thema entsprechend – die europäischen Räume und insgesamt die städtischen Siedlungen, die im siedlungsgeographischen Gesamtkonzept selbstverständlich ihren wesentlichen Platz finden.

Die systematische Gliederung der für die Siedlungsprozesse und Siedlungsformen außereuropäischer Räume wesentlichen Typen der Gesellschafts- und Wirtschaftsverfassung erfolgt nach Stufen (1-6), Phasen (6.1, 6.2) und regionalen Varianten/Zweigen (A, B, C, a, b):

(1) Die Stufe der Wildbeuter

(2) Die Stufe der spezialisierten Sammler, Jäger und Fischer

(3) Die Stufe des Sippenbauerntums mit dem Seitenzweig des Hirtennomadismus

(4) Die Stufe der herrschaftlich organisierten Gesellschaften

    A. Variante der zentralherrschaftlich organisierten Agrar- und Stadtgesellschaft

    B. Variante der feudalherrschaftlich organisierten Gesellschaften mit und ohne Städtewesen
    (Unter dem Gesichtspunkt der phasenhaften Entfaltung lassen sich hier frühe Phasen ohne und spätere Phasen mit Städten ausgliedern.)

(5) Die Stufe der europäischen Kolonialgesellschaften und der von ihnen beeinflußten/umgeprägten einheimischen Gesellschaften (vom Typ der Stufen 1 bis 4)
(Dieser Stufe im von Europa kolonialisierten Raum entspricht im frühneuzeitlichen Europa die Übergangsstufe oder -phase (?) der frühkapitalistisch–feudalstaatlich-merkantilistischen Gesellschaftsverfassung.)

    A. stärker feudal/absolutistisch strukturiert und damit dem Typ der Stufe 4 näherstehend: Der Kolonialraum als Erweiterungsraum feudaler/absolutistisch-zentralstaatlicher Lebens-, Herrschafts- und Wirtschaftsformen, z. T. mit Zwangsarbeitskräften arbeitend (Spanische Kolonien mit Latifundien)

- B. stärker (handels)kapitalistisch strukturiert: die auf den europäischen Markt orientierte, ebenfalls mit Zwangsarbeitskräften (hier: Sklaven, Schuldknechten) wirtschaftende Plantagengesellschaft

- C. stärker bäuerlich-bürgerlich strukturiert: „Siedlergesellschaften" (z. B. Neuengland, Pennsylvanien, Kapkolonie), anfänglich stark subsistenzwirtschaftlich orientiert

Hier sind ebenfalls die von den europäischen Kolonialgesellschaften dieser Stufe veränderten einheimischen Gesellschaften in die Betrachtung einzubeziehen, einschließlich der nur indirekt, aber wirksam (nämlich durch Sklavenfängerei) beeinflußten schwarzafrikanischen Gesellschaften.

(6) Die Phasen und regionalen Varianten/Zweige (ohne Japan), die der europäischen Stufe des entfalteten produktiven (industriellen) Kapitalismus und der entfalteten Weltwirtschaft entsprechen und vom industriellen Kapitalismus der europäischen Stufe induziert wurden

6.1 Die spätkoloniale Phase (entsprechend der Früh- und Hochphase der Industrialisierung und der Ausbildung der Industriegesellschaft in den verselbständigten ehemaligen Kolonien)

- A. Die staatlich verselbständigte kolonialfeudale Latifundiengesellschaft und die von ihr veränderte einheimische bäuerliche Gesellschaft (Lateinamerika)

- B. Die jüngere Plantagengesellschaft mit Lohnarbeitern und Teilpächtern (nach der Sklavenbefreiung)

- C. Die jüngere Siedlergesellschaft europäischer Masseneinwanderer mit marktorientierter Farmwirtschaft (z. B. in den USA, Südbrasilien, Nordafrika, in Neuseeland und den „weißen" Hochländern Ostafrikas)

- D. Die einheimischen Gesellschaften im Rahmen der jüngeren europäischen Wirtschaftskolonien

    a) direkt wirtschaftskolonial überprägt (z. B. in Indien, Schwarzafrika)

    b) durch indirekte wirtschaftsimperiale Einflüsse überformt (z. B. in China, Persien – hier Verstärkung bzw. erst Aufkommen des orientalischen Rentenkapitalismus)

6.2 Die Phase der heutigen Weltmarktwirtschaft und der sozialistischen Staatsplanwirtschaft

- A. Außereuropäische westliche Industriegesellschaften: In diesen über ausgedehnte Agrarräume verfügenden europäisch besiedelten Staaten kommt es zur Hochtechnisierung der Landwirtschaft. Periphere Agrarräume werden überflüssig.

B. Außereuropäische sozialistische Industriegesellschaften: Hier könnte man bestenfalls China und Kuba, wenn auch mit ausgebildeter Großlandwirtschaft in einem frühen Stadium der Industrialisierung stehend, einordnen.

C. Gesellschaften in postkolonialen Entwicklungsländern: Die Zusammenfassung zu einer Gruppe ist sicherlich sehr grob und nur aus den noch vererbt vorhandenen ähnlichen kolonialzeitlichen Strukturen und den alle politisch-gesellschaftlichen Unterschiede übertönenden wirtschaftlichen und bevölkerungsmäßigen Problemen zu rechtfertigen. Wandlungsimpulse werden durch fortgesetzte, z. T. zunehmende Einbindung in den nationalen Markt und in den Weltmarkt, durch starke Bevölkerungszunahme und autokratisch-bürokratische Regierungen mit nationalstaatlicher Raumpolitik ausgelöst. Siedlungsgeographisch wesentliche gesellschaftlich-wirtschaftliche Maßnahmen und Prozesse im ländlichen Raum sind die folgenden:

  a) unter dem Leitbild einer mehr kommerziell-bäuerlichen Gesellschaft:

   – Agrarreformen zum Abbau ungerechter kolonialzeitlicher Landbesitzverteilung

   – Agrarkolonisation als Bevölkerungsventil und zur Erhöhung der Marktproduktion

   – spontaner Strukturwandel im ländlichen Raum

  b) unter stärker industriekapitalistischer Zielsetzung: Förderung von großkommerziell-privatunternehmerischem Agrobusiness

  c) Gesellschaftsreformen unter einem sozialistischen Leitbild

Je nach der politischen Bewertung wird man die Varianten b und c auch einer weiteren Phase 6.3 zuordnen können.

An dieser Stelle sei betont, daß die hier vorgestellte Abfolge von Stufen/Phasen keine Bewertung im Sinne eines „besser", „moralisch gerechter" etc. einschließt. Es ist eine deskriptive Anordnung, welche die reale Entwicklung im Sinne eines historischen Ablaufs zu strukturieren sucht; insofern ist sie als eine heuristische Konzeption zu verstehen.

Beispiele von Siedlungsprozessen und Siedlungsformen außereuropäischer Gesellschaften

Ich gebe im folgenden Beispiele von Siedlungsprozessen und Siedlungsformen, die den Sozialstrukturen, Herrschaftsverhältnissen und Wirtschaftsformen der verschiedenen Stufen, deren Phasen und regionalen Varianten entsprechen. Ich übergehe die ersten drei Stufen mit ihren Siedlungstypen, zumal ich im Rahmen des

Geographentagsvortrages bereits ausführliche Beispiele zur sippenbäuerlichen Gesellschafts- und Wirtschaftsverfassung gegeben habe.[3]

Zu 4 A: *Zentralherrschaftlich organisierte Gesellschaften*

Ein eindrucksvolles Beispiel zentralherrschaftlicher Siedlungsplanung im ländlichen Raum liefert Japan während der sogenannten Taikwa-Reform des 7. Jahrhunderts, mit der nach chinesischem Vorbild ein zentralistischer Beamtenstaat geschaffen wurde.[4] Zu den herrschaftsideologischen Vorstellungen vieler zentralherrschaftlicher Staaten gehört der Anspruch des Monarchen, Eigentümer des gesamten Landes zu sein, das er gegen Steuerzahlung an die Bauern verteilt. In Vollzug dieser Vorstellung wurde in Japan das gesamte schon kultivierte Land im Zuge einer Neuvermessung schachbrettförmig in genormte Flächeneinheiten unterteilt (nach dem sogenannten Jo-ri-System). In dieses System wurden auch die rechteckigen Dorfflächen eingepaßt, die ein gitterförmiges Straßennetz erhielten. Jeder Bauernfamilie wurden Landflächen als Arbeits- und Abgabeeinheit entsprechend ihrer Familiengröße zugewiesen; im Hinblick auf Veränderungen mußten alle sechs Jahre Neuverteilungen vorgenommen werden.[5]

Ausdruck dieser zentralstaatlichen Landesplanung ist das über alle Naturgegebenheiten hinweg gleichförmig ausgelegte Koordinatensystem, das in der Regel nach den Haupthimmelsrichtungen orientiert wurde. Auf solchen Achsenlinien verliefen auch die Reichsstraßen, welche die großen Städte verbanden. Auch diese, vor allem die neugegründeten Residenzstädte wie Nara, erhielten ein streng gitterförmiges Straßennetz. Die Parallelen zur römischen Landesplanung sind auffällig.[6]

Zu 4 B: *Feudalherrschaftlich organisierte Gesellschaften*

Feudal-kleinherrschaftliche Agrargesellschaften in ihrer siedlungsgeographischen Struktur wurden für Kamerun für die Zeit vor dem Ersten Weltkrieg, also knapp ein Vierteljahrhundert nach der Kolonialisierung, als die ursprüngliche Gesellschaftsstruktur in den küstenfernen Hochländern noch kaum verändert war, von Thorbecke (1933) eindrucksvoll beschrieben. Die Dorfstruktur zeigt folgende, das Gesellschaftssystem widerspiegelnde Siedlungselemente: das Herrengroßgehöft des Häuptlings – von Thorbecke als Kriegeradel gekennzeichnet – mit Frauenhütten und den Hütten der hörigen Arbeitskräfte; diesem Herrenkomplex vorgelagert ist ein Versammlungsplatz für die mit dem Adeligen verbundenen Freibauernfamilien, deren Gehöfte sich um diesen Platz gruppieren; auf dem Platz hält der Herr mit den Familienoberhäuptern Versammlungen ab; auch sonstige Gemeinschaftsveranstaltungen finden hier statt (der Platz ist auch in herrschaftsfreien sippenbäuerlichen Gesellschaften ein häufig auftretendes Siedlungselement). Über die zugehörige Flurform erfahren wir leider nichts.

---

3 Ebd., S. 91-95.
4 Schwind 1981, S. 23 ff.
5 Ebd., S. 44 ff.
6 Nitz 1972; in diesem Band enthalten.

Eine wichtige Frage ist die nach der eventuellen Überformung bzw. dem induzierten Wandel sippenbäuerlicher Siedlungen unter herrschaftlichem Schutz bzw. herrschaftlicher Kontrolle. Hunter (1967) stellte für Nord-Ghana eine bereits vorkolonialzeitliche Ausbreitung großfamiliärer Einzelhöfe aus den bisher bevorzugten Schutzlagen der Bergländer in die Ebenen fest. Seine Erklärung lautet: Durch herrschaftliche Überschichtung, vermutlich im späten 18. Jahrhundert, wurden Schutz nach außen und im Inneren einigermaßen friedvolle Verhältnisse garantiert, so daß die ökonomisch zweckmäßigere Einzelsiedlung der Großfamilien anstelle der bisherigen verteidigungsfähigen Schutzlagen im Bergland möglich wurde.

Während wir es hier offensichtlich mit primärer Herrschaftsbildung durch kriegerische Stammeskonflikte, denen die Beherrschung des unterlegenen Stammes folgte, zu tun haben, sind die als zweites Beispiel angeführten dezentral-zersplitterten Daimyo-Regionalherrschaften im Japan des 12. bis frühen 19. Jahrhunderts das Ergebnis des Zerfalls der vorhergehenden ausgeprägten großstaatlichen Zentralherrschaft, die oben bereits angesprochen wurde. Die Daimyo-Herren waren in Burgstädten residierende und über zahlreiche Samurai-Ritter gebietende – und diese als ihre Truppe ernährende – Territorialherren. Sie betrieben wegen ihrer hohen Ausgaben zur Herrschaftssicherung einen intensiven, planmäßigen Landesausbau, bei dem als Siedlungsform die waldhufendorfartige zweizeilige sogenannte Shin-den-Reihensiedlung zur Anwendung kam. Die nebeneinander aufgereihten Bauernstellen entsprachen der Agrarsozialstruktur von gleichgestellten, abgabebelasteten Einzelfamilien mit Anerbenrecht. Ein Vergleich der dortigen Waldhufensiedlung mit der europäischen Hufenverfassung liegt nahe. Im Vergleich zur Zentralherrschaft mit ihrem Beamtenapparat fehlte den kleineren Daimyo-Herren dieses Instrument, um eine entsprechende großzügig-schematische Landesplanung durchführen zu können. Der Landesausbau in kleinen Schritten, Siedlung für Siedlung, entsprach der Leistungsfähigkeit dieser Kleinherrschaften.[7]

Zu 5 A: Feudal/Absolutistisch geprägte Kolonialgesellschaften

Die charakteristischen Siedlungsstrukturen im ländlichen Raum sind oft befestigte Gutshöfe – mit den kolonialspanischen Bezeichnungen hacienda, facenda, rancho –, ausgesprochene Herrenhofsiedlungen, die neben dem Herrenhaus und den Wirtschaftshöfen auch Arbeiterquartiere umfassen. Die zugehörige Flurform ist die der Großblockflur. Das Siedlungsmuster wird durch verstreute, weitabständige Haciendas bestimmt. Der dieses Muster schaffende Siedlungsprozeß ist die von der spanischen Krone mehr oder weniger legalisierte Inbesitznahme, d. h. Wegnahme von indianischem kollektivem Dorfland; daneben gibt es die Neulandkolonisation. Parallel laufen, durch die Hacienda-Bildung verursacht, destruktive und umbauende Siedlungsprozesse im indianischen Siedlungssytem: Dezimierung der Bevölkerung durch extreme Arbeitsausbeutung (Encomienda-System), durch Seuchen und Hunger, was zu partiellem oder totalem Wüstfallen der indianischen Dorfsiedlungen und gleichzeitiger Überführung des Dorflandes in Hacienda-Besitz führt. Für einige

---

7 Schwind 1981, S. 190 ff.; Gutschow 1976.

Regionen Mexikos werden Wüstungsquotienten von 40 bis 90 % angegeben. Die in ihrer Dorflandfläche immer mehr beschränkten überlebenden Dörfer sinken in den Status von Landarbeiter-Kleinbauern-Dörfern ab, die von den Haciendas abhängig sind. Ein weiterer Siedlungsprozeß, jedoch von geringerem Ausmaß, ist die von der neuen Obrigkeit erzwungene Zusammensiedlung indianischer Dörfer und Weiler zu Kirch- und Kloster-Großdörfern mit dem schachbrettförmigen Grundriß des spanischen Kolonialstadttyps; auch dieser Vorgang ist mit dem Wüstfallen der aufgegebenen Wohnplätze verbunden. Auf diesen Konzentrationsvorgang kann man den Begriff der Strukturwüstung anwenden.[8] Die feudalbestimmte Kolonialgesellschaft war nicht auf den lateinamerikanischen Raum beschränkt: Auch in Neufrankreich, dem heutigen Ostkanada (Quebec), und bei der entlang des Mississippi sich bandartig ausbreitenden kolonialen Siedlungsexpansion der Franzosen wurden feudale Herrschaftsrechte an sogenannte Seigneurs verliehen, die ihre Grundherrschaften mit französischen Einwanderern als Zinsbauern in Waldhufensiedlungen wirtschaftlich in Wert setzten.

Zu 5 B: *Plantagengesellschaften und Sklavenfängerei*

Die im Rahmen handelskapitalistischer Wirtschaft entstehenden Plantagensiedlungen in küsten- und flußorientierter Lage sind ein so bekannter kolonialer Siedlungstyp, daß eine nähere Kennzeichnung sich erübrigt. Siedlungsgeographisch viel weniger beachtet wird demgegenüber der gewissermaßen „korrelate" Prozeß der Sklavenfängerei in Schwarzafrika, der ja nicht nur ein Abschöpfen von Bevölkerung war. Kriegerische Stämme spezialisierten sich geradezu darauf, im Zuge des in der sippenbäuerlichen Gesellschaft üblichen Fehdeverhaltens schwächere Stämme immer wieder zu überfallen und die bei solchen Gelegenheiten gemachten Gefangenen als Sklaven in die Küstenfaktoreien europäischer Kolonialherrschaften zu verkaufen. Die bereits traditionell übliche Schutzlage bäuerlicher Siedlungen, die sich auf Grund des Fehdeverhaltens als zweckmäßig ergeben hatte, mußte nun in extremer Weise angestrebt werden. Dieses Streben führte sogar zum Rückzug ganzer Stämme in unzugängliche Bergländer mit kargen Wirtschaftsmöglichkeiten, was zugleich bedeutet, daß bisher dichter besiedelte agrarökologische Gunsträume aufgegeben wurden und die Siedlungsplätze hier wüstfielen. Wieweit sich solche Vorgänge noch aus frühen Berichten von Entdeckungsreisenden und mündlichen Traditionen der Stammesbevölkerungen selbst rekonstruieren lassen, ist eine offene Frage.

Zu 5 C: *Bäuerlich strukturierte Siedlergesellschaften*

Die stärker bäuerlich strukturierten Siedlergesellschaften waren vor allem in Neuengland ausgeprägt entwickelt, aber durchaus auch im Hinterland der Küstenplantagen in den südlichen britischen Kolonien Nordamerikas zu finden. Dort wurden sie von den aus den Plantagen fortgehenden „indentured servants" (Schuldknechten) gebildet, englischen Einwanderern, die als Pächter der Großgrundbesitzer auf Einzelhöfen außerhalb des Plantagengeländes angesetzt wurden

---

8 Tichy 1979, mit weiterer Literatur; Nickel 1978.

oder die auf eigene Faust ins herrenlose Hinterland vordrangen, wo sie als unabhängige Squatter in verstreuten Einzelhöfen mit unregelmäßiger Blockeinödflur seßhaft wurden und eine familiale Subsistenzwirtschaft betrieben. Zu einer Gemeindebildung kam es erst später und sekundär; die Einzelfamilie bestimmte das Gesellschafts- und zugleich auch das Siedlungsmuster (Denecke 1976).

Die gesellschaftliche Struktur in den Neuengland-Kolonien war demgegenüber im 17. Jahrhundert zunächst ganz und gar durch unter Führung einzelner Persönlichkeiten einwandernde Siedlergruppen geprägt, die meist als religiöse, seltener als ethnische Gemeinschaften echte Dorfsiedlungen im Rahmen von township-Gemarkungen als siedlungsmäßiger Ausdruck ihrer Gemeindeverfassung aufbauten. Wie Scofield (1938), Meynen (1943), Denecke (1976) u. a. dargestellt haben, handelt es sich vielfach um weiträumige Angerdörfer mit breitstreifiger Gemengflur. Zunehmender Individualismus des Wirtschaftens setzte sich später jedoch gegenüber der sozialen Bindung an die dörflich-kirchliche Gemeinschaft durch. Es kam auch hier zur Einzelhofsiedlung auf Einödstreifen in Fortsetzung des schon in der Gemeinschaftsflur praktizierten einfachen Streifenteilungsprinzips.

Konkurrierend zur dorfgemeinschaftlichen Besitznahme durch Einwanderergruppen setzte sich dann mehr und mehr der private, spekulative, profitorientierte Siedlungsunternehmer durch, der ganze township-Areale von der Kolonialverwaltung aufkaufte, systematisch in Einödfarmen parzellierte und an Einzelkolonisten verkaufte. Im Landunternehmer und im Einzelkolonisten repräsentiert sich m. E. der neue Gesellschaftstyp der kommerziell-unternehmerischen Siedlergesellschaft, selbst wenn viele Pionierfarmer im Binnenland zunächst verkehrsfern siedelten und daher subsistent wirtschaften mußten.

Die von D. Denecke aus Archiven Neuenglands mitgebrachten und mir freundlicherweise als Kopien zur Verfügung gestellten township-Karten aus dem 18. Jahrhundert lassen eine Born'sche „Formenreihe" erkennen: Sie beginnt mit breitstreifigen langen Einöden – long lots – von z. T. mehreren Kilometern Länge, wie sie bereits im 17. Jahrhundert beim Flurausbau der Gruppensiedlungen und dann auch bei den ersten reinen Einzelhof-townships vermessen wurden. Zunehmende Schematisierung der Vermessung ist das Kennzeichen der Anordnung der long lots in mehreren parallelen Reihen hintereinander, wobei die lots immer mehr zu gedrungenen länglichen Rechtecken wurden. Während die ersten townships in Küstennähe in ihrem Umriß noch dem Relief und dem Küstenverlauf angepaßt wurden, folgte weiter im Landesinneren der Übergang zu streng rechteckig angelegten townships, in denen die nunmehr gleichgroßen Farmeinheiten eine quadratische Form erhielten. Am Ende stand die größenmäßig genormte 6 mal 6 Meilen große, quadratische township, deren Unterteilung aber noch nicht unbedingt in 36 Quadratmeilen und 144 Quartersections erfolgen mußte, wie dies später bei der Übernahme dieser Norm-township in die staatliche Vermessung des Land Ordinance Act von 1785 zur Regel wurde – es gab eine ganze Reihe von Varianten, je nachdem wie groß die Farmen werden sollten, so z. B. eine Unterteilung in 8 mal 8 Farmen zu je rund 150 ha.

Zu 6.1 A: *Die politisch (staatlich) verselbständigte kolonialfeudale Latifundiengesellschaft Lateinamerikas*

In dieser Gesellschaftsform setzt sich der Expansionsprozeß der Latifundiensiedlung auf Kosten der indianischen Dorfgemeinschaften z. T. mit verschärftem Tempo fort.

Zu 6.1 B: *Jüngere Plantagengesellschaften*

In der jüngeren Plantagengesellschaft vollzog sich nach der Sklavenbefreiung der Wechsel von der Sklavenarbeiterschaft zur Lohnarbeiterschaft mit Arbeiterwanderungen vor allem chinesischer und indischer Kulis in die jetzt erst entstehenden Plantagenregionen Süd- und Südostasiens (Tee, Kautschuk); Inder wurden auch in die Altplantagen der Karibik geholt. „Cooli-lines" als Arbeitersiedlungen mit primitiven Reihenhäusern sind die neuen Elemente, welche die noch primitiveren Hüttenquartiere der schwarzen Sklaven ablösen. Voraus gingen im Bereich der westindischen Inseln in einigen Plantagengebieten die fluchtartige Abwanderung der bisherigen Sklaven in das noch unbesiedelte bergige Hinterland, wo eine squattermäßige Einzelhofkolonisation subsistenter Kleinbetriebe einsetzte. In den südlichen USA haben wir eine weitere Variante vor uns: die von den dortigen Plantagenbesitzern vorgenommene planmäßige Aufgliederung der Plantagen in kleine Teilpacht-Einzelhöfe und deren Vergabe an die bisherigen Sklaven, die durch Produktionsverträge an die Plantage gebunden wurden. Das an die Stelle der Sklavenhütten-Dörfer in der Nähe der Plantagenwirtschaftsgebäude tretende neue Siedlungselement bildeten die verstreuten „cabins", einfache Holzhütten der Teilpächter.

Zu 6.1 C: *Jüngere Siedlergesellschaften europäischer Einwanderer*

Der kennzeichnende Siedlungsprozeß ist die der europäischen Masseneinwanderung entsprechende großräumig und rasch ablaufende Farmsiedlungskolonisation in staatlicher Regie, wenngleich zunächst unter Einschaltung von privaten Landunternehmern und Eisenbahngesellschaften. In den USA, in Kanada, Argentinien und anderen Neusiedlungsräumen dieses Typs entstanden nahezu ausschließlich Einzelhöfe mit einer im Vergleich zum bäuerlichen Europa großen Landzuteilung; 160 acres (64 ha) wurden in den USA zum Mindestmaß. Der Übergang zwischen Familienfarm – dem Ideal der landvergebenden Regierungen – und dem Lohnarbeiter-Großbetrieb ist fließend. Durch die Verkehrserschließung mit Eisenbahnen und Fahrstraßen waren alle Farmer von vornherein marktorientierte Landwirte. Bergbauunternehmen und große Holzeinschlagsfirmen erlaubten in Kanada das Vordringen der Farmsiedlungen auch in abgelegene, ökologisch weniger attraktive Gebiete: der nahe Absatzmarkt für Hafer (als Pferdefutter) und Fleisch sicherte ein wenn auch bescheidenes Einkommen. Das frankophone Ostkanada (Quebec) verharrte beim älteren Typ geringerer Markteinbindung. Der rein subsistenzwirtschaftliche Squatter tritt nur noch an einigen Siedlungsfronten in Lateinamerika auf, so z. B. als „caboclo" in Brasilien. Die formale Variationsbreite der

Einzelhofsiedlung mit Blockeinödfluren läßt sich in vier Grundtypen zusammenfassen:

1. Individuell gestaltete vieleckige Blockeinöden in Anpassung an Geländegegebenheiten, besonders bei großen Besitzungen, mit geradlinigen Seitengrenzen zwischen den Eckpunkten (Neuseeland, Australien, Südafrika).

2. Rechteckige Blockeinöden unterschiedlicher Größe nebeneinander, jedoch mit gleicher Ausrichtung der Seitengrenzen (Neuseeland).

3. Rechteckige oder quadratische Blockeinöden im Rahmen eines großräumigen, im Extrem gesamtstaatlichen Vermessungsnetzes mit normierten Grundeinheiten (Argentinien, USA, Kanada).

4. Reihensiedlungen mit gereihten Breitstreifen (östliches Kanada, südliches Brasilien, Südchile).

In Kanada handelt es sich um die Fortführung der kolonialfeudalen, französischen Siedlungsform, die als quasi „nationale" Tradition der frankophonen Bevölkerung, nun jedoch in Einbindung in das quadratische township-Netz der englischen Kolonialverwaltung, weiterpraktiziert wurde. Kleinräumige Ausnahmen bilden weiterhin die Siedlungen religiöser Gemeinschaften, wie die der aus Rußland nach Kanada eingewanderten Mennoniten, Gemeinschaften, in denen aus religiös-sozialen Gründen am Prinzip der geschlossenen Dorfsiedlung festgehalten wurde, so in Westkanada in Form des Straßendorfes mit breitstreifiger Langgewannflur, das in das quadratische township-Netz eingefügt wurde. Hier zeigt sich die Rolle der Gesellschaftsverfassung in besonders klarer Weise.

Die Wirkungen der jüngeren Siedlergesellschaften und der hinter ihnen stehenden Kolonialverwaltungen bzw. selbständigen Staaten auf die einheimischen Bevölkerungen sind in den Grundzügen bekannt, jedoch in ihren siedlungsgeographischen Strukturen bisher kaum präzise angesprochen worden. Wo es sich um die physische Vernichtung in Indianerfeldzügen wie z. B. in Argentinien handelt, mag sich diese Frage von selbst erledigen; wo jedoch ein schrittweiser Verdrängungsprozeß wie in den USA und Kanada vorliegt, könnten dieser Vorgang und die schließlich erreichte Siedlungsstruktur der Reservationen sowie die hier herrschenden Gesellschafts- und Wirtschaftsformen ein lohnendes Thema bilden. Für das nördliche Kanada liegen bereits entsprechende Untersuchungen vor, z. B. von Treude (1974) über die Eskimos von Nordlabrador, wenngleich es sich hier um eine Bevölkerung im Vorfeld der bäuerlichen und waldwirtschaftlichen Besiedlung handelt, die aber über den Pelztierhandel in die „weiße" Wirtschaft einbezogen wurde.

Zu 6.1 D: Einheimische Gesellschaften der jüngeren europäischen Wirtschaftskolonien

Auch für diese Gesellschaften lassen sich die siedlungsgeographischen Auswirkungen der hier eingeführten spätkolonialen Wirtschafts- und Gesellschaftsverfassungen bisher nur unvollständig überblicken, die Forschungslücken sind hier gewiß größer als unser Wissensstand.

Zu a) Bei direkt wirtschaftskolonial überprägten Gesellschaften wie in Indien, Indonesien und Schwarzafrika lassen sich folgende Siedlungsprozesse erkennen:

1. Quasi-spontane Wandlungen in den bestehenden Siedlungen als Reaktionen auf veränderte herrschaftlich-politische, steuerliche, wirtschaftliche und sonstige Rahmenbedingungen: Als Beispiel kann die Verlagerung von Dörfern aus topographischen Schutzlagen genannt werden. Diese Dörfer wurden in der Zeit der sippenbäuerlichen Fehden und Sklavenjagden, oft zurückgezogen in Berggebiete, angelegt. Nun wurden sie in die Mitte der in ackergünstige Ebenen ausgedehnten Feldflur verlagert; man spricht geradezu von einer „down-hill-Bewegung". Hierbei zeigt sich in Afrika die Tendenz zur linearen Aufreihung entlang der nun für den Marktabsatz wichtig werdenden Wege.[9]

Metzner (1982) berichtet für die Insel Sikka (Flores, Indonesien) sowohl über die Auflösung von mit Palisaden gesicherten, kompakten Wehrdörfern zugunsten einer mehr verstreuten Siedlungsweise unter den neuen Bedingungen der Pax Neerlandica, die Ruhe und Ordnung polizeilich garantierte, als auch über Maßnahmen der Kolonialverwaltung zur Zusammensiedlung von verstreuten Weilern entlang von neugebauten Erschließungsstraßen, um die administrative (wohl in erster Linie steuermäßige) Kontrolle effektiver zu gestalten.[10]

Ebenfalls spontan, jedoch in Reaktion auf die Marktnachfrage nach exportfähigen Anbaufrüchten, kommt es in Sikka zu einem umfangreichen Landesausbau. Entsprechende Siedlungsprozesse nennt Sick (1976) für Madagaskar.

2. Unternehmerisch organisierte, planmäßige Binnenkolonisation der einheimischen Bevölkerung mit exportwirtschaftlicher Zielsetzung: Hierzu zählt z. B. die von Manshard (1961) dargestellte Kolonisation von Kakao-Farmergruppen in Oberguinea, die das von weniger aktiven sippenbäuerlichen Stämmen aufgekaufte Land im Bereich des tropischen Regenwaldes gemäß dem Geldeinsatz der Beteiligten wie Landaktien in gereihten Breitstreifen mit entsprechend unterschiedlicher Breite verteilen. In noch größeren Dimensionen läuft in den Delta-Gebieten Südostasiens die von einheimischen Unternehmern – z. T. Adeligen – organisierte Reisland-Kolonisation in Reihensiedlungen mit Streifeneinödflur und Kanalanlagen, in denen abhängige Pächter angesetzt werden.

3. Planmäßige, durch die Kolonialverwaltungen erfolgende Binnenkolonisation mit Ansiedlung eines einheimischen Bevölkerungsüberschusses: Als Beispiel seien die Kanalkolonien im indischen Panjab genannt, die von den Briten Ende des 19. Jahrhunderts mit einer vermutlich aus dem nordamerikanischen Raum übernommenen Schachbrett-Einödflur unter Beibehaltung der in Indien traditionellen Dorfsiedlung auf ebenfalls quadratischer Fläche mit mühlespielartigem Straßenmuster angelegt wurden.[11] Inwertsetzung von bisherigem Nomadenland und die Ansiedlung von Überschußbevölkerung zur Steigerung der Steuereinnahmen (vor allem aus den Bewässerungsgebühren) waren die Hauptmotive; der Baumwollexport kam erst später hinzu. Das von der Kolonialverwaltung geförderte, jedoch von einem

---

9 Wiese 1979, S. 395 ff.
10 Metzner 1982, S. 183 f.
11 Nitz 1972, S. 391; in diesem Band S. 224; Dettmann 1978.

britischen Unternehmerkonsortium betriebene Baumwoll-Projekt in der Gezira im Sudan ist ein weiteres Beispiel dieser Gruppe.[12]

Zu b) Indirekt durch eine koloniale Wirtschaftspolitik ausgelöste Wandlungen in formell selbständig gebliebenen Staaten wie Persien oder China sind bisher nur äußerst dürftig erforscht worden. Den jüngsten, mittelbar auch eine siedlungsgeographische Thematik beleuchtenden Beitrag liefert eine Untersuchung von Müller (1983) zur jungen Entstehung rentenkapitalistischer Besitzverhältnisse in Persien bei gleichzeitiger wirtschaftlicher und politischer Schwächung der kaiserlichen Zentralgewalt unter dem Einfluß der europäischen Industriemächte mit Kolonialinteressen im Vorderen Orient. Die u. a. von Ehlers (1975) dargestellte Umteilungsgewannflur von Pächtergruppen stellt demnach eine sich erst Ende des 19. Jahrhunderts voll herausbildende Form dar.[13] Dieser geht eine blockartige Landeinteilung voraus. Bobek hat die Zusammenhänge dieses Wechsels der Flurparzellierungsprinzipien mit dem Wechsel der Landbesitzrechte von bäuerlichen Eigentümern zu großgrundherrlichen Rentenkapitalisten in seiner grundlegenden Untersuchung von 1976 bereits klar herausgearbeitet. Er interpretiert die meist periphere Verbreitung „des freibäuerlichen Systems irregulärer Blockfluren" als „offenkundig ... eine Rückzugsposition dieses Systems."[14] Die massierte Verbreitung der in die Hand von Großgrundherren gelangten Fluren, in denen dann eine Umorganisation in Umteilungsstreifenfluren erfolgte, deckt sich mit der ursprünglichen Verbreitung starker staatlicher Kontrolle im Umkreis der Provinzstädte und der wichtigsten historischen Verbindungsstraßen. Hier konnten demnach auch am ehesten die Dörfer aus herrschaftlicher Hand in die Verfügung der Großgrundherren geraten. In den intensiv bewirtschafteten Stadtfluren, die zum größten Teil gartenbaulich und mit Bewässerungskulturen genutzt wurden, konnte trotz Eindringens großgrundherrlicher Besitzverhältnisse die Regulierung zu Umteilungsstreifenfluren nicht durchgesetzt werden, so daß sich hier die alte Blockflurstruktur erhalten konnte. Damit erweist sich die sozialgeographische Theorie Bobeks für die Erklärung der Hauptflursysteme Irans und, wie ich meine, auch des übrigen Orients, wo dieselben Typen vertreten sind, als grundlegend und unterstreicht noch einmal die Fruchtbarkeit dieses Konzepts für die Siedlungsgeographie.

Zu 6.2: *Die Siedlungsprozesse und Siedlungsformen, die den Bedingungen der heutigen Weltwirtschaft bzw. der sozialistischen Staatsplanwirtschaft entsprechen*, werde ich nur knapp ansprechen, da die Intention meines Vortrages darauf gerichtet ist, die Konzeption an Beispielen zu erläutern.

Zu 6.2 A: *Außereuropäische westliche Industriegesellschaften*

Bei starken Übereinstimmungen in den Grundzügen der Siedlungsentwicklungen im ländlich-agraren Raum mit den westlichen Industrieländern Europas zeigen sich Besonderheiten in den europäisch besiedelten Industrieländern in Übersee, die sich

---

12 Born, Lee und Randell 1971, S. 12-17.
13 Ehlers 1975, S. 107-127.
14 Bobek 1976, S 308.

aus ihrer Großräumigkeit und ihrer frühzeitig rein kommerziellen Ausrichtung der Farmwirtschaft ergeben: So vollzieht sich unter den Bedingungen der modernen hochtechnisierten Landwirtschaft mit ihren großen Ertragssteigerungen und der Tendenz zur Überproduktion ein Ausscheidungskampf, der zur Verringerung sowohl der Farmareale als auch der Zahl der Farmen führt. Diese Vorgänge sind siedlungsgeographisch mit Wüstungsprozessen verbunden.[15] In den zu den Marktgebieten peripher gelegenen und agrarökologisch zugleich marginalen Randökumenegebieten Nordamerikas, Südafrikas und Australiens kommt es zur umfangreichen Aufgabe von Farmsiedlungen samt ihrem Kulturland. In den günstiger gelegenen Agrarräumen vollzieht sich eine Vergrößerung der Einzelfarmen durch Aufkauf aufgegebener Betriebe, was siedlungsgeographisch als Farmstättenwüstungen (Ortswüstungen) zum Ausdruck kommt. Da gleichzeitig auf der weiterbewirtschafteten Flur die Produktion ökonomisch effektiver gestaltet wird, muß dieser Wüstungsprozeß in die Kategorie der Strukturwüstungen eingeordnet werden. Siedlungsgeographisches Interesse müßten auch die neuen Formen der Großbetriebe auf sich ziehen, die in der amerikanischen agrargeographischen Terminologie als „Neo-Plantagen" und „Agrobusiness" bezeichnet werden, wobei die letztere Organisationsform im Gemüsebau mit einer ganzen Kette von Großbetrieben arbeitet, die mit rotierenden Wanderarbeitergruppen bewirtschaftet werden und sich durch die Siedlungssonderform des temporären Arbeitercamps auszeichnen.

Zu 6.2 B: *Außereuropäische sozialistische Industriegesellschaften*

Bei einer Zuordnung Chinas und Kubas zu dem Typ der außereuropäischen sozialistischen Industriegesellschaften müßten deren kollektive Großbetriebsformen der Landwirtschaft siedlungsgeographisch dargestellt werden: die chinesischen Großsiedlungen der Kommunen und die Wandlungsprozesse, welche die traditionellen „vorsozialistischen" bäuerlichen Siedlungen durchlaufen haben. Wie in den europäischen sozialistischen Ländern müßten dabei auch die Flurformen der Hoflandwirtschaft Beachtung finden, die zur Zeit in China einen neuen Aufschwung zu nehmen scheint.

Zu 6.2 C: *Gesellschaften postkolonialer Entwicklungsländer unter einem kommerziell-bäuerlichen Gesellschaftsleitbild*

Zu a) Hier sind die neuen Siedlungsformen in postkolonialen Ländern und die zu ihnen hinführenden Siedlungsprozesse der *Agrarreformen* darzustellen, die sich z. B. in Mexiko und in den White Highlands Kenyas durch die Aufsiedlung von Latifundien bzw. Großfarmen vollzogen haben, dann die Vorgänge und Formen der staatlich gelenkten und der spontanen *Agrarkolonisation*, wie sie vor allem in den waldreichen Gebieten Lateinamerikas und Südostasiens abgelaufen sind und noch heute fortgesetzt werden, aber durchaus auch unter dem Druck von Übervölkerung und vermeintlichen Marktchancen in agrarökologischen Grenzzonen der Sahel-

---

15 Nitz 1982, mit weiterführender Literatur (in diesem Band enthalten); Eberle 1982; Wieger 1982, 1983.

staaten an der Trockengrenze und in reliefmäßigen und klimatischen Höhengrenzstufen im Himalya und den südindischen Bergländern durchgeführt werden.

Auch der *spontane Strukturwandel* im ländlichen Raum infolge von Privatisierung bisherigen Sippen- und Kommunallandes und wiederholten Besitzteilungen mit Flurzersplitterung, die weitergehende Auflösung von Dörfern zugunsten von Einzelhofsiedlung etc. verdienen eine siedlungsgeographische Bearbeitung.[16]

Ein besonderes, siedlungsgeographisch bisher kaum erfaßtes und wohl auch schwer erfaßbares Phänomen vor allem afrikanischer postkolonialer Staaten sind die Konsequenzen wiederaufgebrochener Stammeskonflikte. Fast alle Staaten Schwarzafrikas umfassen ja in ihren aus der Kolonialzeit vererbten Grenzen mehrere, oft viele Stämme, deren Beteiligung an Regierungsmacht, Verwaltung und Militär oft unausgewogen ist und alte Stammeskonflikte wieder aufflammen läßt, die unter Einsatz der modernen Machtmittel in Bürgerkriegen zur Vertreibung und Flucht Hunderttausender von Menschen in Nachbarstaaten führen, von der physischen Vernichtung ganz zu schweigen. Temporäres (?) Wüstfallen ganzer Landstriche auf der einen Seite[17], Bildung von Flüchtlingslagern und Elendsvierteln am Rande von Städten auf der anderen Seite sind die siedlungsmäßigen Konsequenzen. Explosives Bevölkerungswachstum, Dürrekatastrophen, einseitige Exportorientierung bei schwankenden Weltmarktpreisen und nicht zuletzt die Agrarpreispolitik der einheimischen Regierungen verschärfen die Krisensituationen in den ländlichen Räumen. Neben der passiven Reaktion in Form von Flucht oder Wegsterben durch Verhungern stehen – in ihrer Konsequenz noch nicht übersehbare – Umsiedlungsaktionen durch die Regierungen, z. B. in Äthiopien. Einer wissenschaftlichen Untersuchung unter siedlungsgeographischen/sozialgeographischen Gesichtspunkten bietet sich hier ein ebenso wichtiges Forschungsfeld wie der bereits erfolgreich praktizierten landschaftsökologischen Forschung.

Zu b) Die kulturgeographischen Strukturwandlungen durch die Neusiedlungsaktivitäten des *Agrobusiness* im Amazonas-Raum hat vor allem Kohlhepp (1978) intensiv verfolgt und dabei auch die speziell siedlungsgeographischen Aspekte herausgestellt.[18] Auch in den anderen Räumen der Dritten Welt verdienen solche neuen Formen der Großbetriebe, die man als moderne Gegenstücke der kolonialen Plantage auffassen kann, das Interesse der Siedlungsgeographie, die dabei selbstverständlich das wirtschaftliche und gesellschaftliche Gesamtphänomen ins Auge fassen muß, wie dies unser Konzept voraussetzt.

Zu c) Ebenfalls bisher kaum untersucht sind die siedlungsgeographischen Prozesse und ihre siedlungsstrukturellen Auswirkungen, die sich im Zuge *sozialistischer Reformen in selbständig gewordenen ehemaligen Kolonialstaaten* vollzogen haben, beispielsweise in Tansania, wo die Zusammensiedlung der bisher in Sippenweilern verstreut lebenden Bevölkerung in Großdörfer zu erheblichen siedlungsgeographischen Konsequenzen geführt haben muß. Entsprechendes gilt für Südostasien (Vietnam, Kambodscha).

16 Für Afrika vgl. Wiese 1979; für Madagaskar vgl. Sick 1976.
17 Vgl. z. B. Mensching und Ibrahim 1976.
18 Kohlhepp 1978, S. 8 f.

Das hier umrissene Programm markiert Forschungsfelder und Forschungsziele. Meine vorgesehene lehrbuchmäßige Darstellung wird ein erster, sicherlich noch unvollkommener Versuch sein, den heutigen lückenhaften Forschungsstand aufzuarbeiten und zugleich zu weiterer gezielter und intensivierter Forschung auf diesem hochinteressanten und lohnenden Forschungsfeld anzuregen.

Zitierte Literatur

Vorbemerkung: Ein auch nur annähernd repräsentativer Überblick über die Literatur für die hier angesprochenen Themenkreise konnte in diesem Rahmen nicht geboten werden. Die genannten Arbeiten sind daher nur als Beispiele bzw. als besonders wichtige Beiträge zu verstehen.

Bobek, H. (1959): Die Hauptstufen der Gesellschafts- und Wirtschaftsentfaltung in geographischer Sicht. In: Die Erde 90, S. 259-298.

Ders. (1976): Entstehung und Verbreitung der Hauptflursysteme Irans – Grundzüge einer sozialgeographischen Theorie. In: Mitteilungen d. Österr. Geogr. Gesellschaft 118, II und III, S. 274-322.

Born, M. (1974): Die Entwicklung der deutschen Agrarlandschaft. (Erträge d. Forschung 29) Darmstadt.

Ders. (1977): Geographie der ländlichen Siedlungen 1: Die Genese der Siedlungsformen in Mitteleuropa. (Teubner Studienbücher – Geographie) Stuttgart.

Born, M., D. R. Lee und J. R. Randell (1971): Ländliche Siedlungen im nordöstlichen Sudan. Rural Settlement in Northeastern Sudan. (Arbeiten a. d. Geogr. Inst. Univ. d. Saarlandes 14) Saarbrücken.

Denecke, D. (1976): Tradition und Anpassung der agraren Raumorganisation und Siedlungsgestaltung im Landnahmeprozeß des östlichen Nordamerika im 17. und 18. Jahrhundert. In: 40. Deutscher Geographentag Innsbruck 1975. Tagungsbericht und wissenschaftliche Abhandlungen, hg. v. H. Uhlig u. E. Ehlers. (Verhandlungen d. Dt. Geographentages 40) Wiesbaden 1976, S. 228-255.

Dettmann, K. (1978): Die britische Agrarkolonisation im Norden des Industieflandes. Der Ausbau der Kanalkolonien im Fünfstromland. In: Mitteilungen d. Fränk. Geogr. Gesellschaft 23/24, S. 375-411.

Eberle, I. (1982): Einzelhofwüstung und Siedlungskonzentration im ländlichen Raum des Outaouais (Québec). In: Geogr. Zeitschrift 70, S. 81-105.

Ehlers, E. (1975): Traditionelle und moderne Formen der Landwirtschaft in Iran. Siedlung, Wirtschaft und Agrarsozialstruktur im nördlichen Khuzistan seit dem Ende des 19. Jahrhunderts. (Marburger Geogr. Schriften 64) Marburg.

Ehlers, E. und J. Safi-Nejad (1979): Formen kollektiver Landwirtschaft in Iran: Boneh. In: Beiträge zur Kulturgeographie des islamischen Orients, hg. v. E. Ehlers. (Marburger Geogr. Schriften 78) Marburg, S. 55-82.

Gutschow, N. (1976): Die japanische Burgstadt. (Bochumer Geogr. Arbeiten 24) Paderborn.

Hunter, J. M. (1967): The social roots of dispersed settlement in northern Ghana. In: Annals of the Assoc. of Americ. Geographers 57, S. 338-349.

Kohlhepp, G. (1978): Erschließung und wirtschaftliche Inwertsetzung Amazoniens. Entwicklungsstrategien brasilianischer Planungspolitik und privater Unternehmen. In: Geogr. Rundschau 30, S. 2-13.

Manshard, W. (1961): Afrikanische Waldhufen- und Waldstreifenfluren – wenig bekannte Formenelemente der Agrarlandschaft in Oberguinea. In: Die Erde 92, S. 246-258.

Mensching, H. und F. Ibrahim (1976): Das Problem der Desertifikation. Ein Beitrag zur Arbeit der IGU-Commission „Desertification in and around arid land". In: Geogr. Zeitschrift 64, S. 83-93.

Metzner, J. (1982): Agriculture and population pressure in Sikka, Isle of Flores. (The Australian National University. Development Studies Centre, Monograph 28) Canberra.

Meynen, E. (1943): Dorf und Farm. Das Schicksal altweltlicher Dörfer in Amerika. In: Gegenwartsprobleme der Neuen Welt. Teil 1: Nordamerika, hg. v. O. Schmieder. (Lebensraumfragen – Geogr. Forschungsergebnisse; Bd. III) Leipzig, S. 565-615.

Müller, K.-P. (1983): Unterentwicklung durch „Rentenkapitalismus". Geschichte, Analyse und Kritik eines sozialgeographischen Begriffes und seiner Rezeption. (Urbs et Regio 29) Kassel.

Nickel, H.-J. (1978): Soziale Morphologie der mexikanischen Hacienda. Das Mexiko-Projekt der DFG XIV. Wiesbaden.

Nitz, H.-J. (1972): Zur Entstehung und Ausbreitung schachbrettartiger Grundrißformen ländlicher Siedlungen und Fluren. In: Hans-Poser-Festschrift, hg. v. J. Hövermann und G. Oberbeck. (Göttinger Geogr. Abhandlungen 60) Göttingen, S. 375-400. [In diesem Band enthalten.]

Ders. (1980): Ländliche Siedlungen und Siedlungsräume. Stand und Perspektiven in Forschung und Lehre. In: 42. Deutscher Geographentag Göttingen 1979. Tagungsbericht und wissenschaftliche Abhandlungen, hg. v. G. Sandner u. H. Nuhn. (Verhandlungen d. Dt. Geographentages 42) Wiesbaden 1980, S. 79-102. [In diesem Band enthalten.]

Ders. (1982): Kulturlandschaftsverfall und Kulturlandschaftsumbau in der Randökumene der westlichen Industriestaaten. In: Geogr. Zeitschrift 70, S. 162-183. [In diesem Band enthalten.]

Schwind, M. (1981): Das japanische Inselreich. Bd. 2: Kulturlandschaft, Wirtschaftsgroßmacht auf engstem Raum. Berlin.

Scofield, E. (1938): The origin of settlement patterns in rural New England. In: Geogr. Review 28, S. 652-663.

Sick, W.-D. (1976): Strukturwandel ländlicher Siedlungen in Madagaskar als Folge sozialökonomischer Prozesse. In: 40. Deutscher Geographentag Innsbruck 1975. Tagungsbericht und wissenschaftliche Abhandlungen, hg. v. H. Uhlig u. E. Ehlers. (Verhandlungen d. Dt. Geographentages 40) Wiesbaden 1976, S. 280-291.

Thorbecke, F. (1933): Landschaft und Siedlung in Kamerun. In: Die ländlichen Siedlungen in verschiedenen Klimazonen, hg. v. F. Klute. Breslau, S. 75-85.

Tichy, F. (1979): Genetische Analyse eines Altsiedellandes im Hochland von Mexiko – Das Becken von Puebla-Tlaxcala. In: Gefügemuster der Erdoberfläche. Festschrift zum 42. Deutschen Geographentag in Göttingen 1979, hg. von J. Hagedorn, J. Hövermann und H.-J. Nitz. Göttingen, S. 339-374.

Treude, E. (1974): Nordlabrador. Entwicklung und Struktur von Siedlung und Wirtschaft in einem polaren Grenzraum der Ökumene. (Westfälische Geogr. Studien 29) Münster.

Wieger, A. (1982): Die erste Wüstungsphase in der atlantischen Provinz New Brunswick (Kanada) – 1871 bis ca. 1930. Zur Siedlungs- und Wirtschaftsentwicklung eines älteren nordamerikanischen Peripherieraumes. In: Geogr. Zeitschrift 79, S. 199-222.

Ders. (1983): Wüstungsvorgänge an der Peripherie Kanadas. Das Beispiel New Brunswick. In: Geogr. Rundschau 35, S. 386-391.

Wiese, B. (1979): Gefügemuster ländlicher Siedlungsräume in Afrika. In: Gefügemuster der Erdoberfläche. Festschrift zum 42. Deutschen Geographentag in Göttingen 1979, hg. von J. Hagedorn, J. Hövermann und H.-J. Nitz. Göttingen, S. 375-408.

Grundzüge einer Siedlungsgeographie der Dritten Welt.
Ein Versuch am Beispiel Afrikas und Asiens

Der Gedanke einer Siedlungsgeographie der Dritten Welt bzw. der Entwicklungsländer Asiens und Afrikas mag auf den ersten Blick kühn erscheinen. Denn im Vergleich zur intensiven Siedlungsforschung in den Ländern Europas, aber auch des kolonialen und neuzeitlichen Amerika, verzeichnen wir in Asien und Afrika immer noch mehr weiße Flecken als erforschte Bereiche, auch wenn z. B. das Afrika-Kartenwerk hier einen erheblichen Fortschritt gebracht hat. Wo bereits Forschungen vorliegen, fehlt ihnen vielfach die historisch-genetische Tiefe, wie sie für siedlungsgeographische Arbeiten in Mitteleuropa unabdingbares Kriterium gründlicher Untersuchung ist. Für entsprechende Arbeiten, bezogen auf die vorkolonialzeitliche Siedlungsschicht, fehlt es in den Ländern der Dritten Welt bei den einheimischen Geographen in der Regel noch an der fachlichen Kompetenz, aber auch an Interesse, das sich in starkem Maße aktuellen Sachverhalten zuwendet. Auch erfahrene Siedlungsforscher aus Europa tun sich in diesen Räumen schwer mit den Quellen für historische Analysen, wenn solche überhaupt greifbar sind.

Dem steht andererseits die Tatsache gegenüber, daß in vielen Ländern Asiens und Afrikas über den Beginn der Kolonisierung hinaus noch traditionelle Gesellschafts- und Wirtschaftsverfassungen vorherrschten – solche tribaler nomadischer und sippenbäuerlicher sowie fürstenherrschaftlich organisierter Völker –, die über Jahrhunderte keinem grundlegenden Wandel unterworfen waren. Ihre Strukturen wurden erst im Laufe der Kolonialherrschaft und -wirtschaft mehr oder weniger schnell und stark überformt. Sie konnten jedoch von der ethnologischen, geographischen und z. T. auch von der kolonialhistorischen Forschung, sehr intensiv z. B. in Indien, im 19. und frühen 20. Jahrhundert wenigstens teilweise noch untersucht und dokumentiert werden. Und selbst in denjenigen Räumen, in denen der Wandel von Gesellschaft und Wirtschaft fortgeschritten ist, erweisen sich viele traditionelle Siedlungsstrukturen als persistent und bleiben damit der Forschung zugänglich.

Doch geht es bei einer Siedlungsgeographie der Dritten Welt keineswegs nur um diese traditionellen Altstrukturen. Ebenso wichtig sind die Wandlungsprozesse und die aus ihnen hervorgegangenen transformierten und völlig neuen Siedlungsstrukturen.

Im Hinblick auf weite, noch kaum oder unzulänglich erforschte Siedlungsräume könnte man die Möglichkeit einer fundierten, „gültigen" Siedlungsgeographie für die Dritte Welt in Frage stellen. Doch zeigt sich, daß bei aller Lückenhaftigkeit doch soviel an Material und Erkenntnissen vorliegt – nicht immer genuin siedlungsgeographischer Provenienz, aber siedlungsgeographisch interpretierbar –, daß eine vielseitige, wenn auch noch nicht umfassende Darstellung anhand einer Vielzahl von regionalen Fallbeispielen möglich ist. Wieweit diese als exemplarisch für größere Räume gelten können und eine Generalisierbarkeit erlauben, darüber kann man sicherlich streiten.

Neben einer Fülle von Aufsätzen und Monographien, die wir im folgenden nur in einer kleinen Auswahl nennen können, liegt als Zusammenfassung auf der Grundlage eines Großteils der verfügbaren Literatur das soeben in 4. Auflage erschienene, nun zweibändige Lehrbuch der Allgemeinen Siedlungsgeographie von Gabriele Schwarz vor (Berlin 1989). Die Verf. geht in mehreren Kapiteln auf die ländlichen und städtischen Siedlungen der Dritten Welt ein, wobei die ersteren vor allem in ihrer traditionellen historischen Struktur Beachtung finden, während die kolonialzeitlichen und jüngeren Wandlungen weniger berücksichtigt werden. Auch stehen die Formen stärker im Vordergrund als die sie schaffenden Prozesse. Auf jeden Fall bietet dieses Lehrbuch auf der vergleichenden Basis einer umfangreichen Literatur, die auch für sich genommen eine ausgezeichnete Basis für eine spezielle Siedlungsgeographie der Dritten Welt darstellt, einen gelungenen Überblick über die Siedlungsstrukturen der vorkolonialen traditionellen „Wirtschaftskulturen" der Räume der Dritten Welt.

Von diesen Altstrukturen muß auch eine auf die heutigen Siedlungsmuster ausgerichtete Siedlungsgeographie der Dritten Welt ausgehen, wenn sie die bis heute eingetretenen Wandlungen und das daraus entstandene „Pattern" aus traditionellen und modernen Strukturen verstehen will. In einem 1983 vorgetragenen ersten Versuch eines Darstellungskonzeptes für eine Siedlungsgeographie der gesamten außereuropäischen Räume, von denen die Dritte Welt nur einen Teil bildet (Nitz 1985, in diesem Band enthalten), hat der Verf. auch für deren spezielle Behandlung einen Entwurf angeboten. Dieser wird nun im folgenden differenzierter ausgearbeitet.

Der Verf. stützt sich dabei auf die Erfahrungen einer inzwischen gehaltenen Vorlesung. Wenn wir uns im folgenden dazu entschließen, die lateinamerikanischen Länder der Dritten Welt in die Darstellung nicht einzubeziehen, so liegt der Grund dafür in der hier sehr starken Europäisierung der Siedlungsstrukturen seit der Kolonialzeit, deren Ergebnisse gänzlich verschieden sind von dem, was sich in den europäischen Wirtschaftskolonien und indirekt beeinflußten Räumen Afrikas und Asiens vollzogen hat.

Vier übergreifende historische Phasen der gesellschaftlich-wirtschaftlichen Entwicklung halten wir für das Wirken spezifischer siedlungsgeographischer Prozesse und für die Ausbildung jeweils charakteristischer Siedlungsstrukturen für bedeutsam:

I. Die Phase der – von Europa aus gesehen – eigenbestimmten autochthonen Gesellschaften

II. Die Phase der ersten europäischen Einflußnahme durch von europäischen Fürstenstaaten unterstützte handelskapitalistische Aktivitäten, die von punktuellen Küstenstützpunkten (Faktoreisiedlungen) ausgingen.

III. Die Phase der flächenhaften europäischen Wirtschaftskolonien, die zugleich mit dem Übergang Europas zum produktiven industriellen Kapitalismus erobert werden und diesem eine wichtige Rohstoffbasis und Absatzmärkte für billige industrielle Massenprodukte bieten.

IV. Die Phase der Dekolonisierung und der damit einhergehenden Errichtung von selbständigen Nationalstaaten, in denen mit dem Erbe der Kolonialzeit, unter der anhaltenden mehr oder weniger starken abhängigen Einbindung in die Weltwirtschaft als Rohstofflieferanten, unter Konzeptionen marktwirtschaftlicher oder sozialistisch-staatswirtschaftlicher Ausrichtung und unter dem Druck der Bevölkerungsexplosion eine Reihe von siedlungsgeographisch bedeutsamen Prozessen ablaufen, die man als für Dritte-Welt-Länder bzw. Entwicklungsländer typisch ansprechen kann.

Im folgenden umreißen wir etwas ausführlicher für die ersten drei – historischen – Phasen die u. E. grundlegenden Siedlungsprozesse und die aus ihnen resultierenden Siedlungsformen sowie in einem knappen Überblick die Themen, die bei der Untersuchung der aktuellen Phase IV zu behandeln wären. Der Grad der Ausführlichkeit wechselt: Besonders gut dokumentierte, charakteristische, aber vielleicht weniger bekannte Siedlungsprozesse werden etwas detaillierter dargestellt.

I. Siedlungsprozesse und Siedlungsstrukturen autochthoner Gesellschaften im Bereich der heutigen Dritten Welt Afrikas und Asiens

Hier ist mit H. Bobek (1959) nach unterschiedlichen Entfaltungsstufen von Gesellschaft und Wirtschaft oder mit G. Schwarz (1989) nach Wirtschaftskulturen zu unterscheiden. Es sind dies, abgesehen vom hier nicht weiter betrachteten Sammler- und Jägertum, das Hackbauerntum und das Nomadentum mit Zwischenformen („Halbnomadismus"), bestimmt durch eine von verwandtschafts-, sippen(clan)- und stammesmäßigen Bindungen geprägte tribale Gesellschaftsverfassung, in der die sozialen Einheiten der Kernfamilien, Großfamilien, Lineages, Clans und Sippen sowie Stämme ohne ausgeprägte Herrschaftsstrukturen und damit ohne soziale Schichtung nach Macht und Reichtum segmentär-gleichberechtigt (paritätisch) neben- und miteinander bestehen. Ansätze einer klassenmäßigen Schichtung zeigen sich in kriegerischen Nomadenstämmen.

Aus ihnen haben sich unter bestimmten hier nicht auszuführenden regionalen historischen Umständen (vgl. hierzu etwa Service 1977, Herzog 1988, Breuer 1990) die herrschaftlich organisierten, geschichteten Gesellschaften entwickelt, unter denen es eine große Spielbreite gibt von einfachen kleinen „chiefdoms" – was man mit 'Stammesfürstentümer' übersetzen könnte – bis zu monarchisch beherrschten, mit einer Verwaltungsbürokratie ausgestatteten Großreichen, in denen sich aus den Herrschaftszentren der Siedlungstypus der Stadt entwickelt hat und aus der fortgeschrittenen Arbeitsteilung funktionale Siedlungen und Stadtviertel, mit z. T. weitreichenden Austauschbeziehungen.

I.1 Tribal-segmentäre Gesellschaften

Als für tribal-segmentär organisierte Gesellschaften typische, siedlungsgeographisch relevante Verhaltensweisen und daraus resultierende Siedlungsstrukturen seien genannt:

1.1 Isolierte Siedlungsgaue, Wehrdörfer und kriegerische Landnahme als Ausdruck eines intertribalen Fehdeverhaltens

Dieses ist bedingt durch die Konkurrenz um ökonomische Ressourcen – Land, Vieh, Arbeitskräfte, Frauen –, aber auch durch religiös-kultische Motive. Es führte zur Ausbildung von relativ deutlich gegeneinander abgegrenzten Bannbezirken als Wirtschafts- und Siedlungsräume, zwischen denen vielfach unbesiedelte Pufferzonen bestanden. Hierfür läßt sich auch der in der deutschen Siedlungsarchäologie gebräuchliche Terminus „Siedlungskammer" verwenden; auch der Begriff „Siedlungsgau" für die etwas großräumigeren Stammes-Siedlungsräume wäre treffend.

Aus dem Fehdeverhalten folgte bei den seßhaften bäuerlichen Gesellschaften die Siedlungsstandortwahl in leicht zu verteidigenden Schutzlagen, vor allem bei kleineren, schwächeren Verbänden, in Berglagen, insbesondere auf Einzelgipfeln (Inselbergen) und Spornen; auch Lagen in Flußschlingen wurden gesucht; ansonsten verbarg man die Dörfer im Busch. Sklavenjagden, wie sie auch schon in vorkolonialer Zeit durch kriegerische Stämme zur Belieferung von Fürsten- und Handelsstaaten betrieben wurden, veranlaßten die betroffenen Stämme zum Rückzug in unzugängliche Bergländer. Aus dem Schutzbedürfnis folgte vielfach auch die Gruppensiedlung in kompakter Ortsform und die Außenbefestigung als Wehrdorf, oft mit Wall und Palisaden, oder die Gehöfte bildeten mit ihren Haus- und Hofmauern eine geschlossene Außenfront.

Auch die gegen die nomadische Bedrohung von der Sahara her festungsartig gebauten Ksar-Stadtdörfer am Südrand des Atlas bieten ein Beispiel (Gaiser 1968). In Westafrika treten bei den östlichen Ibos geschlossene Gruppierungen der Häuser von Großfamilienverbänden um hufeisenförmige Innenräume oder Sackgassen auf (Grenzebach 1984, S. 70 ff.). Die Außenwand der gebogenen Reihenhauszeile wirkt festungsartig. Beim Teilstamm der Oralla-Ibon wurde sogar die Verteidigungsform des sternförmig-„wagenburgartigen" Zusammenschlusses mehrerer solcher Sackgassenweiler konzipiert; die ganze Anlage war von einem geschlossenen Verteidigungswall und einem Schutzwald umgeben. Die besonders starke Bedrohung durch Sklavenjäger in dieser Region könnte zu dieser speziellen Lösung des Schutzproblems geführt haben.

Die kriegerische Haltung der Stämme untereinander bedingte auch im Falle von Übervölkerungsdruck die Bildung wehrhafter Wanderverbände unter einem Kriegshäuptling, kriegerische Völkerwanderungen und Landnahme. Parallelen aus dem vor- und frühgeschichtlichen Europa bieten sich an.

1.2 Dorf- und Flurformen als Ausdruck sippenmäßiger Verwandtschaftsverbände

Die vorherrschende Gruppensiedlung findet ihre Erklärung auch in der starken kommunikativen Bindung der Verwandtschafts- bzw. Abstammungsverbände. Landwirtschaftlich war die Bildung von Dörfern in der flächenextensiven Wanderfeldbau- bzw. Landwechselwirtschaft keineswegs optimal, da weiträumige Banngebiete mit entfernten Außenfeldern die Folge waren, erst recht bei Rückzugslagen auf Höhen. Die Einzelhofsiedlung in Form von Großfamiliengehöften (mit bis über zehn gemeinsam wirtschaftenden Kernfamilien) war jedoch nicht ausgeschlossen, sie tritt als historisch überlieferte traditionelle Form bei hirtenbäuerlicher Wirtschaft z. B. in Ostafrika und im Tell-Atlas häufig auf und bedingte dann bei auch hier gegebenem Feindfrontverhalten und Blutrachefehden den festungsartigen Ausbau der Gehöfte. Ob die bei verschiedenen rein ackerbaulichen Stämmen der tropischen Feuchtsavannen im westlichen Afrika schon zu Beginn der Kolonialzeit vorherrschenden Großfamilien-Einzelhöfe im nachbarlichen Schwarmsiedlungsverband eine Primärform bilden, ist eine offene Frage, da ein effektiver Schutz bei Fehden wohl nicht gegeben war. Grenzebach hält das ursprüngliche Bestehen temporär genutzter Wehrdörfer für wahrscheinlich (Grenzebach 1984, S. 33). Hunter (1967) erklärt entsprechende Streusiedlungen in Nordghana mit der Bildung von Schutzherrschaft und Unterwerfung unter kriegerische Oberhoheit eines Stammesfürsten. Doch auch hier bilden die Großfamiliengehöfte mit ihren über zwei Meter hohen Lehm-Außenwänden wehrhafte Kleinsiedlungen.

Weitere Strukturmerkmale der Siedlung ergeben sich aus dem tribalen Verbandscharakter unter Leitung von Ältesten („Gerontokratie"). Der Beratung und dem gemeinsamen Kult dienende Plätze in der Mitte der Ortschaften sind typische Elemente, wenn auch nicht überall ausgebildet. Bei den rundlich-hufeisenförmigen Wehrdörfern ergibt sich der Platz als Mitte von selbst. Hier stehen vielfach auch die Ritualhäuser und Altersklassenhäuser.

Lineare Anordnungen der Rechteckhäuser, meist doppelzeilig, mit vorgelagertem Platz, waren typisch für die Siedlungen im afrikanischen Regenwald, aber auch für indische Stammesbevölkerungen, bei denen zusammenhängende Reihenhauszeilen die Ausdrucksform der Gemeinschaft sind. Kennzeichnend für Südostasien ist (bzw. war bis vor wenigen Jahrzehnten) die Langhaussiedlung, in der Regel zum Schutz vor Feinden hoch aufgeständert, bei der die vorgelagerte freie Plattform, die durchgehende Veranda und/oder der innere Gemeinschaftsraum den Dorfplatz ersetzt.

Die strikte Gliederung in Teilstämme, Sippen, Groß- und Kernfamilien mit paritätischen Ansprüchen der Beteiligung am kollektiven Landbesitz würde eher eine bemessene Landzuweisung in Flächenportionen erwarten lassen, die sich bei einfacher Vermessungstechnik nur in Form der Streifeneinteilung mit Breitenmessung verwirklichen läßt. Trotzdem ist dieses Prinzip selten praktiziert worden. Die bevorzugte Form der eher unregelmäßigen, rundlichen Blockparzellen ergibt sich aus der Ackerbautechnik mit Hacke bzw. Grabstock, im Orient und Asien auch mit dem Hakenpflug, für den bei dem erforderlichen Kreuz- und Querpflügen eine blockige Parzellenform günstiger ist als der schmale, lange Streifen. Hinzu kommt bei Landwechselwirtschaft mit ungeregelten Anbau-Brache-Zyklen der eher individuell bestimmte Landbedarf der großfamilialen Wirtschaftseinheit. Dieser läßt sich unter den ursprünglich in tribalen Gesellschaften mit geringer Bevölkerungsdichte (bei niedriger Vermehrungsrate) noch reichlichen Landreserven leicht verwirklichen.

Wo demgegenüber eine Flureinteilung in Streifenportionen erfolgte, erklärt sich diese Praxis aus den Bedingungen der Landverknappung durch agrarökologische Begrenzung nutzbarer Flächen oder aus speziellen gesellschaftlichen Umständen. Diese Situation war beispielsweise im Trockenraum des Vorderen Orients gegeben, wo örtliche tribale Gesellschaftsstrukturen sich unter staatlichem Überbau erhielten. Hier kam es zur Anlage von Bewässerungsfluren nach kollektiv-genossenschaftlichen Grundsätzen. Diese Fluren wurden bis in die jüngste Vergangenheit paritätisch aufgeteilt in Streifen mit Anschluß an den gemeinschaftlich gebauten und unterhaltenen Bewässerungskanal, der damit als Basislinie der Vermessung diente. Periodische Umteilungen konnten die Gerechtigkeit der paritätischen Teilhabe am Land- und Wasserpotential noch absichern (Scholz 1976). In tribalen Hackbauernsiedlungen der Tropen sind Streifenfluren selten. Sie treten dort auf, wo die Gemeinschaft Neurodungen kollektiv durchführte und diese anschließend nach den traditionellen Normen an die Familien verteilte (Grenzebach 1984, S. 84).

Eine wichtige Thematik im Rahmen einer Siedlungsgeographie der Dritten Welt bilden die Behausungsformen, deren Vielfalt an regional-kulturellen und landschaftsökologisch gebundenen Varianten – Anpassung an klimatische Gegebenheiten, Nutzung von lokalem natürlichem Baumaterial – nur in exemplarischer Darstellung zu erfassen ist. Ihre Bedeutung ergibt sich nicht zuletzt daraus, daß traditionelle Bauformen bis in die Gegenwart erhalten sind (vgl. hierzu Wiese 1979).

1.3 Zur Siedlungsdynamik tribaler bäuerlicher Gesellschaften

Zur Siedlungsdynamik tribaler bäuerlicher Gesellschaften gehörte zum einen die wiederholte Wohnplatzverlegung im Zuge des Wanderfeldbaus. Das semipermanente, im Abstand von Jahrzehnten verlegte „wandernde" Dorf war aber auch noch eine Erscheinung der um den Wohnplatz rotierenden Landwechselwirtschaft, die an sich eine langfristige Ortspermanenz erlaubt. Wohnplatzverlagerungen erfolgten auch weniger aus agrarischen Gründen als aus solchen der empfundenen Bedrohung durch böse Geister bei Häufung von Unglücksfällen (z. B. einer Epidemie) oder erhöhter Sterblichkeit durch allmähliche Verunreinigung des Wohnplatzes. Die oft nur kleinräumige Verlegung wurde vielfach nach kultischen Regeln vorgenommen (Grenzebach 1984, S. 81). Dieses siedlungsräumliche Verhalten findet seine Bestätigung durch archäologische Beobachtungen an frühgeschichtlichen Siedlungen in Europa.

Die siedlungsräumliche Expansion wachsender Bevölkerungen erfolgte kleinräumig durch Abspaltung von Verwandtschaftsgruppen und Bildung von Filialsiedlungen, die oft durch entsprechende Ortsnamen die Abstammung erkennen lassen. Nach Auffüllung der inneren Landreserven eines Stammesterritoriums begann bei volkreichen und damit meist auch kriegerisch starken Stämmen die Infiltration benachbarter Stammesgebiete. Dieser Vorgang konnte durchaus auch friedlich verlaufen, wenn im aufnehmenden Stammesgebiet noch große Landreserven vorhanden waren. Extreme Lösungen der Landnot bildeten Völkerwanderungen unter Führung von Kriegshäuptlingen mit dem Ziel der Eroberung neuen Siedlungsraumes durch Verdrängung bzw. Zusammendrängung der Vorbevölkerung.

1.4 Nomadische Gruppen

Nomadische Gruppen hatten das Problem der feindlichen Konfrontationen vor allem bei ihren großräumigen Fernwanderungen mit Berührung fremder Stammesbanngebiete zu bewältigen. Der Zusammenschluß zu Wanderverbänden und die Bildung von wehrhaften ringförmigen Lagern waren – und sind bei noch intakten Stämmen auch heute noch – charakteristische Lösungen. In den jeweiligen längerfristig belegten Weidegebieten unter fester Stammeskontrolle konnten sich die Wanderverbände in Sippenlager ohne feste Zeltordnung auflösen, wie dies für die Bergnomaden des Vorderen Orients charakteristisch war. In Ostafrika dagegen ist auch für kleine Gruppen die runde Kralsiedlung aus einem Kranz von Hütten, die den Pferch (oder auch mehrere Pferche) im Inneren umschließen und sichern, die typische Siedlungsform.

I.2 Herrschaftlich organisierte Gesellschaften

Für diese, in ihrer hochkulturellen Form bereits staatlich organisierten Gesellschaften, wie sie in vorkolonialer Zeit vor allem für Süd- und Südostasien sowie für den Orient und für die von dort beeinflußten Teile Afrikas kennzeichnend waren (hier gab es aber auch ganz autochthon entstandene Herrschaftssysteme), müßten folgende Siedlungsprozesse und Siedlungsstrukturen angesprochen werden:

2.1 Herrschaftssiedlungen

Aus der sozialen, der politischen und der daraus abgeleiteten funktionalen Gliederung und Schichtung der Bevölkerung ergibt sich die Differenzierung in Herrschaftssiedlungen und ländlich-bäuerliche Siedlungen, wobei erstere im einfachen Fall als befestigte Häuptlingssitze, umgeben von einer Gefolgschafts- und Dienersiedlung, auftraten, z. B. in Schwarzafrika (Thorbecke 1933), im Falle hochentwickelter Fürstenstaaten als befestigte Residenz- und Verwaltungsstädte mit meist komplexer sozialer und funktionaler Viertelsbildung. Der Typus der orientalischen Stadt mit Mauerring, Herrschaftsfestung in Randlage (Kasbah), großer zentraler Freitagsmoschee und weiteren geistlichen Institutionsgebäuden, dem Bazar und nach Herkunfts- und Religionsgruppen differenzierten Wohnvierteln mit Knick- und Sackgassennetz ist ein solcher Typus, zu dem weitere in Indien, Südostasien und Schwarzafrika hinzukommen. Der fast überall auftretende Festungscharakter der Herrschaftsstädte zeigt die Anfälligkeit der Herrschaft gegen innere und äußere Feinde.

Ein im Orient und in Südostasien zu beachtender Sondertyp ist der meist kleinflächige Stadtstaat in Küsten- oder Insellage wie z. B. die kleinen Emirate in Südarabien.

2.2 Ländliche Siedlungen in herrschaftlich organisierten Agrargesellschaften

Im ländlichen Raum wurde die Vielfalt der ursprünglich stammeskulturbestimmten regionalen Siedlungsformen in starken Zentralstaaten reduziert durch die vereinheitlichende Wirkung fürstenherrschaftlicher Verordnungen, Steueransprüche, agrarischer Innovationen und zentral organisierter großer Bewässerungssysteme. Vereinheitlichend wirkte nicht zuletzt im fürstenstaatlichen Rahmen die „von oben" bestimmte Kultur, vor allem durch religiös-ideologische Normen, die den Charakter von Staatsreligionen erhielten.

Obwohl schon in den sippenbäuerlichen Gesellschaften die Gruppensiedlung vorherrscht, wird man festhalten müssen, daß die Form des Dorfes auch unter der herrschaftlichen Organisation erhalten und bei Neusiedlung immer wieder geschaffen wurde. Sie erleichterte die politische und steuerliche Kontrollierbarkeit der Staatsbevölkerung. Mit der inneren öffentlichen Sicherheit und Unterbindung von Stammesfehden entfiel die Notwendigkeit des Wehrdorfcharakters, der nur an den Außengrenzen, vor allem gegen Nomadengebiete, beibehalten werden mußte. Zur Stärkung ihres Wirtschafts- und Bevölkerungspotentials und im Hinblick auf das gegenüber sippenbäuerlichen Gesellschaften stärkere Bevölkerungswachstum (dank systematischer Entwicklung agrarischer Neuerungen und der inneren Sicherheit) betrieben oder förderten die Fürstenstaaten einen inneren und äußeren Landesausbau, z. T. unter strikter staatlicher Lenkung. Zu einer Siedlungsplanung kam es allerdings nur in wenigen Räumen, so in China und im Chola-Reich Südindiens (Nitz 1987; vgl. hierzu einen jüngeren Aufsatz des Verf. von 1991, in diesem Band enthalten). In vielen Zentralstaaten Asiens führte der Anspruch des Fürsten auf das Obereigentum allen Landes zur Egalisierung der Landbesitzverhältnisse, im Extremfall durch planmäßige Reorganisation und Normierung des Parzellennetzes wie in China, wo die Schachbrettflur eingeführt wurde. Schachbrettförmige und lineare Dorfformen entstanden in den Altsiedel- und den Kolonisationsgebieten (Nitz 1972, in diesem Band enthalten). Auch die Gewannfluggliederung des vorderorientalischen Muscha'a-Systems mit der periodisch wiederholten Neuverteilung des kollektiven Flurbesitzes in Streifenportionen geht vermutlich auf eine ursprünglich staatliche Organisation im Mameluken-Reich (13. Jh.) zurück (Wirth 1971, S. 229).

Im Iran ist die historisch angelegte Verbreitung regulierter gewannartiger Schmalstreifenfluren nach Bobek (1976) an die Umgebung der historischen Residenz- und Provinzstädte gebunden, zum anderen „scheint ein gewisser Zusammenhang mit der historischen Grenze der Dauersiedlungsgebiete gegen lange nomadisch beherrschte Gebiete vorzuliegen ... Ein gewisser Zusammenhang mit der bevorzugten Ausbildung von regulierten Schmalstreifendörfern könnte hier insofern gefunden werden, als in diesen gefährdeten Bereichen vermutlich häufiger als anderswo in Iran ... mit besonders starken Vertretern der staatlichen Macht zu rechnen war ... Hieraus würde sich ein größerer Erfolg bei der Regulierung abhängiger Dörfer ohne weiteres verstehen lassen" (ebd. S. 309). Der Übergang solcher Dörfer aus Fürsten- bzw. Staatsbesitz in die Hand von Pfründen- bzw. Lehensempfängern – Staatsbeamten und Militärs – die sog. 'Teyuls' erhielten, diese dann aber in Privateigentum (Massarrat 1977, S. 107), in rentenkapitalistisches Großeigentum umwandelten, hat zur Persistenz des Prinzips der Umteilungs-Gewannfluren mit Teilpächterverfassung beigetragen.

Im übrigen aber herrschte weithin eine eher pauschale Besteuerung der Dörfer vor, die ihre Autonomie in wirtschaftlichen Angelegenheiten behielten (K. Marx hat hierfür den Begriff „asiatische Produktionsweise" eingeführt), so daß sippenbäuerliche Strukturen erhalten blieben, zu denen auch die Blockflur gehört, deren Parzellen in eher individueller Besitznahme unter Zustimmung durch den Dorfrat in Kultur genommen wurden. Dies gilt vor allem für Regenfeldbaugebiete. Im Rahmen der allgemeinen Bevölkerungszunahme und der Ausbreitung intensiverer Agrartechniken, insbesondere des Pflugbaus, verstärkte sich die Tendenz zur Permanenz der Dörfer und ihrer Fluren.

Am ausgeprägtesten haben sich sippenbäuerliche Strukturen in schwer zugänglichen und damit schwer kontrollierbaren Teilen von Fürstenstaaten erhalten, vor allem in Bergländern. Hier wurde auch bis in die jüngste Vergangenheit die Stammesfehde praktiziert mit der Konsequenz der Dorf- oder Einzelhofbefestigung, z. B. im Hochland des Jemen (Kopp 1981, S. 64 ff.). Bobek hat diesen kulturräumlichen Typus innerhalb von vor allem orientalischen Fürstenstaaten als „Kabylei" bezeichnet (von arab. quabilah = Stammesgebiet; Bobek 1950, S. 199-201).

Als eine indirekte Auswirkung der fürstenstaatlichen Organisation auf die Dorfebene kann man die Ausbildung des Kastensystems in Indien mit der Gliederung von Dörfern und auch von Städten in Kastenviertel interpretieren. Dieses religiös untermauerte Sozialsystem garantierte eine stabile soziale Schichtung und eine funktionale Abhängigkeit zwischen den verschiedenen Berufskasten, damit auch die wirtschaftliche Stabilität und die für die Fürstenherrschaft wichtige konstante Steuerleistung der Dorfeinheiten.

Die in den vorderasiatischen Fürstenstaaten erhaltenen Stammesbindungen wurden dort, wo sie die Sicherheit des Staates gefährdeten, durch Umsiedlung von

Stammesteilen geschwächt, wobei vielfach solche Stammessplitter in entfernten Eroberungsgebieten zur Grenzsicherung angesiedelt wurden.

II. Merkantil-handelskapitalistische europäische Küstenstützpunkte und ihre siedlungsstrukturellen Auswirkungen

Während in Amerika schon seit dem 16./17. Jahrhundert Bauernsiedlungs-, Plantagen- und Herrschaftskolonien mit zahlreicher europäischer Zuwanderung entstanden, kam es entlang der Küsten Afrikas und Asiens seit dem 16. Jahrhundert zunächst nur zur Gründung handelskolonialer Stützpunkte – sog. Faktoreien – durch Handelsgesellschaften, z. T. mit fürstenstaatlicher Unterstützung. Aus diesen Frühstadien kleiner befestigter Hafenstädte entwickelten sich so bedeutende heutige Hafengroßstädte wie Bombay, Singapur und Jakarta (niederländisch Batavia). Die innere Struktur solcher Küstenfaktoreien und ihre Ausgriffe ins Binnenland mit der Anlage von Inlandfaktoreien hat Asche (1977) für Indien näher dargestellt. Neben diesen reinen Handelssiedlungen initiierte die britische East India Company im 18. Jahrhundert durch ihre indischen Mittelsmänner die Gründung von Weberkolonien bei vorhandenen Dörfern, um die Produktion für die steigende Nachfrage nach indischen Baumwolltuchen in Europa befriedigen zu können.

Die westafrikanischen Faktoreien fungierten bekanntlich auch als Sammel- und Exportplätze für Negersklaven nach Amerika; ein lebhafter Sklavenhandel wurde auch im Bereich der südostasiatischen Faktoreien und der mit ihnen konkurrierenden einheimischen Handelsstadtstaaten betrieben. Eine siedlungsgeographische Folge der von kriegerischen Stämmen in Afrika und von Händlergruppen in Südostasien betriebenen Sklavenfängerei war der Rückzug der betroffenen Stammesbevölkerungen in unzugänglichere Bergländer und das Wüstfallen weiter offener Landstriche und Küstenebenen. Der in den Stammesgesellschaften verbreitete Typ des Wehrdorfes in Schutzlage wurde also – als indirekte Folge der Sklavenwirtschaft – regional extrem ausgebildet und verstärkt.

III. Siedlungsprozesse und Siedlungsstrukturen als direkte und indirekte Auswirkungen der europäischen Kolonialherrschaft

Die Phase der wirtschaftskolonialen flächenhaften Einbeziehung weiter Gebiete Afrikas und Asiens in die Wirtschaft der europäischen Mutterländer und zugleich in die kapitalistische Weltwirtschaft beginnt mit dem ausgehenden 18. Jahrhundert und erreicht ihren Höhepunkt im 19. Jahrhundert mit der Aufteilung Afrikas, im wesentlichen mit dem Ziel der Rohstoffversorgung für die mit der Industrialisierung wachsenden Konsumentenmärkte. Zugleich entwickelten sich die Kolonien zu Absatzmärkten für billige europäische Massenprodukte. Um diese Ziele zu erreichen, wurden die kolonisierten sippenbäuerlichen und nomadischen Stammesgesellschaften pazifiziert und unter eine Kolonialverwaltung gestellt; in den

Fürstenstaaten ersetzte bzw. übernahm diese die bisherige einheimische Verwaltung und Militärmacht. Mit Hilfe einer weitgreifenden Verkehrserschließung mit Straßen und Eisenbahnen wurde die Bevölkerung von einer vorherrschenden Subsistenz- und lokalen Marktwirtschaft auf eine Produktion der direkten oder indirekten Exportorientierung umgestellt.

Einbezogen wurden auch solche Länder wie Persien, die zwar nicht unter koloniale Fremdherrschaft gerieten, jedoch den handelsimperialen Einflüssen der europäischen Industriestaaten unterlagen, was zu grundlegenden Verschiebungen der internen sozialen und wirtschaftlichen Kräfteverhältnisse führte, mit Konsequenzen auch für die Siedlungsstrukturen.

III.1 Plantagengebiete und Plantagensiedlungen

Zu den bekanntesten direkten Eingriffen in die vorhandenen Siedlungsverhältnisse im Zuge der Schaffung völlig neuartiger kolonialwirtschaftlicher Strukturen gehört die Erschließung bisher dünn besiedelter und daher leicht zu okkupierender Gebiete mit Plantagen. Sie sind in den jeweiligen Gebieten völlig neuartige Elemente sowohl durch ihre Wirtschaftsweise, durch ihre Siedlungsstruktur als auch durch ihre Bevölkerung, die aus einem europäischen Management und einer aus der Kolonialbevölkerung genommenen Arbeiterschaft besteht, wobei diese meist nicht aus der Plantagenregion stammt, sondern als Wanderarbeiter für eine begrenzte Zeit aus anderen, dicht bevölkerten Regionen angeworben werden. Bekannte Beispiele sind die Tamilen aus Südindien, die in die Bergland-Teeplantagen Ceylons geholt wurden. Charakteristische Siedlungsstrukturen sind die Manager-Bungalows in landschaftlich schöner Einzellage, die zentrale Verarbeitungsanlage mit zugeordneten Büros und Arbeitersiedlung sowie die weiteren Siedlungen der Feldarbeiter mit ihren Familien, die in der Regel im Bereich der verschiedenen Flurteile (in den britischen Plantagen meist „Division" genannt) liegen, um die Arbeitskräfte ohne Zeitverluste an ihre Arbeitsplätze gelangen zu lassen. Die nach dem Hindi-Wort „Kuli" (engl. cooli) für Tagelöhner so bezeichneten Cooli-lines sind barackenartige primitive Reihenhäuser, die in einzelnen oder mehreren Reihen eine solche Arbeitersiedlung bilden. Ein charakteristisches Element stellen vielfach die kleinparzelligen Gartenfluren der Arbeiter dar. In größeren Plantagen oder für Plantagengruppen wurde in der Regel eine kleine Marktsiedlung mit Läden und Wochenmarktbetrieb eingerichtet.

III.2 Farmer- und Pflanzerkolonisation europäischer Auswanderer in Afrika

Während in den amerikanischen Kolonien in großem Umfang europäische Auswanderer als Kolonisten seßhaft wurden, fehlt eine solche Farmerkolonisation in den asiatischen Kolonien ganz, während sie in Afrika in größerem Umfang in den französischen und italienischen Kolonien in Nordafrika sowie in den Hochländern der deutschen, britischen und portugiesischen Kolonien in Ostafrika entstanden. Es handelt sich dabei um Räume, die Europäern klimatisch zuträglich waren und, wie z. B. in Nordafrika, eine mediterrane Landwirtschaft mit Wein, Oliven, Südfrüchten und Weizen erlaubten, für die also vertraute Landbautechniken angewandt werden konnten. In Ostafrika waren neben Weidewirtschaft und Getreideanbau allerdings im Pflanzerbetrieb auch Plantagenkulturen üblich.

Die Siedlungsform reichte vom eher bäuerlichen Kolonisten-Einzelhof (um 100 ha) bis zur gutshofähnlichen Großfarm mit mehreren tausend Hektar. Während in Ostafrika ausschließlich und in Nordafrika zum größten Teil Einzelhofsiedlungen geschaffen wurden, entstanden in Algerien auch Kolonistendörfer. Hier wurde die Siedlungsplanung am ausgeprägtesten mit der Vermessung von Schachbrettdörfern und Schachbrettfluren durchgeführt. Neustädte im gleichen schematischen Zuschnitt wurden als zentrale Orte und als Wohnsitze der Olivenfarmbesitzer angelegt. An die zentralen Städte und Dörfer schlossen sich auch die Hüttenquartiere einheimischer Landarbeiter an. Solche Hüttensiedlungen mit kleinen Anbauparzellen bildeten (und bilden z. T. bis heute) auch charakteristische Siedlungselemente der Großfarmen und Pflanzerbetriebe in Ostafrika.

Mit der Anlage derartiger Farmgebiete europäischer Siedler war als vorweglaufende Maßnahme die Aussiedlung der einheimischen Bevölkerung verbunden. Sie wurde in Reservaten konzentriert oder wanderte in passiver Reaktion auf die Verdrängung in die angrenzenden Gebiete ab, wo es zur Verdichtung kam, so z. B. durch erzwungene Abwanderung aus den für den Getreidebau günstigen Küstenebenen und Becken Nordafrikas in das Bergland. Aus diesen bald übervölkerten Räumen rekrutierten sich die saisonalen Wanderarbeiter für die Europäerfarmen. Die rechtliche Möglichkeit zur Konfiskation ausgedehnter Gebiete ergab sich für die Kolonialmächte mit der Einführung europäisch-staatlicher Landrechtsprinzipien, nach denen scheinbar herrenloses Stammes- und Dorfallmendland zu Staatsbesitz erklärt wurde.

III.3 Agrarkolonisation mit einheimischen Siedlern

Derartige Unternehmungen der Kolonialverwaltung wurden erst sehr spät in den portugiesischen Kolonien („Provinzen") Afrikas in Gang gesetzt, hier neben Farmgebieten europäischer Landwirte (Matznetter u. Wiese 1984, S. 33), früh dagegen bereits von den Briten in Indien und durch einheimische Unternehmer aus der Oberschicht in Malaya und Thailand. Im britischen Nordindien wurden drei „Ressourcen" in Wert gesetzt: Das Bewässerungspotential der Indus-Nebenflüsse, eine von Halbnomaden dünn bevölkerte ackerbaufähige Steppenregion und eine ackerbäuerliche Überschußbevölkerung aus dem altbesiedelten Panjab. Die schrittweise Erschließung und Besiedlung der Kanalkolonien im Fünfstromland (Nitz 1972, in diesem Band enthalten; ausführlich Dettmann 1978) ist ein Paradebeispiel für diese Art von kolonialer Wirtschaftspolitik und für die dabei angewandte Planungssystematik (Schachbrettdörfer in Verbindung mit quadratischen Einödfluren). Die Überschußproduktion von Weizen und später auch Baumwolle machte die Unternehmung profitabel. Ähnliches gilt für die Kanalkolonien in den Deltagebieten Südostasiens, z. B. im Menamdelta um Bangkok, wo die auf kleinen gereihten Streifeneinöden angesetzten Pächter Reis für die Tagelöhner der Plantagengebiete produzierten (wie übrigens auch die aus Indien zuwandernden Kolonisten im Irawadi-Delta in Burma). Ein afrikanisches Beispiel ist das von einem britischen Unternehmerkonsortium geschaffene Bewässerungsgebiet des Gezira-Scheme am Nil in der britischen Kolonie Sudan.

III.4 Direkte kolonialherrschaftliche Eingriffe in das traditionelle einheimische Siedlungswesen

Ein besonders drastischer Eingriff zur Optimierung der kolonialwirtschaftlichen Nutzung erfolgte durch die Holländer auf Java seit dem ausgehenden 18. Jahrhundert, um dort die Plantagenwirtschaft auch in den agraren Gunstgebieten mit bereits alter, dichter bäuerlicher Besiedlung zu etablieren. Hier war eine Aussiedlung der einheimischen Bevölkerung nicht durchführbar. Daß dennoch ein Zugriff auf das Bewässerungsland gelang, wurde durch die traditionelle fürstenstaatlich-feudale Gesellschaftsverfassung begünstigt. Für die Ausnutzung traditioneller Strukturen durch die Kolonialmacht ist dieses Beispiel besonders instruktiv; es sei daher etwas ausführlicher skizziert (hierzu detailliert Röll 1976).

Das vom Fürsten als herrschaftliches Eigentum beanspruchte Ackerland war an die Bauern der Dörfer gegen Ertragsabgaben und Frondienste ausgegeben. Die Landverteilung an die berechtigten Bauernfamilien (es gab auch landlose Tagelöhner und Knechte) wurde alljährlich durch Umteilung erneuert, was die Anwendung des Gewannflurprinzips voraussetzt. Ein Teil der Dörfer war als Steuerpfründe an aristokratische Staatsfunktionäre und als Apanagen an Verwandte des Herrschers verlehnt. Diese stadtsässigen Feudalfamilien verpachteten ihrerseits diese Einnahmequelle an dorfsässige Steuereintreiber, die auch als staatliche Dorfvorsteher fungierten und dafür ein Fünftel des Dorflandes und Frondienste in Anspruch nehmen durften.

Die niederländische Kolonialverwaltung setzte sich an die Stelle der Fürsten oder übernahm – bei formell weiterbestehender Fürstenherrschaft – die Rolle der Lehensträger. Im Rahmen des sog. „Kultur-Systems", d. h. der durch die Kolonialverwaltung selbst betriebenen Plantagenwirtschaft mit Zuckerrohr- und Tabakanbau (bis 1870 praktiziert), wurde alljährlich ein Drittel der Umteilungsflur für den plantagenmäßigen Anbau abgezweigt. Diese Fläche wurde in Form zusammenhängender größerer Feldblöcke ausgeschieden. Die erzwungene Flächenabtretung wurde anstelle der traditionellen feudalen Ernteabgabe verlangt. Die Frondienste dagegen wurden weiterhin beansprucht, nunmehr für die Bestellung der Zuckerrohr- bzw. Tabakfelder, unter Aufsicht der einheimischen Dorffunktionäre und Oberaufsicht durch niederländische Kolonialbeamte. Die Zuckermühlen bzw. Tabakscheunen, welche die Ernte aus jeweils mehreren Dörfern aufnahmen, wurden an private niederländische Kontraktoren verpachtet, die auch den Export in der Hand hatten.

Dieses System war so eingespielt, daß sich nach 1870 mit der Übertragung der Plantagenwirtschaft an private Unternehmer und des Dorflandes an die Kommunen nichts Wesentliches änderte. Die einheimische Dorfverwaltung wirkte als willfähriger, da gut bezahlter Vermittler bei der blockweisen Landverpachtung. Selbst die spätere Besitzfestschreibung für die einzelnen Bauern als Erbpächter, womit die Umteilungen aufhörten, erlaubte keinem das „Aussteigen" aus der kollektiv organisierten Verpachtung, für die nun von den Plantagengesellschaften Pachtgeld gezahlt wurde. Die Arbeiterfrage löste sich nach gesetzlicher Abschaffung der Fronarbeit durch die inzwischen eingetretene starke Vermehrung des landlosen Dorfproletariats, das aus der Unterschicht der Tagelöhner, Teilpächter und Knechte der Dorfbauern hervorgegangen war (bis zur Hälfte der Dorfbevölkerung; Knight 1988). Bei den Zuckerfabriken entstanden planmäßige Kuli-Arbeiterquartiere als Werkssiedlungen.

Ein dem optimalen Funktionieren dieser Zwangs-Symbiose dienender kolonialer Eingriff war eine Flurbereinigung mit dem Ziel, eine streng geometrische Gewannflur zu schaffen mit normierten Streifenparzellen gleicher Breite und Länge, in der jeder Bauernhof entsprechend der dreijährigen Rotation von Plantagennutzung und bäuerlicher Nutzung drei (oder sechs) Parzellen in den entsprechenden Flurteilen erhielt. In die Siedlungs- und Besitzstruktur der Dörfer brauchte nicht eingegriffen zu werden. Sie repräsentieren bis heute die inzwischen stark verdichtete Form der ursprünglich sehr lockeren „Kampoṅg"-Haufendörfer.

In verschiedenen Kolonialgebieten wie auf manchen Inseln Niederländisch-Ostindiens, in der deutschen Kolonie Kamerun und im britischen Nigeria veranlaßten die Kolonialverwaltungen mit dem Ziel der besseren Kontrolle und einer effektiveren Steuerung des Marktfruchtanbaus die zwangsweise Umsiedlung der Bevölkerung aus verstreuten Weilern und aus unzugänglichen Wehrdörfern in Berglage an anbaugünstige Standorte, insbesondere aber an neuangelegte Straßen. Zu den z. T. von der Kolonialpolizei durchgeführten Zwangsmaßnahmen gehörte das Wüstlegen der bisherigen Siedlungen durch Niederbrennen (Grenzebach 1984, S. 92 f. und S. 108 f., Metzner 1982, S. 183).

III.5 Kolonialverwaltungsorte und Händlersiedlungen

Zu den direkten Maßnahmen der Kolonialverwaltungen gehört schließlich die Schaffung von Kolonialverwaltungsorten von städtischer bis dörflicher Größe sowie in Räumen ohne ein traditionelles Netz von Marktorten die Gründung von Händlersiedlungen. Bekannt und in stadtgeographischen Lehrbüchern (z. B. Manshard 1977 und Schwarz 1989) sowie in den Länderkunden aus dem Bereich der Länder der Dritten Welt ausreichend detailliert abgehandelt sind die kolonialen Neustädte. In den bisherigen Fürstenstaaten wurden sie neben die traditionellen Städte gesetzt, was zu einer scharfen Trennung zwischen den einheimischen und den europäischen Stadtstrukturen mit ihren funktionalen Teilen und zugeordneten Bevölkerungen führte, eine Trennung, die bis heute nachwirkt und daher eine historisch-geographische Darstellung verlangt. Prinzipiell bestehen in funktionaler Hinsicht große Ähnlichkeiten zwischen den Verwaltungs- und den Militärstädten der verschiedenen Kolonialmächte. Verwaltungsviertel, Wohnviertel und eigene Geschäftsstraße sind stets ausgebildet, daneben besteht in der Regel eine Garnison, in deren Kasernen-Quartieren auch einheimische Soldaten untergebracht waren. Für die Kolonialstädte ist die großzügig-weitläufige Anlage der Straßennetze und Grundstücke charakteristisch, auf denen villenartige Bungalows im Herrenhausstil liegen. Sicherlich wird zu betonen sein, daß die französischen, spanischen und portugiesischen Kolonialstädte einen eher mediterranen Charakter aufweisen. In den französischen Kolonistengebieten Marokkos, Tunesiens und Algeriens, wurden wie schon erwähnt, zentrale Orte als Verwaltungs- und Marktmittelpunkte angelegt, in abgestufter Hierarchie.

In den tropischen Kolonialräumen gehört der Höhenkurort – die „Hillstation" im britischen Sprachgebrauch – als notwendiges Element zum kolonialen Städtesystem. In Britisch-Indien verlegten die Provinzialverwaltungen alljährlich in der trockenheißen frühsommerlichen Jahreszeit ihren Dienstsitz in einen Höhenkurort (zum besonders ausgeprägten britischen System der Kolonialstädte Dettmann, 1970; Pieper 1977). Zu den kolonialbritischen Elementen bei den größeren Bahnhöfen und Eisenbahnreparaturwerkstätten gehört schließlich die „Werkssiedlung" der Railway-Colony, deren Reihenhäuserzeilen beispielgebend werden sollten für die Werkssiedlungen von Industriebetrieben und Behörden der modernen indischen Stadt.

Wesentlich für eine siedlungsgeographische Darstellung des zentralörtlichen Siedlungsnetzes in Ländern der Dritten Welt ist die Beachtung der kleinen Verwaltungs- und Händlersiedlungen von meist nur Dorf- oder gar Weilergröße, wie sie in der Kolonialzeit von der Verwaltung oder mit ihrer Unterstützung in bisher sippenbäuerlichen Räumen ohne Marktwirtschaft und herrschaftliche Zentren angelegt wurden. Sie schlossen nicht an die gelegentlich vorhandenen Wochenmarktplätze an, auch nicht an Häuptlingssitze, da diese mitsamt den zugeordneten Dörfern in längerfristigen Abständen verlegt wurden. Orientierungslinien waren in Ostafrika und wohl auch in anderen Teilen des Kontinents Karawanenwege, an denen die Militärposten – aus denen dann Verwaltungssitze wurden – in regelmäßigen Abständen von Tagesmärschen – ca. 20 km – angelegt wurden. Zu ihnen gruppierten sich bald Läden. In räumlicher Trennung entstanden daneben einheimische Diener- und Tagelöhnersiedlungen. In engeren Abständen ließen sich in kleinen Gruppen Händler nieder, in Ostafrika vor allem eingewanderte Inder, deren Ladensiedlungen die unterste Kategorie zentraler Orte bilden. Vorlaufer (1974) konnte zeigen, daß diese in Abständen von ca. 8 bis 12 km liegen, d. h. in etwa einstündigem Fußweg zu erreichen sind. In der tropischen Regenzeit sind weitere Wege nicht zu bewältigen. Auch in den portugiesischen Kolonien entstand, hier in stärkerem Maße von der Kolonialverwaltung kontrolliert, ein solches Netz kleinster zentraler Dörfer als Händlersiedlungen, meist mit einer einzigen Ladenzeile und weitabständigen Gebäuden (Matznetter und Wiese 1984).

III.6 Indirekt ausgelöste Wandlungen im traditionellen Siedlungswesen

Sie wurden bisher erst wenig intensiv untersucht. Die ausführlichste Behandlung erfuhren sie wohl im Rahmen des Afrika-Kartenwerkes, wobei vor allem auf die Bearbeitung von Grenzebach (1984) für Westafrika und Wagner (1983) für Nordafrika hinzuweisen ist. Für Asien liegen entsprechend intensive Studien noch nicht vor. Um einen Überblick über die Arten des Wandels der Siedlungsstrukturen zu geben, ohne Vollständigkeit anstreben zu können, beziehen wir uns vor allem auf die Verhältnisse in Afrika (einen Überblick bietet auch Wiese 1979).

6.1 „Down-hill"-Bewegung

Mit dem militärisch-polizeilichen Durchsetzen und Kontrollieren der Befriedung, d. h. der Unterdrückung der traditionellen Stammesfehden, der Herstellung von „Ruhe und Ordnung" (Pax Britannica, Pax Neerlandica, Pax Gallica in Parallele zur historischen Pax Romana), wozu auch das Verbot der Sklaverei beigetragen hatte, wurde die traditionelle Form des Wehrdorfes in Rückzugslage bzw. Schutzlage obsolet. Ökonomische Gesichtspunkte traten in den Vordergrund: die Lage der Dörfer inmitten der Wirtschaftsflächen. So wurden vor allem Dörfer aus abseitigen Berglagen in die Täler und Ebenen verlegt – im englischen Sprachgebrauch ist von einer „down-hill"-Bewegung die Rede. Vielfach wurden die Dörfer an die neuen Wege und Durchgangsstraßen verlegt, wo sich langgestreckte Straßendörfer bildeten (Wiese 1979, S. 395 f.). Die alten Wehrdörfer fielen wüst, im Bereich der neuen Siedlungen kam es zur Erweiterung der Feldfluren. Auch wo Wehrdörfer ihre Standorte in der Savannen-Ebene beibehielten, kam es zur Aufhebung der Umwehrung, zum Durchbruch neuer Dorfeingänge, zum Ausbau neuer Gehöfte.

6.2 Innerer Landesausbau

Unter dem Druck der Kolonialmächte zur Exportproduktion (u. a. durch Kopfsteuererhebung) und dem sich unter der Pax-Situation verstärkenden Bevölkerungswachstum kommt ein sich allmählich steigernder und bis heute anhaltender innerer Landesausbau in Gang. Für Westafrika sind folgende Siedlungsprozesse zu verfolgen (Grenzebach 1984):

1. Mit einsetzender Lockerung der Bindung an die traditionelle Stammes- und Dorfgemeinschaft und mit wachsendem Anspruch an Dauerbesitzrechte kommt es zur Aussiedlung von Großfamilien(teilen) aus den Dörfern in die bisherigen Außenfeldbereiche mit Bildung von Einzelhöfen und Weilern, vielfach zur

Schwarmsiedlung gruppiert. Der Extremfall ist die Dorfauflösung. In den traditionellen Streusiedlungsgebieten Ostafrikas führt diese Bewegung zur Verdichtung des Siedlungsgefüges.

2. In den bisher siedlungsfreien Pufferzonen zwischen den Banngebieten kommt es – oft in konfliktträchtiger Konkurrenz mit Nachbargruppen – durch geschlossene Verwandtschaftsverbände unter Führung von Ältesten zur planvollen Ansiedlung in kleinen Reihensiedlungen mit Landzuweisung in hofanschließenden Breitstreifen. Dieser auffällige Kontrast zur traditionellen Blockflur erklärt sich aus der besonderen Situation der Landnahme durch organisierte Gruppen. In allen Fällen kommt es zur Permanenz von Ort und Flur. Der Typ des „wandernden Dorfes" beginnt zu verschwinden.

6.3 Außenkolonisation

Ein über die Banngrenzen der eigenen Siedlungen hinausgehender Landesausbau – man kann auch von Außen-Kolonisation sprechen – erfolgte z. B. in den bisher siedlungsarmen Waldgebieten Westafrikas, die sich als für den exportorientierten Kakaoanbau geeignet erwiesen. Spontan gebildete Kolonistengruppen unter Anführern, die aus entfernten Stammesgebieten kamen, erwarben käuflich größere Waldflächen von den hier heimischen Stämmen und teilten diese entsprechend den unterschiedlichen Geldanteilen der Teilhaber in waldhufenartige Breitstreifen, woraus sich eine Reihung der Kolonistenhöfe ergab (Manshard 1961). Auf dem individualisierten Landbesitz einzelner Stammes- und Sippenältester entstanden Pächtersiedlungen aus Fernzuwanderern, wobei die planvolle Parzellierung der Flur und die Reihung der Höfe entlang der jeweiligen Siedlungslinien die Regel war.

Umfangreiche Außenkolonisation kam auch im Vorderen Orient in Gang, wo bereits das Osmanische Reich, danach dann die Protektoratsmächte bisher von Nomaden kontrollierte ackerbaugünstige Gebiete vor den bisherigen Grenzen der bäuerlichen Siedlungsräume dem staatlichen Schutz unterstellten und der Besiedlung öffneten. In diesem Jungsiedelland entstanden meist spontan bäuerliche Siedlungen in Form von kleinen, meist genossenschaftlich verfaßten Gruppensiedlungen, vielfach mit Muscha'a-Gewannfluren (Wirth 1971, S. 227 und 248 f., Hütteroth 1976).

In diese Prozeßgruppe der Außenkolonisation – aus der Sicht der bisherigen Altsiedlungsräume – kann auch die spontane Einzelhofkolonisation im Bereich der Plantagen, vor allem der Kautschukplantagen in Süd- und Südostasien, eingeordnet werden. Vor allem ehemalige Plantagenarbeiter übernahmen die Praxis dieses auch in Kleinbetrieben durchführbaren Marktfruchtanbaus mit ergänzendem Anbau für die Eigenversorgung.

6.4 Seßhaftmachung und Seßhaftwerdung: Kolonialzeitlicher Wandel nomadischer Siedlungsräume und Siedlungsstrukturen

Mit der militärisch durchgesetzten Pazifizierung im Bereich der Kolonien bzw. Protektorate in Nordafrika, im Vorderen Orient sowie im nordwestlichen Britisch-Indien kam es zur wachsenden wirtschaftlichen und politischen Schwächung der Nomadenstämme, im schlimmsten Falle zum Verlust von Weidegebieten zugunsten des Ackerbaus mit festen Siedlungen. Einerseits wurden bisherige nomadische Weidegebiete von der Kolonialverwaltung enteignet und der Besiedlung mit Ackerbauern geöffnet (vgl. 6.3), andererseits ergab sich hieraus vielfach eine so starke Reduzierung der weidewirtschaftlichen Basis, daß die Restflächen nicht mehr hinreichten und die Nomaden selbst zur seßhaften Siedlungs- und Wirtschaftsweise übergehen mußten. Dies war vielfach auch das von der Kolonialverwaltung gewünschte Resultat. Zwischen freiwilliger Seßhaftwerdung und indirektem Zwang mit dem Ziel der Seßhaftmachung von Nomaden ist kaum zu unterscheiden.

Für eine Behandlung derartiger Transformationen der Lebens- und Siedlungsform der nomadischen Gesellschaft stehen sowohl zusammenfassende Übersichtsarbeiten (Planhol 1975, Ehlers 1980, Hütteroth 1976) als auch gut untersuchte Regionalbeispiele zur Verfügung (z. B. Scholz 1974, Trautmann 1989). Das Siedlungsverhalten der Nomaden ist nicht nur in ihrer traditionellen Lebensform, sondern auch bei den Prozessen der Sedentarisation von den wirtschaftlichen und sozialen Vorgängen nicht zu trennen. Aus der Fülle der kolonialpolitisch und kolonialwirtschaftlich initiierten Sedentarisationsprozesse und der dabei entstandenen neuen Siedlungsstrukturen seien nur wenige regionale Beispiele aufgeführt, die exemplarischen Charakter haben für das Vorgehen der britischen und französischen Kolonialverwaltungen.

In Nordwestindien waren die Briten bei der kolonialen Expansion erstmals mit z. T. kriegerischen Nomaden konfrontiert, welche wie im Falle der Stämme im südlichen Teil des Panjab ackerbaulich in Wert setzbare Gebiete nutzten. Hier wurden sie, die bereits als Halbnomaden mit saisonalem Anbau vertraut waren, in die neu geschaffenen Kanalkolonien integriert (vgl. III.3); sie wurden in jeweils eigenen Dörfern, jedoch vom selben Modell wie in allen Kanalkolonien, nämlich im Schachbrettgrundriß ausgelegten Orten und Fluren, angesiedelt. Die strikte Beaufsichtigung durch die britischen Behörden trug zum erfolgreichen Übergang zur permanenten Seßhaftigkeit bei (Dettmann 1978).

Während hier wirtschaftspolitische Gründe ausschlaggebend waren, standen hinter der Seßhaftmachung von Nomaden westlich des Indus im Sind-Grenzgebiet zunächst eindeutig militärpolitische Motive im Vordergrund. Die Upper Sind Frontier Province bildete einen Teil der Nordwestgrenze der indischen Kronkolonie. Der Westteil der Indusebene war traditionelles Winterweidegebiet der Nomadenstämme aus dem noch nicht unterworfenen Bergland von Belutschistan. Diese nicht kontrollierbaren Stämme leisteten der britischen Kolonialmacht erbitterten Widerstand.

Diese riegelte die Grenze gegen das nomadische Bergland militärisch ab und machte gefangene Stämme zwangsweise im bisherigen Winterweidegebiet seßhaft. Diese zunächst defensive britische Ansiedlungspolitik wurde ökonomisch rentabel durch den Ausbau der Kanalbewässerung. Durch bevorzugte Behandlung der Stammesführer – man zahlte ihnen Pazifizierungsgelder, übertrug ihnen Ämter und überschrieb ihnen Stammesländereien als privaten Großgrundbesitz – wurde die Seßhaftmachung der Stämme wesentlich erleichtert. In der neugeschaffenen Siedlungsstruktur wird der radikale soziale Umbau der Nomadengesellschaft von einer tribal-paritätischen in eine quasi-feudale Verfassung sichtbar: Auf der einen Seite die Gutsbetriebe der Stammesführer mit Herrengehöften (als Einzelhofsiedlung), auf der anderen Seite die ärmlichen Lehmhütten-Haufendörfer der einfachen Stammesmitglieder, die als Kleinpächter und Tagelöhner in bedrückender Abhängigkeit zu ihren bisherigen Stammesführern stehen (Scholz 1974).

In den französischen Protektoraten in Syrien und Nordafrika wurde die Seßhaftmachung bzw. Seßhaftwerdung indirekt dadurch bewirkt, daß die Stammesterritorien im Bereich der ackerbaufähigen Steppen nach europäischen Rechtsprinzipien in „Dorfgemarkungen" aufgeteilt und den Teilstämmen zugewiesen wurden mit der Aufforderung zur Seßhaftwerdung und zur Verteilung des Landes unter die Stammesmitglieder. Da diese nur zögernd erfolgte und nur kleine Flächen umfaßte – der größere Teil wurde weiterhin als Gemeinschaftsweide genutzt –, wurden den entsprechenden Gesetzen in Algerien folgend die „ungenutzten" Flächen zum Staatsland erklärt – d. h. konfisziert – und der Agrarkolonisation durch französische Colons und einheimische Unternehmer zugeführt (vgl. III.2). Die drohende Konfiskation bildete also das indirekte Zwangsmittel zur Sedentarisation der Nomaden. Deren Ansiedlung mit Übergang zum Feldbau erfolgte spontan in Form von Einzelhof-Schwarmsiedlungen bei mehr oder weniger ungeregelter Blockparzellierung, doch wurde auch die paritätische Zuteilung in Langstreifen praktiziert. Vielfach wurde dabei die ärmere Unterschicht der Stämme in die Rolle der weiterhin mobilen Lohnhirten für die Herden der reicheren, nun seßhaften Familien und der französischen Colons verwiesen; aus dieser Unterschicht rekrutierten sich auch die Tagelöhner für den Ackerbau der größeren Besitzer. Sie sind damit wie die entsprechenden Gruppen im britischen Sind (s. o.) zum ländlichen Proletariat abgesunken. Ihrer mobilen Lebensweise entsprechend blieben sie bei der Zeltbehausung, während die seßhaft gewordenen Stammesmitglieder zum Gehöft in Lehmbauweise übergingen, entsprechend dem Vorbild der seßhaften bäuerlichen Bevölkerung (Trautmann 1989, Wagner 1983, S. 20 ff.).

In Syrien erfolgte statt der Enteignung die besitzmäßige Überschreibung der „Gemarkungen" an die Scheichs der Teilstämme. Diese verpachteten die Flächen an städtische Großpächter in einer Phase starken Getreidebedarfs (II. Weltkrieg). Diese Unternehmer wandelten die Steppe in Ackerfluren um, die in ein großflächiges quadratisches Pachtparzellen-Muster untergliedert wurden. Die Flächen wurden als Großbetriebe von den Städten aus in einer Art „Kofferfarmerei" monokulturmäßig in zweijährig wechselnder Getreide-Brachwirtschaft genutzt. So entstanden als Siedlungsform nur temporär-saisonale Camps für die mit den Anbau- und

Erntemaschinen operierenden Techniker. Die in ärmlichen Lehmhütten-Haufendörfern seßhaft gewordenen Nomaden verharrten in einer an die jeweiligen Brachflächen gebundenen Hirtenwirtschaft, mit almosenmäßiger Getreideversorgung durch die Großpächter. Die Mitglieder der führenden Stammesfamilien, durch die Pacht wohlhabend geworden, zogen ähnlich wie ihre „Kollegen" in Nordafrika und im Sind als „Absenty Landlords" in die Städte (Wirth 1964).

In den ackerbaulich nicht geeigneten und damit für die Kolonialwirtschaft uninteressanten Steppen und Halbwüsten blieben die Nomaden mehr oder weniger ungestört, wenn auch durch die Pazifizierungsmaßnahmen kontrolliert, bei ihrer traditionellen Lebensform.

IV. Siedlungsprozesse und Siedlungsstrukturen im Rahmen der Dekolonisierung und der neuen Nationalstaaten

Auf die siedlungsgeographischen Prozesse und die aus ihnen resultierenden Strukturen der jüngsten Entwicklungsphase der Dritten Welt, die mit der Dekolonisierung beginnen und die unter den neuen Bedingungen der selbständig gewordenen jungen Staaten ablaufen, können wir aus Platzgründen nicht mehr eingehen. Wir nennen in einer Übersicht nur die Themen, die u. E. im Rahmen dieses Komplexes Berücksichtigung finden könnten, ohne daß bei einer entsprechenden Vorlesung oder Lehreinheit alle zur Sprache kommen müßten. Ein exemplarisches Vorgehen bietet sich auch hier an.

1. Siedlungsgeographische Auswirkungen konfliktreicher Dekolonisierung
Befreiungskriege mit der Anlage von Konzentrationsdörfern durch die Kolonialmacht zur Isolierung der Aufständischen von ihrer agrarischen Versorgungsbasis; neue Grenzziehungen infolge Aufteilung von Großkolonien: Indien-Pakistan mit Flüchtlingssiedlungen; Bürgerkriege als wiederaufflammende Stammes- und Religionskonflikte, Vertreibung und Wüstfallen in Gebieten der schwächeren Gruppen, Flüchtlingslager als neue Siedlungsform.

2. Erhaltung und Wandel in Plantagen- und Großfarm-Siedlungsgebieten
Zum Teil Aufsiedlung mit bäuerlichen Kolonisten, zum Teil Übergang an eine neue einheimische Elite; Bedeutung der Weltmarktabhängigkeit für die Erhaltung und Neuanlage von Plantagen.

3. Staatliche organisierte Agrarkolonisation
Besonders umfangreich in Indonesien als „Transmigrasi" vom übervölkerten Java auf die Außeninseln.

4. Squatter-Kolonisation
Spontane Neusiedlungsprozesse unter extremem Bevölkerungswachstum und Weltmarktnachfrage nach tropischen Agrarprodukten, besonders ausgeprägt in Thailand (Uhlig 1984).

5. Agrarreformen
In diesem Rahmen sind insbesondere Besitzreformen und Flurbereinigungen anzusprechen.

6. Entnomadisierung und Sedentarisation

Fortsetzung der passiv-indirekt erzwungenen Sedentarisation im Kontaktbereich mit expandierender bäuerlicher Siedlung durch Verknappung der Weideflächen; Seßhaftmachung durch den Staat im Rahmen agrarreformerischer Projekte; freiwillige Seßhaftwerdung in den arabischen Beduinenstaaten im Gefolge von Urbanisierung und Erdölwirtschaft; Seßhaftwerdung jenseits der agronomischen Trockengrenze nach Dürrekatastrophen in Notlagern mit Nahrungsmittelhilfe (z. B. Sahel, Nordkenia).

7. Stadtgeographische Wandlungen

Überstarkes Wachstum der Primate Cities als vererbte kolonialzeitliche Zentren, insbesondere Hafenstädte; Persistenz der kolonialzeitlich angelegten Viertelbildung bzw. Teilstadtbildung: Europäerstadt wird zum Sitz der einheimischen Verwaltung und Elite; Abzug der Oberschicht aus den Altstädten, Trend zur Verslumung; Bildung von Neubauvierteln durch städtischen, genossenschaftlichen oder betrieblich organisierten Wohnungsbau, überwiegend für die Mittelschichten – in Indien als „colonies" und „schemes" nach dem älteren Vorbild kolonialer „Werks-Kolonien"; Slumbildung durch spontane Ansiedlung von Unterschichtangehörigen in Lücken und an der Stadtperipherie. Über diese Thematiken liegt eine umfangreiche Literatur vor, sie lassen sich noch in vieler Hinsicht erweitern und könnten Gegenstand einer eigenen Lehreinheit sein.

Ziel der vorstehenden Ausführungen war es, Anregungen zu vermitteln und Vorschläge für eine mögliche Strukturierung einer Siedlungsgeographie der Dritten Welt zu machen. Die ausführlichere Darstellung der historischen Phasen (wenngleich auch die Postkolonialzeit bereits historische Teilphasen aufweist, etwa die Dekolonisierungsphase) sollte zugleich Material bieten für eine Darstellung von Siedlungsprozessen und Siedlungsstrukturen, die dem aktualgeographisch orientierten Hochschullehrer und Schulgeographen nicht in gleichem Maße präsent sind wie die gegenwärtig ablaufenden Wandlungen.

Zitierte Literatur

Asche, H. (1977): Koloniale siedlungs- und raumstrukturelle Entwicklung in Indien im 17. und 18. Jahrhundert. In: Studien über die Dritte Welt. (Geogr. Hochschulmanuskripte 4) Oldenburg, S. 133-299.

Bobek, H. (1950): Soziale Raumbildungen am Beispiel des Vorderen Orients. In: Deutscher Geographentag München 1948, Tagungsbericht und wissenschaftliche Abhandlungen. (Verh. d. Dt. Geographentages 27) Wiesbaden, S. 193-206.

Ders. (1959): Die Hauptstufen der Gesellschafts- und Wirtschaftsentfaltung in geographischer Sicht. In: Die Erde 90, S. 259-298.

Ders. (1976): Entstehung und Verbreitung der Hauptflursysteme Irans – Grundzüge einer sozialgeographischen Theorie. In: Mitteilungen d. Österr. Geogr. Gesellschaft 118, S. 274-322.

Born, M., Lee, D. R. und Randel, J. R. (1971): Ländliche Siedlungen im nordöstlichen Sudan. (Arbeiten a. d. Geogr. Inst. d. Univ. d. Saarlandes 14) Saarbrücken.

Breuer, S. (1990): Der archaische Staat. Berlin.

Dettmann, K. (1970): Zur Variationsbreite der Stadt in der islamisch-orientalischen Welt. Die Verhältnisse in der Levante sowie im Nordwesten des indischen Subkontinents. In: Geogr. Zeitschrift 58, S. 95-123 (insbes. S. 114 ff.)

Ders. (1978): Die britische Agrarkolonisation im Norden des Industieflandes. Der Ausbau der Kanalkolonien im Fünfstromland. In: Mitteilungen d. Fränk. Geogr. Gesellschaft 23/24, S. 375-411.

Ehlers, E. (1980): Die Entnomadisierung iranischer Hochgebirge. Entwicklung und Verfall kulturgeographischer Höhengrenzen in vorderasiatischen Hochgebirgen. In: Höhengrenzen in Hochgebirgen. Carl Rathjens zum 65. Geburtstag, hg. v. C. Jentsch u, H. Liedtke. (Arbeiten a. d. Geogr. Inst. d. Univ. d. Saarlandes 29) Saarbrücken, S. 311-325.

Gaiser, W. (1968): Berbersiedlungen in Südmarokko. (Tübinger Geogr. Studien 26) Tübingen.

Grenzebach, K. (1984): Siedlungsgeographie – Westafrika. Afrika-Kartenwerk, Beiheft W 9. Berlin.

Herzog, R. (1988): Staaten der Frühzeit. Ursprünge und Herrschaftsformen. München.

Hütteroth, W.-D. (1976): Die neuzeitliche Siedlungsexpansion in Steppe und Nomadenland im Orient. In: Landerschließung und Kulturlandschaftswandel an den Siedlungsgrenzen der Erde. Symposium anläßlich des 75. Geburtstages von Willi Czajka, Göttingen 1973, hg. v. H.-J. Nitz. (Göttinger Geogr. Abhandlungen 66) Göttingen, S. 147-157.

Hunter, J. M. (1967): The social roots of dispersed settlement in northern Ghana. In: Annals of the Association of American Geographers 57, S. 339-349.

Knight, G. R. (1988): Peasant labour and capitalist production in late colonial Indonesia: The „campaign" at a North Java sugar factory, 1840-1870. In: Journal of Southeast Asian Studies 19, Singapur, S. 245-265.

Kopp, H. (1981): Agrargeographie der Arabischen Republik Jemen. Landnutzung und agrarsoziale Verhältnisse in einem islamisch-orientalischen Entwicklungsland mit alter bäuerlicher Kultur. (Erlanger Geogr. Arbeiten, Sonderband 11) Erlangen.

Manshard, W. (1961): Afrikanische Waldhufen- und Waldstreifendörfer – wenig bekannte Formelemente der Agrarlandschaft in Oberguinea. In: Die Erde 91, S. 246-258.

Ders. (1977): Die Städte des tropischen Afrika. (Urbanisierung d. Erde 1) Berlin.

Massarrat, M. (1977): Gesellschaftliche Stagnation und asiatische Produktionsweise, dargestellt am Beispiel der iranischen Geschichte. Eine Kritik der Grundformationstheorie. In: Studien über die Dritte Welt. (Geogr. Hochschulmanuskripte 4) Oldenburg, S. 3-125.

Matznetter, J. und Wiese, B. (1984): Historische Siedlungsgeographie – Südafrika. Afrika-Kartenwerk, Beiheft S 16. Berlin.

Metzner, J. (1982): Agriculture and population pressure in Sikka, Isle of Flores. (The Australian National University, Development Studies Centre, Monograph 28) Canberra.

Nitz, H.-J. (1972): Zur Entstehung und Ausbeitung schachbrettartiger Grundrißformen ländlicher Siedlungen und Fluren. Ein Beitrag zum Problem 'Konvergenz und Übertragung'. In: Hans-Poser-Festschrift, hg. v. J. Hövermann u. G. Oberbeck. (Göttinger Geogr. Abhandlungen 60) Göttingen, S. 375-408. [In diesem Band enthalten.]

Ders. (1985): Die außereuropäischen Siedlungsräume und ihre Siedlungsformen. Gedanken zu einem Darstellungskonzept. Gedächtnissymposium zum 50. Geburtstag von Martin Born 1983. In: Siedlungsforschung. Archäologie – Geschichte – Geographie 3, S. 69-85. [In diesem Band enthalten.]

Ders. (1987): Order in land organization: Historical spatial planning in rural areas in the medieval kingdoms of South India. In: Explorations in the Tropics, hg. v. V. S. Datye u. a. Puna (Indien), S. 258-279.

Planhol, X. de (1975): Kulturgeographische Grundlagen der islamischen Geschichte. Zürich u. München [franz. Originalausgabe Paris 1968].

Pieper, J. (1977): Die anglo-indische Station oder die Kolonisierung des Götterberges. (Antiquitates Orientales, Reihe B, Band 1) Bonn.

Röll, W. (1976): Die agrare Grundbesitzverfassung im Raume Surakarta. Untersuchungen zur Agrar- und Sozialstruktur Zentral-Javas. (Institut f. Asien kunde Hamburg, Sonderveröffentlichungen) Wiesbaden.

Scholz, F. (1974): Seßhaftmachung von Nomaden in der Upper Sind Frontier Provinz (Pakistan) im 19. Jahrhundert. Ein Beitrag zur Entwicklung und gegenwärtigen Situation einer peripheren Region der Dritten Welt. In: Geoforum 18, S. 29-46.

Ders. (1976): Sozialgeographische Theorien zur Genese streifenförmiger Fluren in Vorderasien. In: 40. Deutscher Geographentag Innsbruck 1975. Tagungsbericht und wissenschaftliche Abhandlungen, hg. v. H. Uhlig und E. Ehlers. (Verh. d. Dt. Geographentages 40) Wiesbaden, S. 334-350.

Schwarz, G. (1989): Allgemeine Siedlungsgeographie. 4. Auflage, Teil 1: Die ländlichen Siedlungen, Teil 2: Die Städte. Berlin.

Service, E. R. (1977): Ursprünge des Staates und der Zivilisation. Der Prozeß der kulturellen Evolution. Frankfurt/M. 1977 (engl. Originalausgabe New York 1975).

Thorbecke, F. (1933): Landschaft und Siedlung in Kamerun. In: Die ländlichen Siedlungen in verschiedenen Klimazonen, hg. v. F. Klute. Breslau, S. 75-85.

Trautmann, W. (1989): The nomads of Algeria under French rule. A study of social and economic change. In: Journal of Historical Geography 15, S. 126-138.

Uhlig, H. (Hg.) (1984): Spontaneous and Planned Settlement in Southeast Asia. (Gießener Geogr. Schriften 58) Hamburg.

Vorlaufer, K. (1974): Zentralörtliche Forschungen in Ostafrika. Eine vergleichende Analyse von Untersuchungen aus der Uferzone des Victoria-Sees. In: Ostafrika. Themen zur wirtschaftlichen Entwicklung am Beginn der Siebziger Jahre. Festschrift Ernst Weigt, hg. v. W. Rutz. (Erdkundl. Wissen – Beih. z. Geogr. Zeitschrift 36) Wiesbaden, S. 83-114.

Wagner, H.-G. (1983): Siedlungsgeographie – Nordafrika. Afrika-Kartenwerk, Beiheft N 9. Berlin.

Wiese, B. (1979): Gefügemuster ländlicher Siedlungsräume in Afrika. In: Gefügemuster der Erdoberfläche. Festschrift zum 42. Deutschen Geographentag in Göttingen 1979, hg. v. J. Hagedorn, J. Hövermann u. H.-J. Nitz. Göttingen, S. 375-408.

Wirth, E. (1964): Die Ackerebenen Nordostsyriens. In: Geogr. Zeitschr. 52, S. 7-42.

Ders. (1971): Syrien. Eine geographische Landeskunde. (Wissenschaftl. Länderkunden 4/5) Darmstadt.

II

Zur Forschungsgeschichte der Siedlungsgeographie

Historische Geographie 1952-1992: Entwicklungen, Trends und Perspektiven

(Deutsche Fassung des englischsprachigen Beitrags „Historical Geography" in: 40 Years After: German Geography. Developments, Trends and Prospects 1952-1992. A Report to the International Geographical Union. Ed. by Eckart Ehlers. Institute for Scientific Cooperation, Tübingen 1992, S. 145-172)

1. Die vergangenen vierzig Jahre: Blüte – Krise – Wiederaufschwung

In ihrem Bericht über den Stand und die neueste Entwicklung der Historischen Geographie in Großbritannien notierte Anngret Simms (1982), daß diese während der letzten zwei Jahrzehnte, von 1960 bis 1980, einer der erfolgreichsten Zweige unseres Faches gewesen sei. Unter den begünstigenden Faktoren erwähnt sie die vollständige Integration der Historischen Geographie in die Studiengänge der Universitäten. In der alten Bundesrepublik Deutschland erlebte die Geographie demgegenüber eine gänzlich verschiedene Entwicklung, und auch die heutige Situation ist eine andere. Ein vergleichender Blick nach Großbritannien mag uns helfen zu verstehen, warum dies so ist. In diesem Land, wie auch anderswo in Europa, war die Historische Geographie mit der Kulturgeographie, die mehr als die „cultural geography" in Nordamerika umfaßt, eng verbunden. Die Kulturgeographie war einer der beiden Pfeiler der Anthropogeographie; der andere war in den 50er Jahren, wie schon in den Jahrzehnten zuvor, die Wirtschaftsgeographie. Die auf die Landschaft ausgerichtete Kulturgeographie hat als Forschungsgegenstand die Kulturlandschaft mit ihren historischen Wurzeln und ihren Entwicklungsphasen. Der Ansatz war und ist historisch-genetisch. Viele der heutigen älteren Geographen, die in den zehn oder fünfzehn Jahren nach dem Krieg ausgebildet wurden, wurzeln in dieser Tradition.

In den späten 60er und frühen 70er Jahren erlebte die deutsche Geographie – mit einem gewissen zeitlichen Verzug – die Einführung des rationalen Positivismus, der quantitativen Methoden, der Wachstumstheorien und der Modellbildungen. Es gab eine radikale Hinwendung zur Planung und solchen zukunftsorientierten Zielen wie der Entwicklung der Raumstrukturen von Städten, industrieller Gebiete, ländlicher Notstandsgebiete und Ländern der Dritten Welt. Die Sozialgeographie, wie sie durch die Münchner Schule entwickelt wurde, zählte zu den sog. fortschrittlichen Konzeptionen. Nur diese neuen Ansätze wurden als relevant und wissenschaftlich angesehen. Die historisch-genetische Kulturgeographie mit ihrer Orientierung auf Landschaftsstudien und die Rekonstruktion vergangener Raumzustände wurden als „unwissenschaftlich" und „irrelevant" bezeichnet. In dieser Periode wurden derartige Themen für eine Vorstellung auf dem Deutschen Geographentag nicht mehr angenommen. Viele junge Geographen, die ihre akademische Karriere als Historische Geographen begonnen hatten, wandten sich neuen Themen und

Richtungen zu. Es gab damals eine starke Gruppe von sich als fortschrittlich verstehenden Geographen, die den Namen Anthropogeographie bzw. Kulturgeographie in Wirtschafts- und Sozialgeographie ändern wollten.

Parallel zu diesen Trends wurden freiwerdende Lehrstühle für Kulturgeographie, deren bisherige Ausrichtung historisch-genetisch war, in Lehrstühle für Wirtschafts- und Sozialgeographie oder für Regionalplanung umgewandelt. Zumindest aber wurden sie an Kulturgeographen übertragen, deren Hauptarbeitsfelder „relevante" aktuelle Themen behandelten. Mitarbeiter dieser Lehrstühle verloren damit ihre bisherige Forschungsorientierung und wechselten zu progressiven Zweigen über. Dies war der Fall bei den drei renommierten Lehrstühlen der Historischen Kulturgeographie in Frankfurt (Krenzlin), Münster (Müller-Wille) und Tübingen (Schröder). Als Ergebnis ist festzuhalten, daß Historische Geographie heute mehr oder weniger regelmäßig nur an fünf oder sechs der 28 „alten" geographischen Institute der deutschen Universitäten gelehrt wird. Es überrascht nicht, daß in den 19 neuen Universitäten mit geographischen Instituten, die seit den 60er Jahren eingerichtet wurden, nur Bamberg und Passau (beide in Bayern) Professoren und Mitarbeiter haben, die Spezialisten für Historische Geographie sind. In der ehemaligen DDR war die Situation für die Historische Geographie oder die Kulturgeographie noch schlechter. Durch staatliche Anordnung wurden die geographischen Institute gänzlich auf Regional- und Stadtplanung ausgerichtet. Kein einziger Lehrstuhl für Kulturgeographie blieb erhalten. Nur in Halle, wo Otto Schlüter (gestorben 1959), der als Gründer der deutschen Historischen Geographie angesehen werden darf, einen Lehrstuhl innehatte, wurde Max Linke erlaubt, Historische Geographie am Rande der offiziellen Geographie mit vielen Einschränkungen zu betreiben.

In dieser Krisensituation diente die im Zweijahresturnus tagende „Ständige europäische Konferenz zur Erforschung der ländlichen Kulturlandschaft" als eine institutionelle Basis für die verbleibenden deutschen Historischen Geographen und als eine Gemeinschaft von Wissenschaftlern, in der sie eine Bestätigung fanden, daß ihre Forschungsthemen nicht irrelevant seien. Diese Konferenz, deren Mitglieder aus verschiedenen europäischen Ländern kommen, begann ihre Tätigkeit 1957 in Nancy und legte 1976 auch ihren Namen fest. Im Jahre 1973 veranstalteten zwei ihrer Mitglieder, Ingeborg Leister (Universität Marburg) und Hans-Jürgen Nitz (Universität Göttingen) in Marburg ein Symposium zur Historischen Siedlungsgeographie, die immer als Kerngebiet der Historischen Geographie in Deutschland galt. Ziel dieses Symposiums war die Schaffung eines institutionellen Rahmens für die historisch-genetische Siedlungsforschung. Um die Forschungen auf diesem Gebiet zu verstärken und auszuweiten, wurden auch Historiker, die auf diesem Feld arbeiteten oder gearbeitet hatten, zur Teilnahme eingeladen. Diese Tagung wurde ein voller Erfolg. Es waren genug Historische Geographen übrig geblieben, um eine aktive Gruppe zu bilden und die Forschungstätigkeit fortzusetzen. Bereits ein Jahr später traf sich die Gruppe erneut zu einer zweitägigen Konferenz, wobei der Teilnehmerkreis nun auch durch Siedlungsarchäologen erweitert wurde. Am Ende der Tagung – und das war ihr wichtigstes Ergebnis – gründete diese Gruppe von

Geographen, Historikern und Archäologen den „Arbeitskreis für genetische Siedlungsforschung in Mitteleuropa" als einen Dauerzusammenschluß. Die Bezeichnung (historische) Siedlung wird dabei in ihrem weitesten Sinn verstanden. Sie schließt nicht nur die Wohnplätze (Städte und Dörfer) mit ihren lokalen Gesellschaften ein, sondern auch die Fluren und andere Wirtschaftselemente, Verkehrsnetze und die natürliche Umwelt mit ihren anthropogenen Veränderungen. Die historische Umwelt oder Kulturlandschaft vergangener Gesellschaften bildet das zentrale Thema der Gruppe.

Dem „Arbeitskreis" gehören Wissenschaftler und fortgeschrittene Studenten aus Deutschland und anderen angrenzenden Ländern an. Er führt seine jährlichen Tagungen (vier Tage einschließlich einer Ganztagsexkursion) an verschiedenen Orten zu unterschiedlichen Rahmenthemen durch. Der „Arbeitskreis" publiziert sein eigenes Jahrbuch (von etwa 300 bis 400 Seiten) mit dem Titel „Siedlungsforschung". Es wird von Klaus Fehn, dem Direktor des Seminars für Historische Geographie der Universität Bochum (dem einzigen Spezialinstitut dieser Ausrichtung) herausgegeben. Das Jahrbuch enthält die ausgearbeiteten Vorträge der Jahrestagungen, Artikel, Tagungsberichte, Rezensionsartikel und eine laufende Bibliographie von Publikationen aus dem Bereich der historisch-genetischen Siedlungsforschung (der Jahresband 1989 zählte mehr als 1100 Titel). 1990 hatte der „Arbeitskreis" ungefähr 450 Mitglieder, davon ca. 230 Geographen, die die Mehrheit bilden. Deutsche und Niederländer stellen die beiden stärksten nationalen Gruppen.

Unmittelbar nach der Gründung der Arbeitsgruppe wurden die Historischen Geographen wieder eingeladen, eine Fachsitzung auf dem Deutschen Geographentag (Innsbruck 1975) zu gestalten. Inzwischen wird die Historische Geographie sogar als ein relevanter Zweig der Angewandten Geographie anerkannt. Der Zeitgeist hat sich gewandelt. Die öffentliche Meinung – und unter ihrem Einfluß städtische und staatliche Planungsinstitutionen – erkennt und schätzt persistente historische Strukturen der Kulturlandschaft, speziell die Siedlungsgestalt der Städte und Dörfer, als Teil des kulturellen Erbes und als bedeutsame Elemente, die den lokalen und regionalen Gesellschaftsgruppen helfen, sich mit ihrer Umwelt zu identifizieren. Die Erhaltung und Wiederherstellung von persistenten historischen Strukturen wurde ein wichtiges Ziel. Historischen Geographen werden entsprechende Berufspositionen angeboten, in denen ihre fachliche Qualifikation gefragt ist. Im März 1991 gründete der „Arbeitskreis" eine Untergruppe, die „Arbeitsgruppe für Angewandte Historische Geographie". Von ihren (damals) ca. 50 Mitgliedern haben mehr als die Hälfte Stellen inne, wo sie ihre Kompetenz als Historische Geographen berufsmäßig unter Beweis stellen können.

Ohne Zweifel liest sich der zweite Teil dieses Überblicks über die jüngere Entwicklung der deutschen Historischen Geographie wie eine Erfolgsbilanz, wobei vieles davon der neuen und sehr effizienten Organisation des „Arbeitskreises" zu verdanken ist. Trotzdem ist, verglichen mit Großbritannien, die Stellung der Historischen Geographie in Deutschland noch immer ziemlich schwach, gemessen an anderen Zweigen der Geographie. Von den etwa 130 deutschen Mitgliedern des

„Arbeitskreises" (außer den studentischen Mitgliedern) sind nur 40 bis 50 aktive Forscher und nur etwa 20 publizieren regelmäßig in Büchern und Zeitschriften. In den Niederlanden ist die Zahl der aktiven Historischen Geographen vergleichsweise viel höher. Was sind die Gründe für diese Situation? Sicherlich können wir dies als eine Art „time lag" gegenüber unseren westlichen Nachbarn ansehen. Ein weiterer Grund ist, daß diejenigen, die die Historische Kulturgeographie in der Phase der „Modernisierung" aufgaben, sich inzwischen auf andere Themen spezialisiert haben und sich bewußt sind, daß sie den Bereich der Historischen Geographie nicht mehr genügend überblicken. Sie haben ihr Interesse an der Historischen Geographie beibehalten, sind aber in diesem Wissenschaftsbereich nicht mehr aktiv tätig. Unglücklicherweise lehren sie diese auch nicht. Ein weiterer Grund scheint zu sein, daß die heutigen Geographie-Studenten während ihrer Schulzeit Lehrer hatten, die in der Universität ausgebildet wurden, als dort die „moderne" Geographie im Vordergrund stand. Wenn diese neue Generation von Studenten mit dem Studium beginnt, hat sie verständlicherweise keine Vorstellung von Historischer Geographie. Diejenigen, die sich für die praxisbezogene Ausbildung (Diplomstudiengang) entscheiden, sind im allgemeinen schon am Beginn ihres Studiums an Planung interessiert. Sie müssen in das Feld der Historischen Geographie praktisch vom Nullpunkt an eingeführt werden. Früher wurden mehr als 90 Prozent aller Geographie-Studenten Lehrer, heute nur 15 Prozent oder weniger. Sie beenden ihr Studium mit dem Staatsexamen für Lehrer. Bis in die 60er Jahre mußten sie drei Fächer studieren, und eine beträchtliche Anzahl von ihnen kombinierte Geographie und Geschichte, eine ausgezeichnete Basis für den Historischen Geographen. Mittlerweile wurde die Zahl der Fächer auf zwei verringert, wovon eines eine Sprache oder Mathematik sein muß. Die Kombination von Geographie und Geschichte ist nicht mehr möglich. Nur Studenten, die das Magisterexamen (M.A.) anstreben, haben noch diese Wahl. An der Universität Göttingen sind die Studenten in der glücklichen Lage (und die Professoren darüber froh), Wirtschafts- und Sozialgeschichte wählen zu können. Diese ist ein Teil der Wirtschaftswissenschaften, aus denen jedes Fach gewählt werden kann.

Früher gab es an den Schulen und in der Planung zahlreiche offene Stellen für Geographen. Inzwischen hat sich der Markt beträchtlich verschlechtert, und die Studenten müssen sobald wie möglich mit der Stellensuche beginnen. Das hat zur Folge, daß nur sehr wenige bereit sind, zwei oder drei weitere Jahre für die Promotion zu investieren. Dazu ist die Zahl der Positionen in der Lehre innerhalb der Geographischen Institute für Historische Geographen noch sehr begrenzt, speziell an denjenigen Universitäten, die die Historische Kulturgeographie in der Zeit der „Modernisierung" aufgegeben hatten. Gegenwärtig sind die Aussichten noch nicht allzu günstig. – Trotzdem hat die Historische Geographie einen Wiederaufstieg erlebt. Sie ist ein gut etabliertes Forschungs- und Lehrgebiet in den Geographischen Instituten von Bamberg, Bonn, Freiburg, Göttingen, Passau, Tübingen und Würzburg. In Bonn z. B. wählt eine beträchtliche Anzahl von Studenten Lehrveranstaltungen in Historischer Geographie und schreibt ihre Examensarbeiten in diesem Bereich. Lehrer berichten von einem wachsenden Interesse für historisch-geographische Themen in ihren Klassen. In wachsendem Maße eröffnen sich sogar Berufschancen für Historische Geographen in privaten Planungsbüros. Diese finden ein expandierendes Arbeitsfeld bei der Erhaltung von persistenten historischen Strukturen in Dörfern und Städten, wofür die staatlichen Stellen beträchtliche Mittel zur Verfügung stellen. Ein langfristig besonders aussichtsreiches Arbeitsgebiet bildet die Stadt- und Dorferneuerung in der ehemaligen DDR. Mittlerweile hat ein Pionierteam von Historischen Geographen in Bonn ein privates „Büro für angewandte historische Stadt- und Landschaftsforschung" gegründet.

Unter den Zweigen der Geographie hat die Historische Geographie ihr Ansehen wiedergewonnen und ihre Stellung gefestigt. Auf dem Deutschen Geographentag in Mannheim im Jahre 1981 wurden Historische Geographen aus dem „Arbeitskreis für genetische Siedlungsforschung in Mitteleuropa" eingeladen, ihre verschiedenen Forschungsfelder in einer eigenen Sitzung über „Die historische Dimension in der Geographie" vorzustellen. Professuren für Kulturgeographie bzw. Historische Kulturgeographie werden inzwischen nicht mehr zugunsten anderer Richtungen umgewidmet. Landeskunde von Deutschland (oder seinen Teilregionen), ein Lehrbereich mit einer starken Orientierung auf Historische Kulturgeographie, wurde an verschiedenen Geographischen Instituten wieder eingerichtet. Dies ist nicht nur ein Ausdruck des sich wandelnden Zeitgeistes und wachsenden Zweifels an der Leistungsfähigkeit des rationalen Positivismus und einer managementmäßigen Planung. Es ist ebenso ein Erfolg der Aktivitäten des „Arbeitskreises", der allgemeine Anerkennung und Ansehen in der Geographie, in den Geschichtswissenschaften und in der Archäologie gewonnen hat. So wurden z. B. Historische Geographen eingeladen, ihr Forschungsfeld auf dem Deutschen Historikertag in Trier 1986 (Denecke und Fehn 1989) vorzustellen und außerdem wiederholt aufgefordert, in Forschungsprojekten mit Archäologen zusammenzuarbeiten.

Wie sind die Zukunftsaussichten für den Universitätsbereich?

Die Zahl der Hochschullehrerstellen an den deutschen Universitäten stagniert. Solange nicht die in den 70er Jahren verlorenen Stellen wieder eingerichtet werden, gibt es keine Aussicht, neue Professuren für die Historische (Kultur-)Geographie zu gewinnen.

2. Ansätze, Konzepte und Forschungsthemen in der deutschen Historischen Geographie

Es besteht Übereinstimmung unter den deutschen Historischen Geographen darüber, daß ihre Forschungen drei Hauptziele haben:

1. Die Erforschung der historischen Wurzeln oder Ursprünge der gegenwärtigen Muster und Strukturen, der persistenten historischen Elemente also, ist unabdingbar, wenn wir diese vollständig verstehen und erklären wollen. Dieser „genetische" Ansatz, kombiniert mit dem geläufigen „funktionalen" Ansatz, wird als Grundlage der Anthropogeographie betrachtet. Außerdem ist dies der einzige Weg für uns,

Argumente für den Schutz und den Erhalt von historischen Raumstrukturen zu finden.

2. Die Historische Geographie erforscht die geographischen Verhältnisse der Vergangenheit einer Region um ihrer selbst willen aus einem wissenschaftlichen Interesse heraus, um die räumlichen Muster und Prozesse einer vergangenen Gesellschaft kennenzulernen. Diese stehen uns in der zeitlichen Dimension so fern wie etwa eine räumlich weit entfernte fremde Gesellschaft in der heutigen Welt.

3. Nur die Historische Geographie bietet die Möglichkeit, langandauernde Prozesse zu studieren, durch die Raumstrukturen geschaffen, transformiert, konsolidiert, zurückgebildet oder ausgelöscht wurden, wobei zugleich die Kräfte, Akteure und Interessen hinter diesen Wandlungen erfaßt werden. Durch die Einbeziehung sowohl gegenwärtiger als auch vergangener geographischer Verhältnisse und Prozesse in vergleichende Studien eröffnet sich eine methodisch bessere Möglichkeit, die zugrundeliegenden allgemeinen Regeln zu entdecken und Modelle und Typologien zu entwickeln.

Im Hinblick auf ihren Gegenstandsbereich war die deutsche Historische Geographie von ihren ersten Anfängen um die Wende vom 19. zum 20. Jahrhundert an vorwiegend Historische Siedlungsgeographie. Der Grund dafür liegt sicherlich in der viel stärkeren Persistenz der historischen Siedlungsstrukturen als der von Wirtschaftsstrukturen. Von den überkommenen historischen Siedlungsformen haben Dörfer und Flurformen in Verbindung mit den Relikten historischer Feldsysteme und der vorindustriellen Agrargesellschaft ein stärkeres Interesse gefunden als die Städte. Diese Orientierung auf ländliche Siedlungen kann auf August Meitzen (1895) zurückgeführt werden, dessen klassisches Werk über die Entwicklung der europäischen ländlichen Siedlungen für die Historische Geographie eine ihrer wichtigsten Ausgangsbasen war. Ein anderer Grund mag darin liegen, daß in einem Land, in dem etwa 90 Prozent der Städte aus dem Mittelalter stammen, Historische Stadtgeographen ihre Forschungen auf einer immensen Masse von archivalischen Quellen aufbauen müssen, was eine beachtliche geschichtswissenschaftliche Kompetenz erfordert. Jedenfalls ist es unübersehbar, daß in den vergangenen Jahrzehnten die deutschen Geographen mehr Forschungsergebnisse über orientalische und ibero-amerikanische Städte einschließlich deren historischer Wurzeln vorgelegt haben als über historische deutsche Städte. Dieses Forschungsfeld liegt in einem außerordentlich großen Umfang in den Händen der Stadthistoriker und der Stadtarchäologen. Im Hinblick auf das Gesagte ist es nicht weiter erstaunlich, daß die Historische Stadtgeographie in Deutschland sich hauptsächlich auf die frühneuzeitlichen Städte konzentriert hat, für die schriftliche Quellen und historische Karten viel leichter zugänglich sind. Im einzelnen belegt dies eindrucksvoll der Forschungsüberblick über die Historische Stadtgeographie von B. von der Dollen (1982) auf dem Deutschen Geographentag 1981. Wie andere Forschungsübersichten dieser Sitzung bestätigen (Krings 1982, Laux 1982), ist der Umfang historischgeographischer Forschungen über Industrie, Verkehr und Transport sowie der Bevölkerung ähnlich gering.

Wenn wir die deutsche Historische Geographie der vergangenen Jahrzehnte überblicken, können wir drei Hauptansätze erkennen (die uns für andere Länder ebenso gültig erscheinen):

1. Der synchronische Ansatz, bei dem Raumstrukturen und funktionale Netze einer Region für einen bestimmten historischen Zeitpunkt oder eine Periode untersucht werden.

2. Der prozeßorientierte Ansatz, bei dem die Prozesse und Wandlungen erforscht werden, wodurch neue Strukturen geschaffen oder bestehende Muster verändert, reduziert oder beseitigt werden. Dieser Ansatz kann auch als genetisch (im engeren Sinne des Wortes) bezeichnet werden.

3. Der entwicklungsgeschichtliche Ansatz, die Erforschung der historischen Entwicklung oder des Werdegangs einer Region von den ersten Anfängen an.

Diese Ansätze sind eng miteinander verbunden. Der synchronische Ansatz legt häufig langandauernde Prozesse frei, die durch den zeitlichen Querschnitt in einem kurzen Stück erfaßt werden. Dies fordert dann die Forschung zu einer Untersuchung ihrer Ursprünge heraus. Prozesse haben ihren Ausgangspunkt in den vorhergehenden historischen Strukturen und resultieren in neuen Strukturen und Mustern. Last but not least besteht die langandauernde Entwicklung einer Region aus einer Folge von historischen Stufen, die durch die synchronischen und prozeßorientierten Ansätze erforscht werden müssen. In der Regel ist die Darstellung der historischen Entwicklung einer Region nichts anderes als eine Synthese von zahlreichen synchronischen und prozeßorientierten Einzelforschungen.

Um einen Überblick über die Ergebnisse und die Fortschritte der deutschen Historischen Geographie der letzten vier Jahrzehnte zu geben, werden wir eine begrenzte Anzahl von Titeln (und im Hinblick auf den internationalen Leserkreis vor allem solche, die in englischer Sprache verfaßt sind) besprechen, welche für die drei Ansätze und die in diesem Zusammenhang behandelten Themen repräsentativ sind. In einem vierten Abschnitt werden wir über den Fortschritt in der „allgemeinen Historischen Geographie" (Typologien, Konzepte und Theorien) berichten. Ein fünfter Abschnitt informiert über die Themen, die auf den alljährlich stattfindenden Tagungen des multidisziplinären „Arbeitskreises für genetische Siedlungsforschung in Mitteleuropa" behandelt werden, um zu zeigen, wie deutsche Historische Geographen mit Historikern und Archäologen in einer allgemeinen „genetischen Siedlungsforschung" zusammenarbeiten. Ein kurzer letzter Abschnitt ist den neuesten Entwicklungen in der angewandten Historischen Geographie gewidmet.

2.1 Der synchronische Ansatz

Bei strikter Anwendung ist dieser Ansatz in starkem Maße von großen Mengen von Quellen abhängig, um ein detailstarkes, dichtes Bild der früheren geographischen Situation der untersuchten Region entwerfen zu können. Das berühmte mittelalterliche „Doomsday Book" des normannischen England ist das klassische Beispiel hierfür. Im allgemeinen stehen derartig vollständige Quellenbestände vor dem 16. Jahrhundert nicht zur Verfügung, und ihre Zahl ist begrenzt. Sie finden sich in Urbaren und Rechnungsbüchern, die von Klöstern und Stadträten geführt wurden, sowie in statistischen Erhebungen und allgemeinen Kartierungen, die von den Verwaltungen der verschiedenen Herrschaften veranlaßt wurden; wenn sie vollständig erhalten sind, bieten sie eine sehr große Zahl von Daten. Deshalb sind Studien dieser Art relativ selten. Ein ausgezeichnetes Beispiel ist die neueste Untersuchung von Schenk 1988) über „Mainfränkische Kulturlandschaft unter klösterlicher Herrschaft. Die Zisterzienserabtei Ebrach als raumwirksame Institution vom 16. Jahrhundert bis 1803". Aufbauend auf einer großen Anzahl von Dokumenten zeigt der Autor, wie die Abtei ihren Herrschaftsbesitz, der aus Dörfern und Wäldern östlich des Mains bestand, nutzte und gestaltete, immer unter Berücksichtigung ihrer Rechtslage, ihrer formalen Organisation und den spezifischen Bedürfnissen des Konvents. Die Mönchsgemeinschaft verfolgte eine konservative Politik, deren Ergebnis eine geringe wirtschaftliche Dynamik und stabile Landbesitz- und Siedlungsstrukturen der Klosterdörfer waren, die sich über Jahrhunderte erhielten. Der Autor kann ein sehr detailliertes Bild eines fast mittelalterlichen Typs von ländlicher Kulturlandschaft entwerfen, die sich als so statisch erwies, daß zu ihrer Analyse/Interpretation der synchronische Ansatz vollauf genügte, obwohl die untersuchte Periode ungefähr drei Jahrhunderte umfaßt.

Wo Quellen zur Verfügung standen, verwendeten deutsche Historische Geographen diesen Ansatz auch bei ihren Forschungen über fremde Länder. Ein besonders gutes Beispiel ist die „Historical Geography of Palestine, Transjordan and Southern Syria in the Late 16th Century" von Hütteroth und Abdulfattah (1977), die auf detailstarken Ottomanischen Zensusregistern aufbaut. Erdmann (1986, Kurzfassung in Englisch 1988) legte die synchronische Historische Geographie einer Stadt vor: „Aachen im Jahre 1812. Wirtschafts- und sozialräumliche Differenzierung einer frühindustriellen Stadt".

Während des späten 18. und des 19. Jahrhunderts begannen die verschiedenen Fürstenstaaten mit statistischen und topographischen Erhebungen. Diese historischen Quellen erlauben es, sehr detaillierte Wirtschaftskarten zu zeichnen. Zwei ausgezeichnete Beispiele sind die „Historische Wirtschaftskarte der Rheinlande um 1820" von Hahn und Zorn (1973) und die „Historische Wirtschaftskarte des östlichen Schleswig-Holstein um 1850" von Achenbach (1988). In den frühen 60er Jahren arbeiteten Historische Siedlungsgeographen einer großen Zahl von geographischen Instituten an einem Überblick über die Typen der ländlichen Siedlungen (Dorf- und Flurformen), wie sie vor den Flurbereinigungen und anderen Strukturveränderungen um die Mitte des 19. Jahrhunderts für jede Gemeinde der Bundesrepublik bestanden (Ostdeutschland beteiligte sich nicht). Diese synchronische Übersicht wurde in zwei großformatigen Karten mit jeweils zwei Teilblättern (1 : 600.000) als Teil des „Atlas der deutschen Agrarlandschaft" veröffentlicht: „Die Ortsformen / Die Flurformen um 1850 im Gebiet der Bundesrepublik Deutschland", hg. von E. Otremba (1962-1971). Den obengenannten historischen Wirtschaftskarten sind eingehende Kommentare beigegeben, während die Karte der

Orts- und Flurformen für sich genommen als Quelle in Regionalstudien der Historischen Geographie verwendet werden soll. Ein früherer und stärker generalisierter Versuch einer Verbreitungskarte von agrarischen Siedlungstypen in Mitteleuropa am Ende des Mittelalters wurde von Karl Heinz Schröder (1970, 1978), Professor an der Universität Tübingen, einem der „grand old men" der Historischen Siedlungsgeographie, unternommen. Er stellte seine Karte auf der Basis einer großen Anzahl von Regionalstudien und der Interpretation von großmaßstäbigen topographischen Karten des 18. und 19. Jahrhunderts zusammen. Schröder kommentiert detailliert die typologischen Merkmale jeder Form, ihre Verbreitung und die genetische Interpretation in der Literatur. Auf diese Weise hat Schröder so etwas wie eine Historische Geographie der spätmittelalterlichen ländlichen Siedlung Mitteleuropas geschrieben.

2.2 Der prozeßorientierte Ansatz

Ohne Zweifel hat sich diese Forschungsrichtung der Historischen Geographie als die attraktivste erwiesen und eine große Anzahl von Publikationen hervorgebracht. Deshalb muß unser Überblick sehr selektiv und zwangsläufig auch subjektiv sein. Wie schon erwähnt, war und ist einer der Hauptprozesse, die erforscht wurden, die Kolonisation, sowohl als planmäßiger als auch als spontaner Prozeß der Ausbreitung und der Gründung von Siedlungen. Diese Thematik umfaßt Forschungen zu den historischen Bedingungen, die zur Kolonisation geführt haben, den Trägern und Organisatoren der Kolonisation und den Kolonisten, dem raumzeitlichen Fortschreiten der Kolonisationsbewegung, den Siedlungsmodellen und möglichen Wandlungen oder Verbesserungen dieser Modelle, dem Erfolg oder dem Scheitern der Neusiedlungen und der Kolonisten, der Gründung von zentralen Orten etc. Wie Forschungen über die Kolonisation des späten 19. und frühen 20. Jahrhunderts in Randgebieten Finnlands und Kanadas gezeigt haben, kann der Kolonisation sehr bald der Prozeß der Regression folgen. Dieser hat ebenso das starke Interesse der siedlungsgeographischen Forschung gefunden. Die dritte Kategorie von Prozessen, der ebenfalls zahlreiche Studien gewidmet wurden und noch werden, ist die Umformung räumlicher Strukturen.

Forschungen über historische Prozesse in Deutschland haben gezeigt, daß es möglich ist, Abschnitte der Kulturlandschaftsgeschichte zu charakterisieren nach dem Vorherrschen von Kolonisation, Transformation oder Regression oder einer bestimmten Kombination dieser drei Prozesse und natürlich nach den Siedlungs- und Landnutzungsmustern sowie den demographischen und sozialen Strukturen, die aus diesen Prozessen hervorgehen.

Es haben sich die folgenden allgemein anerkannten Perioden ergeben:
– Die Periode der germanischen Völkerwanderung und Landnahme vom 3. bis 5. Jahrhundert durch Stämme mit einer Sozialstruktur, die auf Sippen und Klientel-Gruppen basierte;

– die frühmittelalterliche Periode (7. bis 10. Jahrhundert), gekennzeichnet durch grundherrliche Kolonisation mit einem Höhepunkt unter den Karolingern, speziell unter Karl dem Großen;

– die zweite grundherrschaftliche Kolonisationsphase des hohen Mittelalters, die eine starke Ausbreitung der Besiedlung in den slawischen Gebieten östlich der Elbe sowie in den westlichen Bergländern und in den Flußmarschen brachte. In dieser Periode wurden mehr als 3000 neue Städte durch das Königtum und die Landesherren gegründet. Als Reaktion auf den Bevölkerungsdruck wurden in den schon früher besiedelten Regionen die Dörfer durch Aufteilung von Höfen umgeformt. Der Prozeß der Haufendorfbildung, der in den folgenden Jahrhunderten noch beschleunigt wurde, begann;

– die spätmittelalterliche Wüstungsperiode von ca. 1350 bis Ende des 15. Jahrhunderts;

– die frühneuzeitliche Periode des Übergangs zu absolutistischen Staaten, die letzte Kolonisationen in den noch verbleibenden Ödländereien und in Wüstungsgebieten durchführten. Dieses war zugleich die Periode des Handelskapitalismus, die durch zahlreiche Wandlungen in der Kulturlandschaft als Anpassung an neue Ansprüche des expandierenden Weltwirtschaftssystems, speziell entlang der Küsten und der Flüsse, charakterisiert war;

– die Periode der frühen Industrialisierung vom 19. Jahrhundert an, in der sich die Industriestadt mit dichtbebauten Arbeitervierteln entwickelte und Flurbereinigungen in ländlichen Regionen zu grundlegenden Veränderungen der traditionellen Flurformen führte;

– die Periode der sich fortsetzenden Industrialisierung, der Urbanisierung und des allmählichen Übergangs zur Dominanz des tertiären Sektors, zugleich die Periode der gesellschaftspolitischen Herausbildung des Wohlfahrtsstaates seit den 20er Jahren des 20. Jahrhunderts, der die Entwicklung humaner, durchgrünter Wohngebiete in den Städten förderte und eine Ausweitung der Suburbanisierung – und in einigen Regionen des Tourismus – in die Dörfer hinein, was die bisherigen ländlichen Siedlungsformen grundlegend veränderte. Periphere und marginale ländliche Regionen leiden unter Abwanderung, selbst erste Anzeichen einer Regression sind erkennbar. Diese Phase ist noch nicht beendet.

Die Problemfelder, die in Untersuchungen über räumliche Prozesse in den genannten Perioden behandelt wurden, werden wir durch einige exemplarische Arbeiten näher charakterisieren. Seit Meitzen (1895) hat die erste Periode der germanischen Landnahme starkes Interesse bei den deutschen Historischen Geographen gefunden, besonders in den 40er und 50er Jahren (z. B. Müller-Wille 1944). Im Anschluß an ihre Konzepte vertrat Uhlig (1961) die Vorstellung einer Kolonisation durch clanmäßig organisierte Personengruppen. Dadurch entstanden in West- und Mitteleuropa die Altweiler mit Innenfeld- und Außenfeld-Systemen auf in Streifen aufgeteilten „common fields". Dieses Konzept erwuchs aus vergleichenden Studien in marginalen Regionen von Schottland, Westirland, England und dem nordwestlichen Deutschland, wo Relikte dieses für besonders alt gehaltenen Siedlungstyps bis ins 19. Jahrhundert überlebt hatten. Leister (1976, 1979) griff dieses Thema für Irland und für einige altbesiedelte Regionen Deutschlands am Beispiel von Hessen wieder auf. Sie hatte allerdings eine gänzlich andere Vorstellung von der vorfeudalen Gesellschaft, welche sie als ein durch Klientelbindungen zusammengehaltenes System aus Häuptlingen unterschiedlichen Ranges und Freien, die über zahlreiche Unfreie (Hörige) verfügten, kennzeichnete. Aufgrund der Analyse historischer Quellen und Katasterkarten kam sie zu dem Ergebnis, daß ein Häuptling mit seiner Klientel von Freien sich in Gruppen von Einzelhöfen mit Blockeinödfluren niederließ. In einer späteren Phase wurden die Hörigen zu abhängigen Bauern, die in nahegelegenen Weilern mit Streifengemengeflur angesiedelt wurden. Diesen Prozeß betrachtete sie als den Übergang zu einer Feudalstruktur. In seiner historisch-genetischen Untersuchung von Dörfern germanischen (alemannischen) Ursprungs, die an den Standorten früherer römischer *villae rusticae* im südwestlichen Deutschland gegründet wurden, war Filipp (1972) in der Lage, Anzeichen einer Kontinuität zu erkennen: Römische Zenturiationsquadrate wurden von den germanischen Siedlern übernommen und in Anteile aus sehr langen schmalen Streifen unterteilt, die im Rahmen der späteren kontinuierlichen Flurerweiterung durch kleinere Gewanne die genetischen Kerne der Flur bilden.

Bei der Erforschung der mittelalterlichen feudalen Kolonisation werden immer noch Regionen bevorzugt, die während des Hochmittelalters besiedelt wurden. Aus diesen Jahrhunderten stammen Dorfmodelle und Flurtypen, die von Landesherren und feudalen Grundherrschaften bei ihren Kolonisationsprojekten angewendet wurden. Mit mittelalterlichen Quellen in Kombination mit der retrogressiven Analyse von Katasterkarten (18./19. Jahrhundert) war es möglich, die allmähliche Ausbreitung der Kolonisationssiedlungen in den Wald- und Sumpfgebieten zu rekonstruieren, sowie die feudalen Organisatoren, die verwendeten Siedlungsmodelle und die Herkunftsgebiete siedlungstechnischer Innovationen zu identifizieren. Fliedner (1970) wies in seiner Untersuchung der Kolonisation des Bruchlandes nördlich von Bremen seit 1113 nach, daß die vom Erzbischof als Landesherr angeworbenen Experten und Kolonisten aus Holland ihr Siedlungsmodell mitbrachten. In einigen Fällen ließ sich sogar zeigen, daß Siedlungsmodelle aus einfacheren Anfangsformen zu perfekteren Formen entwickelt wurden. Krenzlin (1952) wies die Entwicklung der Hochform des lanzettförmigen Angerdorfs mit drei Großfeldern, die aus langen Streifen mit 54, 64 oder 104 Hufen bestanden, den Askanischen Markgrafen zu, die ihre brandenburgischen Territorien besiedelten. In seiner Untersuchung der Kolonisation des Odenwaldes durch die Benedektinerabtei Lorsch (nördlich von Heidelberg) von ca. 800 bis 1100 konnte Nitz (1983; Wiederabdruck in Band I) die Typengenese der Waldhufen-Siedlung während des räumlichen Fortschreitens der Kolonisation herausarbeiten. Die Sammelbände, die die Vorträge der Tagungen über „Räumliche Organisation der früh- und hochmittelalterlichen Binnenkolonisation und deren Siedlungsformen" (Leister und Nitz 1975) und über „Mittelalterliche und frühneuzeitliche Siedlungsentwicklung in Moor- und Marschgebieten" (s. Fehn u. a. 1984) enthalten, vermitteln eine gute Vorstellung vom Fortschritt, der bei der Erforschung der Kolonisation erzielt wurde.

Nur wenige Historische Geographen haben sich bisher mit der frühmittelalterlichen Kolonisation befaßt, an der sich der fränkische Staat, die Kirche und mächtige Adelsfamilien beteiligten. Aussagekräftige Schriftquellen zur frühmittelalterlichen Dorfstruktur gibt es nur wenige. Der Forscher muß historische Orts- und Flurpläne mit einem ganzen Bündel von Kriterien analysieren, um Dorf- und Flurkerne zu erfassen und festzustellen, welche Strukturen sich möglicherweise in die Gründungszeit der Siedlungen zurückdatieren lassen. In seiner Untersuchung einer Region in Südtirol konnte Loose (1976) quadratische Hofeinheiten identifizieren, die unter dem karolingischen Königtum angelegt wurden. Nitz (1988b) zeigte in seinen Studien über die Expansion des fränkischen Staates in die sächsischen Gebiete, der dann unmittelbar eine weiträumige Kolonisation folgte, daß bereits im 8. und 9. Jahrhundert exakt geplante Straßen- und Angerdörfer mit einem sehr regelmäßigen Flursystem aus Langstreifen normierter Breite durch staatliche Institutionen angelegt und als Modelle vom Adel übernommen wurden.

Ursprung und Verbreitung des mittelalterlichen Dreifeldersystems, des wichtigsten Landnutzungssystems in Mitteleuropa und anderswo bis ins frühe 19. Jahrhundert, war Gegenstand einer intensiven Diskussion seit den 40er Jahren. Die neuesten Beiträge stammen von Hildebrandt (1980, 1988) und Nitz (1988a; Wiederabdruck in Band I). Sie kommen zu gegensätzlichen Ergebnissen, die einander jedoch nicht ausschließen: spontane parallele Entwicklungen der Dreifelderwirtschaft seit der Wende des frühen zum hohen Mittelalter (Hildebrandt) gegenüber gezielter Einführung „von oben" durch königliche Institutionen seit dem 8. Jahrhundert (Nitz).

Die Periode des spätmittelalterlichen Wüstfallens von Siedlungen, verursacht durch die Pest und eine allgemeine Wirtschaftskrise der Feudalgesellschaft, war lange ein Kernthema der Historischen Geographie. Sie fand ihren Höhepunkt in den 50er und frühen 60er Jahren. Ziel der Forschung war das Lokalisieren und Kartieren von Wüstungsplätzen und Wüstungsfluren sowie das Erstellen von Wüstungsverzeichnissen und Verbreitungskarten, um auf diesem Wege die maximale Ausdehnung der mittelalterlichen Kolonisation und den Umfang des Verlustes an Land und Siedlungen in den unterschiedlichen Regionen festzustellen. Wichtig war die Erkenntnis, daß man in der Mehrzahl der Fälle nur die Wohnplätze aufgab, während die Fluren in weiterbestehende Siedlungen eingegliedert wurden. In verschiedenen Bergländern fielen schätzungsweise 70 Prozent der Ortschaften wüst. Aber Jäger, der bekannteste Experte für die Kulturlandschaftsgeschichte der Wüstungsperiode, betont in seiner Arbeit von 1978, daß die übergroße Mehrheit der Orte so klein war, daß die tatsächliche Anzahl der wüstgefallenen Höfe nur einen Teil dieses Prozentsatzes ausmachte. Topographische Kartierungen von wüstgefallenem Ackerland unter Waldbedeckung, das wegen seiner speziellen Morphologie noch erkennbar ist, zeichnen spätmittelalterliche Flurmuster nach. Ein zusammenfassender Überblick über die Wüstungsforschung und ihre Ergebnisse aus geographischer und historischen Perspektive findet sich bei Jäger (1979, 1981).

Inzwischen hat sich das Interesse von der Wüstungsverbreitung und den Siedlungsformen auf die Prozesse verlagert. Denecke (1985) spricht von der

„Wüstungsforschung als siedlungsräumlicher Prozeß- und Regressionsforschung". Dieser neue Ansatz fragt nach den wesentlichen internen Push- und externen Pull-Faktoren, die zu Rückgang und Extensivierung der Nutzung und partiellen bzw. totalen Wüstungen als Stadien in diesem Prozeß führen. Wirtschaftliche Faktoren, der Fall der Getreidepreise, und politische Konflikte – Fehden der Feudalherrschaften – werden als die Hauptgründe angesehen. Seit den 70er Jahren ist die Zahl der Forschungsarbeiten Historischer Geographen über die spätmittelalterliche Wüstungsperiode beträchtlich zurückgegangen.

Historisch-geographische Forschungen über die Kulturlandschaftsentwicklung der frühneuzeitlichen Jahrhunderte haben demgegenüber seit den 1960er Jahren beträchtlich zugenommen. Drei Hauptentwicklungstrends wurden festgestellt:

1. Das Wiedereinsetzen der Agrarkolonisation, organisiert durch lokalen Adel und Territorialfürsten mit dem Ziel, einen Ersatz für die Verluste während der Wüstungsperiode zu schaffen und die aufstrebenden absolutistischen Staaten zu stärken. Eine ausgezeichnete Übersicht über diese Thematik bis 1974 wurde von Born (1974, S. 73-124) verfaßt.

2. Kräftiges Bevölkerungswachstum förderte die Einführung der Erbteilung, hauptsächlich im südwestlichen und mittleren Deutschland, die über die Aufsplittung der ländlichen Besitzeinheiten zur Vergrößerung der Haufendörfer und zur kleingliedrigen Gewannflur führte. Dieser Umwandlungsprozeß von bis dahin noch unbekannten spätmittelalterlichen Vorgängersiedlungsformen wurde von Krenzlin (1961) und einigen ihrer Doktoranden in Teilen von Süddeutschland untersucht. Durch die minutiöse Analyse von späteren und früheren Besitzverhältnissen („Rückschreibung") konnten sie die vorhergehende spätmittelalterliche Flur rekonstruieren, die sich bei kleingliedrigen Gewannfluren als eine Blockgemengeflur erwies. Seit Meitzen (1895) war der Ursprung der Gewannflur ein Streitpunkt unter Historischen Geographen; viele von ihnen sahen ihre Wurzeln in der germanischen Vergangenheit. Diese Vorstellung wurde von Krenzlin als falsch erwiesen. Wie später von Raum (1982) aufgezeigt wurde, begann diese Umformung der früheren Blockfluren in der Umgebung großer Städte wie Basel spätestens seit dem Mittelalter; hier verstärkte sich dieser Prozeß zusehends, während er mit wachsender Entfernung schwächer blieb. Dieses kann mit dem von Thünen'schen Gesetz erklärt werden: in der Nähe zum städtischen Markt ermöglicht der intensive Anbau kleine Höfe, d. h. eine Teilung der großen Einheiten.

Eine andersartige Reaktion auf das Bevölkerungswachstum war kennzeichnend für Regionen mit striktem Anerbrecht: Die Bildung einer unterbäuerlichen Klasse mit einer großen Zahl von kleinen Anwesen und geringem Nutzungsanspruch an der Allmende. Die führende Autorität auf diesem Forschungsfeld ist Grees (1975, 1987) mit seinen Studien in Oberschwaben, insbesondere um die Handelsstadt Ulm, wo eine große Zahl der unterbäuerlichen Dorfbevölkerung in der ländlichen Weberei als einer Form der Proto-Industrie tätig war. Seit dem 14. Jahrhundert hat sich hier die Zahl der Dorfbevölkerung fast verfünffacht.

3. Der Wandel alter Kulturlandschaftelemente und die Entstehung neuer Strukturen im ländlichen Europa während des 16. bis 18. Jahrhunderts unter dem Einfluß

der frühkapitalistischen Wirtschaft wurde durch die „Ständige europäische Konferenz zur Erforschung der ländlichen Kulturlandschaft" auf ihrer Tagung in Deutschland (Rastede) 1985 (Nitz 1987) als neuer Themenkreis aufgegriffen. Wie die Beiträge zeigen, bietet das Konzept des frühneuzeitlichen europäischen kapitalistischen Weltsystems (Braudel, Wallerstein) den Historischen Geographen einen thematischen Rahmen, um die Bedeutung von zahlreichen regionalen kulturlandschaftlichen Mustern und Prozessen in einen größeren Zusammenhang zu stellen. Eine nachfolgende internationale Konferenz von Historischen Geographen und „geographischen Historikern", die der Verfasser 1990 in Göttingen organisierte, war demselben Thema in einem weltweiten Kontext gewidmet (Nitz 1993). Auch einige deutsche Wissenschaftler leisteten hierzu Beiträge. In Deutschland konzentriert sich die Forschung u. a. auf die landwirtschaftlichen Zonen des Thünen-Systems entlang der Küsten und schiffbaren Flüsse (Nitz 1989, Wiederabdruck in Band I und in Nitz 1993).

Das Industriezeitalter mit seinen grundlegenden Veränderungen in der Kulturlandschaft hat beträchtliche Aufmerksamkeit bei den deutschen Historischen Geographen gefunden, wenn auch nicht in solchem Umfang wie in der englischsprachigen Geographie. Einen Forschungsschwerpunkt bildet der Wandel des ländlichen Raumes unter dem Einfluß der Industrialisierung und Urbanisierung seit dem 19. Jahrhundert. Als Beispiel sei Strahl (1977) mit ihrer Arbeit über die Wandlungen in einer traditionellen Mittelgebirgsgemeinde in der Eifel, mit spezieller Ausrichtung auf die Auswirkungen der technischen Modernisierung und die Veränderungen in Wahrnehmung und Verhalten der Dorfbevölkerung genannt. Glebe (1977) untersuchte Wandlungen in der Kulturlandschaft und der ländlichen Gesellschaft in den marginalen kleinbäuerlichen Regionen von Südwest-Irland. Weyand (1969) zeigte die typische Entwicklung saarländischer Arbeiterbauerndörfer des 19. und frühen 20. Jahrhunderts in Gebieten mit Realteilung auf. Ein klassisches Charakteristikum der halbländlichen Kohlenbergbaugebiete an Ruhr und Saar war die Unterbringung der Bergarbeiter in der Nähe der Bergwerke. In seiner Monographie über das Bergbaugebiet an der Saar stellt Fehn (1981) die Ansiedlungspolitik des Preußischen Staates als Eigentümer der Zechen von 1816 bis 1919 dar.

Die seit dem 18. und speziell dem 19. Jahrhundert von Europa nach Nord- und Südamerika, Australien und Neuseeland verlagerte Agrarkolonisation bot der deutschen Forschung über diese Thematik ein weiteres Arbeitsfeld. Es liegen über fünfzig Veröffentlichungen zu vergangenen und gegenwärtigen Kolonisationsvorgängen vor. Ehlers (1984) zitierte etwa vierzig Titel über Nord- und Südamerika in seiner Forschungsübersicht über agrarische Grenzräume. Mindestens zehn können für Australien und Neuseeland hinzugefügt werden. Ein repräsentativer Querschnitt über diese Art der historisch-geographischen Kolonisationsforschung mit Fallstudien über die schon erwähnten Kontinente und auch über Afrika und Asien (mit einheimischen Kolonisten) wurde auf einem Symposium an der Universität Göttingen 1973 vorgestellt (Nitz 1975). Wir können in der Forschung eine klare Bevorzugung von Kanada (Schott und seine Schüler in Marburg) und Südamerika (Monheim in Aachen und Wilhelmy in Tübingen mit ihren Schülern) feststellen.

Als Beispiele seien nur zwei Monographien genannt, um die thematischen Ansätze zu kennzeichnen. Hottenroth (1968), der die Struktur und die Genese der Pioniergrenzzone der Great Clay Belts in Nordostkanada mit französischen und englischen Siedlern und die Bedeutung der Holzwirtschaft und des Bergbaus für den Kolonisationsprozeß untersuchte, sowie Wieger (1990) mit seinem umfangreichen Werk über „Agrarkolonisation, Landnutzung und Kulturlandschaftsverfall in der Provinz New Brunswick (Kanada)". Beide verfolgten die Entwicklung ihrer Untersuchungsregionen von der landwirtschaftlichen Pionierzeit bis zur gegenwärtigen Phase der Regression und des Wüstfallens.

Die im Umfang beschränkte sogenannte Innere Kolonisation des späten 19. und frühen 20. Jahrhunderts, ein Versuch einiger europäischer Staaten, die Auswanderung von Landbewohnern nach Nord- und Südamerika einzuschränken, wurde von einer Gruppe von Historischen Geographen des „Arbeitskreises" unter Fehn und Krings untersucht. Sie stellten die Ergebnisse auf dem Deutschen Geographentag in Berlin 1985 vor (Krings et al. 1986). Eine wichtige Feststellung war die starke Beteiligung staatlicher Planungsbehörden, und daß die Innere Kolonisation speziell in Deutschland als ein Instrument der nationalen Politik diente. Die Erforschung der Kolonisationsprozesse der jüngsten Vergangenheit hat den Vorteil einer Fülle von Dokumenten, die einen detaillierten Einblick in die Planungsgeschichte und die Motive der Akteure ermöglichen. Dies ist in ähnlicher Differenziertheit für die meisten älteren Kolonisationsprozesse auch nicht annähernd zu erreichen.

Urbanisierung und die Entwicklung der Industriestadt und der modernen Dienstleistungen sind die wichtigsten Entwicklungen seit Beginn der industriellen Revolution. Überraschenderweise hat die Historische Geographie diesem Problemfeld weniger Forschungen gewidmet als man erwarten könnte. Die wichtigsten Arbeiten zu diesem Bereich stammen von Bobek und Lichtenberger (1966, 1978) über Wien, von Leister (1970) über Wachstum und Erneuerung britischer Industriegroßstädte, von Hofmeister (1975) über Berlin und von Meynen (1978) über einen Vorortsektor des 19. Jahrhunderts in Köln. Einen vergleichenden Überblick über die Stadtentwicklung in Europa von der Spätgründerzeit bis zur ersten Hälfte des 20. Jahrhunderts gibt Lichtenberger (1984). Die Bemühungen einer Forschergruppe aus Stadthistorikern und Stadtgeographen, im Rahmen des Sonderforschungsbereiches „Vergleichende geschichtliche Städteforschung" an der Universität Münster mit dem Thema „Städtewesen und Urbanisierung im Industriezeitalter" der Historischen Stadtgeographie einen wirklich neuen Anstoß zu geben, hatten bisher noch keine weiterreichenden Erfolge (Jäger 1978, Blotevogel 1979, Teuteberg 1983, Heineberg 1987).

2.3 Der entwicklungsgeschichtliche Ansatz

Dieser Ansatz ist fest verwurzelt in der deutschen Tradition der Kulturlandschaftsforschung, die auch von der Schule Carl Sauers in Nordamerika übernommen wurde. Die Entwicklung der ländlichen Kulturlandschaft blieb ein klassisches

Thema für historisch-geographische Dissertationen in den 50er und 60er Jahren, ist aber seither fast gänzlich aufgegeben worden. Die Gründe dafür sind zumindest teilweise in der massiven Kritik des Landschaftsbegriffs um 1970 zu suchen. Als ein treffendes Beispiel der kulturlandschaftskundlichen Richtung sei die Arbeit von Leister (1963) über „Das Werden der Agrarlandschaft in der Grafschaft Tipperary (Irland)" genannt, welche die Stadien von der normannischen Eroberung bis zur Gegenwart behandelt. Einer der entschiedensten Verfechter dieses Ansatzes war Uhlig (1956), der in seinen Forschungen über das nordöstliche England ein geschlossenes Konzept für historisch-genetische Landschaftsstudien erarbeitete. Mehrere seiner Doktoranden schrieben ihre Dissertationen nach diesem Konzept, so z. B. Mertins (1964), der in seiner Arbeit über die Kulturlandschaft des westlichen Ruhrgebiets die stufenweise Entwicklung dieser Landschaft vom frühen Mittelalter, mit ihren ländlichen Siedlungen vor und nach der fränkischen Kolonisation, über die Anfänge des Kohlenbergbaus und der Eisenindustrie von der Frühneuzeit bis zur industriellen Revolution mit dem Niedergang des frühen Ruhrgebiets und der Verlagerung an die „Rheinfront" darstellt.

Ähnliche Studien über deutsche Landschaften entstanden an den Universitäten in Heidelberg, Tübingen, Marburg und anderswo. Diese Entwicklung bricht etwa um 1970 ab – mit sehr wenigen Ausnahmen, z. B. der Dissertation von Döppert (1987), unter Betreuung von Hildebrandt (Mainz) entstanden, über „Die Entwicklung der ländlichen Kulturlandschaft in der ehemaligen Grafschaft Schlitz unter besonderer Berücksichtigung der Landnutzungsformen von der Frühneuzeit bis zur Gegenwart". Eine ausgezeichnete Zusammenfassung der Forschung zur Entwicklung der deutschen Agrarlandschaft wurde von Born (1974) verfaßt. Im Hinblick auf den Rückgang dieser historisch-genetischen Richtung der Forschung über deutsche Kulturlandschaften ist es bemerkenswert, daß das Konzept erhalten geblieben ist in den Studien über die Entwicklung von Räumen der europäischen Kolonisation, insbesondere im 19. und 20. Jahrhundert, in Süd- und Nordamerika. Eine ganze Reihe von Untersuchungen von Tichy (Universität Erlangen) und seinen Mitarbeitern erarbeiteten die historische Entwicklung der Kulturlandschaften in Mexiko seit der spanischen Eroberung, Tichy selbst auch unter Einbeziehung der Phasen der altindianischen mittelamerikanischen Kulturen (Tichy 1979). Deutsche Forschungen über die Kulturlandschaftsentwicklung der Agrarkolonisationsgebiete des 19. und frühen 20. Jahrhunderts in Süd- und Nordamerika, Australien und Neuseeland folgen demselben Konzept, nur für einen wesentlich kürzeren Zeitraum.

Schwarz (1978) legte eine Übersichtskarte (1:3 Mio.) mit Kommentar zum „Ablauf des Siedlungsgeschehens" in Mitteleuropa vor, auf der die Orts- und Flurtypen fünf Siedlungsperioden zugeordnet werden.

Ein weiterer Versuch einer Synthese für einen großen Zeitraum ist Schöllers schmales Buch über „Die deutschen Städte" (1967), in dem er die verschiedenen historischen und regionalen Typen der deutschen Städte im Hinblick auf ihre Struktur und ihre Genese vorstellt. Ein ähnliches kulturgeschichtliches Konzept, jedoch im Weltmaßstab, legte Hofmeister (1980) seinem Buch über „Die Stadtstruktur. Ihre Ausprägung in den verschiedenen Stadträumen der Erde" zugrunde.

Ein bemerkenswertes Werk zur historischen Entwicklung der Städte ist Scheuerbrandts (1972) Buch über „Südwestdeutsche Stadttypen und Städtegruppen bis zum frühen 19. Jahrhundert" mit einer historisch-genetischen Phasenfolge von der Römerzeit über das Mittelalter – die Hauptphase, in der Städte gegründet wurden und Dörfer in den Status von Städten hineinwuchsen – bis in die frühe Neuzeit. Für jede Phase erfolgt eine detaillierte Analyse der Stadtgründungspolitik der verschiedenen Herrschaftsträger und der charakteristischen städtischen Strukturen, welche die Basis für die Aufstellung von Stadttypen bilden. Scheuerbrandt greift mit seinem Konzept Ideen des Geographen Huttenlocher (1963) auf. Die Historische Geographie einzelner Städte wird stets mit einem historisch-genetischen Ansatz dargestellt, so z. B. von Lichtenberger (1977) in ihrer Monographie über die Altstadt von Wien. Wo Quellen und historische Literatur vorhanden sind, folgen deutsche Geographen diesem Prinzip auch in ihren Arbeiten über außereuropäische Städte, z. B. Wilhelmy und Borsdorf (1984) in ihrem Handbuch über „Die Städte Südamerikas" und Gaube und Wirth (1984) in ihrer Monographie über Aleppo.

Obwohl historisch-genetische Kulturlandschaftsstudien des klassischen Typs aus der deutschen Geographie verschwunden zu sein scheinen, ist der entwicklungsgeschichtliche Ansatz noch heute wesentlich für Landeskunden und Länderkunden. Während es deren Hauptziel ist, einen Überblick über die räumlichen Strukturen und Verteilungsmuster des betreffenden Raumes zu geben, erhalten sie durchweg auch ein Kapitel über die Stadien der historischen Entwicklung der Region. Ein typisches Beispiel ist Wirths Monographie über Syrien (1971), Kapitel 4: Das Erbe der Vergangenheit; 1. Geographische Grundlagen und psychologische Konsequenzen der Geschichte Syriens; 2. Die historischen Wurzeln der heutigen syrischen Kulturlandschaft (mit vier historischen Perioden). Es gibt sogar Regionalmonographien, die in allen Kapiteln historisch-genetisch konzipiert sind. Ein Beispiel ist das Werk des verstorbenen, seinerzeit führenden Historischen Geographen W. Müller-Wille mit dem Titel „Westfalen. Landschaftliche Ordnung und Bindung eines Landes", das dreißig Jahre nach seinem Erscheinen sogar in einer unveränderten zweiten Auflage herausgebracht wurde (Müller-Wille 1952, 1981). Noch stärker historisch-genetisch angelegt ist die Landeskunde von Schwind (1981) über „Das Japanische Inselreich", Band 2: Kulturlandschaft/Wirtschaftsgroßmacht auf engem Raum, z. B. Teil 1: „Die geographisch bedeutsamen Antworten von Mensch und Staat auf die Herausforderungen von Natur und Geschichte von Shatoku Taishi (594) bis zum Ende der Tokugawa-Zeit (1868)" und Sandners Landeskunde „Zentralamerika und der Ferne Karibische Westen; Konjunkturen, Krisen und Konflikte 1503-1984" (1985).

2.4 Typologien, allgemeine Konzepte und Theorien in der Historischen Geographie

Auf dem ersten internationalen Symposium der Kulturgeographen, die sich mit europäischen Kulturlandschaften beschäftigen, in Nancy (1957) wurde deutlich, daß eine vergleichende systematische Terminologie für Typologien von heutigen und historischen Orts- und Flurformen, Landnutzungsformen und der ländlichen Bevölkerung fehlte. H. Uhlig (Gießen) war der Initiator eines „Komitees für ein internationales Glossar der geographischen Terminologie der Agrarlandschaft", das 1964 eingerichtet wurde. Uhlig propagierte mit Erfolg die Gründung nationaler Arbeitsgruppen, die zum Glossar beitragen sollten. Außerdem warb er um deutsche und internationale Zuschüsse zur Errichtung eines Sekretariats unter C. Lienau, das diese internationalen Aktivitäten koordinieren sollte. Das Ergebnis waren drei Bände mit Materialien zur Terminologie der Agrarlandschaft in Deutsch, Englisch und Französisch, über Flur und Flurformen, Siedlungsformen (Ortsformen) und die ländliche Bevölkerung (eine Sozialtypologie der Bevölkerung) (1967, 1972, 1974). Herausgeber waren Uhlig und Lienau, letzterer verantwortlich für die Bearbeitung der Beiträge. Diese Bände haben inzwischen ihre Nützlichkeit als terminologische Nachschlagewerke für Historische Geographen aus verschiedenen Ländern bewiesen.

Ein hiervon verschiedener Ansatz zu einer systematischen Typologie wurde von Born (1977) in seinem Buch über die „Geographie der ländlichen Siedlungen – Die Genese der Siedlungsformen in Mitteleuropa" entwickelt. Er bildete zwei Klassen von genetischen Orts- und Flurformen, nämlich Primärformen, d. h. Formen, die durch Kolonisation geschaffen wurden, sowie Sekundärformen, die aus Veränderungen von Primärformen hervorgehen. Für jede Primärform (z. B. das Straßendorf) stellte er eine „Formenreihe" auf, eine Serie von Entwicklungsstufen von frühen unvollkommenen Formen zu reifen Formen, die im Falle von Planformen den höchsten Grad geometrischer Exaktheit aufweisen. Ein spätes typologisches Stadium kann als – in der Regel kleine – „Kümmerform" auftreten. Borns zweite genetische Klasse umfaßt Transformationsformen. Diese Formen repräsentieren die Veränderungssequenzen der Primärformen (Formensequenzen) mit einem graduellen Verlust ihres ursprünglichen Aussehens, was der Zersplitterung, dem Wachstum oder der Verdichtung zuzuschreiben ist, z. B. die schrittweise Transformation eines ursprünglichen Reihendorfes in ein geschlossenes Straßendorf. In seine typologische Synthese bezog Born die Befunde einer großen Zahl von Fallstudien ein. Sein Konzept wurde allerdings auch kritisiert, weil es zu schematisch sei und in vielen Fällen die empirische Basis der historisch-genetischen Formenreihen und Formensequenzen im räumlichen und zeitlichen Zusammenhang fehle oder lückenhaft sei.

Die Konzepte von Innovation und Ausbreitung (Übertragung) sowie der konvergenten Einführung von Siedlungsmodellen wurden in die deutsche Historische Geographie durch Nitz (1972, 1976, Wiederabdruck in diesem Band) mit Fallstudien über die Schachbrettflur und das mittelalterliche Angerdorf eingeführt. Diese Konzepte waren in der Völkerkunde schon lange üblich und wurden in der Historischen Siedlungsgeographie erstmals von Stanislawski (1964) in seinem bekannten Aufsatz über „The Origin and Spread of the Grid-Pattern Town" verwendet.

Ein grundlegendes Konzept für die Historische Geographie als ganze wurde von Bobek (1959) in seinen „Hauptstufen der Gesellschafts- und Wirtschaftsentfaltung in geographischer Sicht" entwickelt. Seine Anwendung in der Historischen Siedlungs- und Agrargeographie wurde propagiert durch Nitz (1980, Wiederabdruck in diesem Band) und Lienau (1986) in seinem Lehrbuch der Geographie der ländlichen Siedlungen. Bobek selbst (1976) wandte sein Konzept auf die Stufe des Rentenkapitalismus in seiner Untersuchung über „Entstehung und Verbreitung der Hauptflursysteme Irans. Grundzüge einer sozialgeographischen Theorie" an. Für Bobeks „Vorstufe des produktiven Kapitalismus" vom 16. bis 18. Jahrhundert hat es sich als lohnenswert erwiesen, die Theorie von Thünen (Nitz 1989, in Band I, inzwischen auch 1993) für die Interpretation der Entwicklung einer neuen sozio-ökonomischen Raumstruktur heranzuziehen, welche Historiker (insbesondere Braudel 1979, 1986) und der amerikanische Soziologe Wallerstein (1974, 1980, 1989) als das frühneuzeitliche kapitalistische Weltsystem bezeichnet haben.

Aufbauend auf empirischen Erfahrungen in Kanada schlug Ehlers (1984) ein allgemeines Modell zur Genese und Typologie der Siedlungsgrenzen der Erde vor. Fortschreitend von vorkapitalistischen Gesellschaften zu hochentwickelten Industriegesellschaften umfaßt es fünf Phasen, von einem Gleichgewicht zwischen Menschen und Nährfläche über ein Stadium des Bevölkerungsdrucks, der zur Kolonisation (mit mehreren Teilphasen) führt, die in erneute Stabilisierung mündet. Sie endet in verstädterten Industrieländern in einem Stadium der Stagnation oder der Transformation mit einem Rückgang der Landwirtschaft zugunsten des Fremdenverkehrs oder der Regression mit Wüstfallen von Siedlungen. Fliedners Versuch in seinem Buch über „Society in Space and Time" (1981), die allgemeine Prozeßtheorie in die Historische Geographie einzuführen, war bis jetzt nicht gerade erfolgreich. Kam sie zu spät in einer Phase des Rückzugs der Wissenschaftstheorie im Bereich der Geographie?

2.5 Der interdisziplinäre „Arbeitskreis für genetische Siedlungsforschung in Mitteleuropa": Hauptthemen seiner Jahrestagungen

Diese Gruppe umfaßt die große Mehrheit der Historischen Geographen in Mitteleuropa. Die enge Zusammenarbeit mit Siedlungsarchäologen und Siedlungshistorikern erfordert die Konzentration auf Themen, zu denen alle drei Disziplinen Beiträge leisten können. Es hat sich als sehr erfolgreich erwiesen, die jährlich stattfindenden Arbeitstagungen unter ein zentrales Thema zu stellen, das für die Region, in der die Tagung stattfindet, von besonderer Bedeutung ist und wozu eine hinreichend große Zahl von Siedlungsforschern neue Arbeitsergebnisse vortragen können. Einige wenige Beispiele mögen genügen, um das Vorgehen zu verdeutlichen. Die Tagung 1977 in Saarbrücken, einem Bergbaugebiet, war dem Thema „Rohstoffgebundene Gewerbegebiete" gewidmet. Auf der Tagung 1979 in Salzburg, inmitten einer Region, die zunächst unter Römerherrschaft stand und danach von Germanen besiedelt wurde, hieß das Hauptthema: „Kontinuitätsprobleme in der genetischen Siedlungsforschung". Das Treffen 1988 in Wageningen (Niederlande) war dem Thema „Siedlungs- und Kulturlandschaftsentwicklung am Unterlauf großer Ströme am Beispiel des Rhein-Maas-Deltas" gewidmet. Seit 1983 erscheinen die Tagungsvorträge in den Jahresbänden der Zeitschrift „Siedlungsforschung. Archäologie – Geschichte – Geographie" (Bonn, hrsg. von K. Fehn u. a.).

2.6 Angewandte Historische Geographie

Dieser Zweig der Historischen Geographie hat in jüngerer Zeit einen Aufschwung erlebt. An Historischer Geographie interessierte Studenten machen die Erfahrung, daß diese Disziplin mittlerweile ein Feld für praktische Anwendung geworden ist, besonders seitdem Landesregierungen und Bundesregierung finanzielle Zuschüsse für Gemeinden zur Verfügung stellen, um den überkommenen traditionellen, jedoch in der Erneuerung zurückgebliebenen Baubestand von Siedlungen zu modernisieren. Die Grundlage hierfür ist das Städtebauförderungsgesetz, das auch auf ländliche Siedlungen ausgeweitet wurde. Für die neuen Bundesländer (ehemalige DDR) kommen spezielle Förderungsprogramme im Rahmen des Gemeinschaftswerkes „Aufschwung-Ost" hinzu. Modernisierung muß natürlich Hand in Hand gehen mit der Unterschutzstellung, Erhaltung und gelegentlich auch der Rekonstruktion von historischen Strukturen, seien es alte Bürger- und Bauernhäuser, Gärten, Dorfanger oder Feldhecken. Einer der ersten Arbeitsschritte in einer derartigen erhaltenden Stadt- und Dorferneuerung ist die Kartierung der persistenten historischen Raumstruktur. Historische Geographen haben inzwischen in der Praxis unter Beweis gestellt, daß sie Experten für diese Aufgabe sind, nicht nur für das Kartieren, sondern auch für die Bewertung der zu erhaltenden Elemente als bedeutsame Zeugnisse der Geschichte des Ortes und der Kulturlandschaft. Als Beispiele für die zahlreichen Beiträge deutscher Historischer Geographen seien genannt der Überblick von Denecke über die Angewandte Historische Geographie (1982) und sein Konzept für die Beziehungen zwischen Historischer Geographie und räumlicher Planung (1983) sowie die Dissertationen von Gunzelmann (1987) über „Die Erhaltung der Historischen Kulturlandschaft" und von U. von den Driesch (1988) über „Historisch-geographische Inventarisierung von persistenten Kulturlandschaftselementen des ländlichen Raumes als Beitrag zur erhaltenden Planung". Diese beiden Autoren bauen ihre allgemeinen Schlußfolgerungen über die Angewandte Historische Geographie auf eigener regionaler Feldforschung auf; beide haben mittlerweile wichtige Positionen als Historische Geographen in staatlichen und städtischen Verwaltungen erhalten.

Die neue Rolle der Historischen Geographie als eine der angewandten Disziplinen hat ohne Zweifel ihre Reputation innerhalb der Geographie und in der Öffentlichkeit gestärkt. Dies sollte allerdings nicht zu der Situation führen, daß nur noch eine geringe Zahl von Historischen Geographen für die Forschung übrig bleibt. Beide Aktivitäten werden gebraucht. Ohne ein breites Engagement in der Grundlagenforschung würde die Historische Geographie in Deutschland als akademische Disziplin im wahrsten Sinne des Wortes ihre Wurzeln verlieren. Deshalb wird es für diejenigen, die Historische Geographie an den Universitäten lehren, eine ständige Aufgabe bleiben, ihre Studenten sowohl zur Erforschung der Kulturlandschaftsgeschichte als auch zur planerischen Bewahrung historischer Kulturlandschaftselemente als Teil unserer heutigen Umwelt anzuregen.

Literatur

Achenbach, H. (1988): Historische Wirtschaftskarte des östlichen Schleswig-Holstein um 1850. (Kieler Geogr. Schriften 67) Kiel.

Blotevogel, H. H. (1979): Methodische Probleme der Erfassung städtebaulicher Funktionen und funktionaler Städtetypen anhand quantitativer Analysen der Berufsstatistik 1907. In: Voraussetzungen und Methoden geschichtlicher Städteforschung, hg. v. W. Ehrbrecht. (Städteforschung Reihe A7) Köln/Wien, S. 217-269.

Bobek, H. (1959): Die Hauptstufen der Gesellschafts- und Wirtschaftsentfaltung in geographischer Sicht. In: Die Erde 90, S. 259-298.

Bobek, H. (1962): The Main Stages in Socio-Economic Evolution from a Geographical Point of View. In: Readings in Cultural Geography, ed. by Ph. L. Wagner and M. W. Mikesell. Chicago, S. 218-247.

Bobek, H. (1976): Entstehung und Verbreitung der Hauptflursysteme Irans – Grundzüge einer sozialgeographischen Theorie. In: Mitteilungen d. Österreich. Geogr. Gesellschaft 118, S. 274-322.

Bobek, H. und E. Lichtenberger (1966): Wien. Bauliche Gestalt und Entwicklung seit der Mitte des 19. Jahrhunderts. Wien/Köln/Graz.

Born, M. (1974): Die Entwicklung der deutschen Agrarlandschaft. (Erträge d. Forschung 29) Darmstadt.

Born, M. (1977): Geographie der ländlichen Siedlungen. 1: Die Genese der Siedlungsformen in Mitteleuopa. (Teubner Studienbücher – Geographie) Stuttgart.

Braudel, F. (1986): Sozialgeschichte des 15.-18. Jahrhunderts – Aufbruch zur Weltwirtschaft. München. [Übersetzung der franz. Originalausgabe, Paris 1979]

Denecke, D. (1982): Applied Historical Geography and Geographies of the Past: Historico-Geographical Change and Regional Processes in History. In: Period and Place. Research Methods in Historical Geography, ed. by A. R. H. Baker and M. Billinge, Cambridge, S. 127-135, 332-338.

Denecke, D. (1985): Historische Geographie und räumliche Planung. In: Beiträge zur Kulturlandschaftsforschung und zur Regionalplanung, hg. v. A. Kolb und G. Oberbeck. (Mitteilungen d. Geogr. Ges. in Hamburg 75) Wiesbaden, S. 3-55.

Denecke, D. und K. Fehn [Hg.] (1989): Geographie in der Geschichte. (Erdkundliches Wissen – Beihefte z. Geogr. Zeitschrift 96) Stuttgart.

Döppert, M. (1987): Die Entwicklung der ländlichen Kulturlandschaft in der ehemaligen Grafschaft Schlitz unter besonderer Berücksichtigung der Landnutzungsformen – von der Frühneuzeit bis zur Gegenwart –. (Mainzer Geogr. Studien 29) Mainz.

Dollen, B. v. d. (1982): Forschungsschwerpunkte und Zukunftsaufgaben der Historischen Geographie: Städtische Siedlungen. In: Erdkunde 36, S. 96-102.

Driesch, U. v. d. (1988): Historisch-geographische Inventarisierung von persistenten Kulturlandschaftselementen des ländlichen Raumes als Beitrag zur erhaltenden Planung. Dissertation. Bonn.

Ehlers, E. (1984): Die agraren Siedlungsgrenzen der Erde. Gedanken zu ihrer Genese und Typologie am Beispiel des kanadischen Waldlandes. (Erdkundliches Wissen – Beihefte z. Geogr. Zeitschrift 69) Wiesbaden.

Erdmann, C. (1986): Aachen im Jahre 1812. Wirtschafts- und sozialräumliche Differenzierung einer frühindustriellen Stadt. (Erdkundliches Wissen – Beihefte z. Geogr. Zeitschrift 78) Stuttgart.

Fehn, K. (1981): Preußische Siedlungspolitik im saarländischen Bergbaurevier (1816-1919). (Veröffentlichungen d. Inst. f. Landeskunde d. Saarlandes 31) Saarbrücken.

Fehn, K., u. a. [Hg.] 1984: Schwerpunktthema „Mittelalterliche und frühneuzeitliche Siedlungsentwicklung in Moor- und Marschgebieten". In: Siedlungsforschung 2 (Bonn), S. 7-186.

Filipp, K. (1972): Frühformen und Entwicklungsphasen südwestdeutscher Altsiedellandschaften unter besonderer Berücksichtigung des Rieses und Lechfelds. (Forschungen z. dt. Landeskunde 202) Bad Godesberg.

Fliedner, D. (1970): Die Kulturlandschaft der Hamme-Wümme-Niederung. Gestalt und Entwicklung des Siedlungsraumes nördlich von Bremen. (Göttinger Geogr. Abhandlungen 55) Göttingen.

Fliedner, D. (1981): Society in Space and Time. An Attempt to Provide a Theoretical Foundation from an Historical Geographic Point of View. (Arbeiten a. d. Geogr. Inst. d. Univ. d. Saarlandes 31) Saarbrücken.

Gaube, H. und E. Wirth (1984): Aleppo. Historische und geographische Beiträge zur baulichen Gestaltung, zur sozialen Organisation und zur wirtschaftlichen Dynamik einer vorderasiatischen Fernhandelsmetropole. (Beihefte z. Tübinger Atlas d. Vorderen Orient, Reihe B, 58) Wiesbaden.

Glebe, G. (1977): Wandlungen in der Kulturlandschaft und Agrargesellschaft im Kleinfarmgebiet der Beara- und Iveragh-Halbinsel, Südwestirland. (Düsseldorfer Geogr. Schriften 6). Düsseldorf.

Grees, H. (1975): Ländliche Unterschichten und ländliche Siedlung in Ostschwaben. (Tübinger Geogr. Studien 58) Tübingen.

Grees, H. (1987): Pre-industrial Rural Weaving in South-West-Germany and its Implications for Society and Settlement. In: The Medieval and Early-Modern Rural Landscape of Europe under the Impact of the Commercial Economy, ed. by H.-J. Nitz. Göttingen, S. 281-294.

Gunzelmann, T. (1987): Die Erhaltung der historischen Kulturlandschaft. Angewandte Historische Geographie des ländlichen Raumes mit Beispielen aus Franken. (Bamberger Wirtschaftsgeogr. Arbeiten 4) Bamberg.

Hahn, H. und W. Zorn (1973): Historische Wirtschaftskarte der Rheinlande um 1820. (Arbeiten z. Rheinischen Landeskunde 37) Bonn.

Heineberg, H. [Hg.] (1987): Innerstädtische Differenzierung und Prozesse im 19. und 20. Jahrhundert – Geographische und historische Aspekte. (Städteforschung Reihe A25) Köln/Wien.

Hildebrandt, H. (1988): Systems of Agriculture in Central Europe up to the Tenth and Eleventh Centuries. In: Anglo-Saxon Settlements, ed. by D. Hooke. Oxford/New York, S. 275-290.

Hofmeister, B. (1975): Berlin. Eine geographische Strukturanalyse der zwölf westlichen Bezirke. (Wissenschaftliche Länderkunden 8A) Darmstadt.

Hofmeister, B. (1980): Die Stadtstruktur. Ihre Ausprägung in den verschiedenen Stadträumen der Erde. (Erträge d. Forschung 132) Darmstadt.

Hottenroth, H. (1968): The Great Clay Belts in Ontario and Quebec. Struktur und Genese eines Pionierraumes an der nördlichen Siedlungsgrenze Ost-Kanadas. (Marburger Geogr. Schriften 39) Marburg.

Hütteroth, W.-D. und K. Abdulfattah (1977): Historical Geography of Palestine, Transjordan and Southern Syria in the Late 16th Century. (Erlanger Geogr. Arbeiten, Sonderband 5) Erlangen.

Huttenlocher, F. (1963): Städtetypen und ihre Gesellschaften an Hand südwestdeutscher Beispiele. In: Geographische Zeitschrift 51, S. 161-182.

Jäger, H. (1978): New Aspects of the Study of Deserted Places. In: Geographia Polonica 38, S. 147-150.

Jäger, H. [Hg.] (1978): Probleme des Städtewesens im industriellen Zeitalter. (Städteforschung Reihe A5) Köln/Wien.

Jäger, H. (1979): Wüstungsforschung in geographischer und historischer Sicht. In: Geschichtswissenschaft und Archäologie. Untersuchungen zur Siedlungs-, Wirtschafts- und Kirchengeschichte, hg. v. H. Jankuhn u. R. Wenskus. (Konstanzer Arbeitskreis f. Mittelalterl. Geschichte, Vorträge u. Forschungen XXII). Sigmaringen, S. 193-240.

Jäger, H. (1981): Late Medieval Agrarian Crisis and Deserted Settlements in Central Europe. In: Danish Medieval History, New Currents, ed. by N. Skyum-Nielsen and N. Lund. Kopenhagen, S. 223-237.

Krenzlin, A. (1952): Dorf, Feld und Wirtschaft im Gebiet der großen Täler und Platten östlich der Elbe. (Forschungen z. dt. Landeskunde 70) Remagen.

Krenzlin, A. und L. Reusch (1961): Die Entstehung der Gewannflur nach Untersuchungen im nördlichen Unterfranken. (Frankfurter Geogr. Hefte 35) Frankfurt a. M.

Krings, W. (1982): Forschungsschwerpunkte und Zukunftsaufgaben der Historischen Geographie: Industrie und Landwirtschaft. In: Erdkunde 36, S. 109-113.

Krings, W. und K. Fehn [Hg.] (1986): Ländliche Neusiedlung im westlichen Mitteleuropa vom Ende des 19. Jahrhundens bis zur Gegenwart. In: Erdkunde 40, S. 165-235.

Laux, H.-D. (1982): Forschungsschwerpunkte und Zukunftsaufgaben der Historischen Geographie: Bevölkerung. In: Erdkunde 36, S. 103-109.

Lichtenberger, E. (1977): Die Wiener Altstadt. Von der mittelalterlichen Bürgerstadt zur City. Wien.

Lichtenberger, E. (1984): Die Stadtentwicklung in Europa in der ersten Hälfte des 20. Jahrhunderts. In: Die Städte Mitteleuropas im 20. Jahrhundert, hg. v. W. Rausch. (Beiträge z. Geschichte d. Städte in Mitteleuropa VIII) Linz, S. 1-40.

Leister, I. (1963): Das Werden der Agrarlandschaft in der Grafschaft Tipperary (Irland). (Marburger Geogr. Schriften 18). Marburg.

Leister, I. (1970): Wachstum und Erneuerung britischer Industriegroßstädte. Wien/Köln/Graz.

Leister, I. (1976): Peasant Openfield Farming and its Territorial Organisation in County Tipperary. (Marburger Geogr. Schriften 69) Marburg.

Leister, I. (1979): Poströmische Kontinuität im ländlichen Raum. Der Beitrag der Flurplananalyse. In: Berichte z. dt. Landeskunde 53, S. 415-469.

Leister, I. und H.-J. Nitz [Hg.] (1975): Räumliche Organisation der früh- und hochmittelalterlichen Binnenkolonisation und deren Siedlungsformen. In: Berichte z. dt. Landeskunde 49, S. 1-134.

Lienau, C. (1978): Basic Material for the Terminology of the Agricultural Landscape. Types of Field Patterns, 2. Aufl. Gießen.

Lienau, C. (1986): Ländliche Siedlungen. (Das Geographische Seminar) Braunschweig.

Loose, R. (1976): Siedlungsgenese des Oberen Vintschgaus. (Forschungen z. dt. Landeskunde 208) Trier.

Mertins, G. (1964): Die Kulturlandschaft des westlichen Ruhrgebiets. (Gießener Geogr. Schriften 4) Gießen.

Meitzen, A. (1895): Siedelung und Agrarwesen der Westgermanen und Ostgermanen, der Kelten, Römer, Finnen und Slawen. 3 Bände. Berlin.

Meynen, H. (1978): Die Wohnbauten im nordwestlichen Vorortsektor Kölns mit Ehrenfeld als Mittelpunkt. (Forschungen z. dt. Landeskunde 210) Trier.

Müller-Wille, W. (1944): Langstreifenflur und Drubbel. Ein Beitrag zur Siedlungsgeographie Westgermaniens. In: Deutsches Archiv für Landes- und Volksforschung 8 (hg. v. E. Meynen). Leipzig, S. 9-44. [Wiederabdruck in: Historisch-genetische Siedlungsforschung (Wege der Forschung 300), hg. v. H.-J. Nitz. Darmstadt 1974, S. 247-314.]

Müller-Wille, W. (1952): Westfalen. Landschaftliche Ordnung und Bindung eines Landes, 1. Aufl. Münster, 2. Aufl. Münster 1981.

Nitz, H.-J. (1972): Zur Entstehung und Ausbreitung schachbrettartiger Grundrißformen ländlicher Siedlungen und Fluren. Ein Beitrag zum Problem 'Konvergenz und Übertragung'. In: Hans-Poser-Festschrift, hg. von J. Hövermann und G. Oberbeck. (Göttinger Geogr. Abhandlungen 60) Göttingen, S. 375-400. [In diesem Band enthalten.]

Nitz, H.-J. [Hg.] (1976): Landerschließung und Kulturlandschaftswandel an den Siedlungsgrenzen der Erde. (Göttinger Geogr. Abhandlungen 66) Göttingen.

Nitz, H.-J. (1976): Konvergenz und Evolution in der Entstehung ländlicher Siedlungsformen. In: 40. Deutscher Geographentag Innsbruck 1975. Tagungsbericht und wissenschaftliche Abhandlungen, hg. von H. Uhlig und E. Ehlers. (Verhandlungen d. Dt. Geographentages 40) Wiesbaden, S. 208-227. [In diesem Band enthalten.]

Nitz, H.-J. (1980): Ländliche Siedlungen und Siedlungsräume – Stand und Perspektiven in Forschung und Lehre. In: 42. Deutscher Geographentag Göttingen 1979. Tagungsbericht und wissenschaftliche Abhandlungen, hg. von G. Sandner und H. Nuhn. (Verhandlungen d. Dt. Geographentages 42) Wiesbaden, S. 79-102. [In diesem Band enthalten.]

Nitz, H.-J. (1983): The Church as Colonist: The Benedictine Abbey of Lorsch and Planned Waldhufen Colonization in the Odenwald. In: Journal of Historical Geography 9, S. 105-126.

Nitz, H.-J. [Hg.] (1987): The Medieval and Early-Modern Rural Landscape of Europe under the Impact of the Commercial Economy. Göttingen.

Nitz, H.-J. (1988a): Introduction from Above: Intentional Spread of Common-Field Systems by Feudal Authorities through Colonization and Reorganization. In: Geografiska Annaler, Series B, 70, S. 149-159. [In diesem Band enthalten.]

Nitz, H.-J. (1988b): Settlement Structures and Settlement Systems of the Frankish Central State in Carolingian and Ottonian Times. In: Anglo-Saxon Settlements, ed. by D. Hooke. Oxford/New York, S. 249-273.

Nitz, H.-J. (1989): Transformation of Old and Formation of New Structures in the Rural Landscape of Northern Central Europe during the 16th to 18th Centuries under the Impact of the Early Modern Commercial Economy. In: Tijdschrift van de Belgische Vereniging voor Aardrijkskundige Studies – BEVAS; Bulletin de la Société Belge d'Etudes Géographiques – SOBEG, 58, S. 267-290. [In Band I enthalten.]

Nitz, H.-J. [Hg.] (1993): The Early-Modern World-System in Geographical Perspective. (Erdkundliches Wissen – Beihefte z. Geogr. Zeitschrift 110) Stuttgart.

Otremba, E. [Hg.] (1962-1971): Die Flurformen „um 1850" im Gebiet der Bundesrepublik Deutschland. In: Atlas der deutschen Agrarlandschaft, Teil 1, Bl. 9a,b / 10a,b. Wiesbaden.

Raum, W. L. (1982): Untersuchungen zur Entwicklung der Flurformen im südlichen Oberrheingebiet. (Berliner Geogr. Studien 11) Berlin.

Sandner, G. (1985): Zentralamerika und der Ferne Karibische Westen: Konjunkturen, Krisen und Konflikte 1503-1984. Stuttgart.

Schäfer. H.-P. (1982): Forschungsschwerpunkte und Zukunftsaufgaben der Historischen Geographie: Verkehr. In: Erdkunde 36, S. 114-119.

Schenk, W. (1988): Mainfränkische Kulturlandschaft unter klösterlicher Herrschaft. Die Zisterzienserabtei Ebrach als raumwirksame Institution vom 16. Jahrhundert bis 1803. (Würzburger Geogr. Arbeiten 71) Würzburg.

Scheuerbrandt, A. (1972): Südwestdeutsche Stadttypen und Städtegruppen bis zum frühen 19. Jahrhundert. (Heidelberger Geogr. Arbeiten 32) Heidelberg.

Schöller, P. (1967): Die deutschen Städte. (Erdkundliches Wissen – Beihefte z. Geogr. Zeitschrift 17) Wiesbaden.

Schröder, K. H. und G. Schwarz (1970): Die ländlichen Siedlungsformen in Mitteleuropa. Grundzüge und Probleme ihrer Entwicklung. (Forschungen z. dt. Landeskunde 175) Bad Godesberg. – Zweite, ergänzte Aufl. Trier 1978.

Schwarz, G. (1978): Der Ablauf des Siedlungsgeschehens. In: Die ländlichen Siedlungsformen in Mitteleuropa, hg. v. K. H. Schröder und G. Schwarz. (Forschungen z. dt. Landeskunde 175) 2. Aufl. Trier, S. 9-34.

Schwind, M. (1981): Das Japanische Inselreich. Bd. 2: Kulturlandschaft. Wirtschaftsgroßmacht auf engem Raum. Berlin/New York.

Simms, A. (1982): Die Historische Geographie in Großbritannien. „A Personal View". In: Erdkunde 36, S. 71-78.

Stanislawski, D. (1946): The Origin and Spread of the Grid-Pattern Town. In: Geogr. Review 36, S. 105-120.

Strahl, D. (1977): Sozial-ökonomische Wertmaßstäbe und ihre Wandelbarkeit im ländliche Raum. Untersucht an Beispielen aus dem Dollendorfer und Hillesheimer Kalkgebiet und der östlichen Hocheifel. (Kölner Geogr. Arbeiten 35) Köln.

Teuteberg, H.-J. [Hg.] (1983): Urbanisierung im 19. und 20. Jahrhundert – Historische und Geographische Aspekte. (Städteforschung Reihe A16) Köln/Wien.

Tichy, F. (1979): Genetische Analyse eines Altsiedellandes im Hochland von Mexiko – Das Becken von Puebla-Tlaxcala. In: Gefügemuster der Erdoberfläche. Festschrift zum 42. Deutschen Geographentag in Göttingen 1979, hg. von J. Hagedorn, J. Hövermann und H.-J. Nitz. Göttingen, S. 339-374.

Uhlig, H. (1956): Die Kulturlandschaft – Methoden der Forschung und das Beispiel Nordostengland. (Kölner Geogr. Arbeiten 9/10) Köln.

Uhlig, H. (1961): Old Hamlets with Infield and Outfield Systems in Western and Central Europe. In: Geografiska Annaler 43, S. 285-312.

Uhlig, H. und C. Lienau (1967): Basic Material for the Terminology of the Agricultural Landscape. I: Types of Field Patterns. 1. Aufl. Gießen.

Uhlig, H. (1972): Basic Material for the Terminology of the Agricultural Landscape. II: Rural Settlements. Gießen.

Wallerstein, I. (1974, 1980, 1989): The Modern World-System, I–III. New York u. a.

Wenzel, H.-J. (1974): Basic Material for the Terminology of the Agricultural Landscape. III: Rural Population. Gießen.

Weyand, H. (1970): Untersuchungen zur Entwicklung saarländischer Dörfer und ihrer Fluren. (Veröffentlichungen d. Inst. f. Landeskunde d. Saarlandes 17) Saarbrücken.

Wieger, A. (1990): Agrarkolonisation, Landnutzung und Kulturlandschaftsverfall in der Provinz New Brunswick (Kanada). (Aachener Geogr. Arbeiten 22) Aachen.

Wilhelmy, H. und A. Borsdorf (1984): Die Städte Südamerikas. 1: Wesen und Wandel. Stuttgart/Berlin.

Wilhelmy, H. und A. Borsdorf (1985): Die Städte Südamerikas. 2: Die urbanen Zentren und ihre Regionen. Stuttgart/Berlin.

Wirth, E. (1971): Syrien. Eine geographische Landeskunde. (Wissenschaftliche Länderkunden 4/5) Darmstadt.

Martin Borns wissenschaftliches Werk unter besonderer Berücksichtigung seines Beitrages zur Erforschung der ländlichen Siedlungen in Mitteleuropa

Martin Born hat in den 25 Jahren, die er bis zu seinem allzufrühen Tode als Forscher tätig sein konnte, ein wissenschaftliches Werk von einem ganz bemerkenswerten Umfang geschaffen – es umfaßt über siebzig Arbeiten, darunter mehrere Monographien. Zugleich ist es ein Werk von großer thematischer Breite. Doch diese Breite bedeutet nicht Vielfalt im Sinne eines Engagements auf vielerlei Gebieten der Anthropogeographie. Vielmehr kreisen seine Arbeiten bei aller thematischen Breite um ein Zentralthema: die Kulturlandschaft als historisch gewordener Raum, dessen Entwicklungsstadien bis in die Gegenwart zu verfolgen sind, weil die Gegenwartsstruktur nur voll verstanden werden kann aus den vorangegangenen historischen Formungsprozessen.

Und ein Drittes kennzeichnet das wissenschaftliche Werk Martin Borns: sein ständiges Bemühen, von regionalen und auf Zeitschnitte begrenzten Fallstudien durch vergleichende Betrachtung vorzustoßen zur Erkenntnis von Regelhaftigkeiten im kulturlandschaftlichen Geschehen, Regelhaftigkeiten im Sinne regionaler und allgemeiner Typen von Siedlungsformen und siedlungsformenden Prozessen bis hin zur Periodisierung der Kulturlandschaftsentwicklung größerer Räume.

Dies also charakterisiert Martin Born als Wissenschaftler gleichermaßen – einerseits die intensive kleinräumige Regionalforschung bis zur Dorfanalyse und Kleinstadtmonographie auf der Grundlage von Gelände- und Archivarbeit, und andererseits auf dieser Basis, die ihm zugleich ein fundiertes Urteil über andere Regionalstudien erlaubte, der Schritt zur großräumig-vergleichenden, zusammenfassenden Synthese. Dies zeigt sich in fast allen Themenbereichen, denen er sich widmete. Ich möchte diese, ehe ich mich dem im Thema bezeichneten Kernbereich seiner Forschungen zuwende, kurz skizzieren, um so zugleich die besondere Stellung der Siedlungsforschung in Borns Werk zu verdeutlichen.

Da ist zunächst die *Wüstungsforschung*. Aus seinen zahlreichen lokalen und regionalen Untersuchungen an Wüstungen, die er bereits Anfang der 50er Jahre als Primaner in seiner nordhessischen Heimat des Dillgebietes begann, als Scharlau-Doktorand zum Gegenstand seiner Dissertation machte (1957) und bis in die 70er Jahre fortführte (zuletzt 1976b), aus diesen regionalen Wüstungsuntersuchungen erwuchsen als Synthese mehrere grundlegende Aufsätze. In ihnen verarbeitete er auch seine profunde Kenntnis der übrigen regionalen deutschen Wüstungsforschung. Diese Synthesen enthalten grundsätzliche Überlegungen und Definitionen zum Begriffssystem der Wüstungsforschung (1968a, 1972c, 1977b, 1979c), zur Abgrenzung von Wüstungsperioden in Mitteleuropa (1979b) und zu den Möglichkeiten und Grenzen der Erkenntnis der Wüstungsforschung hinsichtlich der Flurformen (1967a, 1970b, 1979c).

Ein zweites Forschungsfeld bildeten *Studien zur spätmittelalterlichen und frühneuzeitlichen Kulturlandschaftsentwicklung*, speziell der Flur- und Dorfformenentwicklung in verschiedenen Landschaften Nordhessens – im Schwalmgebiet (1961a), im Raum um Eschwege an der Werra und um Kassel (1970a). Diese Untersuchungen unterscheiden sich von seinen ersten Arbeiten zur Wüstungsforschung nicht so sehr durch die Wahl anderer Regionen als vielmehr durch die Einbeziehung einer bis dahin von der Siedlungsforschung kaum beachteten Formungsphase der Siedlungsentwicklung, nämlich die der frühen Neuzeit und des Absolutismus. Sie unterscheiden sich von den früheren Arbeiten aber auch in forschungsmethodischer Hinsicht dadurch, daß Born seine Ergebnisse durch ein intensives Studium von Flurplänen, Flurbüchern und Urbaren sowie sonstigen Archivalien erzielte. Er näherte sich damit – von den neuzeitlichen Stadien rückwärtsschreitend – der mittelalterlichen Siedlungsstruktur auf einem ganz anderen Wege als dies bis dahin für die Scharlau-Schüler mit der Wüstungsforschung im Gelände üblich war.

Zu den Synthesen, die von diesen jüngeren Regionalforschungen ihren Ausgang nahmen, gehört zunächst die umfassende Darstellung von *„Siedlungsgang und Siedlungsformen in Hessen"* (1972b), die aus seiner Mitarbeit am „Geschichtlichen Atlas von Hessen" erwuchs (1980). Sie arbeitete erstmalig unter Zusammenschau einer Fülle vorliegender Lokal- und Regionalforschungen die großräumigen Züge der Siedlungsperioden und die Typen der in diesen Perioden neuentstehenden oder umgeformten Siedlungen heraus. Weitere Synthesen bilden die beiden Darstellungen zu den übergreifend gültigen Tendenzen des frühneuzeitlichen und des absolutistischen Landesausbaus in Nordhessen (1973c) bzw. in ganz Mitteleuropa (1974b).

Ihre Krönung finden diese zusammenfassenden Arbeiten in seiner Darstellung der siedlungsräumlichen Entwicklungsperioden Mitteleuropas in dem Band *„Die Entwicklung der deutschen Agrarlandschaft"* (1974a). In dieser Arbeit gelang ihm in meisterhafter Beherrschung der wohl gesamten einschlägigen Literatur, die Entwicklungsperioden sowohl in ihren übergreifend gültigen als auch in ihren regional differenzierten Leitlinien zu charakterisieren und die Einzelarbeiten diesen zuzuordnen.

Das Herauswachsen allgemeingültiger Erkenntnisse aus der Regionalforschung zeichnet in gleicher Weise die Arbeiten Borns über den *nordost-afrikanischen Sudan* aus. Während seine Habilitationsschrift über Zentralkordofan (1965a) sowie einige weitere kleinere Studien (1964a, 1964b; 1965b; 1968c; 1976a) sich regionalen agrar- und siedlungsräumlichen Verhältnissen und ihrer historischen Entwicklung widmen oder landeskundlich-monographische Darstellungen bilden, zielt Born in drei weiteren Arbeiten stärker auf das systematische Herausarbeiten typischer Züge: In seiner Untersuchung über „Anbauformen an der agronomischen Trockengrenze Nordostafrikas" (1967b) kommt er zu neuen, allgemeingültigen Erkenntnissen über das Verhältnis von Bodenarten und agronomischer Trockengrenze. Die stadtgeographische Studie über El Obeid (1968b) enthält zugleich generelle Ausführungen „zur Stadtentwicklung im Sudan", wie es im Untertitel heißt. Bezeichnend für Martin Born ist schließlich, daß er sofort den wissenschaftlichen Wert einer von *Randell* und *Lee,* zwei britischen Gastdozenten der Universität Khartoum, zusammengestellten und kommentierten Beispielsammlung von Lage- und Grundrißplänen typischer ländlicher Siedlungen im nordöstlichen Sudan erkannte. Er übersetzte die englischen Texte, ergänzte die Darstellung aufgrund eigener Kenntnisse in beträchtlichem Umfang und gestaltete sie zu einer „Siedlungsgeographie Nordostsudans" (1971a). Es ist m. W. die bisher einzige regionale Siedlungsgeographie aus dem afrikanischen Raum.

Weniger bekannt als seine Studien zur Geographie der ländlichen Kulturlandschaft sind Martin Borns *stadtgeographische Arbeiten*. Zu fünfzig nordhessischen Städten hat er im Rahmen einer Folge „Stadtkurzbeschreibungen" der Berichte zur deutschen Landeskunde knappe Darstellungen verfaßt (1966a; s. a. 1972a). Seine letzte stadtgeographische Studie ist den Städten des Dillgebietes und speziell seiner Heimatstadt Dillenburg gewidmet (1973a). Auch diese Arbeit nahm er zum Anlaß, eine über den Lokalfall hinausgehende ausführliche Darstellung zur allgemeinen historisch-genetischen Stadtgeographie Mitteleuropas zu geben, mit einer Diskussion der im wesentlichen von Historikern vorgelegten Forschungen zu dieser von der Siedlungsgeographie stark vernachlässigten Thematik.

Wir dürfen Martin Born dankbar sein, daß es ihm, der schon vom Beginn seiner schweren Krankheit gezeichnet war, noch gelungen ist, mit seiner umfassenden Lehrbuch-Darstellung der Genese der ländlichen Siedlungsformen in Mitteleuropa (1977a) seine siedlungsgeographischen Forschungen in meisterhafter Form zu krönen. Auf der Grundlage einer profunden, wirklich beneidenswerten Beherrschung der umfangreichen siedlungsgeographischen Literatur ist es ihm hier gelungen, ein neuartiges Konzept der Darstellung von genetischen Siedlungsformen zu entwickeln und zu verwirklichen.

In diesem knappen und sicherlich unvollständigen Überblick über das Werk Martin Borns wird deutlich geworden sein, daß die ländlichen Siedlungen Mitteleuropas von Beginn an im Mittelpunkt seines wissenschaftlichen Interesses standen. Und so lassen sich, wie ich glaube, der wissenschaftliche Weg, die Entfaltung und Reifung, die Leistungen und herausragenden Verdienste des Forschers Martin Born am deutlichsten auf diesem seinem wichtigsten Arbeitsgebiet nachzeichnen.

Obwohl seine Forschungsarbeit ein ungebrochenes Kontinuum bildet, meine ich doch darin drei Phasen oder Stränge zu erkennen. Die *erste Phase* steht ganz im Zeichen der *siedlungsgeographischen Wüstungsforschung* und sieht Martin Born als Schüler, dann als engsten Mitarbeiter Scharlaus am Geographischen Institut der Universität Marburg. Die Entdeckung vor- und frühgeschichtlicher Siedlungsrelikte und deren Rekonstruktion bilden das herausragende Ergebnis dieser frühen Forschungsphase. Die *zweite Phase* beginnt 1958/59 mit der Hinwendung zur Erforschung der *frühneuzeitlichen Siedlungsentwicklung* und der damit verbundenen forschungsmethodischen Neuorientierung auf archivalische Siedlungsdokumente. Sie führt ihn zu ganz neuen Erkenntnissen, auch im Hinblick auf die mittelalterliche Siedlungsstruktur, zu Erkenntnissen, die mit denen der Mortensen-Scharlau-Schule in vieler Hinsicht nicht übereinstimmten, sich vielmehr weitgehend mit denen der damals als konkurrierend empfundenen Schule Anneliese Krenzlins deckten. 1967 folgt dann auf der Grundlage weiterer Forschungen, vor allem der

Ergebnisse von Horst Kern (1966), die endgültige Abkehr von der Mortensen-Scharlau'schen Interpretation mittelalterlicher Ackerterrassen als Reste einer Langstreifenflur. Damit hatte Born bereits um 1960 methodisch wie erkenntnismäßig einen eigenständigen Weg eingeschlagen. Die wichtigsten Markierungspunkte dieser Phase sind die Arbeit über das Schwalmgebiet (1961a) und die 1970 veröffentlichten *„Studien zur spätmittelalterlichen und frühneuzeitlichen Siedlungsentwicklung in Nordhessen"* (1970a).

Die *dritte Phase* möchte ich als die der souveränen Meisterschaft in der *großen Synthese* kennzeichnen: 1972 „Siedlungsgang und Siedlungsformen in Hessen", 1974 *„Die Entwicklung der deutschen Agrarlandschaft"* und 1977 – als erster Band einer *„Geographie der ländlichen Siedlungen"* – *„Die Genese der Siedlungsformen in Mitteleuropa"*. Es war ihm nicht mehr vergönnt, dieses Werk mit dem vorgesehenen zweiten Band einer Geographie der ländlichen Siedlungen außerhalb Mitteleuropas zu vollenden.

Auf diese drei Phasen seiner siedlungsgeographischen Forschungen möchte ich im folgenden ausführlicher eingehen, um so Martin Borns wissenschaftlichen Weg nachzuzeichnen und seinen Beitrag zur Erforschung der ländlichen Siedlungen in Mitteleuropa zu würdigen.

Die *erste Forschungsphase* – die Phase der *siedlungsgeographischen Wüstungsforschung*. Martin Born war in Dillenburg aufgewachsen, wo die lokale Geschichtsforschung schon seit langem die im Lahn-Dill-Gebiet unter Wald liegenden Flurrelikte wüstgefallener Siedlungen des Mittelalters bemerkt und mit ihrer Registrierung begonnen hatte. Durch seine als Primaner zum Abitur verfaßte Jahresarbeit *„Die Wüstungen des Dillkreises"* (s. 1957, S. 3) war er bereits gründlich mit dem Objekt vertraut, für die Siedlungsforschung begeistert und kam gewissermaßen bereits zum ersten Semester mit einem Dissertationsthema zu Kurt Scharlau, einem der beiden damals führenden deutschen siedlungsgeographischen Wüstungsforscher (vgl. 1965c). Bereits in seinem fünften Studiensemester begann er mit den Feldforschungen zu seiner Doktorarbeit *„Die Siedlungsentwicklung am Osthang des Westerwaldes"* im Gebiet des heimatlichen Dillkreises, und schon am Ende des achten Semesters im Februar 1957 promovierte er mit dieser Arbeit zum Dr. phil.

Die erzielten Ergebnisse bestätigten hinsichtlich der mittelalterlichen Siedlungsstruktur ganz und gar die Erkenntnisse, die Mortensen, Scharlau und eine ganze Reihe ihrer Schüler bis dahin bereits erzielt hatten, nämlich kleine Gruppensiedlungen mit Langstreifenfluren, deren Parzellen sich mit Längen von mehreren Hundert Metern isohypsenparallel als Streifensysteme am Hang entlangzogen. Solche Langstreifensysteme wurden mit Hilfe der Kartierung der bruchstückhaft erhaltenen Relikte der Ackerterrassen mit ihren Stufenrainen rekonstruiert.

Diesen Forschungsstand muß man vor Augen haben, um Borns originären Beitrag zur damaligen historisch-geographischen Siedlungsforschung würdigen zu können. Er lag in der Entdeckung vormittelalterlicher, vor- und frühgeschichtlicher Fluren und Wohnplätze und der rekonstruktiven Interpretation ihrer Formen. Vorgeschichtliche Besiedlung war am Osthang des Westerwaldes bereits durch Archäologen nachgewiesen worden, in Form von keltischen Ringwällen und Siedlungsplätzen. Das Auftreten einer so frühen Besiedlung in Hochflächenlage im Mittelgebirgsbereich war insofern nicht unwahrscheinlich, weil es sich hier um vulkanische Gesteine handelt, die einen zwar steinreichen, aber tiefgründigen und einigermaßen nährstoffreichen Boden liefern. Born erkannte in Arealen, die sich meist hangaufwärts an die – ins Mittelalter datierten – Langstreifenflurterrassen anschlossen, Relikte von Parzellenumgrenzungen, die völlig anders aussehen: bis 1 ½ m hohe und bis 3 m breite Wälle aus Lesesteinen – Born nannte sie „Blockwälle" – die rechteckige oder auch unregelmäßig geformte Flächen allseitig umschließen, Flächen mit Größen von ½ bis 1 ½ ha. Die Seitenlängen dieser Parzellen betragen einige Zehnermeter, die Langseiten gelegentlich bis 150 m (1957, S. 26-55). Die von derartigen Blockwällen eingehegten Flächen mußten ehemalige Ackerparzellen sein, denn es lagen stets mehrere beisammen, und in der Nähe einer solchen Blockparzellengruppe fand sich fast immer ein aus Steinen aufgebautes halbkreisförmiges Podest, das von der Archäologie als Wohnpodium, als Hausplatz angesprochen wird, zumal sich hier Kulturreste in Form von Keramikscherben finden (1957, S. 55-57).

Scharlau führte für diesen von Born entdeckten Typ von Fluranlage den Terminus „Kammerflur" ein, weil die von einem hohen Blockwall eingehegte Fläche wie eine Kammer wirkte (Scharlau 1957). Oft liegt solch ein aus mehreren Kammerparzellen bestehender Flurbezirk mit einem Wohnpodium isoliert, wenngleich in lockerer Nachbarschaft zu ähnlichen Komplexen, oder es liegen wenige Wohnpodien enger benachbart, so daß Born die Siedlungsstruktur als Streusiedlung und lockere Hofgruppensiedlung kennzeichnen konnte, und den von diesen gebildeten einstigen Siedlungsraum als ein Netz kleiner, inselartig im Waldland verstreuter Siedlungszellen (1957, S. 183 f.).

Die vormittelalterliche Datierung dieser Siedlungsschicht war klar nachweisbar durch die mehrfach erkennbare Überdeckung solcher Kammerflurrelikte durch die Relikte der mittelalterlichen Terrassenflur; in den meisten Fällen wurden sie durch den mittelalterlichen Ackerbau geschleift (1957, S. 57). Eine absolute Chronologie lieferten archäologische Befunde, nämlich Keramikreste und die Nachbarschaft vor- und frühgeschichtlicher Ringwälle (1957, S. 26-29; 1961b, S. 18-21). Born hatte sich – für einen Wüstungsforscher unabdingbar – die Methoden der archäologischen Keramik-Datierung angeeignet und ließ darüber hinaus sein Fundmaterial von Fachleuten überprüfen (1957, S. 23-25). Die Datierung ergab, daß derartige Siedlungen bereits in den Jahrhunderten um Christi Geburt bestanden, ihr Bestehen jedoch bis ins 6. Jahrhundert n. Chr. gereicht haben kann, da – wie der Archäologe Schoppa zeigen konnte – der hier gefundene handgemachte einfache Keramiktyp bis in diese Zeit im Gebrauch war (ebd.). Ein weiteres von Born und Scharlau herangezogenes Argument für eine so frühe Datierung war die formale Ähnlichkeit des Kammerflurtyps des Westerwaldes mit den in Holland, in Holstein und in Dänemark von den Archäologen van Griffen, Jankuhn und Hatt kartierten eisenzeitlichen Fluren (1957, S. 57 u. S. 174; Scharlau 1957). Damit konnte Born es auch wagen, aus der Parzellengestaltung auf den verwendeten Pflug, nämlich den Hakenpflug zu schließen. Die mächtigen Blockwälle schienen auf eine arbeitsaufwendige Nutzung hinzudeuten, so daß Born eine fluktuierende Feldwechselwirtschaft ausschloß und eine Form der Brachwirtschaft für wahrscheinlich hielt (1957, S. 175).

Außerordentlich sorgfältige Geländebeobachtungen und Kartierungen der Flurrelikte und scharfsinnige Argumentation kennzeichnen Borns Forschungsweise und ließen ihn noch zwei weitere Entdeckungen machen: Er stellte fest, daß randlich in solchen noch erhaltenen Kammerflurkomplexen länglich-rechteckige Parzellen auftreten, deren talwärtige Seite einen, z. T. durch Steinpackungen verstärkten, Stufenrain aufweist (ein instruktives Beispiel gibt Abb. 5 in 1957, Text S. 34 und S. 59). Diese Ackerform – so erkannte Born im Anschluß an ähnliche Überlegungen Scharlaus – kann nur bei Verwendung eines schollenkippenden Pfluges entstanden sein, zeigt also einen Fortschritt der Pflugtechnik an. Die Randlage in der Kammerflur deutet Born als Zeichen für einen jüngeren Ausbau.

Diese Beobachtungen erlaubten die Interpretation einer dritten Gruppe von Relikten früheren Ackerbaus, nämlich isolierte, bis zu drei Meter hoch aufgetürmte Steinhaufen, die eigenartigerweise immer in hangab laufenden Fluchtlinien angeordnet erscheinen. An diesen Steinhaufen setzen quer jeweils niedrige Stufenraine an (1957, Abb. 15 gibt ein gutes Beispiel, dazu der Interpretationstext S. 60). Born deutet diesen Befund scharfsinnig wie folgt: Die Steinhaufen sind zusammengetragene Reste ehemaliger Blockwälle als Seitenbegrenzungen von Kammerparzellen. Diese Seitenwälle wurden geschleift, um einen neuen Ackertyp einzuführen, nämlich hangparallel übereinander treppenförmig angeordnete Ackerterrassen, in welche die bisherigen Ackerkammern unterteilt wurden. Jede Terrasse ist etwa 8 m breit, und bis zu zehn liegen wie eine Treppe innerhalb einer Kammerparzelle übereinander. Born nannte diesen Ackertyp daher „Treppenflur". Um sie mit dem Scharpflug pflügen zu können, beseitigten die damaligen Bauern die beim Pflugwenden störenden seitlichen Steinwälle, indem sie sie zu großen Haufen in der Linie dieser alten Wälle zusammentrugen.

Diese Deutung unterschiedlicher Ackerformen bzw. eines Ackerformenwechsels durch den Übergang zu einem anderen Pflugtyp entsprach durchaus dem damaligen wissenschaftlichen Diskussionsstand der archäologischen und historisch-geographischen Siedlungsforschung. Ich nenne den Archäologen G. Hatt (1955) und den Geographen W. Müller-Wille (1944). Darüber hinaus zog Born mit aller Vorsicht auch eine ethnische Interpretation in Betracht. Er hielt es für möglich, daß entsprechend der nicht ganz unumstrittenen Auffassung der Archäologen Böttger und Behagel „die Fluren mit blockförmiger und streifenförmiger Kammerflur auf eine Überlagerung und Umwandlung keltischen Kulturgutes durch germanische Einflüsse hinweisen" (1957, S. 178).

Während die siedlungsgenetische Interpretation mittelalterlicher Flurrelikte später einer gründlichen Revision unterworfen werden mußte, fügen sich Borns Feststellungen vor- und frühgeschichtlicher Siedlungen weiterhin zwanglos in den siedlungshistorischen Entwicklungsgang ein. Allerdings muß konstatiert werden, daß Borns Befunde von der Siedlungsarchäologie kaum beachtet wurden. So stellt z. B. H. Jankuhn in seiner „Einführung in die Siedlungsarchäologie" (1977) fest: „Solche Forschungen (an sog. 'celtic fields') sind allerdings regional begrenzt geblieben und werden vor allem in England, den Niederlanden, Norddeutschland, Dänemark und Skandinavien betrieben, während das südliche Mitteleuropa noch keine gesicherten Spuren solcher Feldeinteilungen und Flurbildungen geliefert hat" (S. 123).

Die Ursachen des Wüstfallens der Kammer- und Treppenfluren haben aufgrund neuerer archäologischer und historischer Forschungen eine andere, tragfähigere Deutung erfahren. Im Gegensatz zu seiner 1957 vertretenen Annahme eines relativ kontinuierlichen Übergangs von den Kammerflur-Siedlungen zu den Siedlungen mit Langstreifenfluren (1957, S. 179) trug Born in seinem Aufsatz zum Stand der siedlungsgeographischen Ackerrainforschung im Lahn-Dill-Gebiet (1973b) eine neue Auffassung vor: Die von ihm erkannte Siedlungsstruktur mit inselhaft verstreuten kleinen Siedlungszellen mit kleinblockiger Kammerflur und wenigen locker benachbarten Höfen pro Siedlung repräsentieren einen inzwischen auch archäologisch nachgewiesenen frühgeschichtlichen Siedlungstyp, der sich durch noch fehlende Stetigkeit, d. h. durch häufige Verlegung von Wohnplatz und Flur auszeichnet. Die damit anzunehmende Landwechselwirtschaft erlaubte es, daß der Ackerbau vielfach auf Böden ausgriff, „die für eine intensive und längerdauernde Nutzung wenig geeignet waren" (1973b, S. 100): Dies erklärt, daß die Kammerflur-Siedlungsrelikte in deutlich höhere Hanglagen hinaufreichen als die mittelalterlichen Dauersiedlungen.

Daß dann viele dieser frühgeschichtlichen Siedlungen in den höheren Lagen wüstfielen, interpretiert Born nunmehr schlüssiger mit dem strukturellen Wandel des Gesellschafts- und Wirtschaftssystems in merowingisch-karolingischer Zeit: Mit der fränkischen Reichsgründung setzt sich politische Stabilität durch und in ihrem Rahmen die Grundherrschaft mit der Institution der Villikation, in der Menschen und Land herrschaftlich-zentral organisiert werden. Hinzu kommt mit der Christianisierung die Bindung an die Kirchengemeinde, an die Nähe zum Kirchort. Dafür – so deutet Born dieses neue Herrschaftssystem siedlungsgeographisch – bildete die Dorfsiedlung die neue optimale Siedlungsform. Es kommt folglich zur Konzentration der verstreuten Kleinsiedlungen zu Dörfern, d. h. es kommt zu einem Wüstungsprozeß, der strukturell im Wandel der Gesellschafts- und Wirtschaftsverfassung begründet liegt. Dieser Prozeß setzt am frühesten in den fruchtbaren Beckenlandschaften ein und erreicht spätestens in der Karolingerzeit auch die frühgeschichtlich schon besiedelten Bergländer; hier hatte sich die frühgeschichtliche – H. Bobek würde sagen: sippenbäuerliche – Struktur am längsten erhalten. Da nun die für einen Dauerfeldbau ungeeigneten höheren Lagen endgültig aufgegeben wurden, haben sich allein hier die Relikte der frühgeschichtlichen Kammerfluren unter Wald erhalten (1973b, S. 100 f.).

Wie sein Lehrer Kurt Scharlau hatte Martin Born die These von der hangparallel angelegten *Langstreifenflur als vorherrschender Typus der mittelalterlichen Flur* vertreten. Als eine Revision dieser Auffassung notwendig wurde, vertrat Martin Born sie mit dem ganzen Gewicht seines wissenschaftlichen Ranges ohne Rücksicht darauf, daß sich damit auch ein wesentlicher Teil seiner eigenen Forschungsresultate als Irrtum erwiesen hatte. Dieses unabdingbare geradlinige Streben nach wissenschaftlicher Wahrheit ohne Wenn und Aber kennzeichnet in besonderem Maße den Charakter Martin Borns. Es erscheint mir daher wichtig, diesen für die historisch-genetische Siedlungsgeographie Mitteleuropas auch wissenschaftsgeschichtlichen Umbruch und die Rolle Martin Borns etwas ausführlicher nachzuzeichnen.

Die von Mortensen und Scharlau (1949) am Beispiel der Wüstung Muchhausen im Knüll-Bergland eingeführte *Rekonstruktionsmethode* stand bekanntlich unter dem Eindruck einer von W. Müller-Wille (1944) und G. Niemeier (1944) entwickelten Theorie: Es ist die These einer seit germanischer Zeit bis ins Mittelalter vorherrschenden Kleingruppensiedlung – des sog. Drubbels – mit langstreifiger Flureinteilung bei ursprünglich gleicher Parzellenbreite als Ausdruck der Gleichrangigkeit der als Genossen oder Sippenmitglieder gedeuteten Siedler. Unter dem Eindruck dieser an nordwestdeutschen Eschsiedlungen entwickelten Vorstellung wurden nun von Mortensen und Scharlau bei ihren Wüstungskartierungen die unter Wald liegenden hangparallel hinziehenden Ackerterrassen als Reste einer Langstreifenflur gedeutet, zumal in der Tat einwandfrei durchziehende Stufenraine von beachtlicher Länge, bis zu 700 m, kartiert werden konnten. Aus kürzeren Stufenrainstücken, die einigermaßen hangparallel lagen, wurden – der theoriegesteuerten Erwartung entsprechend – durch gedachte Ergänzungslinien lange Streifenterrassen rekonstruiert. Auch Born war bei seinen Wüstungskartierungen am Osthang des Westerwaldes so vorgegangen und hatte damit eine vermeintliche Bestätigung für die seit frühmittelalterlicher Zeit sich durchsetzende Langstreifenflur gebracht.

Der Scharlau-Schüler Horst Kern, der seine Dissertation erst nach dem Tode seines Lehrers abschloß – Scharlau starb 1964 – kam bei Kartierungen solcher Terrassenrelikte ohne gedachte Ergänzungslinien zu der Feststellung, daß sie nicht die erwartete und behauptete strenge Parallelität und einen durchgehenden Verlauf, sondern vielmehr häufige Versetzungen zeigten; auch die bisher konstatierte überwiegend gleiche Streifenbreite innerhalb eines Terrassensystems konnte Kern nicht bestätigen. Er kam zu dem Ergebnis, daß sich solche Flurrelikte bei nüchternem Hinsehen eher durch Regellosigkeit auszeichnen. Was blieb, war der isohypsenparallele Verlauf der Stufenraine, der zwanglos aus geländebedingten pflugtechnischen Notwendigkeiten zu erklären ist. Die Deutung als Langstreifenflur im Sinne von Mortensen und Scharlau war damit nicht aufrechtzuerhalten, zumal Kern mit Recht darauf hinweisen konnte, daß Terrassenstufen nicht in jedem Falle auch Besitzgrenzen gewesen sein müssen, sondern ebenso bei Betriebsparzellen in Hanglage auftreten (Kern 1966, S. 236-242 u. S. 254-259).

Born erkannte nach Überprüfung solcher Kartierungen, auch der berühmten Flur von Muchhausen, die Berechtigung dieser Kritik an, die auch seine eigenen Interpretationen betraf (1967a). Er löste sich konsequent von der als Fiktion erkannten hangparallelen Langstreifenflur. Während Kern der Auffassung war, daß es bei diesen „Horizontalfluren", wie er sie bezeichnete, kaum möglich sei, „aus den kartierten Fluren Besitzgrenzen zu rekonstruieren", das heißt zu den ehemaligen Flurformen nichts auszusagen sei (Kern 1966, S. 237), tat Born mit der Revision zugleich den Schritt zu einer neuen Flurformeninterpretation. Grundlegend für diesen Umbruch wurde sein Aufsatz „Langstreifenfluren in Nordhessen?" von 1967.

Zum einen zog Born eine terminologische Konsequenz: Anstelle des genetischdeutenden Begriffs der „hangparallelen Langstreifenflur" schlug er die rein deskriptive Bezeichnung „regellose Terrassenflur" vor (1967a, S. 129). Kern hatte aus schriftlichen Quellen für sein Amöneburger Untersuchungsgebiet das Bestehen von Gewannfluren bereits vor der spätmittelalterlichen Wüstungsperiode erschlossen und daraus abgeleitet, daß die Gewannflur demnach auch die Flurform sei, die den wüstliegenden unregelmäßigen Stufenrainsystemen zugrundeliege (Kern 1966, S. 241 f.). Born gab sich damit nicht zufrieden. Er begann konsequent den morphologischen Vergleich unmittelbar benachbarter Wüstungsflurareale und noch existierender Gewannflurareale innerhalb ein und derselben Gemarkung, um Übereinstimmungen und Unterschiede herauszuarbeiten. Die Beispieluntersuchungen sind in dem Aufsatz von 1967 wiedergegeben. Die Ergebnisse unterscheiden sich in einigen Punkten von denen Kerns und führen damit die Diskussion über die Vorformen der Gewannflur weiter.

Born stellt fest: Die Wüstungsfluren sind bei der Aufgabe im späten Mittelalter in prinzipiell ähnlicher Form wie die neuzeitliche Gewannflur parzelliert gewesen, jedoch im allgemeinen mit größerer Längserstreckung der Ackerterrassen als die jüngeren Gewannstreifen. Das bedeutet, daß auf den nicht wüstgefallenen Flurteilen in der Neuzeit eine stärkere Parzellierung und eine Aufgliederung in kleinere Gewanne erfolgt sein muß. Spätmittelalterlich wüstgefallene Gewanne konnten immerhin bis zu 600 m lange Parzellen aufweisen, jedoch überwogen Längen von 200-300 m. Wesentlich ist auch folgender von Born erkannte Unterschied: „Mit meist gekrümmten Parzellen unterscheiden sie sich erheblich von den überwiegend geradlinigen Rain- und Anwandgrenzen der Gewannflur" (1967a, S. 126). In der rekonstruktiven Deutung der Altform, die der schon relativ schmal terrassierten Flur z. Zt. ihres Wüstfallens im späten Mittelalter vorausgeht, wagte Born folgende These: „Die ursprüngliche Breite der Parzellen kann nicht immer ermittelt werden, da sicher nicht alle Stufenraine Besitzgrenzen gewesen sind. Aus der unterschiedlichen Höhe der Stufenraine konnte bei verschiedenen Flurwüstungen auf eine erste Terrassenbreite von etwa 50-100 m (...) geschlossen werden (...). Durch Längsteilungen scheinen erst später die schmalen, 20-40 m breiten Terrassen mit schwächer ausgebildeten Stufenrainen entstanden zu sein (...). Schon im Mittelalter hat auf dem streifigen Parzellengefüge durch Querteilungen eine Art von Vergewannung oder Aufteilung in kleine Blöcke eingesetzt" (1967a, S. 128). Damit erkannte er, wenn auch nur „grob klassifizierend" (1972b, S. 55), ein Frühstadium der Fluren aus „ungefügen" Breitstreifen, deren altertümliche geländeangepaßte Parzellenführung auch während der spätmittelalterlichen Zersplitterung in schmälere Streifen noch gewahrt blieb.

Erst bei der in der Neuzeit fortschreitenden Vergewannung erhielt „ein großer Teil der Gewanne eine regelmäßige Begrenzung und etwa geradlinig ausgerichtete, parallel verlaufende Parzellen" (1967a, S. 129), wobei Born für diese stärker geometrische Form „gewisse Flurregulierungen" für wahrscheinlich hielt. Er war allerdings kritisch genug, den zunächst nur arbeitshypothetischen Charakter solcher Interpretationen zu betonen, wenn er schreibt: „Zur Erhellung der Genese der regellosen Terrassenfluren in Flurwüstungen bedarf es weiterer Untersuchungen. Der gesicherte Nachweis ihrer Entstehung aus relieforientierten Breitstreifen oder anderen Vorformen konnte bisher nicht erbracht werden." (1972b, S. 56). Wenn er es dennoch wagte, Arbeitshypothesen zur Genese solcher Fluren zu formulieren, so wollte er damit vor allem weitere Forschungen anregen. Leider ist zu konstatieren, daß seither die flurformenorientierte Wüstungsforschung keine Fortschritte in dieser Richtung mehr zu verzeichnen hat.

Borns *zweite Forschungsphase*, die der *frühneuzeitlichen Siedlungsentwicklung* gewidmet ist, gewinnt ihren Anstoß in der Feststellung eines Forschungsdefizits in der bisherigen von Scharlau und Mortensen initiierten Siedlungsforschung. Er mußte nämlich feststellen, „daß in fast keinem Falle der Ablauf der Siedlungsentwicklung, von den Anfängen ausgehend, über die spätmittelalterliche Wüstungsperiode hinaus geschildert wird. Die Entwicklung von Wohnplatz und Flur vom 15. Jahrhundert bis zur Gegenwart war allem Anschein nach keines besonderen Interesses wert, aufgrund der nach der spätmittelalterlichen Wüstungsperiode einsetzenden Stabilität der Wohnplätze erschien wohl die Aussicht auf lohnende Forschungsresultate gering zu sein" (1961a, S. 7). Mit zwei größeren Untersuchungen von 1961(a) und 1970(a) trug er ganz wesentlich zur Schließung dieser Forschungslücke für den nordhessischen Raum bei.

Schon das Thema der ersten Arbeit über das Schwalmgebiet macht deutlich, daß von einer Stabilität der Siedlungen seit dem Spätmittelalter keinesfalls die Rede sein kann: „Wandlung" ist das erste Stichwort des Themas vor „Beharrung ländlicher Siedlungen und bäuerlicher Wirtschaft". Diese Wandlungen in den ländlichen Siedlungen betreffen vor allem die Fluren und kulminieren in *Vergewannungsprozessen*, die das spätmittelalterliche Bild gründlich verändern. Damit – und dies möchte ich betonen – hat Martin Born gleichzeitig mit A. Krenzlin und L. Reusch (1961) die Thematik der Gewannfluren aufgegriffen, und er kam zu ähnlichen Ergebnissen wie diese, wenngleich sich die Wandlungsprozesse in nordhessischen Siedlungen viel differenzierter darstellten als in Unterfranken und daher die Aussagen nicht auf eine so eingängige Formel gebracht werden konnten wie „Die Entstehung der Gewannflur".

Im Rückblick erscheint es mir wirklich bedauerlich, daß Martin Born gerade in dem Moment zu seinen agrargeographischen Forschungen im Sudan aufbrach, als in Göttingen im Oktober 1961 die Forschungsrichtungen von Mortensen/Scharlau und die der Krenzlin-Schule aufeinanderprallten. Borns schriftlich eingereichter, sehr knapp gehaltener Diskussionsbeitrag konnte in der Verkürzung seine ganz bemerkenswerten Ergebnisse nur unzureichend wiedergeben. Die Arbeit selbst, im selben Jahr 1961 wie die Gewannflur-Untersuchung von Krenzlin/Reusch erschienen, läßt in ihrem Titel wiederum kaum erahnen, was an Erkenntnissen zu frühneuzeitlichen Siedlungsprozessen in ihr steckt – und ebensowenig der bescheidene Titel der Arbeit von 1970: *„Studien zur spätmittelalterlichen und neuzeitlichen Siedlungsentwicklung in Nordhessen"*.

Selbst wenn die hier in Nordhessen feststellbaren neuzeitlichen Wandlungsprozesse nicht unbesehen auf andere Räume zu übertragen sind, so haben sie doch insofern für die genetische Siedlungsforschung eine allgemeine Bedeutung, als sie aufzeigen, welche unterschiedlichen Steuerungsfaktoren und Entwicklungslinien möglich sind und daß diese in anderen Räumen in Rechnung zu stellen und zu überprüfen sind. Obwohl die Fülle der wesentlichen Ergebnisse dieser Arbeiten sich in Kürze nur unvollkommen zusammenfassen läßt, kann eine Würdigung von Borns wissenschaftlichen Leistungen gerade an ihnen nicht vorbeigehen, nicht zuletzt deswegen, weil sie es verdienen, in ihrer wissenschaftlichen Bedeutung den übrigen Gewannflur-Forschungen durchaus an die Seite gestellt zu werden.

Wie diese kommt auch Born zu dem Ergebnis, daß das 15. bis 18. Jahrhundert eine Zeit stärkster Umformung von Flur und Dorf ist, und – dies ist seine *erste Hauptthese* – diese Dynamik ist dadurch bedingt, daß *die grundherrschaftliche Kontrolle der Besitzverhältnisse in den Dörfern abnimmt* und dementsprechend umgekehrt die Bauern die aktiven Kräfte der Umgestaltung durch Besitzteilung, -tausch, -verkauf und Rodung sind. Adel und Landesherr suchen dieses bäuerliche Streben nach Freiteilbarkeit und Flächenerweiterung durch Rodung herrschaftlichen Waldes zu bremsen. Im Widerstreit beider Kräftegruppen lassen sich nun Phasen stärkerer Erfolge der einen oder der anderen Gruppe erkennen. Jedoch geht dieser Wandel nicht überall synchron und gleich intensiv vor sich: Die *zweite* hierauf bezogene *Hauptthese Borns* lautet: *Zeitpunkt und Intensität der Gewannbildung* als Ausdruck bäuerlicher Besitzmobilität sind in den einzelnen Gemarkungen *an die rechtliche Qualität der Ländereien gebunden*, d. h. Ländereien, die als sog. Erbland und jung hinzugewonnenes Rottland im Privateigentum der Bauern stehen, können erbgeteilt, verkauft, vertauscht werden, während die Ländereien mit dem Status von Hufenland der mehr oder weniger starken Kontrolle der Grundherren unterstehen und diese bestrebt sind, die Unteilbarkeit der Lehenhöfe zu erhalten und damit auch die bestehende Flurform im Hufen- und Lehen-Land. Die Bauern aber erstreben dessen legale oder illegale Überführung in Erbland. Sobald solche Veränderungen im Rechtsstatus gelingen, kommen rasch Teilungsprozesse in Gang, die zur Vergewannung der Flächen führen. Deshalb müssen, so Born, „Flurformentypen (wie die Gewannflur; d. V.) nicht als zeitlich, sondern als rechtlich und wirtschaftlich bedingte Erscheinungen aufgefaßt werden" (1970c, S. 371).

Dieser den gesamten Zeitraum vom 15. bis 18. Jahrhundert überspannenden Grundtendenz lassen sich nach den Erkenntnissen Borns folgende Teilprozesse zuordnen, die phasenhaft mehr oder weniger stark ablaufen und von Siedlung zu Siedlung in unterschiedlicher Kombination und Stärke auftreten:

1. Die erste Phase nach Ausklingen der spätmittelalterlichen Wüstungsperiode ist geprägt von starker bäuerlicher Aktivität: Stark wachsende Bevölkerungszahl, insbesondere der kleinbäuerlichen Nachsiedler, führt zu umfangreichen unkontrollierten Rodungsvorstößen, zur Bildung von kleinen blockförmigen Rottlandparzellen, die der Freiteilbarkeit unterliegen. Die Grundherren suchen ihren älteren Besitzstand durch Fixierung in Salbüchern zusammenzuhalten.

2. Die Entvölkerungsphase des 30jährigen Krieges läßt in den zeitgenössischen Quellen die für Wüstungsprozesse wesentlichen Bedingungen, die Handlungen und Interessen der überlebenden, an Zahl reduzierten bäuerlichen Bevölkerung, ihre in dieser Situation stärkere Position gegenüber der Grundherrschaft erkennen. Sie liefert zugleich den Schlüssel für Prozesse, die in ähnlicher Weise im spätmittelalterlichen Wüstungsprozeß abgelaufen sein dürften. In den im 30jährigen Krieg partiell wüstgefallenen Siedlungen sind es folgende Prozesse, die Born herausstellt: Wüstfallen eines Teils der spannpflichtigen Vollhöfe mit Hufenland – die restlichen Höfe übernehmen die besten Landstücke dieser wüsten Güter und verschmelzen sie mit ihren eigenen angrenzenden Parzellen, lassen dafür wiederum schlechtere Teile ihres eigenen Landes wüstfallen. Durch solche unkontrollierten Landtauschaktionen kommt es zu beträchtlichen Veränderungen in der Flurgliederung. Die Grundherren vermögen diese Änderungen bei Kriegsende nicht wieder rückgängig zu machen. Weiteres Hufenland wird in dieser Phase zu Erbland entfremdet. Grundherren vergeben schließlich unbesetzte größere Bauerngüter in Teilen in verschiedene Hände, und auch diese Zersplitterung wird nach dem Kriege nicht wieder rückgängig gemacht.

Die von Born sehr intensiv untersuchte Entwicklung in der Flur von Salmshausen im Schwalmtal zeigt in exemplarischer Weise das Resultat solcher Verschiebungen in der Wüstungsphase des 30jährigen Krieges (vgl. die Karten 3, 13 und 14 in Born 1960). Die um 1580 noch in ihren Grundzügen erkennbare und rekonstruierbare Breitstreifenstruktur ist während des Krieges einer regellosen Blockflurstruktur gewichen, obwohl die früheren Gütereinheiten noch existieren. Solche Tauschaktionen von Parzellen und Parzellenstücken zwischen den Gütern – wüstliegende Güter wurden gewissermaßen ausgeschlachtet – dürften auch in der spätmittelalterlichen Wüstungsperiode erfolgt sein und liefern wenigstens z. T. eine Erklärung dafür, daß sich im 16. Jahrhundert in Fluren wie Salmshausen die Teilstücke *verschiedener* bäuerlicher Güter zu Breitstreifen zusammenfügen. Die daran erkennbaren spätmittelalterlichen (wüstungszeitlichen) Verschiebungen wurden offensichtlich ebenfalls nachträglich von den Grundherren sanktioniert und weitere Veränderungen vorübergehend dadurch gebremst, daß die aus den Teilstücken verschiedener Breitstreifen neugebildeten Einheiten einen neuartigen Hufenstatus erhielten (1970a, S. 83). Born vermutet sogar, daß diese neuen spätmittelalterlichen „Hufen" zunächst nur steuerrechtliche Einheiten waren, zu denen keine bestimmten Parzellen gehörten. „Erst bei der Aufteilung der Betriebe und ihrer Parzellen wurden die neuentstandenen Teilungsparzellen einzelnen Hufen zugeordnet. Nur so ist es zu erklären, daß die Parzellen mehrerer Hufen sich bei Rückschreibungen zu einem oder mehreren Breitstreifen vereinen." (Ebd.) Die durch Besitzrückschreibung rekonstruierbaren Hufen sind in diesen Siedlungen also die neugeschaffenen spätmittelalterlichen Einheiten und nicht die der mittelalterlichen Primäranlage. Diese läßt sich nur durch die Flurformenanalyse rekonstruieren, die im Falle von Salmshausen nach Auffassung des Verfassers eine aus ursprünglich sieben etwa gleich breiten Streifen zusammengesetzte Anlage ergibt. Born selbst zögerte 1961, diese Schlußfolgerung über die Vermutung ursprünglich gleichbreiter Streifen hinaus zu ziehen (1961a, S. 28). Unmöglich wird jedoch eine Rekonstruktion dann, wenn es sich um eine Blockflur handelt. Zwar vermochte Born in einem günstig gelegenen Falle (Grebenhagen, 1970a, S. 48) dorfnahe gelegene Großblöcke zu erkennen, doch blieb für ihn „ungewiß, ob die drei rd. 23 ha umfassenden Großblöcke als Ländereien eines besonders qualifizierten Hofes oder als die ältesten Bezirke des Dauerackerlandes, d. i. als 'Urzelgen', auf die sich die Dreifelderwirtschaft einmal beschränkte, zu betrachten sind".

So erweist sich die Rekonstruktion der Breitstreifenfluren auf Grund ihrer formalen Struktur als eher möglich. Gleichzeitig mit Born war Ende der 50er Jahre auch der Scharlau-Doktorand Karl August Seel im Vogelsberggebiet auf entsprechende Fluren in bestehenden Siedlungen wie in Wüstungen gestoßen. In Nordosthessen fanden beide noch eine beträchtliche Zahl weiterer Siedlungen mit derartigen hangaufziehenden Breitstreifenfluren, die sie mit den von Leipoldt in Thüringen beschriebenen Gelängefluren verglichen (Seel 1963, S. 237 ff.; Born 1970a, S. 14 ff.; Born und Seel 1961c).

In der bereits von Seel (1963, S. 238) namhaft gemachten und dann von Born 1970 näher untersuchten Siedlung Wipperode, einer schon im 10. Jahrhundert bestehenden Anlage, konnte er besonders eindrucksvoll nachweisen, daß nur eine starke grundherrschaftliche Kontrolle des Hufenland-Rechtsstatus der Flur die Persistenz der Breitstreifenstruktur seit dem Mittelalter bis ins 18. Jahrhundert gegen das Teilungsinteresse der Bauern verteidigen konnte (1970a, S. 19-27).

Den unterschiedlichen Erfolg von Grundherren in diesem Bestreben fand Born darin begründet, daß es in Nordosthessen erstens sehr reiche, mächtige Grundherren waren, und 2. die Breitstreifenstruktur vermutlich durch ihre geregelte Übersichtlichkeit die Kontrollierbarkeit der Hufenländereien erleichterte im Gegensatz zu Blockfluren mit ihren regellosen Parzellengrößen und Parzellenformen!

3. Die Phase nach dem 30jährigen Krieg ist in Nordhessen durch das zunehmend größere Ausmaß des Vergewannungsprozesses gekennzeichnet und dieser ist durch die Rechtsstatusänderungen von Hufenland während der Kriegsjahre mit geschwächter grundherrlicher Kontrolle vorprogrammiert. Das Beispiel der an Wipperode nur angegliederten Flur des im Spätmittelalter wüstgefallenen Nachbardorfes Brausdorf zeigt, daß die im 30jährigen Krieg unbeaufsichtigt und unkontrolliert geschehene Umwandlung des bisherigen Hufenlandes in den Status von bäuerlichem Erbland in der Hand der Wipperoder Hufenbauern nach dem Kriege zu einer raschen totalen Zersplitterung durch Erbteilung und Verkäufe an Kleinbauern führte, so daß im 18. Jahrhundert bereits die ehemaligen Brausdorfer Breitstreifen in Lang- und Kurzgewanne zerfallen waren (1970a, Karte 1). Die regional und selbst innerhalb einer einzelnen Gemarkung unterschiedliche Dynamik der Vergewannung konnte Born nicht nur auf die unterschiedlich starke oder schwache Kontrolle der Grundherren zurückführen. Er konnte darüber hinaus eine Bindung stärkster Vergewannung an Siedlungen in waldreichen Gebieten feststellen, wo die Gemarkungen seit dem späten Mittelalter durch integrierte Wüstungsfluren vergrößert worden waren. Hier nutzten die Besitzer von Hufenland-Gütern seit dem 15. Jahrhundert die Möglichkeit zu umfangreichen Privatrodungen zur

Ausdehnung ihres Erblandes und konnten im 30jährigen Krieg weiteres Erbland dieser Qualität an sich ziehen. Solche am Ende des Krieges recht großen Bauerngüter konnten schon im 17. Jahrhundert mehrfach unter Erben geteilt werden ohne Einbuße der Spannfähigkeit der Teilgüter. Da im Erbgang jede einzelne Parzelle nach der Zahl der Erben geteilt wurde, kam es kurzfristig zu einer umfassenden Zersplitterung und Gewannbildung (1961a, S. 141).

Demgegenüber erhielten sich in den waldarmen und durch Wüstungsfluren nicht vergrößerten Gemarkungen der Beckenlandschaften die kleinen Siedlungen. Hier war die grundherrliche Kontrolle etwas stärker, da diese Siedlungen „überschaubar" blieben, und die Vergewannung setzte verzögert und schwächer ein. Den Anfang des 18. Jahrhunderts in solchen Kleingemarkungen erreichten geringeren Zersplitterungsgrad demonstriert Born exemplarisch am Stand der von ihm analysierten Siedlung Salmshausen (1961a, Karte 13 und 14). Die Fluren dieser Zeit zeigen gewissermaßen unterschiedliche Flurformen auf zwei Ebenen: Karte 13 zeigt die Flurform der grundherrlichen besitzrechtlichen Einheiten der Hufenlandgüter in Form einer großgliedrigen Blockflur, Karte 14 die gleichzeitig real existierende Flur der bäuerlichen Teilhöfe als Gewannflur im Anfangsstadium.

Entgegen der früheren Annahme von Scharlau, die auch Born zunächst übernommen und vertreten hatte, vollzog sich also in Nordhessen der Vergewannungsprozeß nicht kurzfristig nach der spätmittelalterlichen Wüstungsperiode als eine Art Umlegung einer mittelalterlichen Langstreifenflur, sondern schubweise seit dem 16. Jahrhundert und verstärkt erst nach dem 30jährigen Krieg. Bereits in seiner Untersuchung von 1961 hatte Born das Übergangsstadium zwischen einer mittelalterlichen Blockflur und der neuzeitlichen Gewannflur klar erfaßt, wie es in den von ihm ausgewerteten Salbuch-Parzellenbeschreibungen des 15./16. Jahrhunderts erkennbar wird: Eine Flur, die – wie er es formulierte – eher noch einer „Blockflur mit einzelnen streifenförmigen Parzellen als einer Gewannflur" ähnelt (1961a, S. 30).

Diese Erkenntnis eines sich in mehreren Stadien vollziehenden Formenwandels von Blockfluren zu Kurzgewannfluren, von Breitstreifenfluren zu Kurz- und Langgewannfluren als Ausdruck eines entsprechenden Wandels der besitzrechtlichen und bevölkerungsmäßigen Verhältnisse lieferte Martin Born ein sicheres empirisches Fundament, als er in den 70er Jahren eine neue große Aufgabe in Angriff nahm: Eine *lehrbuchmäßige systematische Darstellung der Siedlungsformengenesen* in Mitteleuropa. Sie ist Teil jener *dritten, letzten Forschungsphase*, in der er seine drei *großen Synthesen* vorlegte. Unter ihnen ist diese m. E. die originärste, denn eine systematische Siedlungsgeographie unter einem konsequent typengenetischen Ansatz gab es bis dahin noch nicht. Die Idee einer genetischen Typologie war jedoch bereits seit einigen Jahren in der wissenschaftlichen Diskussion und an regionalen Beispielen erprobt. Ich nenne W. Czajka, der 1964 den Gedanken einer genetischen Typologie am Beispiel der ostmitteleuropäischen Siedlungsformenforschung durchspielte, ich nenne R. Krüger (1967) und D. Fliedner (1969), die als Göttinger Siedlungsgeographen Czajkas Gedanken aufgriffen. Ich selbst hatte 1958 in meiner Dissertation im Odenwald auftretende Varianten der Waldhufensiedlung in eine genetische Typenreihe gebracht (Nitz 1962). Um die Diskussion weiter voranzutreiben, machte Martin Born als Sitzungsleiter auf dem Deutschen Geographentag in Innsbruck diese Thematik zu einem der beiden Schwerpunkte der siedlungsgeographischen Sitzung und gab mir Gelegenheit, zu dem von ihm formulierten Leitthema „Konvergenz und Evolution in der Entstehung ländlicher Siedlungsformen" einige grundsätzliche Überlegungen anzustellen (Nitz 1976). In dieser mehrjährigen Diskussion hatte sich Martin Born bereits 1970 zu Wort gemeldet, als er sich in einer ausführlichen Rezension mit der ersten zusammenfassenden Darstellung der ländlichen Siedlungsformen Mitteleuropas von K. H. Schröder und G. Schwarz (1969) auseinandersetzte (1970c). In dieser Arbeit hatte Schröder die Darstellung der „Genese der Typen" (1969, S. 39) zu einem Leitprinzip seiner Betrachtung gemacht. In konstruktiver Auseinandersetzung mit dieser und den anderen genannten Arbeiten erkannte Born den besonderen Erkenntniswert einer genetischen Typologie gegenüber einer nur formal-klassifizierenden Behandlung der Siedlungsformen Mitteleuropas. So formulierte er bereits 1970 das Konzept, das ihm für eine systematische Darstellung vorschwebte: nämlich einerseits *Formenserien ländlicher Siedlungsgründungsformen* – wir sprechen auch von Primärformen – und andererseits Entwicklungs- und Zerfallsreihen als *Veränderungsstadien*, mit denen eine einmal gegründete Siedlung gewissermaßen altert und reift.

In seiner 1977 vorgelegten Lehrbuchdarstellung hat er nur die Bezeichnung abgeändert. Statt von Formenserie spricht er von *Formenreihe*, in der sich, wie er definiert, „Entwicklungsstadien der primären Gestaltung von Siedlungsformentypen" äußern (1977a, S. 83). Damit ist gemeint, daß das Modell eines Siedlungsformentyps – etwa das Modell des Straßendorfes – das bei Neugründungen vieler Siedlungen zur Anwendung kam, als Modell oder Formentyp weiterentwickelt wurde, wobei sich diese Weiterentwicklung zu erkennen gibt in der zunehmenden Sorgfalt und Konsequenz der Ausführung der Siedlungsgründungsanlage. In Formenreihen ordnet Born somit die verschiedenen Modellausführungen eines Formentyps – etwa des Straßendorfes – gedanklich in einer aufsteigenden Reihe nach dem Grad der Reife der formalen Gestaltung. In einem zeitlich und räumlich zusammenhängend verlaufenden Besiedlungsgang wie etwa dem der hochmittelalterlichen deutschen Ostkolonisation sind solche Entwicklungsreihen auch real zu verfolgen. Die besondere darstellungsmethodische Leistung Borns sehe ich darin, daß er mit diesem Konzept der Primärformen-Entwicklungsreihe das Konzept der *Sequenz sekundärer Umformungsstadien* dieser Primärformen verknüpfte. Dies soll in Abb. 1 verdeutlicht werden. Die von Born aus satztechnischen Gründen für das Lehrbuch gewählte einfache Untereinanderordnung habe ich so umgestellt, daß das im Text von ihm beschriebene Verhältnis der Formungsschritte klar wird (vgl. hierzu 1977a, S. 180).

Formensequenz Blockflur → Gewannflur

Auflösungs-stadium	→	Zerfalls-stadium	→	End-stadium
Durch Teilung einzelne Gefüge gleichgroßer Parzellen		Stärkere Durchsetzung mit streifigen Parzellierungen		Umfassende Gewannbildung

S e k u n d ä r f o r m e n

P r i m ä r f o r m e n

Formenreihe der Kleinblockflur

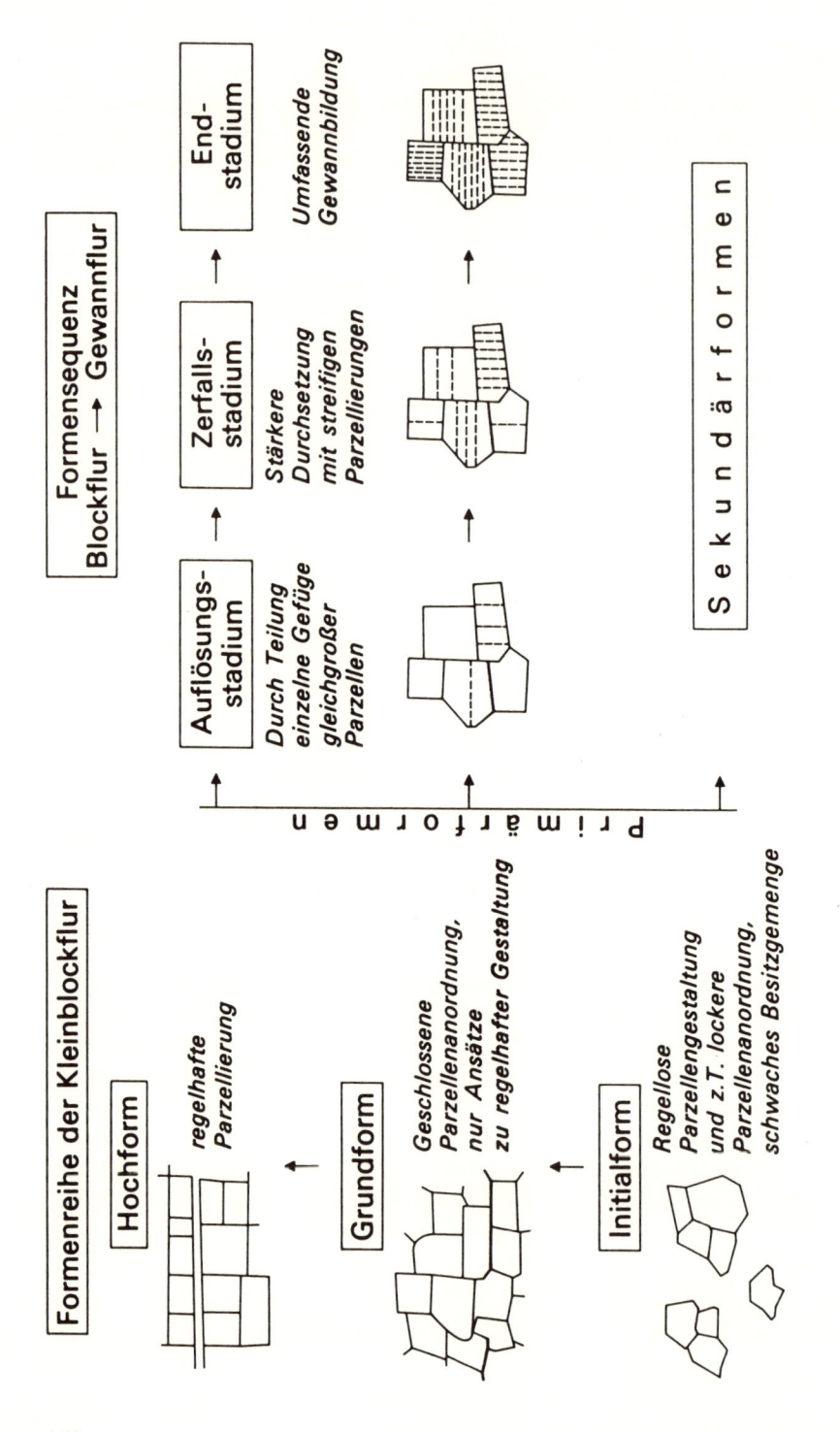

Hochform	←	Grundform	←	Initialform
regelhafte Parzellierung		Geschlossene Parzellenanordnung, nur Ansätze zu regelhafter Gestaltung		Regellose Parzellengestaltung und z.T. lockere Parzellenanordnung, schwaches Besitzgemenge

Abb. 1

Der gebotene Rahmen eines Gedächtnis-Kolloquiums läßt es nicht zu, in diesem Vortrag* die ganze Fülle der grundlegenden Gedanken in diesem Werk hier anzusprechen, geschweige denn zu würdigen. Der erste Hauptteil ist den Faktoren der primären Gestaltung von Siedlungsformen und den Ursachen wie dem Ablauf der Veränderungen von Siedlungsformen gewidmet. Diesen Erörterungen über die siedlungsgestaltenden Kräftegruppen liegt ein Kerngedanke zugrunde, der alles wie ein roter Faden durchzieht und der mir zugleich die Quintessenz von Borns eigenen Forschungsarbeiten in konkreten Siedlungsräumen zu sein scheint. Er hat, wie ich zu zeigen versuchte, siedlungsgestaltende Kräfte durch alle historischen Siedlungsperioden verfolgt, von der vorvölkerwanderungs- und landnahmezeitlichen Frühgeschichte über die Phasen des Mittelalters bis in die Neuzeit. Born erkannte dabei die für die Siedlungsgestaltung entscheidende Rolle der jeweils herrschenden Gesellschafts- und Wirtschaftsverfassung mit ihrer jeweils spezifischen Konstellation der ländlichen Gesellschaftsgruppen – verschiedene Grundherrengruppen und Bauernklassen und übergreifende Institutionen wie Stamm oder Staat. Erst in diesem raum- und zeitgebundenen Zusammenhang der historischen Gesellschaftsverfassungen, in denen die Agrarverfassungen den Kern bilden, erhalten die ihnen zuzuordnenden Siedlungsformen und Formungsprozesse ihre *Bedeutung*, wird ihre Gestalt und Gestaltung als Ausdruck des Kräftespiels verstehbar.

Im Rückblick auf das wissenschaftliche Werk Martin Borns und den in ihm sichtbar werdenden schöpferischen Ideenreichtum muß uns der Gedanke mit Trauer erfüllen, daß ihm nicht noch weitere Jahrzehnte fruchtbarer Forschungsarbeit vergönnt waren. Dies umso mehr, als die nachfolgende jüngere Forschergeneration sich in den letzten Jahren zunehmend vom Feld der historisch-genetisch orientierten Siedlungsforschung abgewandt hat zu den vermeintlich allein geographisch relevanten aktuellen Problemen der Gegenwartsgesellschaft, deren in der Vergangenheit angelegte Wurzeln wenig Bedeutung zu haben scheinen für das Verständnis der heutigen Kulturlandschaft.

Der Rückblick auf das wissenschaftliche Werk Martin Borns darf uns aber auch mit Dankbarkeit erfüllen, Dankbarkeit dafür, daß es ihm mit seiner großen wissenschaftlichen Begabung und ungeheuren Schaffenskraft gegeben war, in der begrenzten Zeitspanne von nur 25 Jahren ein Werk zu schaffen, das in sich abgerundet ist. Seine beiden letzten großen Arbeiten – *„Die Entwicklung der deutschen Agrarlandschaft"* (1974a) und *„Die Genese der [ländlichen] Siedlungsformen in Mitteleuropa"* (1977a) – bilden den krönenden Abschluß seines dennoch viel zu früh vollendeten Forscherlebens. Wieviel die deutsche historisch-genetische Siedlungsforschung mit Martin Born verloren hat, wird sich vielleicht erst in einigen Jahren voll ermessen lassen. Sicher ist, daß die Lücke, die sein Tod in die Forscherfront gerissen hat, sich nicht so bald schließen wird.

---

* Gehalten anläßlich des Gedächtnis-Kolloquiums für Martin Born in Saarbrücken am 11.12.1979

Literatur

Im Text zitierte Arbeiten von *M. Born*

1957: Siedlungsentwicklung am Osthang des Westerwaldes. (Marburger Geogr. Schriften; 8) Marburg, 202 S., 10 Karten, 34 Abb.

1960: Frühgeschichtliche und mittelalterliche Siedlungsrelikte im Luftbild. In: Das Luftbild in seiner landschaftlichen Aussage, hg. v. C. Schott. (Landeskundliche Luftbildauswertung im mitteleuropäischen Raum; 3) Bad Godesberg, S. 9-16.

1961 (a): Wandlung und Beharrung ländlicher Siedlung und bäuerlicher Wirtschaft. Untersuchungen zur frühneuzeitlichen Kulturlandschaftsgenese im Schwalmgebiet. (Marburger Geogr. Schriften; 14) Marburg, 152 S., 19 Tab., 16 Karten.

1961 (b): Frühgeschichtliche Flurrelikte in den deutschen Mittelgebirgen. In: Geografiska Annaler, XLIII, Nr. 1-2 (Themenheft „Morphogenesis of the Agrarian Cultural Landscape"), S. 17-24.

1961 (c): (Gemeinsam mit K. A. Seel:) Flurformen und Flurrelikte bei Herbstein-Eichenrod (nordöstlicher Vogelsberg). In: Atlas der deutschen Agrarlandschaft, hg. v. E. Otremba. Teil IV, Blatt 3, Wiesbaden.

1964 (a): Bevölkerung und Wirtschaft in der näheren Umgebung von Kassala (Republik des Sudan). In: Geogr. Zeitschrift 52, S. 43-68.

1964 (b): Das Tokar-Delta. In: Geogr. Rundschau 16, S. 98-109.

1965 (a): Zentralkordofan. Bauern und Nomaden in Savannengebieten des Sudan. (Marburger Geogr. Schriften; 25) Marburg, 252 S., 29 Ktn., 48 Abb., 14 Tafeln, 12 Tab.

1965 (b): Sudan. Artikelserie in Westermanns Lexikon der Geographie. Braunschweig.

1965 (c): Kurt Scharlau (†). In: Zeitschr. f. Agrargeschichte u. Agrarsoziologie 13, S. 93-95.

1966 (a): Landeskundliche Kurzbeschreibung von 50 Städten Nordhessens. In: Ber. z. dt. Landeskunde 37 (1966) und 38 (1967).

1967 (a): Langstreifenfluren in Nordhessen? In: Zeitschr. f. Agrargeschichte u. Agrarsoziologie 15, S. 105-133.

1967 (b): Anbauformen an der agronomischen Trockengrenze Nordostafrikas. In: Geogr. Zeitschrift 55, S. 243-278.

1968 (a): Wüstungen und Sozialbrache. In: Erdkunde 22, S. 143-151.

1968 (b): El Obeid. Bemerkungen zur Stadtentwicklung im Sudan. In: Geogr. Rundschau 20, S. 89-97.

1968 (c): Sudan. In: Meyers Kontinente und Meere. Band „Afrika". Mannheim, S. 321-324.

1970 (a): Studien zur spätmittelalterlichen und frühneuzeitlichen Siedlungsentwicklung in Nordhessen. (Marburger Geogr. Schriften; 44) Marburg, 98 S., 11 Ktn., 1 Tab.

1970 (b): Arbeitsmethoden der deutschen Flurforschung. In: Wirtschafts- und Sozialgeographie, hg. v. D. Bartels. (Neue Wiss. Bibliothek – Wirtschaftswissenschaften; 35) Köln/Berlin, S. 245-261.

1970 (c): Zur Erforschung der ländlichen Siedlungen. In: Geogr. Rundschau 22, S. 369-374.

1971 (a): (Gemeinsam mit D. R. Lee und J. R. Randell:) Ländliche Siedlungen im nordöstlichen Sudan. (Arbeiten a. d. Geogr. Inst. d. Univ. d. Saarlandes; 14) Saarbrücken, 99 S., 6 Tab., 29 Fig., 12 Tafeln.

1972 (a): Marburg an der Lahn, Amöneburg, Ziegenhain. In: Deutschland neu entdeckt. Die Bundesrepublik Deutschland im farbigen Senkrechtbild, hg. v. S. Schneider u. E. Strunk. 2. Aufl. Mainz, S. 44-46.

1972 (b): Siedlungsgang und Siedlungsformen in Hessen. In: Hessisches Jahrbuch f. Landesgeschichte 22, S. 1-89.

1972 (c): Wüstungsschema und Wüstungsquotient. In: Erdkunde 26, S. 208-218.

1973 (a): Zur Entwicklung der Städte des Dillgebietes. Unter besonderer Berücksichtigung der Stadtwerdung von Dillenburg. Dillenburg, 77 S., 12 Abb.

1973 (b): Zum Stand der siedlungsgeographischen Ackerrainforschung im Lahn-Dill-Gebiet. In: Heimatjahrbuch f. d. Dillkreis 16, S. 97-106.

1973 (c): Frühneuzeitlicher und absolutistisch gelenkter Landesausbau in der ländlichen Kulturlandschaft Nordhessens. In: Geogr. Rundschau 25, S. 203-212.

1974 (a): Die Entwicklung der deutschen Agrarlandschaft. (Erträge d. Forschung; 29) Darmstadt, X, 185 S.

1974 (b): Die frühneuzeitliche Ausbauperiode in Mitteleuropa. Bemerkungen zum zeitlichen Ablauf. In: Ber. z. dt. Landeskunde 48, S. 111-128.

1976 (a): Landerschließung durch bäuerliche Gruppen und Nomaden zwischen Nil und Rotem Meer. In: Landerschließung und Kulturlandschaftswandel an den Siedlungsgrenzen der Erde. Symposium für Willi Czajka zum 75. Geburtstages, Göttingen 1973, hg. v. H.-J. Nitz. (Göttinger Geogr. Abhandlungen; 66) Göttingen, S. 211-219.

1976 (b): Zur Entwicklung von Wohnplatz und Flur des Dorfes Cappel. In: Cappel. Ein Marburger Hausdorf. Marburg, S. 181-194.

1977 (a): Geographie der ländlichen Siedlungen. Band 1: Die Genese der Siedlungsformen in Mitteleuropa. (Teubner Studienbücher – Geographie) Stuttgart, 228 S., 38 Abb., 3 Falttafeln, 13 Tab.

1977 (b): Stand und Aufgaben der Wüstungsforschung im Saarland. In: Zeitschr. f. d. Geschichte d. Saargegend 25, S. 193-206.

1979 (a), (postum): Zur funktionalen Typisierung ländlicher Siedlungen in der genetischen Siedlungsforschung. In: Siedlungsgeographische Studien. Festschrift für Gabriele Schwarz, hg. v. W. Kreisel, W.-D. Sick u. J. Stadelbauer. Berlin/New York, S. 29-47.

1979 (b), (postum): Objektbestimmung und Periodisierung als Problem der Wüstungsforschung, dargelegt unter vornehmlichem Bezug auf neuere Untersuchungen. In: Geogr. Zeitschrift 67, S. 43-60.

1979 (c), (postum): Acker- und Flurformen des Mittelalters nach Untersuchungen von Flurwüstungen. In: Untersuchungen zur eisenzeitlichen und frühmittelalterlichen Flur in Mitteleuropa und ihrer Nutzung. Teil I, hg. v. H. Beck, D. Denecke u. H. Jankuhn. (Abhandlungen d. Akad. d. Wiss. in Göttingen, Phil.-hist. Klasse; 3. Folge, Nr. 115) Göttingen, S. 310-337.

1980 (postum): Erläuterungstexte zu den Siedlungs- und Wüstungskarten des Geschichtlichen Atlas von Hessen. In: Textband zum Geschichtlichen Atlas von Hessen, hg. v. F. Schwind. Marburg.

Weitere zitierte Literatur

Czajka, W. (1964): Beschreibende und genetische Typologie in der ostmitteleuropäischen Siedelformenforschung. In: Kulturraumprobleme aus Ostmitteleuropa und Asien, hg. v. G. Sandner. (Schriften d. Geogr. Inst. d. Univ. Kiel; 23) Kiel, S. 37-62.

Fliedner, D. (1969): Formungstendenzen und Formungsphasen in der Entwicklung der ländlichen Kulturlandschaft seit dem hohen Mittelalter, besonders in Nordwestdeutschland. In: Erdkunde 23, S. 102-116.

Hatt, G. (1955): The ownership of cultivated land. Kopenhagen 1939. In: Zeitschr. f. Agrargeschichte u. Agrarsoziologie 3, S. 118-129 [deutsche Übersetzung].

Kern, H. (1966): Siedlungsgeographische Geländeforschungen im Amöneburger Becken und seinen Randgebieten. (Marburger Geogr. Schriften; 27) Marburg.

Krenzlin, A. und L. Reusch (1961): Die Entstehung der Gewannflur nach Untersuchungen im nördlichen Unterfranken. (Frankfurter Geogr. Hefte; 35/1) Frankfurt.

Krüger, R. (1967): Typologie des Waldhufendorfes nach Einzelformen und deren Verbreitungsmustern. (Göttinger Geogr. Abhandlungen; 42), Göttingen.

Mortensen, H. und K. Scharlau (1949): Der siedlungskundliche Wert der Kartierung von Wüstungsfluren. In: Nachrichten d. Akad. d. Wiss. in Göttingen, Phil.-hist. Klasse, S. 303-331.

Müller-Wille, W. (1944): Langstreifenflur und Drubbel. In: Dt. Archiv f. Landes- u. Volksforschung VIII, S. 9-44. – Wiederabdruck in H.-J. Nitz (Hg.), Historisch-genetische Siedlungsforschung. Genese und Typen ländlicher Siedlungen und Flurformen. (Wege d. Forschung; 300) Darmstadt, S. 247-314.

Niemeier, G. (1944): Gewannfluren. Ihre Gliederung und die Eschkerntheorie. In: Petermanns Geogr. Mitteilungen 90, S. 57-74. – Teilweiser Wiederabdruck wie vorstehend, S. 222-246, unter dem Titel „Die 'Eschkerntheorie' und das Problem der germanisch-deutschen Kulturraumkontinuität".

Nitz, H.-J. (1962): Die ländlichen Siedlungsformen des Odenwaldes. (Heidelberger Geogr. Arbeiten; 7) Heidelberg/München.

ders. (1976): Konvergenz und Evolution in der Entstehung ländlicher Siedlungsformen. In: 40. Deutscher Geographentag Innsbruck 1976. Tagungsbericht und wissenschaftliche Abhandlungen, hg. v. H. Uhlig u. E. Ehlers. (Verhandlungen d. Dt. Geographentages; 40) Wiesbaden, S. 208-227. [In diesem Band enthalten.]

Scharlau, K. (1957): Kammerfluren (celtic fields, oldtidsagre) und Streifenfluren im westdeutschen Mittelgebirge. In: Zeitschr. f. Agrargeschichte u. Agrarsoziologie 5, S. 13-20.

Schröder, K.-H. und G. Schwarz (1969): Die ländlichen Siedlungsformen in Mitteleuropa. (Forschungen z. dt. Landeskunde; 175) Bad Godesberg.

Seel, K. A. (1963): Wüstungskartierungen und Flurformengenese im Riedesellland des nordöstlichen Vogelsberges. (Marburger Geogr. Schriften; 17) Marburg.

Der Beitrag Anneliese Krenzlins zur historisch-genetischen Siedlungsforschung in Mitteleuropa
(unter Mitwirkung von Heinz Quirin, Berlin)

Anläßlich des 80. Geburtstages von Anneliese Krenzlin, der Nestorin der deutschen historisch-genetischen Siedlungsgeographie des ländlichen Raumes, wird in diesem Band[1] der größte Teil ihrer Aufsätze aus diesem ihrem Hauptforschungsgebiet vorgelegt. Die Auswahl und Anordnung wurde von ihr selbst vorgenommen. Wenn auch ihre vier größeren siedlungsgeographischen Monographien – „Die Kulturlandschaft des hannöverschen Wendlandes" (1931), „Dorf, Feld und Wirtschaft im Gebiet der großen Täler und Platten östlich der Elbe" (1952), „Historische und wirtschaftliche Züge im Siedlungsformenbild des westlichen Ostdeutschland" (1955) und „Die Entstehung der Gewannflur nach Untersuchungen im nördlichen Unterfranken" (1961, zs. mit L. Reusch) – hier fehlen müssen, so wird diese Lücke wenigstens teilweise dadurch behoben, daß deren wesentliche Ergebnisse in mehreren der hier vereinigten Aufsätze vorgestellt werden.

Das Ziel dieser Einführung ist ein doppeltes: Zum einen wollen wir versuchen, in einem gewissermaßen forschungsgeschichtlichen Rückblick das Werden des wissenschaftlichen Werkes der Jubilarin nachzuzeichnen und dabei die innere thematische Geschlossenheit und wissenschaftliche Konsequenz der aufeinanderfolgenden Forschungskomplexe zu verdeutlichen; zum anderen – und dies ist das noch wichtigere Anliegen – wollen wir versuchen, die wissenschaftlichen Leistungen Anneliese Krenzlins für die deutsche Siedlungsforschung und darüber hinaus für die deutsche Landesgeschichte und historische Kulturlandschaftsforschung zu würdigen. In diesem Rahmen sollen einerseits die inhaltlichen Forschungsergebnisse Berücksichtigung finden; darüber hinaus möchten wir aber auch die forschungsmethodische Seite ihrer Arbeiten herausstellen, denn auch dies wird der aufmerksame Leser der Aufsätze und Monographie erkennen: Krenzlin verfolgt in allen ihren Arbeiten in großer Konsequenz ein methodisches Darstellungs- und Begründungskonzept, das stets von der Analyse und Interpretation der eigenen intensiven Regionalforschung ihren Ausgang nimmt und zur regionsübergreifenden vergleichenden kritischen Diskussion des Forschungsstandes fortschreitet, um in wechselseitiger Beleuchtung der eigenen und der bereits vorliegenden fremden Ergebnisse zu allgemeinen Erkenntnissen regelhafter Siedlungsstrukturen und der sie formenden Prozesse sowie deren Rahmenbedingungen zu gelangen.

In diesem ständigen wissenschaftlichen Vergleichen eigener und fremder Befunde, das zur Bestätigung oder Neuinterpretation führt, erkannte Anneliese Krenzlin einen für die historische (vorindustriezeitliche) ländliche Siedlungsentwicklung grundlegenden funktional-ökologischen Wirkungszusammenhang: Die bäuerlichen

---

1 Krenzlin, A., Beiträge zur Kulturlandschaftsgenese in Mitteleuropa. Gesammelte Aufsätze aus vier Jahrzehnten. Hg. v. H.-J. Nitz u. H. Quirin. (Erdkundl. Wissen – Beih. z. Geogr. Zeitschr. 63) Wiesbaden 1983. – Im folgenden kurz als „Beiträge" zitiert.

Lokalgesellschaften setzten sich im Rahmen des jeweiligen agrartechnischen Entwicklungsstandes, der gesamtwirtschaftlichen, politischen und demographischen „historischen Situation" mit dem agrarökologischen Potential ihres Lebensraumes auseinander und suchten dieses über ein angemessenes landwirtschaftliches Betriebssystem in zunehmender adaptiver Verbesserung optimal zu nutzen, wobei – und dies ist der in diesem Erklärungsansatz für die siedlungsgeographische „Lehre" entscheidende Punkt – die formalen Siedlungsstrukturen diesen wirtschaftlichen Zwecken mehr oder weniger schnell und vollständig angepaßt werden. Ändert sich etwas in der Konstellation der historischen Situation, so erfolgt eine erneute Anpassung.

Die hier zunächst kurz vorgestellten Teilbereiche und Teilaspekte des wissenschaftlichen Werkes von Krenzlin werden wir nun in angemessener Ausführlichkeit in ihren wesentlichen Grundzügen charakterisieren und in ihrer wissenschaftlichen Bedeutung zu würdigen suchen: (I.) Prizipien der Forschungsmethodik; (II.) das von Krenzlin angewandte kulturökologische Konzept; der Einblick in beides wird es dann erleichtern, die (III.) darzustellenden inhaltlichen Erkenntnisse in ihrem Argumentationszusammenhang zu würdigen. Die Gruppierung der Aufsätze zeichnet dabei die Abfolge vor: Die Erforschung der hochmittelalterlichen ostdeutschen Kolonisation im westlichen Ostdeutschland mit ihrer herrschaftlich-räumlichen Organisation, ihren deutschen Siedlungsmustern und der Einbeziehung der slawischen Bevölkerung und ihrer Siedlungen sowie der nachfolgenden Anpassungsprozesse von Siedlung und Wirtschaft, einschließlich der Wüstungsprozesse. Dann folgen als zweiter Komplex die Untersuchungen zur Entstehung der Gewannflur in Westdeutschland (Altdeutschland) und die hieraus folgende Frage nach den der Vergewannung vorausgehenden Altformen der Siedlung.

Abschließend werden wir (IV.) die für eine vergleichende Siedlungsgeographie so wichtigen Typenbegriffe und kartographischen Darstellungsmethoden, die Krenzlin für den Brandenburger Raum entwickelte, sowie ihre daraus folgende Stellungnahme zu anderen Unternehmungen ähnlicher Art kritisch würdigen.

Um eine kritische Bewertung werden wir uns aber auch in den vorhergehenden Teilen bemühen, d. h. sie im Lichte abweichender und inzwischen neu vorgelegter Forschungsergebnisse darstellen, wo sich dieses anbietet, und wir meinen, daß ein solches Vorgehen durchaus im Sinne der stets für eine offene Diskussion eintretenden Jubilarin ist. Strittig gebliebene und neu hinzugekomme Thesen sollen markieren, an welchen Stellen die von Anneliese Krenzlin erreichten „Abschnitte der Forschungsfront" in Zukunft noch weiter vorangetrieben werden sollten.

I. Zur Forschungsmethodik

Die historisch-genetische Siedlungsforschung steht in Nordostdeutschland, so betont Krenzlin wiederholt, vor einer im Vergleich zu anderen Räumen besonders günstigen Situation bei der Rekonstruktion der mittelalterlichen Siedlungsformen: Durch die nur geringe Bevölkerungsvermehrung, gebietsweise sogar Schrumpfung seit dem Hochmittelalter ist eine weitgehende Konstanz der Flureinteilung, wenn auch nicht der Besitzverhältnisse, gegeben, so daß in den Flurkarten des 18. und 19. Jahrhunderts der typische Charakter der Flur- und Ortsanlagen aus dem Hochmittelalter nicht gestört ist. Auch die ursprüngliche Hufenzahl, belegt im Landbuch der Mark Brandenburg von 1375, ist weithin gleich geblieben. Diese günstige Quellensituation ermöglichte es ihr, ein bemerkenswert großes Untersuchungsgebiet in Angriff zu nehmen: die gesamte Provinz Brandenburg, ein Raum, der sich mit 38 000 qkm jeweils gut 200 km von der Südgrenze Mecklenburgs bis in die Niederlausitz und von der Elbe bis über die Oder in die Neumark hinein erstreckt. In diesem Raum hat sie in den Jahren von 1937 bis 1940 ca. 4000-5000 Flurpläne durchgearbeitet und deren wesentliche Strukturmerkmale einschließlich der Flurnamen Dorf für Dorf auf Karteikarten und in Skizzen festgehalten und darüber hinaus eine große Zahl von Plänen kopiert. Da der größte Teil des Originalkartenmaterials im Landeskulturarchiv in Frankfurt/Oder im Krieg völlig vernichtet wurde (1952, S. 9), bilden ihre Unterlagen eine unschätzbare Sekundärquelle für weitere Forschungen.

Auf dieser lückenlosen Grundlage konnte sie durch den Vergleich der einzelnen Siedlungen Typen herausarbeiten, wie sie in dieser Genauigkeit und Differenzierung bis dahin noch nicht erkannt worden waren. Wo bisher undifferenziert nur von „der Gewannflur" gesprochen wurde, gliedert sie diese in über zehn Typen! In ihrer Genauigkeit der Typenbestimmung übertrifft sie auch die damals methodisch führende „sächsische Schule" der historischen Siedlungsforschung unter R. Kötzschke, Leipzig. Zugleich werden damit die groß- und kleinräumigen Verbreitungsmuster dieser Formen erkennbar. Diese Arbeitsweise der großräumig-flächendeckenden Bestandsaufnahme hatte sie bereits auf kleinerem Raum im Hannoverschen Wendland (frühere Kreise Lüchow und Dannenberg) im Rahmen ihrer siedlungsgeographisch-kulturlandschaftlichen Dissertation (1931) erprobt.

Diese unwahrscheinlich breite Basis erlaubte ihr dann in einem zweiten methodischen Schritt die gezielte Auswahl repräsentativer Siedlungsgruppen für eine intensive Einzelanalyse unter Verwendung aller schriftlichen Quellen, um so die typischen Strukturmerkmale noch schärfer zu erfassen. Im Unterschied zu der in der Siedlungsforschung oft auf formale Elemente beschränkten Siedlungstypisierung erweitert sie diese um die für die genetische Interpretation wichtigen Aspekte Siedlungsgröße, topographischer Lagetyp, Gemarkungsgröße, Verzahnungsgrad mit anderen Gemarkungen, Besitzverfassung, Sozialstruktur u. a. m., da sich vor allem die letztgenannten Merkmale als wesentlich für die Bestimmung ursprünglich slawischer Siedlungen erweisen.

Zur historisch-genetischen Interpretation der Siedlungen und Verbreitungsmuster wendet sie dann konsequent die gesamte Breite der für die Siedlungsforschung belangvollen Ergebnisse und ggf. auch Methoden von Nachbarwissenschaften an: der Orts- und Flurnamenforschung, der Orts- und Landesgeschichte, der Archäologie, der Bauernhausforschung, der Agrargeschichte usf., deren Quellen und Befunde sie kombiniert und für die historisch-genetische Interpretation auswertet, eine „multidisziplinär" arbeitende Methodik, wie sie gerade für Räume mit ursprünglich slawischer Besiedlung und deren deutsch-koloniale Überschichtung unabdingbar ist. Sie folgte darin dem Beispiel der schon genannten „sächsischen Schule" unter R. Kötzschke, dessen Schüler und Mitarbeiter eine ganze Reihe von Siedlungsräumen des östlichen Mitteldeutschland erforschten.

An dieser Stelle ist hervorzuheben, daß Anneliese Krenzlin als historisch-genetisch arbeitende Siedlungsforscherin im Raum Brandenburg-Hannoversches Wendland gewissermaßen eine „Einzelkämpferin" war und dies weitgehend schon als Doktorandin sein mußte, da ihr Doktorvater Norbert Krebs auf diesem speziellen Forschungsfeld keine Erfahrungen hatte. Anregungen erhielt sie vor allem von dem historischen Geographen Walter Vogel, der ihre Dissertation mitbetreute. Doch im wesentlichen hat sie sich ihre Forschungsmethodik selbst erarbeitet in ständiger Diskussion mit Forschern der genannten Nachbarwissenschaften und den Leipziger Siedlungsforschern um Kötzschke, mit denen sie vor allem durch ihre Beteiligung an den Atlasarbeiten von R. Kötzschke und W. Vogel in engeren methodischen Kontakt kam (1952, S. 8) und deren „entwicklungsgeschichtliche Interpretation" sie übernahm („Beiträge", S. 29).

Auf der Grundlage der Interpretation von repräsentativen Typenvertretern und Typenverbreitungsmustern ländlicher Siedlungen ihres Forschungsraumes arbeitet sie dann im nächsten Forschungsschritt die regional vorherrschenden Regelhaftigkeiten der Formenentstehung, -entwicklung und -abwandlung sowie der zugrundeliegenden Wirkungszusammenhänge heraus. Im letzten Schritt schließlich überprüft sie deren weiterreichende Gültigkeit in der Ausweitung auf benachbarte vergleichbare Räume, so über Brandenburg hinaus auf die anderen Gebiete der Ostkolonisation, oder über das Gewannflurgebiet Unterfranken auf andere westdeutsche Vergewannungsgebiete: Es „steht bei aller siedlungsgeographischen Forschung das Bestreben, die ursächlichen und funktionalen Beziehungen festzustellen und schließlich über eine regionale Deutung und Erklärung hinaus zu allgemein zu beobachtenden Wirkungszusammenhängen vorzustoßen" („Beiträge", S. 206). In souveräner Beherrschung der Forschungsliteratur gelingt es ihr, über derartige großräumige Vergleiche bisherige, nur aus begrenzt-kleinräumigen Untersuchungen gewonnene Befunde und Deutungen anderer Forscher in einen größeren und damit allgemeineren Zusammenhang einzuordnen, zu präzisieren, ggf. neu zu interpretieren oder die bisherige Deutung als falsch zu erkennen.

Es darf nicht verwundern, daß sie dabei nicht immer die Zustimmung der in den Nachbarräumen arbeitenden Siedlungsforscher gefunden hat, wie z. B. die heftige Diskussion um die Entstehung der Gewannflur in Altdeutschland zeigte (vgl. H. Mortensen u. H. Jäger, Hg., Kolloquium über Fragen der Flurgenese ... – mit wörtlich wiedergegebener Diskussion –, 1962). Oft blieb Auffassung gegen Auffassung stehen. Doch wenn nachträglich neue Befunde und wissenschaftliche Argumente vorgetragen werden, die einen Zusammenhang in einem neuen Lichte erscheinen lassen, wie z. B. in der Frage der frühmittelalterlichen Breitstreifenflur durch H.-J. Nitz, so war und ist Anneliese Krenzlin stets bereit, das Problem neu zu diskutieren und ihre Auffassung ggf. auch zu revidieren.

II. Das kulturökologische Konzept der Anpassung der bäuerlichen Siedlungsformen an die agraren Betriebsformen bzw. Anbausysteme

Seine erste prägnante Ausformulierung findet dieses von Krenzlin seit etwa 1940 entwickelte Konzept in „Dorf, Feld und Wirtschaft ..." (1952) in der Schlußbetrachtung „Das Verhältnis der siedlungsgestaltenden Kräfte zueinander". Geradezu als eine siedlungsgeographisch-kulturökologische Theorie wird es dann 1957 auf dem ersten europäischen Symposium zur Kulturlandschaftsforschung in Nancy vorgetragen („Beiträge", S. 206-222). Der Grundgedanke sei aus dem ersten Werk zitiert: „Die Wirtschaftsform ist die Art und Weise, wie sich die menschliche Gesellschaft mit der natürlichen Landschaft auseinandersetzt, wie sie sie sich für ihre Zwecke nutzbar macht. Für die bäuerlichen Siedlungen ... ist die Wirtschaftsform im engeren Sinne in dem jeweiligen Anbausystem gegeben, das seinerseits Ausdruck des Lebensvorganges der Siedlung ist. Es entwickeln sich in den Siedlungen jene Formen, die für diesen Lebensvorgang die zweckentsprechenden sind. Jedes Anbausystem erheischt also eine ihm eigene Siedlungsstruktur, zu der die Siedlungsentwicklung hinstrebt. Man kann die Siedlungsstruktur, die schließlich in Übereinstimmung mit den Erfordernissen der Wirtschaftsform bzw. des Anbausystems steht, als 'Endform' bezeichnen und diese mit dem Klimaxbegriff in der Pflanzengeographie vergleichen. Diese 'Endform' ist der Ausdruck der vollkommenen Harmonie zwischen Landschaft und menschlicher Gesellschaft" (1952, S. 113). Dazu die grundlegenden Beispiele: „Viehbetonte (Feld-Gras-)Wechselwirtschaften funktionieren optimal bei einer Blockgemengeflur. ... Überall wo Bauern spontan diese Nutzung anwenden müssen, siedeln sie in Blockflurweilern" („Beiträge", S. 222). Für die Dreifelderwirtschaft ist das süd- und westdeutsche Gewannflurdorf der Ackerbaulandschaften eine solche Endform, während die ostdeutschen großen Anger- und Straßendörfer mit einer zu großflächig-schematisch konzipierten Großgewannflur ihr erst nachträglich zustrebten, ohne sie völlig zu erreichen. Der Einfeld-Eschwirtschaft der Geestgebiete entspricht der nordwestdeutsche Drubbel mit inselhafter Streifenflur inmitten ausgedehnter Allmendflächen, und dieser Klimax streben auch die auf den nordostdeutschen Sandböden angelegten Großgewannflurdörfer zu, deren zu groß ausgelegte Dorfgrundrisse verkleinert werden.

Das Konzept thesenartig auf eine kurze Formel gebracht lautet also: „Die auf die natürlichen Verhältnisse begründeten landwirtschaftlichen Bewirtschaftungsmethoden (sind) die entscheidenden Gestalter der Siedlungsformen gewesen" („Beiträge", S. 89).

Die hier anscheinend deterministisch wie geschlossene Systeme funktionierenden einzelnen bäuerlichen Siedlungen werden von Krenzlin jedoch durchaus in einem dynamischen Wirkungszusammenhang mit externen Faktoren, mit steuernden, beeinflussenden Rahmenbedingungen gesehen, mit dem „Oberbau der gesellschaftlichen Strukturen", an die sich die „Sozialstrukturen des Unterbaus" („Beiträge", S. 221), der soziale Körper der dörflichen Lokalgesellschaft, immer wieder anpassen müssen – langfristig ablaufende „Kulturanpassung", wie es K. W. Butzer

(1982) nennt. Folgende externen Einwirkungsfaktoren stellt Krenzlin (ebd.) heraus: 1. die vom „agrarwirtschaftlichen Milieu" geprägten „Kulturformen", die als Innovationen – z. B. als Dreifelderwirtschaft mit Zelgenorganisation – von außen in die Dörfer hineingetragen werden, wenngleich auch autochthone Lokalentwicklungen möglich sind; 2. den „allgemeinen Wirtschaftscharakter", worunter vor allem die herrschaftlichen Abgabesysteme (z. B. Grundherrschaft) und die Marktabsatzmöglichkeiten zu verstehen sind, z. B. der wachsende Getreidebedarf der zunehmenden Zahl mittelalterlicher Städte oder der Getreideboom des sich seit dem 16. Jahrhundert herausbildenden europäischen Wirtschaftssystems; 3. den „gesellschaftlichen Oberbau" im engeren Sinne; ihn bilden die Grund- und Landesherren, die vor allem im Rahmen von Kolonisations- und später von Agrarreformunternehmungen rationalisierte „reine" Planformen der Siedlung schaffen, oft von geometrischer Starrheit und primär an den Prinzipien egalisierender Besitzverteilung, z. B. der Hufenverfassung, orientiert, wie sie sich bei rasch voranschreitender Kolonisation mit Planung durch ritterliche oder städtische Lokatoren immer wieder einstellten. Zwar wurden neben reinen Zweckformen im Sinne des Hufensystems, wie sie die gereihten Waldhufen darstellen, auch der Dreifelderwirtschaft scheinbar ideal angepaßte dreiteilige Hufengewannfluren geschaffen, die sich jedoch in ihrem über alle ökologischen Geländeunterschiede rigoros hinwegsetzenden Schematismus als den lokalen Realitäten unangemessen erweisen. Ein 4. vom vorindustriellen lokalen Sozialkörper in der Regel nicht kontrollierbarer Faktor ist die Bevölkerungsdynamik, durch Seuchen und Kriegseinwirkungen zur Schrumpfung, durch Geburtenüberschüsse zu Wachstum und Drucksituationen führend. Diese sich eher langfristig wandelnden externen Faktoren werden von Krenzlin als die im engeren Sinne „historischen" angesprochen (1955, S. 8).

Nicht allein die Bevölkerungsentwicklung wird als dynamischer Faktor gesehen, sondern ebenso alle übrigen: Jede tiefergreifende Veränderung in der Konstellation der Rahmenbedingungen löst eine Kulturadaption im bäuerlich-dörflichen Sozialkörper aus, und zwar über die agrare Betriebsform, deren Anpassungsgrad und -tempo jedoch vom natürlichen Eignungspotential und von der Reaktionsfähigkeit des Sozialkörpers abhängig ist. In welcher konkreten Form sich dieser Adaptionsprozeß vollzieht – entsprechend den im Eingangszitat genannten Wirkungszusammenhängen –, wird jedoch nicht vom Oberbau bestimmt, sondern: „Von 'unten' kommen die Lebensnotwendigkeiten, die die bäuerlichen Siedlungen gestalten" („Beiträge", S. 222). Jedoch: Im Rahmen eines herrschaftlich organisierten und von Städten in Marktbeziehungen eingebundenen ländlichen Raumes kann sich kein dörflicher Sozialkörper diesen Einwirkungen entziehen.

Krenzlin sieht die Reichweite dieser Anpassungsreaktionen über die Umformung der Flurform und der Besitzverteilung hinaus auch auf die bäuerliche Gesellschaft selbst wirksam werden: Z. B. setzt sich im Rahmen der zelgengebundenen Dreifelderwirtschaft die genossenschaftliche Organisation notwendigerweise immer stärker durch. Auch die bäuerlichen Hausformen („Beiträge", S. 193-205), die Lage und Größe der Dörfer und selbst die Dorfgrundrißformen unterliegen einem direkten oder indirekt von wirtschaftlichen Notwendigkeiten bewirkten Anpassungswandel, wenngleich er langsamer abläuft als der Wandel der Flurformen. Am eindrücklichsten zeigt sich dies für Krenzlin bei der Transformation slawischer lockerer Weiler in Rundlinge, Zeilen und Gassen, wobei die Regelmäßigkeit der „Endform" und schon der diesem Zustand nahestehenden Formen überraschen muß. Kann sie allein durch den „ökonomischen Anpassungsdruck" bewirkt sein? Es darf nicht Wunder nehmen, daß sich an dieser Interpretation die Diskussion um die Rolle entzündet hat, die den bäuerlichen Dorfgemeinschaften oder aber dem herrschaftlichen Oberbau dabei zugekommen ist, so etwa in der Kontroverse zwischen A. Krenzlin und W. Meibeyer („Beiträge", S. 152-159; Meibeyer 1972).

Zur historisch-langfristigen Dynamik der unter 1 bis 4 genannten externen Faktoren kommt schließlich noch ein fünfter Wirkungszusammenhang, nämlich die Änderung des natürlichen Milieus („Beiträge", S. 207). Dies kann lokal geschehen, z. B. durch Degradation der Böden oder durch deren Verbesserung, etwa durch Dränage oder Plaggendüngung. Es kann aber auch, und dies ist der siedlungsgeographisch viel interessantere Fall, durch die Umsiedlung von Kolonisten in neue, andersartige Naturräume geschehen, wobei die Siedler wie auch die Kolonisatoren des „Oberbaus" zunächst die gewohnten Agrartechniken und die zu ihnen passenden Siedlungsformen anwenden, in 'Unkenntnis' des veränderten natürlichen Potentials. In moderner Terminologie haben wir es mit einem Fall der „Wahrnehmungsgeographie" zu tun. Krenzlin spricht von den „Fähigkeiten des Sozialkörpers", veränderte Nutzungsformen zu entwickeln oder sie als Innovationen zu übernehmen, die dem andersartigen Naturpotential angemessen sind, und dementsprechend dann auch die Siedlungsstruktur anpassend umzubauen und ggf. sogar sich selbst in seiner Sozialstruktur zu wandeln. K. W. Butzer (1982) spricht in seiner Fassung des kulturökologischen Konzepts von der „kognitiven Dimension" des Anpassungssystems.

Schließlich sieht Krenzlin auch die begünstigende oder hemmende Mitwirkung von politischem Überbau und Bevölkerungsdynamik bei der Adaption an veränderte, extern ausgelöste Wirtschaftsformen: Durch Agrarreformen z. B. wurde in der Neuzeit in Mecklenburg der Übergang zur siebenschlägigen zelgengebundenen verbesserten Feldgraswirtschaft (Koppelwirtschaft) erleichtert (1955, S. 49), und ebenso wurde im mittelalterlichen Mecklenburg bei der Übertragung der nordwestdeutschen Einfeldwirtschaft eine angemessene „koloniale" Siedlungsform mit geländeangepaßten Langstreifenkomplexen und kleinen Platzdörfern „von oben" geschaffen. Verringerter Bevölkerungsdruck, wie er sich im spätmittelalterlichen Wüstungsprozeß einstellte, erleichtert den Übergang zu angemesseneren Betriebs- und Siedlungsformen, während umgekehrt in dichtbevölkerten kleinbäuerlichen Gebieten sich die Umgestaltung des Betriebs- und des Siedlungsgefüges eher verzögert („Beiträge", S. 220).

Eine letzte kulturökologische Regelhaftigkeit: Es treten räumlich-distanzielle Intensitätsabstufungen der externen ökonomischen Wirkungsimpulse auf, die zu einer gewissermaßen „Thünenschen" Intensitätszonierung der Wandlungsgrade der Betriebs- und Siedlungsformen führen. So vollzieht sich die mit der Ausbreitung der zelgengebundenen Dreifelderwirtschaft einhergehende Vergewannung nicht in direkter Abhängigkeit vom Alter des Siedlungsraumes („in den Altsiedellandschaften") oder von der Ackergunst („bevorzugt auf Lößböden"), sondern vielmehr unter den Impulsen der in diesen alt und relativ dicht besiedelten Gunsträumen sich am frühesten und stärksten vollziehenden Ausbildung des mittelalterlichen Städtenetzes als Getreidemarkt („Beiträge", S. 223-237 und 238-255). Eine eindrucksvolle Bestätigung fand diese These jüngst in der Untersuchung W. L. Raums (1982), der im südlichen Oberrheingebiet im Mittelalter eine zunehmende Vergewannung bei zunehmender Nähe an das städtische Marktzentrum Basel nachweisen konnte.

Anneliese Krenzlin steht mit ihrer kulturökologischen Konzeption in der Siedlungsgeographie nicht allein. Die starke Übereinstimmung mit dem Lebensformgruppen-Konzept H. Bobeks (1948) hebt sie selbst hervor („Beiträge", S. 221). Dessen Parallelität wiederum zu den „genres de vie" Vidal de la Blaches mit seinem prägenden Einfluß auf die französische Kulturgeographie des ländlichen Raumes begründet u. E. die stark kulturökologische Konzeption von R. Lebeau in seiner Geographie der agraren Siedlungen der Erde (1979). Daß Krenzlin ihre Lehre seit den späten dreißiger Jahren eigenständig aufgrund ihrer umfangreichen empirischen Forschungen in Brandenburg entwickelt hat, scheint uns keinem Zweifel zu unterliegen. Anstöße zu dieser Betrachtungsweise könnte sie aus dem funktional-ökologischen Konzept der „Wirtschaftsformation" des Agrargeographen L. Waibel, bei dem sie ein Semester in Kiel studierte, und vom landschaftsökologischen Konzept K. Trolls empfangen haben, der in den dreißiger Jahren gleichzeitig mit ihr zum Kreis der Berliner Geographen um A. Penck und N. Krebs gehörte. In der deutschen Siedlungsgeographie hat sie das kulturökologische Konzept am konsequentesten verfolgt, und nicht zuletzt hieraus erwächst die innere Geschlossenheit ihres Werkes. Selbst ein so scharfer Kritiker wie G. Hard räumt ein, daß dieses „Konzept der Landschafts-, Raum- und Bodenverbundenheit ... in der Retrospektive und bei sozial- und wirtschaftsgeschichtlicher Betrachtung fruchtbar zu sein scheint" (1973, S. 197). In den letzten Jahren hat der deutsch-amerikanische Geograph und Archäologe K. W. Butzer dieses von ihm „Kulturanpassung" genannte Konzept als eine „Methode zur zeitlichen Untersuchung menschlicher Ökosysteme" zu einer systematischen Lehr- und Forschungsmethodik ausgebaut (1982).

Aus der Sicht der Landesgeschichte, vor allem in Nordost- und Ostmitteldeutschland, wird die methodische Bedeutung Anneliese Krenzlins als richtungsweisend und bis heute aktuell anerkannt, und zwar gleichermaßen für die Interpretation großräumiger Siedlungsmuster im Sinne von „Geschichtslandschaften" wie für die intensive Analyse der kleinräumigen Siedlungsstruktur bei Kombination aller Quellengruppen und unter der hier dargelegten Zusammenschau des komplexen Wirkungsgefüges, das weit mehr umfaßt als das, was Landeshistoriker bisher bei Siedlungsanalysen berücksichtigten. So hat Anneliese Krenzlin mit ihren inhaltlichen und methodischen Erkenntnissen gleichermaßen die Siedlungsgeographie wie die vor allem an der mittelalterlichen Ostsiedlung interessierte Landesgeschichte um entscheidende Schritte vorangebracht.

III. Die Forschungsthemen

Ihrer wissenschaftlichen Entwicklung und ihrem langjährigen Forschungs- und Lehrstandort in Berlin entsprechend bildet der Bereich der deutschen Ostkolonisation zwischen Elbe und Oder das eine große Forschungsfeld A. Krenzlins. In engem Zusammenhang stehend, lassen sich folgende Themen herausstellen:

1. Die deutsche Kolonisationsbewegung und die dabei geschaffenen Siedlungsformen in Brandenburg und Mecklenburg, verbunden mit der Herausarbeitung von früh- und hochmittelalterlichen Formungsstadien und Kolonisationsmethoden.

2. Deren auf die kolonisatorische Gründungsphase folgender Wandel in Anpassung an die regionalen agraren Wirtschaftsformen, die sich in der Nutzung unterschiedlicher natürlicher Milieus herausbildeten.

3. Die Einbeziehung der slawischen Bevölkerung und ihrer Siedlungen in die deutschen Herrschafts-, Rechts- und Wirtschaftsverhältnisse und die dabei erkennbaren Stadien und regionalen Varianten dieses Einordnungsprozesses. In diesen Zusammenhang gehört auch die Bestimmung slawischer Altsiedlungsformen.

4. Die siedlungs- und agrarwirtschaftlichen Konsequenzen verschiedener Wüstungsperioden.

Mit der Übernahme des Lehrstuhls am Geographischen Institut der Universität Frankfurt a. M. tritt mit dem süddeutschen Siedlungsraum ein zweiter Forschungsschwerpunkt hinzu, bei dem das „Gewannflurdorf" Altdeutschlands und seine Entwicklung im Mittelpunkt steht. Um zwei Themen kreisen dabei ihre Forschungen:

1. Die Entstehung der Gewannflur einschließlich der Sonderform der Langstreifenflurkerne und die dabei wirksamen kulturökologischen Formungszusammenhänge.

2. Die Rekonstruktion der vor der Vergewannung vorhandenen Altformen der Siedlung, wobei vor allem die frühmittelalterlichen Formen Krenzlins Interesse finden.

Zum Themenkomplex der deutschen Ostkolonisation sind folgende Ergebnisse besonders herauszustellen und zu würdigen:

1. Bei der großräumig-kartographischen Erfassung der Siedlungsformen werden größere und kleinere Räume mit jeweils spezifischen Kolonisationsmethoden und Ansiedlungsschemata erkennbar. In der Abstufung der Regelhaftigkeit, Großzügigkeit und großräumigen Einheitlichkeit der Siedlungen werden Unterschiede der „Organisationskraft" der Siedlungsträger sichtbar. Als Kernräume der Plansiedlung mit ausgeprägten, einheitlich angewandten Ansiedlungsschemata stellt Krenzlin die askanischen Siedlungsgebiete Brandenburgs, diejenigen Wiprecht von Groitzschs in Sachsen sowie die des deutschen Ordens in Ostpreußen heraus. Daß es bei Ansiedlung deutscher Kolonisten keineswegs nur zu Großformen wie der des Angerdorfes mit Großgewannflur kommen mußte, zeigen ihre Befunde auf dem Lausitzer Landrücken, wo unter deutscher Herrschaft slawische Siedler in kleinen linearen Plandörfern und regelmäßigen Gewannfluren angesetzt wurden („Beiträge", S. 102). Andere Kolonisationsmethoden erkannte sie dort, wo offensichtlich kleinräumige deutsche Einsiedlung in dichter von Slawen besetzten Räumen

weniger Platz fand. Die zwar auch hier planvolle Siedlungsgestaltung variiert jedoch stärker, wobei eine primäre oder auch erst nachträgliche Einbeziehung slawischer Nachbarsiedlungen erkennbar wird; Krenzlin konnte sie sowohl im Flurbild als auch im Auftreten des Flurnamens „Alte Dorfstelle" nachweisen und gemeinsam mit Archäologen im Gelände lokalisieren; durch diese wurden die Siedlungsplätze anhand der Scherbenfunde datiert („Beiträge", S. 103-114).

Insgesamt konnte sie im großräumigen Vergleich der Siedlungsformen eine von Westen nach Osten „zunehmende Tendenz zu planmäßiger und geregelter Anlage" feststellen („Beiträge", S. 83). Die Innovationen gehen dabei von jenen Kernräumen planvoller Ansiedlungsschemata aus (1955, S. 10).

Erstmals in dieser Klarheit hat Krenzlin die Zusammenhänge zwischen dem Hufenbegriff und der planmäßigen Gewannflur herausgearbeitet. Als „Hufengewannflur" definiert sie jene Fluren, deren meist großflächige Gewanne, in den Feldmarkbeschreibungen als „Hufenschlagland" klassifiziert, in soviel gleich breite Streifen unterteilt sind, wie Hufen für das Dorf in den Registern angegeben sind („Beiträge", S. 1). In vielen Fällen sind drei Hufengewanne vorhanden, die erkennen lassen, daß die Dreizelgenwirtschaft zugrundegelegt wurde. Zugleich ist dies nach Krenzlin ein deutliches Indiz für das kolonisationszeitliche Alter der Flureinteilung („Beiträge", S. 2 f.). Als wesentliches Merkmal hebt sie den ausgeprägten kolonialen Schematismus der Streifenparzellierung hervor, die ohne Rücksicht auf Relief und Bodenunterschiede bis zur Gemarkungsgrenze durchzieht und damit keine dem Naturpotential angemessene Realisierung der Dreizelgenwirtschaft gestattet. Wichtig für die Erforschung der ostdeutschen Agrarverfassung ist auch ihre Feststellung, daß es in Brandenburg keine größenmäßig feststehende Hufe gab, sondern diese nur innerhalb einer Siedlung einheitlich war und allgemein zwischen etwa 7 und 13,5 ha variiert („Beiträge", S. 86). Schließlich ist der Befund hervorzuheben, daß die Kolonisten bereits bei der Ansiedlung zwei und mehr Hufen zugeteilt erhielten.

Für die Planformen in Mecklenburg kommt Krenzlin zu Ergebnissen, die von denen des hier führenden Siedlungsforschers F. Engel in mancher Hinsicht abweichen. Die bereits von diesem erkannte kolonialzeitliche Langstreifenflur nimmt meist die flachgewölbten Grundmoränenplatten ein, die Streifen überziehen diese von einer Bachniederung zur anderen und sind damit im Unterschied zur schematischen Hufengewannflur Brandenburgs weitgehend geländeangepaßt (1955, S. 49). Mit diesem Flurtyp sieht sie primär die Einfeldwirtschaft (vergleichbar der Eschwirtschaft Nordwestdeutschlands) und freie Körnerfolgen verbunden, so daß für sie der Schluß naheliegen mußte, in ihnen die Kolonialform der nordwestdeutschen Esch-Langstreifenfluren zu sehen. Die zugehörigen „platzdorfartigen Kleinformen Mecklenburgs und Vorpommerns" deutet sie als „gewissermaßen vergrößerte und geregelte Formen des nordwestdeutschen Drubbels" (1955, S. 52). Sie nimmt also eine Übertragung von Bodennutzungs- und Flurformenprinzipien durch die Siedler und Siedlungsorganisatoren aus Nordwestdeutschland an (1955, S. 30). „Der Hufenbegriff ... ist nicht im Boden festgelegt" (ebd., S. 50). Davon weichen allerdings die jüngeren Befunde von W. Prange im benachbarten Lauenburg ab, der in seiner Dissertation (1957) doch hufenbezogene Plangewannfluren ermitteln konnte und aus ihrer als primär erkannten Viergliedrigkeit auf eine entsprechende Vierfelderwirtschaft schließt (Prange 1960, S. 188 ff.). Deren durch Nachrichten aus dem 14. Jh. belegtes Auftreten in Mecklenburg hielt Krenzlin für eine jüngere Entwicklung (1955, S. 37). Nach Pranges Befunden könnten sie auch hier schon kolonisationszeitlich sein, wobei die ursprüngliche Dauer der Brache eine offene Frage bleibt.

Bemerkenswert ist die Feststellung Krenzlins zu den kolonialen Frühformen Westbrandenburgs, die denen Mecklenburgs in vieler Hinsicht ähneln. Sie schreibt deren Entstehung einerseits dem „unkontrollierten Einsickern deutscher Bauern", andererseits der nachfolgenden „kolonisatorischen Besitzergreifung und Siedlung des weltlichen und geistlichen Adels" zu (1955, S. 10). Neben dem kleinen Platzdorf (wie in Mecklenburg) findet sich „das kleine und mittelgroße Anger- und Straßendorf mit einer leidlich geregelten, aber noch nicht nach Schema durchgeplanten Gewannflur" (ebd.). So wird hier, wenn auch noch nicht in systematischer Reihung, eine Typenentwicklung des nordostdeutschen Kolonisationsdorfes angedeutet, die im schematischen askanischen Hufengewannflur-Großangerdorf ihre Hochform findet. Es wäre zu wünschen, daß die Jubilarin dieses Thema noch einmal aufgreifen möge, nachdem die Frage der typengenetischen Formenreihen von M. Born (1977) in großer Breite lehrbuchmäßig behandelt wurde. Er konnte sich aber für Nordostdeutschland noch nicht auf typengenetische Abfolgen in Form von Kartenserien stützen. Die „Initialformen" und die Zwischenstufen zur Hochform sind daher bis heute ein offenes Forschungsproblem.

2. Die Anpassung der kolonialen Gründungsformen an die Realität der regionalen natürlichen Verhältnisse: Diese Thematik wurde von Anneliese Krenzlin wohl überhaupt erstmalig für den Bereich der deutschen Ostkolonisation aufgegriffen und sogleich in grundlegender und wegweisender Form bearbeitet. Am prägnantesten zeigt sich dieser anpassende Wandlungsprozeß bei den überdimensionierten Hufengewannfluren auf sandigen Böden, wo schließlich nur der ortsnahe Kernbereich der drei Hufengewanne in der intensiven Dreifelderrotation bewirtschaftet oder sogar auf die Einfeldwirtschaft umgestellt wurde, wobei die Großgewanne zerfielen und die Außenränder im nur noch extensiv genutzten Außenfeld gegenüber Heide und Birkenbusch, die sich zunehmend ausbreiteten, zurückschrumpften. Die im Boden verankerte Hufe als Grundlage der Besitzverfassung ging dabei verloren („Beiträge", S. 87-89; 1952, S. 59-73).

3. Besonders intensiv hat sich Anneliese Krenzlin mit der Frage befaßt, in welchen Formen und Prozessen sich die Einbeziehung der Slawen und ihrer Siedlungen während und nach der deutschen Kolonisation in das deutsche Herrschafts- und Wirtschaftssystem vollzogen hat („Beiträge", S. 87-89, 90-102, 103-114, 152-159, 115-151; außerdem 1952, 1955). Hier hat sie neue, bahnbrechende Erkenntnisse erzielt, die über die bis dahin geltenden Lehrmeinungen, etwa: ethnische Bindung des Rundlings an das Slawentum oder Verteidigungs- und Viehkralfunktion der Rundform, deutlich hinausführen. Einige wichtige Ergebnisse sollen hier kurz herausgestellt werden. Kernthemen sind einmal die Überformungs- und

Umformungsstadien in der Anpassung von Bodennutzung und Flurform, dann die Rundlingsfrage, und schließlich die Veränderungen im slawischen Siedlungsraumgefüge, wie sie sich vor allem in Strukturwüstungen slawischer Kleinsiedlungen als Konsequenz von Bevölkerungs- bzw. Siedlungskonzentration zeigen. Hinter allen drei Punkten steht zugleich die Frage nach dem Verbleib der slawischen Bevölkerung während und nach der Kolonisationsphase.

Zum ersten Punkt: Hier führte eine Vielzahl von vergleichenden Fluranalysen, zu denen über den wendländischen und brandenburgischen Raum hinaus auch solche aus dem slawischen Reliktgebiet Rügen und aus dem sächsischen Altsiedelraum hinzukommen (1955, S. 14-26), zu folgenden Ergebnissen: Überall dort, wo durch die ökonomischen und herrschaftlichen „Oberbau"-Rahmenbedingungen die slawische Bevölkerung zu intensiveren Feldbauformen, insbesondere zur Dreifelderwirtschaft, überging oder dazu veranlaßt wurde, war dies mit dem schrittweisen Wandel von der Blockgemengeflur – als der der von den Altslawen in Sippenweilern praktizierten ungeregelten Feldgraswirtschaft angemessenen Flurform – zur Gewannflur verbunden. Der noch regellosen Blockgewannflur folgt als vollkommenste Anpassung die geregelte Kleingewannflur, bei der sogar eine Flächenzusammenlegung und Neueinteilung erfolgt. Jedoch fehlt noch die im Boden verankerte Hufenverfassung; das Einhufensystem herrscht vor, die Dorfbevölkerung ist sozial einschichtig (ohne Kossäten), die geringe Größe der Gemarkungen bleibt trotz Zusammensiedlung von Kleinsiedlungen erhalten („Beiträge", S. 116). Überall dort aber, wo dieser Anpassungsdruck fehlt, wie etwa auf Rügen, an dem der Kolonisationsstrom gewissermaßen vorbeiging, bleibt die Blockflur mit extensiven Nutzungssystemen erhalten.

Dem entspricht, in Reliktgebieten ebenfalls noch erhalten, der lockere, regellose Weiler. Dieser wandelt sich, so die Argumentation Krenzlins, unter den Notwendigkeiten der gewandelten Betriebsform zum in die Niederung vorgeschobenen Rundling, der „der größtmöglichen Zahl von Bauern die Gelegenheit (bietet), ihrem Hof den für die Viehzucht wichtigen Grashof unmittelbar anzuschließen. Der Rundling entsteht also unter dem Zwange der Dorfbildung infolge der Einführung der Dreifelderwirtschaft und in dem Bestreben einer ursprünglich vorwiegend Viehzucht treibenden Bevölkerung, sich die Möglichkeit hierfür neben dem Ackerbau zu erhalten" (1952, S. 110).

Allerdings werden von ihr auch die einreihige Zeile und die zweizeilige Gasse als solche – alternativen? – Anpassungsformen betrachtet. Im Zuge der Intensivierung der Feldwirtschaft ist eine Vergrößerung der Bauernzahl möglich, wobei es auch zur Zusammenlegung mehrerer slawischer Kleinsiedlungen zu Dörfern mittlerer Größe kommt. „Das Dorf vergrößert sich, und wo eine Streulage der Höfe vorhanden war, schließen sie sich zusammen. Diese räumliche Konzentration der Höfe wie auch der Ackerflächen ist durch die streng genossenschaftliche Durchführung der Dreifelderwirtschaft bestimmt" (1955, S. 25). Der Endpunkt der Entwicklung ist der wohlausgebildete geschlossene ('echte') Rundling. Die stufenweise Entwicklung dahin „ist in der Niederlausitz in allen Stadien zu beobachten" (1952, S. 109).

So überzeugend diese empirisch abgestützte Argumentation im regionalen Kontext Brandenburgs ist – die Problematik der Verallgemeinerbarkeit dieser wirtschaftlichen Erklärung wird in den von den konstatierten Zusammenhängen abweichenden Gebieten sichtbar: So tritt der Rundling als offene kleine Rundform und als Halbrund, aber eindeutig mit der typischen hufeisenförmigen Anordnung der Höfe um einen Innenraum mit nur drei bis fünf Vollhöfen im Hannoverschen Wendland und der angrenzenden Hohen Geest auf, dem Ausgangsgebiet der Siedlungsforschungen Krenzlins (1931). W. Schulz-Lüchow (1963) und W. Meibeyer (1964) haben sie besonders herausgestellt. Selbst wenn wir konzedieren, daß nicht nur die Dreifelderwirtschaft, sondern auch die Esch-Einfeldwirtschaft eine genossenschaftliche Kooperation erforderlich machte, so bleibt es doch bei so kleinen Bauerngruppen fraglich, ob der ökonomische Zweck des Anschlusses eines Grashofes nur in der Form der hufeisenförmigen Gruppierung zu erreichen war. Denn unter den gleichen wirtschaftlichen Umständen ist es, wie Krenzlin ebenfalls feststellte, in der Lausitz „nicht zur Zusammenlegung von Kleinsiedlungen und zur Entwicklung der strengen geschlossenen Dorfform des Rundlings gekommen" (1952, S. 111). Die hier bestehenbleibenden Kleinsiedlungen ordneten sich unter deutschem Einfluß „nur zur Gasse und Zeile" (ebd.). Schließlich haben sich auf der nordwestdeutschen Geest bei gleicher Kombination von umfangreicher Viehwirtschaft und Einfeld-Eschwirtschaft, letztere nach Krenzlins Interpretation aus vorherigen ungeregelten, extensiveren Anbauformen mit Block- oder Blockstreifenflur entwickelt („Beiträge", S. 237), auch die locker-regellosen Drubbel nicht zu Rundlingen formiert.

Andererseits gibt es eine nicht geringe Zahl von Beispielen, wo sich mit Blockfluren aus einem ursprünglich altslawischen Kontext kleine Platzdörfer verbinden, die zwar nicht die strenge Hufeisenform des Rundlings aufweisen, aber im Gestaltungsprinzip der Gruppierung der Höfe um einen Platz grundsätzliche Ähnlichkeiten mit diesem aufweisen (vgl. z. B. Krenzlin 1952, Abb. 18 und 19; 1955, Abb. 5 und Karte 3; Meitzen 1895, Anlage 106 und 107; Kötzschke 1953, Abb. 2, 5, 7, 8, 14). Krenzlin machte 1955 selbst schon auf „platzdorfartige Dorfformen" in Sachsen aufmerksam. Sollten diese nicht in der altslawischen Zeit durchaus zahlreich verbreitet gewesen sein können, d. h. könnte nicht ein beträchtlicher Teil der altslawischen Bevölkerung bereits an den Platz als zentrierendes Element ihrer Weiler gewöhnt gewesen sein und dieser unter deutscher Herrschaft in die regulierte Rundlingsform überführt oder übernommen worden sein? Dann müßte allerdings nach anderen Funktionen dieses Innenraumes gesucht werden. Es könnten neben der des Viehsammelplatzes (Wenskus 1964, S. 234) auch sozial-kommunikative Funktionen gewesen sein, die nicht unbedingt einen betriebswirtschaftlichen Hintergrund hatten. Wenn, wie allgemein angenommen wird, die altslawische Bevölkerung unter einer Ältestenverfassung noch sippenbäuerlich lebte, könnten sich Parallelen zu den häufig bei solchen Gesellschaften Außereuropas auftretenden Dorfgestaltungen mit zentralem Platz ergeben.

Mit diesen Überlegungen soll die Argumentation Krenzlins keineswegs aus den Angeln gehoben werden. Es soll lediglich verdeutlicht werden, daß die Rundlingsfrage wohl noch nicht ganz ausdiskutiert ist. Unbestreitbar bleibt Krenzlins grundlegende Feststellung: „Der Rundling tritt nur dort auf, wo zu Beginn der deutschen mittelalterlichen Kolonisation eine slawische Bevölkerung vorhanden war, die sich in kleineren und größeren Resten noch in die deutsche Zeit hinein hielt" (1952, S. 111).

Eine lebhafte wissenschaftliche Diskussion lösten die Ergebnisse Anneliese Krenzlins zur Entstehung der Kurzgewannflur und der Langstreifenflurkerne in Altdeutschland aus („Beiträge", S. 206-222, 223-237 und 238-255, sowie als Hauptwerk zu dieser Thematik „Die Entstehung der Gewannflur ..." 1961, zs. mit L. Reusch). Um den durch Krenzlin erzielten Forschungsfortschritt würdigen zu können, seien kurz die Lehrmeinungen Ende der 50er Jahre skizziert.

Obwohl die Siedlungshistoriker F. Steinbach (1927) und A. Hömberg (1935) am Beispiel jüngerer Teilungsvorgänge in Blockfluren die Hypothese von der sekundären Entstehung der altdeutschen Kurzgewannfluren aufgestellt hatten, galt es auch in den 50er Jahren noch als ein offenes Problem, „ob das Gewann primärer oder sekundärer Natur ist" (1961, S. 8). Doch selbst wenn letzteres sich bestätigen ließe, so würde doch – wie Krenzlin feststellte – mit der formalen Rückführung der Gewannflur auf Blockgemenge und Streifengemenge die Vielfalt der verschiedenen Gewannvarianten (nach Größe und Streifenlänge) und deren Vergesellschaftung innerhalb komplexer Gewannfluren noch keine ausreichende Erklärung finden (ebd., S. 9). Denn in der deutschen Siedlungsforschung war inzwischen der Langstreifenkern von Gewannfluren entdeckt und eine neue genetische Theorie entwickelt worden. E. Obst und H. Spreitzer (1939), G. Niemeier (1944) und W. Müller-Wille (1944) vertraten nach ihren Befunden in Nordwestdeutschland und im Elsaß (Niemeier) die Auffassung, der Langstreifenkern sei die Urflur eines genossenschaftlich organisierten (germanisch-landnahmezeitlichen) Urdorfes, an die im Zuge des Dorf- und Flurwachstums Kurzgewanne (auf der Geest Block-Kämpe) angefügt worden seien. E. Otremba und seine Schülerin L. Schultze hatten dafür eine Bestätigung in Mittelfranken gefunden (1951; eine Zusammenstellung der wichtigsten genannten Arbeiten bei Nitz 1974).

Von folgenden Feststellungen ausgehend, ging nun Anneliese Krenzlin die Frage nach der Gewannflurentstehung in Altdeutschland neu an:

1. Der Masse der süddeutschen Gewannfluren fehlt der Langstreifenkern, sie sind kleingliedrig-kreuzlaufend. Folglich kann die Urflur-Theorie hier nicht zutreffen.

2. Die Gewannflur muß in Altdeutschland bereits im Hochmittelalter relativ weit verbreitet gewesen sein, da es – so ihre These – ein Vorbild für die Plangewannfluren der hochmittelalterlichen Ostkolonisation gegeben haben muß. Daraus ergab sich für sie die Notwendigkeit, (a) die genetische Gewannflurforschung in spätestens früh- bis hochmittelalterlich besiedelten Gebieten anzusetzen und (b) über die bisher übliche Kartierung und genetische Interpretation von Besitzständen erst des 18./19. Jahrhunderts hinauszugehen, um ältere, dem ursprünglichen besitzmäßigen Flurzustand näherstehende Hofeinheiten zu erfassen. „Vertraut mit der

Untersuchung ostdeutscher Siedlungen, in deren Besitzgefüge die Hufe als im Boden verankerter Begriff eine so große und klärende Rolle spielt, suchte ich die Hufe und ihre Entsprechung in der Flur auch in den süddeutschen Gewannflurdörfern zu fassen, um damit alte Besitzeinheiten und ihre Lagerung in der Flur zu ermitteln. ... Zuletzt erscheinen die alten Besitzeinheiten der Hufen, Erben und Lehen in den Lager- und Salbüchern des 16. bis 18. Jahrhunderts. Mit ihrer Hilfe gelingt es, diese alten Besitzeinheiten zu erfassen und räumlich auf der Gemarkungskarte festzulegen" (1961, S. 11). Mit dieser von ihr auch als „Rückschreibung" bezeichneten Methode analysierte und rekonstruierte ihr Mitarbeiter L. Reusch ältere Besitzstände von zehn unterfränkischen Dorffluren früh- bis hochmittelalterlicher Gründungszeit (Krenzlin u. Reusch 1961).

Die Ergebnisse der Interpretation der Befunde durch A. Krenzlin sind in den beiden Aufsätzen von 1961 (1961a und 1961b) zusammengefaßt. Im Vortrag von Nancy 1956, mit dem Thema "Blockflur, Langstreifenflur und Gewannflur als Funktion agrarischer Nutzungssysteme in Deutschland" („Beiträge", S. 206-222), werden bereits erste Grundthesen zur Gewannflurgenese formuliert; ihre damalige Auffassung von der Rolle der Langstreifenkernflur hat sie nach den neuen Erkenntnissen in Unterfranken revidiert. Kreuzlaufende Kurzgewanne und Langgewanne bzw. Langstreifenkomplexe lassen sich in Unterfranken gleichermaßen auf Blockparzellen, und zwar entsprechend auf Klein- und Großblöcke, zurückführen. Sie entstanden seit dem Hochmittelalter im Zusammenhang mit der allmählichen Entwicklung und Ausbreitung der Dreizelgenwirtschaft. Die Sonderform der bisher als genetische Gewannflurkerne gedeuteten Langstreifenflurteile erweist sich als Zerfallsprodukt von Herrenhof-Großblöcken, sie konnte aber auch unter den besonderen agrarökologischen Bedingungen von in der Flur nur inselartig begrenzt auftretenden daueackerfähigen Arealen entstehen, wobei diese begehrten Nutzungsareale beim Übergang von der extensiven zur intensiven Nutzungsform einer besonders intensiven Parzellierung unterlagen. Diese auf ursprünglichen Breitstreifenfluren in Unterfranken beobachtete selektiv-kleinräumige Ausdifferenzierung von Langsteifenkomplexen wird von Krenzlin auch auf die Genese nordwestdeutscher Langstreifenkernfluren nach Einführung der Einfeld-Eschwirtschaft übertragen.

Das zweite mit der genetischen Gewannflurforschung unmittelbar verknüpfte Forschungsziel ist die Rekonstruktion der von der Vergewannung betroffenen und durch sie veränderten Altformen der Fluren und Ortschaften. Die aus der Kartierung frühneuzeitlicher Besitzeinheiten sichtbar werdenden Groß- und Kleinblöcke werden durch Interpretation frühmittelalterlicher Quellen zur grundherrschaftlichen Villikationsverfassung als dieser entsprechende Flurstrukturen erkannt: Die Großblöcke als Herrenhofland, die Kleinblöcke als Hörigenland. Während Krenzlin in den Arbeiten von 1961 auf Grund der Ergebnisse in Unterfranken und angrenzenden Räumen Breitstreifenfluren als erst hochmittelalterliche Planformen ansah, akzeptierte sie in ihrem Aufsatz von 1980 (und in Diskussionen schon früher) die von H.-J. Nitz (1961, 1963) vertretene These von bereits frühmittelalterlichen Breitstreifenfluren der fränkischen Staatskolonisation (Krenzlin 1980, S. 395). Jüngere Arbeiten, zuletzt die von W. L. Raum (1982), haben die Blockgemengeflur als Vorläufer der Gewannflur auch in anderen süddeutschen Räumen voll bestätigt. Auch die Siedlungsarchäologie hat als eisenzeitliche, der Völkerwanderung und der germanischen Landnahme vorausgehende Flurformen im Nordseegebiet fast nur blockige Strukturen aufdecken können (zuletzt M. Müller-Wille 1979).

Demgegenüber weisen neuere Arbeiten zur Entstehung nordwestdeutscher Langstreifenfluren auf von Krenzlins genetischer Interpretation abweichende Ursprünge hin. Siedlungsarchäologische, pollenanalytische und siedlungsgeographische Untersuchungen des Niedersächsischen Instituts für Marschen- und Wurtenforschung konnten für die Streifenflur der Eschsiedlung Dunum (Ostfriesland) deren sehr kurzfristige Schaffung um die Mitte des 10. Jahrhunderts im Zusammenhang mit der Einführung des Einfeld-Eschwirtschaftssystems mit „ewigem Roggenbau" und Plaggendüngung nachweisen, verbunden mit einer Siedlungskonzentration durch Wüstlegen verstreuter Einzelhöfe und Kleinsiedlungen mit Blockfluren zugunsten von zwei kompakten Höfezeilen (Behre 1980). Herrschaftliche Maßnahmen im Gefolge der karolingisch-ottonischen „Nordkolonisation" sind hier wahrscheinlicher als eine spontane bäuerliche Innovation, und die Parallele zu entsprechenden ostkolonialzeitlichen Umformungsvorgängen in Brandenburg springt ins Auge („Beiträge", S. 10).

Eine zweite Altform als Vorläufer der schmallangstreifigen Eschfluren konnten W. Müller-Wille (1980, S. 200-202) und sein Schüler W. Sieverding (1980) durch Besitzrückschreibungen nachweisen: die frühmittelalterliche Breitstreifenflur als ohne Zweifel planmäßig angelegte Primärform. Nach W. Müller-Wille setzte der Zerfall in schmale Langstreifen im Hochmittelalter mit dem Übergang von der extensiven Feldgraswirtschaft zur intensiven Eschwirtschaft ein. Diese neuen Ergebnisse fügen sich in die Lehre Anneliese Krenzlins von der grundlegenden Rolle des Bodennutzungssystems für die Genese der Gewannflur bruchlos ein und bilden somit eine weitere Bestätigung ihrer Auffassung.

IV. Beiträge zur Typologie ländlicher Siedlungsformen und ihrer kartographischen Darstellung

Die große Vielfalt der Orts- und Flurformen, die sich in Nordostdeutschland im Zuge der ostdeutschen Kolonisation mit ihren Früh- und Hochformen, der durch sie ausgelösten Um- und Neugestaltung slawischer Siedlungen mit ihren Varianten und Stadien sowie schließlich mit den sekundären Anpassungsformen ursprünglicher Großgewannfluren herausgebildet hat, erfordert eine präzise, d. h. differenzierte Typologie, wie sie Krenzlin in ihren Arbeiten entwickelt hat. Dies wiederum stellte sie vor das Problem der angemessenen kartographischen Darstellung und mag erklären, daß sich eine solche in ihren Aufsätzen und ihrer Brandenburg-Monographie (1952) nicht realisieren ließ.

Erst die Gestaltung großformatiger Atlaskarten bot ihr die Möglichkeit, ihre Vorstellungen von einer genetisch begründeten Typologie in die Tat umzusetzen. Seit 1959 liegt die Karte 1:100 000 der „Flur- und Dorfformen um 1800" im „Atlas von Berlin" (Deutscher Planungsatlas) vor. Im Beitrag 5 („Beiträge", S. 71-87) legt sie die typologische Klassifizierung und ihre Begründung dar. Zur Zeit der Abfassung dieser Einleitung noch im Druck befindet sich die 1977 entworfene „Karte der Siedlungsformen der Provinz Brandenburg" im „Historischen Atlas von Brandenburg und Berlin". Wir dürfen sie schon jetzt als die kartographische Krönung ihrer historisch-siedlungsgeographischen Forschungsarbeit in Nordostdeutschland würdigen. Zwar könnte der Systematiker Einwendungen gegen manche Begriffsbildungen und deren hierarchische Gruppierung in der Karte von 1959 („Beiträge", S. 160-175) erheben. Wesentlicher aber ist es herauszustellen, daß mit 16 Flurformentypen und ebensovielen Dorfformentypen („Beiträge", S. 170) eine Differenziertheit der Kartenaussage erreicht wurde, wie sie wohl kaum eine andere Verbreitungskarte entsprechenden Formats leistet. Sie ist eine Dokumentationskarte und als solche eine neugeschaffene Quelle für weiterführende Forschungen. Vor allem der Landesgeschichtsforschung werden mit der Brandenburg-Karte und den auf ihr erkennbar werdenden Arealen einheitlicher Siedlungsformengefüge ganz neue Wege zur Beantwortung der Frage nach den regionalen Siedlungsträgern und deren Wirkungsräumen eröffnet. Krenzlin selbst hat 1980 („Beiträge", S. 115-151) dazu bereits wesentliche Beiträge geliefert.

In ihrer Typologie weicht sie von der von W. Czajka (1939) in dem vom Formenbestand her vergleichbaren Gebiet des benachbarten Schlesien entwickelten formal-deskriptiven Typenbezeichnung ab und bevorzugt die Prägung von Begriffen, die über die formale Kennzeichnung hinaus „Hinweise auf deren rechtliche, wirtschaftliche und siedlungskolonisatorische Bedeutung" geben („Beiträge", S. 23), z. B. „Hufengewannflur" und „Blockgewannflur". Die Gefahr, daß sich die darin zum Ausdruck gebrachten genetischen Deutungen im Einzelfall als falsch erweisen könnten, sieht sie durchaus, möchte sie aber im Hinblick auf die größere Aussagekraft der Gesamtkarte hinnehmen. Sie schließt sich damit der Typologiekonzeption der Leipziger Schule an, deren Begriffe sie z. T. übernimmt, zum größeren Teil aber für Brandenburg neu prägt.

Entsprechend kritisch beurteilt sie daher in ihrem Aufsatz „Zur Frage der kartographischen Darstellung von Siedlungsformen" („Beiträge", S. 160-175) die von Otremba und seinen zahlreichen westdeutschen Mitarbeitern angewandte „formale phänotypologische Bestandsaufnahme" für die Darstellung der ländlichen Siedlungsformen auf dem Gebiet der Bundesrepublik und bemängelt vor allem die unzureichende Darstellung der – genetisch zu interpretierenden – Kernflurtypen („Beiträge", S. 162 f.). „Die Genese fällt hier der Kartierungsmethode nach quantitativ-formalen Prinzipien zum Opfer" („Beiträge", S. 164). Ob unter den damals gegebenen Umständen, der Zusammenarbeit mehrerer Geographischer Institute mit einer Vielzahl von Mitarbeitern, eine auch genetische Aspekte berücksichtigende Typologie nach einheitlichen Kriterien zu realisieren gewesen wäre, kann man allerdings auch bezweifeln.

Kein Zweifel aber besteht daran, daß unter den großräumigen Formenverbreitungskarten vorerst A. Krenzlins Brandenburg-Karte auf der Grundlage „genetisch bestimmter Kartierungen der Siedlungsformen" vom Interpretationswert her eine

Spitzenstellung zukommt. Diese Leistung aber war auch nur möglich durch ihre jahrzehntelange intensive Erforschung dieses Raumes, deren Gründlichkeit und historische Fundierung von der heutigen Generation von Siedlungsforschern wohl nicht mehr erreicht werden wird.

V. Literaturverzeichnis

Behre, K.-E. (1980): Zur mittelalterlichen Plaggenwirtschaft in Nordwestdeutschland und angrenzenden Gebieten nach botanischen Untersuchungen. In: Untersuchungen zur eisenzeitlichen und frühmittelalterlichen Flur in Mitteleuropa und ihrer Nutzung. Teil II, hg. v. H. Beck, D. Denecke u. H. Jankuhn. (Abh. d. Akad. d. Wiss. in Göttingen, Phil.-hist. Klasse, III. Folge, 116) Göttingen, S. 30-44.

Bobek, H. (1948): Stellung und Bedeutung der Sozialgeographie. In: Erdkunde 2, S. 118-125.

Born, M. (1977): Geographie der ländlichen Siedlungen 1: Die Genese der Siedlungsformen in Mitteleuropa. Stuttgart.

Butzer, K. W. (1982): Kulturanpassung: Eine Methode zur zeitlichen Untersuchung menschlicher Ökosysteme. In: Geogr. Zeitschrift 70, S. 261-272.

Czajka, W. (1939): Die ländlichen Siedlungen. = Kap. III aus: Ders., Der schlesische Landrücken, Teil II. (Veröff. d. schles. Ges. f. Erdkunde 13) Breslau [Nachdruck Wiesbaden 1964], S. 143-195.

Hard, G. (1973): Die Geographie. Eine wissenschaftstheoretische Einführung. Berlin, New York.

Hömberg, A. (1935): Die Entstehung der westdeutschen Flurformen. Blockgemengeflur, Streifenflur, Gewannflur. Berlin.

Kötzschke, R. (1953): Ländliche Siedlung und Agrarwesen in Sachsen. (Forsch. z. dt. Landeskunde 77) Remagen.

Krenzlin, A. (1931): Die Kulturlandschaft des hannöverschen Wendlands. (Forsch. z. dt. Landes- und Volkskunde 28, Heft 4) Stuttgart 1931 [Zweite, unveränderte Auflage mit einem Nachwort, S. 101-108, unter dem Titel "Die Kulturlandschaft des hannoverschen Wendlands" (Forsch. z. dt. Landeskunde) Bad Godesberg 1969].

dies. (1952): Dorf, Feld und Wirtschaft im Gebiet der großen Täler und Platten östlich der Elbe. (Forsch. z. dt. Landeskunde 70) Remagen.

dies. (1955): Historische und wirtschaftliche Züge im Siedlungsformenbild des westlichen Ostdeutschland unter besonderer Berücksichtigung von Mecklenburg-Vorpommern und Sachsen. (Frankfurter Geogr. Hefte 27-29 [Einziges Heft]) Frankfurt a. M.

dies. (1961a): Die Entwicklung der Gewannflur als Spiegel kulturlandschaftlicher Vorgänge: In: Ber. z. dt. Landeskunde 27, S. 19-36. [Auch in: 33. Deutscher Geographentag Köln 1961. Tagungsbericht und wissenschaftliche Abhandlungen, hg. v. W. Hartke u. F. Wilhelm. (Verh. d. Dt. Geographentages 33) Wiesbaden 1962, S. 305-322]

dies. (1961b): Zur Genese der Gewannflur in Deutschland nach Untersuchungen im nördlichen Unterfranken. In: Geografiska Annaler XLIII, 1-2, S. 190-203.

dies. (1980): Die Aussage der Flurkarten zu den Flurformen des Mittelalters. In: Untersuchungen zur eisenzeitlichen und frühmittelalterlichen Flur in Mitteleuropa und ihrer Nutzung. Teil I, hg. v. H. Beck, D. Denecke u. H. Jankuhn. (Abh. d. Akad. d. Wiss. in Göttingen, Phil.-hist. Klasse, III. Folge, 115) Göttingen, S. 376-409.

dies. und L. Reusch (1961): Die Entstehung der Gewannflur nach Untersuchungen im nördlichen Unterfranken. (Frankfurter Geogr. Hefte 35, 1. Heft) Frankfurt a. M. [Darin: A. Krenzlin: Einleitung: Problemstellung, S. 7-12, sowie dies.: Die Entstehung der Gewannflur, S. 76-131.]

Lebeau, R. (1979): Les grandes types de structures agraires dans le monde. 3. Aufl. Paris.

Meibeyer, W. (1964): Die Rundlingsdörfer im östlichen Niedersachsen. Ihre Verbreitung, Entstehung und Beziehung zur slawischen Siedlung in Niedersachsen. (Braunschweiger Geogr. Studien 1) Braunschweig.

ders. (1972): Der Rundling – eine koloniale Siedlungsform des hohen Mittelalters. In: Niedersächs. Jb. f. Landesgeschichte 44, S. 27-49.

Meitzen, A. (1895): Siedelung und Agrarwesen der Westgermanen und Ostgermanen, der Kelten, Römer, Finnen und Slawen. Drei Textbd. mit Atlasbd. Berlin

Mortensen, H. und H. Jäger (Hg.) (1962): Kolloquium über Fragen der Flurgenese am 24.-26. Oktober 1961 in Göttingen. In: Ber. z. dt. Landeskunde 29/2, S. 199-350.

Müller-Wille, M. (1979): Flursysteme der Bronze- und Eisenzeit in den Nordseegebieten. Zum Stand der Forschungen über „celtic fields". In: Untersuchungen zur eisenzeitlichen und frühmittelalterlichen Flur in Mitteleuropa und ihrer Nutzung. Teil I, hg. v. H. Beck, D. Denecke u. H. Jankuhn. (Abh. d. Akad. d. Wiss. in Göttingen, Phil.-hist. Klasse, III. Folge, 115) Göttingen, S. 196-239.

Müller-Wille, W. (1944): Langstreifenflur und Drubbel. Ein Beitrag zur Siedlungsgeographie Westgermaniens. In: Dt. Archiv f. Landes- u. Volksforschung 8/1, S. 9-44 [Wiederabdruck in *Nitz* 1974, S. 247-314, und in W. Müller-Wille, Probleme und Ergebnisse geographischer Landesforschung und Länderkunde. Gesammelte Beiträge 1936-1979, Erster Teil. (Westfälische Geogr. Studien 39) Münster 1983, S. 203-238.]

ders. (1980): Agrare Siedlungsgeographie in Westfalen. Fragen und Methoden, Ergebnisse und Deutungen. In: Westfäl. Forschungen 30, S. 198-208.

Niemeier, G. (1944): Gewannfluren. Ihre Gliederung und die Eschkerntheorie. In: Petermanns Geogr. Mitteilungen 90, S. 57-74.

Nitz, H.-J. (1961): Regelmäßige Langstreifenfluren und fränkische Staatskolonisation. In: Geogr. Rundschau 13, S. 350-365.

ders. (1963): Siedlungsgeographische Beiträge zum Problem der fränkischen Staatskolonisation im süddeutschen Raum. In: Zeitschr. f. Agrargeschichte u. Agrarsoziologie 11, S. 34-62. [In Band I enthalten.]

ders. (1974): Historisch-genetische Siedlungsforschung. Genese und Typen ländlicher Siedlungen und Flurformen. (Wege d. Forschung, Bd. CCC) Darmstadt.

Obst, E. und H. Spreitzer (1939): Wege und Ergebnisse der Flurformenforschung im Gebiet der großen Haufendörfer. In: Petermanns Geogr. Mitteilungen 85, S. 1-19.

Otremba, E. (1951): Die Entwicklungsgeschichte der Flurformen im oberdeutschen Altsiedelland. In: Ber. z. dt. Landeskunde 9, S. 363-381 [Wiederabdruck in *Nitz* 1974, S. 81-107].

Prange, W. (1960): Siedlungsgeschichte des Landes Lauenburg im Mittelalter. (Quellen u. Forschungen z. Geschichte Schleswig-Holsteins 41) Neumünster.

Raum, W. L. (1982): Untersuchungen zur Entwicklung der Flurformen im südlichen Oberrheingebiet. (Berliner Geogr. Studien 11) Berlin.

Schulz-Lüchow, W. (1963): Primäre und sekundäre Rundlingsformen in der Niederen Geest des hannoverschen Wendlandes. (Forsch. z. dt. Landeskunde 142) Bad Godesberg.

Sieverding, W. (1980): Bentrup und Holtrup – Zur Genese und Organisation bäuerlicher -trup-Siedlungen in Altwestfalen. (Siedlung u. Landschaft in Westfalen 13) Münster.

Steinbach, F. (1927): Gewanndorf und Einzelhof. In: Historische Aufsätze, Aloys Schulte zum 70. Geburtstag gewidmet von Schülern und Freunden. Düsseldorf, S. 44-62 [Wiederabdruck in *Nitz* 1974, S. 42-65].

Wenskus, R. (1964): Kleinverbände und Kleinräume bei den Prußen des Samlandes. In: Die Anfänge der Landgemeinde und ihr Wesen, Band II. (Konstanzer Arbeitskreis f. Mittelalterl. Geschichte, Vorträge u. Forschungen VII), Stuttgart, S. 201-254.

Wilhelm Müller-Wille (1906-1983) – Seine Leistung für die Siedlungsgeographie Mitteleuropas

Am 15.03.1983 verstarb Professor emeritus Dr. Wilhelm Müller-Wille, langjähriger Ordinarius der Geographie und Direktor des Geographischen Instituts der Universität Münster. Eine Darstellung seines wissenschaftlichen Lebensweges gibt H. Uhlig in seiner Würdigung anläßlich des 70. Geburtstages von W. Müller-Wille (1976). Hier soll ausschließlich das siedlungsgeographische Werk gewürdigt werden. Zweifellos ist dies eine zu enge Betrachtung, denn Müller-Wille verstand sich Zeit seines Lebens als Geograph im vollen Sinne und in der ganzen Breite der fachlichen Kompetenz. Doch stand die Kulturgeographie im Zentrum seiner wissenschaftlichen Arbeit und in dieser wiederum die Siedlungsgeographie. Insofern hoffen wir, in dieser speziellen Würdigung ein gutes Stück des Forschers und Lehrers sichtbar zu machen.[1]

Wilhelm Müller-Wille begann seine wissenschaftliche Laufbahn unter seinem akademischen Lehrer, dem Bonner Geographen L. Waibel, als Agrargeograph mit einer Dissertation über „Die Ackerfluren des Landesteils Birkenfeld" (1936), wobei es sich bei Birkenfeld um den zum damaligen Großherzogtum Oldenburg gehörenden Landesteil an der Nahe handelt. Sicherlich wählte Müller-Wille diesen Raum als gebürtiger Oldenburger ganz bewußt. Obwohl seine erste Nebenfächer-Verbindung für die beabsichtigte künftige Laufbahn im höheren Schuldienst mit Mathematik und Physik ihn für die Physische Geographie zu prädestinieren schien, wandte er sich doch bald der Kulturgeographie zu und hierin ganz betont der historisch-genetischen Erforschung der kulturlandschaftlichen Erscheinungen. Bestimmend hierfür wurde die enge wissenschaftliche Verbindung seines Lehrers Waibel mit dem Landeshistoriker F. Steinbach, der stark an kulturlandschaftlichen Arbeiten interessiert war und die geographische Siedlungsforschung vielfältig inspirierte. Jedoch blieb Müller-Wille Zeit seines Lebens einer naturräumlichen Orientierung seiner kulturgeographischen Forschung und Lehre verpflichtet, ja man kann dies geradezu als ein Leitmotiv seiner Arbeit bezeichnen. Deutlich sichtbar wird dies z. B. im Titel seines Hauptwerkes „Westfalen – Landschaftliche Ordnung und Bindung eines Landes" (1952b), vielleicht noch stärker in den von ihm gewählten Kennzeichnungen der ländlich-agraren Wirtschaftslandschaften Westfalens, z. B. die „Sandgebiete" mit der historischen Abfolge des Wald-Viehbauern, des Heidjers und des Grünlandbauern. Den Kulturgeographen wenig bekannt und daher an dieser Stelle hervorzuheben ist, daß Müller-Wille sich 1941 mit dem 1. Teil

---

1 Im folgenden werden die Aufsätze und sonstigen Beiträge Müller-Willes nach dem Wiederabdruck 1983 zitiert (Ausnahme: 1977 und 1979): *W. Müller-Wille*, Probleme und Ergebnisse geographischer Landesforschung und Landeskunde. Gesammelte Beiträge 1939 – 1979, Teil I und II (Westfälische Geographische Studien 39 und 40), Münster 1983. Beispiel der Zitierweise: 1942, II, S. 27 = Wiederabdruck der Arbeit von 1942 im Band II der 'Gesammelten Beiträge', dort S. 27. Im Literaturverzeichnis dieser Würdigung ist jede zitierte Arbeit in der üblichen Weise aufgeführt und in Klammern der Wiederabdruck nach Band I oder II und dortiger Seitenzahl.

(„Relief und Gewässernetz in Westfalen") seiner auf fünf Teile angelegten Arbeit „Westfalen – Die Natur des Landes" habilitierte (Neudruck des 1. Teils 1966).

Ein schwerpunktmäßiges Interesse an den ländlichen Siedlungen und siedlungsräumlichen Strukturen ergab sich für Müller-Wille aus dem Studium der ländlich-agraren Kulturlandschaft sozusagen zwangsläufig, insbesondere durch sein stets großräumig-landschaftsvergleichend angelegtes Arbeiten, wie er es 1937 erstmals für den Westerwald und in seinem ausgearbeiteten Habilitationsvortrag (1941) über die kulturgeographische Struktur und Stellung des Rheinischen Schiefergebirges (1942, II, S. 24-78) demonstrierte. Verstärkt wurde diese Ausrichtung durch die Begegnung mit H. Dörries, dessen Assistent in Münster er nach seiner Promotion in Bonn wurde.

Dörries war ein Kulturgeograph historisch-genetischer Orientierung par excellence. In Münster begegnete Müller-Wille zwei weiteren kreativen Siedlungsforschern, dem als Dozent am Geographischen Institut tätigen G. Niemeier und dem Siedlungshistoriker K. A. Hömberg. Wie H. Uhlig aus Gesprächen mit Müller-Wille und Niemeier berichtet, standen sich diese drei jungen Wissenschaftler in stimulierender Konkurrenz gegenüber – Uhlig schreibt (in seiner Würdigung Müller-Willes 1976, S. 8), daß „geistige Spannung und Diskussion, aber auch ein gewisser Ehrgeiz, mit neuen Ergebnissen vorzustoßen" das wissenschaftliche bzw. kollegiale Klima dieser Phase prägten. So ist es kein Zufall, daß alle drei wesentliche, um nicht zu sagen revolutionierende Ideen zur Entstehung der Gewannflur und Langstreifenflur in die Siedlungsforschung einbrachten, Hömberg bereits 1935 und 1938, Niemeier 1938 und dann gleichzeitig mit Müller-Wille 1944. In diesem Zusammenhang muß auch der damals junge niederländische Geograph H. J. Keuning mit seinen Forschungen über die Eschsiedlungen von Drenthe genannt werden (1938). Daß der Landeshistoriker F. Steinbach mit seinen ebenfalls die Siedlungsforschung stimulierenden Thesen zur Entstehung der Gewannflur aus Einzelhof- und Weiler-Blockfluren (1927) Müller-Wille in starkem Maße beeinflußte, bedarf keiner näheren Begründung.

Aufgrund seiner landschaftsökologisch-agrargeographischen Orientierung betrachtete Müller-Wille stärker als die genannten Siedlungsforscher die ländlichen Siedlungsformen als funktionalen Ausdruck der agraren Betriebssysteme auf der jeweiligen historischen Entwicklungsstufe der Wirtschaft. Andererseits übersah er dank seiner Schulung bei F. Steinbach und B. Huppertz in Bonn niemals die große Bedeutung sozialhistorischer Strukturen, nämlich den im Laufe der Geschichte sich wandelnden Aufbau der ländlich-agraren Gesellschaft mit ihren Bauernklassen. Einige seiner Schüler, vor allem P. G. Hesping (1963) und B. Lievenbrück (1977), haben diese Bedeutung der ländlichen Sozialgruppen für die Siedlungsstruktur an besonders markanten Beispielen herausgearbeitet.

Die in Münster entwickelten Ideen zur frühgeschichtlichen und frühmittelalterlichen Siedlungsform sollten bald die Diskussion der gesamten mitteleuropäischen geographischen Siedlungsforschung beherrschen und an vielen Instituten weitere Forschungen anregen und als Lehrmeinung deren Interpretation bestimmen. Stark gefördert wurde dies durch Müller-Willes knapp vierjährige Dozententätigkeit in

Göttingen (1943-1946), wo er dem siedlungsgeographisch stark interessierten H. Mortensen begegnete, der seine entsprechenden Forschungen in Ostpreußen begann und in wechselseitig befruchtender Partnerschaft mit Müller-Wille (und später mit K. Scharlau) im niedersächsisch-nordhessischen Bergland und in den eingelagerten Beckenlandschaften fortführte. Vor allem die Wüstungsforschung wurde seit dieser Zeit stark stimuliert, suchte man doch in den verwaldeten mittelalterlichen Wüstungsfluren relativ unveränderte Langstreifenfluren zu entdecken. Müller-Wille baute hier seine Konzeption weiter aus und legte die in befruchtenden Gesprächen mit Mortensen gewonnenen Ergebnisse in seinem Aufsatz „Zur Kulturgeographie der Göttinger Leinetalung" 1948 vor. In dieser Arbeit wird der kulturlandschaftsgenetische Ansatz mit der Herausarbeitung von Kulturlandschaftsschichten als Ergebnis von Formungsphasen besonders deutlich. Das m. E. eindrucksvollste Zeugnis der Zusammenarbeit von Mortensen und Müller-Wille ist die 1943 abgeschlossene Dissertation des von beiden betreuten, mit Müller-Wille nach Göttingen gekommenen und leider früh verstorbenen Paul Clemens („Lastrup und seine Bauerschaften", 1955). In dieser Arbeit erscheinen erstmals die für die Müller-Wille-Schule klassischen Begriffe „Siedlung und Landschaft des Heidebauerntums" bzw. des „Grasland-Ackerbauerntums" und die nach Thünen'schem Vorbild konstruierte Darstellung der „Idealgemarkung einer isolierten Grasland-Ackerbausiedlung", eine modellmäßige Darstellungsform, die Müller-Wille und seine Schüler dann immer wieder anwandten (vgl. die Arbeit über „Agrarbäuerliche Landschaftstypen" 1955).

In Göttingen und danach wieder in Münster, wohin Müller-Wille als Nachfolger des früh verstorbenen H. Dörries zurückkehrte, wurde im Rahmen der kulturlandschaftsgenetischen Arbeitsweise auch deren graphische Präsentation in Form der berühmt gewordenen kulturlandschaftsgenetischen Längsschnittdarstellungen entwickelt und m. W. erstmals 1952 im Westfalen-Buch angewendet (z. B. S. 173). H. Uhlig rühmt mit Recht Müller-Willes Fähigkeit, „mittels modellhafter Kartogramme, Figuren oder einiger das Detail auf wesentliche Grundlinien konzentrierende Tafeln komplexe Sachverhalte überschaubar und damit auch leichter lehr- und anwendbar zu machen" (Uhlig 1976, S. 16).

Bisher haben wir den wissenschaftlichen Werdegang Müller-Willes vor allem im Hinblick auf seine Entwicklung als Siedlungsgeograph skizziert und nur in Stichworten die inhaltliche Bedeutung seiner Arbeiten angesprochen. Diese soll im folgenden in den Mittelpunkt gerückt werden, indem wir Müller-Willes wissenschaftlichen Weg im Spiegel seiner Publikationen verfolgen. Dabei ist zunächst herauszustellen, daß eine Reihe seiner frühen Beiträge nicht im engeren Sinne als siedlungsgeographische Arbeiten anzusehen sind, sondern eine ausgeprägte kulturlandschaftsgeographische Zielsetzung haben. Erst mit seiner großen Arbeit „Langstreifenflur und Drubbel" (1944a) wendet er sich der historisch-genetischen Siedlungsgeographie zu, ohne jedoch die Einbindung in den weiteren Kontext der Kulturlandschaftsforschung je aufzugeben. Dies wird z. B. ganz deutlich in seinem Vortrag auf dem Essener Geographentag 1953 über „Agrarbäuerliche Landschaftstypen" (1955). Liest man die im engeren und weiteren Sinne siedlungsgeographischen Themen gewidmeten Arbeiten Müller-Willes unter der Fragestellung, ob sich in ihnen gewisse *Entwicklungsstränge oder Schwerpunkte* erkennen lassen, so scheinen mir zwei Phasen deutlich zu werden:

Die erste setzt mit den kulturlandschaftlich thematisierten Arbeiten über den Westerwald (1937) und das Rheinische Schiefergebirge (1942) ein und reicht bis zum genannten Vortrag über die agrarbäuerlichen Landschaftstypen (1955). Man könnte diese Phase unter die Stichworte stellen: Siedlungsgestaltung unter *agrarökologisch-landschaftsökologischer Prägung*, im Rahmen individualer oder gruppenmäßig-genossenschaftlicher *Verfassung*, im historisch-genetischen Wandel agrarischer *Wirtschafts- und Kulturstufen*, die sich autochthon entwickeln, aber auch aus der Einwirkung überregionaler *Kulturströmungen* resultieren. Die hier aufgeführten Aspekte und Faktoren bilden für Müller-Wille eine untrennbare Einheit. Das folgende Zitat aus der Arbeit über das Rheinische Schiefergebirge (1942) mag dies belegen: „Vielmehr müssen wir, da für uns die Landschaft als Gesamtkomplex im Vordergrund steht, die Kulturströmungen und die kulturlandschaftlichen Erscheinungen in ihren *funktionalen* Zusammenhängen und in ihrer landschaftlichen Gebundenheit erkennen. Wir betrachten also die einzelne Erscheinung *ökologisch,* d. h. als Teil und Glied im Haushalt einer größeren Einheit. Damit erst werden wir auch die natürlichen Faktoren (...) in ihrer Bedeutung für die *historische* Entwicklung und für die *räumliche* Verteilung kulturgeographischer Erscheinungen richtig erfassen können (...). Die in einer bestimmten Kulturepoche lebenden Menschen schaffen und verursachen kulturelle Erscheinungen. Sobald diese Teile der Landschaft werden und sich in den Raum einfügen, unterstehen sie den ordnenden Einflüssen natürlicher Gegebenheiten. Sie versagen oder bewähren sich. Es fragt sich nur, welche natürliche Erscheinung für das kulturlandschaftliche Verbreitungsbild entscheidend ist." (1942, II, S. 26; Hervorh. i. O.) Konkretisiert sei diese Konzeption an einem regionalen Beispiel aus der Westerwald-Studie von 1937: „Offensichtlich bevorzugt die Feldgraswechselwirtschaft den lockeren Weiler und den Einzelhof, während der Flurzwangs-Ackerbau zu einer dörflichen Gruppensiedlung tendiert (...). Wenn so das agrare Wirtschaftssystem ein wesentlicher Faktor ist, ergibt sich die Aufgabe, seine klimatische Abhängigkeit zu überprüfen und zugleich den territorialen Einfluß hinsichtlich gewünschter Anbausysteme zu erkunden. Auf jeden Fall ist die heute noch deutliche siedlungsgeographische Grenze unter verschiedenen Einflüssen langsam gewachsen. Ihre Lage läßt vermuten, daß zwei verschieden gerichtete Strömungen sich hier gegeneinander absetzen: das nördliche oder niederrheinische Einzelhof- und Kleinweilersystem gegen das südliche, mitteldeutsche Dorfsystem." (1937, II, S. 22).

Eine thematische wie auch interpretatorische Verlagerung scheint sich mir in seinen späteren Arbeiten anzudeuten, beginnend mit seinem Vortrag und seinen Diskussionsbeiträgen auf dem siedlungsgenetischen Symposium in Göttingen 1961 (1962a, I, S. 244 ff.); auch sein Abendvortrag auf der Tagung des „Arbeitskreises für genetische Siedlungsforschung in Mitteleuropa" in Münster 1975 über „Beharrung und Wandel in ländlich-agraren Siedlungen und Siedlungsräumen Westfalens" (1977) und sein letzter Vortrag 1979: „Agrare Siedlungsgeographie in

Westfalen. Fragen und Methoden, Ergebnisse und Deutungen" (1980) setzen diese Linie fort. Hier treten zu seinen 'klassischen' Fragestellungen neue, im spezielleren Sinne siedlungsgeographische Themen hinzu: Plansiedlungen und die sie begründende Herrschaft, insbesondere die Grundherrschaft, aber auch übergreifende Organisationen wie der fränkische Staat und ein altsächsischer stammesmäßiger Wehrverband, die 'Heerschaft Westfalen'.

Ehe wir uns den inhaltlichen Aussagen und ihrer zu würdigenden Bedeutung für die Siedlungsforschung im einzelnen zuwenden, scheint es mir zum Verständnis des wissenschaftlichen Weges von Müller-Wille wichtig zu sein, noch einmal und nun weniger biographisch, sondern inhaltlich-themenbezogen nach den *Einflüssen* und *Anregungen* zu fragen, die Müller-Wille aufgriff und die in seinen Arbeiten erkennbar werden. Einige hat Müller-Wille selbst wiederholt herausgestellt, andere müssen wir versuchen zu erschließen, was nicht immer ganz gelingen mag. Daß die ländlich-bäuerlichen Orts- und Flurstrukturen in erster Linie aus der jeweiligen agrarökologischen (landschaftsökologischen) Situation und der auf dieser basierenden Betriebsorganisation, insbesondere den Bodennutzungssystemen, abgeleitet werden müssen, wobei sich diese unter der Wirkung interner und externer Faktoren und Einflüsse allmählich wandeln (vgl. das Zitat oben), diese Auffassung hatte er in seiner agrargeographischen Doktorarbeit „Die Ackerfluren im Landesteil Birkenfeld" (1936) gewonnen; auf diese nimmt er in seinen späteren stärker siedlungsgeographisch orientierten Arbeiten immer wieder Bezug. Durch seinen Doktorvater L. Waibel, der in seiner frühen wissenschaftlichen Entwicklung stark biogeographisch-landschaftsökologisch orientiert war, dann aber an der Universität Bonn, wo Müller-Wille sein Doktorand wurde, vor allem im engen Kontakt mit dem Agrarwissenschaftler T. Brinkmann und dem Wirtschaftshistoriker B. Kuske die wirtschaftlichen, insbesondere die agrarbetriebswirtschaftlichen Zusammenhänge mit in den Mittelpunkt seiner agrargeographischen Arbeiten rückte, wurden auch seine Schüler in die agrarökologische und agrargeographisch-betriebswirtschaftliche Betrachtungsweise eingeführt. Müller-Wille wählte 'Landwirtschaftliche Betriebslehre' bei Brinkmann als Promotions-Nebenfach. Den „physiologischen Wirtschaftsplan" einer Gemarkung zu analysieren und ihn auch in seinem landschaftsökologischen Beziehungssystem zu deuten (so Müller-Wille in seiner Würdigung L. Waibels 1952a, I, S. 6 f.), dies war eine der Hauptlehren Waibels. Müller-Wille leitet aus dieser Methodik seine eigene topographisch-genetische Flurformenanalyse ab und setzt beide in Beziehung zueinander: „Zwar sind besitzrechtliche und wirtschaftliche Ordnung einer Flur als zwei Schichten säuberlich zu trennen. Beide hängen jedoch vielfach zusammen und erst ihre sinnvolle Verknüpfung ergibt die ganze Fülle unserer Agrarlandschaft." (ebenda S. 7)

Der zweite wichtige Einfluß auf Müller-Wille war die *Kulturraumforschung* mit ihren Konzepten der „Kulturströmungen" und „Kulturprovinzen", die das Augenmerk auf die Einflüsse überregional sich ausbreitender Neuerungen der materiellen und geistig-politischen Kultur richtete – heute würde man von „Innovationen" und ihrer „Diffusion" sprechen. Diese von dem Historiker H. Aubin und dem Sprachwissenschaftler T. Frings in Bonn entwickelte Betrachtungsweise bzw. Schule

(z. B. H. Aubin, T. Frings und J. Müller 1926) wurde in den 20er und 30er Jahren von dem Landeshistoriker F. Steinbach (1926) und dessen Schüler B. Huppertz (1939) für die historische Siedlungsforschung aufgegriffen und weiter ausgebaut. Waibel stand in enger Zusammenarbeit mit Steinbach, und wenn Müller-Wille geradezu von einer „Synthese Waibel/Steinbach" (1952a, I, S. 13) spricht, so darf man ihn selbst, der als zweites Promotionsnebenfach 'Landesgeschichte' bei Steinbach studierte, als einen im wörtlichen Sinne gemeinsamen Schüler dieser beiden Wissenschaftler charakterisieren. In seinen frühen Arbeiten der dreißiger und vierziger Jahre hat er immer wieder die Bedeutung dieses Einflusses der Steinbach-Schule hervorgehoben und ihre Methodik selbst angewendet, indem er die „Wanderung" kulturgeographischer Phänomene, insbesondere agrarbetrieblicher Neuerungen wie die Zelgenwirtschaft und Pflugformen, aber auch agrarsozialer Normen wie die Realteilungsgewohnheit, untersuchte und kartographisch darstellte. In seinen großräumigen Verbreitungskarten stellte er Ausbreitungswege und Stillstandsgrenzen dar und suchte neue Erkenntnisse aus der räumlichen Korrelation verschiedener Phänomene zu gewinnen; seine oft kühnen Synthesen und Hypothesen wurden fast alle auf diesem in der Steinbach-Schule wurzelnden methodischen Wege gewonnen.

Eine andere Wurzel muß die lange Zeit für seine historisch-siedlungsgeographische Auffassung von der frühgeschichtlichen Gruppensiedlung mit Streifenflur und von der frühmittelalterlichen bäuerlich-genossenschaftlichen Siedlungsverfassung haben – bei gleichzeitiger Unterschätzung der Rolle der Grundherrschaft, deren Bedeutung er erst in seinen späten Arbeiten stärker in Rechnung stellte. Von Steinbach wurde ihm diese sozialgeschichtliche Auffassung nicht vermittelt; dieser vertrat bereits in seinem grundlegenden Aufsatz von 1927 „Gewanndorf und Einzelhof" die These, daß die ursprünglichen kleinen Dörfer und Weiler „nur zusammengescharte Einzelhöfe" waren und im übrigen echte Einzelhöfe und damit Einzelsiedler das frühe Siedlungsgefüge bestimmten. Steinbach betonte aber auch die Rolle der großen und kleinen Grundherrschaften mit ihren Herrenhofländereien seit dem frühen Mittelalter (Steinbach 1927/1974, S. 62).

Müller-Wille aber hatte nicht die rheinischen Siedlungsverhältnisse vor Augen, auf deren Interpretation sich Steinbachs These stützte, sondern die in ihrem Ursprung für frühgeschichtlich gehaltenen kleinflächig-inselhaften Streifenfluren der Eschsiedlungen der nordwestdeutschen Geest, die wiederum Steinbach nicht beachtet hatte. Müller-Wille waren die Eschsiedlungen aus seiner Oldenburger Heimat vertraut, er kannte die über sie vorliegenden Forschungen, und seine neue Wirkungsstätte Münster lag im Bereich dieses Siedlungstyps. R. Martiny (1926) und K. A. Hömberg (1935) mit ihren genetischen Thesen von der Urform einer *germanischen bzw. nordischen Gemeinschaftsflur* lieferten ohne Zweifel die Grundidee, und auch R. Gradmanns mehrfach formulierte Auffassung, daß die genossenschaftliche Verfassung der mittelalterlichen Gewannflurdörfer in ihrer Wurzel in die germanische Landnahme-Gesellschaft zurückreicht (Gradmann 1913), fand Müller-Willes Zustimmung. Seine eigenen agrargeographischen Beobachtungen und Überlegungen fanden eine Stütze bei Hömberg, der sich wiederum auf die Forschungen einiger früher Agrarhistoriker wie R. Braungart (1914), K. Rhamm (1905) und H. E. Seebohm (1914) bezog.

Müller-Wille hat sich von dieser sozialgeschichtlichen Auffassung, die der Lehre von der germanischen Markgenossenschaft nahestand, erst in seiner späten Phase mehr und mehr gelöst unter dem Eindruck der Forschungsergebnisse westfälischer Siedlungshistoriker wie J. Prinz, der die Bedeutung der Grundherrschaft für die frühmittelalterliche Besiedlung des Raumes um Münster herausarbeitete, und siedlungsarchäologischer Forschungen über die frühgeschichtliche (eisenzeitliche) ländliche Siedlungsstruktur, an denen auch sein Sohn Michael Müller-Wille beteiligt war (1965) und die keine (germanischen) Streifenfluren, sondern Blockfluren vom Typ der sog. „celtic fields" aufgedeckt hatten. Aber auch neue Ergebnisse seiner Doktoranden ließen ihn die Rolle individuell-bäuerlicher wie herrschaftlicher Siedlungsgestaltung stärker berücksichtigen.

Verfolgen wir nun die *inhaltlichen Grundthesen*, die Müller-Wille in vier Jahrzehnten der Forschung und Lehre konzipierte, weiterentwickelte und präzisierte, aber auch modifizierte und fallen ließ zugunsten neuer Ergebnisse und Deutungen.

Nahezu alle Arbeiten der ersten Forschungsphase Müller-Willes (dreißiger bis fünfziger Jahre) kreisen um die Thematik *Langstreifenflur und Drubbel* als westgermanische primäre Siedlungsform, aus der sich im Mittelalter in den ackergünstigen Räumen Mittel- und Oberdeutschlands, aber auch des germanischen Nordwesteuropas, das geschlossene Dorf mit vergrößerter Gewannflur um den meist sekundär untergliederten primären Langstreifenflurkern entwickelte, wobei das Streifenflurprinzip unter den ökonomischen Erfordernissen der zelgengebundenen dorfgemeinschaftlichen Dreifelderwirtschaft weitergeführt wurde. Demgegenüber erhielt sich die atavistische Primärform auf der nordwestdeutschen und niederländischen Geest unter den besonderen naturräumlichen Umständen der ackerungünstigen Altmoränenlandschaften.

Bei der Entwicklung dieser Konzeption stützte sich Müller-Wille, wie bereits oben angesprochen, auf die Befunde und Interpretationen einer ganzen Reihe bereits vorliegender siedlungsgeographischer und siedlungshistorischer Untersuchungen. Besonders wichtig wurde die bei H. Dörries entstandene Dissertation von H. Riepenhausen (1938), der Langstreifenfluren in Verbindung mit kleinen Gruppensiedlungen auch in der Lößlandschaft des Ravensberger Landes festgestellt hatte. In den Grundzügen hatte bereits R. Martiny (1926, in einem ersten Vortrag schon 1913) die Kernpunkte der oben skizzierten Theorie formuliert, was Müller-Wille uneingeschränkt anerkannte. Martiny wie auch F. Steinbach waren es, welche die „entwicklungsgeschichtliche Auffassung von Dorf und Flur" (Martiny 1926, in Nitz 1974, S. 194) einführten. Müller-Willes großes Verdienst liegt darin, diese Auffassung zu einer geschlossenen Theorie (Lehre) ausgebaut und die für ihre Anwendung in konkreten Dorf- und Fluranalysen erforderliche entwicklungsgeschichtlich vorgehende Untersuchungsmethodik in Form der „topographisch-genetischen Methode" systematisiert und verfeinert zu haben. Erst mit seinem großen Aufsatz von 1944 (1944a) wurden damit die Erkenntnisse der nordwestdeutschen genetischen Siedlungsforschung allgemein bekannt und durch die Konsistenz und die Überzeugungskraft der Argumentation zur bald allgemein anerkannten Lehrmeinung.

An dieser Stelle muß jedoch nachdrücklich betont werden, daß gleichzeitig der ebenfalls aus dem Geographischen Institut der Universität Münster hervorgegangene, seit 1941 in Straßburg lehrende G. Niemeier unter dem Thema „Die Eschkerntheorie und das Problem der germanisch-deutschen Kulturraumkontinuität" eine auf eigenen Forschungen in Nordwestdeutschland und im Elsaß beruhende, im wesentlichen gleiche Auffassung formulierte. Da auch A. Hömberg in den späten dreißiger Jahren als junger Historiker in Münster wirkte, müssen sich diese drei Forscher im edlen wissenschaftlichen Wettstreit um die klarste, überzeugendste Formulierung dieser historisch-genetischen Siedlungstheorie gegenübergestanden haben. Wenn von diesen Dreien Müller-Wille die letztlich eindrucksvollste und deshalb meistzitierte Formulierung der Lehre von der westgermanischen Urform der landnahmezeitlichen Siedlung als Ausgangsform des späteren mittelalterlichen Gewanndorfes gelang, so mag dies in seiner bemerkenswerten darstellungsdidaktischen Begabung und Schulung gelegen haben (er hatte vor seinem Universitätsstudium nach einer Seminarausbildung mehrere Jahre als Volksschullehrer gewirkt; vgl. H. Uhlig 1976, S. 3). Die Wirkung seiner Lehre wurde noch dadurch verstärkt, daß er sie während seiner Göttinger Dozentenzeit durch eigene Forschung in der Göttinger Leinetalung und durch eine ganze Reihe sehr guter Doktorarbeiten von Münster aus (seit 1946) in unterschiedlichen Landschaften von der Geest über die Börde bis ins Waldgebirge untermauern lassen konnte. In seinem Westfalenbuch (1952) und seinen „Agrarbäuerlichen Landschaftstypen" (1955) baute er diese landschaftsökologisch bestimmten Varianten der aus frühgeschichtlichen Drubbeln mit Langstreifenfluren hervorgegangenen Siedlungen in sein Lehrgebäude ein.

Wenn auch Müller-Wille, von Bonn nach Münster gewechselt, mit der Eschsiedlungsthematik durch G. Niemeier, H. Riepenhausen und K. A. Hömberg in engere Berührung kam, so rührt seine eigene Beschäftigung damit sicherlich nicht aus einem „Sich-Anhängen" an eine damals aktuelle Forschungsthematik, sondern aus seiner großräumig-vergleichenden Arbeit über das Rheinische Schiefergebirge, für welches das Gebiet der nordwestdeutschen Langstreifenflur-Siedlungen zunächst im wörtlichen Sinne ein randliches Phänomen war. Diese Arbeiten beginnen mit einem Aufsatz über den Westerwald (1937), dem 1942 die großartige Darstellung „Das Rheinische Schiefergebirge – Seine kulturgeographische Struktur und Stellung" folgte. Bei dessen Charakterisierung bezog Müller-Wille die benachbarten Großräume als Herkunftsräume von Siedlungs- und Kultureinflüssen, z. T. in kontinentalen Dimensionen, in seine Betrachtung ein. Trotz der im Titel hervorgehobenen umfassenden *kultur*geographischen Zielsetzung stellt er die „Siedellandschaften" in den Vordergrund. „Ihr Formenschatz soll nach Alter, Entstehung und Entwicklung untersucht werden", denn „unter den kulturlandschaftlichen Formenkreisen ist am bedeutendsten die bäuerliche Siedlung mit ihren Ortsformen und Hofanlagen, mit ihren Wirtschaftsflächen und Nutzungssystemen." (1942, II, S. 26). Diesem Konzept entsprechend stellt Müller-Wille zunächst die Besiedlung der Altsiedellandschaften und der Rodelandschaften vor – hierin R. Gradmann und

O. Schlüter folgend –, dann die Anbausysteme. Bei der Identifizierung der Altsiedelstandorte nun setzt er bereits die Befunde der nordwestdeutschen Siedlungsforschung ein, die erkannt hatte, „daß für die Anlage der Siedlung die Ackerfläche, der sog. Esch, ausschlaggebend war. Mit anderen Worten, 'eschgünstige', d. h. ackerbaugünstige Landschaften sind die ersten Siedellandschaften" (ebenda, S. 37).

Für die frühmittelalterliche Rodeperiode (seit ca. 500 bis ca. 800/900) wies Müller-Wille auf zwei große Siedelbewegungen hin, die er auf wachsenden Bevölkerungsdruck zurückführte: die schon von B. Huppertz erkannte, von West nach Ost ins Schiefergebirge vorstoßende, die Müller-Wille die „altfränkische" nannte, und „die von Norden und Nordosten ausgehende altsächsische Rodebewegung" (ebenda, S. 43). In diesem Zusammenhang betonte er erstmals den sozialverfassungsgeschichtlichen Gegensatz: die altfränkische Rodebewegung erfolgt im Rahmen des straff organisierten merowingisch-karolingischen Staatswesens, wobei große Rodeklöster eine wichtige Rolle spielen (ebenda, S. 40), während diese Lenkung bei der altsächsischen Rodebewegung fehlt; Müller-Wille spricht hier von „altsächsischen Völkerschaften", die unter Bevölkerungsdruck und wegen der durch den fränkischen Staat gesperrten Niederrheingrenze ins Bergland siedelnd vordringen. Aus dem Kontext ist zu entnehmen, daß Müller-Wille diese Besiedlung als Fortsetzung landnahmemäßiger Niederlassungsweise auffaßte, d. h. in nichtherrschaftlich bestimmter, sondern eher stammesmäßig-sippenmäßig genossenschaftlicher Form.

Doch entsprechen die Siedlungsformen im westfälischen (altsächsisch) besiedelten Sauerland nicht dem Typus der in Niederdeutschland vorherrschenden Form der Eschsiedlung, für die Müller-Wille, wenn ich recht sehe, hier erstmals den Begriff des „Drubbels" – eine niederdeutsche Bezeichnung – einführte, den er zwar formal dem Weiler gleichstellt, ihn jedoch von diesem absetzt durch die grundsätzlich andere Flurform: die „Langstreifenflur" auf dem „Esch". „Die Langstreifenflur stellt zugleich die 'Altflur' dar, die um 1800 durchweg im Besitz der Altbauern (d. h. der Besitzer der ältesten Höfe, d. Verf.) war. Zu dieser Flur gehört als Ortsform der *einfache lockere* Drubbel mit seinen wenigen Bauernhöfen (6-10)." (ebenda, S. 53, Hervorh. i. O.).

Müller-Wille war durch die jüngeren siedlungsgeographischen Forschungen der Münsteraner Dörries-Schüler H. Riepenhausen (1938) im Ravensberger Land, W. Hücker (1939) über ländliche Siedlung zwischen Hellweg und Ardey sowie O. F. Timmermann (1939) über eine Gemarkung der Soester Börde auf die Tatsache aufmerksam geworden, daß dieser Siedlungstyp bis an den Rand des Berglandes reichte, hier jedoch von Einzelhöfen und Blockflurweilern abgelöst wurde. Darauf hatte auch Hömberg mit seiner Sauerland-Arbeit (1938) aufmerksam gemacht. Müller-Wille erklärte nun diesen Unterschied der Siedlandschaften auf folgende Weise: Auch im niederdeutschen Raum gibt es alte Einzelhöfe, die in der Geestlandschaft überall dort entstanden, wo aus landschaftsökologisch bedingtem Raummangel keine Gruppensiedlungen als Drubbel Platz fanden. Ebenfalls im fränkisch besiedelten Niederrheinland bildete sich das dort vorherrschende Einzelhof-Muster in Anpassung an entsprechende landschaftsökologische Gegebenheiten heraus (1942, II, S. 57) und wurde gewissermaßen als niederfränkisches Siedlungsmodell von Westen ins Schiefergebirge übertragen. Durch Teilungen entstanden daraus Weiler mit Blockgemengefluren. Das gleiche vollzog sich bei der sächsisch-niederdeutschen Besiedlung des nordöstlichen Rheinischen Schiefergebirges. Müller-Wille greift aber zugleich eine These von B. Huppertz auf, der die Grenze zwischen S-förmig geschwungenen Langstreifenfluren am Nordrande des Schiefergebirges (vgl. 1942, Karte 6, II, S. 54) als eine „Rückzugslinie" interpretiert gegenüber dem aus dem fränkischen Westen sich vollziehenden „Einbruch westlicher Besitz- und Kulturformen", die ihren Ausdruck findet in einer „Verdorfungstendenz" mit der Ausbildung von Blockgemengefluren, aus denen durch Teilungen kurzstreifige Blockgewannfluren wurden. „Diese Interpretation macht es aber notwendig, die (...) Auffassung über die primären Flurformen der Landnahmezeit zu revidieren. Wenn nämlich die Langstreifengrenze eine Rückzugslinie darstellt, dann müssen zumindest in den Altsiedellandschaften des Rheinischen Schiefergebirges ehemals Langstreifen vorhanden gewesen sein und nicht – wie Steinbach ursprünglich annahm – nur Block- bzw. Blockgemengefluren. Langstreifen wurden aber bisher nirgends nachgewiesen." (ebenda, S. 56).

Hier deutet sich bereits ein gewisses Dilemma an, das für die dann 1944 von Müller-Wille und von Niemeier parallel konzipierte Theorie von der westgermanischen Urform des Drubbels mit Langstreifenflur kennzeichnend wurde. Beide vertraten, auf Hömbergs und Martinys Gedanken aufbauend, die These, daß in allen westgermanischen Landnahme-Siedelräumen bei gleichartiger Gesellschaftsverfassung – sippenartige Kleingruppe – und ähnlichen einfachen Getreidebau-Bodennutzungssystemen diese Siedlungsform verbreitet war. Beide suchten in ihren Grundsatzarbeiten von 1944, dafür Belege in Form von Gewannfluren mit Langstreifenkern auch in Mittel- und Süddeutschland zu finden, während das westliche Altsiedelland in dieser Hinsicht ausfiel (s. o.). Da die siedlungsgeographische Literatur für Oberdeutschland nur wenig Überzeugendes bot – nur Niemeier (1944) wurde im Elsaß fündig – konzentrierte sich Müller-Wille ganz auf den Bereich der älteren nord- und mitteldeutschen Siedelräume, wobei er mit eigenen Untersuchungen die Göttinger Leinetalung einbezog (1948). Hier und mit den von Riepenhausen (1938), den Schülern von E. Obst und H. Spreitzer (1939) sowie seiner eigenen Schülerin A. Ringleb-Vogedes (1950/1960) vorgelegten Untersuchungen arbeitete Müller-Wille seine Konzeption von der stufenweisen Entwicklung vom landnahmezeitlichen bis frühmittelalterlichen Drubbel mit kleinflächiger Langstreifenflur zum daraus hervorgehenden hochmittelalterlichen geschlossenen Klein- bis Großdorf mit – auf Kosten der Allmendweide – erweiterter Gewannflur und deren zelgenmäßiger Dreifelderorganisation heraus. Bereits in der Arbeit von 1942 (II, S. 54) hatte er diesen Entwicklungstyp gekennzeichnet: „der große geschlossene Drubbel (...). Bei ihm ist nicht nur die Ortsform verdichtet, sondern auch die Ortsfläche vergrößert: die Zahl der Altbauern, der 'Langstreifenbesitzer', beträgt das Zwei-, Drei- und Vierfache eines gewöhnlichen Drubbels. Dementsprechend übertrifft auch seine Feldflur mit Lang- und Kurzstreifengewannen die Feldfluren der anderen Drubbel erheblich an Fläche und Umfang" (1942, II, S. 54). Hellweg und Warburger Börde, die niedersächsischen und nordhessischen Lößbecken stellten sich als typische Vergetreidungsgebiete heraus, in denen bei gegebener Ackergunst im Hochmittelalter und erneut unter dem Bevölkerungsdruck der Frühneuzeit mit der Rekultivierung der im Spätmittelalter wüstgefallenen Fluren aufgegebener geschlossener Drubbel die heutigen Dörfer mit umfangreicher Gewannflur sich herausbildeten. Mit Hilfe der topographisch-genetischen Methode aber ließ sich bei solchen Siedlungen sowohl der Drubbel-Althöfebestand im Dorf als auch die Langstreifen-Altflur als Flurkern herausschälen.

Wandlungen dieser Grundkonzeption vollzogen sich unter dem Eindruck neuer Befunde. So übernahm Müller-Wille während seiner Göttinger Dozentenzeit von seinem dortigen Kollegen H. Mortensen dessen Interpretation der Entstehung von Drubbel und Langstreifenflur durch Zerfall einer Großfamilie in eine Gruppe von Kleinfamilien, die dann aus dem Großfamiliengehöft den Drubbel als weiterhin sippenmäßig verbundene Mehrhöfesiedlung entstehen ließen und aus dem „Sippen-Großblock" den in Streifen-Anteile aufgeteilten Langstreifenkomplex. Mortensen (1946/47) hatte derartige Entwicklungen bei den Siedlungen litauischer Zuwanderer bei ihrer im 16./17. Jahrhundert erfolgten Landnahme in Ostpreußen kartenmäßig belegen können und hielt nun eine konvergente Entstehung der germanischen Drubbel mit Langstreifenflur für wahrscheinlich. Diese Hypothese änderte aber nicht grundsätzlich die Lehre Müller-Willes und auch nicht dessen Auffassung, daß neben der Sozialverfassung vor allem die Form des schweren schollenwendenden Pfluges mit feststehendem Streichbrett aus arbeitstechnischen Gründen den langen Pfluggang zweckmäßig macht und damit auch den langen Wölbackerstreifen als die optimale Parzellenform, wie sie als Betriebsparzelle auch schon auf dem hypothetischen Sippengroßblock vorhanden gewesen sein mußte.

Grundlegender war eine flurgeographische Entdeckung des Müller-Wille-Schülers R. Althaus, der in seiner Dissertation „Siedlungs- und Kulturgeographie des Ems-Werse-Winkels" (1957, leider ungedruckt geblieben, weil sich der Autor nicht zu einer Kurzfassung entschließen konnte) eine ältere landnahmezeitliche Flurschicht in den Drubbel-Siedlungen feststellte, nämlich eingehegte relativ große hofnahe Blockparzellen, die sich durch einen besonders mächtigen Plaggen-Kulturboden und durch Flurnamen wie „Worth", „Kamp", „Brede" und „Ole Gorden" (alter Garten) als zweifelsfrei alte Ackerländereien zu erkennen gaben. Sie gehörten zu ursprünglich locker benachbarten Einzelhöfen. Einen Bezug zu einer Sippenverfassung lehnt Althaus ab, da eine solche historisch nicht nachgewiesen sei. Da ein gleichzeitiges Nebeneinander von Alt-Langstreifen und Alt-Blöcken keinen Sinn ergab, weder pflugtechnisch noch besitzrechtlich, deutete Althaus das langstreifige Eschland als erste Flurerweiterung. Der Müller-Wille-Schüler und spätere Kollege H. Hambloch entwickelte dann am Beispiel der Siedlung Druchhorn 1960 eine Erklärung des Übergangs von der Blockparzelle zur Streifenparzelle, die auch Müller-Wille übernahm, zumal sie von dem Münsteraner Historiker J. Prinz durch dessen Untersuchung des Landnutzungswandels des Willinger Eschs bei Münster gestützt wurde.

Man könnte diese Erklärung die „Vöhde-Theorie" nennen. Müller-Wille stellte sie 1961 auf dem Kolloquium über Fragen der Flurgenese in Göttingen vor (1962a, I, S. 247 ff., präziser noch in einer längeren Diskussionsbemerkung, siehe H. Mortensen u. H. Jäger (Hg.) 1962, S. 319 f.). Sie besagt, daß ursprüngliche Einzelhof-Gruppen – Hambloch spricht von „Einödgruppe", um den Charakter der geschlossen um den Hof gruppierten „Worth-Blöcke" zu betonen – sich in einem zweiten Entwicklungsstadium zu einer Feldgemeinschaft zusammenfanden, um eine geeignete Fläche – den späteren Esch – zunächst in einem Feld-Weide-Wechselsystem als „Vöhde" gemeinsam zu nutzen, wobei der regelmäßige langfristige Wechsel zwischen gemeinsamer Weidenutzung und einzelbetrieblicher Ackernutzung die Portionierung in parallele Schmalstreifen nahelegte, deren morphologische Struktur als Wölbackerbeete auch in der Weidephase erhalten blieb. Erst diese Feldbesitzgemeinschaft auf dem schließlich von der Vöhde zum Dauer-acker-Esch gewordenen Langstreifenland schließt die Einödgruppe zum Drubbel zusammen. Müller-Wille blieb aber bis zum Schluß davon überzeugt, daß für die Formung der Langstreifenflur der Streichbrettpflug entscheidend war, so daß dessen Übernahme durch die Altsachsen – von den Friesen? – für ihn ein entscheidendes Datum blieb, um den Übergang von der älteren Blockflur zur Streifenflur zu begründen (1980, S. 207). In seinen späteren Arbeiten verzichtete Müller-Wille folglich auf seine ursprüngliche These vom Drubbel mit Langstreifenflur als der allgemeinen westgermanischen Grundform; daß sie aber eine niederdeutsch-altsächsische Entwicklungsform sei, blieb seine Überzeugung.

Siedlungsforschungen im Umland von Münster hatten durch G. Niemeier schon 1949 den bis dahin unbeachteten Typ einer frühen *Breitstreifenflur* herausgestellt, verbunden mit einer lockeren Riege (Reihe) von Höfen mit direktem Anschluß an die Breitstreifen, die z. T. in mehreren „Schüben" verlängert worden waren, wobei diese Verlängerungen sich durch wechselnde Breite der Anschlußstücke klar zu erkennen geben. Nachdem der Historiker J. Prinz (1960) die besitzgeschichtlichen Umstände geklärt hatte und die Gründung dieser *frühen 'Waldhufensiedlungen'* auf die Bischofskirche Münster zurückführen konnte, griff Müller-Wille diese Befunde auf und legte 1979 die schrittweise Genese dieser frühen *grundherrlichen Plansiedlungen* des 9./10. Jahrhunderts dar. Mit der Waldhufensiedlungs-Thematik hatte er sich bereits 1944 in einer umfangreichen Rezension von R. Blohms Arbeit über die Hagenhufendörfer in Schaumburg-Lippe (1962, I, S. 239-243) auseinandergesetzt und dabei eine Theorie der Ausbreitung der Hufensiedlung von einem frühen Kerngebiet am Niederrhein entwickelt, wobei er noch ganz in den Gedankengängen der Kulturströmungslehre argumentierte: Einen Wanderweg dieses Siedlungsmodells sah er nach Osten gerichtet, auf dem auch die Hagenhufensiedlungsgebiete entstanden seien; einen zweiten Weg glaubte er vom Niederrhein zum nachweislich frühen Waldhufengebiet im Odenwald zu erkennen, von wo aus sich das Modell in Süddeutschland und über den „mitteldeutschen Weg" der Kulturraumforschung nach Osten, über die Südrhön nach Thüringen und in die Sudetenländer verbreitet hätte. Für diese letzte Übertragung konnte der Verfasser inzwischen historisch fundierte Argumente beibringen (Nitz 1983, S. 122 f.), während sich eine Verbindung zwischen Odenwald und Niederrhein nicht nachweisen läßt. Müller-Wille hat in seiner späteren Beschäftigung mit den frühen Waldhufensiedlungen um Münster diesen Gedanken von den Ausbreitungswegen nicht mehr verfolgt.

Auf die Plansiedlungsthematik wurde er darüber hinaus durch die Hinweise von J. Prinz auf einige Drubbel um Münster aufmerksam, die sich urkundlich im 9. Jahrhundert als 4-Höfe-Gruppen zu erkennen geben, und deren später schmalstreifige Fluren sich bei Rückführung auf ursprünglich nur zwei Höfe (die im 9. Jahrhundert geteilt wurden im Gefolge der Besitztrennung von Bischof und Domkapitel) als ursprüngliche Breitstreifengemengeflur darstellen würden. Da auch hier hofnahe Altblöcke beträchtlichen Umfangs (durchschnittlich 3 ha pro Hof) nachweisbar sind, interpretierte Müller-Wille diese Breitstreifenflur als „Außenfeld" im Sinne der Vöhde-Theorie (1962a, I, S. 249).

Daß es auch frühmittelalterliche Siedlungen mit primären Breitstreifen-Dauerackerfluren gegeben haben dürfte, für die der Verfasser in seinen Untersuchungen zur Rolle der fränkischen Staatskolonisation (zuletzt 1971) argumentiert hatte, dafür brachte Müller-Wille 1977 mit dem Beispiel Ahlintel und 1980 mit der Vorstellung der Untersuchung von zwei Siedlungen aus dem oldenburgischen Münsterland durch seinen Doktoranden W. Sieverding interessante, neuartige Belege. Ahlintel rekonstruierte Müller-Wille zusammen mit E. Bertelsmeier als eine Vier-Höfe-Siedlung mit einer schmal- bis breitstreifigen Flur, in der die Besitzer in fast regelmäßiger Abfolge vertreten sind, nach dem Prinzip einer „Riegenschlagflur" (Meibeyer). Die von Müller-Wille für wahrscheinlich gehaltene Herkunft der schon seit dem 9.-10. Jahrhundert belegten vier Höfe aus einem Teilungsvorgang von ursprünglich zwei Höfen ergibt auch für diese eine Breitstreifengemengeflur mit regelmäßiger Abfolge der Besitzer (1977, S. 447). Müller-Wille nennt als ersten Besitzer um 800 den Grafen von Steinfurt, für den von der Geschichtsforschung fränkische Abkunft angenommen wird. Müller-Wille geht allerdings nicht so weit, eine Siedlungsgründung im Rahmen der fränkischgrundherrschaftlichen Kolonisation anzunehmen, sondern denkt an eine Konfiskation von „sächsischen Stammhöfen" (1977, S. 448).

Ebenfalls auf Breitstreifenfluren führte der letzte Müller-Wille-Schüler W. Sieverding in seiner Dissertation 1978 (veröff. 1980) die im 19. Jahrhundert überwiegend schmalstreifigen Esch-Langstreifenfluren von Benstrup und Holtrup in Südoldenburg zurück. In dem von Müller-Wille in einem Vortrag 1979 (veröff. 1980) zusammen mit Ahlintel vorgestellten Beispiel Benstrup wurde eine Plansiedlung mit sechs hofanschließenden 500-600 m langen Breitstreifen rekonstruiert. Ihr geht ein neben dieser Höfereihe liegender Einzelhof voraus, der in die sächsische Landnahmezeit des 5./6. Jahrhundert datiert wurde. Die zweite Siedlung Holtrup ähnelt Ahlintel und zeigt wie diese eine regelmäßige Breitstreifengemengeflur von vier Höfen, dazu wieder einen vermutlich älteren Einzelhof. Müller-Wille schließt sich der Entstehungs-Hypothese seines Schülers an, die dieser ohne Zweifel mit seinem Doktorvater lange diskutiert hat, denn sie führt noch weiter von der klassischen genetischen Deutung der westgermanischen Drubbel-Langstreifenflur-Siedlung weg. Nahezu alle auf -trup (-torp, -dorf) endenden Siedlungen dieses Raumes liegen an alten Heerstraßen. Vom Sprachforscher W. Foerste (1963) übernimmt Sieverding dessen Auffassung, daß „die Ur-Bedeutung von -trup = Einzelhof ist" und daß diese Namensform von den Altsachsen bei ihrer Einwanderung mitgebracht worden sei (die entgegengesetzte Auffassung von I. Burmester 'Das Grundwort -thorp als Ortsnamenselement' (Hamburg 1959) wird von Sieverding nicht berücksichtigt). Daraus folgert nun Sieverding, und Müller-Wille übernimmt diese Deutung, daß die primären -thorp-Einzelhöfe an den Heerstraßen angelegt wurden, um hier Sicherungsfunktionen wahrzunehmen. Er interpretiert sie als „Wehrhöfe", „von denen aus dann planmäßig auch der frühe Ausbau zu Breitstreifensiedlungen (vor 800) erfolgte". Daß auch diese Gruppensiedlungen wahrscheinlich aus 'Wehrhöfen' bestanden, darauf deutet unseres Erachtens die Bezeichnung 'Wehrfester' für Altbauern im südlichen Oldenburg (Müller-Wille 1980, S. 205). Der weitere Flurausbau erfolgte in Form von „Rodegewannen in schmalen Langparzellen" (ebenda, S. 206).

So werden auch in diesem Falle die Plansiedlungen auf die altsächsische Zeit vor 800 zurückgeführt und in Verbindung gebracht mit einer – wohl stammesmäßig vorgestellten – Wehrorganisation in Heerschaften, mit einem nach strategischen Gesichtspunkten angelegten Fernwegenetz. Diese neue Version der Entstehung von Breitstreifenfluren als Vorform der schmalparzelligen Langstreifenfluren wurde auf das altsächsische Gebiet des 7. und 8. Jahrhunderts beschränkt.

Sehr schwer tat sich Müller-Wille mit der vom Verfasser seit 1961 vertretenen Auffassung, daß Streifenfluren dieser besonders regelmäßigen Art in Nordwestdeutschland erst mit der Einbeziehung Sachsens in das fränkische Reich unter Karl d. Gr. geschaffen worden sein könnten, im Rahmen einer adelig-grundherrschaftlichen und staatlich-königlichen Kolonisation, die in der Okkupationsphase seit ca. 780 auch militärisch-strategische Ziele verfolgte. Müller-Wille hat diese Auffassung zwar zur Kenntnis genommen und sie auf dem siedlungsgenetischen Kolloquium in Göttingen auch diskutiert, wobei er selbst das Beispiel von auf Königsland um Burgsteinfurt nordwestlich von Münster in Gruppensiedlungen mit Breitstreifenflur oder langen Schmalstreifenfluren planvoll angesetzten Bauernhöfen anführte, mit Schultenhöfen in Einödlage, dazu königliche Wehrhöfe an Fernstraßen (u. z. in seiner Diskussionsbemerkung zum Vortrag von H.-J. Nitz; in: H. Mortensen u. H. Jäger 1962, S. 318). Doch die Einbindung Nordwestdeutschlands in den Kulturkreis der Nordseeländer hielt er für bedeutsamer und die Langstreifenfluren für im wesentlichen vorfränkisch (ebenda, S. 327). So hat er die Möglichkeit königlich-fränkischer Siedlungsgründungen trotz der in der Diskussion angeführten Beispiele nie ernsthaft in seine Überlegungen mit einbezogen, und auch seine Schüler taten dies nicht, wie die Arbeit von Sieverding zeigt.

Die Müller-Wille-Schule stellte in einem Aufsatz von Hambloch 1962 noch einmal die damals erreichte Fassung ihrer Konzeption dar, die sie für die Langstreifenfluren im niederdeutschen Altsiedelland als gültig erachtete. So blieb auch die bereits 1953 von der Siedlungsgeographin K. Mittelhäuser vorgelegte Untersuchung einer Siedlungsgruppe vom Drubbel-Typ in der mittleren Lüneburger

Heide westlich von Soltau von Müller-Wille und seiner Schule unbeachtet, denn sie argumentierte – übrigens als erste in der historisch-genetischen Siedlungsgeographie – aufgrund historischer Indizien für einen Ursprung in einer staatlich-fränkischen Siedlungsplanung im Zuge der karolingischen Eroberung Sachsens. Entsprechendes gilt für die Interpretation von K. Brandt (1971), der fernstraßenorientierte Einzelhöfe mit Rechteck-Kämpen – ebenfalls in Südoldenburg – auf eine strategisch angelegte fränkische Siedlungspolitik zurückführte. Sieverding setzte sich damit gar nicht auseinander.

So kann man abschließend und rückblickend feststellen, daß Wilhelm Müller-Wille zu allen Zeiten ein außerordentlich eigenständiger Forscher war, der eine historisch-siedlungsgenetische Konzeption von großer innerer Geschlossenheit entworfen hatte, die seinerzeit in weitgehendem Einklang mit der Auffassung der nordwestdeutschen Siedlungsforschung stand und auch angesichts der stagnierenden Gewannflurforschung in Süddeutschland dieser neue Interpretationsmöglichkeiten bot. Auch soll nicht vergessen werden, daß die Langstreifen-Drubbel-Theorie der Flurwüstungsforschung im niedersächsischen und hessischen Bergland unter H. Mortensen und K. Scharlau wichtige Impulse gab und die Kartierung von Streifenflurrelikten unter Wald vorantrieb, wenngleich diese Forscher manchmal auch zu theorie-inspirierten Über- und Fehlinterpretationen verführt wurden (Born 1967).

Die Geschlossenheit der Lehre Müller-Willes war aber wohl auch ein Grund für die angesprochene Verschlossenheit gegenüber abweichenden Auffassungen, die außerhalb Westfalens und der Münsterschen „Schule" entwickelt wurden. Man kann zwar nicht sagen, daß sie damit in eine Stagnation und Verfestigung geriet – die angesprochenen Wandlungen der Konzeption seit den späten 50er Jahren sprechen dagegen –, doch blieb sie in dem von Müller-Wille gesteckten „altsächsischen" Rahmen.

Mit Müller-Willes Ausscheiden aus dem Amt und seinem Tode 1983 ging auch die große Zeit der historisch-genetischen Siedlungsforschung in Münster vorläufig zu Ende. Dies hängt ohne Zweifel mit der breiten Hinwendung des Instituts zur Aktual-Geographie zusammen, wie sie für die meisten deutschen Institute in den 70er Jahren charakteristisch war. Aber eine Rückbesinnung auf den wissenschaftlichen Wert der historisch-genetischen Siedlungsforschung und ein erneut wachsendes Interesse an diesem Forschungs- und Lehrgebiet zeigt sich vielerorts, und die jüngst erfolgte Gründung eines „Arbeitskreises zur westfälischen Siedlungsforschung in der Geographischen Kommission für Westfalen", dessen langjähriger Vorsitzender Wilhelm Müller-Wille war, durch A. Mayr, seinen Nachfolger in diesem Amte, und M. Balzer ist ein hoffnungsvolles Zeichen dafür, daß erneut an die große Zeit der Müller-Wille-Schule angeknüpft werden wird, und zwar voll und ganz im Sinne dieses bedeutenden Lehrers und Forschers: als eine interdisziplinär zusammengesetzte Forschergruppe. Denn dies waren Müller-Willes zukunftsweisenden letzten Worte in seinem Vortrag 1979 auf der Fachtagung „Ländliche Siedlungsforschung" aus Anlaß des 50jährigen Bestehens des Provinzialinstituts für westfälische Landes- und Volksforschung, zu dem auch die Geographische

Kommission gehört (1980, S. 207): „Das alles fordert eine interdisziplinäre Zusammenarbeit, und zwar mit Historikern, Prähistorikern und Sprachwissenschaftlern, mit Bodenkundlern, Botanikern und Agrarwissenschaftlern und hinsichtlich einer genaueren Stratigraphie mit Physikern und auch Geo-Statistikern. Dabei bin ich nicht gerade für 'getrennt marschieren und vereint schlagen', sondern mehr für 'getrennt denken und gemeinsame Gespräche suchen'."

Literatur

Althaus, R. (1957): Siedlungs- und Kulturgeographie des Ems-Werse-Winkels. Ungedruckte Diss. Münster.

Aubin, H., Frings, T., Müller, J. (1926): Kulturströmungen und Kulturprovinzen in den Rheinlanden. Geschichte, Sprache, Volkskunde. Veröffentlichung des Instituts für geschichtliche Landeskunde an der Universität Bonn. Bonn [Nachdruck Darmstadt 1966].

Blohm, R. (1943): Die Hagenhufendörfer in Schaumburg-Lippe. (Veröff. d. Provinzial-Inst. f. Landesplanung u. niedersächs. Landes- u. Volksforschung Hannover-Göttingen, Reihe A II, Bd. 10 = Schriften d. Niedersächs. Heimatbundes e.V., N.F. Bd. 10) Oldenburg.

Born, M. (1967): Langstreifenfluren in Nordhessen? In: Zeitschr. f. Agrargeschichte u. Agrarsoziologie 15, S. 105-133.

Brandt, K. (1971): Historisch-geographische Studien zur Orts- und Flurgenese in den Dammer Bergen. (Göttinger Geogr. Abhandlungen 58) Göttingen.

Braungart, R. (1914): Die Südgermanen, Bd. 1. Heidelberg.

Clemens, P. (1955): Lastrup und seine Bauernschaften. (Schriften d. Wirtschaftswiss. Ges. z. Studium Niedersachsens e.V., N.F. Bd. 40) Bremen-Horn.

Foerste, W. (1963): Zur Geschichte des Wortes „Dorf". In: Studium Generale 16, S. 422-433.

Gradmann, R. (1913): Siedlungsgeographie des Königreichs Württemberg. Teil 1: Das ländliche Siedlungswesen des Königreichs Württemberg. (Forsch. z. dt. Landes- u. Volkskunde 21) Stuttgart, S. 1-136, insbes. S. 91-100. [2. unveränd. Aufl. 1926]

Hambloch, H. (1960): Einödgruppe und Drubbel. Ein Beitrag zu der Frage nach den Urhöfen und Altfluren einer bäuerlichen Siedlung. (Siedlung u. Landschaft in Westfalen 4) Münster, S. 39-56.

Ders. (1962): Langstreifenfluren im nordwestlichen Alt-Niederdeutschland. In: Geogr. Rundschau 14, S. 346-357.

Hesping, P. G. (1963): Bevölkerung und Siedlung in der Niedergrafschaft Steinfurt. Münster.

Hömberg, A. (1935): Die Entstehung der westdeutschen Flurformen. Blockgemengeflur, Streifenflur, Gewannflur. Berlin.

Ders. (1938): Siedlungsgeschichte des oberen Sauerlandes. (Geschichtl. Arbeiten z. westfäl. Landesforschung 3) Münster.

Hücker, W. (1939): Ländliche Siedlungen zwischen Hellweg und Ardey. (Veröff. d. Histor. Kommission f. Westfalen XXII, Bd. 2) Münster.

Huppertz, B. (1939): Räume und Schichten bäuerlicher Kulturformen in Deutschland. Bonn.

Keuning, H. J. (1938): Eschsiedlungen in den östlichen Niederlanden. In: Westfäl. Forschungen I, S. 143-157.

Lievenbrück, B. (1977): Der Nordhümmling. Zur Entwicklung ländlicher Siedlung im Grenzbereich von Moor und Geest. (Siedlung u. Landschaft in Westfalen 10) Münster.

Martiny, R. (1926): Hof und Dorf in Altwestfalen. Das westfälische Streusiedlungsproblem. (Forsch. z. dt. Landes- u. Volkskunde 24) Stuttgart, S. 257-323, insbes. S. 287-301 [teilweiser Wiederabdruck in: *Nitz* 1974, S. 187-211].

Mittelhäuser, K. (1953): Über Flur- und Siedlungsformen in der nordwestlichen Lüneburger Heide. In: Hannover und Niedersachsen. Festschrift zur Feier des 75jährigen Bestehens der Geographischen Gesellschaft zu Hannover, hg. v. G. Schwarz. (Jahrb. d. Geogr. Ges. zu Hannover f. d. Jahr 1953) Hannover, S. 236-253.

Mortensen, H. (1946/47): Fragen der nordwestdeutschen Siedlungs- und Flurforschung im Lichte der Ostforschung. In: Nachr. d. Akad. d. Wiss. in Göttingen, Phil.-hist. Klasse, S. 37-51.

Mortensen, H. und H. Jäger (Hg.) (1962): Kolloquium über Fragen der Flurgenese am 24.-26. Oktober 1961 in Göttingen. In: Ber. z. dt. Landeskunde 29, S. 199-350.

Müller-Wille, M. (1965): Eisenzeitliche Fluren in den festländischen Nordseegebieten. (Siedlung u. Landschaft in Westfalen 5) Münster.

Müller-Wille, W. (1936): Die Ackerfluren im Landesteil Birkenfeld und ihre Wandlungen seit dem 17. und 18. Jahrhundert. (Beitr. z. Landeskunde d. Rheinlande, R. II, 5) Bonn.

Ders. (1937): Der Westerwald. In: Geogr. Zeitschrift 43, S. 215-230 (= II, S. 1-16).

Ders. (1941/1966): Relief und Gewässernetz in Westfalen. Habilitationsschrift Münster 1941 [= Teil 1 der auf fünf Teile geplanten Habilitationsschrift; deren Ergebnisse wurden in einer Zusammenfassung 1942 publiziert unter dem Titel „Die Naturlandschaften Westfalens. Versuch einer Gliederung nach Relief, Gewässernetz, Klima, Boden und Vegetation. In: Westfäl. Forschungen V, 1-2, S. 1-78. – Teil 1 wurde, leicht verändert, 1966 veröffentlicht unter dem Titel „Bodenplastik und Naturräume Westfalens". (Spieker – Landeskundl. Beiträge u. Berichte 14) Münster, 302 S. mit Kartenband.]

Ders. (1942): Das Rheinische Schiefergebirge und seine kulturgeographische Struktur und Stellung. Besiedlung, Anbausysteme, Siedelformen, Haus- und Hofanlagen. In: Dt. Archiv f. Landes- u. Volksforschung VI, S. 537-591 (= II, S. 24-78).

Ders. (1944a): Langstreifenflur und Drubbel. Ein Beitrag zur Siedlungsgeographie Westgermaniens. In: Dt. Archiv f. Landes- u. Volksforschung VIII, S. 9-44 (= I, S. 203-238).

Ders. (1944b): Die Hagenhufendörfer in Schaumburg-Lippe. Besprechung von Richard Blohm: „Die Hagenhufendörfer in Schaumburg-Lippe", Oldenburg 1943. In: Petermanns Geogr. Mitteilungen 90, S. 245-247 (= I, S. 239-243).

Ders. (1948): Zur Kulturgeographie der Göttinger Leinetalung. In: Göttinger Geographisches Festkolloquium aus Anlaß des 80. Geburtstages von Wilhelm Meinardus. (Göttinger Geogr. Abhandlungen 1) Göttingen, S. 92-102. – Ebenso: Zur Genese der Dörfer in der Göttinger Leinetalsenke. Wilhelm Meinardus zum 80. Geburtstag. In: Nachr. d. Akad. d. Wiss. in Göttingen, Phil.-hist. Klasse, S. 8-18 (= I, S. 315-324).

Ders. (1952a): Leo Waibel und die deutsche geographische Landesforschung. In: Ber. z. dt. Landeskunde 11, S. 58-71 (= I, S. 1-14).

Ders. (1952b): Westfalen. Landschaftliche Ordnung und Bindung eines Landes. Münster. 2. A. 1981.

Ders. (1955): Agrarbäuerliche Landschaftstypen in Nordwestdeutschland. In: 29. Deutscher Geographentag Essen 1953. Tagungsbericht und wissenschaftliche Abhandlungen, hg. v. T. Kraus u. E. Weigt. (Verh. d. Dt. Geographentages 29) Wiesbaden, S. 179-186 (= I, S. 255-262).

Ders. (1962a): Blöcke, Streifen und Hufen am Beispiel des Stadtkreises Münster. In: *H. Mortensen u. H. Jäger (Hg.)* 1962, S. 296-306 (= I, S. 244-254).

Ders. (1962b): Diskussionsbemerkungen. In: *H. Mortensen u. H. Jäger (Hg.)* 1962, S. 318-321 u. 327.

Ders. und E. Bertelsmeier (1977): Beharrung und Wandel in ländlich-agraren Siedlungen und Siedlungsräumen Westfalens. (Spieker – Landeskundl. Beiträge u. Berichte 25) Münster, S. 437-487.

Ders. und E. Bertelsmeier (1979): Die Bauernsiedlung Mecklenbeck: Landschaft und Landnahme. In: K. H. Pötter (Hg.): Mecklenbeck. Von der Bauerschaft zum Stadtteil. Münster, S. 17-28 (= I, S. 267-278).

Ders. (1980): Agrare Siedlungsgeographie in Westfalen. Fragen und Methoden, Ergebnisse und Deutungen. In: Westfäl. Forschungen 30, S. 198-208. [Auch in: P. Weber u. K.-F. Schreiber (Hg.): Westfalen und angrenzende Regionen. Festschrift zum 44. Deutschen Geographentag in Münster 1983, I (Textband). (Münstersche Geogr. Arbeiten 15) Paderborn, S. 45-53 (mit einer Erweiterung der Einleitung durch E. Bertelsmeier als Mitautorin).]

Niemeier, G. (1938): Fragen der Flur- und Siedlungsformenforschung im Westmünsterland. In: Westfäl. Forschungen 1, S. 124-142.

Ders. (1944): Gewannfluren. Ihre Gliederung und die Eschkerntheorie. In: Petermanns Geogr. Mitteilungen 90, S. 57-74 [teilweiser Wiederabdruck in *Nitz* 1974, S. 222-246].

Ders. (1949): Frühformen der Waldhufen. In: Petermanns Geogr. Mitteilungen 93, S. 14-27.

Nitz, H.-J. (1961): Regelmäßige Langstreifenfluren und fränkische Staatskolonisation. Eine Untersuchung ihrer Zusammenhänge im westlichen Oberrheingebiet und anderen deutschen Landschaften. In: Geogr. Rundschau 13, S. 350-365.

Ders. (1971): Langstreifenfluren zwischen Ems und Saale – Wege und Ergebnisse ihrer Erforschung in den letzten drei Jahrzehnten. In: Siedlungs- und agrargeographische Forschungen in Europa und Afrika (Festschrift für G. Niemeier). (Braunschweiger Geogr. Studien 3) Wiesbaden, S. 11-34.

Ders. (Hg.) (1974): Historisch-genetische Siedlungsforschung. (Wege d. Forschung Bd. 300) Darmstadt.

Ders. (1983): The Church as colonist: the Benedictine Abbey of Lorsch and planned Waldhufen colonization in the Odenwald. In: Journal of Historical Geography 9, S. 105-126.

Obst, E. und Spreitzer, H. (1939): Wege und Ergebnisse der Flurforschung im Gebiet der großen Haufendörfer. In: Petermanns Geogr. Mitteilungen 85, S. 1-19.

Prinz, J. (1960): Mimigernaford – Münster. Die Entstehungsgeschichte einer Stadt. (Geschichtl. Arbeiten z. westfäl. Landesforschung 4) Münster.

Rhamm, K. (1905): Ethnographische Beiträge zur germanisch-slawischen Altertumskunde I: Die Großhufen der Nordgermanen. Heidelberg.

Riepenhausen, H. (1938): Die bäuerliche Siedlung des Ravensberger Landes bis 1770. (Arb. d. Geogr. Komm. im Provinzialinst. f. westfäl. Landes- u. Volkskunde 1) Münster. [Nachdruck in: Landeskundliche Karten und Hefte der Geographischen Kommission für Westfalen. (Siedlung u. Landschaft in Westfalen 19). Münster 1986]

Ringleb, geb. Vogedes, A. (1960): Dörfer im oberen Weserbergland. (Siedlung u. Landschaft in Westfalen 4) Münster, S. 3-37 (s. auch unter *Vogedes, A.*).

Seebohm, H. E. (1914): Vorwort zu F. Seebohm, Customary acres and their historical importance. London.

Sieverding, W. (1980): Benstrup und Holtrup. Zur Genese und Organisation bäuerlicher -trup-Siedlungen in Altwestfalen. (Siedlung u. Landschaft in Westfalen" 13) Münster.

Steinbach, F. (1926): Studien zur westdeutschen Stammes- und Volksgeschichte. (Schriften d. Inst. f. Grenz- u. Auslandsdeutschtum a. d. Univ. Marburg 5) Jena. [Neudruck Darmstadt 1962]

Ders. (1927): Gewanndorf und Einzelhof. In: Historische Aufsätze, Aloys Schulte zum 70. Geburtstag gewidmet von Schülern und Freunden. Düsseldorf, S. 44-62. [Wiederabdruck in *Nitz* 1974, S. 42-45].

Timmermann, O. F. (1939): Landschaftswandel einer Gemarkung der Soester Börde seit Beginn des 19. Jahrhunderts. In: Westfäl. Forschungen 2, S. 153-187.

Uhlig, H. (1976): Ordnende Beobachtung und verbindende Deutung. Wihelm Müller-Wille zum 70. Geburtstag. In: Mensch und Erde. Festschrift für W. Müller-Wille, hg. v. K.-F. Schreiber u. P. Weber (Westfäl. Geogr. Studien 33) Münster, S. 1-20.

Vogedes, A. (1950): Formenbild und Entwicklung niederdeutscher Dörfer. (Erläutert an fünf Siedlungen des Weserberglandes) Diss. Münster. [Maschinenschrift]. Münster.

III

Studien zur vergleichenden Siedlungsgeographie

A.

Innovationen, Übertragungen, Konvergenzen und die Bedeutung von Herrschaftsideologien im Siedlungsprozeß

Zur Entstehung und Ausbreitung schachbrettartiger Grundrißformen ländlicher Siedlungen und Fluren

Ein Beitrag zum Problem 'Konvergenz und Übertragung'

I. Die Forschungsproblematik

Zu den wissenschaftlich reizvollsten Problemkreisen der historisch-genetischen Siedlungsgeographie zählt die Frage nach der Entstehung und Ausbreitung planmäßiger Siedlungs- und Flurtypen. Für den mitteleuropäischen Raum liegen hierzu bereits eine Reihe von Studien vor, beispielsweise für die Waldhufensiedlung (Nitz 1962 u. 1963; Krüger 1967), für die Fehnsiedlung im ostfriesischen Raum (Bünstorf 1966), die Sielhafenorte (Schultze 1962), das *green village* – das Angerdorf im weitesten Sinne – (Thorpe 1965). Auch die Stadtforschung hat sich mit der Genese regelmäßiger Grundrißtypen und ihrer Ausbreitung befaßt, etwa der des regelmäßigen gitterförmigen Straßennetzes der Stadt, das im hohen Mittelalter von einfachen Formen zu streng schachbrettartigen Hochformen entwickelt wurde und dabei gleichzeitig eine räumliche Ausbreitung vor allem in den ostmitteleuropäischen Raum erfuhr.

Nun sind bekanntlich viele regelhafte Grundrißmuster keineswegs auf den europäischen Raum beschränkt, sondern weltweit verbreitet, so etwa die Plangewannflur, die Reihensiedlung mit breitstreifiger Einödflur, deren regionale und zugleich zeitgebundene mitteleuropäische Formen wir als Wald- und Marschhufensiedlung bezeichnen, die Runddörfer und -weiler mit ringförmiger Anordnung der Hausplätze, und nicht zuletzt auch der schachbrettartige Orts- und Flurgrundriß, das *grid pattern* im englischen Sprachgebrauch.

Weltweite Verbreitung heißt nicht, daß eine solche Form überall anzutreffen ist, sondern: Die gleiche Grundrißform findet sich in mehreren voneinander getrennten Verbreitungsarealen über die ganze Erde hinweg. Dieser zunächst sehr allgemeine Befund wirft bereits ein Forschungsproblem auf. Es bieten sich nämlich grundsätzlich zwei Möglichkeiten der Erklärung: Entweder ist die betreffende Form mehrfach autochthon entstanden, wir hätten es also in den verschiedenen Verbreitungsgebieten mit Konvergenzerscheinungen zu tun – dann wäre zu fragen, unter welchen besonderen Bedingungen es zu solch konvergenter Bildung der gleichen Form kommen kann. Oder aber: Die verschiedenen Verbreitungsareale sind dadurch miteinander verbunden, daß die betreffende Grundrißform von einem Gebiet ausgehend als Neuerung in andere räumlich entfernte Gebiete übertragen wurde. In diesem Falle wären die besonderen Bedingungen, Umstände und Wege der Übertragung zu ermitteln. Ich möchte das hier angeschnittene Problem und die sich ergebenden Erklärungsmöglichkeiten am Beispiel des rechtwinklig-gitternetzförmigen, im Extrem schachbrettartigen Orts- und Flurgrundrisses verdeutlichen.

Der Schachbrettgrundriß ist eine recht geläufige Erscheinung im Siedlungsbild der Erde. Wem wären nicht die Grundrisse amerikanischer Städte vertraut mit ihren sich in gleichmäßigen Abständen rechtwinklig kreuzenden Straßenzügen und quadratischen Baublöcken, ein Muster, das sich in zunehmendem Umfang auch in den neuen Städten und Stadtteilen der übrigen Welt ausbreitet. In Europa bieten die Residenz- und Festungsstädte der Renaissance und des Barock bereits historisch gewordene Beispiele. Über diesen Stadtgrundriß und seine Entstehung und Verbreitung sind wir durch siedlungshistorische wie -geographische Untersuchungen verhältnismäßig gut unterrichtet.

Viel weniger Interesse hat bisher das schachbrettförmige Grundrißmuster ländlicher Siedlungen gefunden, obwohl diese weitaus größere Flächen einnehmen als die Schachbrettstädte. Für unsere eingangs aufgeworfene Fragestellung gewinnen sie mindestens eine ebenso große Bedeutung wie die Städte gleichen Grundrißtyps. Wie die Kartenbeispiele deutlich machen, ist bei diesen Formen die Aufteilung der Feldflur stets gitternetzförmig mit rechtwinklig sich schneidenden Grenzlinien. Die von diesen eingeschlossenen Flächen können Quadrate, aber auch oblonge Rechtecke sein. Da zwischen beiden Aufteilungsarten kein prinzipieller Unterschied besteht, werden wir in beiden Fällen von schachbrettartigen Grundrissen sprechen. Die zugehörigen Gehöfte können verstreut oder gereiht auf den Besitzungen stehen. Wo sie in einer geschlossenen Ortschaft beisammen liegen, ist die Dorfform in allen bisher bekannt gewordenen Fällen durch ein ebenfalls gitterförmiges Straßennetz bestimmt.

Von den Verbreitungsgebieten der regionalen Varianten dieses ländlichen Siedlungsgrundrisses (Abb. 1) ist das nordamerikanische wohl das bekannteste. Verbunden mit verstreuter Einzelhofsiedlung beherrscht die schachbrettartige Fluraufteilung in großartiger Einförmigkeit die mittleren und westlichen Landesteile der Vereinigten Staaten und Kanadas und fügt sich hier mit ihrer strengen Nord-Süd/West-Ost-Orientierung fugenlos in die schematisch-rechtwinklige Grenzziehung der Bundesstaaten ein.

Schon weniger bekannt ist, daß in Teilen der argentinischen Pampa und des Chaco das gleiche Siedlungsmuster herrscht (Schmieder/Wilhelmy 1938) und dort die Besiedlung ebenso wie an der Pioniergrenze im borealen Nadelwald Kanadas noch heute nach diesem Schema weiter vorangetrieben wird (Lenz 1965; Ehlers 1965; Krenzlin 1965). Daß wir es mit einem heute als sehr praktikabel angesehenen Landaufteilungsmuster zu tun haben, zeigt sich auch unter dem ganz andersartigen Siedlungsmilieu in Indien und Pakistan, wo seit Ende des 19. Jhs. die neugeschaffenen Kanalbewässerungsgebiete des Pandschab mit Schachbrettdörfern und Schachbrettfluren erschlossen wurden und nach demselben Muster bis heute die Besiedlung in den Indus-Bewässerungsgebieten und im nordindischen Himalaya-Vorland weitergeführt wird. Auch die Flurbereinigung im indischen Pandschab folgt diesem Schema.

Als altes, nachträglich mehr oder weniger überformtes Grundmuster wird das quadratische Gitternetz von Feldgrenzen in der Poebene wie auch in anderen Teilen Italiens und Dalmatiens, im unteren Rhônetal und in Nordtunesien erkennbar (Bradford 1957; Castagnoli 1958), und über tausende von Kilometern davon entfernt noch einmal in Ostasien: in Nordchina in den Stromebenen des unteren Weiho und des mittleren H'wangho, und im benachbarten Japan in den Küstenebenen, vor allem rund um die Inlandsee. In diesen beiden ostasiatischen Gebieten weisen auch die Dörfer ein rechtwinkliges, wenn auch nicht streng schachbrettartiges Straßennetz auf (Boesch 1959; Hall 1931; Suizu 1963).

Schachbrettgrundrisse kennzeichnen schließlich auch die Großdörfer im mittleren Donau-Gebiet, in der Batschka und im Banat, sowie in Teilen Südrußlands, doch sind sie – als Ausnahme von der Regel – mit Gewannfluren verbunden, die jedoch in ein streng schematisch-gitterförmiges, wenn auch nicht immer rechtwinkliges Wegesystem eingefügt sind.

Diese Zusammenstellung will nicht vollständig sein, doch erfaßt sie die großräumigen Vorkommen. Wünschenswert wäre es, wenn die siedlungsgeographische Forschung sich in stärkerem Maße auch der auf kleinere Räume beschränkten ländlichen Schachbrett-Siedlungen annehmen würde, denn für sie gilt unsere Fragestellung in gleichem Maße. Auf ein solches regionales Vorkommen sei noch hingewiesen: Es sind die Qsar-Stadtdörfer in Nordafrika, vor allem in den Berbersiedlungsgebieten Südmarokkos, denen Gaiser (1968) eine aufschlußreiche Studie widmete.

Auf den ersten Blick scheinen diese ländlichen Schachbrettdörfer und -fluren keine typengenetischen Probleme aufzuwerfen, wie sie uns bei Langstreifen- und Gewannfluren, Waldhufensiedlungen und Platzdörfern faszinieren. In allen Verbreitungsgebieten ist in der Tat das schachbrettartige Grundrißmuster sogleich bei seinem ersten Auftreten voll ausgebildet. Formale Entwicklungsstadien scheint es zumindest bei den Schachbrettfluren nicht zu geben und kann es wohl auch nicht geben, denn ohne Einhaltung der Rechtwinkligkeit und Geradlinigkeit läßt sich ein solcher Grundriß bei großflächigen Fluren überhaupt nicht verwirklichen. In Ortsgrundrissen dagegen könnte man weniger regelmäßige Gitternetze als Frühformen erwarten.

Eine Forschungsproblematik ist also von dieser Seite her schwerlich zu gewinnen. Sie liegt vielmehr in der bereits eingangs aufgeworfenen Frage, die sich angesichts der verstreuten Verbreitungsgebiete und deren unterschiedlicher Entstehungszeit stellt: Haben wir es mit lauter autochthon entstandenen Verbreitungsgebieten zu tun, also mit konvergenter Entwicklung? Oder bestehen zwischen den regionalen Vorkommen Übertragungszusammenhänge? Wir müssen auch die Frage stellen, ob zwischen dem Schachbrett-Stadtplan und den nach dem gleichen Prinzip ausgelegten ländlichen Dorf- und Flurgrundrissen genetische Zusammenhänge bestehen. Man hat sich diese Fragen m. W. bisher noch nicht gestellt, möglicherweise deshalb, weil dieses Grundrißmuster geradezu simpel erscheinen muß, so unkompliziert, daß es eben allenthalben und zu den verschiedensten Zeiten Anwendung fand.

Aber schon das Verbreitungsbild spricht dagegen. Es sind aufs Ganze gesehen ja nur Verbreitungsinseln, mit weiten Gebieten dazwischen, wo man zwar ebenfalls gebietsweise die Dorf- und Flurauftteilung planmäßig durchführte, aber ohne dabei auf die Idee zu kommen, das Gitternetz zu verwenden. In Mitteleuropa beispielsweise, wo seit dem Mittelalter ausgedehnte Gebiete mit Plansiedlungen erschlossen wurden, vor allem großräumig im Zuge der hochmittelalterlichen Ostsiedlung, gibt es während dieser Phase keine Schachbrettdörfer und -fluren. Wenn wir den zeitlichen Rückblick weiterführen, so löst sich das heutige Verbreitungsbild ländlicher Schachbrettsiedlungen noch weiter auf. Die frühesten historischen Hinweise auf dieses System stammen aus China, wo es seit etwa der Mitte des 1. Jahrtausends v. Chr. im Gebrauch gewesen zu sein scheint. Im Mittelmeerraum ist diese Flurauftteilung auf die Römerzeit beschränkt. In Amerika dagegen beginnt man damit erst in der Neuzeit: in den USA und Kanada seit dem 18. Jh., in Argentinien erst Mitte des 19. Jhs., im britischen Nordindien erst um 1880.

Dieser Befund legt bereits die Folgerung nahe, daß der Schachbrettgrundriß offenbar gar kein so einfaches, naheliegendes Vermessungssystem ist, wie es zunächst den Anschein haben könnte, denn sonst wäre bei der Siedlungsplanung der verschiedenen historischen Epochen und Räume doch wohl eine weitere Verbreitung zu erwarten als sie tatsächlich gegeben ist. Ich möchte noch weiter gehen und in Übereinstimmung mit dem amerikanischen Stadtgeographen Stanislawski (1946) die These aufstellen: Dieses System sich rechtwinklig kreuzender Linien ist vermessungstechnisch so kompliziert, daß es in den einzelnen, oft weit auseinanderliegenden Verbreitungsgebieten nicht jeweils selbständig neu entwickelt wurde, sondern daß die Übertragung der Formidee wie der zugehörigen Vermessungstechnik die ausschlaggebende Rolle für die Entstehung des heutigen weltweiten Verbreitungsbildes spielt. Ich werde zu zeigen versuchen, daß die Verbreitungsgebiete dieses Grundrißtyps einschließlich des schachbrettartigen Stadtplanes sich letztlich zu nur zwei großräumigen Übertragungsfeldern zusammenfügen lassen.

II. Kolonien und Zenturiationsfluren im Römischen Reich

Fassen wir zuerst die uns räumlich nächstgelegenen Verbreitungsgebiete im Römischen Reich ins Auge. Es handelt sich dabei um die Siedlungsfläche von sog. *coloniae*, Neusiedlungen mit in der Regel militärischer Zielsetzung im eroberten Land, in geringer Zahl auch von Siedlungen mit dem Status einer *civitas*, die nach bestimmten Rechtsregeln angelegt wurden.[1] Eine solche Kolonie (Abb. 2) besteht zunächst aus einer Stadt mit rechteckigem Umriß und einer Aufgliederung in quadratische Baublöcke (insulae). Das zugehörige Feldland ist nach den gleichen Vermessungsprinzipien schachbrettförmig in Quadrate von 20 actus Seitenlänge

---

1 Ausführliche Darstellungen geben u. a. Meitzen (1895, I, 284-321) für den Forschungsstand Ende des 19. Jahrhunderts, Bradford (1957), Kirsten (1958a), Pauly/Wissowa (1894 ff.) unter den Stichworten *ager, centuria, colonia, deductio, limitatio,* sowie Schulten (1898).

(1 *actus* = 35,5 m, also insgesamt 710 m) aufgeteilt, also in Blöcke von gut 50 ha, was 200 römischen Joch (*jugera*) entspricht. Neben diesem vorherrschenden Maß kommen regional auch quadratische Einheiten von 21, 15 und 12 actus und oblonge Rechtecke von 21 mal 20 oder 25 mal 16 actus vor (Bradford 1957, 151 ff.; Meitzen 1895, I, 289). Eine solche Einheit wird als *centuria* bezeichnet, da die 200-Joch-Fläche in der frühen Phase der römischen Geschichte ausreichte, um einhundert Siedlern je ein Landlos (*heredium*) von zwei Joch, also nur 0,5 ha, zuzuweisen. Bei der Ausweitung des Koloniallandes vor allem seit dem 3. Jh. v. Chr. wurden wesentlich größere Landzuweisungen üblich, von 5 bis über 50 jugera, differenziert auch nach dem Rang der Militärkolonisten. So wurden also die Zenturien-Quadrate in schmälere und breitere Streifen untergliedert. Sie waren demnach den Parzellen übergeordnete Einheiten der Feldflur, vergleichbar den Gewannen, ohne daß man sie direkt mit diesen gleichsetzen kann. In der Po-Ebene lassen sich z. B. Untergliederungen in 20 Streifen zu 1 actus Breite (35,5 m) feststellen, in Tunesien in je 10 Streifen zu 2 actus Breite (Bradford 1957, Tafel 49; Castagnoli 1958, Fig. 12 und 13). Auch eine Unterteilung in vier lange Rechtecke zu je 50 jugera (sog. *agri quaestorii*) kam vor. Bei der Kolonisation Apuliens im 2. Jh. v. Chr. wurden schließlich sogar ganze Zenturien als Großbetriebe an die Siedler vergeben (Kirsten 1958a, 65).

In den auf diese Weise zenturiierten Gebieten bildeten Stadt und zugehöriges Territorium eine wirtschaftliche Einheit. Die Kolonisten, obwohl Bauern, lebten z. gr. T. in der Stadt, die daher nach einem Vorschlag von Kirsten (1958a, 57) wohl besser als Stadtdorf zu bezeichnen ist.[2] Aber auch die Vermessung, die sog. Limitation, der Stadt und ihrer Feldflur stellt im Idealfall eine Einheit dar. Die Hauptvermessungslinien – *cardo maximus* und *decumanus maximus* – bilden das Hauptstraßenkreuz der Stadt, und in ihrer Verlängerung ins Land hinaus sind sie zugleich die Basislinien für das Gitternetz der sich rechtwinklig kreuzenden *limites* und damit für die Zenturiation der Feldflur, die daher in vermessungstechnischer Hinsicht auch als *ager centuriatus* oder *ager limitatus* bezeichnet wird.[3] Cardo und decumanus maximus werden als Straßen angelegt, jeder fünfte limes als breiter Feldweg, während die übrigen limites zu untergeordneten Wegen werden, auf denen man die Parzellen erreichte.

In der Po-Ebene wurde für eine ganze Reihe von Zenturiationssystemen die Via Aemilia, eine strategisch wichtige Römerstraße, zum decumanus maximus gewählt (Künzler-Behncke 1961, 162 und Karte 1). Zu diesen gehört auch das in Abb. 2 im Ausschnitt wiedergegebene System von Lugo. Dieses streng rechtwinklige Aufteilungsschema nimmt keine Rücksicht auf wechselnde Gelände- und Bodenunter-

---

2 Salmon (1969, 38) macht allerdings darauf aufmerksam, daß die latinischen Kolonien vielfach zwischen 4 000 und 6 000 Siedler umfaßten, die keineswegs alle in der Stadt untergebracht werden konnten, sondern zu einem nicht unbeträchtlichen Teil abseits auf ihren Besitzungen gewohnt haben müssen. Das würde also neben der geschlossenen Stadtsiedlung verstreute Einzelhöfe voraussetzen.

3 Wo die Stadt auf einem Berg angelegt oder eine schon vorhandene Siedlung übernommen wurde, mußte der Ausgangspunkt der Flurvermessung außerhalb der Stadt gewählt werden.

schiede und schneidet über Hügel und Wasserläufe hinweg.[4] Das größte zusammenhängende Zenturiationsgebiet liegt in Nordtunesien, wo eine ganze Provinz, eine Fläche von 180 km auf 150 km, zenturiiert wurde (Bradford 1957, 197).

Träger dieser Kolonisation war stets der römische Staat. Er verfügte über das eroberte Land, den *ager publicus*. Er erließ Vorschriften und Gesetze für die Anlage solcher Städte und Fluren. Der Staat stellte auch die Vermessungstechniker, die *agrimensores* oder *gromatici*, wie sie nach ihrem Meßgerät genannt wurden, der *groma*, einem vierarmigen Visierkreuz, mit dem die rechtwinklige Vermessung durchgeführt wurde und über größere Entfernungen mit Hilfe von Meßstangen (*metae*) gerade Linien abgesteckt werden konnten, wie sie bei den großflächigen Fluren über viele Kilometer mit großer Präzision eingehalten werden mußten.

So war dieses Vermessungsinstrument die Grundvoraussetzung für die Durchführung der rechtwinklig-schachbrettförmigen Landaufteilung.

Die Römer haben es, entweder direkt oder durch die Etrusker vermittelt, von den Griechen übernommen, wo dieses Gerät als *gnomon* in der Astronomie wie in der Landvermessung verwendet wurde.[5] Von den Griechen leitet sich aber nicht nur die Vermessungstechnik her, sondern auch der schachbrettförmige Siedlungsgrundriß. In den griechischen Kolonien des Mittelmeerraumes wird offensichtlich vereinzelt bereits seit dem 7. vorchristlichen Jahrhundert dem Stadtgrundriß dieses Schema zugrundegelegt (vgl. die Pläne bei Coppa 1968, I). Es wird seit dem 5. Jh. v. Chr., nachdem Hippodamos mit Milet, Piräus und anderen Städten gewissermaßen ein städtebauliches Leitmodell setzte, als Vorbild immer wieder kopiert. Ihre größte Verbreitung erfuhren sie durch die Stadtgründungen Alexanders d. Gr. Auch in den hellenistischen Kolonien in Süditalien ist dieses rechtwinklig-gitterförmige Straßennetz vorhanden, etwa in Seliunt und Syrakus auf Sizilien oder in Neapel, wo es noch heute die Straßenführung im Stadtkern bestimmt. Hier in Süditalien dürften Etrusker und Römer die Vermessungstechnik und den Stadtgrundriß, wahrscheinlich auch den ganz ähnlichen Militärlagergrundriß kennengelernt und übernommen haben. Noch im 4. Jh. v. Chr. wurden hier gleichzeitig griechische und latinische Kolonien gegründet (Bradford 1957, 226; Castagnoli 1956, 39 ff.). Kirsten (1958b, 127) weist nachdrücklich darauf hin, daß die in der Ebene angelegte „Regular-Type die allgemeine 'Mode' Griechenlands im 4. Jhdt." war, der die coloniae des römischen Mittelitalien im Prinzip entsprechen. Die Übernahme der Stadtplanung und des zugehörigen Vermessungswesens erfolgte im Rahmen jenes breiten kulturellen Übertragungsstromes, der die ältere griechisch-hellenistische Kultur mit der römischen verbindet.

Die Rolle der Etrusker als Vermittler der Formidee des gitterförmigen Grundrisses ist umstritten (vgl. Kirsten 1958a, Anm. 28a). Immerhin besitzt die im 5. Jh. v. Chr. gegründete etruskische Kolonie Marzobotto ein regelmäßiges Straßen-

---

[4] Besonders eindrucksvolle Beispiele geben die von Bradford (1957) veröffentlichten Luftbilder.

[5] „Gnomon" bezeichnet ursprünglich im engeren Sinne nur den Schattenstab bzw. die Sonnenuhr, später alle Instrumente, mit deren Hilfe etwas erkannt wurde, und damit auch das Visierkreuz (Schulten in Pauly/Wissowa, Spalte 1882 f.).

gitternetz. Coppa weist den Etruskern noch eine Reihe weiterer regelmäßig angelegter Städte zu. Ward Perkins (1957) spricht sich auf Grund von Gemeinsamkeiten zwischen Marzobotto und den frühen römischen Kolonie-Städten für eine Vermittlung der Stadtplanung durch die Etrusker aus, hält jedoch für diese eine Anregung von der griechischen Städteplanung her für kaum zweifelhaft, da Griechen und Etrusker in Campanien in enge räumliche Berührung miteinander kamen.

Obwohl die griechische Polis in starkem Maße agrarisch ausgerichtet war, zu jeder Kolonie eine ausgedehnte Feldflur gehörte, hat sich bisher in keinem Falle eine schachbrettförmige Feldvermessung nachweisen lassen. Bei den griechischen Städten Herakleia und Metapont am Golf von Tarent konnte anhand von Luftbildern eine breitstreifige Parzellierung im Zuge von Dränagelinien ermittelt werden. Eine in Steintafeln gravierte Besitzbeschreibung bestätigt diese Flurstruktur (Quilici 1967).

Die Ausweitung der Schachbrettgliederung auf das außerhalb der Stadt liegende Wirtschaftsland der Kolonie, die Schaffung von Agrarsiedlungen aus einem Guß, ist also eine erst von den Römern im Zuge ihrer Koloniegründungen im 3. Jh. entwickelte Neuerung (Ward Perkins 1958, 121; Kirsten 1958b, 128). Dabei hat es nach den rekonstruierbaren Relikten der Flureinteilung den Anschein, daß in der älteren Phase der römischen Koloniegründungen eine Flurgliederung nicht in quadratische, sondern in längliche, rechteckige Einheiten zwischen parallelen decumani als Hauptlinien und rechtwinklig kreuzende untergeordnete cardines vorherrschte, eine Auffassung, die Hinrichs (1970) in einer noch unveröffentlichten Untersuchung vertritt [inzwischen gedruckt, Hinrichs 1974]. Reste einer derartigen Limitation mit oblongen Zenturien lassen sich für einige Kolonien der Zeit um 300 v. Chr. nachweisen (Hinrichs 1970; Castagnoli 1958, 24 ff.) Da auch die Stadtgrundrisse der früheren Kolonien längliche Baublöcke aufweisen, würde der von uns konstatierte Zusammenhang zwischen Stadtplanung und Landaufteilung dadurch nur eine weitere Bestätigung erfahren. Die quadratische Zenturiation setzt sich spätestens im 2. Jh. v. Chr. allgemein durch und ist in den folgenden Jahrhunderten vor allem bei den großflächigen Siedlungsunternehmungen in Oberitalien und Tunesien die Regel.

In jedem Falle können wir als Ergebnis festhalten: Der gitternetzförmige Grundriß der hellenistischen und der römischen Stadt ist früher ausgebildet als die nach gleichen Prinzipien durchgeführte Flurgliederung, d. h. die schachbrettartige Aufteilung wurde im römischen Siedlungsraum vom Stadtgrundriß auf den Grundriß der Feldflur übertragen. Es wäre das eine Form der Übertragung von einem Sachbereich – Stadtplanung – auf einen verwandten Bereich, den der Aufteilung der Feldflur.

III. Städtische und ländliche Schachbrettmuster in Europa

Im Europa der germanischen Landnahme und des frühen Mittelalters bleibt zwar manche römische Tradition im Bauwesen lebendig, das Vermessungssystem der Zenturiation als Gestaltelement der agraren Kulturlandschaft gerät jedoch in Vergessenheit. Wo im merowingischen und karolingischen Reich und in den Territorien des hohen Mittelalters großräumig kolonisiert wird und ländliche Siedlungen geplant werden, wird die streifige Flurauftielung verwendet, die primär auf dem einfachen Prinzip der Breitenmessung beruht. Als geregelte Ortsformen setzen sich das lineare Reihen- und Straßendorf, das Runddorf, im Hochmittelalter auch das langgestreckte Angerdorf durch. Diese Grundrißmuster sind bereits traditionell, als sich in der – zeitlich gegenüber der Dorfplanung verspätet einsetzenden – hochmittelalterlichen Stadtplanung in der Endphase ihrer Entwicklung wieder die gitterförmige Anordnung des Straßennetzes und der Baublöcke durchsetzte.

Auffällig ist, daß der schachbrettartige Stadtgrundriß seit dem 13. Jh. innerhalb weniger Generationen in mehreren relativ weit voneinander entfernten Räumen auftritt: in der ostdeutschen Kolonialstadt, in den Bastiden-Städten und Villes Neuves Südwestfrankreichs und Englands, in Nordspanien, in Italien, hier sowohl in Sizilien als auch in den „Terre Murate" um Florenz und in den Festungsstädten der Poebene. Ist diese Gleichzeitigkeit ein Zufall? Dürfen wir wirklich davon ausgehen, daß sich im 13. Jh. in Europa die Entwicklung der planmäßigen Stadt dieses Grundrißtyps in den einzelnen Territorien unabhängig voneinander vollzog? Da die spätmittelalterliche Stadtplanung Europas für die lateinamerikanischen Stadt- und Dorfgründungen von Bedeutung war, ist diese Frage auch für unsere Themenstellung von Belang.

Sicher ist zunächst, daß die Bastiden-Planstädte der Gascogne und Englands durch den territorialen Zusammenhang und die nachweisbare Planungstätigkeit der englischen Könige Heinrich III. und Edward I. und ihrer in beiden Räumen tätigen Städtebauer eine Einheit bilden (Beresford 1967). Mit den gleichzeitigen Gegengründungen von Bastiden-Städten auf der benachbarten französischen Seite mit völlig entsprechenden Formen bestehen unzweifelhaft Zusammenhänge. Offen ist lediglich, wer die Form zuerst anwandte. Desgleichen ist der Zusammenhang mit den spanischen Neustädten des 13. Jhs. eindeutig. Hier wie dort werden sie als „nova populacio" bzw. „nova poblacio" bezeichnet. Überdies bestanden enge Beziehungen zwischen den Königshäusern: Edward I. war mit Eleanora von Castilien verheiratet (Beresford 1967, S. 12 und S. 77; Beispiele bei Gutkind, III, 1967, Abb. 335). Beresford macht darüber hinaus auf die engen Beziehungen aufmerksam, die im 13. Jh. das englische Königshaus und damit auch Südwestfrankreich mit Savoyen verband, wo gleichfalls Planstädte vom Bastidentyp gegründet wurden[6], deren Bezeichnungen als „villa nova" und „villa franca" auch im italienischen

---

6 So war einer der unter Eward I. in der Gascogne wirkenden Bastiden-Baumeister ein Fachmann aus Savoyen, weitere savoyardische Architekten und Militäringenieure wirkten während des 13. Jhs. in England (Beresford 1967, 94 f.).

Raum – neben „terra nova", „burgo nuovo" und „castrum francum" = „castellfranco" – auftreten.

Hier in Italien entstehen die ersten Schachbrettstädte bereits seit 1200 (Bradford 1957, S. 266 ff.; Richter 1940). Zu den großen Städtegründern in Italien zählt vor allem Kaiser Friedrich II., der seit den zwanziger Jahren des 13. Jhs. auf Sizilien und auf dem Festland Planstädte von klassischem Zuschnitt anlegte, mit streng regelmäßigem Schachbrettmuster und rechteckigem Umriß, mit Befestigungsanlagen und einem zentralen rechteckigen Platz, ein Typus, der bis zu den Bastiden überall in ganz entsprechender Weise gebaut wird. Bei den Gründungen Friedrichs II. besteht nicht nur eine äußerliche Ähnlichkeit mit den Römerstädten, sondern hier wird ganz bewußt das klassische Vorbild wieder aufgenommen. Bei der Anlage der zur Belagerung von Parma auf Sizilien 1247 errichteten festen Lagerstadt Victoria (heute Vittoria) verfuhr Friedrich vollkommen nach dem Vorbild der antiken Städtegründer, Auspizien wurden gestellt und der Umriß der neuen Stadt von dem in eine römische Toga gehüllten Kaiser mit dem Pflug gezogen (Kantorowicz 1927, I, S. 598). Der Grundriß der Stadt wie auch der anderer Gründungen Friedrichs wie Augusta und Terranova entspricht ganz und gar dem einer römischen Militärstadt bzw. einem Castrum, und es ist mehr als wahrscheinlich, daß unter den an Friedrichs Hof benutzten antiken Schriften auch solche über das römische Städte- und Lagerbauwesen waren. Nach Palm (1955, I, S. 68) und Fensterbusch (1964, S. 11) wurde die Lektüre von Autoren über das Castramentationswesen und den Städtebau seit der karolingischen Renaissance bis zum späten Mittelalter nicht unterbrochen, wobei Vegetius' „Institutia rei militaris", von dem heute noch rund 150 Handschriftenexemplare aus jener Zeit erhalten sind, damals zu den wichtigsten militärischen Handbüchern zählte. Die Geradlinigkeit und Rechtwinkligkeit der neuen mittelalterlichen Stadtanlagen setzt die Verwendung des Visierkreuzes voraus.

So kann es kaum zweifelhaft sein, daß den innerhalb weniger Generationen entstandenen Neustädten mit ihrem schachbrettartigen Plangrundriß und einem zentralen Platz zumindest in Süd- und Südwesteuropa ein und dieselbe Formidee zugrundeliegt, nämlich die der römischen Festungsstadt, deren Vorbild bewußt wieder aufgenommen und auf Grund der engen territorialen Beziehungen mit einem entsprechend lebhaften Kulturaustausch eine innovationsartige Ausbreitung fand. Sollte die im Grundriß gleichartige ostdeutsche Kolonialstadt außerhalb dieser Entwicklung eine autochthon aus westdeutschen Vorausformen sich entwickelnde Konvergenzerscheinung sein? Die Gleichzeitigkeit mit den neuen Formen im Mittelmeerraum (13. Jh.) und die ebenfalls engen kulturellen und politischen Beziehungen nach dort legen den Gedanken nahe, daß von dort zumindest bestimmte Formelemente und vermessungstechnische Neuerungen in die deutsche Stadtplanung übernommen wurden, etwa der rechteckige Platz als Mittelpunkt der Stadt, von dem aus die Straßenführung als schachbrettartiges Gitternetz bestimmt wurde.

Einen weiteren, möglicherweise auf das unmittelbare Vorbild der *castra* zurückgehenden Ableger hat die römische Stadt- und Militärlager-Planung in den nordafrikanischen Qsur, befestigten Stadtdörfern der Oasen mit rechteckigem Umriß und rechtwinklig sich kreuzendem Gassennetz in genauer Nord-Süd-Orientierung (Gaiser 1958, bes. Abb. 21 und 29). Eine ausführliche Darstellung der historisch-genetischen Deutung dieses Grundrißtyps gibt Gaiser, wonach die französische Siedlungsforschung das Vorbild des Qsar im römischen castrum, dem Feldlager, sowohl etymologisch wie vom Grundriß und der Funktion her für gesichert hält. Gaiser selbst zieht auch eine Herleitung von den noch älteren vorderorientalischen Planstädten in Betracht (Gaiser 1958, S. 149-154).

Auf die formale Gestaltung der gleichzeitig im hohen und späten Mittelalter angelegten ländlichen Plansiedlungen vermag die europäische Stadtplanung, soweit ich sehe, keinen Einfluß mehr auszuüben. Schachbrettartige Grundrisse treten im Umland dieser Städte nicht auf. Erst in der frühen Neuzeit, seitdem sich durch Renaissance und Merkantilismus der Drang nach Planung und Geometrisierung verstärkt im Siedlungswesen durchsetzt, greift das rechtwinklige Gitternetz des Geometers auch auf Dorf- und Flurgrundrisse über. Neben den weithin beibehaltenen traditionellen linearen Formen, die schematisiert als Fehnkolonien, Hauländereien, als Straßendörfer, Hufengewannfluren im Bereich der litauischen Agrarreform, als friederizianische Kolonien und Liniendörfer auftreten, werden lokal und regional auch Schachbrettdörfer und Schachbrettfluren konzipiert. So entstehen im 18. Jh. nach diesem Schema die habsburgischen Großdörfer in der Batschka und im Banat (vgl. z. B. Kuhn 1956, Abb. 22). Auch in Rußland werden sowohl für die deutschen Kolonisten (Kuhn 1956, S. 96) wie für die russischen Kosakenheere häufig Schachbrettdörfer angelegt (Rostankowski 1969). Ihre streng geometrisch ausgelegten Gewannfluren dagegen sind nur stellenweise in ein rechtwinkliges Gitternetz eingefügt (Rostankowski 1969, S. 64 f.), nirgends zeigt sich ein der Zenturiation vergleichbares großflächig einheitliches Muster. Mit der als Flurprinzip beibehaltenen Gewannflur war ohne Zweifel eine kleinräumige Anpassung an die Geländegegebenheiten möglich (vgl. Krallert 1958, Abb. S. 19 und Nr. 14c). Gitterförmige Straßennetze erhielten vielfach auch abgebrannte und nach Plänen der Staatskanzleien wieder aufgebaute Dörfer in Mitteleuropa (Weber 1966).

In den Niederlanden nahm die Landesplanung durch die wasserbaulichen Maßnahmen im Zuge der Einpolderungen einen großen Aufschwung. Das Ingenieurwesen erreichte hier einen so hohen Stand, daß holländische Fachleute für Stadt- und Festungsbauten im 17. Jh. auch in die Nachbarländer gerufen wurden. Hier in den Niederlanden, wo Stadt- und Landesplanung in einem so engen Zusammenhang standen, wurde seit dem 17. Jh. auch die schachbrettförmige Landaufteilung praktiziert: in den neugewonnenen Poldern, von denen der Beemster das strengste Schachbrettmuster zeigt (vgl. topographische Karte der Niederlande 1:25 000, Nr. 19 G). Er wurde wie eine ganze Reihe weiterer Polder durch den seinerzeit wohl bekanntesten Landgewinnungsspezialisten Jan Leeghwater im Jahre 1612 trockengelegt (Burke 1956, S. 118; van Veen 1948). Jedes der durch Wege und Kanäle umgrenzten Quadrate von ca. 940 m Seitenlänge war in 5 Streifen gleicher Breite unterteilt, einige von diesen in noch schmälere Einheiten. Sie wurden nach einem schon vor der Trockenlegung aufgestellten Plan („Verkavelingsconditien van de Beemster", ca. 1610) den Partizipanten der Trockenlegung entsprechend ihrer finanziellen Beteiligung als Anteile zugewiesen.[7] Dementsprechend bilden die Höfe lockere Reihen entlang den Straßen, die jeweils vier Quadrate umschließen. Ähnliche Kanal- und Straßengitternetze wurden 1852 über den Haarlemmermeerpolder und im 20. Jh. über die Zuidersee-Polder gelegt. Das gleiche Schema kommt dann auch bei den Poldern im Po-Delta zur Anwendung. Wir können also feststellen, daß im frühneuzeitlichen Europa in einigen wenigen neuerschlossenen Gebieten das von der Stadtplanung seit dem hohen Mittelalter angewendete Gitternetzschema sekundär nun auch zur Aufgliederung von Landflächen, zur Flurgliederung verwendet wird.

IV. Schachbrettstädte und schachbrettförmige Landaufteilung in Nordamerika

Wenden wir uns nun dem nordamerikanischen Siedlungsraum zu. Hier werden streifige Flurauteilung und lineare Ortsformen den ersten geplanten bäuerlichen Gruppensiedlungen der englischen und französischen Kolonien zugrundegelegt (Scofield 1938; Trewartha 1946; Reps 1965, 119 ff.; Schott 1936, 55 ff.; Bartz 1955). Der nach der englischen Kolonialzeit vom Continental Congress der Vereinigten Staaten 1785 gefaßte Beschluß, die riesigen Flächen der Public Domain im Westen der Neuengland-Staaten nach dem Schachbrettschema aufzuteilen, erscheint als eine radikale Neuerung der Flurformengestaltung, als ein Bruch mit den traditionellen, aus Europa mitgebrachten Planformen, die dem Breitstreifen- und Gewannprinzip folgen.

Bei der Erschließung der Public Domain waren immerhin einige Voraussetzungen gegeben, die der Situation im Römischen Reich vergleichbar sind: Eine große Siedlungsfläche stand der Landnahme offen, über die eine Bundesregierung zentral verfügte. Auf eine rasche Erschließung drängten große Scharen landloser Einwanderer. Es wäre jedoch ein Fehlschluß zu meinen, man habe damals aus dieser Landnahmesituation heraus gewissermaßen spontan die Konzeption der schachbrettförmigen Landaufteilung als naheliegende Lösung neu entwickelt.

Zunächst ist in Betracht zu ziehen, daß dieses Schema im Stadtgrundriß bereits seit dem 17. Jh. in den nordamerikanischen Kolonien im Gebrauch war. Das 1638 gegründete New Haven in Connecticut darf als eine der frühesten Schachbrettsiedlungen Neuenglands gelten (Reps 1965, 128 ff. mit Plan), der Größe nach zunächst eher ein Dorf als eine Stadt. Das bekannteste Modell für ähnliche Gründungen wurde jedoch das 1682 von William Penn gegründete Philadelphia (Reps 1965, 157 ff.). Hundert Jahre später bezieht sich Thomas Jefferson bei seinen Entwürfen für die geplante Bundeshauptstadt Washington ausdrücklich auf das ältere Vorbild Philadelphia mit seinen quadratischen Baublöcken.[8] Jefferson war

---

7 Nach freundlicher brieflicher Mitteilung von Frau Dr. M. K. E. Gottschalk, Amsterdam, die dem Verf. auch einen zeitgenössischen Plan zur Verfügung stellte.
8 Diese und die folgenden Angaben stützen sich im wesentlichen auf Harris (1953) und Reps (1965, 314-322).

wohlvertraut mit der Stadtplanung seiner Zeit, d. h. auch mit der Europas, und wie seine gebildeten Zeitgenossen ein Rationalist mit einer Vorliebe für geometrische Grundrißformen. Jefferson nun war auch führend an der Ausarbeitung des sog. Land Ordinance Act beteiligt, jener Congress-Verordnung, welche die schachbrettförmige Landaufteilung der Public Domain vorsah. Von Jefferson stammte der Gedanke, die Grenzlinien in Form eines N-S/W-E orientierten Gitternetzes zu ziehen. Es ist daher mit großer Wahrscheinlichkeit anzunehmen, daß dieses Muster der Landaufteilung unmittelbar von der zeitgenössischen Stadtplanung beeinflußt ist, das Grundprinzip der rechtwinkligen Vermessung vom Stadtgrundriß mit seinen quadratischen Blöcken in die größere Dimension der Landaufteilung übertragen wurde, ein Vorgang, der, wie bereits oben gezeigt wurde, in gleicher Weise bei der Entstehung der römischen Zenturiation zu erkennen ist.

Allerdings kommt dieser Zusammenhang nicht erst bei den Überlegungen der Jefferson-Kommission zur Geltung. Die rechtwinklige Landvermessung von Parzellen wie von Townships war bereits eine seit einigen Jahrzehnten geübte Praxis. Das gleichförmige Schachbrettmuster allerdings ist bei der Landaufteilung noch nicht die Regel. Es findet sich lediglich bei einigen älteren Siedlungsgründungen. Bei diesen aber wird besonders deutlich, wie stark das Vorbild des schachbrettförmigen Stadtgrundrisses wirkte, denn in allen bekannt gewordenen Fällen sind in diesen Gründungen Stadt und umgebende Farmen in einer Gesamtplanung zusammengefaßt.

1733, ein halbes Jahrhundert vor dem Land Ordinance Act, gründete James Oglethorpe die Siedlung Savanna in der Kolonie Georgia (Abb. 3). Da ist zunächst die Stadt mit ihren quadratischen Baublöcken. Deren Koordinaten bestimmen auch die Feldeinteilung: Ein Netz großer Quadrate ist in Ortsnähe in kleine Gartenparzellen unterteilt, weiter außen in Farmen von je 44 acres, deren Besitzer im Stadtdorf wohnen, aus Sicherheitsgründen wegen der Indianergefahr. Auch die Waldreserve ist in das Gitternetz eingespannt. Hier sollten weitere kleine Dörfer angelegt werden. 1735 waren erst zwei davon vorhanden. Das gesamte Areal der Neusiedlung ist als großes Rechteck aus der Wildnis herausgeschnitten. Vier solcher Gründungen entstanden damals in Georgia (Reps 1965, 185-195). Die Konzeption erinnert frappierend an eine römische colonia mit ihrem Zenturiationssystem.

Der gleiche Zusammenhang zwischen städtischer und ländlicher Siedlungsplanung nach dem Gitternetzschema wird noch an zwei weiteren, allerdings nicht verwirklichten Gründungsvorhaben deutlich. Das eine ist der Plan einer „New Colony" im Süden von Carolina, der von Sir Robert Mountgomery im Jahre 1717 entworfen wurde. Diese „Margravate of Azilia" sollte in quadratische „county divisions" eingeteilt werden, jede als integrierte Stadt-Land-Einheit mit einer quadratischen Stadt im Zentrum, umgeben von ebenfalls quadratisch ausgelegten Großfarmen von jeweils 1 Meile Seitenlänge und 640 acres Größe mit Einzelhöfen (Reps 1965, 183 f.). Ein anderer Plan für Grenzersiedlungen, die in Kentucky angelegt werden sollten, und der einem 1765 veröffentlichten Bericht des Generals Henry Bouquet beigefügt war, gleicht im wesentlichen dem von Savanna. Dieser

Plan gewinnt für unsere Fragestellung dadurch an Bedeutung, daß Jefferson ihn kannte, als er seinen Entwurf für die Land Ordinance anfertigte. Er hat sich ohne Zweifel von diesem Modell anregen lassen, denn die von ihm in seinem ersten Entwurf vorgeschlagenen Siedlungsgemeinden – er nannte sie „hundreds" – sollten wie in dem Bouquet-Plan einhundert quadratische Besitzungen umfassen, allerdings ohne Stadtdorf, das zu Jeffersons Zeit bei abnehmender Indianergefahr nicht mehr notwendig schien. An die Stelle der geschlossenen Ortschaft trat jetzt die Einzelhofsiedlung, wie sie in Neuengland bereits mit anderen Flurformen weit verbreitet war.

Quadratisch wurden im Rahmen der Land Ordinance nicht nur die Besitzeinheiten, sondern auch die übergeordneten Verwaltungseinheiten, die *townships*, ausgelegt, als Flächen von 6 mal 6 engl. Meilen. Ursprünglich wollte Jefferson als Anhänger des Dezimalsystems sogar die neuen Bundesstaaten als gleich große Quadrate von 100 mal 100 Meilen Seitenlänge aus der Public Domain herausschneiden.

Die durch staatliche und private Initiative gegründeten Städte behielten selbstverständlich das in der Stadtplanung bereits bewährte Gitternetzschema bei, das jetzt in der Regel in das streng Nord-Süd orientierte Netz der staatlichen Landaufteilung eingespannt wurde und zu der Uniformität der nordamerikanischen Stadtgrundrisse führte.

Für die benachbarte kanadische Kolonie, die bei England verblieb, waren die gleichen Vorbilder für die hier fast gleichzeitig – 1783 – einsetzende planmäßige Landaufteilung maßgebend. Die ersten hier entwickelten township-Modelle (Abb. 4) fassen wiederum in idealer Weise die Stadt und ihr agrares Umland, mit Einzelhöfen besetzt, in einer einheitlichen Planung zusammen, wobei jede township ihr eigenes Vermessungsnetz haben sollte.[9] Später übernahm man das US-amerikanische System der kontinuierlich zusammenhängenden Vermessung (Schott 1936).

Wir haben den schachbrettartigen Grundriß der nordamerikanischen Kolonialstadt als Vorbild für die Prinzipien der Flurauftteilung namhaft gemacht. Die Stadtplanung der Kolonien aber bezog ihre Vorbilder aus den europäischen Mutterländern, so daß wir den ideenmäßigen Ansatz des Planungsschemas gar nicht in Amerika zu suchen haben, sondern in Europa. Wie wir bereits gesehen haben, steht hier die Planung streng geometrischer und darüber hinaus möglichst symmetrischer Stadtgrundrisse mit meist gitterförmigem Straßennetz seit dem hohen Mittelalter und verstärkt noch seit der Renaissance in hoher Blüte, Städtebauarchitekten werden zwischen den Territorien ausgetauscht, Fachliteratur und Grundrißentwürfe werden veröffentlicht und sorgen für eine weite Verbreitung der Formideen. Deren Wurzeln wiederum liegen, wie bereits gezeigt wurde, in der römischen Klassik,

---

9 Neben townships mit zentraler Lage der Stadt, wie sie für das Binnenland vorgesehen wurden, sollten in den an Flüssen und Seen aufgereihten townships die Städte exzentrisch an der Wasserfront liegen (Abb. 4, vgl. Schott 1936, 30, 31 und 44). Auf deren formale Ähnlichkeit mit einer römischen colonia in ihrem ager centuriatus macht Bradford (1957, 154) aufmerksam.

wobei der Literatur über die Anlage befestigter Lager und Städte, vor allem den Werken des Vegetius und Polybius, eine mindestens ebenso große Bedeutung zukommt wie dem immer wieder zitierten Vitruv, der keineswegs expressis verbis den Schachbrettgrundriß propagiert. In seiner aus strategischen Gründen runden oder polygonalen Stadt sollen die Straßen so verlaufen, daß sie die acht Hauptwindrichtungen vermeiden. Das ist sowohl bei strahligem Verlauf der Straßen als auch bei rechtwinklig-gitternetzförmiger Anordnung zu verwirklichen. Da Vitruv selbst hierüber nichts sagt und die seinem Werk ursprünglich beigegebenen Schema-Darstellungen verloren gegangen sind, wird von den Architektur-Historikern jeweils die eine oder die andere Interpretation vertreten. Unter diesen Umständen wird man Vitruv kaum als maßgebend für die Grundrißplanung in Anspruch nehmen dürfen.

V. Schachbrettförmige Landaufteilungen in Hispano-Amerika

Dieses Problem ist vor allem bedeutsam für den Übertragungsweg von den klassischen Vorbildern zur spanischen Kolonialstadt Mittel- und Südamerikas.[10] Es unterliegt keinem Zweifel, daß die städtebaulichen Vorstellungen des Vitruvius, die sich auf die topographische Lage der Stadt und bestimmte hygienische und bauliche Gesichtspunkte beziehen, z. T. wörtlich in die vom spanischen König erlassenen städtebaulichen Vorschriften für die Neugründungen in den Kolonien übernommen wurden (vgl. Stanislawski 1947; Nuttal 1922; Wilhelmy 1952, 77-80).

Wenn wir nach den Vorbildern für die Grundrißplanung suchen, so ist zunächst auf die hochmittelalterliche Gründung von Planstädten vor allem durch das spanische Königshaus hinzuweisen (vgl. oben S. 216). Welchen hohen Stand die Planung schachbrettförmiger Grundrisse in Spanien bereits vor dem Beginn des Städtebaus in der Neuen Welt erreicht hatte, wird am deutlichsten an der Festungsstadt Santa Fe, die 1492, wenige Jahre vor dem Beginn der Kolonisation Amerikas, vom spanischen König Ferdinand bei der Belagerung des maurischen Granada angelegt wurde – eine völlige Parallele übrigens zu Victoria, jener von Friedrich II. 1247 angelegten Lagerstadt auf Sizilien (vgl. Abb. in Gutkind, III, 1967, 246; Reps 1965, Fig. 6). Bereits 1496 wurde auf Hispaniola von Bartholomeus Columbus die Stadt Santo Domingo gegründet, deren Grundriß nach ihrer Verlegung durch Ovando im Jahre 1501 ein klares streng rechtwinkliges Gitternetz zeigt (vgl. Reps 1965, Fig. 14). Smith sieht einen engen Zusammenhang zwischen beiden Gründungen: „In contriving this plan it is probable that the soldier Ovando and his associates were less concerned with the theory of an ideal city than with the recollection of a hastily contrived but efficiently laid-out military camp which some of them had known. This was the temporary castrum of Santa Fe" (Smith 1955, 3).

---

10 Vgl. hierzu Stanislawski (1947); Kubler (1948); Wilhelmy (1950); Palm (1951 und 1955); Smith (1955); Foster (1960); Violich (1962); Reps (1965).

Auch hier im spanischen Amerika kommt es sekundär zur Ausweitung der Schachbrettaufteilung auf das die Stadt unmittelbar umgebende Wirtschaftsland. Dies geschieht in der kolonialen Epoche offenbar nur vereinzelt, jedenfalls liegen bisher nur sehr wenige veröffentlichte Pläne vor. Vorherrschend sind in der Landverteilung der frühen Kolonialzeit große Einzelbesitzungen ganz unterschiedlichen Umfangs in Form der *'mercedes'* (Corbitt 1939). In Mexiko und Kalifornien entstehen dagegen im 18. und im frühen 19. Jh. eine Reihe von Pueblos, u. a. San José, Los Angeles, Sonoma, zu denen eine schachbrettartig aufgegliederte Feldflur gehört, deren Parzellen Quadrate oder längliche Rechtecke bilden. Die Landaufteilung in gleich große *suertes* entspricht bestimmten Regierungsvorschriften, die sich eng an die älteren königlichen Leyes anlehnen (Blackmar 1891, 165 ff. mit Plänen).

Wie weit solche Schachbrettfluren auch um andere, vor allem ältere spanische Kolonialstädte angelegt wurden, ist m. W. bisher nicht erforscht. Hier liegt noch eine Aufgabe für die historisch-genetische Siedlungsforschung! Daß auch in Südamerika bereits in der spanischen Kolonialzeit bestimmte Vorschriften über die regelmäßige schachbrettförmige Aufteilung der Stadtfluren bestanden haben müssen, wird deutlich an der Praxis in Argentinien. Hier legen sich in der Provinz Buenos Aires und in Santa Fe um die Städte mit ihren Quadra-Baublöcken ein in sog. Quintas eingeteilter Gartenring und um diesen die als Chacras bezeichneten Feldbesitzungen. Diese Ordnung wurde seit 1823 in mehreren Dekreten und Gesetzen verankert und liegt den von Kaerger (1901, 463) als „vorstädtische Kolonisation" bezeichneten staatlich geförderten Siedlungsunternehmen zugrunde, die nach 1850 einen lebhaften Aufschwung nahmen, als zahlreiche europäische Einwanderer nach Argentinien kamen. Abb. 5 gibt ein Beispiel solcher Kolonien mit Schachbrettstadt, Garten-Quintas und den quadratischen Chacra-Ackerbaubetrieben, wie sie vor allem im Bereich der Pampa entstanden (ausführlich bei Schmieder/Wilhelmy 1938 und Wilhelmy/Rohmeder 1963). Die Großbesitzungen außerhalb dieser Kolonien sind Estancien, die ebenfalls noch im 19. Jh. aus Staatsbesitz erworben werden konnten (Kaerger 1901, 461 ff.).

Eben dieser Typ erscheint in der Darstellung von Kühn (1933, 123 und Tafel 18) als Idealplan einer spanischen Kolonialstadt (vgl. auch Wilhelmy 1950 und 1952, 84 f.). Leider gibt Kühn keine Quelle an, die möglicherweise in speziellen Leyes des spanischen Vicekönigreiches Buenos Aires zu suchen ist, ähnlich wie in California unter dem Gouverneur Philip de Neve solche Vorschriften im Anschluß an die älteren königlichen Leyes erlassen wurden. In jedem Falle gibt der Siedlungsplan in Argentinien ein weiteres Beispiel dafür, wie nach dem Vorbild der Stadtplanung sekundär die schachbrettförmige Aufteilung auch auf die Besitzgliederung des agraren Stadtumlandes ausgeweitet wird.[11]

Einen gewissermaßen negativen Beweis für diesen nun bereits mehrfach konstatierten regelhaften Zusammenhang zwischen städtischer und ländlicher Siedlungsplanung liefert die Entwicklung im benachbarten ehemals portugiesischen Brasi-

---

11 Diese Auffassung vertritt auch H. Wilhelmy in einer briefl. Mitteilung an den Verf. vom 28. 4. 1967.

lien, wo bei den Stadtgründungen planmäßige Grundrisse bis ins 19. Jh. kaum Verwendung fanden, wo es keine landeseinheitliche staatliche Planung gab (Violich 1944, 30 f.; Wilhelmy 1952, 286 ff.; Smith 1955, 6 ff.). Seit Mitte des 18. Jhs. wurden hier den europäischen Einwanderern von staatlichen Siedlungsinstanzen streifenförmige Besitzungen nach Art der Waldhufen zugeteilt (Waibel 1955). Hier fehlte seinerzeit die Tradition und Erfahrung der Landmesser der spanischen Kolonialstädte, die dort gewissermaßen im Schachbrettmuster groß geworden waren. Man könnte einwenden, daß es in Brasilien, abgesehen von der Küste, keine ausgedehnten Ebenen gibt, die wie in der Pampa Argentiniens die großflächige Schachbretteinteilung erst möglich machten. Dem muß entgegengehalten werden, daß in den USA die ersten Flächen nach dem Land Ordinance Survey in dem sehr bewegten und von Fluß- und Bachtälern durchzogenen nordwestlichen Ohio vermessen wurden und auch sonst in den USA wie in Kanada, aber ebenso im Bereich der römischen Zenturiation das Schachbrettnetz der Fluraufteilung ohne Rücksicht auf die Reliefunterschiede ausgelegt ist.

Zusammenfassend können wir für Amerika feststellen: Die Verwendung des schachbrettartigen Siedlungs- und Landaufteilungsgrundrisses als Formidee läßt sich über die Vorbilder der europäischen Stadtplanung des ausgehenden Mittelalters und der Renaissance und über die diesen zugrundeliegende literarische Tradition klassischer Stadt- und Festungsbauarchitektur zurückführen auf die römische colonia und deren Vorbild, die griechische Polis mit dem hippodamischen Gitternetzgrundriß.

VI. Schachbrettkolonien in Britisch-Indien

In diesen letztlich also in griechisch-römischer Tradition wurzelnden Übertragungskreis gehören schließlich auch die jüngeren britischen Siedlungsunternehmungen (*colonization schemes*) im Bereich des Commonwealth. Das umfangreichste Projekt dieser Art bilden die Kanalkolonien im Pandschab, deren erste, die Sohag Colony, 1887-89 besiedelt wurde.

Das durch Kanalbau und Bewässerung erschlossene Land wurde gemeinsam vom Revenue und Irrigation Department mit einem Schachbrettnetz überzogen (vgl. Abb. 6), dessen Grundeinheiten Quadrate von 22,5 acres in der Sidhnai Colony, 25 acres in der Triple Canal Colony und 27,8 acres in den Lower Sohag, Lower Chenab und Lower Jhelum Colonies bilden (The Land of the Five Rivers 1923, 173). Ein solches Quadrat bildet die normale bäuerliche Betriebseinheit der Neusiedler. Zur Erleichterung der Steuerbemessung der Bewässerungsfelder, die für jede Ernteperiode entsprechend dem Anbau auf den Betriebsparzellen ermittelt werden muß, ist jede Besitzung noch einmal in 25 quadratische Teilflächen von etwa einem acre (cirka 63 m Seitenlänge), sog. *killas*, unterteilt (in Abb. 6 für eine Besitzung dargestellt).[12]

---

12 Gazetteer of the Chenab Colony 1904 (1905), 126 f.

Zur planmäßigen Grundrißgestaltung der Dörfer ging man erst über, als man feststellen mußte, daß die Neusiedler auf dem für die Ortschaft ausgesparten Quadrat im Zentrum der Gemarkung ihre Gehöfte in völlig regelloser Weise zu Haufendörfern gruppierten. Mehrere Grundrißtypen wurden erprobt, wobei sich die offene Form mit den zahlreichen am Dorfrand mündenden Straßen (Abb. 6, links) als nicht sicher genug gegen Diebsgesindel erwies. Man zog als Standard-Dorfgrundriß den in Abb. 6 rechts dargestellten vor, der sich von außen wie ein quadratisches, von einer Lehmmauer umwehrtes Fort ausnimmt (Gazetteer of the Chenab Colony 1905, 38).

Eine verstreute Siedlungsweise, wie man sie anfänglich den größeren Besitzern („capitalists and yeomen"), die neben den bäuerlichen Kolonisten Land erhielten, erlaubte, erwies sich als nachteilig. Die zahlreichen Kleinweiler hoben sich durch ihre unordentliche Bauweise unvorteilhaft von den Kolonistendörfern ab, und weiterhin: „A system of scattered homesteads places difficulties in the way of all police and revenue work and deprives the colonists of many of the amenities of life obtainable in larger communities." (Ebd.)

Schutz vor Dieben und Raubüberfällen und die hohen Kosten für Trinkwasserbrunnen waren weitere Gründe, die auch die Siedler davon überzeugten, daß die geschlossene Dorfsiedlung zu bevorzugen sei (Gazetteer of the Chenab Colony 1905, 39). So waren es also die besonderen Umstände im damaligen Nordindien, die dazu führten, nicht das von den kanadischen settlement schemes her gewohnte und für arrondierten Besitz auch naheliegende Einzelhofsystem zu praktizieren. Die geschlossene Dorfsiedlung mit rechteckigem Umriß inmitten einer schachbrettförmig aufgegliederten Einödflur blieb auch in der nachkolonialen Zeit bei den staatlichen Neusiedlungsunternehmen in den Indus-Kanalkolonien Westpakistans wie bei den Flüchtlingskolonien im indischen Himalaya-Vorland von Kumaon (Nitz 1968) das immer wieder angewandte Modell. Eine eingehende Untersuchung der Pandschab-Kolonisation steht noch aus. So ist vorerst auch nicht eindeutig zu beweisen, daß die settlement und colonisation schemes in Kanada für die indischen Siedlungsunternehmen der Briten Pate gestanden haben. Dafür spricht in jedem Falle die Tatsache, daß im 19. Jh. zumindest im britischen Weltreich die einschlägige Fachliteratur sowie die Berichte der verschiedenen regionalen „Associations of Land Surveyors", etwa der Provinz Ontario und des Dominiums Kanada, für die mit neuen Projekten betrauten Fachleute greifbar waren und überdies der Ausbildung der Vermessungsingenieure zugrundegelegt wurden.

VII. Stadt-Umland-Schachbrettsysteme in China und Japan

Die Entwicklung in Ostasien schließlich bestätigt die an den bisherigen Beispielen deutlich werdende Regelhaftigkeit des Zusammenhanges zwischen Stadtplanung und Landaufteilung nach dem rechtwinkligen Gitternetzschema. Zugleich begegnet uns hier der Idealfall der Übertragung: In Japan wurde im Rahmen der Taikwa-Reform in den Jahren 645-649 n. Chr. der Kaiserstaat nach chinesischem Vorbild organisiert.[13] Japanische Beamte und Fachleute wurden nach China gesandt, um die dortigen Einrichtungen und das Verwaltungswesen kennenzulernen und in Japan einen straff zentralisierten Beamtenstaat nach chinesischem Vorbild aufzubauen. Neben zahlreichen anderen Neuerungen wurden dabei auch das Schachbrettprinzip der Landaufteilung und die dazugehörige Vermessungstechnik aus China übernommen, und zwar zugleich für den Grundriß von Städten, Dörfern und Feldfluren. Das in Japan als *jo-ri* bezeichnete Schema der Landaufteilung wurde auf allen zu Staatsbesitz erklärten Reisländereien angewendet – eine Parallele zum ager publicus der Römer –, die Vermessung wurde nach landeseinheitlichen Regeln von staatlichen Landmessern ausgeführt und im 8. Jh. bei der kolonialen Ausweitung des südjapanischen Reiches nach Norden weitergetragen. Den Bauern wurden die quadratischen Grundeinheiten, als *cho* bezeichnet, als Lehen übertragen.

So wie das System bereits in einem zeitgenössischen Gesetzestext aus dem Jahre 702 überliefert ist (Tarring 1880), läßt es sich noch heute, trotz stärkerer Überformung im Verlaufe von mehr als tausend Jahren, auf topographischen Karten und auf Luftbildern als das lineare Grundgerüst der Kulturlandschaft der südjapanischen Becken und Küstenebenen klar erkennen (Trewartha 1965, Fig. 14-20). In der Yamato-Ebene, dem Zentrum des damaligen japanischen Reiches, fügen sich in ein N-S/W-E-orientiertes Koordinatensystem[14] das Straßennetz der einstigen Hauptstadt Nara (Heijo), die aus ihren vier Toren herausführenden Überlandstraßen und auf diese ausgerichtet die Aufteilung der Flur aller in diesem Raum gelegenen Siedlungen in quadratische Einheiten von etwa 100 mal 100 m ein, schließlich auch die Bauerndörfer selbst mit ihren sich rechtwinklig kreuzenden Gassen (Abb. 7). Ein Quadrat von 6 mal 6 cho-Grundeinheiten bildete die nächsthöhere Einheit, die als ri bezeichnet wurde. In einem ri lebten ca. 30 Familien; die Differenz wurde für Siedlungen, Friedhöfe usw. verwendet (Boesch 1959, 26). Im Koordinatensystem werden diese Einheiten in der einen Richtung nach ri gezählt, in der anderen Richtung nach jo; daher die Bezeichnung als jo-ri-System. Wir haben es also auch hier mit einem einheitlichen Stadt-Land-Siedlungssystem zu tun, wie wir es bereits in ganz entsprechender Form bei den vorausgehenden Beispielen kennengelernt haben.

Das jo-ri-System geriet offensichtlich mit dem Verfall des kaiserlichen Lehenswesens nach einigen Jahrhunderten in Vergessenheit. Denn als im letzten Viertel des 19. Jhs. die japanische Regierung Hokkaido planmäßig zu besiedeln begann, holte man Siedlungs- und Vermessungsfachleute aus den Vereinigten Staaten, die von dort das Schachbrett-Landaufteilungsmuster noch einmal nach Japan übertrugen, 1200 Jahre nach der ersten Übernahme dieser Formidee aus China! Dem US-amerikanischen Vorbild entsprechend wurde jetzt anstelle der geschlossenen Dörfer das Einzelhofprinzip angewendet (vgl. Boesch 1959, 28 ff.; Trewartha 1965, 318 ff. und Fig. 9-19). Ein übergeordnetes System quadratischer Einheiten von 900 Ken (1636 m) Seitenlänge ist in 6 mal 9 rechteckige Grundeinheiten zu etwa 5 ha

---

13 Zum folgenden vgl. die zusammenfassende Darstellung bei Kolb (1963, 499 ff.), zum Siedlungssystem die ausführliche Darstellung von Hall (1931) und Boesch (1959).
14 In den übrigen Becken sind auch andere Orientierungen üblich (Boesch 1959, 26).

(273 m auf 182 m) untergliedert. Diese bilden die Standard-Farmen der Siedler, deren Höfe entlang den Straßen lockere Reihen bilden, ein Bild, wie es auch die kanadischen townships zeigen (vgl. Abb. 4).

Für China, das Herkunftsland jenes älteren Vorbildes des jo-ri-Systems, konnte der Schachbrettgrundriß von der Forschung lange Zeit nur für die Stadtplanung als realisiert nachgewiesen werden. Für eine gleichartige quadratische Landaufteilung gibt es zwar eine ganze Reihe literarischer Quellenbelege, ein Nachweis im Gelände fehlte bisher. Es handelt sich um das Sei-den-System, oder Tsing-tien, d. h. „Brunnenfeld"-System, weil im Zentrum einer Fläche von 3 mal 3 quadratischen oder rechteckigen Feldern, die zusammen ein Tsing ausmachen, ein Brunnen angelegt ist, der zur Bewässerung des zentralen Feldes wie der übrigen acht Felder dient, deren jedes den Lehensbesitz einer Familie bildet, während der Ertrag des gemeinsam bestellten mittleren Feldes an den Staat abzuliefern war (nach Liu 1919, 19 f.). Wir haben es also auch hier wieder mit einem Vermessungs- und Siedlungssystem für Staatsländereien zu tun. Nach der Darstellung kann es nur für ebenes Land mit leicht erreichbarem Grundwasserhorizont geeignet gewesen sein (Kolb 1963, 29). Es wird erstmalig von Meng-tsu beschrieben, der unter den Chou-Kaisern wirkte (Chou-Reich 1000 bis 500 v. Chr.), wurde unter den folgenden Dynastien aber mehrfach wieder aufgegriffen.

Von den Historikern (Liu 1919; Eberhard 1932, 79 ff.; Grimm 1958, 91; Hall 1931, 96, Anm. 3 mit Hinweis auf chinesische Historiker) wird die Verwirklichung einer solchen Vermessung und Landaufteilung im frühen China als nicht recht vorstellbar angesehen, einmal von den wechselnden Geländeverhältnissen her, zum anderen, weil das ganze System komplizierte Bedingungen für den Ausgleich bei unterschiedlichen Böden und zur Berücksichtigung nachwachsender Söhne enthielt. Zweifelhaft ist auch, ob in dieser frühen Zeit der Stand der Vermessungstechnik eine Verwirklichung überhaupt zuließ. Eberhard (1932, 79) erklärt das Ganze für eine Schreibtischspekulation, die verschiedentlich aufgegriffen wurde, wenn das staatliche Steuer- und Agrarsystem in Unordnung geraten war und Reformvorschläge gemacht werden mußten.

Wie dem auch sei, inzwischen jedenfalls konnte der japanische Siedlungsgeograph Suizu nach den in Japan gewonnenen Erfahrungen auf der Grundlage topographischer Karten zeigen, daß sich im Feldwege-, Straßen- und Kanalnetz der ländlichen Gebiete am mittleren H'Wang-ho untrügliche Spuren eines Liniensystems sich rechtwinklig kreuzender Feldgrenzen erhalten haben, die mit großer Wahrscheinlichkeit auf eine Vermessung nach dem Schachbrettmuster zurückzuführen sind (Suizu 1963, Abb. 1-4). Eine weitere Sicherung dieser Ergebnisse wäre durch Luftbilder zu erwarten, die sowohl bei der Rekonstruktion der römischen wie der japanischen Flurformen so hervorragende Dienste geleistet haben. Bedeutsam an den Ergebnissen von Suizu ist vor allem die Tatsache, daß sich Spuren dieses Flursystems gerade im Bereich von Ch'ang-an gefunden haben, der Hauptstadt des Tang-Reiches, dessen Kultur im 7. Jh. für Japan zum Vorbild wurde. Nach dem

Grundriß von Ch'ang-an[15] wurde auch die japanische Kaiserstadt konzipiert, und so liegt es auf der Hand, daß die im Umland von Nara verbreitete jo-ri-Schachbrettflur ihr Vorbild in dem gleichartigen Flursystem um Ch'ang-an fand.[16]

Mag die Verwirklichung der Idee einer schachbrettförmigen Flurauftcilung auch erst in den Jahrhunderten nach der Zeitwende erfolgt sein, so ist es doch unzweifelhaft, daß bereits während der Zeit des Chou-Reiches befestigte Städte mit rechteckigem bis quadratischem Umriß und rechtwinkligem Straßenkreuz angelegt wurden, wobei Anordnung und Orientierung auf kosmologischen Vorstellungen basieren (Trewartha 1952). Die Formidee wie die Vermessungstechnik haben also auch hier ihre Wurzeln in der Stadtplanung, ehe sie auf die großflächige Einteilung des agraren Umlandes der Städte ausgeweitet werden, „wahrscheinlich in Verbindung mit der Entstehung der Stadt-Land-Gemeinschaft" (Kolb 1963, 30). Die Landesplanung wurde in China von einer mächtigen, straff organisierten Staatsgewalt getragen.

VIII. Ergebnisse des weltweiten Vergleichs

So steht also, wenn wir die Ergebnisse unseres Überblicks zusammenfassen (hierzu Abb. 8), am Anfang der für die Schachbrettsiedlung wichtigen Entwicklungslinien und Ausbreitungswege die Ausbildung des rechtwinklig-gitternetzförmigen Stadtgrundrisses vor der Mitte des letzten vorchristlichen Jahrtausends in China und Griechenland. Die Annahme, daß wir es hier mit zwei parallelen, voneinander unabhängigen Bildungen, also mit echter Konvergenz zu tun haben, ist bei dem gegenwärtigen Stand der Forschung wohl berechtigt, wenngleich Stanislawski (1946) bereits die Hypothese einer gemeinsamen Wurzel der griechischen und der chinesischen Planstadt in den Städten der Indus-Kultur und möglichen Vorbildern im Vorderen Orient aufgestellt hat.[17]

In Ostasien verläuft, wie wir gesehen haben, die Entwicklung verhältnismäßig einfach. In China wird zunächst das System der Stadtplanung und Landvermessung ausgebildet und dann komplett nach Japan übertragen. Sehr viel komplizierter vollzieht sich die Ausbreitung der Formidee im Westen. Aus dem Mittelmeerraum läßt sich die Übertragung des Stadtplans kontinuierlich verfolgen: von der griechischen Polis zur etruskischen und römischen colonia und zum römischen Militärlager, von dort zum nordafrikanischen Qsar und durch literarische Tradition zur italienischen, spanischen und südfranzösischen, vielleicht auch zur deutschen befestigten Stadt des hohen und ausgehenden Mittelalters und zur europäischen Planstadt der Renaissance. Diese wird in die spanischen, englischen und französischen Kolonien übernommen, erscheint aber als Stadtdorf im 18. Jh. auch in den österreichischen Sied-

---

15 Vgl. Boyd (1962, 51 ff. und Abb. 15 und 34).
16 Nach den von Suizu veröffentlichten Karten scheinen auch die Dörfer dieses Gebietes zumindest rechtwinklig kreuzende Hauptachsen zu besitzen.
17 Die von Coppa (1968, Bd. I) veröffentlichten und kommentierten Pläne vorderorientalischer – insbesondere ägyptischer – Planstädte könnten diese Hypothese stützen.

lungskolonien an der mittleren Donau sowie in Südrußland und in ganz ähnlicher Gestaltung in einer Reihe wiederaufgebauter Dörfer in Deutschland.

Auf diesem mehrfach verzweigten Übertragungsweg des Stadtplans, der sich zeitlich über zweieinhalb Jahrtausende erstreckt, wird die schachbrettartige Flueraufteilung unabhängig an mehreren Stellen jeweils von neuem nach dem Vorbild der städtischen Vermessung eingeführt: in China, im römischen Reich, in holländischen Poldern, in den Neuengland-Kolonien und dann in den USA sowie in den britischen Dominions, in den spanischen Kolonien sicherlich in Mexiko, und schließlich in Argentinien.

Wir haben es bei diesen Vorgängen also, um es noch einmal zu wiederholen, um eine Übertragung von einem Sachbereich – Stadtgrundrißplanung – auf einen ähnlich gearteten anderen Sachbereich – die Flueraufteilung – zu tun. Dabei wird die Ausbildung der Schachbrettflur jeweils gesteuert, determiniert durch die Formidee des planmäßigen Stadtgrundrisses. Kroeber (1948, 368) hat ähnliche Vorgänge im Bereich der Völkerkunde bzw. Cultural Anthropology als Stimulus-Diffusion bezeichnet.

Daß meine These von der Bindung der mehrfach konvergent ausgebildeten schachbrettförmigen Landaufteilung an das Vorbild des prinzipiell gleichartigen Stadtgrundrisses wirklich zu recht besteht, wird durch folgende Tatsache noch gestützt: Vor dem Zeitalter der modernen Kommunikationsmittel, die eine kurzfristige weltweite Diffusion von Neuerungen ermöglichen, findet sich nach dem derzeitigen Stand unseres Wissens nirgendwo auf der Welt dieses System der Flueraufteilung und des Dorfgrundrisses, wo nicht auch zugleich der Gitternetz-Stadtplan auftritt.

Die Gründe für dieses eigenartige Phänomen sehe ich darin, daß es sich trotz der augenscheinlich einfachen Gestalt des Schachbrett-Siedlungsmusters um ein verhältnismäßig kompliziertes Vermessungsverfahren handelt. Während die Streifeneinteilung der Felder wie auch die lineare Straßen- und Reihensiedlung mit einer einfachen eindimensionalen Breitenmessung auskommen kann, wird beim Gitternetzsystem zweidimensional vermessen, und dabei muß mit einem Visierkreuz ständig der rechte Winkel eingehalten werden. Dieses Verfahren setzt eine hochentwickelte Meßtechnik voraus, wie sie, nach unserem Beobachtungsmaterial zu urteilen, zumindest in der vorneuzeitlichen Phase stets nur in Staaten mit einem hohen Stand der Stadtplanung anzutreffen ist. Wo dagegen diese hochentwickelte Stadtplanung als Anregung fehlt, wie im mittelalterlichen Europa bis ins 12. Jh., werden bei der organisierten Landnahme durch Siedlergruppen die technisch primitiveren Formen der Breitenmessung verwendet. Die dabei entstehenden Orts- und Flurformen sind so einfach, daß sie in verschiedenen Räumen und zu verschiedenen Zeiten immer wieder von neuem „erfunden" wurden, bei technisch wenig entwickelten Völkern in Afrika, in Indien und in Südostasien ebenso wie bei den Siedlungsunternehmungen der Landes- und Grundherren im mittelalterlichen Europa.

So wurde beispielsweise das Prinzip der Reihensiedlung mit breitstreifiger Einödflur von der Art der Marsch- und Waldhufen allein in Mitteleuropa im Mittelalter in wenigstens vier Siedlungsgebieten unabhängig voneinander entwickelt – in den Niederlanden, in Westfalen, im Odenwald und im ostelbischen Kolonialgebiet. Als eigenständige Bildung kennen wir den gleichen Siedlungstyp inzwischen aus mehr als zehn weiteren Gebieten der Welt. Zwar kommt es auch bei diesen linearen Siedlungsformen zur Ausbreitung und zu Übertragungsvorgängen, doch sind diese in der Regel auf kleine Gebiete beschränkt.[18]

Wir können das Ergebnis auf eine kurze Formel bringen: Bei linearen Ortsformen und Streifenfluren ist die wiederholte spontane, autochthone Neubildung – also konvergente Entstehung – für die Typengenese von vorrangiger Bedeutung. Bei der vermessungstechnisch komplizierten schachbrettartigen Grundrißform dagegen ist die Übertragung der Formidee ein weltweit gültiger Regelfall.

Literatur

Bartz, F. (1955): Französische Einflüsse im Bilde der Kulturlandschaft Nordamerikas. Hufensiedlungen und Marschpolder in Kanada und Louisiana. In: Erdkunde 9, S. 286-305.

Beresford, M. (1967): New towns of the middle ages. Town plantations in England, Wales and Gascony. London.

Binder-Johnson, H. (1957): Rational and ecological aspects of the quarter section. An example from Minnesota. In: Geogr. Review 47, S. 330-348.

Blackmar, F. W. (1891): Spanish institutions of the Southwest. (Johns Hopkins University, Studies in Historical and Political Science. Extra Vol. 10) Baltimore.

Boesch, H. (1959): Japanische Landnutzungsmuster. In: Geographica Helvetica XIV, S. 22-34.

Boyd, A. (1962): Chinese architecture and town planning. London.

Bradford, J. (1957): Ancient Landscapes. Studies in Field Archaeology. London. [Darin Kap. IV. Roman centuriation: A planned landscape.]

Bünstorf, J. (1966): Die ostfriesische Fehnsiedlung als regionaler Siedlungsform-Typus und Träger sozial-funktionaler Berufstradition. (Göttinger Geogr. Abhandlungen 37) Göttingen.

Burke, G. L. (1956): The making of Dutch towns. London.

Castagnoli, F. (1956): Ippodamo di Mileto e l'urbanistica a pianta ortogonale. Roma.

Ders. (1958): Ricerche sui resti della centuriazione. Roma.

Coppa, M. (1968): Storia del' urbanistica dalle origini all' elenismo. Torino. 2 Bde.

Corbitt, D. C. (1939): Mercedes and realengos. A survey of the public land system in Cuba. In: Hispanic American Historical Review 19, S. 262-285.

Eberhard, W. (1932): Zur Landwirtschaft der Han-Zeit. In: Mitt. d. Sem. f. Orient. Sprachen z. Berlin, 1. Abt.: Ostasiat. Studien 35, S. 74-105.

---

18 Anstelle einer ausführlichen Literaturübersicht sei auf die zusammenfassenden Darstellungen bei Nitz (1962, 66-82) und Krüger (1967, 33-51) verwiesen.

Ehlers, E. (1965): Das nördliche Peace River Country, Alberta, Kanada. (Tübinger Geogr. Studien 18.) Tübingen.

Fabricius, E. (1927): Limitation. Artikel in *Pauly/Wissowa* (1894 ff.).

Fensterbusch, C. (1964): Vitruv – Zehn Bücher über Architektur. Darmstadt.

Foster, G. M. (1960): Culture and conquest: The American Spanish heritage. Chicago.

Gaiser, W. (1968): Berbersiedlungen in Südmarokko. (Tübinger Geogr. Studien 26) Tübingen.

Gantner, J. (1928): Grundformen der europäischen Stadt. Wien.

Gazetteer of the Chenab Colony (1904/1905): Punjab Gazetteers, Vol. 31 A. Lahore 1905.

Gerling, W. (1963): Verbreitung und Typisierung der Bastides Südwestfrankreichs. In: W. Gerling: Kulturgeographische Untersuchungen (I). Würzburg, S. 61-80.

Grimm, T. (1958): Zur Frage der Landesplanung im Alten China. In: Historische Raumforschung II: Zur Raumordnung in den alten Hochkulturen. (Forschungs- u. Sitzungsber. d. Akad. f. Raumforschung u. Landesplanung 10) Bremen-Horn 1958, S. 89-98.

Gutkind, E. A. (1967/1969): International history of city development. III: Urban development in Southern Europe: Spain and Portugal. New York 1967. IV: Urban development in Southern Europe: Italy and Greece. New York 1969.

Hall, R. (1931): Settlement forms in Japan. In: Geogr. Review 21, S. 93-123.

Harris, M. (1953): Origin of the land tenure system of the United States. Ames (Iowa).

Hinrichs, F. T. (1970): Geschichte der gromatischen Institutionen (Manuskript Wiesbaden 1970). [Inzwischen gedruckt unter gleichem Titel, Wiesbaden 1974.]

Kaerger, K. (1901): Landwirtschaft und Kolonisation im Spanischen Amerika. Bd. I: Die La Plata-Staaten. Leipzig.

Kantorowicz, E. (1927): Kaiser Friedrich II. 2 Bde. Berlin 1927, Neudruck Düsseldorf und München 1964.

Kirsten, E. (1958a): Römische Raumordnung in der Geschichte Italiens. In: Historische Raumforschung II: Zur Raumordnung in den alten Hochkulturen. (Forschungs- u. Sitzungsber. d. Akad. f. Raumforschung u. Landesplanung 10) Bremen-Horn, S. 47-72.

Ders. (1958b): Diskussionsbemerkung zum Vortrag von J. Ward Perkins. In: Acta Congressus Madvigiani, Bd. IV, Urbanism and town planning. Kopenhagen, S. 126-128.

Kolb, A. (1963): Ostasien. China, Japan, Korea. Heidelberg.

Krallert, W. (1958): Atlas zur Geschichte der deutschen Ostsiedlung. Bielefeld.

Krenzlin, A. (1965): Die Agrarlandschaft an der Nordgrenze der Besiedlung im intermontanen British Columbia. (Frankfurter Geogr. Hefte 40) Frankfurt a. M.

Kroeber, A. L. (1948): Anthropology. New York.

Krüger, R. (1967): Typologie des Waldhufendorfes nach Einzelformen und deren Verbreitungsmustern. (Göttinger Geogr. Abhandlungen 42) Göttingen.

Kubler, G. (1948): The sixteenth-century architecture of Mexico. Bd. I, New Haven.

Kühn, F. (1933): Grundriß der Kulturgeographie von Argentinien. Hamburg.

Künzler-Behncke, R. (1961): Das Zenturiatsystem in der Po-Ebene. Ein Beitrag zur Untersuchung römischer Flurreste. In: Festschrift der Frankfurter Geographischen Gesellschaft 1836-1961. (Frankfurter Geogr. Hefte 37) Frankfurt a. M., S. 159-170.

Kuhn, W. (1956): Planung in der deutschen Ostsiedlung. In: Historische Raumforschung I. (Forschungs- u. Sitzungsber. d. Akad. f. Raumforschung u. Landesplanung 6) Bremen-Horn, S. 77-99.

The Land of the Five Rivers (1923): = Punjab Administration Report, 1921-1922, Vol. I. Lahore 1923.

Lavedan, P. (1926): Histoire de l'urbanisme. Tome I: Antiquite-Moyen Age. Paris.

Lenz, K. (1965): Die Prärieprovinzen Kanadas. Der Wandel der Kulturlandschaft von der Kolonisation bis zur Gegenwart unter dem Einfluß der Industrie. (Marburger Geogr. Schriften 21) Marburg.

Liu, W. H. (1919): Die Verteilungsverhältnisse des ländlichen Grund und Bodens in China. Diss. Frankfurt a. M.

Meitzen, A. (1895): Siedelung und Agrarwesen der Westgermanen und Ostgermanen, der Kelten, Römer, Finnen und Slawen. Band I, Berlin.

Nitz, H.-J. (1962): Die ländlichen Siedlungsformen des Odenwaldes. (Heidelberger Geogr. Arbeiten 7) Heidelberg und München.

Ders. (1963): Entwicklung und Ausbreitung planmäßiger Siedlungsformen bei der mittelalterlichen Erschließung von Odenwald, nördlichem Schwarzwald und Hardtwald. In: Heidelberg und die Rhein-Neckar-Lande. Festschrift zum 34. Deutschen Geographentag1963 in Heidelberg, hg. v. G. Pfeifer, H. Graul u. H. Overbeck. Heidelberg und München 1963, S. 210-235.

Ders. (1968): Siedlungsgang und ländliche Siedlungsformen im Himalaya–Vorland von Kumaon (Nordindien). In: Erdkunde 22, S. 191-205.

Nuttal, Z. (1922): Royal ordinances concerning the laying out of new towns. In: The Hispanic American Historical Review 5, S. 249-54.

Palm, E. W. (1951): Contribuciones a la Historia Municipal de America. Mexiko.

Ders. (1955): Los monumentos arquitectonicos de la Espanola. 2 Bd. Ciudad Trujillo.

Pauly, A. / Wissowa, G. (1894 ff.): Paulys Real-Encyclopädie der classischen Altertumswissenschaft. Stuttgart..

Quilici, L. (1967): Forma Italiae. Siris – Heraclea. Roma.

Reps, J. W. (1965): The making of urban America. A history of city planning in the United States. Princeton.

Richter, M. (1940): Die 'Terra Murata' im Florentinischen Gebiet. (Mitt. d. Kunsthist. Inst. in Florenz, Vol. V, No. 6) Florenz, S. 351-378.

Rostankowski, P. (1969): Siedlungsentwicklung und Siedlungsformen in den Ländern der russischen Kosakenheere. (Berliner Geogr. Abhandlungen 6) Berlin..

Salmon, E. T. (1969): Roman colonization under the Republic. London 1969.

Schmieder, O. / Wilhelmy, H. (1938): Deutsche Ackerbausiedlungen im südamerikanischen Grasland, Pampa und Gran Chaco. (Wissenschaftl. Veröff. d. Deutschen Museums f. Länderkunde, NF 6) Leipzig.

Schott, C. (1936): Landnahme und Kolonisation in Canada am Beispiel Südontarios. (Schriften d. Geogr. Inst. d. Univ. Kiel 6) Kiel.

Schulten, A. (1898): Die römische Flureinteilung und ihre Reste. (Abh. d. Königl. Ges. d. Wiss. zu Göttingen, Phil.-hist. Klasse, NF II, 2 VII) Göttingen.

Schultze, A. (1962): Die Sielhafenorte und das Problem des regionalen Typus im Bauplan der Kulturlandschaft. (Göttinger Geogr. Abhandlungen 27) Göttingen.

Scofield, E. (1938): The origin of settlement patterns in rural New England. In: Geogr. Review 28, S. 652-663.

Smith, R. C. (1955): Colonial towns of Spanish and Portuguese America. In: Journal of the Soc. of Architectural Historians, 14, S. 3-12.

Stanislawski, D. (1946): The origin and spread of the grid-pattern town. In: Geogr. Review 36, S. 105-120.

Ders. (1947): Early spanish town planning in the New World. In: Geogr. Review 37, S. 94-105.

Suizu, I. (1963): The rectangular land-allotments and the field system in ancient North China. In: Abh. d. Geogr. Ges. Tokio 36, H. 1, S. 1-23 [japanisch].

Tarring, C. J. (1880): Land provisions of the Taiho Rio. In: Transact. of the Asiatic Soc. of Japan 8, S. 145-55.

Trewartha, G. (1946): Types of rural settlement in colonial America. In: Geogr. Review 36, S. 568-596.

Ders. (1952): Chinese Cities. Origins and Functions. In: Annals of the Assoc. of American Geographers 42, S. 69-93.

Ders. (1965): Japan. A Geography. London.

Thorpe, H. (1965): The green village in its European setting. In: 'The Fourth Viking Congress'. (York 1961), ed. by A. Small. (Aberdeen University Studies 149) Aberdeen, S. 85-111.

Veen, J. van (1948): Dredge, drain, reclaim. Den Haag 1948 [2. ed. 1952, 5. ed. 1962].

Violich, F. (1962): Evolution of the Spanish city. In: Journal of the American Inst. of Planners. 1962, S. 170-179.

Waibel, L. (1955): Die europäische Kolonisation Südbrasiliens. Bearbeitet und mit einem Vorwort versehen von G. Pfeifer. (Colloquium Geographicum 4) Bonn.

Ward Perkins, J. (1958): The early development of Roman town-planning. In: Acta Congressus Madvigiani. IV: Urbanism and Town Planning. Kopenhagen, S. 109-123.

Weber, P. (1966): Planmäßige ländliche Siedlungen im Dillgebiet. Eine Untersuchung zur historischen Raumforschung. (Marburger Geogr. Schriften 26) Marburg.

Wilhelmy, H. (1950): Die spanische Kolonialstadt in Südamerika. Grundzüge ihrer baulichen Gestaltung. In: Geographica Helvetica 5, S. 18-36.

Ders. (1952): Südamerika im Spiegel seiner Städte. Hamburg.

Wilhelmy, H. / Rohmeder, W. (1963): Die La-Plata-Länder. Argentinien – Paraguay – Uruguay. Braunschweig, insbes. S. 156-167 und S. 376-385.

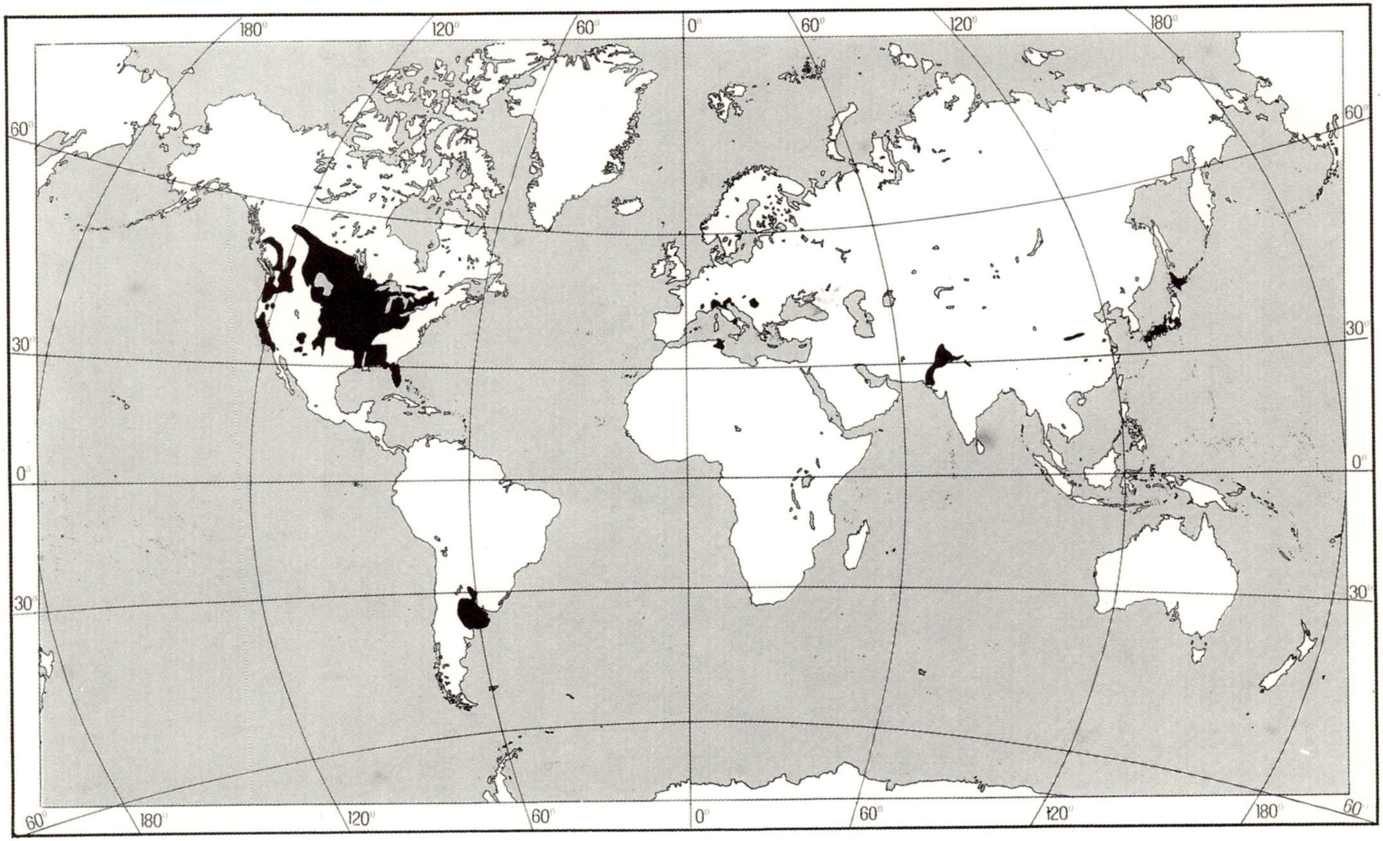

Abb. 1: Verbreitungsgebiete ländlicher Schachbrettsiedlungen

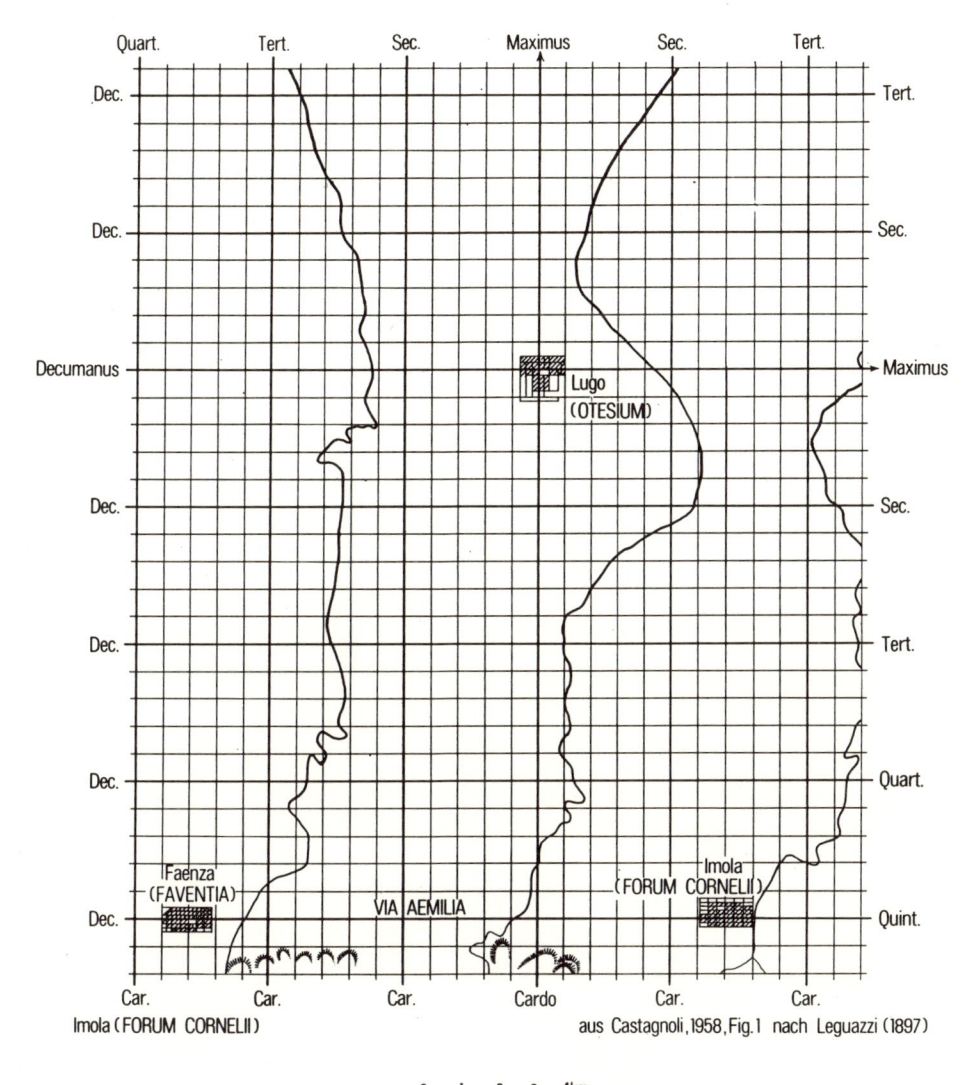

Abb. 2: Das römische Zenturiationssystem an der Via Aemilia

Abb. 3: Savanna (Georgia) 1735

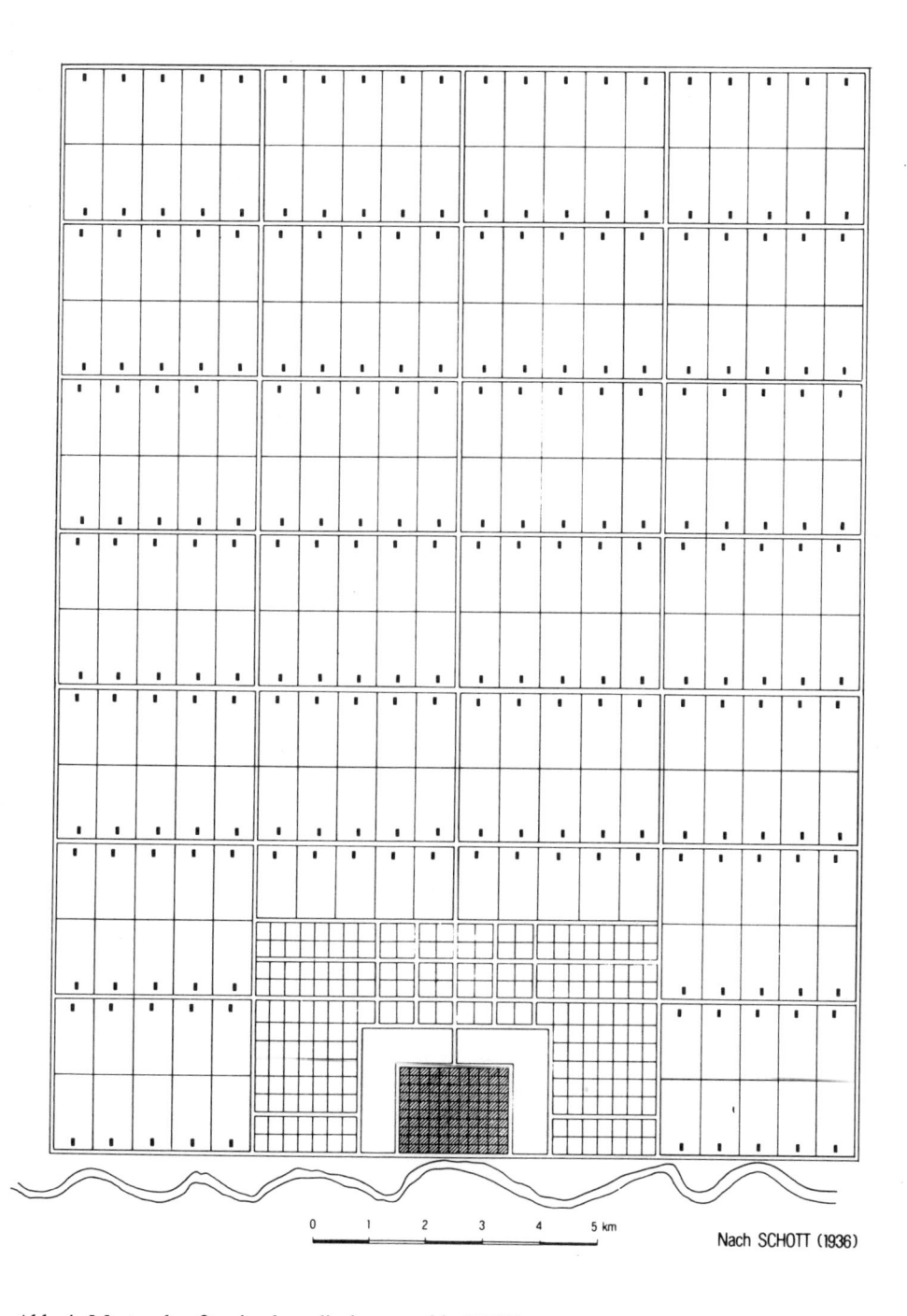

Abb. 4: Musterplan für eine kanadische township (1783)

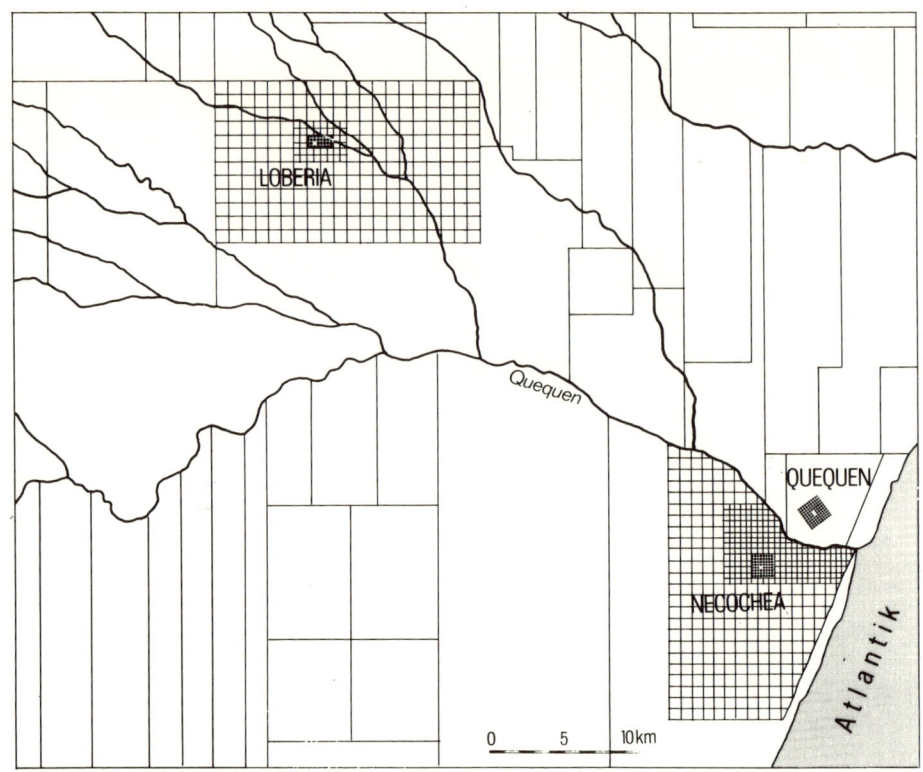

nach Kataster-Atlas von Argentinien, 1908

Abb. 5: Estancien und Ackerbauern-Kolonien in der südargentinischen Pampa

Zwei Varianten schachbrettförmiger Ortsgrundrisse

Quelle: Gazetteer of the Chenab Colony, 1904

Schachbrett-förmiger Ortsgrundriß

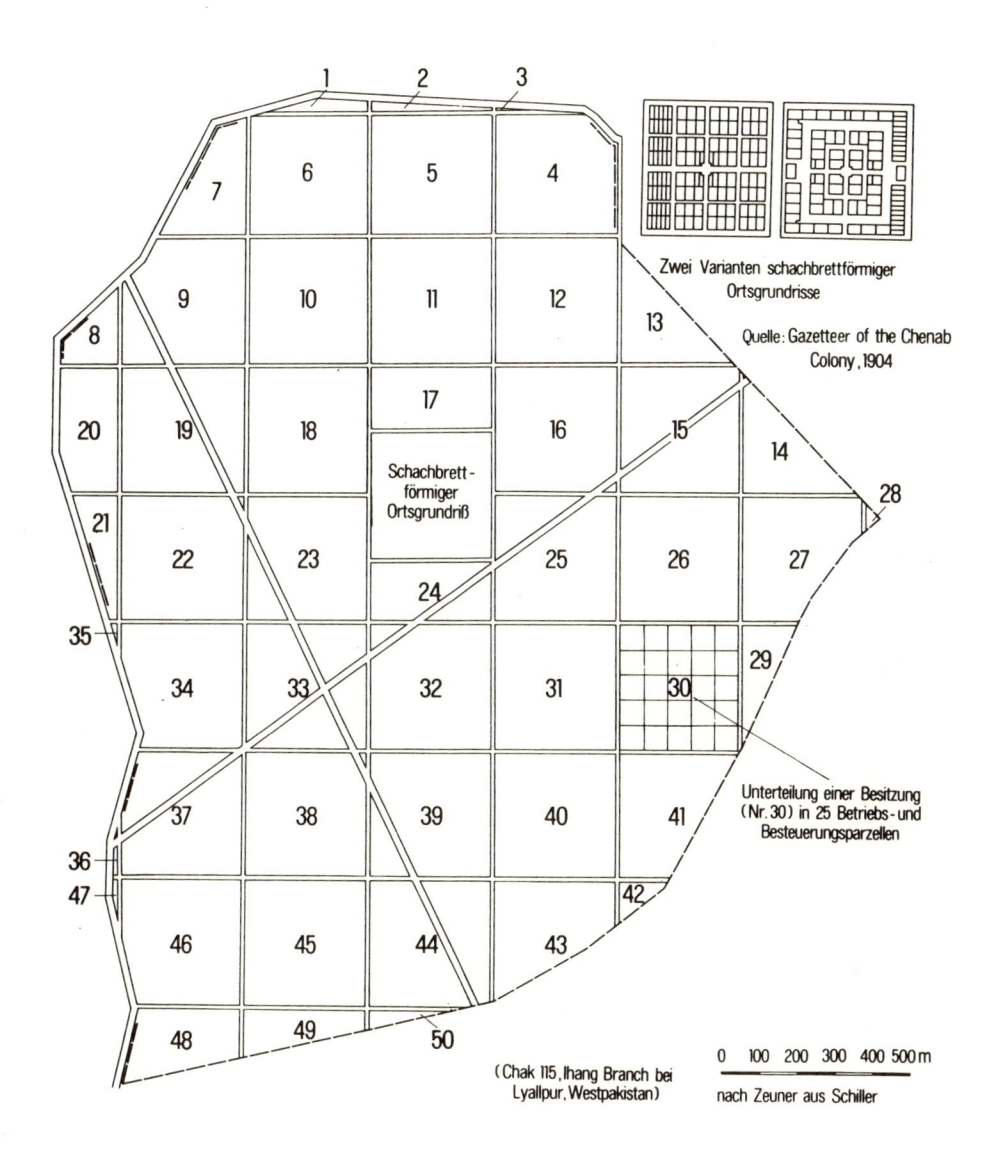

Unterteilung einer Besitzung (Nr. 30) in 25 Betriebs- und Besteuerungsparzellen

(Chak 115, Jhang Branch bei Lyallpur, Westpakistan)

0 100 200 300 400 500 m

nach Zeuner aus Schiller

Abb. 6: Die Gemarkung der Gemeinde Dyalghar (Pandschab)

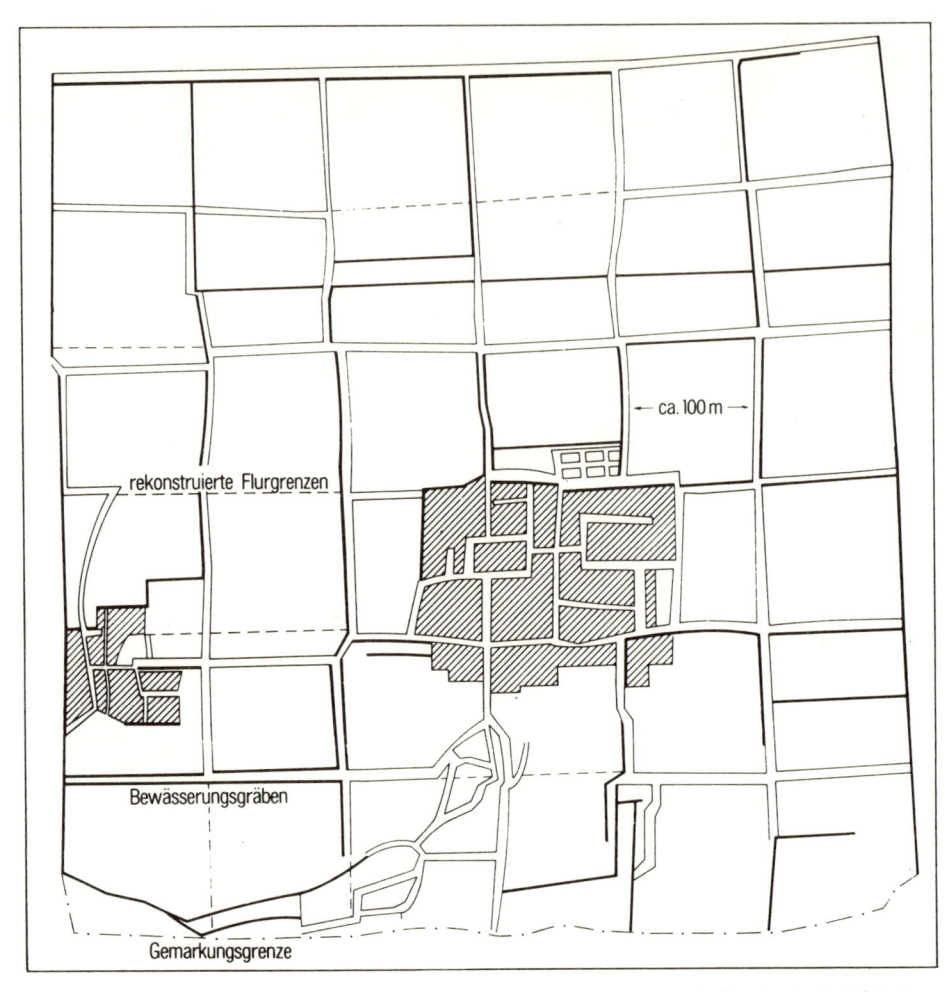

Abb. 7: Jo-ri-Schachbrettflur und Dorf mit Straßengitternetz in Japan

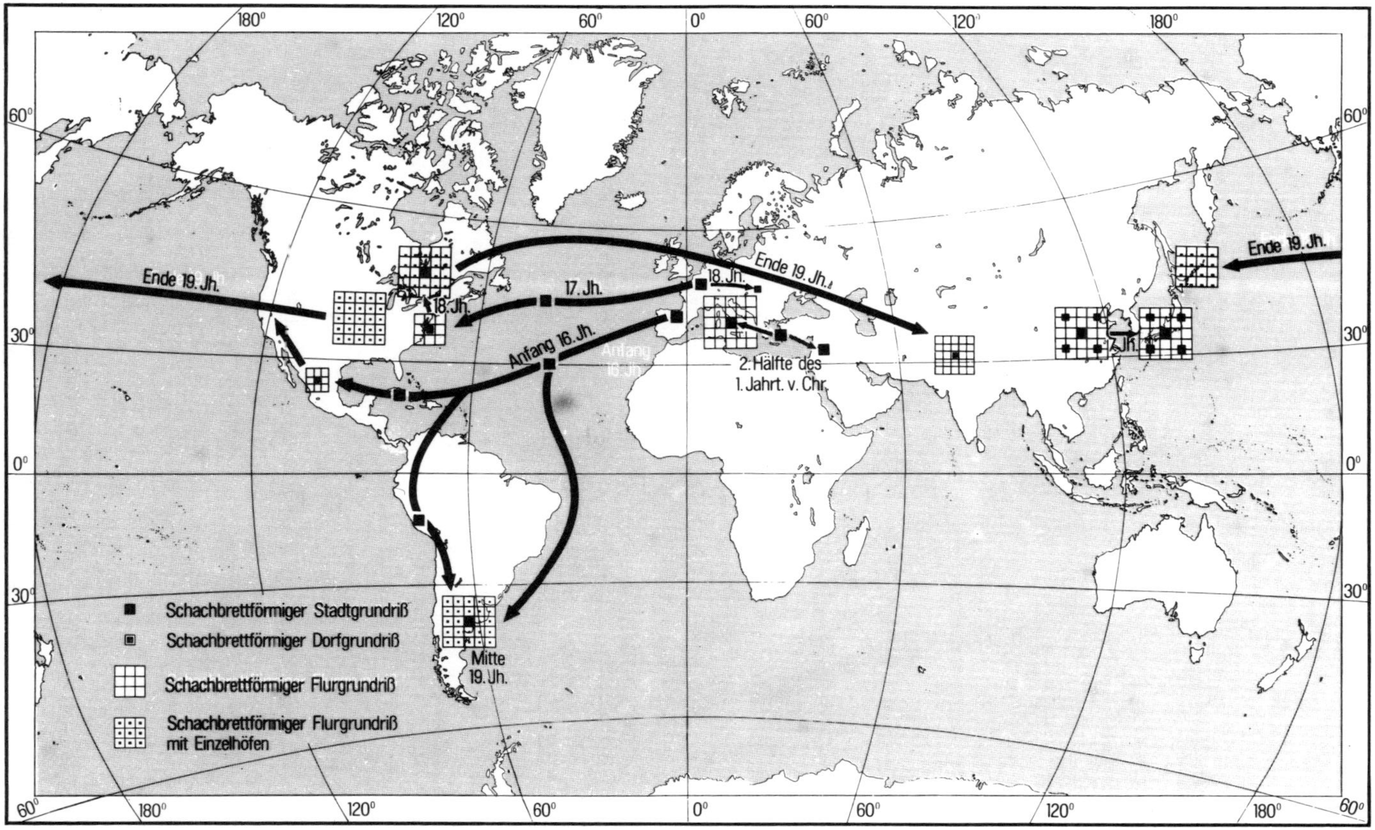

Abb. 8: Übertragungswege des Schachbrett-Siedlungsmusters

241

Konvergenz und Evolution in der Entstehung ländlicher Siedlungsformen

I. Einleitung und Problemstellung

Das mir von der Programmkommission gestellte Thema „Konvergenz und Evolution in der Entstehung ländlicher Siedlungsformen" soll zugleich das Rahmenthema für die heutige Vormittagssitzung bilden. Ich werde also versuchen, mit meinen Ausführungen in die nachfolgenden Vorträge einzuleiten.

Konvergenzen und der Prozeß der Evolution sind als Regelerscheinungen bei der Erklärung großräumiger Verbreitungsmuster von Siedlungstypen von Bedeutung und haben in den letzten Jahren zunehmende Beachtung in der siedlungsgeographischen Forschung gefunden. Die oft kontroverse Diskussion hierüber ist noch in vollem Gange.

Was ist mit Konvergenz und Evolution gemeint, und wie sind sie im Zusammenhang mit der Entstehung von Siedlungsformen zu verstehen? Ich werde beide Begriffe zunächst kurz erläutern und anschließend zu jedem Komplex ausführlicher Stellung nehmen.

Unter Konvergenz wird verstanden das Auftreten der gleichen Form – hier der gleichen Siedlungsform – in räumlich getrennten, oft weit voneinander abgelegenen Gebieten, wobei die Entstehung der betreffenden Form hier und dort völlig unabhängig voneinander, wir könnten auch sagen, parallel zueinander, erfolgte. Man spricht von konvergenter oder paralleler Entstehung. Eine Siedlungsformen-Konvergenz ist z. B. gegeben bei Reihensiedlungen mit hofanschließenden Streifen, wie sie in Mitteleuropa etwa als Waldhufensiedlungen bekannt sind, die in formal ganz ähnlicher Ausbildung auch in Japan, in Indien, in Afrika und in mehreren Teilgebieten Nord- und Südamerikas auftreten. Das Forschungsproblem, daß sich aus der Feststellung solcher Konvergenzen oder Parallelen ergibt, bilden die Bedingungen, die Umstände, die in verschiedenen Räumen und zu verschiedenen historischen Zeiten zur wiederholten Entstehung der gleichen Form führten.

Der Begriff der Evolution bedeutet fortschreitende Höherentwicklung von einer einfachen Form zu immer besseren, vollkommeneren Formen, wobei die mit dieser Form erfüllten Zwecke und Funktionen bei den höherentwickelten Formen immer besser, schließlich optimal verwirklicht werden, u. U. sogar weitere Funktionen zusätzlich damit erfüllt werden können. In diesem Sinne wird der Begriff von der biologischen Evolutionslehre seit Darwin verwendet, und ebenso interpretierte man im 19. Jh. die historische Abfolge kultureller Phänomene als Ausdruck einer kulturellen Evolution. Von der damaligen Nationalökonomie, Völkerkunde und Kulturgeschichte wurde z. B. die Lehre von den wirtschaftlich-kulturellen Entwicklungsstufen der Völker entworfen, angefangen von der Stufentheorie Friedrich Lists (1844/1971, S. 36) bis zur kulturgeschichtlich sehr viel breiter fundierten und differenzierten Theorie Eduard Hahns (1896; 1909). Auch die marxistische Lehre von der notwendigen Abfolge von Gesellschaftsformationen von der Urgesellschaft bis zur sozialistischen Gesellschaft gehört in diesen Zusammenhang. Inzwischen ist man – abgesehen von den Marxisten – von dem Gedanken einer der Gesellschaft und Wirtschaft gewissermaßen gesetzmäßig immanenten progressiven Entwicklung abgekommen, ohne daß damit bestritten werden kann, daß Fort- und Höherentwicklung in den Gesellschaften und ihrer materiellen und geistigen Kultur erfolgt sind. Darauf hat Bobek (1959, S. 261) in seiner Darstellung der „Hauptstufen der Gesellschafts- und Wirtschaftsentfaltung in geographischer Sicht" mit Recht hingewiesen. Aber diese kulturellen Entwicklungen erfolgen nicht quasi gesetzmäßig, liegen nicht in den Kulturgütern keimhaft angelegt, sondern es ist der in die Geschichte eingebundene Mensch, der schöpferisch Fortschritte findet. Es ist eine Entwicklung von Ideen, die sich materiell manifestieren können. Im Hinblick auf solche Entwicklungen in der Kulturlandschaft weist Arnold Schultze (1962) darauf hin, daß „der geschichtliche Prozeß an sich ungerichtet (ist); grundsätzlich steht zu jedem Zeitpunkt die Ausrichtung in die Zukunft offen. Nur dadurch wird diese Freiheit eingeschränkt, daß menschliches Handeln – auch bei stärkstem Anteil der Neuschöpfung – an seine Vergangenheit gebunden ist. Es ist mehr oder weniger stark in den jeweils schon vorhandenen Ideen befangen." (S. 111) Insofern ist es vielleicht angemessener, diesen Sachverhalt nicht mit dem heute auf das Biologische eingeengten Begriff der Evolution zu bezeichnen, sondern neutraler von Formenentwicklung oder Formengenese zu sprechen. Diese Begriffe sind in der Siedlungsforschung bereits fest verankert.

Diese Formenentwicklung als Entwicklung von Formideen findet ihre Begründung und ihre Anstöße darin, daß sich im Laufe der Zeit durch Tradition von Generation zu Generation eine Anhäufung von Ideen, Kenntnissen, Erfahrungen, Fertigkeiten vollzieht, die vom erfinderischen Menschen zu immer neuen zweckdienlicheren Formen kombiniert werden können: Der Pflug als neue Form setzt die Hacke, aber auch das Zugtier voraus. Der Ethnologe Mühlmann formuliert dies so: „Verschiedene Formen müssen funktional zusammentreten, wenn ein Fortschritt zustandekommen soll" (1938, S. 191). Um es auf ein siedlungsgeographisches Beispiel anzuwenden: Beim Langangerdorf müssen die Formidee des Platzes oder Angers und die Formidee der linearen Höfereihung funktional zusammentreten.

Es geht also darum, unterschiedlich alte Formen, in unserem Falle Siedlungsformen, die durch ihre Erbauer ideenmäßig in einem genetischen Zusammenhang stehen müssen, zu interpretieren als Stufen einer progressiven Entwicklung zu immer angemesseneren Lösungen. Daneben sind auch solche Entwicklungen erkennbar, die funktional und formal eine Verarmung gegenüber den bereits vorher erreichten Formen darstellen.

II. Konvergenz und Übertragung

Wenden wir uns zunächst dem Problemkreis der Konvergenz zu. Hier haben wir es mit einem weltweit auftretenden Phänomen zu tun. Nicht nur Siedlungsformen von der Art der Waldhufensiedlung entstehen unabhängig, autochthon in verschiedenen Teilen der Erde, sondern auch Straßendörfer, Rundplatzdörfer, Angerdörfer, verschiedene Typen von Streifengemengefluren, darunter Gewannfluren, und rechtwinklig-schachbrettartige Fluranlagen. Nicht alle getrennt liegenden Verbreitungsgebiete der gleichen Form sind unbesehen durch deren konvergente Entstehung zu interpretieren. Zunächst ist zu prüfen und ggf. auszuschließen, daß es sich um Übertragung oder Entlehnung der Formidee aus einem Gebiet in ein anderes handelt. Derartige Übertragungen oder Entlehnungen lassen sich in vielen Fällen wahrscheinlich machen, vor allem dann, wenn man die Wanderung von Siedlungsgründern nachweisen kann oder enge Austauschbeziehungen zwischen den betreffenden Räumen, die sich dann auch durch das Auftreten weiterer gleicher Kulturgüter in beiden Räumen zu erkennen geben. Ein solcher Nachweis läßt sich z. B. für die Hagenhufendörfer, eine Variante der Waldhufendörfer, führen, die westlich von Hannover beiderseits der Mittelweser und noch einmal in den Küstengebieten von Mecklenburg und Pommern auftreten. Wie Franz Engel (1956, S. 44 ff.) zeigen konnte, stimmt in beiden Verbreitungsgebieten nicht nur die Siedlungsform überein, sondern auch die Ortsnamenendung auf -hagen und die spezielle Rechtsform des Hagenrechts einschließlich der Bezeichnung des Dorfschulzen als Hagenmeister. Dabei berichtet keine Urkunde oder Chronik von der Wanderung von Siedlern oder Siedlungsträgern aus dem Mittelwesergebiet nach Mecklenburg-Pommern. Der Nachweis der Übertragung kann dennoch als völlig gesichert gelten, denn es ist von der Wahrscheinlichkeit her auszuschließen, daß eine derartige Kombination von Siedlungs-, Rechts- und Namensformen unabhängig und nur im Abstand von etwa zwei Jahrzehnten – um 1200 in Schaumburg, um 1220 in Mecklenburg – jeweils unabhängig-konvergent entstanden sein kann. Ein vergleichbarer Fall ist die Übertragung der Form der Marschhufensiedlung vom Niederrhein in die Marschen um Bremen Anfang des 12. Jhs., wobei hier urkundlich die Überträger, Siedler aus den Niederlanden, belegt sind. Solche urkundlichen Nachweise aber sind die seltenen Ausnahmen (vgl. hierzu Fliedner 1970, S. 24 f. u. 64 f.).

Es müssen also folgende Kriterien für die Wahrscheinlichkeit einer urkundlich nicht gesicherten Übertragung erfüllt sein:

1. Übereinstimmung der Siedlungsform in möglichst mehreren Merkmalen und das Hinzutreten weiterer Übereinstimmungen, etwa der Rechtsform, der Namenform, der Hausform, der Agrartechnik.

2. Der zeitliche Abstand der Siedlungsgründung: Je näher beisammen, desto größer ist die Wahrscheinlichkeit der Übertragung oder Entlehnung.

3. Gleiches gilt für die räumliche Nähe: Je näher benachbart zwei Verbreitungsgebiete der gleichen Form liegen, desto größer ist die Wahrscheinlichkeit für einen Übertragungszusammenhang. Diese Wahrscheinlichkeitskriterien wurden von dem bereits zitierten Ethnologen Mühlmann (1938, S. 176) herausgestellt. Aus ihrer

Umkehrung ergibt sich eine Abnahme der Übertragungswahrscheinlichkeit und damit die größere Wahrscheinlichkeit für eine Konvergenz.

Ein weiteres Kriterium Mühlmanns ist das der „historischen Vergleichsrelevanz". Es besagt: „Je verbreiteter und häufiger eine Kulturerscheinung überhaupt auf der Erde ist, umso unwahrscheinlicher wird ihr beiderseitiges Auftreten in zwei Vergleichsgebieten oder Vergleichszeiten auf selbständiger Entstehung beruhen. Die Relevanz für einen Vergleich auf historischen Zusammenhang hin ist also umgekehrt proportional der allgemeinen räumlichen Verbreitung und zeitlichen Häufigkeit." (Mühlmann 1938, S. 117).

Dieses Kriterium trifft z. B. für die von mir bereits zitierte Reihensiedlung mit hofanschließender Breitstreifenflur zu. Sie tritt weltweit in sehr zahlreichen Verbreitungsgebieten auf, und zwar nicht nur im Waldland, sondern auch in Fluß- und Küstenniederungen. Zum niederländisch-nordwestdeutschen Verbreitungsgebiet der Marschhufensiedlungen kommen Gebiete mit formal sehr ähnlichen Reihensiedlungen, wenn auch meist kleineren Besitzgrößen, in verschiedenen Delta-, Fluß- und Küstengebieten Kanadas, Südostasiens, Chinas und Indiens. Aber ist die Häufigkeit der Verbreitung schon hinreichend dicht, daß damit die selbständige Entstehung unwahrscheinlicher ist als die Übertragung?

Mit der Feststellung solcher formalen Parallelen erhebt sich nun also die eigentliche Forschungsfrage, wieso es in zwei oder mehr Gebieten unabhängig zur Ausbildung der gleichen Siedlungsform, oder auch nur der gleichen Ortsform oder Flurform, kommen kann. Eine naheliegende Hypothese wäre, daß gleiche Zwecke, gleiche funktionale Notwendigkeiten zu gleichen Lösungen geführt haben. Da Siedlungsformen eine Form der Organisation des Raumes sind, könnte diese Notwendigkeit sich z. B. aus der zweckmäßigen Inwertsetzung des Naturraumes als Wohnplatz und Wirtschaftsraum ergeben, oder sagen wir noch direkter: eine zweckmäßige Anpassung der Siedlungsform an die Umweltbedingungen: gleichartige Umweltbedingungen haben zur gleichartigen Lösung angeregt. Dies wäre ein Erklärungsansatz, wie ihn auch die Biologie verwendet und wie ihn Anfang dieses Jahrhunderts eine Reihe von Völkerkundlern zusammen mit dem Konvergenzbegriff von der Biologie übernahm für solche Parallelen, die ihre Formgleichheit aus der Anpassung an ähnliche Naturgegebenheiten herleiten lassen (vgl. Mühlmann 1938, S. 178).

Versuchen wir diesen Erklärungsansatz auf solche Reihensiedlungen mit hofanschließenden Breitstreifen anzuwenden, wo ein Übertragungszusammenhang auszuschließen ist. Ein Vergleich der in Niederungsgebieten entlang von Flüssen sich hinziehenden Reihensiedlungen zeigt nun in der Tat eine deutliche Anpassung an den Naturraum in der Weise, daß die Höfe auf dem meist schmalen Uferwall nebeneinander aufgereiht liegen, in zweckmäßiger Ausnutzung der hochwassersicheren Lage, wobei sich bei der linear-langgestreckten Form des natürlichen Standortes, des Uferwalls, die Aufreihung der Höfe gewissermaßen als optimales Anordnungsmuster anbietet. Daß allerdings die naturräumliche Situation auch die hofanschließende Streifenflur als Lösung nahelegt, wird man unbesehen nicht behaupten dürfen. Denn in zahlreichen regionalen Fällen, vor allem in Südostasien, von wo Herr Stein nachher gerade hierzu Beispiele bringen wird, zeigt die Flurform bei solchen an entsprechende topographische Standorte gebundenen linearen Dörfern durchaus nicht auch die gereihten hofanschließenden Streifen (Stein 1976).

Für ihr Auftreten muß als Bedingung hinzukommen eine kollektive, planvolle Regelung der Landaufteilung, sei sie nun genossenschaftlich oder obrigkeitlich-herrschaftlich veranlaßt, also eine von der Situation des in Wert zu setzenden Naturraumes völlig unabhängige rein gesellschaftliche Voraussetzung, und als weitere Bedingung muß hinzukommen die Entscheidung, daß jeder Hof seinen Besitz in einem geschlossenen Stück erhalten soll. Erst unter diesen rein gesellschaftlichen Voraussetzungen wird sich als ökonomisch und besitzrechtlich optimale und daher häufigste Lösung in solchen Gebieten mit Uferwällen und anschließenden Niederungen die hofanschließende Breitstreifenflur ergeben. Wo diese Voraussetzungen fehlen und die Besitzergreifung eine ganz individuelle ist, dort werden auch von den Siedlern ganz individuell gestaltete Parzellenformen gebildet.

An diesem Punkt stellt sich mir die Frage, ob die Untersuchung unter dem Konvergenzgesichtspunkt bei solchen Allerweltsformen wie den lagegeprägten linearen Formen überhaupt vertiefte Erkenntnis bringt. Es gibt noch weitere Formen, wo mir dies zumindest zweifelhaft erscheint. So gehört zu den weltweit, ja nahezu ubiquitär auftretenden Ortsformen das Haufendorf, die regellose, mehr oder weniger eng-nachbarliche Gruppierung der Häuser und Höfe. Auch das andere Extrem, die verstreuten Einzelhöfe, bilden eine solche weitverbreitete und zugleich zeitlose Form. Individuelles Siedeln und Wirtschaften scheint mir einem elementaren menschlichen Verhalten zu entspringen, oder, wie es der Völkerkundler Adolf Bastian bereits im 19. Jh. nannte: ein Elementargedanke zu sein. Ebenso würde ich auch das gruppenmäßige Beisammenwohnen als Ausdruck enger Gemeinschaftsbindung als einen alternativen Elementargedanken ansehen. Unter welchen historisch-gesellschaftlichen Verhältnissen es zu kollektiven Wohnplatzformen oder zu individueller Zerstreuung in Einzelsiedlungen kam oder kommt, ist eine Frage, die sich vorerst mit Aussicht auf eine erfolgreiche Beantwortung nur in regional begrenzten Untersuchungen wird beantworten lassen, vor allem dort, wo beide Siedlungsweisen neben- oder nacheinander auftreten. Herr Denecke wird diese Frage „Einzelsiedlung – Gruppensiedlung" für Neuengland im 17./18. Jh. aufgreifen (Denecke 1976).

Wissenschaftlich aussichtsreicher erscheint mir gegenüber solchen ubiquitären Formen die Konzentration der Forschung auf Konvergenzen und Übertragungsvorgänge bei solchen Orts- und Flurformen, bei deren Anlage planendes, konstruktives Handeln zugrunde liegt, also bei Planformen. Ich meine dies durch zwei bereits veröffentlichte Arbeiten über ländliche Schachbrettsiedlungen und Reihensiedlungen vom Typ der Waldhufensiedlung gezeigt zu haben (Nitz 1972 und 1973 [in diesem Band abgedruckt]). Deshalb möchte ich heute ein anderes Beispiel aufgreifen, das Beispiel des Angerdorfes, um daran die methodischen und sachlichen Schwierigkeiten bei der Beantwortung der Frage nach Konvergenz oder Übertragung aufzuzeigen. Es handelt sich also um jene regelmäßigen Dorfanlagen mit einem Platz oder Anger als Zentrum oder Achse, die in Europa seit dem Mittelalter angelegt wurden, in Mitteleuropa von Lauenburg und Mecklenburg bis nach Ostpreußen, Polen, Böhmen und Österreich, als green villages in England, als Forta-Dörfer in Dänemark (Abb. 1). Sie treten vielfach vergesellschaftet mit den schmäleren Straßendörfern auf, und ihre ursprüngliche Flurform ist fast immer eine regelmäßige Gewannflur, die in einem Zelgensystem bewirtschaftet wurde. Diese letzteren beiden Merkmale sind allerdings nicht ausschließlich mit Anger- und Straßendorf verknüpft. Sie weisen aber in ihrer Kombination auf mögliche Übertragungszusammenhänge zwischen den Verbreitungsgebieten hin. Ebensowenig ist aber auch konvergente Entstehung auszuschließen. So kam der englische Siedlungsgeograph Harry Thorpe in einer den ganzen europäischen Verbreitungsraum des Angerdorfes einbeziehenden Untersuchung 1965 noch zu keinem auch nur einigermaßen sicheren Ergebnis, ob und wo es sich um autochthone Entstehung – also Konvergenz – oder wo um das Ergebnis von Übertragungsvorgängen handelt.

Andere Autoren kommen in regional oder zeitlich begrenzteren Untersuchungen zu teilweise kontroversen Ergebnissen. Während Ingeborg Leister für eine sekundäre Angerdorf- und Straßendorfbildung durch Ausbau ursprünglich einzeiliger Hofreihen plädiert, und zwar als vielfach sich wiederholende Konvergenzerscheinungen in Nordostengland, in Schonen und in verschiedenen Gebieten Mitteleuropas einschließlich der ostelbischen Gebiete (Leister 1970; 1974), hält demgegenüber der überwiegende Teil der Siedlungsforscher das Angerdorf für eine primäre Planform.

Aber auch bei dieser Voraussetzung bleibt die Frage offen, ob etwa im ostdeutschen Kolonisationsgebiet nicht doch der Typ des langgestreckten Angerdorfes wie auch der des Straßendorfes an mehreren Stellen in den verschiedenen Frühkolonisationsgebieten entwickelt wurde. Für diese Möglichkeit spricht immerhin der Befund, daß in so weit voneinander entfernten Neusiedlungsgebieten wie Lauenburg (zwischen Hamburg und Lübeck) im Norden und in Österreich nördlich und südlich der Donau bereits im frühen 12. Jh. das Langangerdorf wie auch das regelmäßige Straßendorf voll entwickelt waren (Prange 1960, S. 187; Klaar 1936, S. 29, 1942, S. 21). Adalbert Klaar vertritt entschieden die These einer autochthonen Entstehung des Angerdorfes in Österreich, während Wolfgang Prange für Lauenburg die Verwendung dieses Formentyps bereits vor Mitte des 12. Jhs. zunächst nur konstatiert, die Entstehungsfrage aber offenläßt. Die Feststellung von Franz Engel, daß in Mecklenburg das Angerdorf erst um 1200 fast schlagartig östlich der Linie Wismar-Schweriner See als modern gewordene Form zur Anwendung kommt (Engel 1953, S. 224 und 228), läßt sich im Hinblick auf das frühere Auftreten in Lauenburg, weiter westlich, wohl am ehesten als Übertragung von dort oder aus der südlich benachbarten Mittelmark interpretieren.

Auch im sächsisch-thüringischen Kolonisationsgebiet tritt das Angerdorf nach Leipoldt (1927) bereits um 1100 auf, wenn nicht früher. Ein gemeinsames Ausgangszentrum für diese mitteldeutschen, für die märkischen und die lauenburgisch-mecklenburgischen Angerdörfer oder aber Beziehungen zwischen Siedlungsträgern

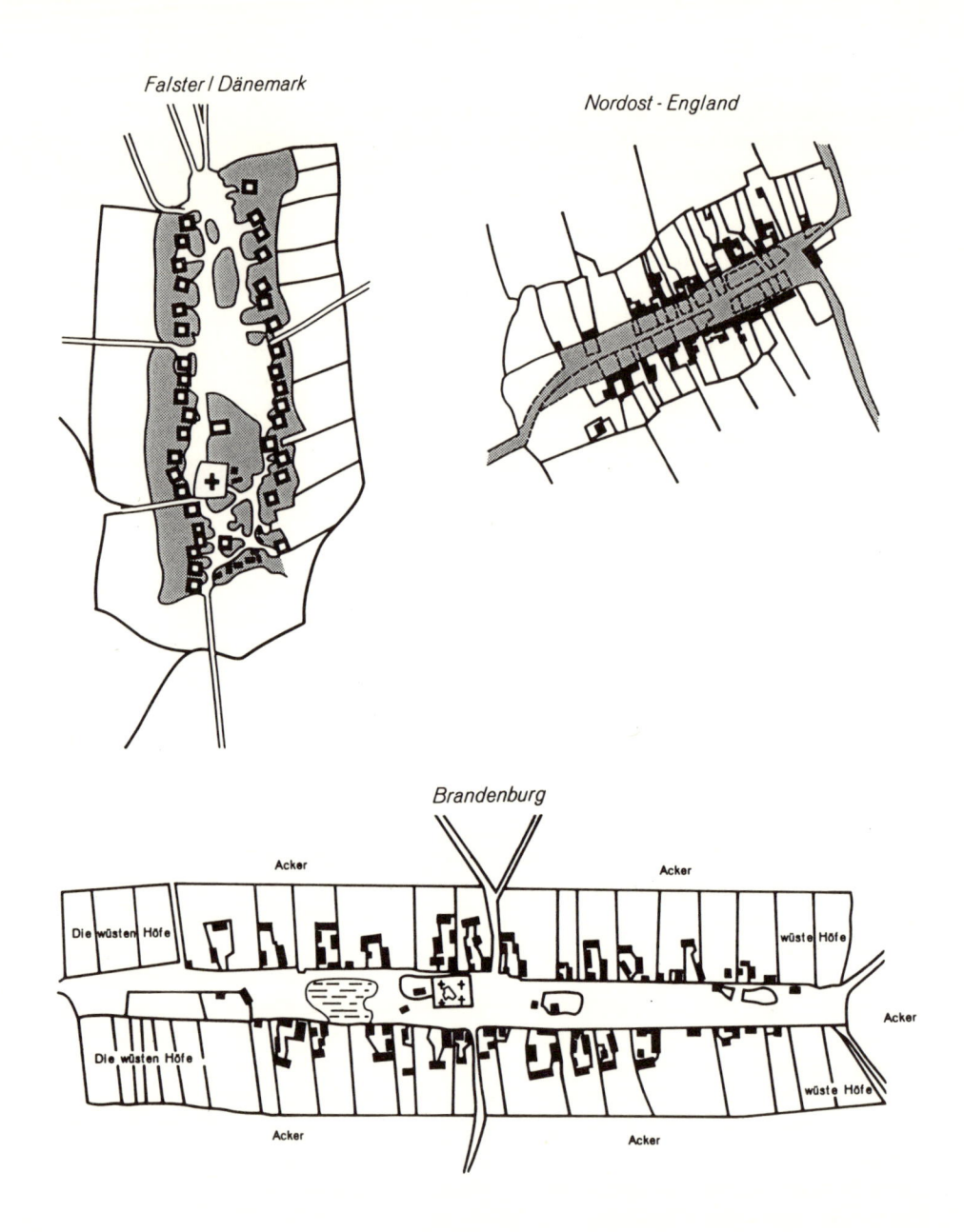

Abb. 1: Beispiele für Angerdörfer in Dänemark, Nordost-England und Ostdeutschland (aus F. Hastrup 1964, Fig. 3, B. K. Roberts 1973, Fig. 21, und A. Krenzlin 1952, Abb. 16)

dieser Räume sind bisher nicht erkennbar. Die enge zeitliche Nähe der Siedlungsgründungen würde allerdings eine Übertragung keineswegs ausschließen, wie das Beispiel der Hagenhufensiedlung zeigt. Es müßten allerdings noch weitere Formübereinstimmungen nachgewiesen werden, um großräumige Übertragungszusammenhänge wahrscheinlich zu machen. Zu beachten ist dabei, daß nach Pranges Ergebnissen in Lauenburg sowohl eine planmäßige Großgewannflur mit strenger Hufenverfassung mit festen Hufengrößen als auch eine Drei- oder Vierfelderwirtschaft in großen zelgenmäßigen Schlägen schon in der Frühphase üblich war. Die größere Wahrscheinlichkeit spricht dafür, daß diese Formen in diesen Raum hineingetragen worden sind. Dann wird dies auch für die Ortsformentypen gelten können. Es spricht eigentlich mehr für Übertragung als für Konvergenz. Dennoch ist die Frage noch durchaus offen.

Gleiches gilt letzten Endes auch für das Auftreten von Anger- und Straßendörfern in Dänemark und in Nordostengland. Für County Durham macht Roberts (1973) die Neuanlage von regulierten Angerdörfern um 1100 nach kriegerischen Zerstörungen Ende des 11. Jhs. wahrscheinlich, hält jedoch unregelmäßige Frühformen von green villages für möglich. Diese Datierung läßt die Möglichkeit einer Übertragung dieser Dorfform wie auch der geregelten Gewannflur nach Art der solskifte von England nach Dänemark in der Zeit enger politischer und kultureller Beziehungen durchaus zu, eine Übertragung, wie sie von Göransson (1961) für die Flurform und ihm folgend von Hastrup (1964, S. 274) für den Ortsformentypus für wahrscheinlich gehalten wird. Demgegenüber führt Helmfried (1962, S. 258 ff.) eine Reihe von Gesichtspunkten ins Feld, die eher für eine unabhängige Entstehung dieser Planform in Skandinavien sprechen.

Zu beachten ist auch hier, daß in England wie auch in Skandinavien der gleiche Komplex zusammen erscheint: Regelhafte lineare Ortsform als Straßen- oder Angerdorf, regelhafte Gewannflur, Hufenverfassung und Zelgenwirtschaft, und das Ganze getragen vom grundherrschaftlichen System. Die Frage, ob Konvergenz oder Übertragung, scheint mir auch hier weiterhin offen zu sein. Ohne nähere Kommentierung möchte ich nur noch ergänzen, daß diese Feststellung auch für den Ortsformentyp des Rundlings gilt.

Es stellen sich also unter dem Gesichtspunkt „konvergente Entstehung oder Übertragungszusammenhänge" allein in Europa eine Fülle noch ungelöster Forschungsprobleme.

Das gleiche läßt sich konstatieren, wenn wir den Blick auf die übrigen Erdteile richten, selbst wenn hier die siedlungsgeographische Forschung noch nicht so weit gediehen ist. Aber allein der bisher am besten untersuchte Komplex der Streifengemengefluren im Vorderen Orient hat Diskussionen über mögliche Zusammenhänge oder konvergente Bildungen in Gang gesetzt.

Hütteroth (1968, S. 109) hat dabei sicherlich zu Recht zur Vorsicht gemahnt, ob es überhaupt statthaft sein kann, solche Formen mit ähnlichen in Europa zu vergleichen und aus solchen formalen Konvergenzen siedlungsgenetische Konvergenzfolgerungen zu ziehen, da wir es mit jeweils ganz andersartigen, einmaligen kulturellen Situationen zu tun haben. Ich möchte aus Zeitgründen weder die anstehenden Forschungsprobleme dieses Kulturraumes noch die Schwarzafrikas oder Indiens auch nur anreißen. Herr Scholz wird heute nachmittag auf Streifenfluren des Vorderen Orients in einem bestimmten Teilraum näher eingehen, bei dem das Thema der konvergenten Bildung noch einmal angeschnitten werden könnte (Scholz 1976). Herr Sick wird mit Madagaskar einen Raum Schwarzafrikas vorstellen, in dem Bevölkerungswanderungen zu vielfältigen Übertragungen von Siedlungsformelementen führen (Sick 1976). Der Beitrag von Herrn Tichy führt ebenfalls ein außerhalb jeglichen europäischen Kultureinflusses liegendes altamerikanisches Flursystem im mexikanischen Hochland vor (Tichy 1976). Auch hierbei ist die Diskussion der Frage nach Konvergenzerscheinungen oder Übertragungsvorgängen nur im Bereich der kontemporären indianischen Hochkulturen sinnvoll und erfolgversprechend.

III. Evolution – Typengenese

Schließlich ist der Komplex der Evolution im Sinne der Typengenese bei der Entstehung ländlicher Siedlungsformen zu erörtern. Wichtige methodologische Aspekte hierzu hat Czajka 1964 bereits dargelegt.

Unter dem Gesichtspunkt der Typengenese ist zu klären, ob es sich bei zwei oder mehr Formentypen um eine in *der* Weise zusammenhängende Reihe handelt, daß jeder Typ auf einem bereits vorher vorhandenen Typ aufbaut, d. h. bei dem jeweils jüngeren Typ werden ein oder einige Formmerkmale unverändert vom älteren Typ übernommen, andere dagegen verändert, d. h. weiterentwickelt, und u. U. einige neue hinzugefügt. In der Typengenese ist also eine partielle Tradition notwendig enthalten. Statt von Typenreihe können wir mit Fliedner auch von Typenserie sprechen (1969, S. 103) oder mit Czajka von einer Typensukzession (1964, S. 52). Voraussetzung für den Nachweis einer solchen Typensukzession im genetischen Sinne ist also die chronologische Abfolge des ersten Auftretens der betreffenden Typen, wofür urkundliche Belege beizubringen sind. Der Nachweis kann aber auch dann als gesichert gelten, wenn die räumliche Richtung des Besiedlungsganges bekannt ist und die jeweils jüngeren Glieder der vermuteten genetischen Typenreihe dem räumlichen Fortschreiten der Besiedlung entsprechend angeordnet sind (Czajka 1964, S. 51 u. 55). Die methodische Forderung des strengen Nachweises der chronologischen Abfolge wie auch der Beziehungen zwischen den Typengebieten, als Beziehung von Innovatoren, ist vielfach aus Mangel an Urkunden gar nicht zu erfüllen. Die Aufstellung einer genetischen Serie hat daher vielfach den Charakter einer Hypothese höheren oder geringeren Wahrscheinlichkeitsgrades, und es sind u. U. mehrere konkurrierende alternative Hypothese denkbar.

Unter welchen Umständen kommt es zur Ausbildung einer genetischen Formensukzession? Bei der Beantwortung dieser Frage müssen wir davon ausgehen, daß Orts- und Fluranlagen bestimmte Zwecke, bestimmte Funktionen zu erfüllen haben, wirtschaftliche und soziale für die Bewohner der Siedlung, und vielfach werden mit einer bestimmten formalen Gestaltung auch von der Obrigkeit fiskalische und herrschaftlich-verwaltungsmäßige Zwecke verfolgt. Besonders deutlich wird dieser Zusammenhang zwischen Form und Funktion bei planmäßig gestalteten Siedlungen. Erfüllt eine Orts- oder Flurform die mit ihnen beabsichtigten Funktionen vollständig, so wird bei weiteren Siedlungsneugründungen immer wieder derselbe Formentyp zur Anwendung kommen. Beispiele dafür sind etwa die ausgedehnte Verbreitung der US-amerikanischen Schachbrett-Fluraufteilung oder der Angerdorf-Hufengewannflur-Siedlung in Ostdeutschland. Dabei ist übrigens zu beachten, daß in einer gewissen Spielbreite Varianten eines Typs auftreten können.

Wo dagegen die Form die beabsichtigte Zwecksetzung noch nicht oder nicht mehr in vollem Maße erfüllt, und wo dieses Mißverhältnis empfunden wird, wird es zum Antrieb zur Abwandlung, zum Suchen und Finden besserer Lösungen, wobei man aber auf den bewährten Formelementen oder Formideen der bisher verwendeten Siedlungsform aufbaut. Je nach der Stärke des Mißverhältnisses zwischen Form und beabsichtigter Funktion werden die Veränderungen zu einer neuen Form hin graduell unterschiedlich sein. Man könnte grob drei Abstufungen der Formveränderungen unterscheiden:

1. Ein in seinen Hauptfunktionen bewährter Typ wird nur in Details schrittweise vervollkommnet, die neue Form erfüllt dieselben Funktionen noch besser. Hier vollzieht sich die formengenetische Entwicklung gewissermaßen innerhalb eines Typs. Am Anfang der Entwicklungsreihe steht seine Frühform oder Initialform, am Ende die vollendete Hochform, bei der Form und Funktionen sich in idealer Weise entsprechen.

2. Wo das Mißverhältnis von Form und Funktionen stärker ist, werden die Abwandlungen und Veränderungen so stark, daß die neue Form sich von der voraufgehenden bereits in so wesentlichen Zügen unterscheidet, daß wir es beim nächsten Glied mit einem neuen Typ zu tun haben, der jedoch mit dem älteren Vorbild noch bestimmte gemeinsame Merkmale aufweist, so daß die genetische Verwandtschaft erkennbar wird. Derartige Typensukzessionen treten häufig dort auf, wo die Neusiedlung in solche Naturräume vorstößt, die veränderte Bodennutzungssysteme erforderlich machen, denen die Siedlungsform dann neu angepaßt wird. Aber auch die allgemeine wirtschaftliche und soziale Entwicklung kann zu einem Typenwandel führen.

3. Der Extremfall ist dort gegeben, wo die neue Form gegenüber der bisher üblichen einen radikalen Umbruch bezeichnet und damit zugleich den Abbruch einer Formentwicklung, wo die Konzeption der neuen Siedlungsform ohne jeden erkennbaren Bezug zu den bereits bestehenden, den Neuerern bekannten älteren Formen erfolgt. Ausgelöst wird ein solcher radikaler Wechsel der Orts- oder der Flurform oder beider zugleich in der Regel durch soziale und wirtschaftliche Umbrüche, die meist als Agrarreformen oder gar als Revolutionen ablaufen.

Ich nenne als Beispiel den radikalen Wechsel von der Gewannflur zur Blockflur bei den Agrarreformen in Nordwesteuropa im 18./19. Jh., vielfach verbunden mit einer Auflösung der Dörfer zugunsten verstreuter Einzelhöfe. Hier widersprach die bisherige Siedlungsform den neuen sozialen und wirtschaftlichen Zielsetzungen in

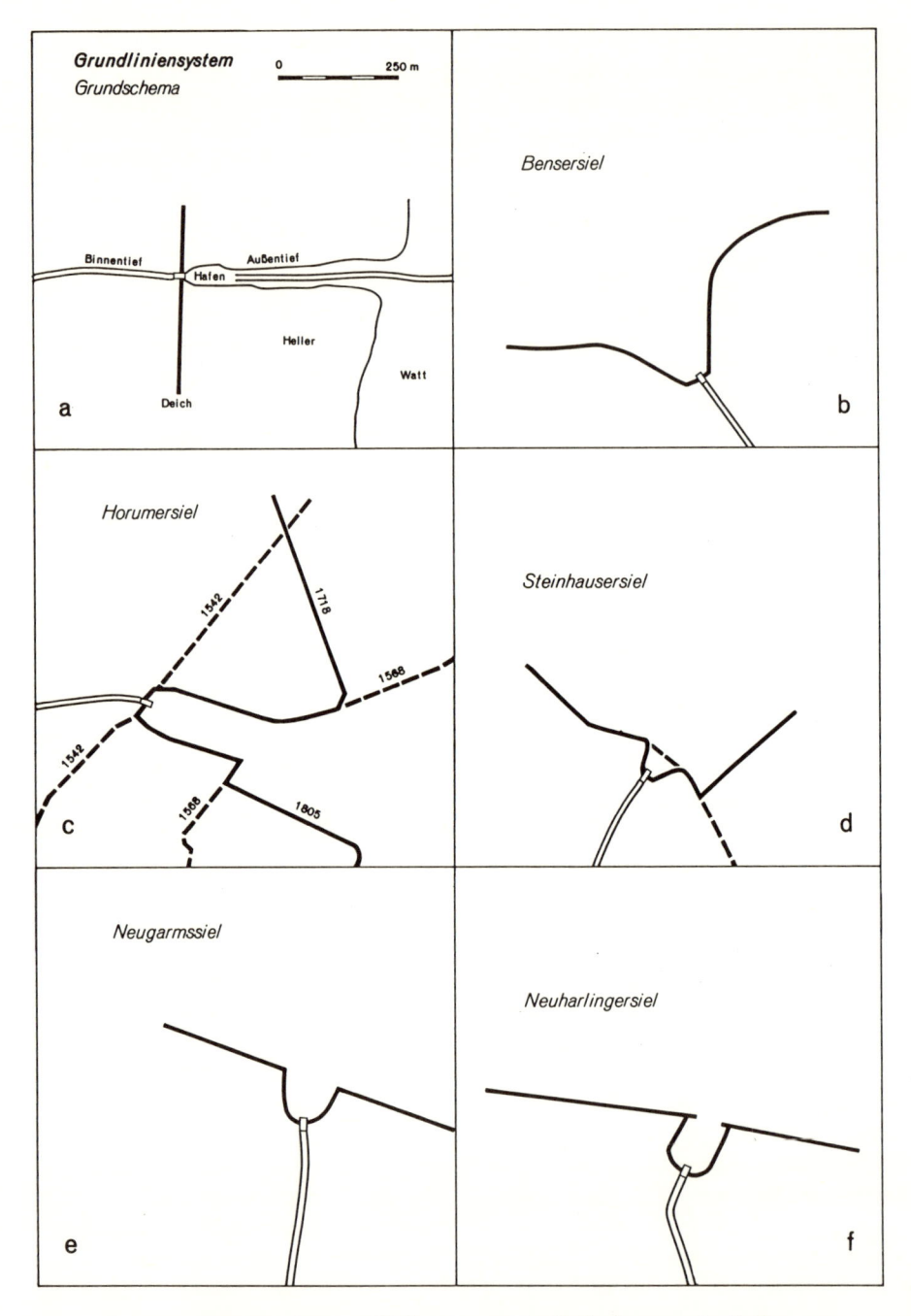

Abb. 2: Die Formengenese des Grundliniensystems des Sielhafenortes als Siedlungstyp
(aus A. Schultze 1962, Abb. 21)

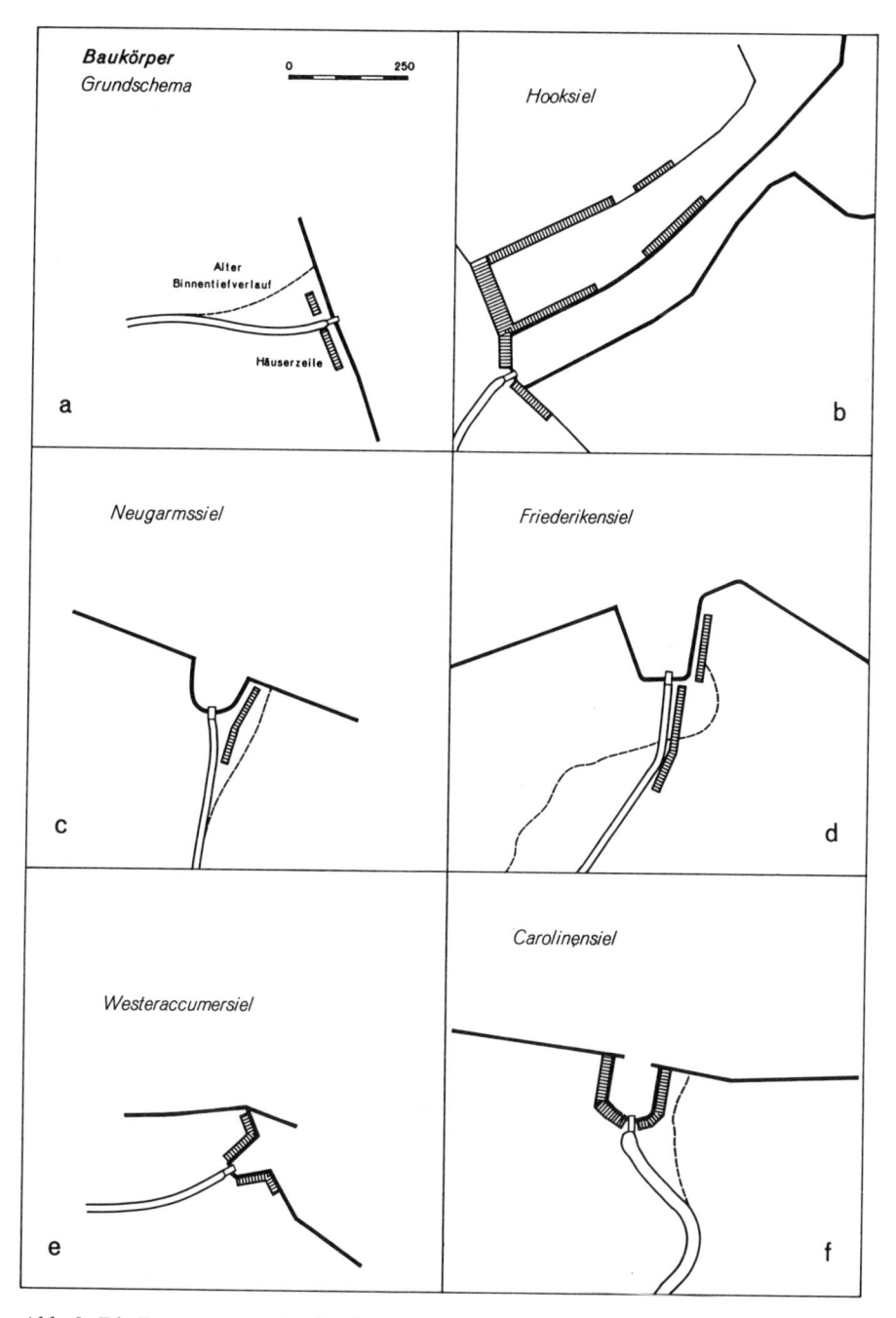

Abb. 3: Die Formengenese des Baukörpers des Sielhafenortes als Siedlungstyp
(aus A. Schultze 1962, Abb. 26)

so starkem Maße, daß sie abgeschafft und durch eine völlig neue Form ersetzt wurde. Wenn allerdings eine solche Neuerung aus einem anderen Siedlungsraum übernommen wird, kann selbstverständlich ein typengenetischer Zusammenhang zu den Formen dieses Herkunftsraumes konstatiert werden. Alle anderen Fälle eines radikalen Formenwechsels fallen nicht unter den Sachverhalt der Typengenese und bleiben daher hier außer Betracht.

Die beiden nur graduell unterschiedlichen Arten der Typengenese – einmal die Entwicklung von einer Initialform zur Hochform eines Typs, zum anderen die genetische Sukzession verwandter Typen – möchte ich jetzt noch an wenigen Beispielen erläutern. Zunächst also die Entwicklungsreihe zur Hochform eines Typs. Arnold Schultze hat 1962 in seiner Untersuchung über den regionalen Typus des Sielhafenortes an der Küste zwischen Weser und Ems eine solche Formentwicklung im Verlauf einer Serie von Neugründungen erkannt. Das Grundliniensystem aus dem Deich und dem sog. Tief als natürlichem Entwässerungskanal, Schiffahrtsweg und Hafen vor dem Deich bildet Mitte des 16. Jhs. noch ein einfaches Geradenkreuz (Abb. 2a). An der Kreuzungsstelle liegt im Deich der sog. Siel als Tunnel mit Klappen für den Wasserauslaß ins Meer. An natürlichen Trichterbuchten (Abb. 2b), vor allem aber an künstlichen Buchten, die durch beiderseitige Vordeichung im Zuge von Neulandgewinnung entstehen (Abb. 2c), weil man auf diese Weise die Kosten der Neuanlage eines Siels und eines Hafenortes spart, an solchen künstlichen Buchten also erkennt man den Vorzug der geschützten Hafenbucht und legt diese schließlich bewußt im neuen Deich von vornherein als Deichnische an (Abb. 2e und 2f). Die Deichnische als Formidee der Hafenbucht setzt sich durch.

Dieser Entwicklung der Sielhafenanlage folgt die Entwicklung der formalen Grundrißgestalt des Baukörpers, wenn auch streckenweise nicht im Gleichtakt der Entwicklungsschritte (Schultze 1962, S. 84), von der einfachen deichparallelen Häuserzeile (Abb. 3a) über die Häuserzeile an Hafenbucht und Tief (Abb. 3b-3d) bis zum symmetrisch-schematischen Hufeisen auf der Deichinnenböschung um die Hafenbucht (Abb. 3e und 3f). Diese nach etwa 150 Jahren der Formentwicklung erreichte Typus-Hochform des Sielhafenorts – eine Plananlage aus einem Guß – erfüllt die Siedlungsfunktionen in optimaler Weise.

Ein zweites Beispiel: die formale siedlungstechnische Weiterentwicklung des Angerdorfs mit Großgewannflur, fester Hufenordnung und Dreizelgenwirtschaft im ostelbischen Kolonisationsgebiet (Abb. 4). In der brandenburgischen Mittelmark ist es Mitte des 13. Jhs. als Typus voll ausgebildet, läßt jedoch in der geometrischen Exaktheit der Vermessung noch gewisse Unregelmäßigkeiten erkennen, die sich wohl aus der noch einfachen Vermessungstechnik erklären, die eine Anpassung an die Geländegegebenheiten erforderlich machte. Demgegenüber steht der Fortschritt zur strafferen Planung dieses Typs im Bereich des zentral gelenkten Staatswesens des Deutschen Ritterordens in Ostpreußen um 1300, der das Maß der flämischen Hufe als Steuereinheit strikt vorschrieb und in einer schematisch-geradlinigen Vermessung der Orts- und Fluranlage korrekt verwirklichte. Die gleichmäßige

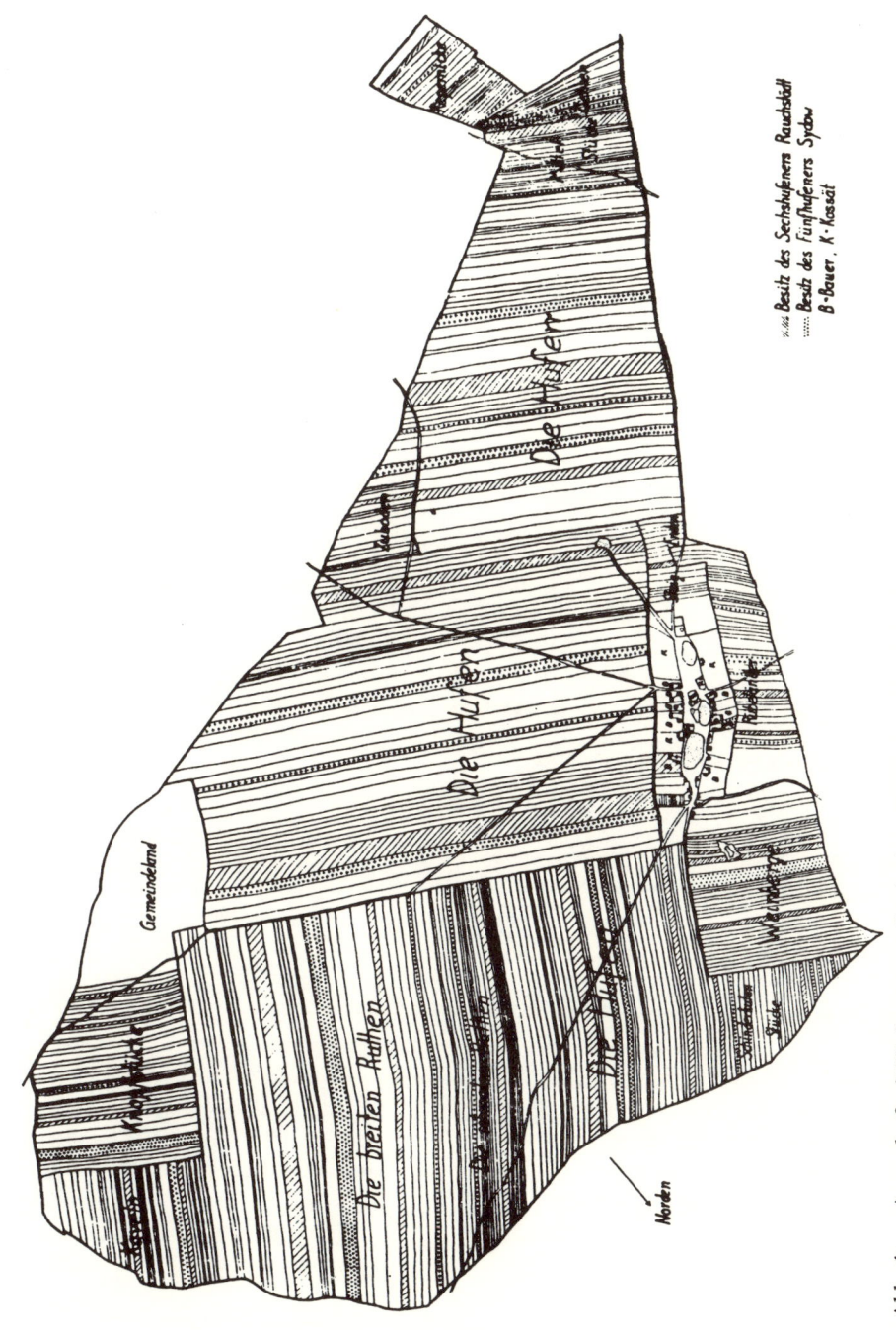

Abb. 4a: Angerdorf mit Hufengewannflur in der Mittelmark (Freudenberg/Barnim; aus A. Krenzlin 1952, Abb. 1)

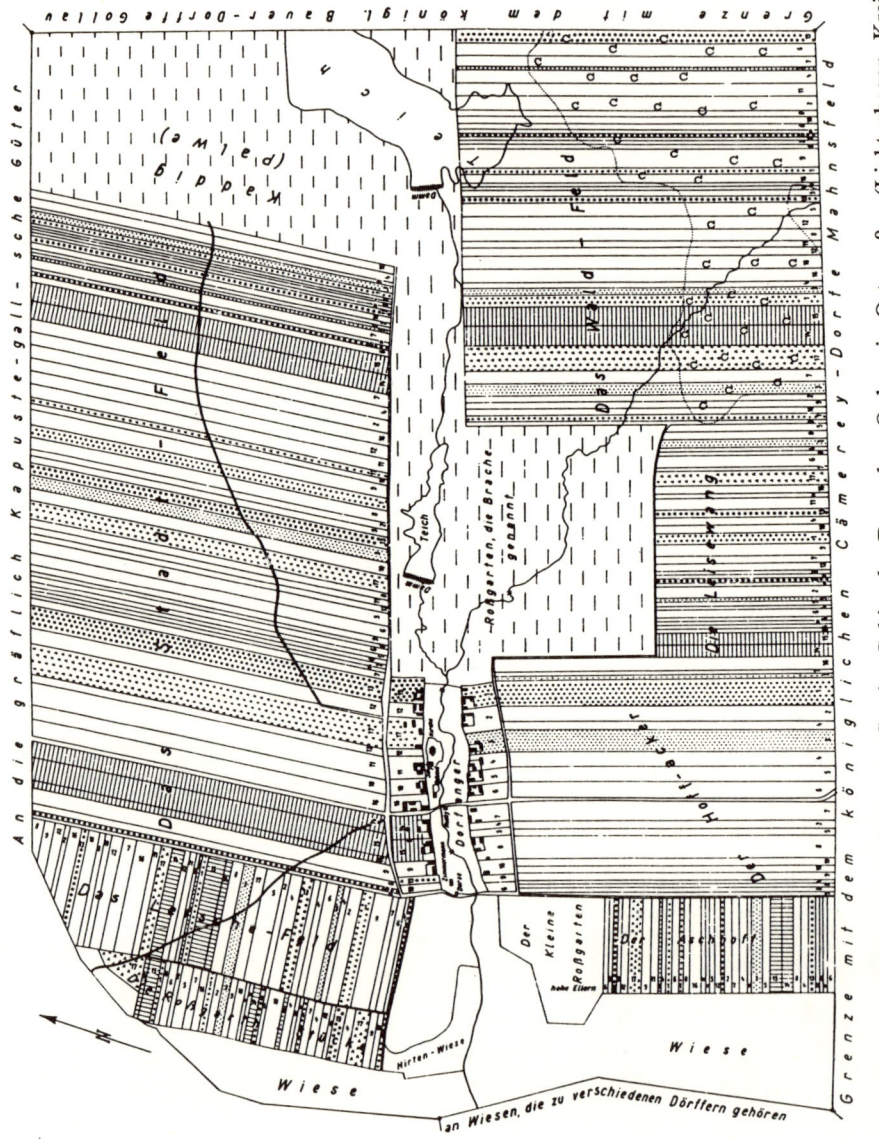

Abb. 4b: Angerdorf mit Hufengewannflur im Gebiet des Deutschen Ordens in Ostpreußen (Lichtenhagen, Kreis Königsberg, Flurkarte von 1791; aus W. Kuhn 1973, Abb. 1 nach S. 64)

Besteuerung aller Hufner war damit garantiert. Bei diesem Beispiel bleibt unberücksichtigt, daß dem Typ des Angerdorfes mit dreigliedriger Großgewannflur ein älterer Typ vorangehen muß, oder auch mehrere, aus denen er entwickelt wurde. Da diese Typenreihe aber noch nicht genügend erforscht ist, beziehe ich mich auf zwei andere Beispiele, um die genetisch interpretierte Sukzession verwandter Typen zu demonstrieren.

Adalbert Klaar hat 1936 als Arbeitshypothese die Entwicklungsreihen zum niederösterreichischen Angerdorf in folgender Weise aufgefaßt (Abb. 5): Im älter besiedelten Süden erscheinen erste Siedlungsformen mit Elementen, die sich später in der Hochform des Angerdorfes vollkommen ausgeprägt finden: die Platzanlage – noch ganz unregelmäßig geformt in haufendorfartigen Kleindörfern – und die lineare Aufreihung in unregelmäßigen Straßendörfern. Als Entwicklungszwischenstufen werden das Grabendorf mit einer Art Bachanger und das Straßendorf mit Dreieckanger aufgefaßt. Diese Formen dürften das Vorbild für die Weiterbildung zum Typ des geschlossenen Angerdorfes mit seinen drei formalen Varianten abgegeben haben. Zeitliche und räumliche Aufeinanderfolge ist bei dieser Typensukzession gegeben.

Als zweites Beispiel stelle ich die von Johannes Leipoldt (1927) und nach ihm auch von Walter Kuhn (1960) vertretene typengenetische Interpretation von Formenreihen vor, die in Thüringen-Obersachsen einmal zum Waldhufendorf, zum anderen zum Radialhufendorf führen (Abb. 6). Sie beginnen mit dem Straßen- oder auch Haufendorf mit Großgewannflur, aus dem das Angerdorf mit Gelängeflur entwickelt wird, dessen auf das Dorf stoßende Streifenparzellen Hofanschluß haben.

Beim Siedlungsvorstoß in das Bergland muß die mit diesen beiden Dorfformen verknüpfte zelgengebundene Dreifelderwirtschaft aufgegeben werden zugunsten von Nutzungssystemen mit längerer Bodenruhe und stärkerer weidewirtschaftlicher Ausrichtung, die individuelles Wirtschaften zweckmäßiger machen. Dieser Wechsel in der agrarwirtschaftlichen Funktion ist der Impuls zur Entwicklung neuer Siedlungstypen, bei denen diese individuelle Bewirtschaftung zunehmend besser verwirklicht werden kann. Dabei sucht man die sozialen Vorzüge der geschlossenen Dorfsiedlung möglichst beizubehalten. Diese Lösungsversuche führen zum Radialhufendorf mit keilförmigen Besitzungen, wobei der Grundherr auf eine exakte Hufenmessung verzichten muß bzw. die Siedler Ungleichmäßigkeiten der Besitzgröße in Kauf nehmen müssen. Der andere Weg führt zur Auflockerung des Dorfes, über das Kurzreihendorf zur lockeren, langgezogenen Höfereihe mit je einer flächenmäßig zusammenhängenden rechteckigen Hufe pro Hof, die nach dem speziell für diese Flurform geschaffenen großen Flächenmaß der fränkischen Hufe exakt nach Breite und Länge zugemessen werden kann. Dieser Typ, das Waldhufendorf, setzt sich beim weiteren Fortschreiten der Besiedlung nach Osten durch, während das Radialhufendorf vom Vogtland über Frankenwald, Fichtelgebirge und Oberpfälzer Wald bis Böhmen (Tepler Hochland) Anwendung findet.

Planmäßige Angerdorftypen als Hochformen

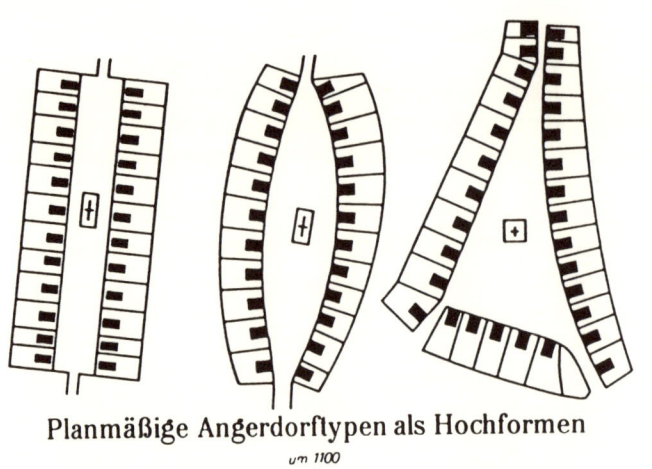

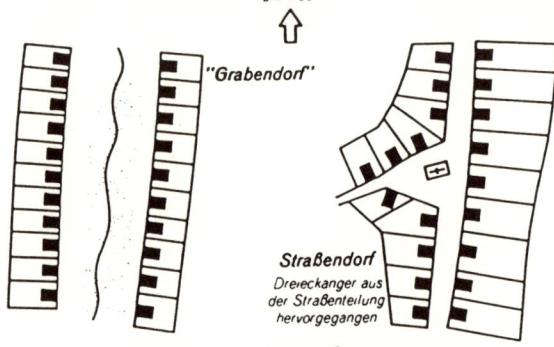

um 1100

"Grabendorf"

Straßendorf
Dreieckanger aus
der Straßenteilung
hervorgegangen

Entwicklungsformen

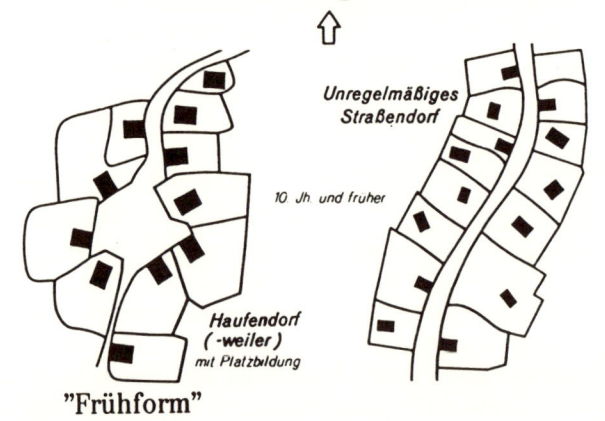

Unregelmäßiges
Straßendorf

10. Jh. und früher

Haufendorf
(-weiler)
mit Platzbildung

"Frühform"

Abb. 5: Typengenese des österreichischen Angerdorfs. Genetische Typenreihe nach Ergebnissen von A. Klaar 1936. Die schematisierte Darstellung wurde vom Verf. nach den Angaben und Grundrißbeispielen von A. Klaar 1936, S. 19-34 entworfen.

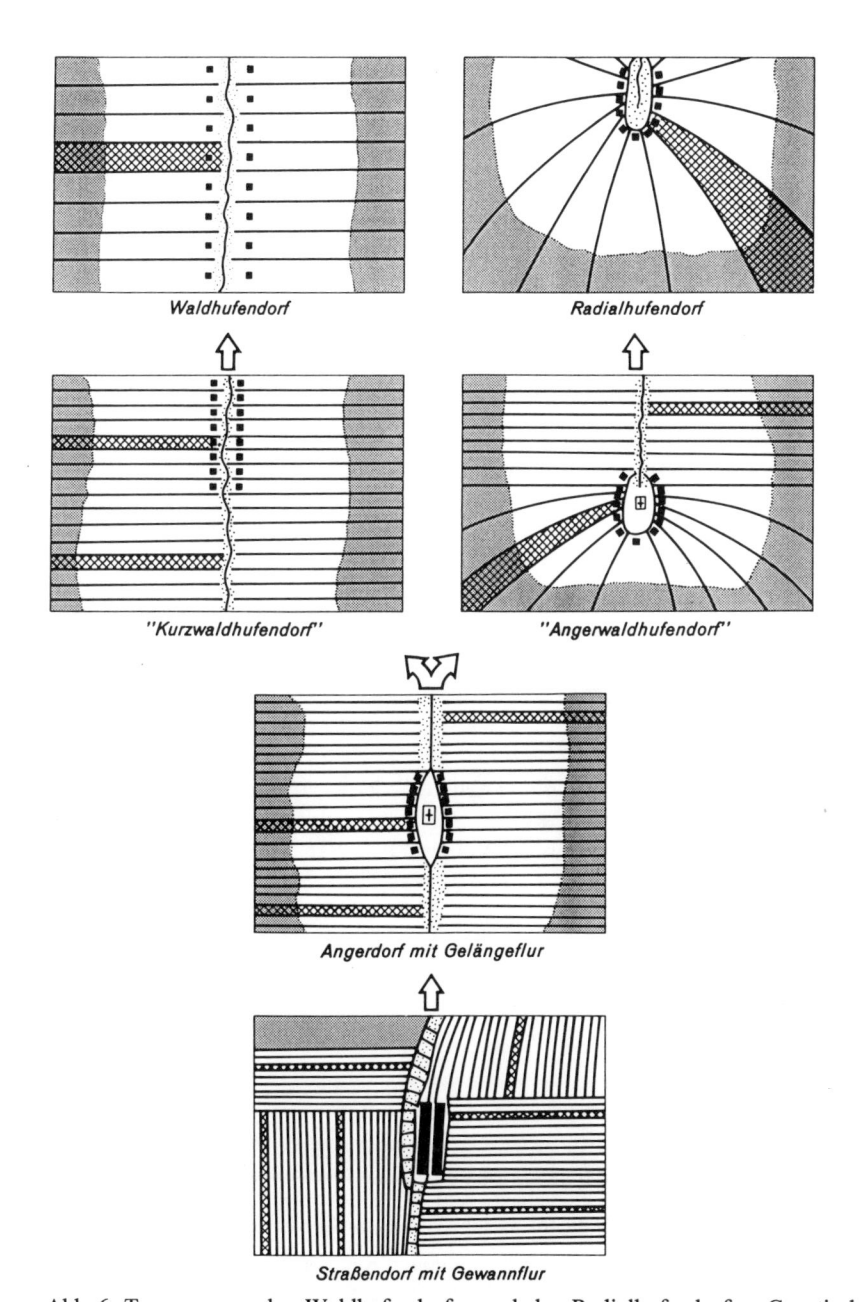

Abb. 6: Typengenese des Waldhufendorfes und des Radialhufendorfes. Genetische Typenreihen nach den Ergebnissen von J. Leipoldt 1927 und 1936 sowie W. Kuhn 1960. Die schematisierte Darstellung wurde vom Verf. nach den Angaben der genannten Autoren entworfen. Die in Anführungszeichen gesetzten Bezeichnungen werden von Leipoldt verwendet. Raster = Wald, Schraffur = Besitz eines Hofes

In den bisher angesprochenen Fällen vollzieht sich die Typengenese im Zuge wiederholter Neugründungen. Eine dritte Art der Typengenese will ich nur ganz kurz ansprechen: den allmählichen formalen Umbau bestehender Dörfer und Fluren infolge Funktionswandels in kleinen Schritten. Als Beispiel nenne ich die Entstehung des Typs der kreuzlaufenden Kurzgewannflur aus Fluren vom Typ der Blockgemengeflur. Die durch Wandel schließlich erreichte neue Form wird dabei noch eine Anzahl vererbter Züge des älteren Typs aufweisen, aus denen sich der genetische Zusammenhang zwischen beiden Formstadien ablesen läßt. Hierbei muß auf einen grundlegenden Unterschied zu der anderen Art der Typengenese hingewiesen werden. Bei dieser vollzieht sich die schrittweise Typenweiterentwicklung über einzelne Prototypen, über erfolgreiche Inventionen, nach deren Vorbild dann innovationsmäßig weitere Siedlungen neu angelegt werden. Bei der Gewannflurgenese aus Blockfluren vollzieht sich dagegen die Typenentwicklung gewissermaßen in jeder einzelnen Siedlung autonom, in einem größeren Raum in der Regel bei vielen Siedlungen synchron, in verschiedenen Räumen dagegen vielfach zu unterschiedlichen Zeiten, je nachdem, wann die wirtschaftshistorische Situation die Umgestaltung der älteren Form in Gang setzt.

Wir haben es dabei also zugleich mit einem Fall von Konvergenz zu tun, und zwar mit konvergenter Typengenese. Derartige Parallelen der Typengenese können durchaus auch bei Neugründungs-Sukzessionen auftreten. Ich nenne als Beispiel die in Westdeutschland festgestellte Parallelentwicklung von Frühformen zu ausgereiften Hochformen des Typs der Waldhufensiedlung (Nitz 1962, S. 90-112, Zschocke 1963, S. 65-71).

Die Konvergenz-Thematik und die Thematik der Evolution im Sinne von Typengenese münden hier also zusammen, und damit schließt sich der Kreis des Rahmenthemas, in das meine Ausführungen einleiten sollten.

Literatur

Bobek, H. (1959): Die Hauptstufen der Gesellschafts- und Wirtschaftsentfaltung in geographischer Sicht. In: Die Erde 90, S. 259-298.

Czajka, W. (1964): Beschreibende und genetische Typologie in der ostmitteleuropäischen Siedelformenforschung. In: Kulturraumprobleme aus Ostmitteleuropa und Asien. Festschrift für Herbert Schlenger zum 60. Geburtstag, hg. v. G. Sandner. (Schriften d. Geogr. Inst. d. Univ. Kiel 23) Kiel, S. 37-62.

Denecke, D. (1976): Tradition und Anpassung der agraren Raumorganisation und Siedlungsgestaltung im Landnahmeprozeß des östlichen Nordamerika im 17. und 18. Jahrhundert. Ein Beitrag zum Problem formgebender Prozesse und Prozeßregler. In: *Uhlig/Ehlers* 1976, S. 228-255.

Engel, F. (1953): Erläuterungen zur historischen Siedelformenkarte Mecklenburgs und Pommerns. In: Zeitschrift f. Ostforschung 2, S. 208-230.

Ders. (1956): Niedersachsen – Mecklenburg – Pommern. Über die Einheit des norddeutschen Raumes seit der mittelalterlichen Ostkolonisation. (Schriftenreihe d. Landeszentrale f. Heimatdienst in Niedersachsen, Reihe B, Heft 3) Hannover.

Fliedner, D. (1969): Formungstendenzen und Formungsphasen in der Entwicklung der ländlichen Kulturlandschaft seit dem hohen Mittelalter, besonders in Nordwestdeutschland. In: Erdkunde 23, S. 102-116.

Ders. (1970): Die Kulturlandschaft der Hamme-Wümme-Niederung. Gestalt und Entwicklung des Siedlungsraumes nördlich von Bremen. (Göttinger Geogr. Abhandlungen 55) Göttingen.

Göransson, S. (1961): Regular open-field pattern in England and Scandinavian *solskifte*. In: Geografiska Annaler 43, S. 80-104.

Hahn, E. (1896): Die Haustiere und ihre Beziehungen zur Wirtschaft des Menschen. Eine geographische Studie. Leipzig.

Ders. (1909): Die Entstehung der Pflugkultur. Heidelberg.

Hastrup, F. (1964): Danske Landsbytyper – en geografisk analyse. (Skrifter fra Geografisk Institut ved Aarhus Universitet 14) Aarhus.

Helmfried, S. (1962): Östergötland „Västanstång". Studien über die ältere Agrarlandschaft und ihre Genese. Geografiska Annaler 44, No. 1-2, S. 1-277.

Hütteroth, W.-D. (1968): Ländliche Siedlungen im südlichen Inneranatolien in den letzten vierhundert Jahren. (Göttinger Geogr. Abhandlungen 46) Göttingen.

Klaar, A. (1936): Die Siedlungs- und Hausformen des Wiener Waldes. (Forschungen z. Dt. Landes- u. Volkskunde 31/5) Stuttgart.

Ders. (1942): Siedlungsformenkarte der Reichsgaue Wien, Kärnten, Niederdonau, Oberdonau, Salzburg, Steiermark und Tirol und Vorarlberg. Wien.

Krenzlin, A. (1952): Dorf, Feld und Wirtschaft im Gebiet der großen Täler und Platten östlich der Elbe. (Forschungen z. dt. Landeskunde 70) Remagen.

Kuhn, W. (1960 [1973]): Flämische und fränkische Hufe als Leitformen der mittelalterlichen Ostsiedlung. Hamburg. [Wiederabdruck in: W. Kuhn, Vergleichende Untersuchungen zur mittelalterlichen Ostsiedlung. (Ostmitteleuropa in Vergangenheit u. Gegenwart 16) Köln 1973, S. 1-51.]

Leipoldt, J. (1927): Die Geschichte der ostdeutschen Kolonisation im Vogtlande auf der Grundlage der Siedlungsformenforschung. Plauen 1927. – Gleichzeitig in: Mitteilungen d. Vereins f. vogtländ. Geschichte u. Altertumskunde zu Plauen 36 (1927/28). Plauen 1928.

Ders. (1936): Die Flurformen Sachsens. In: Petermanns Geogr. Mitteilungen 82, S. 341-345.

Leister, I. (1970): Landwirtschaft und ländliche Siedlung in Co. Durham, England. In: Geografiska Annaler 52, Ser. B, S. 40-91, insbesondere Teil II: Verkoppelung und Wohnplatzform. Ein Beitrag zur Genese der 'green villages'.

Dies. (1974): Das Angerdorf und die Überwindung der Hufenordnung im ostdeutschen Kolonisationsgebiet. In: Siedlungsformen der früh- und hochmittelalterlichen Binnenkolonisation. Probleme der genetischen Siedlungsforschung 1, hg. v. I. Leister u. H.-J. Nitz. Göttingen, S. 83-96.

List, F. (1844/1971): Das nationale System der Politischen Oekonomie. Stuttgart u. Tübingen. – Darin Kapitel: Die Nationalität und die Oekonomie der Nation. – Hier zitiert nach dem Wiederabdruck in: Wirtschaftsstufen und Wirtschaftsordnungen, hg. v. H. G. Schachtschabel. (Wege d. Forschung 176) Darmstadt 1971, S. 32-52.

Mühlmann, W. (1938): Methodik der Völkerkunde. Stuttgart.

Nitz, H.-J. (1962): Die ländlichen Siedlungsformen des Odenwaldes. (Heidelberger Geogr. Arbeiten 7) Heidelberg u. München.

Ders. (1972): Zur Entstehung und Ausbreitung schachbrettartiger Grundrißformen ländlicher Siedlungen und Fluren. Ein Beitrag zum Problem 'Konvergenz und Übertragung'. In: Hans-Poser-Festschrift, hg. v. J. Hövermann u. G. Oberbeck. (Göttinger Geogr. Abhandlungen 60), S. 375-400. [In diesem Band enthalten.]

Ders. (1973): Reihensiedlungen mit Streifeneinödfluren in Waldkolonisationsgebieten der Alten und Neuen Welt. In: Im Dienste der Geographie und Kartographie. Symposium Emil Meynen. (Kölner Geogr. Arbeiten 30) Köln, S. 72-93. [In diesem Band enthalten.]

Prange, W. (1960): Siedlungsgeschichte des Landes Lauenburg im Mittelalter. (Quellen u. Forschungen z. Geschichte Schleswig-Holsteins 41) Neumünster, insbes. S. 165-188.

Roberts, B. K. (1973): Village plans in County Durham. A preliminary statement. In: Medieval Archaelogy 16, 1972. London, S. 33-56.

Schmidt, P. W. (1937): Handbuch der Methode der kulturhistorischen Ethnologie. Münster.

Scholz, F. (1976): Sozialgeographische Theorien zur Genese streifenförmiger Fluren in Vorderasien. In: *Uhlig/Ehlers* 1976, S. 334-350.

Schultze, A. (1962): Die Sielhafenorte und das Problem des regionalen Typus im Bauplan der Kulturlandschaft. (Göttinger Geogr. Abhandlungen 27) Göttingen.

Sick, W.-D. (1976): Strukturwandel ländlicher Siedlungen in Madagaskar als Folge sozialökonomischer Prozesse. In: *Uhlig/Ehlers* 1976, S. 280-291.

Stein, N. (1976): Der Einfluß der morphologischen Wirksamkeit tropischer Tieflandflüsse sowie früherer und rezenter küstenmorphlogischer Prozesse auf die räumliche Verteilung und Differenzierung der ländlichen Siedlungsformen in den Reisanbaugebieten der malayischen Halbinsel (Westmalaysia). In: *Uhlig/Ehlers* 1976, S. 266-279.

Thorpe, H. (1965): The green village in its European setting. In: 'The Fourth Viking Congress' (York 1961), ed. by A. Small. (Aberdeen University Studies 149) Aberdeen, S. 85-111.

Tichy, F. (1976): Orientierte Flursysteme als kulturreligiöse Reliktformen. Ihre Entstehung, Übertragung und Überlieferung. In: *Uhlig/Ehlers* 1976, S. 256-265.

Uhlig, H. und Ehlers, E. (Hg.) 1976: 40. Deutscher Geographentag Innsbruck 1975. Tagungsbericht und wissenschaftliche Abhandlungen. (Verhandlungen d. Dt. Geographentages 40) Wiesbaden.

Zschocke, H. (1963): Die Waldhufensiedlungen am linken deutschen Niederrhein. (Kölner Geogr. Arbeiten 16) Köln.

Diskussion zum Vortrag Nitz

Prof. Dr. G. Oberbeck (Hamburg)

Es sei die Frage gestellt, ob die Übertragung von Siedlungsformen einerseits und die unabhängige Entstehung andererseits wirklich einen so starken Gegensatz darstellen, wie in dem Vortrag angedeutet wurde. Ist es nicht vielmehr so, daß in der in Frage kommenden Zeit – dem Hochmittelalter – zahlreiche Verkehrsverbindungen und kulturelle Beziehungen bestanden, durch die Kenntnis von bestimmten Siedlungscharakteristika – auch als Allgemeingut –

ohne Schwierigkeiten weiter verbreitet werden konnten? U. a. geben die Untersuchungen Hannerbergs von diesem Phänomen Kenntnis. Das bedeutet, daß manche Form, die wir als „an Ort und Stelle entstanden" bezeichnen, in Wirklichkeit auf Übertragung von eventuellen Planungsmaximen zurückgehen könnte (siehe Locatores). Allerdings bedarf es sicherlich in diesem Zusammenhang noch exakter Untersuchungen und Beweise.

Prof. Dr. A. Krenzlin (Frankfurt)

Ich halte es für richtiger, die ostdeutschen Kolonisationssiedlungen (Angerdorf und Plangewannflur) nicht unter der Fragestellung „Konvergenz – Übertragung", sondern als Evolutionsformen des altdeutschen Gewannflurdorfes zu betrachten. Sie sind von daher als Planformen entwickelt worden, und zwar von den großen Grundherrschaften bzw. Landesherrschaften, z. B. den askanischen Markgrafen oder dem Deutschen Orden. Wieweit zwischen diesen Kontakte bestanden, was die Ähnlichkeit der Formen vermuten läßt, ist unbekannt.

Prof. Dr. M. Born (Saarbrücken)

Bei räumlicher Diffusion von Siedlungsformentypen ist zu fragen, durch wen die Übertragung des Formentypus erfolgt. Die in dem Referat erwähnten Beispiele lassen erkennen, daß die Grundherren bei Landnahme oder Kolonisation die Siedlungsformen bestimmten. Gibt es überhaupt Beispiele für die Übertragung von Siedlungsformen durch bäuerliche Bevölkerung?

Bezüglich der Formensukzessionen ist zu beachten, daß die Idealvorstellungen von Wohnplatz- und Flurgestaltung in den einzelnen Perioden der Siedlungsentwicklung verschieden waren: in der absolutistischen Ausbauperiode angelegte Hufensiedlungen unterschieden sich zwar nicht im Grundprinzip der Anlage, aber doch in der formalen Gestaltung beträchtlich von mittelalterlichen Hufensiedlungen.

Prof. Dr. G. Pfeifer (Heidelberg)

1. Mein Hinweis schließt an die Bemerkungen der Diskussionsredner an, die die historische Problematik der Siedlungsgeographie betonten. Die Begriffe „Entwicklung" und „Konvergenz" sind mit ihrer Herkunft aus dem naturwissenschaftlichen Bereich belastet. Das erfordert Vorsicht und genaue Angabe, wie sie im siedlungshistorischen Zusammenhang zu verstehen sind.

2. Die betonte Bindung der Siedlungsvorgänge an die historische Situation und die Intentionen der Trägerschichten sollte als methodisches Mittel nahelegen, auch die allgemeinen historischen Bewegungen bei der Frage nach der Wahrscheinlichkeit von Übertragungen oder Konvergenzen heranzuziehen.

3. Abhängigkeit der Siedlungsgestaltung von den Intentionen der Siedlungsträger und den institutionellen Parametern läßt die „Entwicklung" in die Zukunft nicht nur offen. Alle Investitionen, nicht nur materielle, auch institutionelle oder ideologische, können Hemmschuhe sein, Beharrungen erzwingen.

Prof. Dr. H.-J. Nitz (Göttingen)

Zu den auf meine Beispiele aus dem hochmittelalterlichen Siedlungsraum Ostdeutschlands bezogenen Stellungnahmen von Frau Krenzlin und Herrn Oberbeck möchte ich bemerken, daß beide letztlich noch offene Forschungsprobleme ansprechen, die ich als solche auch gekennzeichnet habe. Die Typengenese der ostdeutschen Plangewannflur mit Angerdorf/Straßendorf aus altdeutschen Vorformen hat als Annahme größte Wahrscheinlichkeit für sich, nur liegt m. W. bisher keine Untersuchung vor, die uns dies an einer Formensukzession aufzeigt. Daher konnte ich auch kein entsprechendes Beispiel heranziehen. Für Thüringen oder den Bereich der nördlichen Marken, aber auch Österreich könnten derartige Untersuchungen vielleicht mit Erfolg ansetzen, da hier in den jeweiligen altdeutschen Siedlungsgebieten bekanntlich relativ großgliedrige Gewannfluren sowie in den Dörfern Platzbildung und Straßenzüge auftreten.

Herr Oberbeck hat recht, wenn er auf die beträchtlichen Kommunikationsmöglichkeiten bereits im hohen Mittelalter aufmerksam macht und damit auf die Leichtigkeit und Schnelligkeit der Übertragung von Formideen. Die Übereinstimmung der Siedlungsform des Angerdorfes mit Plangewannflur in mehreren Merkmalen in verschiedenen ostdeutschen Siedlungsgebieten spricht nach den von mir genannten allgemeingültigen Kriterien ja weit eher für Übertragungsvorgänge. Wir könnten uns mit diesem allgemeinen Wahrscheinlichkeitsergebnis zufrieden geben, doch sollte uns dies nicht davon abhalten, derartige Beziehungen zwischen grund- und landesherrlichen Siedlungsträgern in Einzelfällen aufzudecken, soweit dies die Urkunden erlauben. Vielleicht regt unsere Diskussion dazu an, diese offenen Fragen einmal weiterzuverfolgen.

Die Frage von Herrn Born nach Beispielen für Übertragungen von Siedlungsformentypen durch bäuerliche Siedler läßt sich für das mittelalterliche und frühneuzeitliche Mitteleuropa mit der dominanten Position von Grund- und Landesherren wohl nur schwer beantworten. Mit einiger Sicherheit dürfen wir jedoch annehmen, daß die flämischen und friesischen Zuwanderer in die deutschen Flußmarschen, nach Ostdeutschland und nach England als Kolonisationsexperten überwiegend aus dem bäuerlichen Stande stammten (vgl. die Beiträge von W. Schlesinger und F. Petri in W. Schlesinger [Hg.]: Die deutsche Ostsiedlung des Mittelalters als Problem der europäischen Geschichte. [Vorträge u. Forschungen XVIII] Sigmaringen 1974). Vielleicht ist auch die Besiedlung Siebenbürgens ein Beispiel, dessen Straßendorf- und Gewannflurformen sicherlich nicht vom ungarischen Landesherren oder seinen Beauftragten eingeführt, sondern von den Siedlergenossenschaften bzw. deren Anführern aus bäuerlichem Stande entsprechend den in den Herkunftsgebieten üblichen Formen konzipiert wurden, was nicht heißen muß, daß die Regelformen dort bereits entwickelt waren, sondern lediglich die Formidee des geschlossenen Dorfes mit der streifigen Gemengeflur. Straßendorf und Gewannflur sind dann unter den Bedingungen der Dorfneugründung einfach die nächstliegenden Verwirklichungsmöglichkeiten.

Die übrigen Feststellungen von Herrn Born und von Herrn Pfeifer kann ich nur unterstreichen. Vor allem die letzte Bemerkung von Herrn Pfeifer deckt sich grundsätzlich mit der von mir zitierten Aussage von Arnold Schultze, der aus der Schule des Göttinger Historikers Hermann Heimpel kommt.

Reihensiedlungen mit Streifeneinödfluren in Waldkolonisationsgebieten der Alten und der Neuen Welt

Auf überregional-vergleichende Betrachtung ausgerichtete Themenstellungen sind in der siedlungsgeographischen Forschung nicht neu. Bei Untersuchungen ländlicher Siedlungsverhältnisse Nord- und Südamerikas wurden immer wieder Vergleiche mit entsprechenden Siedlungsformen Europas gezogen. Besonders deutlich kommt dies im Thema einer Untersuchung E. Meynens aus dem Jahre 1943 zum Ausdruck: „Dorf und Farm. Das Schicksal altweltlicher Dörfer in Amerika." Einen breiten Raum widmet Meynen in dieser Arbeit auch den in unserem Thema angesprochenen Reihensiedlungen mit Streifeneinödfluren, die in Nord- und Südamerika neben den vorherrschenden Schachbrettfluren in großer Zahl vertreten sind. Sie werden in der Literatur wiederholt mit europäischen Waldhufensiedlungen, aber auch mit Marsch- und Hagenhufensiedlungen verglichen, für sie werden sogar in Parallele zu den altweltlichen Formen neue Bezeichnungen wie „Flußhufensiedlung" und „Straßenhufendörfer" geprägt.

Diese formale Ähnlichkeit hat eine ganze Reihe von Forschern zu der Frage geführt, ob derartige Siedlungsformen der Neuen Welt auf Vorbilder in den europäischen Heimatländern der Neusiedler zurückgehen oder aber ob in der Neuen Welt unabhängig, aus der gegebenen Landnahmesituation heraus, Siedlungsformen geschaffen wurden, die formal denen Europas entsprechen. Schmieder (1933, S. 121), Meynen (1943, S. 611) und Waibel (1955, S. 94 f.) kamen zu dem Ergebnis, daß es sich bei den waldhufensiedlungsartigen Formen um Konvergenzen handelt, während Bartz (1955, S. 300) und neuerdings Zaborski (1972, S. 697 f.) für Kanada und Eidt (1971, S. 128) für Südamerika der Auffassung zuneigen, die Typusidee sei von Siedlungsunternehmern und Landmessern oder auch Siedlern aus Europa übertragen worden. Daß es Übertragungen von bestimmten Dorfformen aus Europa gegeben hat, dafür konnte Meynen in der bereits genannten Untersuchung eindeutige Belege liefern, nachdem bereits vorher Schmieder und Wilhelmy (1938, S. 88 ff.) auf die Übertragung des Gewann-Dorfes durch rußlanddeutsche Mennoniten aufmerksam gemacht hatten.

Wie aufschlußreich ein Vergleich alt- und neuweltlicher Neugründungen nach dem Prinzip der Waldhufensiedlung auch ohne die Frage nach Übertragungszusammenhängen sein kann, haben erst kürzlich Kreisel und Schoop (1971) mit der Gegenüberstellung der Siedlungen des Französischen und des Schweizer Jura und der nordost-bolivianischen Andenabdachung gezeigt.

I. Forschungsprobleme

Im folgenden Beitrag werden im großräumigen Überblick einige Vergleichspunkte erneut aufgegriffen, die sich vor allem auch im Hinblick auf die in den letzten zwei

Jahrzehnten in Europa erzielten Forschungsergebnisse anbieten.[1] Der Vergleich wird folgende Fragen behandeln:

1. Sind es vergleichbare Landnahmesituationen,[2] unter denen in der Alten und der Neuen Welt das Prinzip der Reihensiedlung mit Streifeneinödflur angewendet wird? Vergleichbare Situationen könnten sich einmal ergeben haben im Hinblick auf die Naturräume, für deren Erschließung durch bäuerliche Siedlung sich das Prinzip der gereihten Streifeneinöden als besonders geeignet erwies. Es wäre aber darüber hinaus auch zu prüfen, ob Parallelen in der sozialen Situation der Siedler gegeben sind – Gemeinschaftsbildungen, genossenschaftliche oder auch obrigkeitlich geprägte Bindungen, die unter bestimmten naturräumlichen und agrarwirtschaftlichen Bedingungen in der Form der Reihensiedlung eine besonders günstige räumliche Verwirklichung fanden.

Keiner vergleichenden Diskussion bedürfen dagegen die Wirtschaftsweise und das Einödprinzip als solches. Letzteres ermöglicht optimal die individuelle Wirtschaft, die primär, z. Zt. der Anlage, allen diesen Siedlungen zugrundeliegt. Die spätere Übernahme etwa der Dreizelgenwirtschaft in schlesischen Waldhufensiedlungen ist eine atypische Ausnahme. Die Frage ist vielmehr, weshalb die Form der zu Reihen geordneten langen Breitstreifen gewählt wurde anstelle der mehr oder weniger quadratischen Besitzeinheiten, deren Vorzug gerade bei individueller Bewirtschaftung eine bessere innerbetriebliche Verkehrslage ist, als sie sich bei der Streifenform verwirklichen läßt.

2. Lassen sich Parallelen in der formalen Typenentwicklung erkennen, etwa in der Weise, daß im Verlauf der vielfach wiederholten Anwendung des Prinzips der Reihensiedlung mit Streifeneinödflur in der Siedlungsgestaltung und Vermessungstechnik Neuerungen und Vervollkommnungen erreicht wurden, die u. U. auch veränderten Zielsetzungen bei der Kolonisation entsprachen?

3. Es wäre der bereits eingangs angesprochene Problemkreis erneut aufzugreifen: Übertragung der Formidee von einem Neusiedlungsgebiet in ein anderes, oder mehrfache unabhängige Konzeption des Siedlungsprinzips, oder gar beide Vorgänge im räumlich-zeitlichen Besiedlungsablauf nebeneinander.

Eine erschöpfende Behandlung der aufgeworfenen Probleme ist im Rahmen dieses Beitrages nicht möglich. Dazu reicht in vieler Hinsicht der derzeitige Forschungsstand noch nicht aus. So haben viele hier gemachte Aussagen den Charakter von Thesen, die zur Nachprüfung, zu weiterer siedlungsgeographischer Forschung in den Reihensiedlungsgebieten Amerikas anregen möchten.

---

1 Im folgenden wird der Terminus „Waldhufensiedlung" nur für die im Mittelalter unter grundherrschaftlicher Verfassung angelegten Neugründungen verwendet, jedoch nicht in der von Krüger (1967) vorgenommenen Einengung allein auf die nach dem Maß der fränkischen Hufe ausgemessenen Anlagen, sondern generell für Reihensiedlungen mit Streifeneinödfluren in Waldrodungsgebieten, bei denen die Höfe das Kriterium grundherrlich ausgetaner Hufen erfüllen, auf denen eine abgemessene Abgabe lag und die damit als Bemessungseinheiten galten (Hufe als Leistungseinheit, Krüger 1967, S. 121). Für die neuweltlichen Gründungen verwenden wir dagegen den neutralen Terminus „Reihensiedlung mit Streifeneinödflur".
2 Vgl. zu diesem Begriff Hütteroth (1968, S. 92).

II. Wahl des Reihensiedlungsprinzips aus vergleichbaren Landnahmesituationen heraus

Vergleichen wir zunächst die naturräumliche, insbesondere die siedlungstopographische Lage in den Verbreitungsgebieten der Alten und der Neuen Welt! In Mitteleuropa herrscht bei der Masse der Waldhufensiedlungen die Lage im zertalten Berg- und Hügelland vor – im Odenwald, im Spessart, im mittleren Schwarzwald, im Jura, selbst in zahlreichen Alpentälern, vor allem aber in dem großen Verbreitungsgebiet vom Frankenwald bis in die Sudeten und Karpaten, wo die Waldhufensiedlungen aus dem Bergland weit ins hügelige Vorland ausgreifen. Demgegenüber sind die Verbreitungsgebiete im Flachland begrenzt: Kleine Areale liegen am Niederrhein und in Westfalen, es gehören weiter dazu die Hagenhufengebiete in Lippe und Schaumburg sowie an der Ostseeküste in Mecklenburg und Pommern. Hochflächenlage kennzeichnet die Waldhufensiedlungen des nordöstlichen Schwarzwaldes.

In der Neuen Welt liegen die südamerikanischen Reihensiedlungen mit Streifeneinödfluren zum allergrößten Teil im Berg- und Hügelland – in Südbrasilien, in Paraguay, im nordostargentinischen Misiones, z. T. auch in Ostbolivien, wo sie aber auch in das Tiefland hineinreichen. Auch im Küstentiefland Brasiliens liegen zahlreiche Siedlungen dieses Typs. In Nordamerika ist nach diesem Prinzip im wesentlichen nur in Kanada gesiedelt worden, von den Franzosen auf den Terrassen entlang den Flüssen und an den Küsten Ostkanadas, mit einzelnen kleinen Ausliegergebieten am unteren Mississippi (Louisiana) und an den Präriefüssen in Westkanada. Unter britischer Herrschaft wurde das Siedlungsprinzip leicht abgewandelt in Quebec und Ontario fortgeführt. Hier sind es also fast ausschließlich Waldgebiete in einem nur flachwelligen Relief.

Es ist also offensichtlich nicht primär oder ausschließlich die Zertalung des Siedlungsraumes, die das Prinzip der Reihung streifiger Besitzeinheiten nahelegt. Gemeinsam ist zunächst allen Siedlungen dieses Typs die Lage in Urwaldgebieten, gleichgültig ob im Bergland oder in der Ebene. Warum wurde unter diesen Bedingungen, bei der Landnahme in dichtbewaldeten, völlig unerschlossenen Gebieten, die Reihensiedlung vorgezogen? Berichte über den Erschließungsvorgang heben immer wieder hervor, daß das Hauptproblem bei der Urwaldbesiedlung die Verkehrsverbindung ist, die Verbindung der Siedler untereinander zur Nachbarschaftshilfe, zu den Gemeinschaftseinrichtungen, vor allem auch die Verbindung zur Außenwelt, von der aus das Notwendigste für die Ansiedlung herbeigeschafft werden muß, und wohin die Überschüsse transportiert werden sollen.[3] Die Schaffung einer Verkehrsanbindung für viele Siedlerstellen in möglichst kurzer Zeit bei geringstem Aufwand im Urwaldgebiet ist am ehesten zu verwirklichen, wenn entweder eine natürliche Leitlinie ausgenutzt wird: ein Fluß, eine Küsten- bzw. Strandlinie; in diesen Fällen ist der Verkehrsweg bereits vorhanden, es entstehen fast keine Kosten oder Aufwendungen; oder aber, indem eine Schneise durch den

---

3 Vgl. z. B. Schott 1936, S. 122 ff.; Meynen 1943, S. 578; Waibel 1955, S. 94; Deffontaines 1972, S. 75; Eidt 1971, S. 199 ff. u. 206.

Wald geschlagen wird. Im Berg- und Hügelland bietet sich dafür das Tal oder die Wasserscheide als natürliche Leitlinie an.

Wie entscheidend die Verkehrsverbindung war, zeigt sich eindrucksvoll bei den von den Franzosen in Kanada angelegten frühesten Reihensiedlungen des 17. Jahrhunderts, deren Einödstreifen alle am Fluß ansetzen. Sie werden daher auch als „Lots Rivière", als Fluß-Lose bezeichnet. Meynen (1943, S. 578) vergleicht sie mit den „Flußhufen" in den europäischen Marschengebieten, und auch Bartz (1955) spricht von einer „Fluß- oder Uferhufe". Hier am Flußufer stehen die Höfe, deren Bewohner zunächst ganz auf das Kanu als Haupttransportmittel angewiesen sind, Landwege entlang den „Hufen" entstanden erst nachträglich (Schott 1936, S. 188), der Wasserweg war gewissermaßen die Siedlungsachse. Nach E. Ch. Semple (1904, S. 353) wurden diese uferständigen Reihensiedlungen geradezu als côtes bezeichnet. So zogen sich die ersten Reihensiedlungen mit Streifeneinödfluren als ununterbrochenes Band über mehrere Zehnerkilometer an den Flüssen entlang, vor allem am St. Lorenzstrom. Erst mit dem im 18. Jh. einsetzenden Wege- und Straßenbau wurden parallel dazu landeinwärts weitere Höfereihen entlang von Straßenachsen (Schneisen) angelegt. Die Notwendigkeit dazu ergab sich im Gebiet von Quebec und Montreal durch die Zunahme der Bevölkerung. Doch bevorzugte man bei der Siedlungsausweitung nach Westen weiterhin die verkehrsgünstige Uferlinie als Siedlungsachse (vgl. Abb. 1).

Dieses Prinzip erschien den Engländern für die Waldlanderschließung als so zweckmäßig, daß sie nach Übernahme der kanadischen Kolonie bei der Fortführung der Besiedlung in Quebec und Südontario weiterhin Streifenreihen anlegten. Aus dem französischen „rang" wurde der englische „range", der „lot de rang" zum „long lot". Bezeichnenderweise wurde die Aufsiedlung des bewaldeten Hinterlandes der Flüsse und Seen in Ontario außerordentlich erschwert, als man von den mit etwa 200 m relativ schmalen, dafür aber über zwei Kilometer langen französischen „lots de rang" zu mehr als doppelt so breiten, dafür kürzeren „long lots" überging, damit notwendigerweise auch die auf den einzelnen Siedler entfallenden Wegebau- und -unterhaltungsarbeiten sich mehr als verdoppelten, mit der Folge, daß diese meist gar nicht ausgeführt wurden. Da überdies die Auswahl und Vergabe der Siedlerstellen über Landspekulanten nicht in kontinuierlicher Folge entlang der Straßenlinie erfolgte, sondern hier und dort, mit ungerodeten Breitstreifen dazwischen, so daß viele Siedler völlig isoliert saßen, wurde der Vorzug der Reihensiedlung im Waldland faktisch aufgegeben. Die Besiedlung stockte oder schritt nur langsam fort (Schott 1936, S. 126 f.). Gleiches spielte sich in einigen Rodungsgebieten im südamerikanischen Urwald ab, wie Wilhelmy berichtet (1949, S. 29 ff.).

Einer der erfolgreichsten privaten Siedlungsunternehmer in Südontario – Talbot – kehrte daher abweichend von der Regierungsplanung zum strengen Reihensiedlungsprinzip zurück, indem er größere Überlandstraßen als Erschließungsachsen durch den Wald legen ließ, an denen er beidseitig relativ schmale Streifenlose sukzessive mit Siedlern besetzte, die zum Bau der halben Straßenseite vor dem

MITTELEUROPA

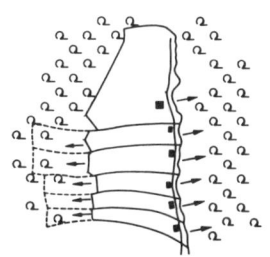

① WESTDEUTSCHLAND
Frühe Form 9. Jh. (Odenwald)
(Schema)
→ Erweiterung durch Rodung

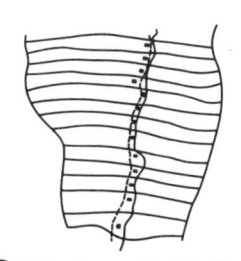

0   500m

② Hochform 12./13. Jh.
Obermossau, Odenwald
vereinfacht n. Nitz 1962

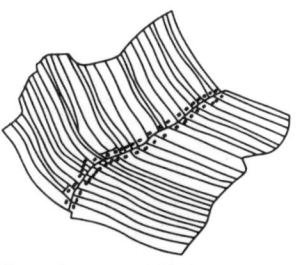

③ OSTDEUTSCHLAND
Hochform 13. Jh.
Altmitweida - Erzgebirge
Fränkische Hufe als Flächenmaß
vereinfacht n. Kötschke 1953

KANADA

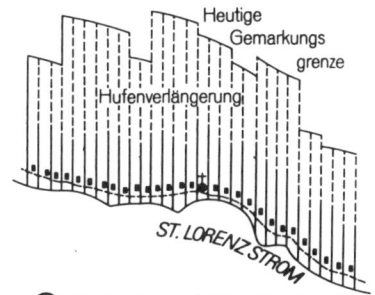

① Frühe Form Mitte 17. Jh.
Schematisiert nach 21 L 12 h
Canad. TK 1:25000

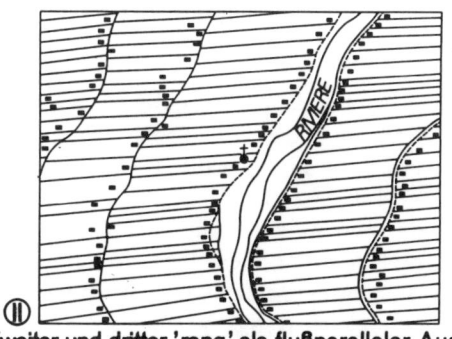

② Zweiter und dritter 'rang' als flußparalleler Ausbau
Mitte 18. Jh.
mit gleichmäßiger Längenbegrenzung
Schematisiert nach 12 L 2 East Canad. TK 1:25000

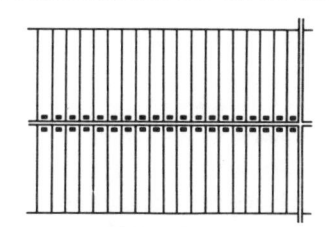

**③ Doppelzeiliger 'rang' im Rahmen
der quadratischen townships
19./20. Jh.**

0   1   2   3   4   5 km

Abb. 1: Typenabfolge von Reihensiedlungen mit Breitstreifeneinödflur bei sich wandelnden Landnahmesituationen und siedlungstechnischen Fortschritten.

Abb. 2: En-bloc-Vergabung als Grundlage für die Bildung eines Waldhufensielungskomplexes mit einer Gründungsstadt als administrativ-rechtlichem Mittelpunkt und Marktort in Schlesien – Entstehung Anfang des 13. Jhs. (aus Krüger 1967, Karte 8)

Kopfende ihres Streifens verpflichtet wurden. In kürzester Zeit gehörten diese Siedlungen zu den bestkultivierten in ganz Ontario (Schott 1936, S. 139 ff). Inzwischen ist in Kanada das staatliche Straßenbauwesen so weit entwickelt, daß man es sich leisten kann, auch mit 800 m breiten quadratischen Farmen im Schachbrett-Vermessungssystem das Waldland zu erschließen. Die Siedler haben keine Straßenbau- und -unterhaltspflichten mehr. Damit entfällt jetzt dieses Motiv für die Wahl der Reihensiedlung mit Streifeneinödflur. Jedoch verlangsamt sich die Erschließung und Besiedlung nach dem Schachbrett-System überall dort, wo der Wege- und Straßenbau nicht zügig durchgeführt wird (vgl. Ehlers 1965, S. 125 ff.), oder sie erfolgt punkthaft verstreut in Anlehnung an Flußlagen, auf die das schematische Vermessungsnetz natürlich nicht ausgerichtet ist, so daß die meisten Parzellen schlecht erreichbar sind und lange unbesetzt bleiben (vgl. Hottenroth 1968, S. 39 ff.).

Nach dem gleichen Schneisensystem wurden und werden bis heute die Reihensiedlungen im südamerikanischen Urwald angelegt. Die als Pikadas bezeichneten Rodungsgassen sind hier oft 20 bis 30 km lang, mit über 100 Höfen auf jeder Seite (Hettner 1902, S. 613 ff.; Waibel 1955, S. 94). Die Überlegenheit dieses Reihensiedlungsprinzips gegenüber der schachbrettförmigen Landaufteilung mit Streusiedlung betont vor allem Eidt, der errechnet, daß bei gleicher Höfezahl im letzteren System etwa dreimal soviel Wald gerodet werden muß, um durch Wege für alle Höfe eine gleichwertige Verbindung zur Hauptstraße („market road") zu schaffen (Eidt 1971, S. 201). Vor allem in den finanziell weniger gut ausgestatteten Kolonisationsgebieten Südamerikas spielt die Verminderung des Transportkostenaufwandes eine erhebliche Rolle für eine erfolgreiche Kolonisation. Eidt nennt als Punkte vor allem die raschere, weil weniger kostspielige Elektrifizierung der Höfe, bessere Erreichbarkeit für Agrarberater, bessere Möglichkeiten des Schulbesuches und der Ausnutzung anderer öffentlicher Einrichtungen (Eidt, S. 201). Yapacani im ostbolivianischen Regenwald ist eine als 61 km lange Rodungsgasse entlang einer Erschließungsstraße angelegte doppelseitige Reihensiedlung, deren Ausbau um 1960 begonnen wurde. Als Haupterschließungsachse eines größeren Kolonisationsgebietes für Hochlandindianer und zugleich als Verkehrsverbindung zu den dichter besiedelten und besser erschlossenen Räumen soll sie eine Länge von etwa 120 km erhalten. Auch hier sind die Siedler zur Offenhaltung der Straße verpflichtet (Monheim 1965, S. 71 ff.). Auch Schoop (1970, S. 137) weist auf die in Ostbolivien mit den spontanen, ungelenkten Ansiedlungen gemachten schlechten Erfahrungen hin, die die Notwendigkeit einer guten inneren und äußeren Verkehrserschließung als wichtige Voraussetzung einer erfolgversprechenden Kolonisation nachdrücklich vor Augen führen.

Das Weichbild der Stadt Naumburg am Queis

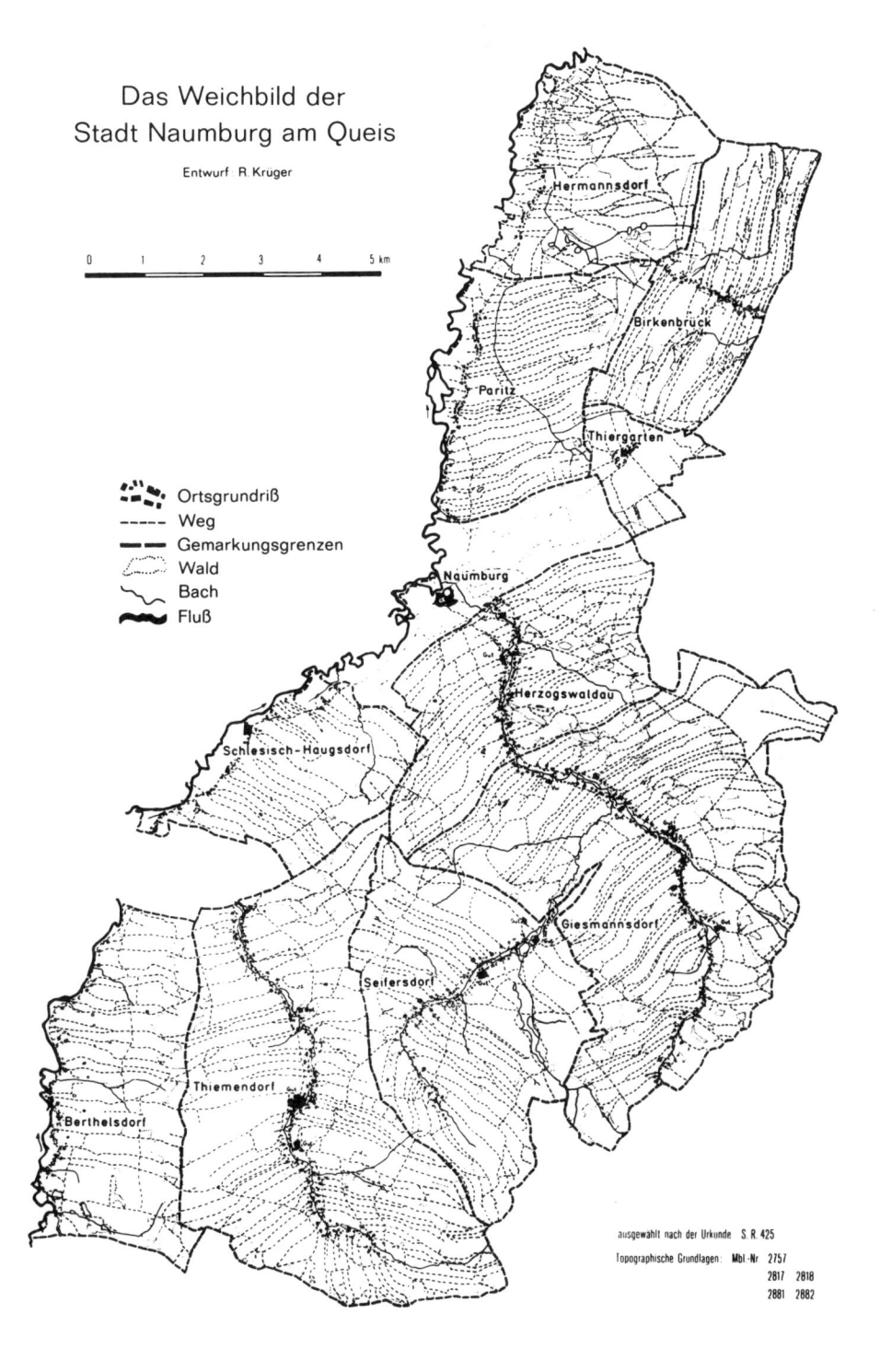

Entwurf R. Krüger

0 1 2 3 4 5 km

- Ortsgrundriß
- Weg
- Gemarkungsgrenzen
- Wald
- Bach
- Fluß

ausgewählt nach der Urkunde: S.R. 425
Topographische Grundlagen: Mbl.-Nr. 2757
2817 2818
2881 2882

Solche viele Kilometer langen Reihensiedlungen haben ihre Gegenstücke in den kettenförmig zusammenhängenden Waldhufendörfern Ostdeutschlands, die ebenfalls gelegentlich extrem lange Rodungsgassen von über 20 km Länge bilden. Allerdings sind diese überlangen Formen dort nicht die Regel. Wir besitzen m. W. keine zeitgenössischen Quellenbelege darüber, daß diese Siedlungsform auch aus Gründen einer besonders einfachen und raschen Erschließung im mitteleuropäischen Waldbergland angewandt wurde. Die folgenden Überlegungen zu diesem Punkt besitzen also durchaus hypothetischen Charakter. Soweit ich die Literatur überblicke, ist diese Frage in der deutschen Siedlungsforschung auch nie diskutiert worden. Gegen einen unmittelbaren Zusammenhang zwischen Wahl der Siedlungsform und Erleichterung des verkehrsmäßigen Erschließungsvorgangs spricht die Tatsache, daß es unter den frühen Anlagen nach dem Waldhufensiedlungsprinzip überwiegend kurze Ortsformen gibt, Reihenweiler, kurze Reihendörfer, auch angerdorfartige Formen, so daß diese Siedlungen bei der weitständigen Verteilung im Rodungsland ursprünglich recht isoliert voneinander lagen, mit erschwerten Verbindungen auch zu den dichter besiedelten Offenlandschaften (vgl. z. B. Nitz 1962, Karte 2, westlicher Teil). Bei der Hochform des ostdeutschen Waldhufendorfes im östlichen Obersachsen und in Schlesien, das hier die Form der deutschrechtlichen Rodungssiedlung schlechthin bildet und als solche regelhaft mit der Anwendung des Maßes der großen, fränkischen Hufe (der „Waldhufe") verbunden ist, dürfte dieser siedlungsrechtliche und vermessungstechnische Aspekt bestimmend für die Anwendung dieser Siedlungsform geworden sein (vgl. Krüger 1967). Die Erleicterung des Erschließungsvorgangs bei Anwendung der langgestreckten Reihensiedlung war hier eher ein dem Siedlungstyp inhärenter Nebeneffekt.

Wenn also überhaupt das erschließungstechnische Motiv zur Optimierung der Siedlungsform in der Gestalt der kontinuierlichen Höfereihe beigetragen haben sollte, müßte dies zeitlich vor und räumlich außerhalb der Gebiete mit enger Koppelung an das Maß der fränkischen Hufe erfolgt sein, also im westlichen Obersachsen und in den westdeutschen Verbreitungsgebieten. Wenn im Vogtland und Fichtelgebirge sowie im westlichen Odenwald als Ausgangsgebiete größerer Waldhufensiedlungsregionen zunächst erschließungstechnisch weniger günstige Formen in Gebrauch waren, könnte man diese gewissermaßen als Versuchsstadien interpretieren, bei denen noch nicht die optimale Form für die Erschließung ausgedehnter Waldgebiete gefunden war, sondern noch Gewohnheiten aus den Herkunftsgebieten der Siedler und Siedlungsplaner mit stärker geschlossenen Siedlungsformen bestimmend waren (vgl. auch Krüger 1967, S. 49). Die Erfahrungen bei weiteren Rodungsunternehmungen führten dann zur erschließungstechnisch günstigeren langgestreckten Reihensiedlung.

Unter der Voraussetzung individueller Rodung und Bewirtschaftung gibt es ein weiteres in Europa und Amerika gleichermaßen für die Siedlung im Waldbergland entscheidendes Motiv für die Wahl gereihter Einödstreifen, die vom Talgrund bis zur Wasserscheide hinaufreichen: die dadurch erreichte gleichmäßige Beteiligung jedes Siedlers an allen Bodengüten, an allen Physiotopen mit ihrer unterschiedlichen Nutzbarkeit und nicht zuletzt auch für jeden Hof der Zugang zum Wasser

(Waibel 1955, S. 95). Gerade in dieser Hinsicht erwies sich z. B. in Nordostargentinien das Prinzip der gereihten Streifeneinöden dem konkurrierenden, von der Regierung bevorzugten Schachbrett-Vermessungsprinzip (Damero-System) im Waldbergland als überlegen, wie Wilhelmy (1949, S. 26) und neuerdings auch Eidt (1971, S. 99) gezeigt haben. Auch in den uferständigen französischen Reihensiedlungen in Nordamerika spielte neben dem Moment der Verkehrslage die gleichmäßige Beteiligung aller Siedler am Wiesen- und Weideland der Flußniederungen eine wenn auch untergeordnete Rolle (Bartz 1955, S. 288). Im Bereich der völlig schematisch in streng parallelen Reihen angeordneten „ranges" des uferfernen Hinterlandes hat dieses Motiv keine Bedeutung mehr gehabt.

III. Sozialbestimmte Absichten bei der Wahl der Reihensiedlungsform

Prüfen wir nun im überregionalen Vergleich, ob sozialbestimmte Absichten mit der Wahl der Reihensiedlungsform im Rahmen der bereits angesprochenen verkehrsmäßigen und agrarwirtschaftlichen Zielsetzungen verwirklicht werden sollten und wurden. Diese Frage erscheint vor allem für die Neue Welt von Bedeutung, wo mit Ausnahme der frühen Dorfsiedlungen Neuenglands, einiger Stadtdörfer in Georgia und der Dörfer bestimmter religiöser Gruppen wie der rußlanddeutschen mennonitischen Einwanderer in Manitoba die ländlich-agrare Gruppensiedlung mit enger dorfgemeinschaftlicher Bindung keine Verwirklichung gefunden hat.[4]

Obwohl die meisten Einwanderer aus Dorfsiedlungen stammten, strebten sie zum geschlossenen Besitz in Einzellage, mit Streusiedlung als Ergebnis. Meynen (1943) hat das an mehreren Beispielen vor allem aus Neuengland belegt. Auch die Siedlungspolitik der Einwandererländer sah die Sammelsiedlung ungern, da sie die erwünschte Assimilierung volksmäßig-geschlossener Gruppen verzögerte (Meynen 1943, S. 612). Für Südamerika gilt Entsprechendes. Auch die Größe der Besitzungen der Neusiedler mit 60 und mehr Hektar machte eine Bewirtschaftung von Dörfern aus schwierig, da lange Anfahrtswege notwendig wurden (Hettner 1891, S. 134; Waibel 1955, S. 95). Diesem Streben zum geschlossenen Besitz kam die Reihensiedlung nach dem Prinzip der Waldhufenanlage durchaus entgegen, ist sie doch, wie bereits Gradmann (1931, S. 79) betonte, nichts anderes als eine Kette von Einödhöfen in Streifenform. Dorfmäßig geschlossenen Charakter wie das ostdeutsche Waldhufendorf hat die Reihensiedlung allerdings in Amerika nie erreicht, da hier die Streifen eine Breite von wenigstens 200 m haben. Solche extrem breitstreifigen Reihensiedlungen gibt es aber auch in Mitteleuropa, z. B. im Odenwald, im mittleren Schwarzwald und in den Alpentälern (vgl. Nitz 1962, S. 54 ff. u. 66 ff.).

Und doch meidet von allen Formen der Einzelhofsiedlung die Einzelhofreihe, vor allem die Doppelreihe mit zwei Zeilen einander gegenüberliegender Höfe, noch am ehesten die Nachteile der sozialen Isolation, bietet sie weitaus besser als die Streusiedlung die Möglichkeit, gemeinsame Belange der Siedler zu verwirklichen,

---

4 Vgl. hierzu vor allem Meynen 1943; Schmieder/Wilhelmy 1938, S. 88 ff.; Reps 1965, S. 124 ff. u. 185 ff.

die Nachbarschaftshilfe, kooperative Maßnahmen, den Besuch von Schule, Kirche, Dorfschenke, Laden, die Nutzung von Mühlen usw. Diese Vorteile werden in der von katholischen Franzosen besiedelten kanadischen Provinz Quebec als so wichtig veranschlagt, daß hier der doppelzeilige „rang" bis zum Ende der bäuerlichen Neusiedlungsbewegung vor wenigen Jahren beibehalten wurde. Wenige „rangs" zusammen bilden ein Kirchspiel („paroisse"), das zugleich die unterste Verwaltungseinheit darstellt und wesentlich kleiner ist als die anglo-amerikanische township, die in Quebec lediglich den größeren Vermessungsrahmen bildet (vgl. Abb. 3). Die Kirche war hier bis in die jüngste Zeit aktiv an den Neugründungen beteiligt. Junge Pfarrer führten, den mittelalterlichen Lokatoren vergleichbar, geschlossene Siedlergruppen aus den älterbesiedelten Gebieten Südquebecs in die Rodungsgebiete, so daß der größte Teil der Höfe eines „rang" sogleich besetzt wurde. Die von der Kirche getragenen Kolonisationsgesellschaften sorgten als Siedlungsträger für die erste Finanzierung der Siedler. Der Priester wirkte als Organisator und sogar als agrartechnischer Berater. Das Kirchspiel bildete die Siedlergemeinde, die damit von Anfang an auf ein gemeinsames Zentrum mit Kirche, Pfarrhaus, Schule, Gemeindehaus, Verwaltung und Laden orientiert war. Setzen wir an die Stelle des Priesters den weltlichen Lokator, so werden die Ähnlichkeiten der sozialen Organisation mit der mittelalterlichen Waldhufensiedlung Europas deutlich.[5]

Die sozialen Vorzüge gegenüber der Streusiedlung von Nord-Ontario zeigten sich besonders deutlich in einer rascheren Erschließung und Konsolidierung der ländlichen Siedlungsgebiete Nord-Quebecs sowie in einer geringeren Wüstungsanfälligkeit (Hottenroth 1968, S. 37 f. u. 132 ff.). Zu berücksichtigen ist dabei jedoch auch die unterschiedliche Mentalität der noch stärker traditionell-bäuerlichen Franko-Kanadier gegenüber den rationeller motivierten anglokanadischen Farmern.

Auch in den Rodungskolonien Südbrasiliens besitzt nach der Darstellung Waibels jede „linha colonial", wie hier die Reihensiedlungen genannt werden, einen Verwaltungssitz (sede) mit Kirche, Schule, Kaufläden usw. (Waibel 1955, S. 93 u. 97). Übermäßig breite Streifen von mehreren hundert Metern erwiesen sich auch hier durch die Folgen der Isolierung der Einzelsiedler vom Nachbarn und durch weite Wege zu den Koloniezentren als nachteilig. Daher wurden die Höfe in einigen Siedlungsgebieten auf Wunsch der Siedler verkleinert, um ein dichteres Zusammenwohnen zu ermöglichen (Waibel 1955, S. 96). Im argentinischen Misiones und in Ostbolivien sind vielfach mehrere kürzere Höfereihen im Winkel an eine längere Hauptsiedlungsachse angehängt, an der das Siedlungszentrum entsteht (Schoop 1970, S. 162 ff.; Eidt 1971, S. 159 ff.). Auf einen für den Erfolg der Kolonisation wichtigen Aspekt macht Eidt aufgrund seiner Untersuchungen in Misiones

---

5 Ausführlicher über die kanadischen Reihensiedlungen und ihre soziale Organisation Hottenroth (1968, S. 41 ff. u. 85 ff.) sowie Deffontaines (1972, S. 76 ff.), zum ostdeutschen Waldhufendorf Krüger (1967, S. 85 ff.) sowie Helbig (1964).

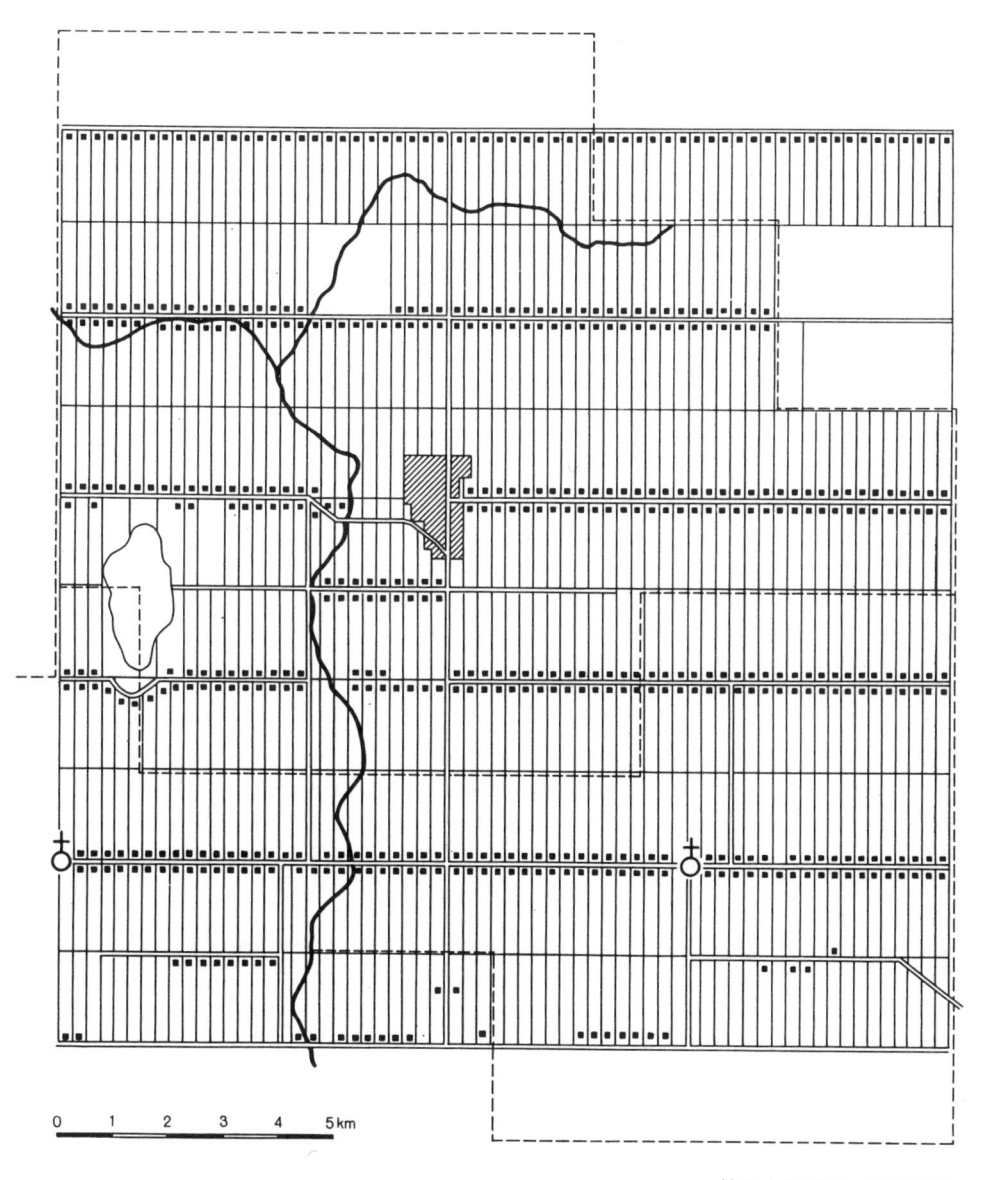

Verändert nach HOTTENROTH 1968

Abb. 3: Reihensiedlung mit Streifeneinödflur im Rahmen der schachbrettförmigen township-Vermessung in Nord-Quebec (Kolonisationsraum Abitibi-West).

Die Gründungsstadt La Sarre (1913) und zwei Kirchorte bilden die Mittelpunkte von Gemeinden (gerissene Linie: Gemeindegrenze). La Sarre als Zentralort liegt verkehrsgünstig am Schnittpunkt von Eisenbahnlinie und Fluß (nach Hottenroth 1968, Abb. 10 mit Ergänzungen nach topogr. Karten).

aufmerksam: Die durch das Reihensiedlungsprinzip ermöglichte engere Nachbarschaft (gegenüber dem Schachbrettsystem) führt dazu, daß die Kolonisten die jeweiligen Fortschritte auf den Nachbarhöfen sehen und dadurch zu einer größeren Initiative angespornt werden (Eidt 1971, S. 200). Gruppen von Waldhufensiedlungen mit gemeinsamem Zentrum aus Kirche, Gerichtsstätte und grundherrlicher Verwaltung sind auch in den im Mittelalter geschaffenen Kolonisationsgebieten des Odenwaldes und Schwarzwaldes häufig (Nitz 1962, S. 113 ff.). In Ostdeutschland dagegen erhielt fast jedes doppelzeilige Waldhufendorf seinen eigenen Mittelpunkt mit Kirche und Dorfgericht. Hier war auch von Anfang an durch die engere Stellung der Höfe bei nur etwa 100-130 m breiten Hufen der soziale Zusammenhalt wesentlich erleichtert.

Bei dieser Form des doppelzeiligen Waldhufendorfes haben wir es offensichtlich mit einer optimalen Verknüpfung der Vorzüge des Prinzips der geschlossenen Hufeneinheiten zu tun: der bei diesem linearen System möglichen raschen Urwalderschließung und rückwärtigen Verkehrsanbindung möglichst vieler Siedler sowie ausreichender nachbarlicher Nähe zur sozialen Kommunikation als Dorfgemeinschaft. Dieses letztere Moment stand bei den früher angelegten Waldhufensiedlungen im westlichen Obersachsen wie auch im Fichtelgebirge und Frankenwald wohl nach den Gewohnheiten in den Herkunftsgebieten der Siedler noch so stark im Vordergrund, daß hier kompaktere Dorfformen wie das Angerdorf oder das Kurzreihendorf bevorzugt wurden, mit dem Nachteil erschwerter Offenhaltung der Verbindung zu den Siedlungskerngebieten und ungünstigerer innerer Verkehrslage auf den einzelnen Hufenbesitzen, die bei enger Höfereihung entweder übermäßig lang wurden oder durch Zusatzstücke ergänzt werden mußten.

Wo in der Nachbarschaft zu offenen, stärker bevölkerten und verkehrsmäßig gut erschlossenen Siedlungsräumen Rodungssiedlungen angelegt wurden, gelegentlich unter Einbeziehung schon vorhandenen Kulturlandes, wo folglich die Probleme der Erschließung und Verkehrsanbindung geringer waren, wurden anstelle des Waldhufendorfes in der Regel stärker geschlossene Dorfformen mit Streifengemengefluren verwendet. Angerdörfer, Straßendörfer und Kurzreihendörfer mit Gelängeflur schließen sich daher vielfach zur Seite der älter besiedelten Räume an die Waldhufendorfgebiete Schlesiens, Sachsens, Böhmens und Österreichs an (Czajka 1964, S. 182 ff.; Krüger 1967, S. 124 ff.).

Ein mehr zwangsläufiger Zusammenschluß der Waldhufensiedler wurde im mittelalterlichen Europa schließlich auch durch die Einbindung in den grundherrschaftlichen Verband bewirkt, der zugleich kirchliche, verwaltungsmäßige sowie gerichtliche Einrichtungen schuf und dem Erbschulzen als dem vom Grundherrn eingesetzten Dorfvorsteher den Betrieb von Mühlen und anderen der Dorfgemeinschaft dienenden Gewerbebetrieben erlaubte. Diese waren in Ostdeutschland in der Regel im Zentrum der Waldhufensiedlung lokalisiert. Vielleicht liegen in dem gleichfalls grundherrschaftlichen System der Seigneurien des ehemaligen französischen Kanada, in dessen Rahmen die ersten Reihensiedlungen entstanden, wesentliche Wurzeln für die später beibehaltene soziale Organisationsform.[6]

IV. Typenentwicklung der Reihensiedlung mit Breitstreifenflur

Ein weiterer Vergleichspunkt ist das Problem der formalen Weiterentwicklung des Reihensiedlungstyps im Verlauf seiner wiederholten Anwendung im räumlich-zeitlichen Fortschreiten des Besiedlungsganges. Diese Thematik hat die deutsche Siedlungsgeographie in den letzten Jahrzehnten wiederholt beschäftigt.[7] Eine solche typologische Entwicklung hat es in Mitteleuropa offensichtlich gegeben, im Odenwald und Schwarzwald beispielsweise von einer nur kleinen, recht kurzen Hufe von wenigen Hektar Größe zu größeren Besitzeinheiten, zu Langhufen von zwei bis drei Kilometer Länge; zugleich konstatieren wir einen Übergang von Waldhufenweilern zu langen Einzelhofreihen, insgesamt also ein Fortschreiten zu großzügigeren Formen. Erklärungen dafür könnten sein: Zunahme des Siedlerstromes, Verselbständigung der bäuerlichen Wirtschaft außerhalb des Fronhofverbandes und die hochmittelalterliche Getreidekonjunktur, welche eine Vergrößerung der Wirtschaftsfläche zweckmäßig erscheinen ließ (Nitz 1962, S. 90 ff.).

In Ostdeutschland wird beim räumlichen Fortschreiten der Besiedlung vom Frankenwald/Fichtelgebirge/Vogtland ins östliche Erzgebirge eine weitere Stufe des vermessungstechnischen Fortschritts erreicht, indem man Hufenstreifen von gleicher *Flächen*größe, nach dem Maß der fränkischen Hufe von ca. 24 ha, auslegt. Das bedeutet, daß man Hufen*breite* und Hufen*länge* ausmißt und in eine bestimmte Relation bringt. Bei den westdeutschen Waldhufensiedlungen besteht weithin noch kein festes Flächenmaß, es werden vielfach sogar unterschiedliche Streifenbreiten innerhalb derselben Siedlung abgesteckt. Die Länge der Streifen ist in den frühen Waldhufensiedlungen oft gar nicht festgelegt, die Hufenstreifen können daher durch Rodung beliebig wachsen. Dennoch gelten die Hufen als Einheiten gleicher Abgabeleistung. In Süddeutschland läßt sich erst bei den spätesten Waldhufensiedlungen im Spessart (Ende 13. bis Anfang 14. Jh.) ein Flächenmaß von 10-12 ha pro Hufe feststellen (Siebert 1934, S. 94). Eine weitere in Ostdeutschland entwickelte Neuerung ist das *doppelreihige* Waldhufendorf, dessen größere Höfedichte sicherlich die sozialen Belange der Siedlergemeinschaft und wohl auch die grundherrlichen Interressen besser zu erfüllen vermag. Im Westen Deutschlands dagegen herrscht die einreihige Form vor.

Schließlich wurde in Schlesien, wie Krüger (1967, S. 130 ff.) zeigen konnte, das System großflächiger en-bloc-Vergabungen von Rodungsarealen an die Siedlungs-

---

6 Die unter feudaler Verfassung entstandenen Siedlungen, in denen die Bauern als „censitaires" von ihrem nach festem Breitenmaß zugeteilten „lot" einen Zins an den Grundherrn zu zahlen hatten, könnte man mit gutem Grund den Waldhufensiedlungen Europas gleichsetzen und diesen Begriff auf sie anwenden.

7 Vgl. hierzu die Arbeiten von Nitz (1962; 1963) und Krüger (1967), in denen der Forschungsstand dargelegt wird.

träger eingeführt, mit Hufensummen von 50er- und 100er-Einheiten, z. B. Rodungskomplexe von 400, 500, sogar 1 500 Hufen, die in Form zusammenhängender Gruppen von Waldhufensiedlungen ausgelegt wurden, in der Regel mit einer Stadt von planmäßigem Grundriß als Zentrum. Die Zunahme des Siedlerstromes und Verbesserungen der Besiedlungs- und Vermessungstechnik dürften diese Entwicklungsschritte begründet haben (Abb. 2).

Vergleichbare Entwicklungen zeichnen sich auch in den Reihensiedlungsgebieten der Neuen Welt ab. Hier setzt die planmäßige Besiedlung nach diesem Prinzip durch die Franzosen in Ostkanada erst im 17. Jh. ein sowie durch die Portugiesen um die Mitte des 18. Jhs. in Brasilien entlang der Küste. Auch diese ersten Anlagen sind siedlungstechnisch einfacher als die späteren. Die Frontlinie der Streifen bildet die Siedlungsachse und folgt als solche natürlichen Leitlinien – Küsten und Flüssen –, an denen die Besitzeinheiten nur nach der Breite abgesteckt werden. In Ostkanada sind es in der Regel 3 oder 4 arpents (200 bzw. 265 m). Auf dem Breitenmaß basiert hier der grundherrliche Zins der Seigneurien (Deffontaines 1972, S. 71 f.). Die Länge war meist nur sehr ungefähr festgesetzt und wurde von den Siedlern häufig überschritten; dementsprechend war die Formung der Streifen im Zuge der Rodung und Besitzausweitung nicht gleichmäßig (Abb. 1, I). An der Küste Neuschottlands und am unteren St. Lorenzstrom sind manche Besitzstreifen bis zu 6 und 7 km Länge gewachsen (Deffontaines 1972, S. 72; Bartz 1955, S. 299).

Der erste Schritt zum stärker standardisierten „rang" erfolgte in Kanada, als man im 18. Jh. einen zweiten, dann dahinter weitere „rangs" parallel zu den Flüssen entlang von Schneisenwegen anlegte (Abb. 1, II). Damit wurde es zugleich notwendig, die Länge der Streifen von vornherein zu begrenzen. 30 oder 40 arpents (2 oder 2,7 km) wurden schließlich zur Standardlänge der „lots" (Deffontaines 1972, S. 73).

Als die Briten die Kolonie übernahmen, brachten sie aus Neuengland das dort entwickelte Prinzip der rechteckigen „township" mit und legten Regeln für Vermessungssysteme fest. In diesen geometrischen Rahmen wurde nun der von den Franzosen eingeführte „rang" als „range" eingebaut, indem man die „township" in eine bestimmte Anzahl paralleler, geradliniger „ranges" mit nun festgelegter Tiefe einteilte. Damit war auch ein festes Flächenmaß für das „lot" erreicht, das allerdings von Vermessungssystem zu Vermessungssystem wechselte (Schott 1936, S. 83 ff.).

Schließlich wurde mit dem „double-front-system" bzw. dem „rang double" das Prinzip der doppelzeiligen Reihensiedlung eingeführt, das ja auch in Europa nicht am Anfang steht. Mit dieser Doppelreihensiedlung wird, wie wir gesehen haben, sowohl die Erschließung des unwegsamen Waldlandes als auch die soziale Kommunikation der Siedler wesentlich erleichtert. Nach diesem Muster wurde in Nord-Quebec bis zum Schluß gesiedelt (vgl. Abb. 1, III), während man im Westen ab 1859 das US-amerikanische Schachbrettsystem mit quadratischen Besitzungen übernahm. Dieses wandte man in den Prärieprovinzen ausschließlich an, in den Waldland-townships Ontarios dagegen nur bis zum 49. Breitengrad, während man nördlich davon wieder zum länglich-rechteckigen „long lot" von 500 m Breite und 1,3 km Länge überging. Im benachbarten Nord-Quebec war der 100-acre-lot mit einer Breite von 250 m und 1,6 km Länge die Normeinheit (Hottenroth 1968, S. 36 f.).

Die mehrere hundert „long lots" umfassenden „townships" in Ontario[8] und Quebec waren wie die ähnlich umfangreichen en-bloc-Hufenkomplexe Schlesiens auf den sich verstärkenden Siedlerstrom zugeschnitten und erhielten wie diese gegründete Städte mit regelmäßigem Grundriß als Mittelpunkte zur Versorgung der umliegenden neuen Agrarsiedlungen. Kolonisationsgesellschaften traten als Siedlungsträger auf. Der Unterschied zur einfachen Reihensiedlung entlang dem Flußufer, die am Anfang der Siedlungsentwicklung stand, ist überaus deutlich (Abb. 3).

Eine vergleichbare Abfolge ist auch in Südamerika zu erkennen. Die ältesten, um die Mitte des 18. Jhs. entlang der Küste für Fischer-Bauern – Einwanderer von Madeira und den Azoren – angelegten planmäßigen Reihensiedlungen mit Streifeneinödfluren sind wie die ihnen entsprechenden Anlagen an den Küsten Ostkanadas in der Streifenlänge nicht begrenzt. Dies war nicht notwendig, solange das Hinterland noch unerschlossen war. Noch heute zeichnen sich diese Streifenfluren durch den unregelmäßigen Verlauf ihrer rückwärtigen Grenzen aus.[9] Als die Besiedlung ins Binnenland fortschritt und von der Regierung planmäßig in die Hand genommen wurde, legte man bestimmte Besitzgrößen für die Kolonistenfamilien fest. Ab 1820 war ein Maß von 160 000 Quadratbrassen (77,44 ha) für eine Reihe deutscher Kolonistensiedlungen üblich, das z. B. in São Leopoldo in Streifen von 220 m Breite und 3 300 m Länge ausgelegt wurde. Feste Flächenmaße, wenn auch von Kolonie zu Kolonie oft wechselnd, wurden die Regel (Waibel 1955, S. 82). Mit dem stärker werdenden Siedlerstrom wurde es notwendig, große zusammenhängende Siedlungskolonien mit mehreren hundert Kolonistenstellen in zahlreichen Höfereihen zu gründen. Im zertalten Bergland gelegen, weisen diese große Ähnlichkeit mit den von Krüger (1967) herausgearbeiteten Siedlungseinheiten aus en-bloc-Schenkungen im mittelalterlichen Kolonisationsgebiet Schlesiens auf. Ein ganz entsprechendes Bild zeigen die Siedlungskolonien in dem Südbrasilien benachbarten Misiones, aus dem Eidt (1971) einige Kartenbeispiele veröffentlicht hat. Trotz des gebirgigen Reliefs zeigen die den Talzügen folgenden Breitstreifenverbände in ihrem streng geometrischen Zuschnitt mit schnurgeraden Vermessungslinien die Arbeit des geschulten, mit modernen Geräten ausgestatteten Landmessers.

So verläuft also, in mancher Hinsicht mit Mitteleuropa vergleichbar, in Kanada und Südbrasilien die siedlungstechnische Formenentwicklung von der einzeiligen, natürlichen Leitlinien folgenden Reihensiedlung, deren Streifeneinöden nach dem einfachen Prinzip der Breitenmessung abgesteckt wurden, hin zu streng geometrischen doppelzeiligen Reihensiedlungen mit festgelegtem Hufenflächenmaß. Diese

---

8 Beispiel bei Schott (1936, S. 102 ff.), wo der zunächst geringe Erfolg der Spekulanten und Kolonisationsgesellschaften übertragenen en-bloc-township-Besiedlung zu beachten ist.
9 Nach einer Mitt. von Herrn Prof. Dr. G. Kohlhepp, Frankfurt.

sind in Kanada in gleichabständigen, streng parallel geordneten Reihenverbänden in das Gitternetz viereckiger und schließlich quadratisch-schachbrettförmiger Township-Systeme eingefügt.

Die einfachere Ausgangsform entspricht der damaligen Landnahmesituation: Überfluß an Land, aber wenige Siedler, daher auch eine schwierige Verkehrserschließung, zumal die Regierung und die Seigneurs als Siedlungsträger diese Aufgabe nicht übernahmen. Die Endform entspricht der veränderten Landnahmesituation: erhöhtes Interesse der Regierung wie auch privater Siedlungsunternehmer an der Besiedlung und Inwertsetzung; zunehmend stärker werdender Siedlerstrom und damit auch verstärkte Nachfrage nach Land, so daß die Flächen entlang den Küsten und Wasserwegen bald vergeben sind und die Binnengebiete erschlossen werden müssen. Dabei erweist sich die doppelzeilige Reihensiedlung für die Erschließung des Waldlandes als günstigste Form.

In Europa wie in Amerika hat demnach jede dieser Formen zu ihrer Zeit ihren Zweck erfüllt, so daß „Typenentwicklung" nicht unbedingt auch wertend als „Verbesserung" verstanden werden muß, sondern als Anpassung an veränderte Landnahmesituationen. „Typenabfolge" wäre daher wohl die treffendere Bezeichnung.

V. Die räumliche Ausbreitung des Siedlungsprinzips

Die letzte im Rahmen des Themas zu behandelnde Frage zielt auf den Vorgang der räumlichen Ausbreitung des Prinzips der Reihensiedlung mit Streifeneinödflur. Zwei Möglichkeiten sind denkbar: Wiederholte autochthone „Erfindung" des Siedlungsprinzips aus der jeweiligen Landnahmesituation heraus, die in den verschiedenen Siedlungsgebieten ähnlich war. Die andere Denkmöglichkeit: Es wurde das in einem Gebiet entwickelte und in der Anwendung bewährte Siedlungskonzept in andere Kolonisationsgebiete übertragen bzw. übernommen, d. h. Innovatoren aus dem Ausgangsgebiet brachten die Idee in das neue Kolonisationsgebiet mit oder die hier für die Siedlungsgestaltung Verantwortlichen holten sich Anregungen aus einem schon vorher kolonisierten Gebiet. Für das heutige Verbreitungsbild können beide Erklärungen nebeneinander zutreffen, d. h. es können mehrere autochthone Gebiete bestehen, und aus einigen von diesen wurde die Idee in andere Kolonisationsräume übertragen.

In Mitteleuropa hat die Erforschung der Waldhufensiedlungsgebiete gezeigt, daß das Verbreitungsbild in der Tat so zu erklären ist. Ohne nachweisbare Beziehungen zueinander gelten als autochthone Urprungsgebiete z. B. der Odenwald (Nitz 1962), das Klei-Münsterland (Niemeier 1949), das Niederrheingebiet (Zschocke (1963, S. 71), das Hagenhufengebiet an der Mittelweser sowie das mitteldeutsche Waldhufensiedlungsgebiet, dessen am frühesten besiedelte Teile im Westen liegen (Krüger 1967, insbes. S. 33-50). Auch für die Verbreitungsgebiete im Jura (Kreisel 1972) und in verschiedenen Teilen der Ostalpen (Nitz 1962, S. 76 ff., mit Lit.) lassen sich bislang keinerlei Verbindungen zu anderen räumlich davon getrennten

Verbreitungsgebieten als mögliche Ursprungszentren der Siedlungsform nachweisen. Gleiches scheint für die bisher wenig erforschten mittelalterlichen Hufendorfgebiete Nordwestfrankreichs zu gelten.[10] Innerhalb der genannten Verbreitungsgebiete ist im günstigsten Falle das Innovationszentrum erkennbar und die Ausbreitung der Siedlungsform im Zuge des Besiedlungsganges nachzuzeichnen, so etwa für den Odenwald und für das große von Mittel- bis Ostdeutschland reichende Waldhufensiedlungsgebiet (Nitz 1962, S. 83 ff., Krüger 1967, S. 44 ff.). In beiden Räumen ist überdies, wie oben gezeigt wurde, im Verlauf der Ausbreitung und wiederholten Anwendung eine Weiterentwicklung des Siedlungstyps erfolgt.

Übertragungen durch mit einem Ursprungsgebiet verbundene Siedlungsträger oder Lokatoren lassen sich wahrscheinlich machen vom Odenwald in den Schwarzwald und in den Spessart (Nitz 1962, S. 88 ff.) sowie aus dem Hagenhufengebiet an der Mittelweser nach Nordmecklenburg und Nordpommern, wo sich nicht nur die Siedlungsform, sondern auch Ortsnamentyp, Rechtsformen und Dorforganisation auf das genaueste entsprechen (Engel 1956, S. 14 ff.).

Das nordösterreichisch-südböhmische Verbreitungsgebiet dürfte ein Ableger des ostdeutschen Waldhufendorfgebietes sein, da hier mit dem Angerdorf mit Gelängeflur sowie dem gitterförmigen Stadtgrundriß mit zentralem Rechteckmarkt die gleiche regionale Vergesellschaftung mit dem Waldhufendorf auftritt wie in Schlesien. Diese Tatsache ist m. E. nur durch enge Beziehungen zu diesem Hauptkolonisationsgebiet der hochmittelalterlichen Ostsiedlungsbewegung zu deuten.

Alle übrigen obengenannten Waldhufensiedlungsgebiete scheinen ohne „Ausstrahlungswirkung" geblieben zu sein, die Innovation ist jeweils nur in einem kleinen Bereich akzeptiert worden. Dessen geringe Größe und damit wohl auch die geringe Bedeutung der hier wirkenden Siedlungsträger mag für die fehlende Ausbreitung über das Ursprungsgebiet hinaus eine Erklärung bieten; benachbarte gleichzeitige Rodungsgebiete mögen gefehlt haben oder auch nur die Bereitschaft benachbarter Siedlungsträger zur Siedlungsplanung, wie es in den hochmittelalterlichen Rodungsgebieten des südlichen Odenwaldes in unmittelbarer Nachbarschaft zu einem großen Waldhufensiedlungsgebiet offensichtlich der Fall war.

Während der mittelalterlichen Kolonisationsbewegung wurde also in Europa das Waldhufensiedlungsprinzip in mehreren Rodungsgebieten unabhängig voneinander „entdeckt" und angewendet. Demgegenüber sind die Übertragungsfälle weniger zahlreich. Die mehrfache konvergente Ausbildung des Waldhufensiedlungstyps ist nicht weiter erstaunlich, wenn man in Betracht zieht, daß es sich um ein verhältnismäßig einfaches Gestaltungsprinzip handelt: die Aneinanderreihung von Streifeneinöden entlang einer Erschließungsachse, wobei sich die Vermessung in der einfachsten Form auf das Abstecken der Breite und die Festlegung der Rodungsrichtung beschränkt. Demgegenüber scheint etwa der Typ des Angerdorfes mit einer der Dreizelgenwirtschaft entsprechend eingerichteten Gewannflur komplizierter.

---

10 Hinweis auf diese Vorkommen bei Bartz (1953, S. 300) mit Literaturnachweisen.

Betrachten wir unter Berücksichtigung dieser Ergebnisse die Ausbreitung der Reihensiedlung in der Neuen Welt, so erscheint zunächst einmal die Annahme einer Übertragung des Waldhufensiedlungsprinzips aus Europa nach Brasilien und Kanada wenig wahrscheinlich. Zaborski (1972) und Bartz (1955) verweisen auf die nordfranzösischen Hufensiedlungen, die als mögliche Vorbilder für Kanada in Frage kommen. Solange es jedoch nicht gelingt, den Gründer der ersten kanadischen Seigneurie mit Streifeneinödflur namhaft zu machen und über die Herkunft dieses Innovators aus dem Bereich der nordfranzösischen Hufensiedlungen dessen Vertrautheit mit diesem Plansiedlungsprinzip wahrscheinlich zu machen, muß der Gedanke einer Übertragung eine Arbeitshypothese bleiben. Nach der in Europa gewonnenen Erkenntnis von der größeren Wahrscheinlichkeit konvergenter Entwicklung, die sich im übrigen durch gleichartige Befunde aus Afrika, Indien, Südostasien und Japan noch stützen ließe, hat die von angelsächsischen Autoren[11] wie auch von Schmieder (1931, S. 121) und Meynen (1943, S. 611) vertretene Auffassung einer autochthonen Neuentwicklung in Amerika die größere Wahrscheinlichkeit für sich.

Sehr eindrucksvoll läßt sich in Nordamerika die Ausbreitung des „rang"-Siedlungssystems verfolgen, das nicht nur räumlich zusammenhängend von Unterkanada aus nach Westen und Norden weitergetragen wurde, sondern durch frankokanadische Siedlergruppen auch in z. T. nur kleine Siedlungsvorposten weit vor der Front geschlossener französischer Siedlung, noch unter französischer Herrschaft in der Nachbarschaft von Handels- und Militärposten an den westkanadischen Seen und ihren Zuflüssen, z. B. um Detroit, am Mississippi und seinen Nebenflüssen bis ins Deltagebiet von Louisiana.[12] Nicht nur die formale Siedlungsgestaltung, sondern auch die oben beschriebene Sozialverfassung, die unter Mitwirkung der Kirche einen engen Zusammenhalt der Siedlergemeinde sicherte, wurde in die Neusiedlungsgebiete übertragen. Die aktive, gestaltende Rolle hatte dabei die staatlich-koloniale Verwaltung.

Da auch die britische Verwaltung Kanadas das System übernahm, ist es nicht verwunderlich, daß 1813 in der Kolonie der Hudson's Bay Company am Red River (Rivier Rousseau) und am Assiniboine in Manitoba mit französischstämmigen Siedlern unter dem ersten Gouverneur der Kolonie, Miles MacDonell, der Typ der Reihensiedlung entlang den Flüssen wie selbstverständlich zur Anwendung kam. Daß es auch hier nicht die Siedler waren, die auf „ihrem" Siedlungstyp bestanden, sondern der Gouverneur selbst dessen Verwendung auf Grund seiner Vertrautheit mit dieser Form aus Unterkanada anordnete, geht eindeutig aus einem von Warkentin (1972, S. 56) wiedergegebenen Schreiben MacDonells hervor. Erst nach der Einführung des schachbrettförmigen Vermessungssystems im Präriegebiet (1869) kam es dazu, daß frankokanadische Siedlergruppen hier auf eigene Faust das „Flußhufensystem" entlang der Seine und der Rat trotz der auch hier bereits

---

11 Bartz (1955, S. 300) nennt keine Namen außer E. Ch. Semple, aus deren Untersuchung man jedoch nur sehr indirekt ihre Auffassung erschließen kann.
12 Ausführlicher bei Bartz (1955, S. 295 f.) und Deffontaines (1972, S. 79).

erfolgten offiziellen quadratischen Vermessung fortführten und die Regierung 1884 zum Nachgeben zwangen (Warkentin 1972, S. 62).

Damit steht das gesamte kanadische Verbreitungsgebiet von Reihensiedlungen einschließlich der unter englischer Verwaltung eingeführten Varianten und der isolierten Vorposten in einem Zusammenhang. Dieser wurde im wesentlichen durch die staatlichen Siedlungsträger garantiert und darüber hinaus in den französischsprachigen Siedlungsgebieten noch dadurch erhalten, daß diese Form im Laufe der Zeit zur bewußt oder unbewußt als spezifisch frankokanadisch empfundenen Siedlungsgewohnheit wurde.

In den englischen Kolonien Nordamerikas wurde das Prinzip der gereihten Streifeneinödflur nach unserer bisherigen Kenntnis nur vereinzelt in kleinen Siedlungsgebieten angewendet, ohne daß Bezüge zueinander erkennbar werden.[13] Bekannt geworden ist durch den Abdruck einer Karte von 1720 die teilweise in Streifenreihen erfolgte Landaufteilung in Pennsylvanien in der Umgebung von Philadelphia noch z. Zt. William Penns.[14] An diesem Kartenbeispiel wird zugleich deutlich, daß damals mit allen möglichen Formen der Landaufteilung und der Siedlungsgestaltung experimentiert wurde und die Reihung von langgestreckten Einödstreifen entlang von Flüssen oder schnurgeraden Schneisen nur eine von mehreren Möglichkeiten war neben rechteckigen Blöcken und strahlig nach Art von „Radialhufenfluren" um einen quadratischen Dorfbereich angeordneten Besitzungen.[15] Die sehr ungleichen Besitzgrößen bei zunehmend individualistischer Ansiedlung der Kolonisten und fehlender zentraler Lenkung der Landnahme ließen kein bestimmtes Plansiedlungsprinzip zur allgemeinen Anerkennung kommen. Erst mit der vom Congress 1785 beschlossenen schachbrettförmigen Landaufteilung kam es zu einem einheitlichen Muster.

Wie sich die Ausbreitung der planmäßigen Reihensiedlung in Südamerika vollzog, wieweit hier autochthone Neubildung oder Übertragungen ein Rolle spielten, ist in vielen Einzelzügen noch ungeklärt und z. T. als Forschungsproblem noch gar nicht untersucht worden. Daß die Kolonialverwaltung Brasiliens bei der Ansiedlung von Einwanderern aus Madeira und von den Azoren um die Mitte des 18. Jhs. entlang der Küstenlinie das Reihensiedlungskonzept aus der gegebenen Landnahmesituation heraus ergriff, scheint kaum zweifelhaft. Die umstrittene Frage nach der Herkunft der gleichen Form, die nach 1820 auch für die ersten drei deutschen Kolonistensiedlungen verwendet wurde, ist m. E. durch die Angaben Waibels eindeutig zugunsten einer originär brasilianischen Regierungsplanung entschieden,

---

13 Der Forschungsstand ist allerdings äußerst lückenhaft. Nach noch unveröffentlichten Untersuchungen D. Deneckes (Göttingen) ist das Prinzip der am Fluß aufgereihten Streifeneinöden in den verschiedensten Teilen der englischen Kolonien neben der rechteckigen Vermessung in Gebrauch gewesen (briefl. Mitt. von D. Denecke, z. Zt. Washington, vom 20.03.1973 an den Verf.).
14 Paullin (1932, Plate 40); Reps (1965, Fig. 99).
15 Selbst diese relativ kompliziert erscheinende Anordnung ist durch Kartenbeispiele aus drei weit auseinanderliegenden nordamerikanischen Siedlungsgebieten belegt: Aus der Umgebung von Quebec (Bartz 1955, S. 291), aus Pensylvanien und aus Savanna in Georgia (Reps 1965, Fig. 110; siehe auch Nitz 1972, Abb. 3).

denn es waren Regierungsbeamte, die nach einer Kolonisationsverordnung vom 16. März 1820 den Kolonisten die mit 160 000 Quadratbrassen (77,44 ha) festgesetzten Lose in Form breiter Streifen zumaßen. Von deutschen Landmessern ist keine Rede, und daß etwa die deutschen Einwanderer selbst Einfuß auf die Siedlungsgestaltung hätten nehmen können, hält Waibel mit Hinweis auf ihre bedeutungslose Stellung bei dem ganzen Ansiedlungsunternehmen für undenkbar; schließlich fehlt bisher jeglicher Hinweis darauf, ob auch nur einer dieser Siedler aus einem deutschen Waldhufensiedlungsgebiet kam (Waibel 1955, S. 94 und 82). Ungeklärt ist jedoch, ob das bereits seit 1750 in der Küstenzone angewandte Siedlungsprinzip als Modell für die weiter im Binnenland entstehenden Kolonien diente. Bei der räumlichen Nachbarschaft – die erste Siedlung São Leopoldo entstand etwa 25 km nördlich von Porto Alegre – und der in beiden Räumen von staatlichen Instanzen getragenen Planung ist dies nicht unwahrscheinlich.

So bedarf es auch nicht der Vorstellung einer Übertragung durch Siedler oder Landmesser aus Deutschland, wie sie Eidt (1971) vertritt, um eine kontinuierliche Weiterverwendung dieses Siedlungsprinzips später auch durch deutsche Landmesser, Siedlungsunternehmer und Siedlergruppen im südbrasilianischen Bergland zu erklären. Das Prinzip war inzwischen bekannt und allgemein für Koloniegründungen akzeptiert und wurde ja auch von den staatlichen Siedlungsbehörden propagiert.[16]

Das Aufkommen des gleichen Erschließungsprinzips in den nördlichen Waldgebieten der Nachbarländer Paraguay und Argentinien läßt sich sowohl auf Neukonzeption als auch auf Übertragung zurückführen. In Misiones (Nordost-Argentinien) ließ die Regierung seit 1903 die Erschließung und Besiedlung nach dem landesüblichen Schachbrettsystem (Damero-System) durchführen. Doch als der hier tätige Landmesser Fouilland feststellte, daß in einem bergigen Relief bei Anwendung dieser Aufteilungsart viele Lose nicht ein einziges Hektar nutzbaren Landes erhalten würden, unterbreitete er der Regierung den Plan, eine lange Pikade zu schlagen und beiderseits streifige Lose abzustecken (Eidt 1971, S. 98 f.). Offensichtlich verfiel dieser Landmesser aus der gegebenen Landnahmesituation heraus auf die hier einzig mögliche Alternative – wie hätte man es auch sonst machen sollen? Unter diesem Innovator entstanden nur wenige Siedlungen nach dem Pikadensystem; im übrigen blieb die Regierungsvermessung auf dem Staatssiedlungsland weiterhin beim Damero-System. Das neue Vorbild fand also keine weitere Verbreitung. Der Widerstand gegen ein Abgehen vom institutionalisierten Schachbrettmuster war zu groß.[17]

---

16 Wenig beachtet und noch nicht näher untersucht sind die Streifeneinödfluren längs des Amazonas und seiner Nebenflüsse im Gebiet von Manaus (briefl. Mitt. von Herrn Prof. Eidt an den Verf.; vgl. auch O'Reilly Sternberg 1966, Fig. 2 und Abb. 1).

17 Das auch in den südlichen trockeneren Gebieten Argentiniens wohl schon in der Kolonialzeit übliche Schema der auf die Flüsse ausgerichteten Einödstreifenflur war offenbar in Vergessenheit geraten. Karten von den Gebieten längs des Parana lassen jedoch erkennen, daß solche flußorientierten Streifenfluren gegenüber der später einsetzenden schachbrettförmigen Aufschließung des Binnenlandes ursprünglich vorherrschten. Die Ähnlichkeit mit den Verhältnissen in Kanada ist augenfällig. Allerdings kam hier in den weidewirtschaftlich orien-

Aus Südbrasilien nach Misiones übertragen wurde das Reihensiedlungssystem 1919 durch den Landmesser Carl Culmey, der zunächst im benachbarten brasilianischen Rio Grande do Sul gewirkt und Kolonien nach diesem dort bereits seit vielen Jahrzehnten üblichen Muster angelegt hatte. Er brachte nach Misiones auch Siedler aus südbrasilianischen Reihensiedlungen mit, so daß es beinahe selbstverständlich war, daß er in der Kolonie Puerto Rico, deren Erschließung von einer privaten Kolonisationsgesellschaft seit 1910 zunächst nach dem offiziellen Damero-System begonnen worden war, als Innovator nunmehr das in Südbrasilien so bewährte Pikaden-Reihensiedlungsverfahren auch hier einführte und es ein Jahr später auch der Kolonie Monte Carlo zugrundelegte (Eidt 1971, S. 121 ff.). Wegen ihres demonstrativen Erfolges gegenüber den Streusiedlungen im Damero-Muster wurden diese Neugründungen zu Vorbildern für eine ganze Reihe weiterer Kolonien.

Ein weiteres Beispiel südamerikanischer Siedlungsgebiete, in denen das Prinzip der Reihensiedlung mit hofanschließender Streifeneinödflur autochthon zur Anwendung kam, bilden die deutschstämmigen Mennoniten-Kolonien im paraguayischen Chaco (seit 1927). Deren Siedlergruppen kamen aus der kanadischen Prärie, wo sie nach dem Vorbild ihrer russischen Heimat in Straßendörfern mit einer nach dem Gewannprinzip aufgeteilten Flur gesiedelt hatten. Im Buschwaldgebiet des Chaco legten sie in den von Landmessern der Regierung abgesteckten rechteckigen Gemarkungsblöcken lockere Reihendörfer mit Einödstreifen von ca. 100 bis 200 m Breite und bis über 4 km Länge an. Die Wahl dieses neuen Siedlungsgrundrisses scheint nach den Ausführungen von Schmieder und Wilhelmy (1936, S. 95 ff.) von der für die Kolonisation zuständigen Mennonitenorganisation getroffen worden zu sein und wurde für alle neuen Dörfer verbindlich. Gerade bei den traditionsgebundenen Mennoniten spielt die von religiösen Bindungen geprägte Dorfgemeinschaft eine außerordentlich wichtige Rolle, so daß die Form des Reihendorfes für sie eine günstige Lösung darstellte, bei der die inzwischen auch von ihnen als zweckmäßiger erkannte individuelle Farmwirtschaft möglich war, ohne die Vorzüge des Gemeinschaftslebens aufzugeben. Da sich auf Grund der Vegetations- und Bodenverhältnisse kein kontinuierlicher Zusammenhang zwischen den verschiedenen Höfereihen herstellen ließ, mußten die zwischendörflichen Verkehrsverbindungen unter großem Aufwand durch den dichten Busch geschlagen und offengehalten werden. In dieser Hinsicht konnten also die Vorzüge der lockeren kontinuierlichen Höfereihe nicht genutzt werden.

Unabhängig verlief die Entwicklung auch in Südchile. Hier wurde seit 1852 in den Rodungskolonien am Llanquihue-See von der staatlichen Kolonisationsbehörde die Ansiedlung deutscher Einwanderer nach dem Reihensiedlungsprinzip vorgenommen (Lauer 1961, S. 250 ff.), ohne daß auch nur der geringste Hinweis auf Anregungen dazu etwa aus Südbrasilien oder gar aus Deutschland erkennbar wäre, Räume, zu denen die maßgebende Instanz auch gar keine Beziehung hatte.

---

tierten Trockengebieten dem Motiv der Trinkwasserversorgung für das Vieh eine wichtigere Rolle neben der evtl. möglichen Verkehrsanbindung auf dem Wasserweg zu.

Alle übrigen Urwald-Kolonisationsgebiete Südamerikas, in denen das Reihensiedlungsprinzip angewendet wurde, sind sehr viel jünger. In Venezuela wird seit den dreißiger Jahren dieses Jahrhunderts in staatlichen Kolonien nach diesem Muster gesiedelt, wenn auch keineswegs ausschließlich;[18] in Peru im Tingo-Mariá-Gebiet seit 1936 (Eidt 1962, S. 267; Monheim 1968, S. 33 ff.), in Ostbolivien seit 1954 (Monheim 1965, S. 42 ff.), in der Caquetá-Region Kolumbiens seit 1958 (Eidt 1967), wo die Reihensiedlung jedoch ebenfalls nicht konsequent angewandt wurde und Mißerfolge der Kolonisation wegen fehlender Verkehrsanbindung der Siedlerstellen überwiegen (Brücher 1968). Bei der Jugendlichkeit dieser Siedlungsunternehmungen darf man erwarten, daß die staatlichen oder halbstaatlichen Kolonisations-Instanzen über die Formen und Erfahrungen der Pioniersiedlung in den südamerikanischen Nachbarländern informiert sein konnten. Dies bestätigte Prof. Dr. R. C. Eidt, derzeit wohl der beste Kenner südamerikanischer Pioniersiedlungsgebiete, dem Verf. in einer brieflichen Mitteilung[19]: "There are colonization agencies in every South American country which have exchanged personnel and ideas for many years. As far back as World War II, for example, the Colombians had internationally attended seminars on pioneer settlement planning and later tested the Waldhufen idea in Colombia. (...) There are published sources which are available to people directly engaged in pioneer settlement in South America with discussion and maps of Waldhufen or Waldhufen-like schemes."

Wir können also davon ausgehen, daß sich die Ausbreitung des Prinzips der Reihensiedlung mit Streifeneinödflur seit einigen Jahrzehnten zumindest in Südamerika, wo Pioniersiedlungsprojekte in allen Staaten entstehen, über Fachliteratur und Erfahrungsaustausch vollzieht.[20]

Gegenüber dieser jüngsten Phase zeigt sich jedoch beim Rückblick auf die älteren Kolonisationsgebiete der Alten wie der Neuen Welt, daß dieses im Grunde genommen in seiner Einfachheit naheliegende Siedlungsprinzip in ähnlichen Landnahmesituationen immer wieder neu entdeckt wurde. Voraussetzung dabei ist die Absicht, Siedlergruppen planmäßig mit möglichst geringem Erschließungsaufwand und dennoch optimalen verkehrsmäßigen, sozialen und wirtschaftlichen Bedingungen für den Einzelnen auf individuellen, geschlossenen Besitzungen anzusiedeln. Übertragung bzw. Übernahme dieses Prinzips aus einem Kolonisationsgebiet in ein anderes kommt auch in der Vergangenheit durchaus vor, scheint jedoch bei den sehr viel geringeren Kommunikationsmöglichkeiten der Siedlungsträger eher die

---

18 Briefl. Mitt. von Herrn Prof. Dr. C. Borcherdt, Stuttgart, vom 09.03.1973.
19 vom 12.03.1973
20 Wieweit die bei der spontanen, ungelenkten Kolonisation längs des mittleren Huallaga-Flusses im Tingo-Mariá-Gebiet von Peru entstandenen unregelmäßigen gereihten Streifen und Blöcke auf Plansiedlungsvorbilder in der Nähe zurückgehen, ist eine offene Frage. Nach Eidt (1962, S. 267) wurde bei Tingo-Mariá bereits seit 1936 planmäßig nach dem Reihensiedlungsprinzip kolonisiert, während Monheim (1965, S. 34) von spontaner Ansiedlung spricht und damit auch die Niederlassung längs des Flusses als einzigem Verkehrsweg „einfach aus der Logik der Tatsachen heraus in der Form von ungeregelten 'Waldhufensiedlungen' entstanden ist" (Prof. Dr. F. Monheim in einer briefl. Mitt. an den Verf. vom 20.03.1973).

Ausnahme gewesen zu sein. Eine Überprüfung in den Verbreitungsgebieten in anderen Erdteilen dürfte dieses Ergebnis bestätigen.

Literatur

Bartz, F. (1955): Französische Einflüsse im Bilde der Kulturlandschaft Nordamerikas. Hufensiedlungen und Marschpolder in Kanada und Louisiana. In: Erdkunde IX, S. 286-305.

Brücher, W. (1968): Die Erschließung des tropischen Regenwaldes am Ostrand der kolumbianischen Anden. (Tübinger Geogr. Studien 28) Tübingen.

Czajka, W. (1964): Der Schlesische Landrücken. Eine Landeskunde Nordschlesiens. Teil II, 2. erw. Aufl. Wiesbaden.

Deffontaines, P. (1972): The Rang – Pattern of Rural Settlement in French Canada. In: Readings in Canadian Geography, ed. by R. M. Irving. 2. Aufl. Toronto 1972, S. 70-80. [Übersetzung der franz. Original-Abhandlung: Le Rang. Type de Peuplement Rural du Canada Français. (Université Laval, Publications de l'Institut de Géographie, Cahiers de Géographie 5) Québec.]

Eidt, R. C. (1962): Pioneer settlement in Eastern Peru. In: Annals of the Assoc. of American Geographers 52, S. 255-278.

Ders. (1967): Modern colonization as a facet of land development in Colombia, South America. In: Yearbook of the Assoc. of Pacific Coast Geographers 29, S. 21-42.

Ders. (1971): Pioneer settlement in Northeast Argentinia. Madison, Milwaukee u. London.

Ehlers, E. (1965): Das nördliche Peace River Country, Alberta, Kanada. (Tübinger Geogr. Studien 18) Tübingen.

Engel, F. (1956): Niedersachsen, Mecklenburg, Pommern. Über die Einheit des norddeutschen Raumes seit der mittelalterlichen Ostkolonisation. (Schriftenreihe d. Landeszentrale f. Heimatdienst in Niedersachsen, Reihe B, H. 3) Hannover.

Gradmann, R. (1931): Süddeutschland. Bd. 1. Stuttgart.

Hettner, A. (1891): Das südlichste Brasilien (Rio Grande do Sul). In: Zeitschrift d. Ges. f. Erdkunde zu Berlin 26, S. 85-144.

Ders. (1902): Das Deutschtum in Südbrasilien. In: Geogr. Zeitschrift 8, S. 609-626.

Helbig, H. (1964): Die Anfänge der Landgemeinde in Schlesien. In: Die Anfänge der Landgemeinde und ihr Wesen II. (Konstanzer Arbeitskreis f. Mittelalterl. Geschichte, Vorträge u. Forschungen VIII). Stuttgart, S. 89-114.

Hottenroth, H. (1968): The Great Clay Belts in Ontario and Quebec. Struktur und Genese eines Pionierraumes an der nördlichen Siedlungsgrenze Ost-Kanadas. (Marburger Geogr. Schriften 39) Marburg.

Hütteroth, W.-D. (1968): Die Bedeutung kollektiver und individueller Landnahme für die Ausbildung von Streifen- und Blockfluren im Nahen Osten. In: Beiträge zur Genese der Siedlungs- und Agrarlandschaft in Europa. (Erdkundl. Wissen – Beihefte z. Geogr. Zeitschrift 18) Wiesbaden, S. 85-93.

Kreisel, W. (1972): Siedlungsgeographische Untersuchungen zur Genese der Waldhufensiedlungen im Schweizer und Französischen Jura. (Aachener Geogr. Arbeiten 5) Wiesbaden.

Kreisel, W. und *Schoop, W.* (1971): Landnahme und Kolonisation im französischen und schweizerischen Jura und am nordöstlichen Andenabfall Boliviens. Eine vergleichende Untersuchung zur Besiedlung zweier bewaldeter Mittelgebirgsregionen. In: Geogr. Helvetica 26, S. 181-186.

Krüger, R. (1967): Typologie des Waldhufendorfes nach Einzelformen und deren Verbreitungsmustern. (Göttinger Geogr. Abhandlungen 42) Göttingen.

Lauer, W. (1961): Wandlungen im Landschaftsbild des südchilenischen Seengebietes seit Ende der spanischen Kolonialzeit. In: Beiträge zur Geographie der Neuen Welt. Oskar Schmieder zum 70. Geburtstag, hg. v. W. Lauer. (Schriften d. Geogr. Inst. d. Univ. Kiel XX) Kiel, S. 227-276.

Meynen, E. (1943): Dorf und Farm. Das Schicksal altweltlicher Dörfer in Amerika. In: Gegenwartsprobleme der Neuen Welt. Teil 1: Nordamerika, hg. v. O. Schmieder. (Lebensraumfragen – Geogr. Foschungsergebnisse, Bd. III) Leipzig, S. 565-615.

Monheim, F. (1965): Junge Indianerkolonisation in den Tiefländern Ostboliviens. Braunschweig.

Ders. (1968): Agrarreform und Kolonisation in Peru und Bolivien. In: Beiträge zur Landeskunde von Peru und Bolivien. (Erdkundl. Wissen – Beihefte z. Geogr. Zeitschrift 20) Wiesbaden.

Niemeier, G. (1949): Frühformen der Waldhufen. In: Petermanns Geogr. Mitteilungen 93, S. 14-27.

Nitz, H.-J. (1962): Die ländlichen Siedlungsformen des Odenwaldes (Heidelberger Geogr. Arbeiten 7) Heidelberg u. München.

Ders. (1963): Entwicklung und Ausbreitung planmäßiger Siedlungsformen bei der mittelalterlichen Erschließung des Odenwaldes, des nördlichen Schwarzwaldes und der badischen Hardt-Ebene. In: Heidelberg und die Rhein-Neckar-Lande. Festschrift zum 34. Deutschen Geographentag 1963 in Heidelberg, hg. v. G. Pfeifer, H. Graul u. H. Overbeck. Heidelberg u. München, S. 210-235.

Ders. (1972): Zur Entstehung und Ausbreitung schachbrettartiger Grundrißformen ländlicher Siedlungen und Fluren. Ein Beitrag zum Problem „Konvergenz und Übertragung". In: Hans-Poser-Festschrift, hg. v. J. Hövermann u. G. Oberbeck. (Göttinger Geogr. Abhandlungen 60) Göttingen, S. 375-400. [In diesem Band enthalten.]

O'Reilly Sternberg, H. (1966): Die Viehzucht im Careiro-Cambixegebiet. In: Heidelberger Studien zur Kulturgeographie. Festgabe zum 65. Geburtstag von Gottfried Pfeifer, hg. v. H. Graul u. H. Overbeck. (Heidelberger Geogr. Arbeiten 15) Wiesbaden, S. 171-197.

Paullin, C. O. (1932): Atlas of the historical geography of the United States. New York.

Reps, J. W. (1965): The making of urban America. Princeton.

Schlenger, H. (1930): Formen ländlicher Siedlungen in Schlesien. Beiträge zur Morphologie der schlesischen Kulturlandschaft. (Veröff. d. Schlesischen Ges. f. Erdkunde 10) Breslau.

Schmieder, O. (1933): Länderkunde Nordamerikas. Vereinigte Staaten und Canada. Leipzig u. Wien.

Schmieder, O. und *Wilhelmy, H.* (1938): Deutsche Ackerbausiedlungen im südamerikanischen Grasland und Gran Chaco. (Wiss. Veröff. d. Dt. Museums f. Länderkunde, NF 6) Leipzig.

Schoop, W. (1970): Vergleichende Untersuchungen zur Agrarkolonisation der Hochlandindianer am Andenabfall und im Tiefland Ostboliviens. (Aachener Geogr. Schriften 4) Wiesbaden.

Semple, E. Ch. (1904): The North-Shore Villages of the Lower St. Lawrence. In: Zu Friedrich Ratzels Gedächtnis. Geplant als Festschrift zum 60. Geburtstag, nun als Grabspende dargebracht von Fachgenossen und Schülern, Freunden und Verehrern. Leipzig, S. 349-360.

Siebert, J. (1934): Der Spessart. Eine landeskundliche Studie. Breslau.

Waibel, L. (1955): Die europäische Kolonisation Südbrasiliens. (Colloquium Geographicum 4) Bonn.

Warkentin, J. (1972): Manitoba Settlement Patterns. In: Transactions of the Historical and Scientific Society of Manitoba, Ser. III, No. 16, 1961, S. 62-77. – Hier zit. n. d. Wiederabdruck in: R. M. Irving (ed.): Readings in Canadian Geography. 2. Aufl. 1972, Toronto, S. 56-69.

Wilhelmy, H. (1941): Die deutschen Siedlungen in Mittelparaguay. (Schriften d. Geogr. Inst. d. Univ. Kiel, Bd. II, H. 1) Kiel.

Ders. (1949): Siedlung im südamerikanischen Urwald. Hamburg.

Zaborski, B. (1972): Comparison of non-urban settlements of southern Canada and of the European mainland north of the Alps and the Danube. In: International Geography 1972, ed. by W. P. Adams and F. M. Helleiner. Bd. 2, Toronto u. Buffalo, S. 697-698.

Zschocke, H. (1963): Die Waldhufensiedlungen am linken deutschen Niederrhein. (Kölner Geogr. Arbeiten 16) Wiesbaden.

Introduction from above: Intentional spread of common-field systems by feudal authorities through colonization and reorganization

1. Introduction

In my paper I will try to challenge the prevalent conceptions of the origin and dating of the common-field system on two points:

(1) The claim of J. Thirsk for Britain and of H. Hildebrandt for Germany of an origin in the high Middle Ages – 12th or at the earliest 10th century – is wrong[1]. The common-field system was in some continental core regions well developed by the 8th century.

(2) Most scholars who worked on the origins of common-field systems, give highest priority to an evolution on the level of field neighbours or parceners of furlongs, and of village communities for the village fields. This evolution could be called introduction from below, in contrast to an introduction from above, through the institution of lordship – the local feudal lord, territorial lordship or the Crown. Their role has, as B. Campbell stressed, been underestimated[2]. I shall give examples from Central Europe which will demonstrate and underline the important role of authorities above the village level for the introduction of common fields.

Most adherents of an introduction from below agree upon two points: Common-field systems evolved in an almost natural way under growing population pressure, which – increased by partible inheritance – led to fragmentation of plots, piecemeal colonization of new fields, increasing intermingling of property. This process finally necessitates cooperation of field neighbours to avoid rising difficulties with stubble and fallow grazing: fallow fields and cropped fields are separated by mutual agreement. In each and every village where the pressure situation arrived at a certain point, change from individual to common rotations was a sheer necessity. Interference or coordination from the side of the lord is thought to have been unnecessary. The village or parcener communities are thought to have been more or less independent in organizing cropping affairs[3].

In contrast to this conception of many parallel inventions on the grassroot level of individual farming communities, another group of authors, including T. Z. Titow, M. Harvey and especially B. Campbell have discussed the possible role of

---

[1] *Thirsk, J.* (1964): The common fields. In: Past and Present 29, pp. 3-25. *Hildebrandt, H.* (1980): Studien zum Zelgenproblem. (Mainzer Geographische Studien 14) Mainz.

[2] *Campbell, B.* (1981): Commonfield Origins – The Regional Dimension. In: T. R. Rowley (ed.): The Origins of Open-field Agriculture. London, pp. 112-129.

[3] *Dodgshon, R.* (1980): The Origin of British Field Systems. London, pp. 75-78.

lords above the village community[4]. From written sources we may get some answer to the question: What were the vested interests and needs of lordship in respect to agricultural production of its villains? Could lords have had an interest in organizing village agriculture into common fields without waiting for population and land pressure and the private problems of the husbandmen? It must have been in the interest of the lords to optimize the agricultural production of their villages, that is: to optimize the productivity of the peasant holdings. From many manorial registers we know, that the peasant units became standardized as *mansus, hufe, bol, yardland, oxgang,* and that these standardized units had to deliver standard amounts of their annual production, and standard working duties on the demesne. A standard productivity year after year, could no doubt best be attained and guaranteed for the lordship, if peasant production was brought under some degree of control from above. A well organized common-field system would have served this purpose quite well. In a common-field system, each and every holder of a mansus had to follow the *optimal* crop rotation of the time under the control of an estate official. I think that the introduction of standard land units of 30 Morgen for the mansus in the Frankish empire after the 8th century, and of the 30 acre yardland and the 15 acre oxgang was part of this strategy. With these considerations I am in full agreement with those of Bruce Campbell.

These general aims of the lords could be arrived at in two ways:

1. Reorganization of irregular plot patterns of existing villages to make them fit for the more effective common-field system: this would have included standardization of holding sizes.

2. A deliberate planned establishment of new villages carved out of the waste, *ab initio* with equal land shares – *mansi* – for the colonists, by creating from the very beginning regular furlongs which in number and in size would fit into a system of as many common fields as the rotation demanded: in the case of the three-field system there should be 3 or 6 or 9 furlongs. This kind of colonization could also be applied in cases of desertion of villages which after some time were re-established in the new form.

If it is possible to give the historical date of a planned colonization or reorganization with a furlong pattern clearly organized according to a common field system (3 furlongs – 3 fields), then we have also a historical date for the existence of the common-field practice.

And if we are able to identify the authority which established or reorganized common-field villages in a planned way, we may be in a position to trace connections of this authority to regions from which the innovation could have been copied. This again would aid to identify possible regions of origin.

---

4 *Titow, T. Z.* (1966): Medieval England and the open-field system. In: Past and Present 32, pp. 86-102. *Harvey, M.* (1978): The morphological and tenurial structure of a Yorkshire township: Preston in Holderness 1066-1750. (University of London, Queen Mary College, Dept. of Geography: Occasional Paper No 13) London. *Campbell, B.,* op. cit. note 2.

2. Regional case studies

In the second part of my paper I shall present and discuss case studies of regions with superimposition of common-field systems on newly established or re-established villages. The first cases are introductions as late as the 16th to 18th centuries, organized by administrations of absolutist states. Fortunately, these administrations have reported in detail about the settlement process and about the circumstances and the intentions, why they introduced the common-field system. A well documented region is Lorraine (SE France) and the neighbouring Saar and Western Palatinate (Pfalz) of Germany where after the early 16th century and again around 1700 deserted townships were resettled by state authorities. J. Peltre, F. Reitel and G. Hard have published several papers on the planned re-establishment of villages with common fields by state surveyors[5].

Another early modern example is the Grand Duchy of Lithuania which after 1386 was united with the Crown of Poland. Here during the mid-16th century the Crown ordained by decree for extensive parts of the royal lands a complete agricultural reform of existing villages, and a colonization of royal forests to establish numerous new townships, with a field pattern that should perfectly correspond to the common three-field system[6]. The economic policy of the Crown aimed at a drastic increase in grain production for export, especially to the Netherlands. For this purpose the economy of the demesnes as well as of the farming communities had to be modernized and intensified. Here again the common three-field system was considered by the administration as the most modern and most intensive system of the time.

The traditional Lithuanian small farming communities, hamlets of a few families, had so far practiced an unregulated field-grass rotation of low intensity: there was no population pressure and an abundance of land. Even a kind of shifting cultivation was common on individual irregular block-shaped plots carved out of the forest here and there. It was a more or less self-sufficient family economy, with a low and unpredictable rent and corvée capacity, and almost no market supply. In terms of our time it was an underdeveloped economy. Hence it was the aim of the royal authority to develop the rural economy in one big step, by forcibly superimposing the new system, which was copied from Poland where it had already been introduced during the Middle Ages.

---

5 *Peltre, J.* (1987): L'impact des villages neufs en Lorraine à l'époque modern (XVIe-XVIIIe s.). In: H.-J. Nitz: The Medieval and Early-Modern Rural Landscape of Europe under the Impact of the Commercial Economy. University of Göttingen, Department of Geography (1987), with quotations of his earlier papers, pp. 187-197. *Reitel, F.* (1966): A propos de l'openfield lorrain. In: Revue Géographique de L'Est, pp. 29-52. *Hard, G.* (1964): Plangewannfluren aus der Zeit um 1700. Zur Flurformengenese in Westpfalz und Saargegend. In: Rheinische Vierteljahresblätter 29, pp. 293-314, esp. S. 308.

6 *Conze, W.* (1940): Agrarverfassung und Bevölkerung in Litauen und Weißrußland. (Deutschland und der Osten 1) Leipzig. *Demidowicz, G.* (1985): Planned Landscapes in North-East Poland: The Suraz Estate 1550–1760. In: Journal of Historical Geography 11, pp. 21-47.

The survey techniques of the 16th century were quite advanced (Figure 1), hence the lay-out of the townships and the furlongs is extremely schematic, following a strict rectangularity. New villages as well as reorganized villages were laid out after a few models. The standardized mansus-unit, called *wloka*, held *30 Morgen*, in Polish: *morgi*, with a large size morgi of 0,72 ha of no less than three times the West-German Morgen. This brought the mansus to 22 hectares. Only few variant models were in use.

Model I: Three parallel large furlongs of almost 2 km in length, with the street village in front of the central furlong (e.g. village Zawyki), or in case of a narrow township:

Model II: Two parallel long fields on the one side of the street village and one shorter field with broader selions on the opposite side (e.g. village Rynki).

Model III: A further variation was to combine two units of the first model facing each other (e.g. village Rzepniki).

In each and every township there were three furlongs of equal size which served as the three common fields. Each holding held one strip in each furlong allocated in the same relative position.

Large forest areas were surveyed in an almost American chessboard pattern with rectangular townships[7].

The next examples are taken from regions colonized or reorganized during the high Middle Ages.

The first sample is taken from the Austrian Waldviertel north of the Danube. Here, colonization was initiated by the princes of Kuenringen and their family abbey of Zwettl. Colonization started by the early 12th century in the extensive forests which the Kuenringens must have received as a grant from the German king. The Waldviertel is a plateau region at an elevation of about 600 m, the climate is rather rough for a three-field economy. Nevertheless it was introduced in the colonization villages (Figure 2). Each and every township has got three large and long furlongs forming the core area of the fields. In many villages like Niederstrahlbach there are 24 land-units: 22 peasant holdings and one double unit for the village headman, the *Hofbauer*, appointed by the princely administration. The initial three furlongs which functioned as the three common fields can easily be identified. They consist of strips of 4 rods in width (about 19 m), and an original length of 200 rods, well represented in field I. In each of the three furlong-fields the standard holding received one strip containing 3 *joch* (yoke), in all 9 *joch,* and one *joch* as toft in the green village, in all 10 joch or 5,7 hectares which seems a rather small holding. This size of 9+1 or in other cases 12+1 *joch* (6-8 ha) can be observed in all the villages of the territory. But these initial holdings were quickly enlarged by the additional colonization of further, smaller furlongs. The allocation of strips in the furlongs follows a strict sequence, bound to the location of the

---

7 *Conze*, op. cit. note 6, Fig. 15.

PLANNED LANDSCAPES IN NORTH-EAST POLAND

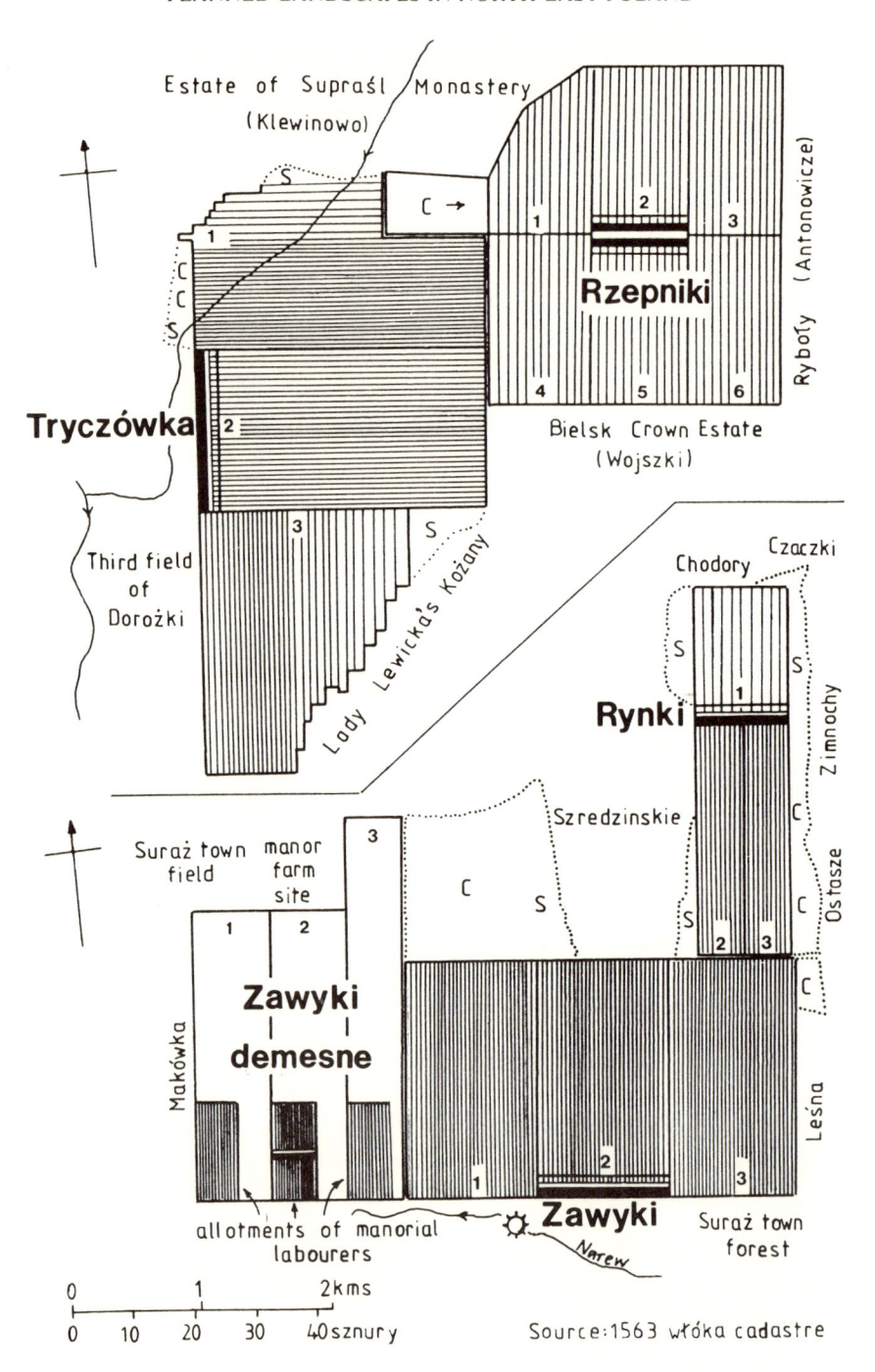

Source: 1563 włóka cadastre

Fig. 1. Planned colonization townships with common three-field system in Lithuania (16th century).

After *G. Demidowicz,* Planned landscapes in north-east Poland: the Suraz estate 1550-1760. Journal of Historical Geography, 11 (1985) p. 21-47, Fig. 6: Tryczówka and Rzepniki; Zawyki and Rynki, 1563.

respective farm toft in the green-village. This allocation practice resembles the Swedish sun-division[8].

For the central and northern parts of the east Elbian region colonized under German and Polish princes, it is a well established fact that in the course of colonization the common three-field system was introduced along with the appropriate planned furlong pattern, in newly established villages as well as in those Polish villages which were reorganized from above by decree after the new model which included economic and social reorganization as well under the so-called *ius teutonicum*, the German bylaw. In village studies, historians and geographers have so far mainly concentrated on the formal field plot and furlong pattern, but less attention seems to have been paid to the correlation of furlong pattern and the initial common fields. In a good few villages it is difficult, indeed, to discover clear correlations between the furlong pattern and a common three-field system. Unquestionable cases have been identified by Anneliese Krenzlin for the Margravate of Brandenburg and by Oskar August for the Lausitz[9]. Both regions were colonized about 1200. In the sample township of Hohenleipisch (Niederlausitz) (Figure 3) even in the map of 1828 the medieval three fields are clearly recognizable in the furlongs B VIII, B VII and B VI/B II. O. August was able to reconstruct the

---

[8] For details and further examples see *Nitz, H.-J.* (1985a): Planmäßige Siedlungsformen zwischen dem österreichischen Waldviertel und dem Passauer Abteiland. In: Ostbairische Grenzmarken. Passauer Jahrbuch für Geschichte, Kunst und Volkskunde 27, pp. 47-62 [Wiederabdruck/reprinted in Ausgewählte Arbeiten Band I]. *Nitz, H.-J.* (1985b): Zur Rekonstruktion primärer Plansiedlungsstrukturen der mittelalterlichen Kolonisation mit Beispielen aus dem Waldviertel und der Niederlausitz. In: S. Kullen (ed.), Aspekte landeskundlicher Forschung. Beiträge zur Sozialen und Regionalen Geographie unter besonderer Berücksichtigung Südwestdeutschlands. Festschrift Hermann Grees. (Tübinger Geographische Studien 90) Tübingen, pp. 143-164.

[9] *Krenzlin, A.* (1954): Dorf, Feld und Wirtschaft im Gebiet der großen Täler und Platten östlich der Elbe. (Forschungen zur deutschen Landeskunde 70) Remagen, esp. pp. 25-36, 78-83 and Fig. 1-5. The late O. August's research about the Lausitz region covers more than 80 villages but only three samples have been published so far: *August, O.* (1974): Räumlichzeitliche Entwicklung des Ortes und der Flur Cahnsdorf, Kreis Luckau (NL). In: Niederlausitzer Arbeitskreis für regionale Forschung (ed.), Geschichte und Gegenwart des Bezirkes Cottbus. (Niederlausitzer Studien 8) o.O. [Cottbus], pp. 87-121. I. Leister has published, with permission of O. August, two more samples: *Leister, I.* (1974): Das Angerdorf und die Überwindung der Hufenordnung im ostdeutschen Kolonisationsgebiet, in: I. Leister and H.-J. Nitz (eds.): Siedlungsformen der früh- und hochmittelalterlichen Binnenkolonisation. Probleme der genetischen Siedlungsforschung Band 1. Göttingen, pp. 83-96; map and field analysis of the sample of Gr. Radden reprinted in *Nitz, H.-J.* (1985b), op. cit. note 8.

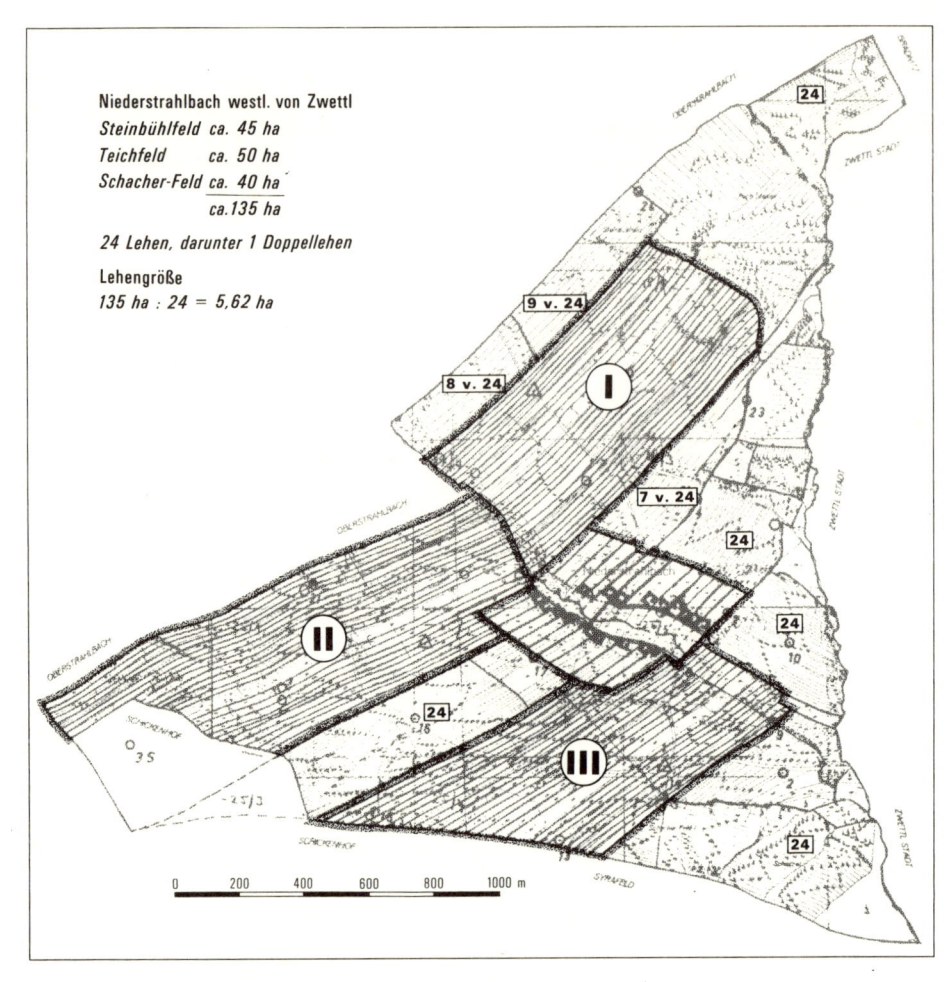

Fig. 2. High medieval colonization township of the Waldviertel (Niederösterreich/Lower Austria) north of the Danube: Niederstrahlbach near Zwettl, founded by the Cistertian Abbey of Zwettl about A.D. 1150.
I, II, III: the initial three furlongs of the common-field system. After H.-J. Nitz, op. cit. note 8, 1985b, Fig. 1.

medieval lay-out (Figure 3, below): the three initial fields with 18 selions each corresponding with 18 farmsteads in the green-village. Furlongs 1 and 2 are later additions. The three parallel fields (I, II, and III) extend unbroken over 1600 to 2000 m, on average 1840 m or about 400 rods (16 feet rod of 4.67 m). The

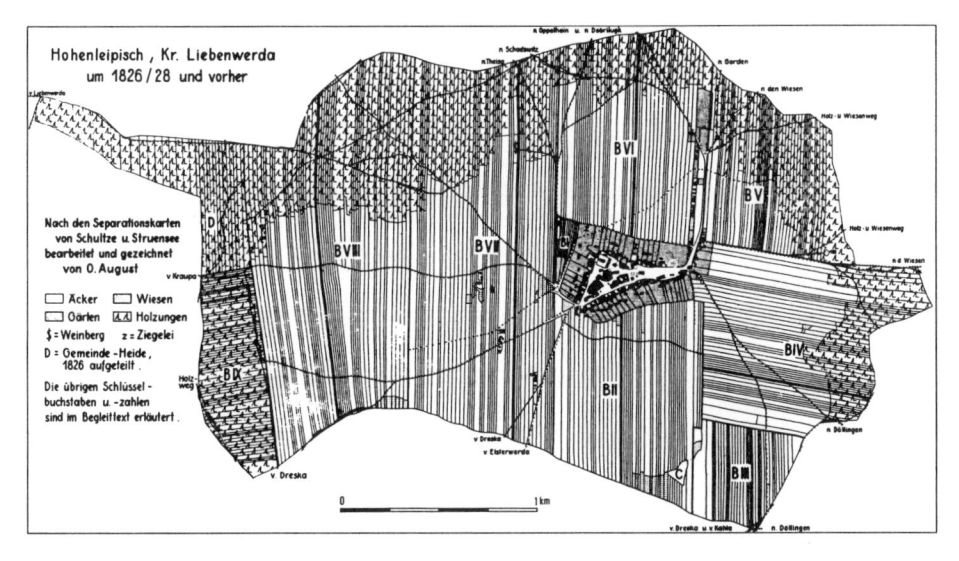

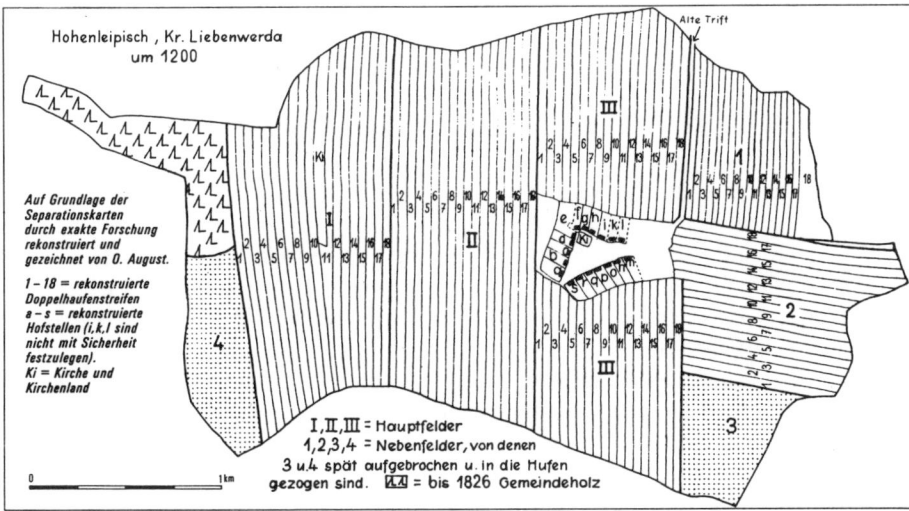

Fig. 3. High medieval colonization township of the Niederlausitz (Germany): Hohenleipisch, Kreis Liebenwerda. Above: Situation in 1826/1828. Below: Reconstruction of the layout at the time of colonization about A.D. 1200, by O. August.

I, II, III: Initial three furlongs of the common-field system.

Source: Dr. O. August, Halle, unpublished, from his private collection.

township covers a flat ground morain plateau and the adjoining moist and sandy outwash plain to the north where the soil proved unfit for arable and remained under or was returned to forest. The initial selions had a width of 42 m or 9 rods which for the standard *Hufe* should, on principle, come to 27x400 rods = 10 800 square rods. As the standard *Morgen* in the western parts of Germany contained 120 square rods, the *Hufe* of Hohenleipisch was equal to 90 Morgen (about 23 hectares), which means three times the size of the 30-*Morgen-Hufe* of the West! Generally the colonists east of the Elbe received a double-*Hufe* of 60 *Morgen* (about 16.8 hectares), the so-called *Flämische Hufe*.

In central and eastern Brandenburg, too, three large furlong-fields named "Die Hufen" clearly indicate that the *Hufen* land units received one strip of land in each of the three furlongs which were without any doubt the initial three common fields.

This three-furlongs/three-common-fields model was introduced in Brandenburg under the Askanier margraves about 1220. But there is a general agreement among scholars that earlier established townships with no such clear numerical correlation also started with the common-field system[10].

In most of these colonization villages the furlongs are extremely long, obviously laid out without respect to differences in soil and topography. Part of the land proved unfit for the three-field economy and had to be excluded or used as outfields with a separate rotation or even the whole field system had to be changed by the peasants, on sandy soil to the one- or two-field system on reduced core areas with a heathland economy on the outfield sections of the long strips[11]. The surveyors obviously had little practical experience with field systems, they seem to have just followed the order from above to survey three large furlongs as common fields containing a given number of *Hufen*. It was clearly the intention of the princely authorities to introduce the "modern" common three-field system for their new villages by laying out three furlongs of equal size, but it was for the farming community to make the best of it, to adapt the surveyed schematic layout to the local natural conditions.

From these examples which were taken from the 12th-13th century colonization regions east of the Elbe and Saale rivers and north of the Danube, we must draw the conclusion that at that time the common three-field system was a well established practice and in high esteem by the territorial and manorial lords who must have regarded it as the most advanced field system of the time. It must have been invented in the earlier settled regions further west well in advance of the 12th century. But how much earlier?

The territorial princes of the marches and their vassals came from regions immediately west of the Elbe and Saale, from Saxony, Thuringia and Franken and from Bavaria, but also from farther west, from where they could have brought the innovation. But information could also have been disseminated on the imperial diets. Research has revealed that in some of these earlier settled regions quite

---

10 *Krenzlin*, op. cit. note 9, pp. 58-59.
11 *Krenzlin*, op. cit. note 9, pp. 59-66.

regular and very long furlong field patterns were established in the *early Middle Ages*[12]. It is among these regions that we have to search for instances of unquestionable three-furlong systems or at least tripartite furlong systems.

So far I have identified two regions as possible early centres of innovation from above. Both were reorganized or colonized about the middle of the eighth century by the *Frankish state*, under similar strategical circumstances: they were military border regions. The first is the Hassegau (also called Hochseegau) as the easternmost section of the mid-eighth century frontier of the Frankish empire against the Saxons, and the second region is the Lechfeld along the Lech and Wertach rivers extending north and south of Augsburg. This region separates the dukedoms of Alemannia in the west and Bavaria in the east which in the crisis of the Frankish empire in the early and mid 8th century the Carolingian *Majores domus* had difficulty in controlling. The Lechfeld region therefore had a strategic position for the Crown.

The same was the case with the border region against the Saxons extending from the Harz mountains in the west to the Saale river, beyond which lay Slavonic territories. In A. D. 743 Carloman (Karlmann), one of the Frankish *Majores domus*, took the Hochseeburg castle from the Saxons and occupied the Saxon territory south of it up to the Unstrut river, which until then had been the border line between the Saxons and the Frankish province of Thuringia. The newly conquered region, the Hassegau, was colonized respectively completely reorganized by the Frankish state authorities and settled with peasant-soldiers[13]. Their hamlets and villages were organized around royal castles. The newly created township pattern is extremely regular (Figure 4); the townships form elongated rectangles parallel to each other and lined up along streams. German and Slavonic place-names indicate that colonists were taken from both peoples. The parallel long strip furlongs of the villages are subdivisions of the township rectangles; the strips extend over more than two kilometres.

The two sample villages of Ober-Klobikau and Nieder-Klobikau were analysed by the late O. August (Halle). Figure 4 presents his reconstruction of the early medieval situation. Each of the two townships contain three large furlong units (I, II, III) which functioned as the three common fields until the 18th century, with

---

12 *Nitz, H.-J.* (1961): Regelmäßige Langstreifenfluren und fränkische Staatskolonisation. In: Geographische Rundschau 13, pp. 350-365. *Nitz, H.-J.* (1963): Siedlungsgeographische Beiträge zum Problem der fränkischen Staatskolonisation im süddeutschen Raum. In: Zeitschrift für Agrargeschichte und Agrarsoziologie 11, pp. 34-62. [Wiederabdruck/reprinted in Ausgewählte Arbeiten Band I]

13 For a detailed discussion of the colonization process and village planning see *Nitz, H.-J.* (1988): Settlement structures and settlement systems of the Frankish central state in Carolingian and Ottonian times (8th to 10th centuries). In: D. Hooke (ed.): Anglo-Saxon Settlements. Oxford, pp. 249-273. For historical details see *Wenskus, R.* (1984): Der Hassegau und seine Grafschaften in Ottonischer Zeit. In: Beiträge zur niedersächsischen Landesgeschichte. Festschrift Hans Patze. (Veröffentlichungen der Historischen Kommission für Niedersachsen und Bremen. Sonderband) Hildesheim, pp. 42-60.

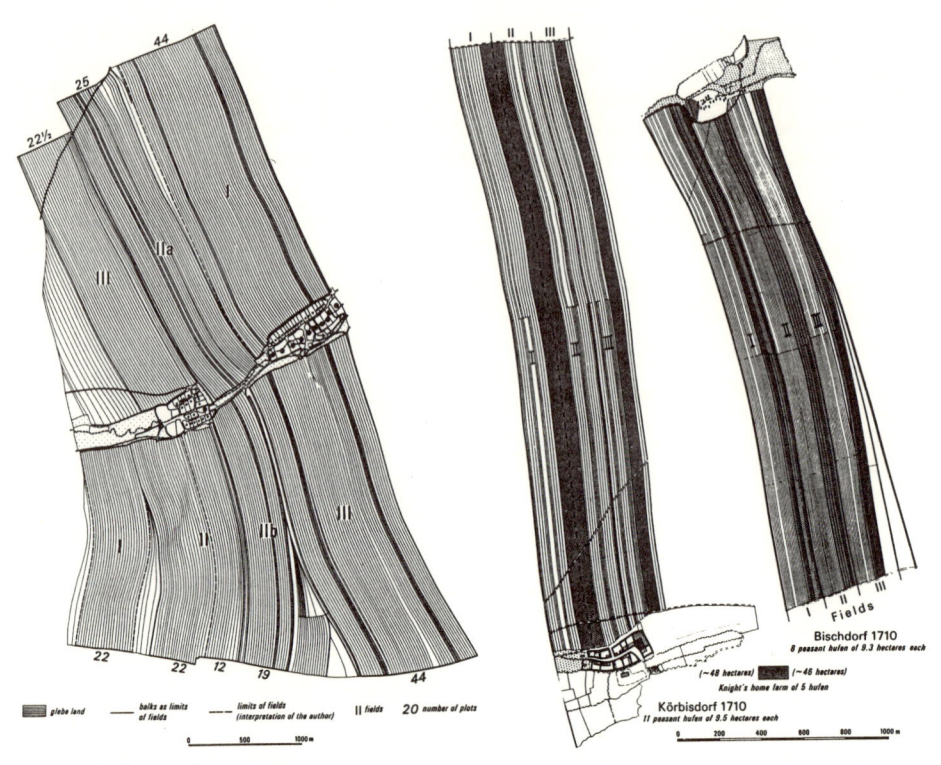

Fig. 4. Early medieval colonization townships of the Hassegau in the Harz-Saale-region (Carolingian/Ottonian age). From left to right: Ober-Klobikau, Nieder-Klobikau, Körbisdorf and Bischdorf. I, II, III: Common fields. Source: Klobikau: O. August, reconstruction of the situation of A.D. 979 and before, based upon analysis of cadastral maps of 1710, unpublished, from Dr. O. August's private collection. Körbisdorf and Bischdorf: O. August 1964, Fig. 60a and 62a, op. cit. note 14. With additions by H.-J. Nitz.

some later additions. Nieder-Klobikau contained 44 *Hufen,* Ober-Klobikau 22, just half that number. The detailed analysis by O. August and the present author has been published elsewhere (see note 13). As an example of land allocation, the glebe of Nieder-Klobikau with four *Hufen* has been marked on Figure 4, with exactly four strips in each field. The standard *Hufe* of this village held about 18 hectares, in neighbouring Ober-Klobikau 13 hectares.

The two hamlets of Körbisdorf and Bischdorf with their very narrow township rectangles contain two categories of holdings: peasant *Hufen* with narrow strips and the category of the larger knight's farm allocated in three broad strips, one in each field, with an area equal to five *Hufen* (46 to 48 hectares).

As O. August has shown[14], the townships and their large fields were, when laid out by royal officials, mensurated by the areal measure of the *mansus regalis,* the *"royal Hufe".* By detailed analysis of townships which are documented in royal charters as containing just one *mansus regalis* he calculated this unit as having contained about 72 hectares. My own metrological analysis of these samples has revealed a size of 36 000 square rods e.g. 90x400 rods, 72x500 rods or 60x600 rods, which is slightly larger than O. August's calculation: about 78 hectares. The sample villages of Figure 4 contain for Körbisdorf 120x600 rods (2 *mansi regales*), for Bischdorf 108x500 rods (1½ *mansi regales*), and for the three large fields of Nieder-Klobikau 200x600 rods (field II composed of 110 and 90 rods in width), in total 10 mansi regales. Ober-Klobikau comes close to 4½ *mansi regales*. Calculations of the size of the peasant *Hufen* of different villages reveal that a standard unit seems not to have existed. But as a strict rule each *Hufe* held one strip in each of the three fields.

These villages together with the central castles were, according to historical research, established after the conquest of this former Saxon region by the Franks in A.D. 743 to form a military border district of the Frankish state. The regular township pattern with three furlongs/three common fields must have been introduced at that very time. My present research in Saxony proper, conquered by the Franks after A.D. 780, reveals that this innovation was taken into this region, too, though not applied in such a rigid geometric layout.

Almost the same pattern was established by the Frankish state in the Lechfeld south of Augsburg (South Germany, Figure 5). Again, rectangular townships are lined up along the western and eastern rim of the loess-covered interfluve terrace of the Lech and Wertach rivers. Two important royal Frankish trunk roads form the axes of the two rows of townships. They connected the Frankish core regions in the north with Italy and the Lake Constance region. After insurrections, the dukes of Bavaria and of Alemania were defeated on the Lechfeld in A.D. 722 by the *Major domus* Charles Martell and again in A.D. 743 by his sons Pipin and Carloman, the conquerors of the Hassegau. These battles on the Lechfeld clearly indicate the eminent strategic importance of the region of which Augsburg was the main royal castle and *palatium* (palace) settlement.

The Lechfeld townships of Frankish peasant-soldier colonists must have been created by the state administration after A.D. 722 or after A.D. 743. The earlier Alemanian villages with place-names in -ingen as suffix were confiscated and

---

14 His basic methodology of field pattern analysis and reconstruction of the initial Hufen was first published by *O. August* (1964) in his paper "Untersuchungen an Königshufenfluren bei Merseburg" [Studies on royal-Hufen fields around Merseburg]. In: P. Grimm (ed.): Varia Archaeologica. Festschrift Wilhelm Unverzagt. (Deutsche Akademie der Wissenschaften zu Berlin, Schriften der Sektion für Vor- und Frühgeschichte 16) Berlin, pp. 375-394.

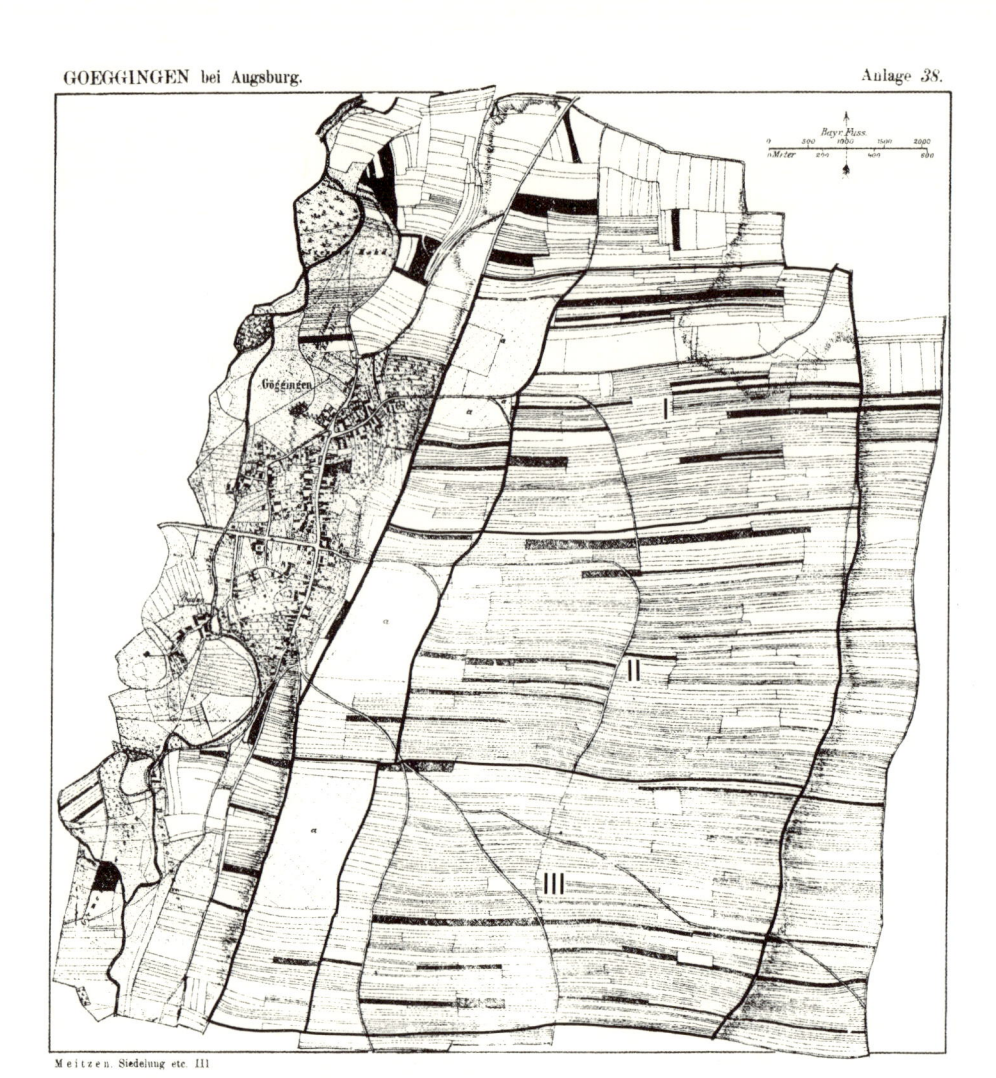

Fig. 5. Carolingian colonization township of the Lechfeld region south of Augsburg (South Germany): Göggingen 1821. The original demesne lands have been earmarked. I, II, III: Common fields of 1821. In the north the hypothetical initial west-east limit of field I, and in the east the initial north-south limit along the steep fringe of the terrace have heen reconstructed by the present author. After *O. Meitzen*, Siedelung und Agrarwesen der Westgermanen und Ostgermanen, der Kelten, Römer, Finnen und Slawen. Atlas zu Band III. Berlin 1895, Fig. 38.

replaced by the new colonist settlements[15]. Their structure is very similar to that of the Hassegau villages, with one difference (Figure 5): The royal demesnes (which in later times were granted to the bishop of Augsburg and other ecclesiastical and lay recipients) held their lands as compact block units, termed *Gebreiten* or *Breiten*, literally "broad lands". These were located in a contiguous row opposite the street village just across the trunk road which formed the base line of the village fields. Later on, parts of the demesne lands were shared out to peasants, forming holdings called *Breitlehen*. Beyond these, the original peasant lands were laid out as long parallel strips extending over 1.5 to 2 km up to the opposite side of the terrace on the Lech side in the east and down the slope (*Bergfeld*, literally "hill field"). Again, the townships were organized in three parallel fields, including the peasant strip farms and the demesne's *Breiten*, with each *Hufe* holding one strip in each of the three fields. Because of varying length, standardized *Hufen* sizes cannot be expected, though standardized strip widths have been observed although not yet analysed in detail.

What are the conclusions to be drawn from these early medieval examples?

1. About A. D. 743 the common three-field system, laid out as three regular furlongs of equal size, was a well known institution in the context of royal military colonies.

2. This system was introduced from above by state authorities for peasant-soldier communities and included demesnes for higher ranks of royal functionaries.

3. The origins of the system must probably be sought elsewhere, at least the three-course rotation. It is reasonable to expect the origins to be found in the Frankish royal domains or domains of the imperial Church (*Reichskirche*), especially in the large royal monasteries (*Reichsklöster*) which were closely linked to the Crown. Both were renowned for their advanced agricultural economy. I draw the conclusion that the early invention of the common-field system was one from above and that it was first established in peasant communities strictly organized as manorial units of the Crown (and possibly of the imperial Church) under officials as was prescribed in the royal regulations of the Carolingian crown administration, the *capitulare de villis*[16], though in these regulations nothing is said about field systems.

---

15 For historical details see *Jahn, J.* (1984): Historischer Atlas von Bayern, Teil Schwaben, vol. Augsburg-Land, München. The field patterns of the region have been studied by the present author (*Nitz 1961, 1963*, op. cit. note 12) and *Filipp, K.* (1972): Frühformen und Entwicklungsphasen südwestdeutscher Altsiedellandschaften unter besonderer Berücksichtigung des Rieses und Lechfelds. (Forschungen zur deutschen Landeskunde 202) Bad Godesberg, esp. pp. 22-30, 38-39 with two sample township plans. Filipp's interpretation of the origin of the three-field system of this region differs from that of the present author. See also *Leister, I.* (1979): Poströmische Kontinuität im ländlichen Raum. Der Beitrag der Flurplananalyse. In: Berichte zur deutschen Landeskunde 53, pp. 415-469, esp. pp. 420-421, is in accordance with the present author's interpretation of the Lechfeld as a Frankish strategical border region.

16 *Gareis, K.* (1895): Die Landgüterordnung Kaiser Karls des Großen (Capitulare de villis vel curtis imperii). Textausgabe mit Einleitung und Anmerkungen. Berlin.

4. It is in the same royal and ecclesiastical *villicationes* that the standard land unit of the *mansus/Hufe*, holding 30 *Morgen*, was first introduced in the late 7th and early 8th century, as the historian W. Schlesinger has shown[17]. Other 8th to 10th century peasant land units of ecclesiastical and feudal manors are recorded as holding 18, 24, 36 or 60 *Morgen*. The *Morgen* held 120 square rods and a larger unit, the *Acker* or *Joch (jugum)* 300 square rods, in which case the *Hufe* contained 12 *jugera*. It hardly needs stressing that all these numbers are divisible by three. This, I think, is further evidence that the common three-field system had been introduced by that time.

3. Discussion

Let us finally, from this new continental evidence and perspective, view and reassess the controversial discussion on the origin of common-field systems in England and Scandinavia. If Joan Thirsk is correct in dating the common-field system in England to the 12th century, England would have lagged behind the Frankish empire by about four centuries. For the Scandinavian kingdoms the question seems to be still open, with some scholars in favour of a Viking Age origin and others of a dating to the high Middle Ages.

There are, without doubt, parallels in village planning and territorial organization in Viking Age eastern Sweden, studied by S. Göransson[18]. In his research area of Öland the layout of regular field territories was most probably created in a military context, with royal fortresses as central places. But it remains uncertain for Göransson whether the regular common-field system and field subdivision known from the later Middle Ages was introduced as early as the Viking Age. This period is more or less contemporaneous with the Carolingian and Ottonian Age on the Continent, and the Vikings had many, though not always friendly, contacts with the Frankish empire. External models could well have influenced the Viking kingdoms of Scandinavia as well as of eastern England. An important indication of early furlong planning seems to be the term "*bydale*" for the order of named oxgangs in the furlongs of village fields in Holderness/Yorkshire. This term is of Viking origin and seems to be a parallel to the Swedish *byamål*[19]. M. Harvey refers to other regions of

---

17 *Schlesinger, W.* (1979): Die Hufe im Frankenreich, Untersuchungen zur eisenzeitlichen und frühmittelalterlichen Flur in Mitteleuropa und ihrer Nutzung. (Abhandlungen der Akademie der Wissenschaften in Göttingen 115) Teil 1, Göttingen, pp. 41-70, and *Schlesinger, W.* (1974): Vorstudien zu einer Untersuchung über die Hufe. In: E.-J. Schmidt (ed.), Kritische Bewahrung. Beiträge zur deutschen Philologie. Festschrift Werner Schröder. Berlin, pp. 15-85, esp. pp. 80-85.

18 *Göransson, S.* (1978): Viking Age traces in Swedish systems for territorial organisation and land division. In: T. Andersson and K. I. Sandred (eds.): The Vikings, Proceedings of the Symposium of the Faculty of Arts of Uppsala University, June 6-9. Uppsala, pp. 142-153,

19 *Matzat, W. and Harris, A.* (1971): Anmerkungen zu "Solskifte" and "Bydale" in Fluren des East Riding (Yorkshire). In: F. Dussart (ed.): L'habitat et les paysages rureaux d'Europe. (Les Congrès et Colloques de l'Université de Liège 58) Liège, pp. 325-332. *Harvey, M.*

east England in her discussion of "The origin of planned field system of Holderness, Yorkshire". These had a similar, regular open-field layout of narrow strips and regular villages, as has been described by B. Roberts and J. Sheppard. She is in strong support of their view of "the all important role of the landowner, or some superior authority, in indicating and controlling change"[20]. To her, tenurial unity was a prerequisite for planning, for any planned introductions from above. As possible periods of origin of the regular open-field structure in which these conditions existed, she proposed, alternatively, the 12th century after the destructive Norman invasion and conquest of north-east England, or the Viking period of the late 9th and the 10th century. H. P. R. Finberg also stressed the importance of innovations of agricultural institutions of this kind by the Viking kingdoms[21]. It was before their final colonization of East England that the Viking naval armies came into close contact with the Frankish empire.

A plea for an even earlier introduction of the open-field system and probably the common-field organization is made by D. Hall who, from archeological fieldwork results, concludes a "large-scale replanning of the countryside. An 8th to 9th century date is (...) probable for the establishment of sub-divided field systems based upon strips"[22]. Connections of English kingdoms to the Carolingian empire, especially under Charlemagne, are well documented and it seems at least possible that not only political and ecclesiastical links were established but innovations exchanged. To D. Hooke[23], the basic form of open-field agriculture seems to represent an innovation of later Anglo-Saxon England under well organized kingdoms, connected with much deliberate land allotment. Her argument leaves open whether the open-field innovation originated in England or was introduced from the Continent.

These evidences drawn together leave, in my view, no doubt that subdivided furlong field systems of a regular planned layout and their organization under a common rotation had been introduced by the early medieval centuries at least in some regions of the Carolingian empire and in the English and Viking kingdoms. The early evidences underline the importance of the royal context and, possibly, of military frontier situations which might have been especially favourable for the introduction of such innovations from above. Military conquest, confiscations and colonization in a *tabula rasa* situation naturally offered better opportunities for the introduction of innovations like the planned common-field system than the core

---

(1982): The Origins of Planned Field Systems in Holderness, Yorkshire. In: T. R. Rowley (ed.), op. cit. note 2, pp. 184-201.
20 *Harvey, M.*, op. cit. note 19, p. 189.
21 *Finberg, H. P. R.* (1976): The Formation of England, 550-1042. The Paladin History of England. St. Albans, pp. 164-166 and 202-206.
22 *Hall, D.* (1983): Field work and field books: Studies in early layout. In: B. K. Roberts and R. Glasscock (eds.): Villages, Fields and Frontiers, Studies in European Rural Settlement in the Medieval and Early Modern Periods. (BAR International Series 185), Oxford, pp. 115-129, quotation p. 120.
23 *Hooke, D.* (1988): Early forms of open-field agriculture in England. In: Geografiska Annaler B, pp.123-131.

regions with an older and more complex tenurial structure and less freedom to respond to change and development. The two- and the three-course rotations may well have been developed on the royal and ecclesiastical demesnes of the Frankish interior core regions around Paris and in southwest Germany, but the introduction of common-field systems to entire peasant townships must have been much easier in newly colonized or forcibly reorganized villages. Such a situation existed in the peripheral frontier regions of military expansion, in the eastern part of the Frankish empire, in the Viking kingdoms of eastern England, and on the island of Öland with the famous Eketorp III fortress "on the outskirts of the Swedish realm"[24].

It was R. Dodgshon who recently introduced the concept of more innovative peripheries and more elaborate but less responsive core regions into historical geography[25]. This may also explain why medieval agricultural core regions lagged behind for centuries until under growing population pressure, fragmentation of plots and increasing intermingling of property, the common-field system was introduced in many parallel individual inventions in an evolutionary way and as an introduction from below.

---

24 *Göransson, S.* (1987): op. cit. note 18, p. 153.
25 *Dodgshon, R. A.* (1987): Geographical change: a study in marching time or the march of time? In: Environment and Planning D: Society and Space, vol. 5, pp. 173-193, esp. pp. 188-190.

Planung von Tempelstädten und Priesterdörfern als räumlicher Ausdruck herrschaftlicher Ritualpolitik – das Beispiel des Chola-Reiches in Südindien

Zu den kennzeichnenden Elementen der südindischen Kulturlandschaft zählen die im Mittelalter gegründeten Tempelstädte. Sie beeindrucken nicht nur durch ihre hochragenden Tortürme, sondern ebenso durch die ausgepägte Grundrißgeometrie, die einem Mühlespiel ähnelt (Abb. 2a und 2b). Mehrere konzentrische Straßenkarrees umschließen den rechteckigen Tempelkomplex in der Stadtmitte, der von hohen Mauern umschlossen ist. Derartige Anlagen wurden offensichtlich planmäßig konzipiert (Abb. 2a und 2b sowie weitere Abbildungen in Fischer, Jansen und Pieper 1987).

Elemente einer historischen Raumplanung werden auch im Umland solcher Tempelstädte erkennbar, und zwar vor allem in den großen Flußtälern und -deltas südlich von Madras. Hier haben die meisten Dörfer als ältesten Kern eine lange, in West-Ost-Richtung verlaufende Straßenachse (Abb. 3a und 3b). Am westlichen oder östlichen Ende liegt der Dorftempel. Die Feldflur dieser Dörfer ist durch ein schachbrettartiges Netz von Parzellengrenzen, Feldwegen und Bewässerungskanälen gegliedert, das durch seine strikte Orientierung nach den Haupthimmelsrichtungen gleichfalls auf planmäßige Auslegung hinweist.

Historische Forschungen haben ergeben, daß in der Tat Fürstendynastien seit dem Ende des ersten nachchristlichen Jahrtausends ganz bewußt als Teil ihrer Herrschaftspolitik die Gründung von Tempelstädten betrieben haben, um mit Mitteln der Religion die Loyalität ihrer Untertanen zu sichern. Kulke (1978) spricht geradezu von „Ritualpolitik". Neben der Gründung von königlichen Tempelstädten wurde in diesem Rahmen das Land mit Priesterdörfern – sog. *brahmadeyas* – überzogen, deren Brahmanen jeweils für eine Dörfergruppe den Haupttempel und die lokalen Dorftempel betreuten. Im besonders dicht bevölkerten Reisbaugebiet des Cauveri-Deltas gab es im Mittelalter etwa 250 Brahmanendörfer bei insgesamt ca. 1300 Dörfern, so daß auf vier Bauerndörfer ein Tempeldorf kam (Subbarayalu 1973:34). Die hinduistische Religion wurde in dieser Weise, so Kulke (1978 und 1982), gewissermaßen instrumentalisiert, um die königliche Herrschaft gegenüber dem Volke zu legitimieren.

Bereits einer der frühen Könige der Chola-Dynastie (9. bis 13. Jahrhundert) erklärte Shiva zu deren Familiengottheit und damit gewissermaßen auch zum Reichsgott. Es war dann die Aufgabe der vom König protegierten Priesterschaft, die weltliche Autorität des Königshauses als göttlich sanktioniert dem Volke zu vermitteln. In einigen Shiva-Tempeln der Chola-Zeit stehen sogar Standbilder von Königen, die darauf hinweisen, daß diese sich als Personifizierung des Reichsgottes verehren ließen. Insbesondere gilt dies für den von 985 bis 1014 regierenden Rajaraja I. („König der Könige"), der seinem Namen den Titel „deva" (göttlich) hinzufügte.

Mit Symbolen der göttlichen Ordnung wurde selbst die alltägliche Lebenswelt besetzt, von der sich konzentrisch um den Tempel gruppierenden Stadt bis zur geometrischen Ordnung von Dorf und Flur, wobei man – wie noch zu zeigen sein wird – kosmologisch abgeleitete Prinzipien zugrunde legte und so gewissermaßen die heilige Ordnung des Götterhimmels auf die Erde projizierte.

Unter König Rajaraja I., der sein Reich durch Eroberungen gewaltig erweiterte, wurden in allen Landesteilen etwa dreißig große Shiva-Tempel als Wallfahrtszentren errichtet (hierzu und zum folgenden Kulke 1978). In der an der Wurzel des Cauveri-Deltas gelegenen Hauptstadt Tanjavur entstand der erste Königstempel mit dem höchsten Tempelturm des Reiches. Um jeden Tempel wurde eine Priesterstadt zur Unterbringung Hunderter von Brahmanen und Tempeldienern mit ihren Familien angelegt. In einer späteren Phase des Chola-Reiches (12. Jh.), als sich regionale Volksreligionen auszubreiten begannen, nicht zuletzt, weil sich der Shiva-Kult als zu esoterisch erwies, suchten die Könige auch jene in ihre Ritualpolitik zu integrieren, indem sie auch für die volkstümlichen Gottheiten großartige Tempel errichten ließen, um so die königliche Verehrung auch für diese zu demonstrieren und dafür die Ergebenheit des Volkes für das Königshaus erneut zu sichern.

Über die direkten religiösen Dienste der königlich protegierten Priester hinaus verbanden die Herrscher ihre Regierungsaufgaben mit dem Kult des Reichsgottes, indem sie die Reichstage in den verschiedenen Reichstempeln abhielten, und zwar im zeitlichen Zusammenhang mit einem der großen Kultfeste zu Ehren Shivas, wenn sich Tausende von Pilgern aus der Region hier versammelten. Die Reichstage wurden in einer speziell dafür innerhalb des äußeren Tempelkomplexes errichteten riesigen Pfeilerhalle, der *raja sabha* (wörtlich: Versammlungshalle des Königs) abgehalten (siehe Abb. 2b, Nr. 5).

Auf diese Weise war das Reich mit einem Netz von königlichen Zentren überzogen, die zugleich als rituelle und herrschaftliche Regionalmittelpunkte fungierten. Diese Praxis erinnert in gewisser Weise an die der europäischen Herrscher des Mittelalters, die ebenfalls mit ihrem Hof das Reich durchwanderten und ihre Reichsversammlungen nicht nur in Königspfalzen, sondern auch in Reichsklöstern und Bischofspfalzen abhielten, so daß auch hier die enge Verflechtung von Herrschaft und Religion deutlich wird, die zweifellos ebenfalls Züge einer „Ritualpolitik" im Sinne Kulkes trug.

Die Errichtung und Unterhaltung zahlreicher Tempelstädte mit insgesamt sicherlich Zehntausenden von Brahmanen, Tempeldienern, spezialisierten Bau- und Kunsthandwerkern machte eine entsprechende wirtschaftliche Ausstattung und Versorgung erforderlich. Diese erfolgte durch Stiftung von Ernteabgaben der Dörfer, die ursprünglich als Steuer an den König gingen. Für den mit dem Ausbau des rituellen Herrschaftsapparates steigenden Bedarf wurde die Gründung zahlreicher neuer Dörfer im dünnbesiedelten Landesinneren und in den Sumpfgebieten der Flußdeltas notwendig, deren Trockenlegung und regulierte Bewässerung mit Kanalnetzen von der königlichen Verwaltung organisiert wurde (Gopalakrishnan 1972). König Rajaraja I. ließ eine regelrechte Kanalbewässerungsbehörde einrichten. Unter seiner Herrschaft wurde das Cauveri-Delta zur hochertragreichen, mit

Dörfern dicht besetzten Reisbau-Kornkammer des Reiches. Landschenkungen an die Tempel durch den König sowie durch den Adel und ganze Bauerngemeinden verstärkten die Bindungen zwischen Bevölkerung und königlichen Kultzentren. Diese konnten mit ihrem wachsenden Reichtum den Glanz der Tempelbauten und den Prunk der Tempelfeste steigern und damit auch deren ritualpolitische Wirkungen (Bohle 1986, S. 117 f).

Das Interesse der historischen Siedlungsgeographie an dieser Thematik richtet sich darauf, die den neugeschaffenen Tempelstädten und ländlichen Siedlungen zugrundeliegenden Planungsprinzipien bis hin zu den dabei verwandten Maßeinheiten zu ermitteln und einen Zusammenhang der räumlichen Ordnung von Stadt- und Dorfgrundrißplanung sowie Parzellierung der Feldfluren mit kosmologischen Vorstellungen zu erkennen. Diese konkreten Auswirkungen der königlichen Ritualpolitik auf die Kulturlandschaft werden im folgenden für drei Rangstufen der Siedlung im Chola-Reich aufgezeigt: 1. die königliche Residenzstadt Tanjavur, 2. die Tempelstadt am Beispiel von Shrirangam und 3. das Brahmanendorf mit ländlichem Haupttempel am Beispiel von Devarayampettai.

1. Die Residenzstadt Tanjavur

Tanjavur liegt nicht nur im Gesamtreich zentral, sondern auch in der bevölkerungsreichsten, agrarisch produktivsten Region des Cauveri-Tales und -Deltas, die wegen ihrer überragenden Bedeutung für die Cholas nach diesen den Provinznamen „Cholamandalam" führte (Stein 1980; Bohle 1986, Abb. 2). Die hier gelegene Residenz der gestürzten Vorgänger-Dynastie der Pallavas wurde offensichtlich umgestaltet, wobei auch ritualpolitische Prinzipien berücksichtigt wurden (Abb. 1). Der erste Shiva-Reichstempel wurde von Rajaraja I. im Südwesten unmittelbar angrenzend an die Stadt errichtet, von Graben und hohen Mauern umgeben und durch ein Tor mit der Stadt verbunden. Der in Teilen an einem unregelmäßigen Gassennetz noch erkennbare ältere Stadtbereich wurde insgesamt planmäßig überformt und zweifellos auch erweitert durch die Anlage eines großen Straßenkarrees mit den Ausmaßen von ca. 760 auf ca. 820 m, das in etwa den Haupthimmelsrichtungen folgt. Das östliche Drittel dieses Rechtecks nimmt der Palastbezirk ein. Die Straße im Westen, die unmittelbar zum Tempeltor führt, wird von den schmalen Hausgrundstücken der Brahmanen gesäumt, ebenso die Nordstraße, während in der Südstraße Bauern, Händler und Tempeldiener, letztere auch im Inneren des Karrees, wohnen. Diese klare sozialräumliche Ordnung zeigt, daß sie im Zusammenhang mit dem Bau des königlichen Shiva-Tempels zu sehen ist, in dem etwa dreihundert Priester und noch weit mehr Bedienstete tätig waren (Nilakanta Shastri 1955, S. 654). Dies wird bestätigt durch eine weitere Funktion der mit etwa 13 m überbreiten Karreestraßen: Sie dienen bis heute bei den Tempelfesten als Prozessionsstraßen, auf denen haushohe hölzerne Tempelwagen mit den Statuen Shivas und seiner Gattin (sowie weiterer Nebengottheiten) von Hunderten von Pilgern an

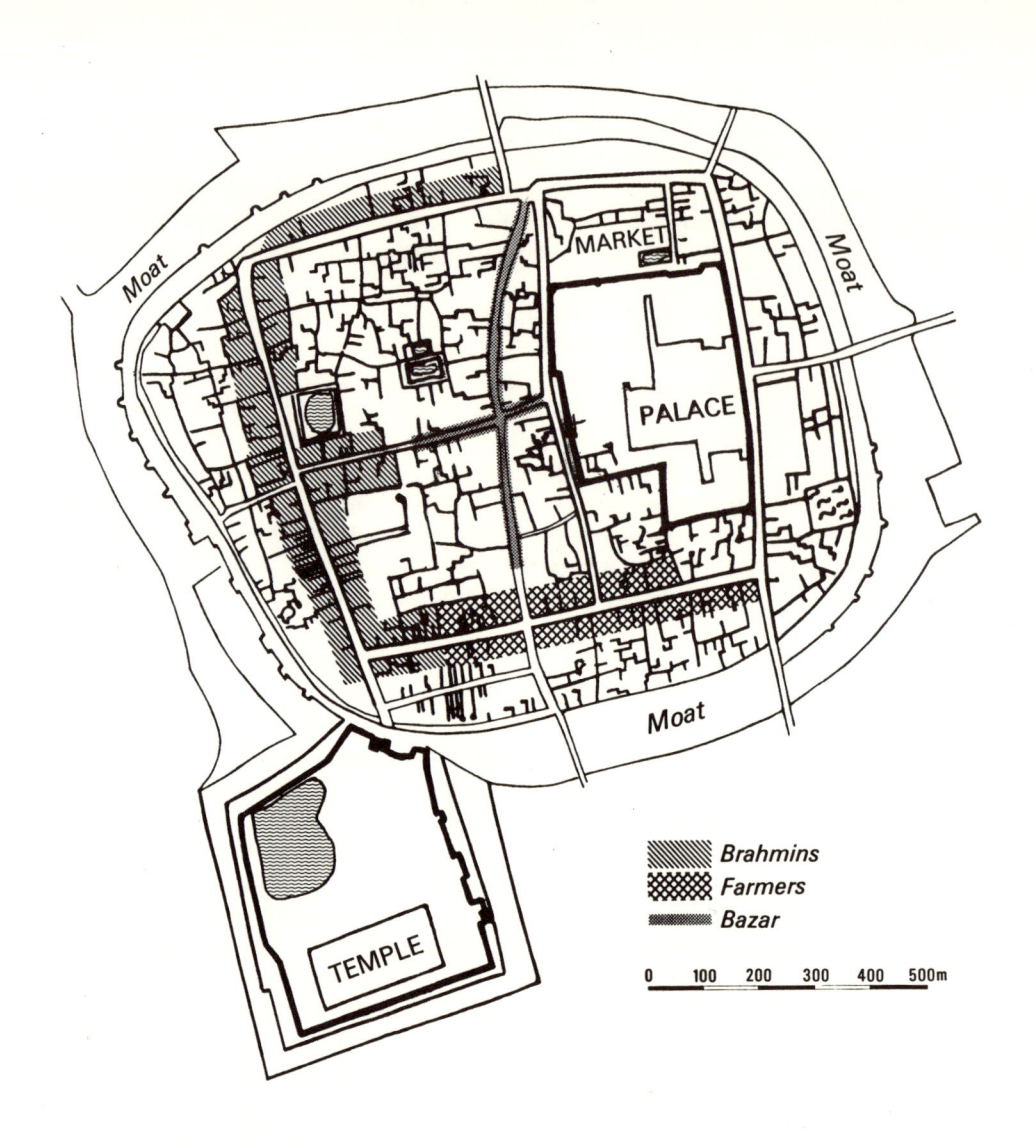

Abb. 1: Grundriß der Chola-Residenzstadt Tanjavur
Quelle: Topographical map, Survey Office, Madras 1906. Original scale 10 inches to 1 mile. Kartierung der Quartiere durch den Verf. 1972. – Die Abbildung ist im Originalaufsatz nicht enthalten; Erstveröffentlichung in H.-J. Nitz, Planned temple towns and Brahmin villages as spatial expressions of the ritual politics of medieval kingdoms in South India. In: A. R. H. Baker and G. Biger (Hg.), Ideology and Landscape in Historical Perspective. (Cambridge Studies in Historical Geography 18) Cambridge 1992, Abb. 5.1.

dicken Seilen bewegt werden. Auf diese Weise werden Königspalast und Stadt durch die vorbeifahrende Gottheit gesegnet, der göttliche und der weltliche Herrscher mit den Untertanen vereint, eine für diese leicht faßliche Demonstration der Sanktionierung der königlichen Herrschaft.

2. Die königliche Tempelstadt am Beispiel Shrirangam

Im Idealfall ist ihr Umriß dem Quadrat angenähert (Abb. 2b, Schema, Pieper 1978), doch sind vor allem bei kleineren Städten längliche Rechtecke häufig. Dies ergibt sich, wie eine vergleichende Betrachtung zahlreicher Beispiele zeigt, aus dem aus mehreren Bauelementen zusammengesetzten länglichen Tempelkomplex als Mitte der konzentrischen Gesamtanlage. Dessen West-Ost-Ausrichtung wiederum ergibt sich aus dem Standort der Götterstatue, die stets mit dem Blick nach Osten aufgestellt ist. Die bei vielen Tempelstädten erkennbare leichte Deviation von der astronomischen West-Ost-Richtung könnte in der Richtung des realen Sonnenaufgangspunktes zum Zeitpunkt der Tempelgründung seine Erklärung finden, wie dies Tichy (1991) für altindianische Tempelanlagen in Mesoamerika nachweisen konnte.

Die zwischen den konzentrischen Mauerkarrees liegenden Areale werden als *pakramas* bezeichnet. In der großen Tempelstadt Shrirangam sind es vier (Abb. 2a). Der idealtypische Tempelkomplex ist nach Pieper (1978, S. 31) wie folgt aufgebaut (Abb. 2b): Im 1. (innersten) *pakrama* steht der Schrein der im Tempel verehrten Hauptgottheit – in der Regel Shiva – (Nr. 1 in Abb. 2b), im 2. das Schatzhaus (Nr. 3) und der Pavillon, in dem die Tempelwagen untergebracht sind, hinzu kommen noch Speicher für die Tempelvorräte (Nr. 4). Im 3. *pakrama* liegen die Tempel der Gattin des jeweiligen Hauptgottes (Nr. 7) und weiterer Nebengottheiten sowie ein Tempelteich für rituelle Waschungen (Nr. 6); als größtes Gebäude findet sich hier die königliche Versammlungshalle, die „Tausend-Pfeiler-Halle" (Nr. 5); im Tempelkomplex von Shrirangam (Abb. 2a) liegt sie im 4. *pakrama* in der Nordwestecke. Die weiten unbebauten Flächen dienen dem Aufenthalt der Pilger. Nach außen folgen die Straßenkarrees – im einfachsten Falle ist es ein einziges –, die zugleich als Prozessions- und als Wohnstraßen vor allem der Brahmanen dienen. Hinter den Hausgärten umschließt eine letzte Mauer das Stadtrechteck. Jeweils in der Mitte werden die Karree-Mauern von Straßenachsen gequert, die auf den Tempelkomplex zu und in diesen hineinführen. Über den jeweiligen Toren erheben sich steil-pyramidenförmige Tortürme (*gopurams*), deren Höhe von innen nach außen zunimmt. Die auf den östlichen Haupteingang des Tempels zuführende *sannithi*-Straße hat den rituell höchsten Rang, da die Statue der Hauptgottheit in diese Richtung blickt. Das zu einem der großen Shiva-Reichstempel-Zentren ausgebaute Shrirangam wurde schrittweise von ursprünglich nur einem auf drei Straßenkarrees erweitert, die alle als Prozessionsstraßen dienen.

Neben der konzentrischen, nach den Haupthimmelsrichtungen orientierten Rechteckgeometrie ist das ganzzahlige Verhältnis der Seitenlängen der Mauer-

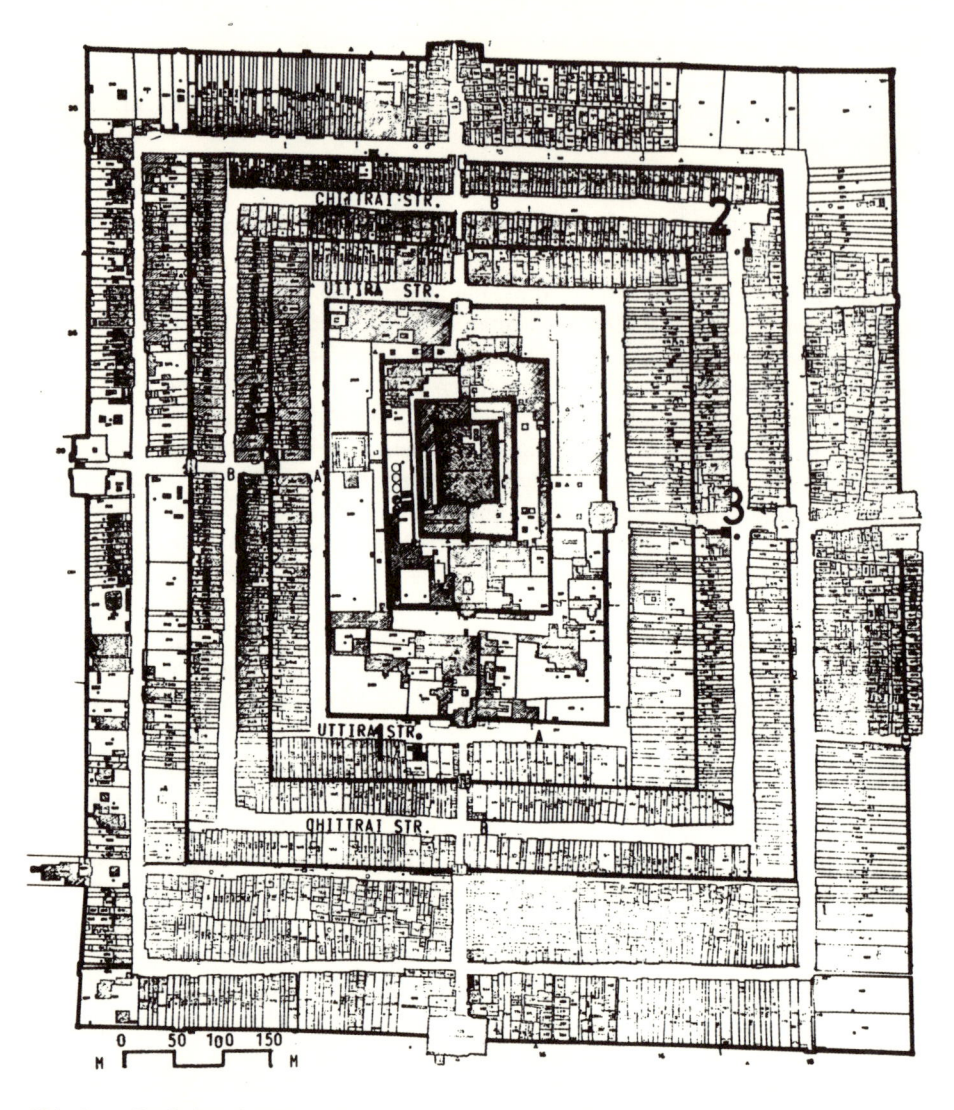

Abb. 2a: Stadtplan der Tempelstadt Shrirangam, Südindien (aus: K. Fischer, M. Jansen u. J. Pieper 1987, Abb. 33)

karrees ein weiteres Indiz der Planung. Für die vier inneren *pakramas* von Shrirangam, die der Tempelanlage, beträgt das Seitenverhältnis 2:3; die äußeren folgen mit 3:4, 6:7 und 5:6. Hier liegt zweifellos eine exakte Berechnung zugrunde. Gemessen wurde mit der als *kol* bezeichneten Rute, die 8 Ellen bzw. 16 Handspannen lang ist (etwa 3,50 m). 8 und 16 gehören zu den heiligen Zahlen des Hinduismus.

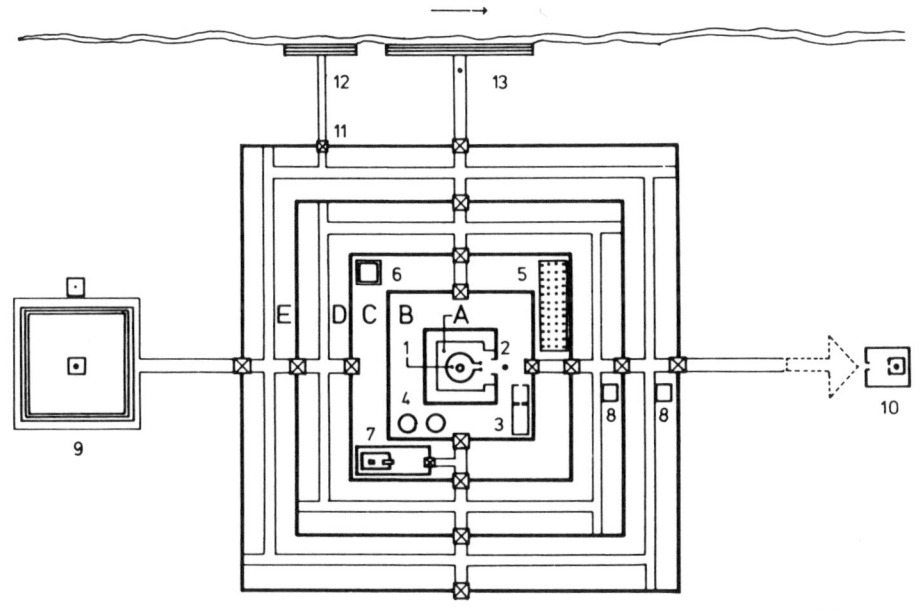

Schematischer Plan einer südindischen Tempelstadt: ABC Die inneren Prakramas des Tempels. D E Wohnviertel
1 Mulasthana (Cella); 2 Flaggenmast; 3 Vahana Mandapa; 4 Ökonomie; 5 Halle der Tausend Pfeiler; 6 Tempelteich;
7 Schrein der weiblichen Gefährtin des Hauptgottes; 8 Ratha Mandapa; 9 Teppakulam (Teich für das Floßfest);
10 Tempel einer „verwandten" Gottheit, die bei bestimmten Festen besucht wird; 11 Leichentor; 12 Verbrennungsghats;
13 Badeghats.

Abb. 2b: Schematischer Plan einer südindischen Tempelstadt (aus K. Fischer, M. Jansen u. J. Pieper 1987, Abb. 34)

Pieper (1977) gibt für die konzentrische Geometrie folgende auf die hinduistische Kosmologie bezogene Interpretation: Sie beruht auf der Projektion der räumlichen Strukturen des hinduistischen Bildes der Götterwelt auf die Tempelstadt. In dem ebenfalls konzentrisch vorgestellten Kosmos liegt in dessen Zentrum ein kreisrunder Kontinent mit dem Götterberg Meru als Achse, um den sich ringförmig sieben Ozeane und sechs Kontinente herumlegen, wobei hinter dem äußersten Kontinent der Felsring des Lokaloka-Gebirges die Welt von der Nichtwelt trennt. Auf dem Berg Meru erhebt sich die Stadt des Weltschöpfers Brahman, umgeben von den Städten der acht „Welthüter" in den Haupthimmelsrichtungen und ihren Unterteilungen. Hinzu kommen im N, W, S und O noch die vier Weltelefanten auf dem äußeren Ringgebirge. In der Abbildung dieses Kosmos auf die Tempelstadt wird die Kreisform durch die Rektangularität ersetzt, diese jedoch streng nach den Himmelsrichtungen orientiert. Das phasenweise ausgebaute Shrirangam (Abb. 2a) entspricht im Endstadium diesem Idealbild mit seinen sieben Mauern und sieben *pakramas* vollkommen. Das Abbild des Zentralkontinents mit dem Götterberg ist der zentrale Tempel des Hauptgottes mit dessen Schrein.

Der Zusammenhang mit der königlichen Ritualpolitik wird erneut deutlich: Indem die Tempel(stadt)anlage die kosmische Ordnung abbildet, wird diese samt ihren göttlichen Kraftausstrahlungen auch auf das durch die Königshalle repräsentierte Zentrum der politischen Herrschaft projiziert.

3. Das Brahmanendorf mit ländlichem Haupttempel

Bei einer so starken Ausrichtung der Siedlungsplanung an kosmologischen Modellvorstellungen im Chola-Reich steht zu erwarten, daß solche Prinzipien auch bei der planmäßigen Anlage neuer Dörfer und Feldfluren, samt ihren *brahmadeya*-Zentren, zur Anwendung kamen. Dieser Aspekt wurde in der Forschung bisher noch nicht beachtet. Den eigenen Untersuchungen hierzu liegen Katasterkarten aus der Zeit

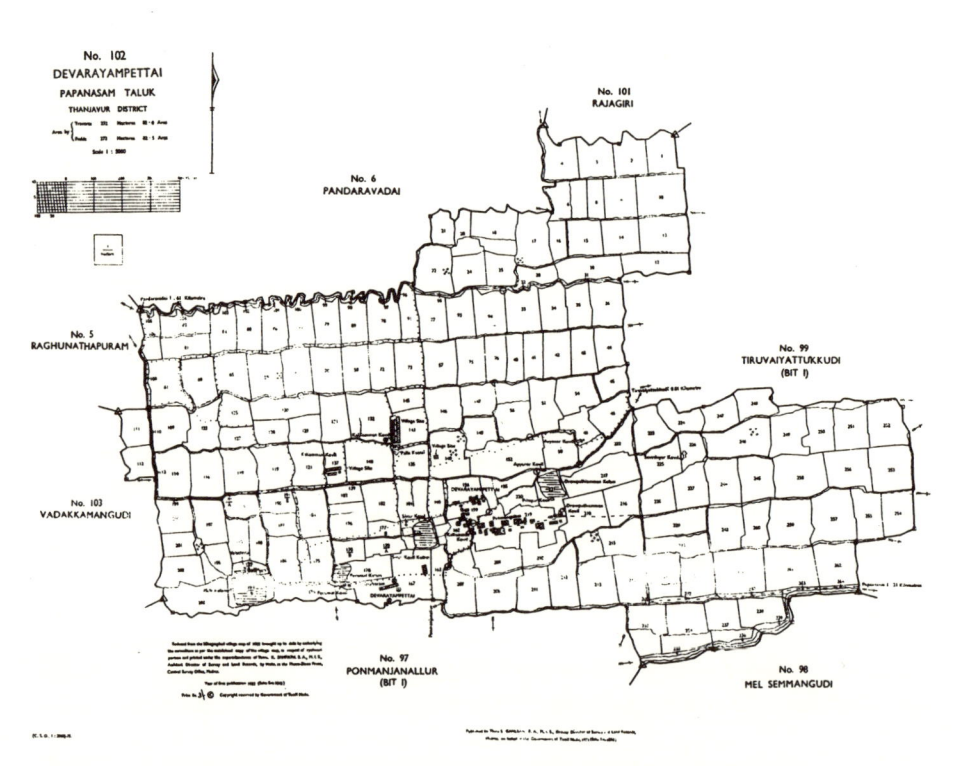

Abb. 3a: Das südindische Priesterdorf Pulimangalam-Devarayampettai (Katasterplan von 1923)

der britischen Kolonialverwaltung zugrunde. Als Beispiel wird das Brahmanendorf Pulimangalam in der Gemarkung Devarayampettai vorgestellt, das sich durch die Ortsnamen-Endung „mangalam" als *brahmadeya* zu erkennen gibt (Subbarayalu 1973, S. 90).

Die ursprüngliche Feldparzellierung war schachbrettartig, deren Relikte auf der Karte von 1923 (Abb. 3a) noch deutlich erkennbar sind und eine Rekonstruktion des ursprünglichen Zustandes ermöglichen (Abb. 3b). In W-O- und N-S-Richtung verlaufende Kanäle, die als *vaykkal* bzw. *vadi* bezeichnet werden, bilden das geometrische Grundgerüst der Feldflur; die in exakt gleichen Abständen W-O verlaufenden Bewässerungsgräben zwischen den Parzellenreihen (II bis VII) führen die Bezeichnung *kannaru*. Die rechtwinklige Schematik widerspricht eigentlich dem baumartig sich verästelnden Netz der natürlichen Wasserläufe eines Deltas, und wie Abb. 3a erkennen läßt, haben eine ganze Reihe von Kanälen und Bewässerungsgräben wieder einen naturnahen mäandrierenden Lauf angenommen. Der Sinn der schachbrettartigen Geometrisierung, die sich in weiten Teilen des Deltas Dorf für Dorf zeigt – eine Verbreitungskarte findet sich in einer detaillierten Arbeit des

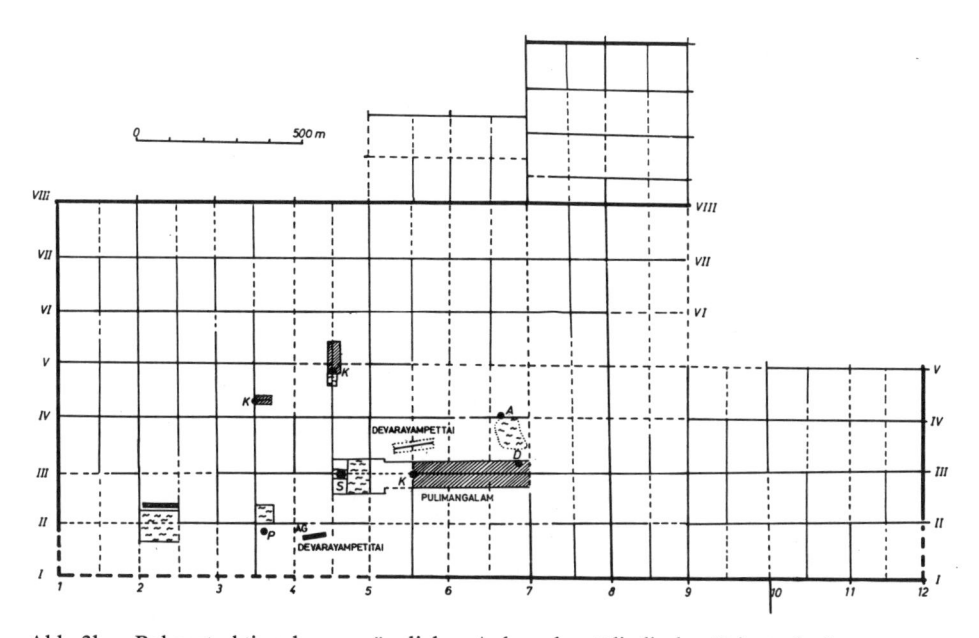

Abb. 3b: Rekonstruktion der ursprünglichen Anlage des südindischen Priesterdorfes Pulimangalam-Devarayampettai im Mittelalter

Die noch erhaltenen primären Parzellengrenzen sind durchgezogen, die ergänzten sind gerissen.
Kräftige Linien: Hauptkanäle (West–Ost: *vaykkal*, Nord–Süd: *vadi*)
II-VIII *kannaru*-Bewässerungsgraben im Abstand von 42 Rute
1-12 Nord–Süd-Grenzlinien im Abstand von 64 Ruten

Verfassers (Nitz 1987, Fig. 3) –, kann einerseits in der Pragmatik der exakten Flächenvermessung und Landzuteilung, hier an die Brahmanen, gesehen werden. Die strikte Orientierung nach den Haupthimmelsrichtungen ist dafür jedoch nicht zwingend. Hierin möchten wir wiederum eine Anwendung kosmologischer Vorstellungen sehen. Dies zeigt sich vor allem in der West-Ost-Ausrichtung des Dorfes mit dem Shiva-Tempel im Westen, so daß die Götterstatue mit Blick nach Osten in das Brahmanendorf hinein ausgerichtet werden konnte. So hätte in unserer Interpretation die orientierte Geometrie von Dorf und Feldflur das Ziel, kosmische Ordnung auf das Land und seine Bewohner zu projizieren.

Die Maßverhältnisse der Schachbrettflur, deren Analyse hier im einzelnen nicht dargelegt werden soll (vgl. Nitz 1987), entsprechen den schon für das Mittelalter bezeugten Standards (Nilakanta Shastri 1955, Subbarayalu 1981), die für die Brahmanen eine Landausstattung im Umfang eines *veli* von 2560 *kuli* (Quadratruten) vorsahen. Die auf dem Katasterplan rekonstruierbaren rechteckigen Standardparzellen im Format von 40 x 32 *kol*-Ruten enthalten 1280 *kuli*, so daß also zwei solcher Einheiten die – steuerfreie – Landausstattung eines Brahmanen in diesem Dorf ausmachten. Dies sind umgerechnet 3,32 ha, als Reisbewässerungsland für eine Familie eine durchaus hinreichende Größe. Die Gesamtflur enthält 86 Halb-*velis*, einschließlich der öffentlichen Flächen für Teiche, Tempel und die Ortschaften. Wenn man für jene etwa 6 Halb-*velis* veranschlagt, würde die Flur mit 80 Halb-*velis* die Landausstattung von 40 Brahmanenfamilien geboten haben. Da die Katasterkarte keine Hausparzellen für das Dorf verzeichnet, kann die Kalkulation auf diesem Wege nicht überprüft werden. Im Hinblick auf die vielfältigen priesterlichen Funktionen im Haupttempel und in den lokalen Tempeln der umliegenden Dörfer scheint die Zahl nicht unrealistisch hoch. Daß auch das Dorf selbst planvoll angelegt ist, zeigen seine Maßverhältnisse. Seine Längsausdehnung geht über 3 x 32 Ruten, dann folgen im Westen ein Platz von 32 Ruten Länge und der Shiva-Tempel mit erneut 32 Ruten.

Nördlich des Brahmanendorfes liegen zwei zugehörige Landarbeiterdörfchen, da der Priesterkaste aus rituellen Gründen körperliche Arbeit untersagt ist. Ihre Distanz zum Priesterdorf ergibt sich aus der rituellen Unreinheit der Landarbeiter, die zu den „Unberührbaren" zählen.

Eine zweite, sehr viel kleinere, nur aus einer Häuserzeile bestehende Brahmanensiedlung südwestlich des Hauptdorfes führt denselben Namen wie die gesamte Steuergemeinde – Devarayampettai. Sie scheint bei ihrer Gründung zur vorrangigen Siedlung gemacht worden zu sein. Den Namen Devaraya (Devaraja, „göttlicher König") trugen die ersten beiden Könige jener Dynastie, die um 1300 die Cholas stürzten. Eine der ersten Maßnahmen nach einem solchen Machtwechsel war die religiöse Legitimierung der neuen Machthaber, wieder mit Hilfe willfähriger Brahmanen, die man u. U. neu ins Land holte. Für diese wurden in den Tempelstädten neue Straßenkarrees angelegt und auf dem Lande neue Dörfer gestiftet, wie in diesem Falle Devarayampettai, das nach dem neuen Herrscher benannt wurde. Seine randliche Lage zum Hauptdorf ist u. E. ein deutlicher Hinweis, daß Pulimangalam als *brahmadeya* die ältere Siedlung ist, die demnach bereits in der Chola-

Zeit gegründet wurde. Ob deren Brahmanen beim Machtwechsel ihre Position verloren, d. h. ob in Pulimangalam seither überhaupt noch Brahmanen residierten, muß einer näheren Untersuchung vorbehalten bleiben. Die Tatsache, daß nur Devarayampettai auf der Karte als *agraharam*, der moderneren Bezeichnung für Brahmanensiedlung, vermerkt ist, deutet darauf hin, daß allein hier noch Brahmanen wohnen. Diese letzten Bemerkungen unterstreichen noch einmal die grundlegende Bedeutung der königlichen Ritualpolitik und ihrer räumlichen Ausprägungen, die im übrigen in manchen Regionen bis in das 19. Jahrhundert praktiziert wurde (Kulke 1982).

Literatur

Bohle, H.-G. (1986): Politische und ökonomische Aspekte der Religionsgeographie. Das Beispiel mittelalterlicher südindischer Tempelgründungs- und Ritualpolitik. In: Religion und Siedlungsraum, hg. v. M. Büttner u. a. (Geographia Religionum 2) Berlin, S. 105-125.

Fischer, K., M. Jansen und J. Pieper (1987): Architektur des indischen Subkontinents. Darmstadt. – Darin insbes. Kap. II: Grundelemente des indischen Umgangs mit Raum, Architektur, Stadt und Landschaft.

Gopalakrishnan, K. S. (1972): Cauveri Delta: A Study in Rural Settlements. Unveröff. Diss., Banaras Hindu University. Varanasi.

Kulke, H. (1978): Tempelstädte und Ritualpolitik – Indische Regionalreiche. In: Stadt und Ritual. Beiträge eines internationalen Symposions zur Stadtbaugeschichte Süd- und Ostasiens, hg. v. N. Gutschow u. T. Sieverts. (Fachbereich Architektur der TH Darmstadt, Beiträge u. Studienmaterialien d. Fachgruppe Stadt, Band II) Darmstadt 1977. – Zitiert nach der 2. Aufl. Darmstadt und London 1978, S. 68-73.

Ders. (1982): Legitimation and Town-Planning in the Feudatory States of Central Orissa. In: Städte in Südasien, hg. v. H. Kulke, H. C. Rieger u. L. Lutze. (Beiträge z. Südasienforschung 60) Wiesbaden, S. 17-37.

Nilakanta Shastri, K. A. (1935 u. 1937): The Colas. 2 Bde. (Madras University Historical Series 9) Madras. – Zitiert nach der 2. Aufl. 1955.

Nitz, H.-J. (1987): Order in land organisation: Historical spatial planning in rural areas in the medieval kingdoms of South India. In: Explorations in the Tropics, ed. by V. S. Datye et alii. Pune (Indien), S. 258-279.

Pieper, J. (1977): Die anglo-indische Station oder die Kolonisierung des Götterberges. (Antiquitates Orientales, Reihe B, Band 1) Bonn.

Ders. (1978): Südindische Stadtrituale. Wege zum stadtgeographischen und architekturtheoretischen Verständnis der indischen Pilgerstadt. In: Stadt und Ritual. Beiträge eines internationalen Symposions zur Stadtbaugeschichte Süd- und Ostasiens, hg. v. N. Gutschow u. T. Sieverts. (Fachbereich Archtektur der TH Darmstadt, Beiträge u. Studienmaterialien d. Fachgruppe Stadt, Band II) Darmstadt 1977. – Zitiert nach der 2. Aufl. Darmstadt und London 1978, S. 82-91.

Stein, B. (1980): Peasant State and Society in Medieval South India. Delhi, Oxford and New York.

Subbarayalu, Y. (1973): The Political Geography of the Chola Country. Madras.

Ders. (1981): Land Measurements in Tamilnadu from 700 to 1350. In: Historia. Proceedings of the Madurai Historical Society 1. Madurai, S. 95-105.

Tichy, F. (1991): Die geordnete Welt indianischer Völker. Ein Beispiel von Raumordnung und Zeitordnung im vorkolumbianischen Mexiko. Stuttgart.

III

Studien zur vergleichenden Siedlungsgeographie

B.

Siedlungsprozesse der Neuzeit in großräumig-vergleichender und systematischer Perspektive

Zur Historischen Geographie der Transatlantischen Peripherie des frühneuzeitlichen europäischen Kolonial- und Weltwirtschaftssystems

Heute liegen auf beiden Seiten des nördlichen Atlantik die beiden größten Kernräume der Weltwirtschaft – Nordamerika und das nordwestliche Europa. Nach Süden schließen sich Räume an, die für jene die Rolle von wirtschaftlichen Peripherien spielen bzw. spielten – Lateinamerika und der westliche Mittelmeerraum. Diese Raumstruktur, deren Überwindung angestrebt wird, ist nicht erst ein Ergebnis der Entwicklung seit dem Beginn des Industriezeitalters, sondern geht in ihren Anfängen in die Frühneuzeit zurück. Bereits seit dem 16. Jh. formierte sich ein wirtschaftlicher Kernraum eines europäischen Weltwirtschaftssystems in den Niederlanden. In dieser Provinz des habsburgisch-spanischen Reiches hatte zunächst Antwerpen politisch-territorial wie im Hinblick auf sein Umland und nicht zuletzt dank seiner Lage zu den atlantischen und europäischen Seewegen eine optimale Position als Welthandelsmetropole, wobei dieser Ausdruck die führende Rolle Antwerpens im Weltwirtschaftssystem des 16. Jhs. bezeichnet. Infolge des politischen Umbruchs durch die Selbstbefreiung der nördlichen Niederlande aus der politischen Beherrschung durch das spanische Reich bei weiterbestehender und sogar verstärkter politischer wie religiöser Bedrückung in der Restprovinz der südlichen Niederlande verschob sich mit der Abwanderung eines Großteils des Handels und des Exportgewerbes in das verkehrsmäßig ebenfalls günstig gelegene Amsterdam die Funktion der Handelsmetropole nach dort. Die Attraktivität dieser Hafenstadt lag vor allem darin, daß sie bereits umfangreiche Beziehungen zum Ostseeraum aufgebaut und dabei die Hanse weitgehend verdrängt hatte.

Nach dem wirtschafts- und sozialhistorischen Konzept von I. Wallerstein (1974 und 1980) und F. Braudel (1979/1986) war diese frühneuzeitliche europäische Weltwirtschaft funktional-räumlich aufgebaut aus einem nordwesteuropäischen Kernraum, dessen übermächtige Handelsmacht angrenzende Räume durch den Aufbau von Handelsbeziehungen mit einer entsprechenden Nachfrage nach Rohstoffen und Halbfertigwaren dazu veranlaßte, die Rolle von fremdbestimmt-abhängigen Peripherien einzunehmen. Den in dieser Hinsicht einseitigsten Charakter erhielten die im Hinblick auf die Transportkosten gerade noch erreichbaren Randgebiete von Skandinavien über das östliche Mitteleuropa und den baltischen Raum bis in den Donauraum, wo z. B. Ungarn Mastochsen und hochwertigen Wein lieferte. Die von Wallerstein als typisch für solche peripheren Räume herausgestellte Arbeitsverfassung der Fronarbeit trifft nur für die gutsherrschaftlich verfaßten Gebiete zu. Kennzeichnend ist eher die einseitige Ausrichtung auf die Lieferung von Rohstoffen. Die zum Kernraum hin anschließende Zwischenzone, von Wallerstein als „Semiperipherie" bezeichnet wegen der auch hier bestehenden außenbestimmten Abhängigkeit vom Kernraum, ist in ihrer exportorientierten agrarischen Rohstoffproduktion sowohl im Getreidesektor wie im Mastviehsektor durch intensivere Betriebssysteme gekennzeichnet – ganz im Sinne der Thünen'schen

Gesetzmäßigkeiten infolge kürzerer Lieferwege mit verringerten Transportkosten. Hinzu kommt in dieser Zwischenzone die Ausbildung ländlicher Heimgewerbegebiete, deren „proto-industrielle" Produktion, insbesondere von einfachen Webwaren und Garnen, ebenfalls in beträchtlichem Umfang in den Kernraum geliefert wurden (Nitz 1989, Wiederabdruck in Band I).

Der Blick auf den Aufbau des in Europa selbst gelegenen Teils des frühneuzeitlichen räumlichen Systems der Weltwirtschaft ist notwendig, um die speziellen Rollen der transatlantischen Peripherie zu verstehen und in den Gesamtzusammenhang einzuordnen. Daß Amerika trotz der weiten Distanz und den dadurch bedingten hohen Transportkosten überhaupt zu einer weiteren funktionalen Peripherie für den nordwesteuropäischen Kernraum werden konnte, ergibt sich aus der Möglichkeit des Seetransports in großvolumigen Schiffen. Dennoch zwangen die hohen Transportkosten zur Beschränkung auf die Lieferung hochwertiger Rohstoffe wie Zucker, Tabak, Pelze, pflanzliche Farbstoffe oder Trockenfisch. Die Getreideanbaugebiete Amerikas lagen für Nordwesteuropa jenseits der Thünen'schen Transportkostengrenze. Ein weiteres höchstwertiges „Rohprodukt" war das Silber aus den kolonialspanischen Bergwerken in Peru und Mexiko, dessen Lieferung nach Europa zwar durch die spanische Krone kontrolliert wurde, über deren chronische Verschuldung beim Kapital der europäischen Weltwirtschaft aber in diese abfloß.

Über diese aus der räumlichen Fernlage sich ergebenden Beschränkungen einer Einbeziehung in das europäische Weltwirtschaftssystem hinaus ist die Anbindung der amerikanischen Kolonien an ihre jeweiligen fürstenstaatlichen Mutterländer von Bedeutung. Zumindest die spanischen Kolonien unterlagen in ihrer Stellung als Außenprovinzen (Vize-Königreiche) recht strikter Kontrolle durch das Mutterland. Es ist daher zu beachten, daß diese Bindung an die Mutterländer – über eine merkantilistische Wirtschafts- und Handelspolitik – eine freiere Einbeziehung in die politische Grenzen überschreitenden internationalen Marktverflechtungen behindern konnte. Die Rolle als merkantilistisch abgeschirmte Kolonie bzw. überseeische Provinz ließ es zu, daß sich dort mehr oder weniger in sich selbst ruhende Regionalwirtschaften der Kolonistenbevölkerungen ausbildeten, einfach nur Erweiterungen ihrer Mutterländer, die für die jeweilige Krone zusätzliche Steuerzahler stellten.

Begünstigt wurde diese Rolle vor allem in den britischen Kolonien dadurch, daß in diese in nicht geringer Zahl Auswanderer strebten, die in einer nach ihrer idealen Vorstellung gestalteten „neuen Welt" abgewandt von Europa ein eigenes Leben führen wollten, was den Vorstellungen der fürstlichen mutterländischen Regierungen durchaus entgegenkam, wenn die Neusiedler nur die Rolle von staatstreuen Steuerzahlern übernehmen würden.

Diese beiden Rollen – als Kolonien von europäischen Mutterländern und als Rohstoff-Peripherie der europäuschen Weltwirtschaft, die im wesentlichen vom nordwesteuropäischen Kernraum aus gesteuert und beherrscht wurde – sind also im folgenden im Auge zu behalten, wenn wir uns nun der eingegrenzten Fragestellung zuwenden, welche raumbildenden Prozesse in dieser frühneuzeitlichen Phase abliefen und welche kulturgeographischen, insbesondere siedlungsgeographischen Strukturen dabei geschaffen wurden. Die Sachverhalte als solche sind in der Literatur bereits vielfach vorgestellt worden. Unser Interesse gilt ihrer Interpretation vor allem im Rahmen des vorgestellten Konzeptes der frühneuzeitlichen weltwirtschaftlichen Zusammenhänge und der Impulse, die vom Weltwirtschaftssystem ausgehen.

1. Der spanische Kolonialraum

Sogleich mit der Eroberung wurden als neue Siedlungselemente planmäßig königliche Städte als Zentren der Militärherrschaft und Verwaltung geschaffen, in der bekannten schachbrettartigen Grundrißform um eine zentrale Plaza, an der die Bauten der königlichen Verwaltung und der mit dieser eng verbundenen Kirche lagen (Wilhelmy u. Borsdorf 1984). Das formale wie feudalgesellschaftliche Vorbild dafür wurde aus dem Mutterland übertragen. Hierbei war von vornherein in erster Linie an die Schaffung von überseeischen Kronprovinzen gedacht. Dem entsprach auch die Neu- und Umgestaltung des ländlichen Raumes und der ländlichen Gesellschaft (Tichy 1979). Die indianische Bevölkerung wurde der Krone unterstellt. Durch königliche Schenkung („merced") wurden an verdiente Funktionäre vakante Ländereien zur Schaffung von Latifundien nach spanisch-mutterländischer Art übertragen, zunächst mit dem Wirtschaftsziel der Viehweidewirtschaft, nach der starken Reduzierung der zur Lieferung von Ackerbauprodukten verpflichteten indianischen Bevölkerung durch Seuchen auch als Ackerbaugroßbetriebe. Durch Kauf und Bestechung gelangten auch städtische Bürger und die Mönchsorden in den Besitz solcher als Haciendas oder bei geringerer Größe als Ranchos bezeichneten Güter. Während in einer ersten Phase nur solche Flächen okkupiert werden durften, die sich (unter natürlicher Vegetation) außerhalb der indianischen Ackerbaudörfer erstreckten, bot sich mit deren Wüstfallen durch den dramatischen Bevölkerungsrückgang seit der ersten Epidemie 1545 die Möglichkeit, auch deren ackerbaugünstige Flächen in Latifundien einzubeziehen. In Mexiko wurden auf den ackerbaulich marginalen Hochflächen nach Absterben bzw. Abwanderung der Bevölkerung aus den dortigen Kleinsiedlungen bis zu 90 % der Flächen von Haciendas okkupiert. Auch im Umland von Städten und größeren Kirchsiedlungen kam es zur Abwanderung bzw. Verdrängung der indianischen Bevölkerung und zur verstärkten Haciendabildung. Mit der Wiederzunahme der Indiobevölkerung erschloß sich ein Arbeiterreservoir, das durch die inzwischen erfolgte Reduzierung des dörflichen Ackerlandes zur zusätzlichen Lohnarbeit auf den Haciendas gezwungen war oder sogar auf diesen als Dauerlandarbeiter seßhaft wurde. Damit stellt sich die Hacienda als feudale Gutssiedlung dar, mit oft schloßartigem Herrenhaus, Kapelle, umfangreichen Wirtschaftsgebäuden und einer an diese anschließenden primitiven Landarbeiter-Hüttensiedlung (Nickel 1978). Auf manchen Haciend022 vergaben die Gutsherren marginales Land an Arbeiter-Pächter als Kleinbesitz, auf dem diese in zu Schwarmsiedlung gruppierten Einzelhöfchen seßhaft gemacht wurden, als jederzeit verfügbare Arbeiterreserve.

Marktwirtschaftlich gesehen waren die Haciendas auf den Absatz von Ackerbauprodukten, Fleischvieh, Wolle, Häuten, Trag-, Zug- und Reittieren usw. in den nächstgelegenen Städten ausgerichtet, in denen ihre Eigentümer ähnlich wie in Spanien als Absentisten lebten, zumindest für einen Großteil des Jahres. Eine rentenkapitalistische Grundeinstellung ist für diese Großgrundbesitzer charakteristisch.

Zu den indirekten Auswirkungen der Kolonialherrschaft auf die einheimischen Siedlungen kamen planvolle Eingriffe durch verordnete Zusammensiedlung der Indios in neugeschaffenen Kirch- und Klosterdörfern (pueblos), die ebenfalls im Schachbrettnetz angelegt wurden, in Mexiko in der Regel an Standorten indianischer Kultplätze. Am radikalsten wurde die Zusammensiedlung in Peru durchgeführt, wo es zunehmend schwieriger wurde, „die weit verstreut lebenden Reste der indianischen Bevölkerung zu Zwangsarbeiten heranzuziehen, von ihnen Steuern und Lebensmittel einzutreiben und sie für die katholische Kirche zu gewinnen. So erteilte die spanische Krone 1568 dem Vizekönig von Peru den Befehl, auf dem Wege einer Reduccion general sämtliche indianischen Streusiedlungen zusammenzulegen ... Auf sein Wirken geht die völlige Umgestaltung des peruanischen Siedlungsbildes in der zweiten Hälfte des 16. Jhs. zurück" (Wilhelmy u. Borsdorf 1984, S. 76 ff.). Die neuen Dörfer wurden im Schachbrettschema mit zentraler Plaza ausgelegt, die Bevölkerung umgesiedelt und die alten Siedlungen dem Erdboden gleichgemacht. Im Becken von Mexico ist durch alle Arten von Kontraktions- und Wüstungsprozessen ein Rückgang der Zahl der ursprünglichen indianischen Siedlungen um 40-60 % eingetreten (Trautmann 1968, S. 98).

In der Peripherie der kolonialen Provinzen, an der Siedlungsfront („frontera") gegen die noch nicht oder nur unvollkommen kontrollierten indianischen Bevölkerungen in dünnbesiedelten, ackerbaulich ungünstigen Gebieten im trockenen Norden Mexikos wie in den Waldgebieten des Tieflandes, trat die Gründung von Städten und Latifundien zurück zugunsten von Militärsiedlungen, die häufig mit Missionen (sog. presidios) verbunden wurden. In Paraguay und im argentinischen Misiones sammelten die Jesuiten Zehntausende als Sammler und Jäger lebende Indios in reducciones, gleichfalls planvoll im Schachbrettschema mit zentraler Plaza angelegten Großdörfern von mehreren tausend Einwohnern, mit Klöstern als Zentren, um sie zu christlichen Bauern umzuerziehen (Grundriß bei Wilhelmy u. Borsdorf 1984, S. 78; Eidt 1971, S. 40-55).

Aus diesen mehr oder weniger in sich geschlossenen Stadt-Umland-Systemen der kolonialen spanischen Provinzen, die nach den Untersuchungen von U. Ewald (1977) nach Art Thünen'scher Ringe transportkostenbestimmt aufgebaut waren, flossen auf Grund ihrer Binnen- und Abseitslage nur unbedeutende Rohstoffexporte (Häute für die spanische Lederproduktion und einige allerdings hochwertige Produkte wie Kakao und Textilfarbstoffe aus dem tropischen Bereich der Kolonien) ins Mutterland.

Eine sehr viel bedeutendere Rolle für dieses und darüber hinaus für die europäische Weltwirtschaft spielten die Silberminengebiete: Potosi in Peru als im 16. Jh. bedeutendste Minenstadt (ausführlich hierzu Wilhelmy u. Borsdorf 1984, S. 116-121), später von Nordmexiko mit seinen zahlreichen Minenzentren überholt, von denen jedoch nur ein Teil die Größe von Städten erreichte; die meisten waren spontan entstandene dorfartige Bergwerkssiedlungen – insgesamt ca. 3000 –, von denen viele nach Erschöpfung der Erzvorräte wüstfielen. Hinzu kamen die Silberhütten mit ihren Siedlungen, die an Flüssen aufgereiht lagen (hierzu und zum folgenden W. Trautmann 1986). Die Bergwerksstädte wurden zwar mit königlicher Autorisierung gegründet (als Real de Minas bezeichnet), doch die hier Tätigen waren freie spanische und sonstige aus Europa stammende Unternehmer, vielfach finanziert von europäischen Geldgebern, und freie Bergleute neben Indios und Negersklaven als Bergarbeiter, wobei letztere getrennt in eigenen Hüttenquartieren lebten. Hier griff also das kapitalistische europäische Weltwirtschaftssystem in die königlichen Kolonialprovinzen hinein, wenn auch in starkem Maße von der königlichen Verwaltung kontrolliert, die den Abtransport des Silbers überwachte und ihren Anteil von einem Fünftel einzog. Erst spät, im 18. Jh., entstand im portugiesischen Brasilien mit dem Gold- und Diamantenbergbaugebiet von Minas Gerais ein vergleichbarer Bergwirtschaftsraum.

Obwohl diese Minensiedlungen in agrarisch ungünstigen Gebirgs- und Trockenräumen entstanden, bildeten sich in ihrem Umkreis bald Kränze von Haciendas zu ihrer Versorgung mit Getreide, Fleisch, Häuten als Verpackungsmaterial, Rindertalg für Bergmannslampen, Zugochsen und Maultieren als Tragtiere für den Abtransport des Silbers. An den Knotenpunkten der Tragtierkarawanenrouten entwickelten sich – insbesondere im weiteren Umland von Minas Gerais – Kontroll-, Übernachtungs- und Futterstationen als Verkehrssiedlungen – in Brasilien cidades viajantes genannt –, von denen sich manche zu Landstädten entwickelten. Auch die auf die Bergbaugebiete ausgerichteten Haciendas (in Brasilien als Facenden bezeichnet) erlebten mit den Verlagerungen der Minen entsprechende Gründungs- und Schrumpfungsphasen. Um Potosi in Peru, das auf dem Höhepunkt seiner wirtschaftlichen Entwicklung um 1600 die unglaubliche Zahl von 160 000 Einwohnern zählte, entstand eine breite Zone von Haciendas mit ihrer Landarbeiterbevölkerung. In den zeitweilig eintretenden Produktionskrisen im Bergbau, die mit einem Bevölkerungsrückgang verbunden waren, kam es für die Latifundien zu Absatzkrisen, die ihre Besitzer durch Verpachtung der Flächen an kleine Bauern zu überstehen suchten. Haciendas und temporäre kleinbäuerliche Streusiedlung kennzeichnen hier also die grundherrschaftliche Reaktion auf die krisenhaften Wechselfälle des weltwirtschaftlich eingebundenen unternehmerischen Silberbergbaus. Die an ihn als Absatzmarkt gebundenen Haciendas mit ihrer damit ebenfalls risikoreichen Agrarproduktion waren also indirekt mit dem Weltwirtschaftssystem verknüpft. Dies gilt sogar für die von den Jesuiten in der paraguayischen und argentinischen äußeren kolonialen Peripherie gegründeten großen Reduktionen, die gesammelten wilden und später angebauten Matetee – ein für die Bergarbeiter wichtiges Anregungsgetränk – in beträchtlichen Mengen nach Potosi lieferten (Eidt 1971,

S. 44). Als hochwertiges Produkt mit geringem Gewicht konnte Matetee in einem äußeren Thünen-Ring des Versorgungsraumes von Potosi produziert werden. Als ein ökonomischer Grundpfeiler der Missionsdörfer garantierte diese Produktion deren dauerhaften Bestand und machte damit auch sie zumindest partiell zu einem peripheren Element der Weltwirtschaft.

Doch trotz der großen Bedeutung der kolonialen Silberproduktion für die europäische Weltwirtschaft hatte jene zusammen mit den sonstigen Exporten aus dem spanischen und aus dem portugiesischen Kolonialraum im Jahre 1785 nur einen geschätzten Anteil von 3 % am Bruttosozialprodukt der Kolonien (Braudel, 1986, S. 470), wobei allerdings der umfangreiche Schleichhandel nicht berücksichtigt ist. Dennoch war dies verglichen mit dem, was England gleichzeitig aus Indien (mit rd. 100 Mio. EW über fünfmal so stark bevölkert wie Ibero-Amerika mit rd. 19 Mio. EW) abzog, eine über viermal so große Summe (ebenda, S. 469 ff.). Insofern zeigt der spanische Kolonialraum ein Doppelgesicht: Er besteht aus sich selbst genügenden, wenn auch von der Krone scharf kontrollierten peripheren Provinzen und ist zugleich mit bestimmten Regionen dazu degradiert, „sich durch die gebieterische internationale Arbeitsteilung seine Aufgabe diktieren zu lassen" (ebenda, S. 460). Dies gilt in noch ausgeprägterer Weise für die Plantagenregionen.

2. Die Plantagenregionen

Auch die Plantage als ausgesprochener kolonialer Wirtschafts-, Gesellschafts- und Siedlungstyp wurde aus dem europäischen Mittelmeerraum, wo sie vor allem von venezianischen und genuesischen Investoren seit dem späten Mittelalter in der Levante, auf Zypern, Sizilien und im südlichen Spanien und Portugal mit Sklavenarbeit zur Zuckerproduktion betrieben wurde, von eben dieser Unternehmerschicht in den atlantischen Kolonialraum übertragen, zunächst auf die atlantischen Inseln vor Afrika, dann nach Hispaniola und an die brasilianische Küste. São Thomé und die Kapverdischen Inseln wurden zu Umschlagplätzen des Negersklavenexports.

Während unternehmerische portugiesische Einwanderer mit Förderung der Krone durch Landvergabe in die Plantagenwirtschaft einstiegen, war die bürokratisch-fiskalische Organisation der den Export mit militärisch bewachten Großflotten zentral organisierenden spanischen königlichen Verwaltung für die Ausbildung einer auf die Weltmarktnachfrage reagierenden kommerziellen Großproduktion wenig förderlich. Nachdem aus der indianischen Sammel- und Anbauwirtschaft sich Kakao und die Textilfarbstoffe Indigo und Cochenille als auf dem europäischen Markt teuer bezahlte Produkte erwiesen, wurde ihre Erzeugung in den zentralamerikanischen Kolonien durch einheimische Bauern und, nach deren starker Reduzierung, auch auf Haciendas betrieben, wobei sich allerdings die hohen Kosten des Transports von den Anbaugebieten auf der pazifischen Seite hinüber zu den Häfen der karibischen Küste als nachteilig erwiesen (Sandner 1985, S. 57 ff.; auf dessen Werk stützen sich auch die folgenden Angaben). Erfolgreicher waren die wesentlich verkehrsgünstiger gelegenen spanischen Kakaoplantagen in Venezuela.

Auf ihren westindischen Inseln, die für eine Plantagenwirtschaft eine ideale Verkehrslage zu Europa hatten, unterband die spanische Krone eine solche Entwicklung durch eine bewußte Entsiedlungs- und Verbotspolitik, um auf diese Weise für den sich hier ausbreitenden Schmuggelhandel als illegalem Arm des europäischen Weltmarktes einen leichten Zugriff auf spanische Plantagenprodukte zu unterbinden. Spanien glaubte dies mit dem Ausbau von nur noch zwei großen Sammelhäfen – Habana und Santo Domingo – für die vom Festland kommenden und nach dort gehenden Flotten zu erreichen und ließ die übrigen Inselgebiete zu einem nur äußerst schwach gesicherten Glacis werden. In diesem Bereich wurden jedoch bereits seit dem 16. Jh. verschiedene Arten von Piraten sowie die von den mit Spanien konkurrierenden europäischen Staaten lizensierten Kaperfahrer (sog. Privateers) – vielfach unter dem Sammelnamen Flibustier zusammengefaßt – aktiv, die spanische Exporte auf See abfingen oder durch Raubüberfälle von den Küsten aus bis in die Produktionsgebiete erbeuteten. Abnehmer war der europäische Markt, von dem in Gegenrichtung für die illegale Belieferung der spanischen Kolonien Fertigwaren über Curaçao und Jamaika als Drehscheiben des Kontrabandhandels an die Schmuggelhändler gelangten, die sie im Tausch gegen Kakao, Indigo, Cochenille und Campecheholz als in Europa hochbezahlte Textilfarbstoffe an der von der Kolonialverwaltung unzureichend kontrollierten karibischen Festlandsküste abzusetzen, z. T. auf regelmäßig abgehaltenen Handelsmessen, z. T. in festen kleinen Hafenplätzen. Auf diese „Shoremen"-Siedlungen gestützt, lief der Schmuggelhandel, an dem sich zahlreiche europäische Handelsgesellschaften beteiligten, auf beiden Seiten des von der Kolonialverwaltung unterhaltenen Panama-Weges bis zur Pazifik-Küste (Sandner 1985, S. 101 u. 109). Auch der illegale Sklavenhandel nahm diesen Weg. Bei wachsender Nachfrage der europäischen Textilwirtschaft organisierten die Küstenhändler zusammen mit britischen Holzfällern auch die direkte Ausbeutung des Campeche-Farbholzes entlang den Küsten von Yukatan, wo zahlreiche temporäre logging-camps entstanden (Sandner 1985, S. 93).

Auf diese Weise vermittelt wurden also bestimmte, hochwertige Tropenprodukte liefernde kolonial-spanische Regionen und das kaum noch kontrollierte zentralamerikanische Karibik-Küstenland über die offiziellen Kanäle hinaus verstärkt in die Weltwirtschaft eingebunden. In ausgeprägt kapitalistischer Form organisierten sich vor allem die niederländischen Händler mit der Bildung der Westindischen Handelskompanie (1621). Nach zeitgenössischen Schätzungen sollen Ende des 17. Jhs. etwa 9/10 des Warenhandels mit Amerika in den Händen nichtspanischer Ausländer gewesen sein (Sandner 1985, S. 97). In welchem Maße diese von der Kolonialverwaltung unkontrollierte, weltmarktorientierte Ausweitung der Produktion in den spanisch beherrschten Gebieten zu einer Erweiterung der Siedlungsräume führte, ist eine noch offene Frage.

Eine solche exportwirtschaftlich bestimmte Ausbildung neuer Siedlungsräume aber vollzog sich im karibischen Raum. Die in starkem Maße an der weltwirtschaftlich lukrativen Produktion von Zucker, Tabak, Baumwolle, Kakao und Indigo interessierten Holländer, Briten, Franzosen und selbst Dänen okkupierten seit Anfang des 17. Jhs. mit Lizenz ihrer Fürstenstaaten oder deren direkter militärischer Hilfe einen beträchtlichen Teil der Karibischen Inseln – den gesamten Außenbogen von den Bahamas bis zu den Kleinen Antillen sowie durch die Briten das auch strategisch außerordentlich wichtige Jamaika – und verwandelten sie in kurzer Zeit in Pflanzungsinseln für die begehrten Marktprodukte um. Holland besetzte sogar für einige Jahrzehnte die nordostbrasilianische Zuckerplantagenregion, um deren Produktion unmittelbar kontrollieren zu können. Nach ihrer Vertreibung siedelten holländische Pflanzer u. a. nach Surinam und nach Barbados um. Die durch eingeschleppte Seuchen schon unter spanischer Kolonialherrschaft von der indianischen Bevölkerung entblößten Inseln wurden durch eine Siedlungskolonisation von – zunächst auch in großer Zahl bäuerlichen – Pflanzern, darunter Religionsflüchtinge wie z. B. Puritaner und Hugenotten, aber auch Katholiken aus Schottland und Irland, für den Anbau erschlossen. Allein auf Barbados lebten bereits 1643 ca. 11 000 Pflanzer (Blume 1968, S. 286) bzw. ca. 37 000 weiße Bewohner, auf St. Kitts ca. 20 000 (und zusätzlich Sklaven, die auch von den bäuerlichen Pflanzern in kleiner Zahl eingesetzt wurden), verglichen mit damals erst 40 000 Bewohnern im britischen Nordamerika (Pfeifer 1954/1981, S. 140).

Deren Siedlungsform war der Einzelhof, überwiegend wohl durch squattermäßige Landnahme zustande gekommen. Allerdings setzte sich in der Konkurrenz der Betriebsformen bald die Großform der Plantage durch; auf Barbados waren schon 20 Jahre nach Einführung des Zuckerrohranbaus ca. 700 Plantagen an die Stelle der 11 000 Bauernhöfe getreten und die Zahl der Sklaven war von 6 000 auf 82 000 gestiegen (Blume 1968, S. 286). Ein Großteil der auskonkurrierten kleineren Pflanzer siedelte seit 1664, angeworben durch die von echt kapitalistischen Interessen geleiteten adeligen Unternehmer-Konsortien, in die britischen Kolonien Virginia, Nord- und Süd-Carolina und seit 1682 in die neue, am weitesten nach Süden vorgeschobene Kolonie Georgia über und etablierte hier das Pflanzerwesen. Dabei erwies sich der Zuckerrohranbau aus klimatischen Gründen als nicht rentabel. Als Alternative wurde der Anbau von Indigo und Reis aufgegriffen, mit dem man die karibischen Plantagen mit einem wichtigen Grundnahrungsmittel belieferte. Das reichliche Landangebot in den britischen Kolonien erlaubte einem Teil der zuwandernden kleinen Pflanzer den Übergang zur großen Plantage. Schon um 1610 wurde in Jamestown in der Kolonie Virginia aus der Karibik, vermutlich aus Trinidad, die westindische Tabaksorte eingeführt, es entstanden nach dortigem Vorbild in Virginia mit Sklaven betriebene Tabakplantagen und großbäuerliche Pflanzungen (Pfeifer 1954/1981, S. 140).

In all diesen Fällen haben wir es siedlungsgeographisch gesehen mit einer Neulandkolonisation in Form von Einzelplantagen und -pflanzungen zu tun, wobei wir mit letzterem Begriff die bäuerliche Betriebseinheit bezeichnen, die zwar auch mit – meist wenigen – Sklaven arbeitet, darüber hinaus aber Familienarbeitskräfte einsetzt. Die Zuckerplantagen mit einem gewichtigen, wenn auch wertvollen Massengut orientierten sich in ihrer Standortwahl wegen der kostengünstigeren Transportverbindungen auf dem Wasserwege ausschließlich an der Küste und entlang von schiffbaren Flüssen. Weite Landwege mußten vermieden werden. Abseits im Binnenland gelegene Zuckerplantagen waren wegen der zu hohen Transportkosten nicht konkurrenzfähig. Tabakplantagen mit einem pro Gewichtseinheit höherwertigen Exportgut konnten dagegen weiter landeinwärts vordringen und erschlossen damit größere Siedlungsräume. So expandierten die Tabakpflanzer in Virginia bis weit über die „fall line" nach Westen.

Die Siedlungsform der Plantage umfaßt neben dem Herrenhaus – darin der Hacienda und dem europäischen Gutshaus vergleichbar – die Wirtschaftsgebäude und bei der Zuckerplantage die Verarbeitungsanlagen, sowie die Sklavenhüttenquartiere in randlicher Lage, diese in der Regel in Zeilen angeordnet. Wie im Hacienda-System wird hierin die scharfe soziale Scheidung in Herrenschicht und Arbeiterschicht sichtbar (Blume 1968, Abb. 81) Die Großblockflur wurde großzügig und individuell zugeschnitten im Hinblick auf die anscheinend unerschöpflichen Landreserven, um den Ansprüchen des Betriebes an geeignetes Nutzland einschließlich Reserven zum Ersatz ausgepowerter Böden und umfangreiche Brennholzbestände (für die Zuckersiedereien) zu genügen. Auf der kleinen dänischen Plantageninsel St. Croix wurde dagegen von der die Erschließung organisierenden Verwaltung eine schachbrettmäßige Landaufteilung vorgenommen (Blume 1968, Abb. 74).

Ein wichtiges siedlungsgeographisches Merkmal der Plantagenregionen ist ein unterentwickeltes Städtenetz. Während die meisten Zuckerplantagen über eigene Landeplätze verfügten und unmittelbar mit den Exporthandelsgesellschaften ins Geschäft kamen, lieferten die Tabakplantagen Virginias an die Entrepôts der Großhändler in den inspection ware houses, die an den Stromschnellen errichtet wurden, bis zu denen die Seeschiffe flußaufwärts fahren konnten. Hier sammelten sich auch weitere Läden, Handwerksbetriebe wie z. B. Schmieden, Kneipen usw. Bis hierher mußten die Tabakballen von den Sklaven gerollt oder per Boot oder Wagen angeliefert werden. Weitere kleine Handels- und Handwerks-Siedlungspunkte entstanden im backcountry der Tabakregion Virginias bei Fähren, bei den Verwaltungsgebäuden der counties und – als zusätzliches Wirtschaftsunternehmen – auf einzelnen Plantagen (Denecke 1976 b, Farmer 1988).

Der Bedarf der einseitig auf die Exportproduktion ausgerichteten Sklavenplantagen an Grundnahrungsmitteln förderte die Erschließung der Küstenhinterländer als funktionale Ergänzungsräume, vor allem für die Lieferung von Fleischvieh und Zugtieren. So entstanden im Hinterland der Zuckerplantagenregion Nordostbrasiliens in den Savannen der Campos Rinder-Facenden im Großgrundbesitz, die über königliche Landzuweisungen (sog. Sesmarias) in der Regelgröße von drei Quadratleguas (ca. 11 000 ha) viele hundert Kilometer weit ins Binnenland vorgeschoben wurden (Pfeifer 1952/1981, S. 227 ff.). Ihre Besitzer ließen sie durch Verwalter und eine Hirtenmannschaft bewirtschaften und das Vieh in wochenlangen Trecks auf die Märkte im Bereich der Küstenplantagen treiben. An diesen Ochsentriebwegen entstanden an größeren Raststationen kleine Versorgungssiedlungen, von denen die wichtigeren zu Ansatzpunkten für zentrale Orte wurden (Wilhelmy u. Borsdorf 1984, S. 104). Auch aus dem Hinterland der Plantagenkolonien in Nordamerika wurden diese von cattle rangers beliefert, die zum großen Teil ohne festen Landbesitz nomadisierend die Naturweiden mit Rindern und Schweinen bestockten und entsprechend in transportablen Unterkünften lebten (Pfeifer 1935/1981, S. 51).

Noch eine weitere – bäuerliche – Siedlungszone mit partieller Zulieferungsfunktion für die Plantagenzone bildete sich im Hinterland von Virginia, den Carolinas und Louisiana aus: Sie entstand vorzugsweise in den oberen Teilen der Küstenebene und auf dem Piedmont und griff von dort aus in die Appalachentäler hinein (Pfeifer 1975/1981, S. 158 ff.). Ein Teil dieser „Grenzerfarmer" stammte aus den frühen Plantagen Virginias, in denen sie als „indentured labourers" ihre von den Plantagenherren übernommenen Überfahrtsschulden in mehrjähriger Schuldknechtschaft abgearbeitet hatten und nach ihrer Freilassung ins Hinterland abgewandert waren, um dort ein freies, autarkes Pionierfarmerdasein zu führen. Ein weiterer Zustrom kam von Norden, vor allem aus der Siedlerkolonie Pennsylvanien, wo die Kolonisten schon an die Grenzen der Landreserven stießen und nach Süden ins küstenferne, noch unbesiedelte und von den Pflanzern auch nicht begehrte Hinterland vorstießen. Hier erschloß sich ihnen, über Wanderhändler vermittelt, der Absatz von Mais, Whisky und Schweinefleisch in der Plantagenzone, und sie begannen über den Subsistenzbedarf hinaus mit einer begrenzten Marktproduktion. Es ist durchaus wahrscheinlich, daß diese zusätzlichen Verdienstmöglichkeiten attraktiv auf weitere Zuwanderer wirkten und die Besiedlung in diesen Gebieten rascher voranschreiten ließ. Da die Kolonieverwaltungen in diesem hinterwäldlerischen peripheren Neusiedlungsraum nicht steuernd eingriffen, kam es zur spontanen Einzelhofkolonisation der Squatter mit ganz individuell aus dem Waldland herausgeschnittenen Blockeinöden, die erst sehr viel später vermessen und als Besitz legalisiert wurden (Denecke 1976 a).

Eine gewisse Parallele zeichnet sich im Hinterland der Plantagenzone in Nordostbrasilien ab. Hier wurden auf den für den Zuckerrohranbau nicht geeigneten Flächen der z. T. riesigen Latifundien, vor allem in den bewaldeten Hanglagen, Pächterbauern angesetzt, z. T. freigelassene Sklaven und Mischlinge, die auf ihren Äckern über den Eigenbedarf hinaus Nahrungsmittel für den Verkauf in den Plantagen anbauten. Diese bäuerliche Pächterkolonisation in kleinen Einzelhöfen griff bei wachsendem Bedarf weiter in das bewaldete Küstenbergland hinein.

Eine äußere Peripherie bildeten in diesem System funktional den Plantagenregionen zugeordneter Räume die „Sklavenfanggebiete". Dabei ist nicht nur an Afrika zu denken, denn neben der großen Zahl schwarzer Sklaven wurden weiterhin durchaus auch Indianer versklavt. In Brasilien wurden Versorgungsengpässe bei der Anlieferung von Negersklaven, vor allem in der Phase der Blockade durch die Holländer, durch organisierte Sklavenfängertrupps, sog. Bandeiras, ausgeglichen, die weit ins indianische Hinterland vorstießen und nicht nur die Bewohner der Sippenweiler als Sklaven fingen, sondern bedenkenlos ebenso die jesuitischen Missionssiedlungen in Paraguay ausplünderten (das Gebiet von Misiones in Argentinien blieb verschont), jene bereits oben genannten Reduktionen mit ihren z. T. mehreren tausend indianischen Bewohnern, die inzwischen zur geregelten Landarbeit im europäischen Stil erzogen worden waren und sich daher in „idealer"

Weise als Plantagensklaven eigneten. Die meisten dieser Missionsdörfer wurden entvölkert und fielen wüst, die Reste wurden von den Jesuiten in abgelegenere Gebiete verlegt. Die gleiche Rolle als Sklavenliefergebiet für karibische Plantagen spielten die Peripherieräume im karibischen Grenzgebiet zwischen Costa Rica und Panama, wo Indianer durch Freibeuter und Piraten eingefangen und über Jamaika vermarktet wurden. Die ebenfalls an diesen Menschenressourcen interessierten Spanier schritten für ihre unter Arbeitskräftemangel leidenden Hochland-Haciendas zur „Zwangsumsiedlung ganzer Stammesgruppen von der karibischen Abdachung in die unter spanischer Kontrolle stehenden Gebiete an der pazifischen Seite" (Sandner 1985, S. 291). In Reaktion auf solche Menschenraub- und Umsiedlungsaktionen kam es zu Rückzugsbewegungen indianischer Stammesgruppen (ebenda, S. 292), d. h. zur Aufgabe und zur Neubildung von Siedlungsräumen, gewissermaßen als letztes Glied der Kettenreaktion der Fernwirkung europäischer Weltmarktwirtschaft.

So sind also auch abgelegene Siedlungs- und Wirtschaftsräume des Hinterlandes als funktionale Peripherie der küstengebundenen Plantagenzonen mit diesen verknüpft: die bäuerlichen Ackerbaugebiete, die in Brasilien großbetrieblich, in den britischen Kolonien eher pionierhaft geprägten Weidewirtschaftsgebiete und die Sklavenliefergebiete. Indirekt waren damit auch sie mit diesen Funktionen Glieder des europäischen Weltwirtschaftssystems, und die in ihnen ablaufenden Siedlungsprozesse und sich herausbildenden Siedlungs- und Wirtschaftsformen lassen sich zumindest partiell nur aus dieser Rolle verstehen.

3. Fischerkolonien und Pelzhandelsnetze in Nordamerika

Diese wurden von Beginn an, bereits im 16. Jh., fast unmittelbar nach den in den Jahren um 1500 beginnenden britischen und französischen Entdeckungsreisen, für die Belieferung des europäischen Marktes angelegt. Sie sind Paradebeispiele für monofunktionale transatlantische Peripherie-Regionen des europäischen Weltwirtschaftssystems, darin den Plantagenregionen vergleichbar: Sie lieferten ihre Waren ausschließlich auf den Weltmarkt, vermittelt über einen spezialisierten Exporthandel, und wurden wiederum über das Handelsnetz mit gewerblichen Tauschwaren, Nahrungsmitteln und sonstigen lebensnotwendigen Gütern versorgt. Damit unterscheiden sie sich grundlegend von den Siedlerkolonien, die, wie wir für jene in den spanischen Binnengebieten bereits gezeigt haben und für die im nördlichen Nordamerika noch zeigen werden, in hohem Maße autark sein konnten und nur partiell in die Weltwirtschaft eingebunden waren.

Die Neufundlandbänke, die sich über 1200 km bis vor die Küste von Massachusetts erstrecken, erwiesen sich als so reich an Dorsch und Kabeljau, daß es sich für die Fischerflotten Portugals, Westfrankreichs und Südwestenglands als lohnend erwies, die mehrwöchige Hin- und Rückfahrt über jeweils 4000 km zu unternehmen. Durch die starke Bevölkerungsvermehrung in Europa seit Ende des 15. Jhs. bedingt, nahm die Nachfrage nach Trockenfisch – nur in dieser Form waren Dorsch und Kabeljau längerfristig haltbar – ständig zu. Als Fastenspeise war er in den katholischen Ländern besonders stark gefragt. Die seit dem Mittelalter befischten Seegebiete vor Norwegen und um Island reichten nicht mehr hin. Zunächst kehrten die Neufundlandfischerflotten mit dem am Strand der Insel durch Salzen haltbar gemachten Fang im Frühherbst in ihre Heimathäfen zurück und machten ihn dort durch Trocknung verkaufsfertig. Bald ging man auch zur Trocknung an der Küste Neufundlands über, und schließlich überwinterten in zunehmender Zahl Teile der Schiffsbesatzungen auf der Insel, nicht nur, um sich die Mühen der Überfahrt zu ersparen, sondern um durch Lachsfang und Pelztierjagd einen Zuverdienst zu gewinnen.

Seßhaft wurden ausschließlich britische Fischer, da die Insel durch Sir Humphrey Gilbert, einen Halbbruder des als Entdecker und Eroberer noch berühmteren Sir Walter Raleigh, 1583 im Namen der Königin Elisabeth für England in Besitz genommen wurde, als dessen erste Kolonie. In den zahlreichen Buchten entstanden seit 1610 in spontaner Ansiedlung und mit zunehmender Übersiedlung auch der Familien kleine Fischerdörfer als „outports", deren Zahl Anfang des 20. Jhs. ca. 1300 betrug (Schrepfer 1942, S. 165). Jede Bucht hatte Siedler aus einer bestimmten Hafenstadt Südwestenglands und stand mit einem dortigen Unternehmer als Besitzer von Fangschiffen und Fischgroßhändler in Verbindung, der den Fang abnahm und die Aufbereitung durch Trocknung organisierte sowie Nahrungsmittel und Versorgungsgüter lieferte. Von solchen Leuten wurden die als Pfahlbauten errichteten Zurichtungsgebäude für die Aufbereitung der Fänge sowie die großen Trockengestelle finanziert.

Die Ansiedlung wurde auch durch Londoner Unternehmer gefördert, die mit den großen Fischhändlern der westlichen Hafenstädte konkurrierten und mit neufundländischen Fischern ebenfalls Lieferverträge schlossen. Die britische Krone gewann aus den als Seefahrer trainierten Fischern ihre Marinebesatzungen und suchte daher die permanente Ansiedlung im fernen Neufundland zu unterbinden, wenn auch ohne Erfolg (Meinig 1986, S. 87). D. W. Meinig charakterisiert die Fischer-Kolonisation treffend: „This was a strand culture, facing the sea, each tiny village a jumble of simple houses and garden patches amongst the rocks at the head of an anchorage along the eastern shores of the Avalon Peninsula ... Unplanned and unauthorized, it was an incoherent colonization, a scattering of pieces not held together by any visible framework" (ebenda). H. Schrepfer betont die Isolierung dieser in jeder Hinsicht peripheren Fischergesellschaft, die er geradezu als „Hinterwäldler der See" kennzeichnet (Schrepfer 1942, S. 165); die punkthafte räumliche Verteilung entlang der Küste zeigen Harris u. Warkentin (1974, Karte 5.3).

In wie starkem Maße bei der Einbindung in die europäische Marktwirtschaft kommerzielles Kalkül auch für die Neufundland-Fischereiwirtschaft mit ihren hohen Transportkosten zum Absatzmarkt wirksam wurde, zeigt die Ende des 17. Jhs. von den südwestenglischen Fischereiunternehmern vorgenommene Umstellung von der traditionell üblichen Beteiligung der Fischer am Fang auf Lohnarbeit. Die billigsten Lohnarbeiter fand man in der katholischen Kleinbauern- und Landarbeiterbevölkerung Südirlands. Diese wurden zur Übersiedlung nach Neufundland veranlaßt – denn dort wurden sie zur Fangsaison jeweils von den englischen Unternehmern, Besitzern der Fangflotten, angeheuert. Sie lebten anfänglich bei englischen Fischern zur Miete, doch entstanden bald auch eigene Siedlungen. Mitte des 18. Jhs. lebten auf Neufundland bereits ca. 10 000 Menschen – eine reine Fischerbevölkerung –, davon zwei Drittel Iren.

Auch die erste französische Kolonie, Kanada, begann ihre wirtschaftliche Rolle im Rahmen des europäischen Marktes als Lieferant von Pelzen. Während der gesamten französischen Kolonialzeit (bis 1763) drehten sich alle Aktivitäten direkt oder indirekt um den Pelzhandel. Die Nachfrage nach diesem Rohstoff für Luxusgüter wie Pelzhüte und Pelzbesatz wuchs in Europa mit dessen wirtschaftlicher Blüte seit dem 16. Jh. Nachdem die Ressourcen im baltischen Raum, insbesondere der begehrte Biber, erschöpft waren, stiegen die Preise, und es begann sich unter dem Transportkostengesichtspunkt zu lohnen, die Rohstoffgewinnung in weit entfernte Räume auszudehnen, nach Sibirien und nach Nordamerika. Lieferanten waren hier die Indianer, mit denen Franzosen und Engländer ein Liefernetz aufbauten, das eine ganz spezifische räumliche Struktur aufwies und das es ermöglichte, auch sehr weit abgelegene indianische Hinterländer als Rohstoffräume für die europäische Weltwirtschaft zu erschließen (Harris u. Warkentin 1974, S. 8 ff., Ray 1987, auch zum folgenden).

Für die Franzosen bildete der St. Lorenzstrom die Eingangspforte ins Landesinnere. Hier hatten seit 1598 nacheinander mehrere vom französischen Staat beauftragte Gesellschaften die wirtschaftliche Erschließung übernommen, wobei sich bald die widerstreitenden Interessen von Fürstenstaat und Handel zeigten. Die Gesellschaften hatten zwar mit Quebec, Trois Rivières und Montreal städtische Stützpunkte flußaufwärts vorgeschoben, von diesen aus aber nur den Pelzhandel betrieben, während die Krone eine Kolonisation, d. h. den Aufbau einer überseeischen Provinz als Basis für ein koloniales Empire, ein Nouveau France, erwartete. 1663 wurde der Vertrag mit der letzten Gesellschaft gekündigt, und der Staat übernahm die Kolonisationsaufgabe selbst, während der Pelzhandel in Form lizensierter Gesellschaften und illegaler Händler sein eigenes System außerhalb, d. h. westlich des Kolonisationsraumes am St. Lorenz aufbaute, wenn auch z. T. mit Unterstützung der Kolonialverwaltung, die offizielle Handelsposten errichtete und deren Nutzung verpachtete. Mit Montreal als Hauptbasis entstand nach Westen vorgeschoben entlang den Großen Seen ein Netz von Handelsposten, unter denen einige die Rolle von Entrepôts übernahmen, wie z. B. Detroit.

Auf diese war ein sich organisierendes indianisches Pelztierjagd- und -liefersystem bezogen. Die mit den Handelsposten in unmittelbarem nachbarlichem Kontakt stehenden Stämme wie die Algonkin übernahmen die Rolle der Zwischenhändler, genau genommen deren Anführer, die im englischen Sprachgebrauch geradezu als „trading captains" bezeichnet wurden (Ray 1987). Sie bezogen ihre Ware im internen indianischen Handel von den rückwärtigen Binnenlandstämmen über Distanzen bis zu mehr als 3000 km (s. hierzu die Karte der Fur-Trade Hinterlands in R. C. Harris 1987, Plate 57). Bezahlt wurden sie mit europäischen Waren, insbesondere mit Waffen, Messern, Eispickeln und metallenen Haushaltsgeräten, selbst Tuchen. Die Zwischenhandels-Stämme behaupteten ihre Position gegenüber den zuliefernden Stämmen vielfach mit Waffengewalt. Dies gilt in gleicher Weise für das Einzugsgebiet der britischen Gesellschaften, von denen einige aus den Neuengland-Kolonien, in Konkurrenz mit den Franzosen, Einzugsbereiche südlich des St. Lorenz-Gebietes gewannen. Im Norden war es die Hudson's Bay Company, zu deren Handelsplätzen die Cree und Assiniboine den Zugang für ihre Konkurrenten weiter westlich sperrten und damit zugleich eine freie, der Marktnachfrage entsprechende Ausweitung der Liefergebiete verhinderten. Die europäischen Gesellschaften vermochten dieses Monopol nur zu durchbrechen, indem sie über die Zwischenhändler-Stämme hinweggreifend weiter westlich neue, in der Regel durch kleine Garnisonen gesicherte Entrepôts bzw. im englischen Sprachgebrauch „factories" (Faktoreien) errichteten, so die Franzosen am Winnipeg-See und schließlich am Saskatchewan-Fluß, die Hudson's Bay Company Fort Churchill am nordwestlichen Ufer der Bay.

Die Siedlungs- und Sozialstruktur dieser Posten und Faktoreien bzw. Entrepôts zeigte charakteristische Züge: Ihre europäischen Angestellten waren nur auf Zeit dort tätig, so daß vollständige Familien fehlten und Indianerinnen als illegitime Partnerinnen genommen wurden, woraus sich bald eine Mischlingsbevölkerung ergab, die dann z. T. zu Dauerbewohnern der Faktoreien wurden. In den englischen Faktoreien wurden für die einfachen Handwerks- und Dienstaufgaben Bewohner von den Orkney-Inseln angeworben, die als Fischer und Crofter an die klimatisch rauhen Bedingungen des Lebens in der subarktischen Zone gewöhnt waren. Hinzu kamen Dutzende, manchmal Hunderte von Indianern, die in der näheren Umgebung der Handelsposten seßhaft wurden, um für diese als Kanu-Ruderer zu arbeiten oder sie mit Jagdwild zu beliefern, im Tausch gegen Mehl, Alkohol und Geräte (Meinig 1986, S. 118). So gruppierten sich um den festen, in der Regel mit Palisaden gesicherten Gebäudekomplex der Faktorei mit ihren Wohn- und Lagerhäusern indianische Lager. Bei den weiter südlich, in klimatisch wesentlich günstigerer Situation gelegenen französischen Faktorei-Siedlungen wurden demgegenüber zu deren Versorgung in der Regel auch französische Kolonisten aus dem St. Lorenz-Gebiet angeworben und als Bauern angesiedelt, und zwar – wie hier in den Siedlerkolonien üblich – in Reihensiedlungen mit hofanschließenden Hufen in Fluß- oder Seeuferlage. Ein instruktives Beispiel bietet das Fort und Groß-Entrepôt Detroit mit seinen vor 1749 rund 50 Bauernhöfen, die sich beiderseits der Hauptsiedlung, einer rechteckigen Festungsanlage, am Detroit-Fluß aufreihten (Harris 1987, Plate 41). Hier konnten sich die Faktoreien daher vielfach zu zentralen Orten eines ländlich-agraren Umlandes entwickeln und der Gesamtkomplex zum Kern späterer weiterer Siedlungskolonisation, wenn die Handels-Frontier weiter nach Westen vorrückte. Der monofunktionale Siedlungscharakter war daher bei den britischen Faktoreien weiter nördlich am ausgeprägtesten. Sie erweisen sich damit als echte Vorposten des europäischen Weltwirtschaftssystems an dessen pelzliefernder äußerster Peripherie.

4. Siedlerkolonien Nordamerikas

Bei den französischen und englischen Siedlerkolonien vom St. Lorenz über Acadien – das spätere englische Neuschottland –, die Neuengland-Kolonien und Pennsylvanien bis in das Hinterland Virginias kann man am ehesten erwarten, daß sich bei ihrer Erschließung die Ziele der fürstenstaatlichen Regierungen verwirklichen ließen, nämlich Außenprovinzen als Kopien der jeweiligen mutterländischen Verwaltungseinheiten zu schaffen, deren Beherrschung nicht durch eine unkontrollierbare Verflechtung mit der internationalen Wirtschaft und eine sich daraus ergebende einseitige wirtschaftliche Ausrichtung gestört wurde. Die Auflösung des Kolonisationsvertrages der französischen Krone mit der Neu-Frankreich-Gesellschaft wurde eben damit begründet (Meinig 1986, S. 110). Dem scheinen auch die Interessen der meisten Auswanderer nicht entgegengestanden zu haben, denn viele von ihnen hatten ihrer Heimat, den Zwängen ihrer lokalen Lebensverhältnisse den Rücken gekehrt, um in Übersee, fern von Europa, ein neues, alternatives Leben zu führen, als auf sich selbst gestellte bäuerliche Pioniere, als Glieder einer selbstbestimmten Gemeinde im Kreise Gleichgesinnter. Allerdings waren unter den Auswanderern vor allem aus Britannien nicht wenige, die mit der kommerziellen Wirtschaft als unternehmende Händler und städtische Gewerbetreibende bereits in enger Berührung gestanden hatten und die in den Kolonien, vor allem in Neuengland, sogleich damit begannen, an den Hafenplätzen städtische Kommunen aufzubauen und eine kommerzielle Wirtschaft in Gang zu bringen. Aber genau dies wurde ja auch von ihnen erwartet, wenn im Interessse der Krone in kontrollierter Weise ein besteuerter Handel zwischen Mutterland und Kolonie in Gang kommen sollte. Die Gefahr, daß die Kolonien sich ebenfalls in Handelsverflechtungen mit dem Weltwirtschaftssystem begeben würden, suchte man mit merkantilistischen Vorschriften und Kontrollen zu vermeiden.

Am erfolgreichsten gelang dies Frankreich mit der Etablierung eines quasi mittelalterlichen Feudalsystems. Auf beiden Ufern des St. Lorenz-Stromes wurde das Land in Grundherrschaften, sog. Seigneurien, aufgeteilt. Den aus dem Adel und dem Offiziers- und Beamtenkorps hervorgehenden seigneurs wurde zur Ansiedlung eine recht einseitige Auswahl armer Kolonisten aus der ländlichen Unterschicht Nordwestfrankreichs – ca. 4000 Verschuldete, 3500 Veteranen, 1000 deportierte Gefängnisinsassen und 1000 Frauen einfacher Herkunft – angeboten, gegen Übernahme der Verschiffungskosten (Harris u. Warkentin 1974, Karte der Seigneurien in Harris 1987, Plate 51). Sie wurden in uferorientierten Waldhufensiedlungen als Lehensbauern (censitaires) angesiedelt (Bartz 1955, Nitz 1973, in diesem Band), während die Grundherren überwiegend als Absentisten in einer der drei Städte (Quebec, Trois Rivières, Montreal) lebten. Die geringen Überschüsse der primär auf Selbstversorgung ausgerichteten bäuerlichen Wirtschaft konnten nur in den Städten und über diese in den Pelzhandelssiedlungen abgesetzt werden. Ein Export ins Mutterland war wegen der prohibitiven Transportkosten ausgeschlossen, zumal es sich um Agrarprodukte handelte, die auch in Europa erzeugt wurden. Entsprechendes galt für Acadia.

Auch die Siedlerkolonien von Neuengland bis Pennsylvanien waren zunächst in keiner viel besseren Lage. Auch deren ländliche Neusiedler gaben sich offensichtlich zunächst mit einer autarken Lebensform in kleinen Austauschkreisen zufrieden. In den Neuengland-Kolonien kam dem die zunächst bevorzugte Siedlungsweise der stark religiös geprägten Auswanderergruppen in Dorfgemeinden entgegen. Geplant durch die jeweiligen Gründerkonsortien, entstanden Angerdörfer nach Art der aus der englischen Heimat vertrauten green villages, allerdings selten in streng geometrischer Form, sondern häufiger als Straßenzeilen mit vorgelagertem Anger; die Flur wurde in großflächige, breitstreifige Gewanne eingeteilt (Beispiele bei Meynen 1943 sowie Denecke 1976a mit Hinweisen auf weitere Literatur). In Pennsylvanien bevorzugte die Verwaltung des privaten Kolonieeigners William Penn locker-nachbarschaftliche Gruppierungen von Einzelhöfen in waldhufenartigen Reihen, die in streng rechteckigen townships ausgelegt wurden, während sich sternförmige Gruppierungen nach Art eines Radialwaldhufendorfes, das eine engere Nachbarschaft bot, nicht bewährten (Karte in Meinig 1986, S. 136).

Das im Vergleich zu den heimatlichen Verhältnissen überaus großzügige Landangebot nach dem headright system, d. h. einer Pro-Kopf-Zuteilung von 50 bis 100 acres (20-40 ha), was großen Familien Besitzungen von weit über 100 ha ermöglichte (Denecke 1976a, S. 237 ff.), legte die Bildung von Einzelhöfen nahe. Dies kam auch den von feudalen Zwängen befreiten Einwanderern entgegen, die im Pionierdasein an der Siedlungsfront im Waldland so etwas wie ein neues Ideal sahen und immer wieder über den Bereich der offiziellen Landzuweisungen der Landmesser hinausdrangen. An der Siedlungsfront der mittleren Kolonien hatten die Siedler bald sogar das Recht der freien Auswahl des Besitzes in beliebiger polygonaler Blockform, isoliert inmitten der Wildnis, was zu einer gewaltigen Ausweitung des nur ganz locker besetzten Siedlungsraumes führte, der erst später allmählich aufgefüllt wurde (Beispiele bei Denecke 1976a). Das Einzelhofsystem setzte sich noch im 17. Jh. auch in den puritanischen Dorfgemeinden Neuenglands durch und führte zur allmählichen Auflösung der Gruppensiedlungen. Obwohl die Siedler, soweit sie nicht wie die Erstsiedler-Korporationen in Neuengland das Land käuflich erwarben, über das quitt rent system eine geringe Pacht an die Kolonialverwaltung zu entrichten hatten, war ihre Markteinbindung vor allem im Hinterland abseits der Hafenstädte gering. Erst über die in den Mittelkolonien von deren Verwaltungen geplanten Verwaltungs- und Marktorte waren geringe Überschüsse abzusetzen. Ins Mutterland wurden im wesentlichen nur Rohstoffe für den Schiffsbau geliefert: Pech und Teer, die in den ausgedehnten Wäldern gewonnen wurden.

Diese Ökonomie kann weder für die companies, die die Kolonien per königlicher charter übernommen hatten, um daraus einen Gewinn zu ziehen, noch für die fiskalischen Interessen der Krone von besonderem Wert gewesen sein. Die ins küstenfernere Hinterland vordringende Pionierfront der Squatter löste sich geradezu aus der kolonialen Wirtschaft, drang mit rein familialer Subsistenzwirtschaft über jede Thünen'sche Transportkostengrenze hinaus. Die verkehrsgünstiger gelegene Küstenzone jedoch wurde spätestens Anfang des 17. Jhs. in zunehmendem Maße in weltwirtschaftliche Zusammenhänge einbezogen, und zwar über die Belieferung der monofunktionalen Regionen der amerikanischen Weltwirtschafts-Peripherie: der Plantagenregionen im Süden und der Fischerkolonien im Norden. Hier bestand eine Nachfrage nach Grundnahrungsmitteln (Getreide, Pökelfleisch, Alkohol), die mit tragbaren Transportkosten per Schiff dorthin geliefert werden konnten. Als Vermittler traten die Kaufleute der Hafenstädte Neuenglands, allen voran Bostons, in den Vordergrund, die sich schließlich sogar in den transatlantischen Dreieckshandel einschalteten und dabei erfolgreich mit dem europäischen Handel konkurrierten. Die neuenglischen Hafenstädte entwickelten sich zu Zentren des Fernhandels, des Schiffsbaus und des Gewerbes, die aus dem Hinterland nicht nur landwirtschaftliche Überschüsse, sondern auch Schiffsbauholz, Masten, Holz für Fässer (für den Zuckerexport aus den Plantagen), Pech und Teer (für die Werften) bezogen. Damit nahm schließlich die Küstenzone im europäisch-atlantischen Weltwirtschaftssystem eine Rolle ein, die sich mit der der englischen und deutschen Küstenzone mit ihren Hafenplätzen messen konnte, zwar dem steuernden Kernraum der Niederlande und Londons nachgeordnet, doch mit diesem als Partner und Konkurrent verflochten.

Im Versorgungshandel für die Plantagengebiete Westindiens traten die Neuengland-Kolonien im 18. Jh. in Konkurrenz zu dem zunächst hauptsächlich darin engagierten südlichen Irland, dessen Versorgungshäfen Cork und Waterford über ein weites, durch Flüsse erschlossenes Hinterland verfügten und vom Londoner Zuckergroßhandel indirekt gesteuert wurden (Mannion 1988).

Der Eintritt der nordamerikanischen Kolonien in diesen Versorgungshandel hatte siedlungsgeographisch beachtliche Konsequenzen: Die Hafenstädte wuchsen an Größe und Zahl – der Nordosten der USA ist bis heute deren städtereichste Region –; auch in deren für agrare Marktprodukte erschließbarem Hinterland, vor allem an Buchten und schiffbaren Flüssen, kam es zu einer Verdichtung des Farmsiedlungsgefüges durch Aufsiedlung und Hofteilungen und zur Ausbildung eines Netzes von Marktstädten. Die wachsende Nachfrage nach Farmen wurde von spekulativen Landunternehmern genutzt, die an der Siedlungsfront Ländereien für ganze townships von den Kolonialverwaltungen aufkauften, in Farmen parzellierten und diese an Interessenten mit Gewinn absetzten. In diesem Rahmen kam es zur zunehmenden Schematisierung des township-Zuschnitts in quadratischer Form mit einer schachbrettmäßigen Unterteilung in Einzelfarmen.

Es dürfte sich sogar eine Thünen'sche Zonierung herausgebildet haben mit stärker ackerbaulich ausgerichteten Farmen in Küstennähe, Schlachtvieh liefernden Farmen dahinter, und schließlich im peripheren Hinterland Kolonisten, die ihr Getreide zu Whisky verarbeiteten und im Wald Teer, Pech und Pottasche erzeugten. Wenn man mit Wallerstein die britische nordostamerikanische Küstenzone als eine Semiperipherie des frühneuzeitlichen europäischen Weltwirtschaftssystems einstuft, dann hatte diese ihre eigene Zuliefer-Peripherie und mit den Plantagengebieten im Süden bis in die Karibik eine komplementäre Absatzmarkt-Peripherie.

Mit dieser nun besser als „semi-zentral" oder mit F. Braudel als „Relay"-Zwischenzentrum zu kennzeichnenden Rolle hatte dieser Raum mit wachsender Zuwanderung alle Chancen, in der mit dem 19. Jh. einsetzenden industriellen, hochkapitalistischen Phase der Weltwirtschaft eine zunehmend zentrale Position einzunehmen. Gleichzeitig sollte aber auch deutlich geworden sein, daß auch die Räume Zentral- und Südamerikas ihre heutigen Rollen als Peripherien und viele damit verbundenen kulturgeographischen Strukturen aus der frühneuzeitlichen Phase als Erbe übernommen haben. Dies zu verdeutlichen, ist eine wesentliche Aufgabe der Historischen Geographie.

Literaturverzeichnis

Bartz, F. (1955): Französische Einflüsse im Bilde der Kulturlandschaft Nordamerikas. Hufensiedlungen und Marschpolder in Kanada und Louisiana. In: Erdkunde IX, S. 286-305.

Blume, H. (1968): Die Westindischen Inseln. Braunschweig.

Braudel, F. (1986): Aufbruch zur Weltwirtschaft. Sozialgeschichte des 15.-18. Jahrhunderts (3). München. [Übersetzung der französischen Originalausgabe, Paris 1979.]

Denecke, D. (1976 a): Tradition und Anpassung der agraren Raumorganisation und Siedlungsgestaltung im Landnahmeprozeß des östlichen Nordamerika im 17. und 18. Jahrhundert. In: 40. Deutscher Geographentag Innsbruck 1975. Tagungsbericht und wissenschaftliche Abhandlungen, hg. v. H. Uhlig u. E. Ehlers. (Verh. d. Dt. Geographentages 40) Wiesbaden, S. 228-254.

Ders. (1976 b): Prozesse der Entstehung und Standortverschiebung zentraler Orte in Gebieten hoher Instabilität des räumlich-funktionalen Gefüges. Viginia und Maryland vom Beginn der Kolonisation bis heute. In: Beiträge zur Geographie Nordamerikas, hg. v. C. Schott. (Marburger Geogr. Schriften 66) Marburg, S. 175-200.

Eidt, R. C. (1971): Pioneer Settlement in Northeast Argentina. Madison.

Ewald, U. (1977): The von Thünen principles and agricultural zonation in colonial Mexico. In: Journal of Historical Geography 3, S. 123-133.

Farmer, C. J. (1988): Persistence of country trade: The failure of towns to develope in Southside Virginia during the eigteenth century. In: Journal of Historical Geography 14, S. 331-341.

Harris, R. C. (1987): Historical Atlas of Canada. Vol. 1: From the Beginning to 1800. Toronto.

Harris, R. C. u. J. Warkentin (1974): Canada before Confederation. A Study in Historical Geography. New York.

Mannion, J. (1988): The maritime trade of Waterford in the eighteenth century. In: Common Ground. Essays in the Historical Geography of Ireland, ed. by W. Smyth and K. Whelan. Cork, S. 208-233.

Meinig, D. W. (1986): The Shaping of America. A Geographical Perspective on 500 Years of History. Vol. 1: Atlantic America, 1492-1800. New Haven.

Meynen, E. (1943): Dorf und Farm. Das Schicksal altweltlicher Dörfer in Amerika. In: Gegenwartsprobleme der Neuen Welt. Teil 1: Nordamerika, hg. v. O. Schmieder. (Lebensraumfragen – Geographische Forschungsergebnisse, Bd. III) Leipzig, S. 565-615.

Nickel, H. J. (1978): Soziale Morphologie der mexikanischen Hacienda. Das Mexiko-Projekt der DFG XIV. Wiesbaden.

Nitz, H.-J. (1973): Reihensiedlungen mit Streifeneinödfluren in Waldkolonisationsgebieten der Alten und Neuen Welt. In: Im Dienste der Geographie und Kartographie. Symposium Emil Meynen. (Kölner Geogr. Arbeiten 30) Köln, S. 72-93. [In diesem Band enthalten.]

Ders. (1985): Die außereuropäischen Siedlungsräume und ihre Siedlungsformen. In: Siedlungsforschung. Archäologie – Geschichte – Geographie 3, S. 69-85. [In diesem Band enthalten.]

Ders. (1989): Transformation of old and formation of new structures in the rural landscape of Northern Central Europe during the 16th to 18th centuries under the impact of the early modern commercial economy. In: Tijdschrift van de Belgische Vereiniging voor Aardrijkskundige Studies – BEVAS; Bulletin de la Société Belge d'Etudes Géographiques – SOBEG, 58, S. 267-290. [In Band I enthalten.]

Pfeifer, G. (1935/1981): Die Bedeutung der „Frontier" für die Ausbreitung der Vereinigten Staaten bis zum Mississippi. In: Geogr. Zeitschrift 41, S. 361-380, zitiert nach dem Wiederabdruck in *Ders.* 1981, S. 47-68.

Ders. (1952/1981): Brasiliens Stellung in der kulturgeographischen Entwicklung der Neuen Welt (Kolonialzeit). In: Erdkunde 6, S. 85-103, zitiert nach dem Wiederabdruck in *Ders.* 1981, S. 209-238.

Ders. (1954/1981): Historische Grundlagen der kulturgeographischen Individualität des Südostens der Vereinigten Staaten. In: Petermanns Geogr. Mitteilungen 98, S. 301-312, zitiert nach dem Wiederabdruck in *Ders.* 1981, S. 136-166.

Ders. (1975/1981): Die Wirtschaftsformation des Baumwollgürtels in Georgia und deren Entwicklung in Raum und Zeit. In: Der Wirtschaftsraum. Beiträge zu Methode und Anwendung eines geographischen Forschungsansatzes. Festschrift für Erich Otremba zu seinem 65. Geburtstag, hg. v. U. I. Küpper u. E. W. Schamp. (Erdkundl. Wissen – Beih. z. Geogr. Zeitschrift 41)Wiesbaden, S. 150-169, zitiert nach dem Wiederabdruck in *Ders.* 1981, S. 167-188.

Ders. (1981): Beiträge zur Kulturgeographie der Neuen Welt. Ausgewählte Arbeiten von Gottfried Pfeifer. Ausgewählt und mit einer Würdigung versehen von G. Kohlhepp. (Kleine Geogr. Schriften 2) Berlin.

Ray, A. J. (1987): The fur trade in North America: An overview from the historical geographical perspective. In: Wild Furbearer Management and Conservation in North America, ed. by M. Novak et alii. Toronto, S. 21-30. – Leichter zugänglich inzwischen: A. J. Ray, At the Cutting Edge: Indians and the Expansion of the Land-Based Fur Trade in Northern North America, 1550-1750. In: The Early-Modern World-System in Geographical Perspective, ed. by H.-J. Nitz. (Erdkundl. Wissen – Beih. z. Geogr. Zeitschrift 110) Stuttgart 1993, S. 317-326.

Sandner, G. (1985): Zentralamerika und der Ferne Karibische Westen. Konjunkturen, Krisen und Konflikte 1503-1984. Wiesbaden.

Schrepfer, H. (1943): Neufundland und seine Gewässer. In: Gegenwartsprobleme der Neuen Welt. Teil 1: Nordamerika, hg. v. O. Schmieder. (Lebensraumfragen – Geographische Forschungsergebnisse, Bd. III) Leipzig, S. 143-182.

Tichy, F. (1979): Genetische Analyse eines Altsiedellandes im Hochland von Mexiko – Das Becken von Puebla-Tlaxcala. In: J. Hagedorn, J. Hövermann u. H.-J. Nitz (Hg.): Gefügemuster der Erdoberfläche. Die genetische Analyse von Reliefkomplexen und Siedlungsräumen. Festschrift zum 42. Deutschen Geographentag in Göttingen 1979. Göttingen, S. 339-374.

Trautmann, W. (1968): Untersuchungen zur indianischen Siedlungs- und Territorialgeschichte von Mexiko bis zur frühen Kolonialzeit. (Beiträge z. mittelamerik. Völkerkunde 7) Hamburg.

Ders. (1981): Der kolonialzeitliche Wandel der Kulturlandschaft in Tlaxcala. Wiesbaden.

Ders. (1986): Geographical aspects of Hispanic colonization of the northern frontier of New Spain. In: Erdkunde 40, S. 241-250.

Wallerstein, I. (1974): The Modern World-System. (I): Capitalist Agriculture and the Origins of the European World-Economy in the Sixteenth Century. New York, San Francisco, London.

Ders. (1980): The Modern World-System II: Mercantilism and the Consolidation of the European World-Economy, 1600-1750. New York. – Inzwischen liegt auch der dritte Band vor: The Modern World-System III. The Second Era of Great Expansion of the Capitalist World-Economy 1730-1840s. San Diego, New York etc. 1989.

Wilhelmy, H. u. A. Borsdorf (1984): Die Städte Südamerikas. Teil 1: Wesen und Wandel. (Urbanisierung d. Erde, Bd. 3/1) Berlin.

Landerschließung und Kulturlandschaftswandel an den Siedlungsgrenzen der Erde – Wege und Themen der Forschung

„Landerschließung und Kulturlandschaftswandel an den Siedlungsgrenzen der Erde" – dies ist das Rahmenthema des Symposiums. Von einem einleitenden Referat, das sich zum Ziel gesetzt hat, die Wege und Themen der Forschung zu diesem Problemkreis aufzuzeigen, wird man zunächst auch dessen genauere Fixierung erwarten.

Worum soll es gehen? Es geht um *jene* Siedlungsgrenzräume, in denen sich Landerschließung und Kulturlandschaftswandel abspielen. Dies sind die Randsäume der Vollökumene und ihre inselhaften Vorposten, ihre Auslieger in der Semiökumene (Subökumene). Auch in dieser liegen Siedlungsgrenzen, doch es sind Siedlungsgrenzen von Lebens- und Wirtschaftsformen, die lediglich auf *Ausbeutung* der mehr oder weniger unveränderten Naturlandschaft ausgerichtet sind: Sammler und Jäger, Hirtennomaden und auch Viehzüchter, die aus dem Bereich der Vollökumene kommen und hier in extensiver Weise die Naturweide nutzen; auch der wandernde Hackbauer besetzt solche Siedlungsgrenzsäume der Semiökumene. Sie alle wandeln die Naturräume nicht durch Landerschließung in Kulturlandschaft um.

Wo dieses geschieht durch das Vordringen agrarer, industrieller oder sonstiger Wirtschaftsformen, sprechen wir von der Pioniergrenze oder genauer, im Blick auf den breiten Saum raschesten aufbauenden Wandels, von der *Pionierzone*, der pioneer fringe im englischen Sprachgebrauch. Sie bildet den expansiven Saum der Vollökumene. Das Aufbaustadium bezeichnen wir auch als das Pionierstadium. Die Pionierzone der Vollökumene schiebt sich ebenso wie die vorgelagerte Zone exploitativer Wirtschafts- und Lebensformen in der Semiökumene gegen die Anökumene vor. So läßt sich z. B. in den kalten Klimaregionen eine ganze Staffel von Kältegrenzen unterscheiden und an ihnen die Probleme der Bewältigung der Klimabedingungen studieren. Entsprechendes gilt für die trockenen Klimaregionen, wo wir unter den verschiedenen Trockengrenzsäumen auch einen solchen der Vollökumene mit Landerschließung als Pioniergrenzsaum ausscheiden können. Bei der linearen Meeresgrenze fehlt zwangsläufig diese Staffelung; unterschiedliche Lebens- und Wirtschaftsformen liegen hier entlang den Küsten nebeneinander. Dafür ist die Staffelung in den großen Waldregionen der Erde wiederum mit aller Deutlichkeit zu erkennen.

Das expansive Vorschieben der Pioniergrenze ist danach nicht nur zu verstehen als das Ausweiten der Vollökumene gegen einen zunehmend schwieriger zu bewältigenden Naturraum; sondern es ist, und war in der Vergangenheit, zugleich eine Expansion auf Kosten der Lebens- und Wirtschaftsräume von Sammlern, Jägern, Hirten, Nomaden, Wanderhackbauern, aber auch von Pelzhändlern, Holzwirtschaftsunternehmen und extensiven kommerziellen Weidebetrieben. Diese Expansion ist, wie Waibel (1955, S. 48) es formuliert, „soziologisch gesehen das Aufeinanderprallen zweier verschiedener Gesellschaften und Kulturen", wobei die wirtschaftlich-technisch oder machtmäßig unterlegene Gesellschaft oder Lebensformgruppe zurückgedrängt, vernichtet oder einbezogen wird, nicht selten dadurch, daß sie zum Proletariat der expandierenden Gesellschaft absinkt, wie man es heute z. B. bei den Waldindianern Nordkanadas beobachten kann. Keinesfalls darf man mit den Maßstäben der dichtbevölkerten Vollökumene einfach konstatieren, daß Urwälder und Steppen menschenleer seien. Ihre dünne Bevölkerung hat auf der Wirtschaftsstufe des schweifenden Jägers oder Wanderhackbauern eine optimale Dichte, die Grenze der Tragfähigkeit ist in der Regel seit langem erreicht.

Mit dem Stichwort „Wandel der Kulturlandschaft" haben wir aber noch einen weiteren Gesichtspunkt hineingenommen. Die Dynamik an der Siedlungsgrenze der Vollökumene vollzieht sich nicht nur progressiv durch Landerschließung, sondern es kann sich ebenso um Verfall, Kulturlandschaftsabbau, Regression, bewußte Kontraktion und Zurücknahme der Grenze handeln. Derartiges vollzieht sich heute an vielen Grenzabschnitten der Voll- und der Semiökumene, insbesondere an der nordeuropäischen und an der nordamerikanischen Siedlungsgrenze im borealen Nadelwald, in der Semiökumene des nördlichen Kanada sowie an der Höhengrenze der europäischen Bergländer. Hier ist nicht mehr von einer Pioniergrenze, sondern von einer Schrumpfungsgrenze zu sprechen.

Und schließlich beschränkt unsere Thematik die Betrachtung nicht allein auf die gegenwärtige Dynamik. Der Prozeß der Ausweitung des Siedlungsraumes der Vollökumene, aber auch dessen Schrumpfung hat sich in der Vergangenheit ebenso, regional sogar mit viel stärkerer Dynamik als heute, vollzogen. Je weiter wir die historisch-geographische Betrachtung zurückverlegen, desto mehr verschiebt sich das Geschehen in die heutigen Kernräume der Vollökumene, die ebenfalls ein Pionierstadium durchlaufen haben. Die Erschließung Nordamerikas mit dem Westwärtswandern der Pioniergrenze bietet dafür das klassische Beispiel.

Wenn Waibel den Vorgang der Kolonisation als das Aufeinanderprallen zweier verschiedener Gesellschaften und Kulturen kennzeichnet, so dürfen wir diesen nicht auf die Ausweitung auf Kosten der Lebensräume primitiver Völker der Semiökumene beschränken. So verstanden war beispielsweise auch die Expansion der deutschen Ostsiedlung mit ihrem überlegenen Agrar- und Siedlungssystem, einschließlich der Kaufmannsstadt, auf Kosten der wirtschaftlich auf einfacherer Stufe stehenden slawischen Gesellschaft und Kultur das Vorschieben einer Siedlungsgrenze, *eines* Kulturlandschaftstyps auf Kosten eines anderen.

Werfen wir nun einen kurzen Blick auf die *Forschungsgeschichte*. Die wissenschaftliche Erforschung des Phänomens der Landerschließung und des sukzessiven Kulturlandschaftswandels an den Siedlungsgrenzen erlebte ihren ersten großen Aufschwung mit den Arbeiten eines nordamerikanischen Historikers: Frederick Jackson Turner. Er war noch Zeitgenosse der großen Landerschließungs- und Besiedlungsbewegung in den USA. Als sein erster Aufsatz mit dem programmatischen Titel „The significance of the frontier in American history" 1893 erschien, hatte zwei Jahre zuvor der Leiter der Volkszählung konstatiert, daß die Siedlungsexpansion im Bereich der Vereinigten Staaten in Form einer Siedlungsfront („frontier") ihr Ende gefunden habe und nur noch kleine Restinseln der Erschließung harrten. Turner war Historiker, und sein Interesse galt vorrangig der geschichtlichen Entwicklung der amerikanischen *Gesellschaft*, ihrer sozialen und politischen Kräfte und Institutionen. Dieser gesellschaftliche Prozeß aber vollzog sich nach Auffassung Turners an der Frontier des expandierenden amerikanischen Kulturraumes. Diese Expansionswelle war jedoch in sich nicht einheitlich, sondern – wie Turner mit aller Deutlichkeit, vielleicht überpointert herausarbeitete – eine gestaffelte Abfolge, eine Sukzession verschiedener Wirtschaftsformen und ihrer Träger, charakteristischer Lebensformgruppen, deren Frontiers aufeinander folgten, die einander sukzessiv verdrängten: voran die Frontier des Trappers und Pelzhändlers, danach die des Viehzüchters, schließlich die des Farmers, des „pioneer", wie er zeitgenössisch heißt, der mit seiner Arbeit durch Kultivierung und dauerhafte Siedlung die Anfänge der agraren Kulturlandschaft legt, die sich durch weitere Zuwanderung und Verdichtung des Farmnetzes, schließlich durch Städtebildung zur vollausgebauten Kulturlandschaft entwickelt. Turner bezeichnet die Frontier des Farmer-Pioniers als die Zone raschester Amerikanisierung der europäischen Einwanderer. Ins Geographische gewendet ist diese Frontier zugleich die Zone raschesten Wandels zur Kulturlandschaft. (Zu Turner vgl. Gulley 1959.)

Es ist nicht überraschend, daß die Siedlungsfrontzone, die Frontier, bald auch zu einem zentralen Forschungsthema der Geographie wurde, und daß dieses Thema erstmals von Geographen aus den Pionierländern selbst aufgegriffen wurde, in *Nordamerika* und *Australien*. Dort war es Griffith Taylor, der die Besiedlungsfähigkeit der australischen „fringes of settlement" untersuchte und die Ergebnisse erstmals 1926 unter dem Titel „The frontiers of settlement in Australia" veröffentlichte. Bahnbrechend aber wurde der Amerikaner Isajah Bowman, der 1925 den Plan einer großangelegten, auf praktische Anwendung ausgerichteten „science of settlement" entwarf (Bowman 1926). An einer weltweiten Erforschung schon bestehender aktiver und noch zu erschließender potentieller Pioniersiedlungsräume und ihrer Ressourcen sollten sich Wissenschaftler und Institutionen der verschiedensten Forschungszweige, vor allem aber der Geographie beteiligen. Der Erfolg dieses großen Projektes wurde über eine Finanzierung durch den National Science Research Council und die Amerikanische Geographische Gesellschaft gesichert. Die Ergebnisse dieses Schwerpunktprogramms liegen in zahlreichen Bänden vor. Bowman selbst schrieb als Einleitungsband und zugleich als einen ersten Schritt zu einem Lehrbuch der „science of settlement" sein inzwischen klassisch gewordenes Werk „The Pioneer Fringe", veröffentlicht 1931 (1931a). Ein Jahr später folgte als erstes Ergebnis der weltweiten Kooperation ein Sammelband mit 26 Einzelbeiträgen, von Forschern aus den verschiedenen damals aktiven Pioniersiedlungsräumen der Erde (Bowman 1931b). 1937 erschien ein ähnlich konzipierter Band im Auftrag des amerikanischen Council of Foreign Relations mit dem Titel „Limits of Land Settlement. A Report on Present Day Possibilities" (Bowman 1937), der erneut die Zielsetzung einer angewandten Siedlungsforschung erkennen läßt und zugleich dokumentiert, daß es gelungen war, das öffentliche Interesse zu wecken. Dies wird auch besonders deutlich an dem achtbändigen Werk von Mackintosh und Joerg über die „Canadian Frontiers of Settlement", dem Schwerpunkt des gesamten von

Bowman initiierten Programms (Mackintosh/Joerg 1934/40). Als letzten wichtigen Beitrag muß ich Karl Pelzers 1945 erschienenes Werk über „Pioneer Settlement in the Asiatic Tropics" nennen, das in den Bestrebungen des Bowman-Kreises der dreißiger Jahre wurzelt, in den Pelzer aus Deutschland hineingekommen war.

Auf die *deutsche geographische Forschung* der zwanziger und dreißiger Jahre mußte diese Thematik eine starke Faszination ausüben, denn hier erlebte gerade in dieser Zeit die von Schlüter und Gradman angeregte *historisch-genetische Kulturlandschaftsforschung* ihren großen Aufschwung. Germanische Landnahme und mittelalterlicher Landesausbau als besonders wichtige Phasen der Kulturlandschaftsentwicklung Mitteleuropas wurden studiert. War das letzten Endes etwas anderes als historisch-geographische Pioniersiedlungsraumforschung? An den jungen Pioniersiedlungsfronten der Erde vollzog sich der Kulturlandschaftsaufbau vor den Augen des Forschers, oder es waren vorausgegangene Stadien erst jüngste Vergangenheit, in ihrer Dynamik viel leichter und vollständiger zu rekonstruieren als in Mitteleuropa, wo vergleichbare Landnahmephasen um Jahrhunderte zurückliegen und sehr viel mühsamer zu erforschen sind, was freilich den Reiz der wissenschaftlichen Arbeit nicht zu mindern braucht.

Wenn ich recht sehe, war es vor allem Oskar Schmieder, der aufgrund seiner Forschungen in Südamerika Anfang der zwanziger Jahre und danach während seiner mehrjährigen Lehrtätigkeit in Berkeley in Kalifornien seit 1925 die Entwicklungsgeschichte von Kulturlandschaften der Neuen Welt, den Gang der Besiedlung von der Indianer-Landschaft bis zur europäischen Landnahme und Siedlungs-Kolonisation in den Mittelpunkt seiner Untersuchungen rückte, ja sie sogar zum Leitprinzip seiner länderkundlichen Darstellungen machte. Während seiner amerikanischen Jahre ist er mit den Intentionen der amerikanischen Kulturgeographen um Bowman in Berührung gekommen, vor allem aber mit Carl Ortwin Sauer, dem Kollegen in Berkeley, dessen Interessen stärker als bei dem allein auf aktuelle und zukünftige Kolonisation gerichteten Bowman sich auf die historische Kulturlandschaftsentwicklung konzentrierte.

Von Kiel aus gingen bald darauf Schmieders Schüler Schott und Wilhelmy nach Kanada und Südamerika, um dort die Kulturlandschaftsentwicklung im Zuge und im Gefolge der Landnahme durch Agrarkolonisation zu erforschen. Nach dem Kriege folgten zahlreiche Schüler Schmieders, Schotts und Wilhelmys, nun schon als dritte Forschergeneration, mit weiteren Untersuchungen von süd- und nordamerikanischen Pioniersiedlungsräumen; ich nenne nur die Namen Blume, Lauer, Sandner, Lenz, Ehlers, Hottenroth, Brücher, Nuhn, ohne damit vollständig zu sein.

Neben Schmieder und seiner Schule steht die Gruppe um Leo Waibel, dessen Schüler Pfeifer, Bartz und Pelzer um 1930 und danach nach Nordamerika gingen, geschult in der kulturlandschaftlichen Betrachtungsweise, und in Berkeley weiter angeregt durch Sauer. Auch Meynen, Schrepfer und andere müßte ich noch nennen, die in dieser Zeit in Nordamerika die historischen Phasen der Landerschließung studierten. Schließlich ging Waibel selbst, zur Emigration gezwungen, nach Amerika. Pfeifer (1935a, 1935b) greift mit seinen historisch-geographischen Arbeiten ebenso wie Schmieder die Ansätze Turners wieder auf mit seiner Studie über „Die

Bedeutung der 'Frontier' für die Ausbreitung der Vereinigten Staaten bis zum Mississippi". Die beste Zusammenfassung der Arbeiten dieser Forschungsphase der dreißiger Jahre bildet der von Schmieder (1943) herausgegebene Sammelband „Gegenwartsprobleme der Neuen Welt – Nordamerika".

Waibel erhielt bereits während seiner Tätigkeit in Madison im Rahmen eines Regierungsauftrages, der auf eine Anregung Bowmans an Roosevelt zurückgeht, Gelegenheit zu Forschungen über die Siedlungsmöglichkeiten für europäische Flüchtlinge in den lateinamerikanischen Tropen (Waibel 1939). Seit 1946 kam er dann durch seine Stellung als wissenschaftlicher Berater am Conselho Nacional de Geografia in Brasilien in unmittelbare Berührung mit den brasilianischen Pioniersiedlungsräumen. Es wurde seine Aufgabe, wie Pfeifer schreibt, „dort ein Berater zu sein, wo es sich um die großen planerischen Projekte handelte: die Besiedlung des Binnenlandes, die Auffindung des günstigsten Standortes für die in der Verfassung vorgesehene neue Hauptstadt, und die Kolonisation mit europäischen Siedlern" (im Vorwort zu Waibel 1955, S. 9). Nach Waibels frühem Tode erschien sein Werk „Die europäische Kolonisation Südbrasiliens". Pfeifer wurde durch Waibel noch in den brasilianischen Forschungsraum eingeführt und setzt seither mit seinen Schülern und Mitarbeitern Glaser und Kohlhepp in Zusammenarbeit mit brasilianischen Kollegen die Untersuchungen dort fort.

Spätestens seit den fünfziger Jahren hat sich das Forschungsinteresse an dieser so ungemein fruchtbaren Thematik der Siedlungsgrenzräume immer mehr verbreitert, über die Grenzen aller Schulen hinaus. Ich müßte jetzt zwanzig weitere Namen, wenn nicht mehr, nennen, muß mir das aber aus Zeit- und Platzgründen versagen.[1] Nur soviel: Über Amerika hinaus rücken jetzt auch Afrika, die Steppengebiete des Vorderen Orients, Indien, Südostasien, Australien und Neuseeland in den Bereich deutscher Forschungen über Landerschließung, Agrarkolonisation und Siedlungsgrenzen. Ein umfangreiches Forschungsmaterial liegt uns vor. Angewandte Forschung – heute als *Entwicklungsländerforschung* – und nicht zuletzt die geographische *Lehre* haben davon profitiert. Das beste Beispiel gerade hierfür sind die Arbeiten Willi Czajkas. In Argentinien inmitten der Pionierzone von Tucuman, in unmittelbarer Berührung mit Lebensformen und Pionierarbeit an der Siedlungsgrenze, schrieb er 1953 über diesen Themenkreis ein Buch für den Erdkundeunterricht auf der Oberstufe. Im Konzept seiner „Systematischen Anthropogeographie", 1962 vorgelegt, bildet „Der Mensch an den Grenzen der Ökumene" eine der fünf Problemgruppen. So war es auch naheliegend, das Symposium zu Ehren von Herrn Czajka anläßlich seines 75. Geburtstages gerade unter diese Thematik zu stellen.

Die Erforschung der Pioniersiedlungsräume der Erde ist keineswegs abgeschlossen, weder in deren aktueller Dynamik noch in ihrer historischen Entwicklung. Zu einer wissenschaftlichen Zwischenbilanz, wie wir sie mit diesem Symposium ziehen wollen, gehört einleitend nicht nur der Rückblick auf den forschungsgeschichtlichen Ablauf, sondern auch der Versuch einer *Analyse der Fragestellun-*

---

[1] Die Bibliographie im Anhang gibt nur eine begrenzte Auswahl wieder! Die sehr umfangreiche englischsprachige Literatur zu dieser Thematik konnte nicht berücksichtigt werden.

gen, der thematischen Gesichtspunkte im einzelnen, unter denen das komplexe Phänomen der Landerschließung und des Kulturlandschaftswandels an den Siedlungsgrenzen zu erfassen versucht wurde.

Deutlich wurde, glaube ich, bereits der spezifische Ansatz des Kreises um I. Bowman. Ihm ging es um die Entwicklung einer *anwendbaren Pioniersiedlungswissenschaft*, um den für die aktuelle und zukünftige agrare Landerschließung verantwortlichen Institutionen Maßstäbe und Kriterien für eine erfolgreiche Pioniersiedlungspolitik, für Planungen an die Hand zu geben. „Planning in Pioneer Settlement" ist das Thema seines Aufsatzes von 1932. Diese Zielsetzung ist heute für die Geographie durchaus aktuell überall dort, wo sie in solchen Entwicklungsländern zu konstruktiver Mitarbeit ansetzt, wo Neulanderschließung noch eine Lösung des Übervölkerungsproblems ist. Ich nenne als Beispiel das Sandner-Projekt in Costa Rica (Sandner/Nuhn 1971; siehe hierzu auch den Beitrag von Nuhn). Diese Zielsetzung ist prospektiv, auf zukünftige Anwendung gerichtet. „Possibilities and Limits of Settlement" (Bowman) sollen erforscht werden. Von daher wird es verständlich, daß sich die Forschungen des Bowman-Kreises fast ausschließlich auf jüngste Kolonisationsgebiete als „Laboratory of Settlement" und noch unerschlossene potentielle Siedlungsräume konzentrierten, während Pionierzonen der *Vergangenheit*, die bereits zu vollentwickelten Kulturlandschaften geworden sind, für diese Problemstellung keine sicheren Maßstäbe liefern können, vor allem dann nicht, wenn sie unter ganz anderen Voraussetzungen wirtschaftlich-technischer, kultureller und bevölkerungsdynamischer Hinsicht standen. Der moderne Pionier ist ein ganz anderer als der Pionier des 18./19. Jhs.

Dennoch erkennt Bowman die methodische Bedeutung des Studiums älterer Pioniersiedlungsräume und ihrer Entwicklung zu ausgereiften Kulturlandschaften: „Their historical development is analogous to the progress of a scientific experiment." (Bowman 1937, S. 295). Sehr viel konsequenter ging Waibel diesen Weg einer historisch-genetischen Analyse: „Wenn man sich eine Meinung über die zukünftige Kolonisation der unbewohnten Gebiete Brasiliens machen will, muß man vorher jedoch wissen, welches die Methoden und Grundlagen waren, die bei der schon durchgeführten Kolonisation angewandt wurden. Die Spekulationen über die Kolonisationsmöglichkeiten eines Landes, die nur auf den physischen Grundlagen beruhen, bleiben ohne Berücksichtigung der wirtschaftlichen und sozialen Entwicklung der schon kolonisierten Ländereien vollkommen ohne Basis. Davon überzeugte ich mich auf der ersten Exkursion ins Landesinnere im Süden von Goias, wohin ich reiste, um die Kolonisationsmöglichkeiten für Europäer zu studieren. Danach ließ ich den Gedanken fallen und wandte meine Aufmerksamkeit dem subtropischen Süden Brasiliens zu, wo die europäischen Kolonisation seit mehr als 120 Jahre große Erfolge erreicht hatte. So wenigstens steht es in allen Büchern." Waibel gewann hier aus der Untersuchung der alten, seit langem bestehenden Kolonien aufgrund eingehender Geländearbeiten und historischer Quellen klare Erkenntnisse über die Erfolge wie über die methodischen Fehler, die tatsächlich bei der europäischen Kolonisation in Brasilien begangen wurden und deckte die dafür verantwortlichen Faktoren auf.[2]

Die Erarbeitung von heute anwendbaren Prinzipien und Grundregeln für Pioniersiedlungsunternehmungen ist umso notwendiger, weil die Landerschließung gegenwärtig vielfach nur noch in marginalen, von den Kernräumen und ihren Märkten weit abgelegenen und zugleich in der technischen Bewältigung schwierigen Naturräumen erfolgen kann.

Das leicht zu erschließende beste Land, etwa die Prärie Nordamerikas, ist längst besetzt. Dort konnte jeder Neusiedler ohne große Vorkenntnisse erfolgreich Landwirtschaft betreiben. In den schwierigen marginalen Gebieten ist die Hilfe der Wissenschaft nötig, einer „Science of Settlement", um Fehlschläge zu vermeiden, die umso schwerer wiegen, als heute große staatliche Aufwendungen zur Bewältigung dieser Räume eingesetzt werden müssen.

Das Forschungsinteresse muß sich demnach zunächst auf die Neusiedlungsräume selbst richten, zum anderen aber auch auf die Kernräume der Voll-Ökumene in ihrer Eigenschaft als *Abwanderungsgebiete* der potentiellen Neusiedler, und in ihrer Eigenschaft als *Märkte* für die Produktion aus den peripheren Neusiedlungsräumen. Ich will versuchen, die Fragestellungen und Probleme im einzelnen kurz, und sicherlich nicht vollständig, zu umreißen und dabei zugleich die Beiträge dieses Symposiums hierzu einzuordnen.

1. Die aktuellen und die potentiellen Neusiedlungsräume werden nach ihrem *natürlichen Nutzungspotential* untersucht unter Zugrundelegung der bestehenden agrartechnischen Möglichkeiten. Die Notwendigkeit bzw. Wirksamkeit von *technischen Innovationen* zur Inwertsetzung der gegebenen natürlichen Nutzungsbedingungen wird aufgezeigt (siehe hierzu die Beiträge von Dahlke, Lenz, Achenbach). Nicht nur die Nutzungsmöglichkeiten, auch die entsprechenden optimalen Betriebsgrößen bzw. die Mindestgrößen müssen ermittelt werden, wobei wiederum der beabsichtigte Lebensstandard der Neusiedler zu berücksichtigen ist.[3] Unter diesen Gesichtspunkten fallen u. U. bestimmte Räume für eine bäuerlich-farmerische Kolonisation ganz aus bzw. sind Großbetriebe die einzige Alternative.

2. Die *infrastrukturelle Aufschließung* muß nach Umfang und Kosten ermittelt werden. Das Verkehrsnetz spielt geradezu eine den Raum überhaupt erst aufschließende Rolle. Bowman überschrieb das entsprechende Kapitel seines Buches von 1931 mit: „Railways as Pioneers". Die Eisenbahnlinien in Nordamerika und Argentinien, die Paßstraßen in den Andenstaaten sind dafür eindrückliche Belege. Damit eng verbunden ist das Problem der Schaffung eines *zentralen Versorgungs- und Absatznetzes* mit zentralen Orten, mit städtischen Mittelpunkten (siehe hierzu die

---

[2] Zitat aus dem Vortrag von L. Waibel „Was ich in Brasilien lernte", abgedruckt in „Symposium zur Agrargeographie anläßlich des 80. Geburtstages von Leo Waibel". (Heidelberger Geogr. Arbeiten 36) Heidelberg 1972, S. 104. Vgl. hierzu auch G. Pfeifer im Vorwort zu Waibel (1955).

[3] Für Waibel war dies eine Kernfrage der Kolonisation Süd-Brasiliens: „Was ist die minimale Ackernahrung eines Kolonisten, der das Landwechselsystem anwendet?" (Waibel 1955, S. 87).

Beiträge von Lenz, Bünstorf, Monheim, Kohlhepp). Bei einer dünnen Besiedlung und geringer Produktivität kann ein solches Netz aus dem Raum heraus nicht getragen werden. Daran kann eine Besiedlung überhaupt scheitern, gar nicht erst zustandekommen oder nachträglich zusammenbrechen.

3. Wenn nicht der primär auf Selbstversorgung, auf Subsistenz ausgerichtete Pionierbauer das Ziel der Kolonisation ist, dann kommt dem *Absatzmarkt* eine entscheidende Rolle zu. Dessen große Bedeutung zeigt z. B. der Zusammenbruch der Frontier der Weizenfarmer in den Great Plains und in Australien Ende der zwanziger Jahre im Gefolge der Weltwirtschaftskrise, die zum Dürrerisiko hinzukam (siehe hierzu den Beitrag von Dahlke). Von einer prospektiv orientierten Pioniersiedlungswissenschaft wird also eine genaue Marktanalyse gefordert. Dabei spielt nicht zuletzt auch der Lagefaktor, die Verkehrslage des Neusiedlungsraumes und damit der Transportkostenfaktor, eine entscheidende Rolle. Die Formen der Landnutzung, die Betriebssysteme und die Betriebsgrößen werden dadurch bestimmt und der Reichweite der Siedlungsexpansion Grenzen gesetzt. Man könnte geradezu fragen, welche Position ein Neusiedlungsgebiet im jeweiligen regionalen Thünen-System einnimmt. Waibel hat diesem Gesichtspunkt bei seinen Forschungen in Südbrasilien vorrangige Bedeutung beigemessen (siehe hierzu die Beiträge von Bünstorf, Dahlke, Lenz, Kohlhepp).

4. Mindestens ebenso wichtig sind die *Siedler* selbst, die sich mit ihren einem ganz anderen Milieu entstammenden Verhaltensweisen und Maßstäben auf eine neue Umwelt einstellen müssen, von ihrer physischen Akklimatisationsfähigkeit ganz abgesehen. Sind sie auch mentalitätsmäßig adaptionsfähig? Ist der Neusiedler überhaupt in der Lage, die Möglichkeiten des Raumes zu erkennen? Hier berührt sich die angewandte Pioniersiedlungsforschung eng mit dem modernen Forschungsansatz der „Umweltwahrnehmung" – „environmental perception" (vgl. Hard 1973, S. 200 ff.). Will man nicht ein Scheitern oder langwährende mühsame Anpassung in Kauf nehmen, muß eine Pioniersiedlungswissenschaft Maßnahmen und Einrichtungen der *Beratung und Erziehung* des Siedlers entwickeln (siehe hierzu den Beitrag von Monheim).

5. Kaum berücksichtigt wurde vom Bowman-Kreis die Einbeziehung der im potentiellen Kolonisationsraum bereits ansässigen *Vorbevölkerung*. Der Neusiedlungsraum gilt in der Tat vielen Kolonisationsbehörden als „menschenleer". Seine Entwicklung ist auch für Bowman primär „commercial development". Daß diese Haltung von den die Neusiedlung betreibenden Instanzen auch heute noch eingenommen wird, lassen z. B. die folgenden Beiträge über Lateinamerika erkennen. Die Frontier ist die expansive Front der Agrarkolonisation, vor der die extensiver und weniger produktiv wirtschaftende Vorbevölkerung – Nomaden, Wanderfeldbauern, Sammler und Jäger – zu weichen hat oder einbezogen wird, wobei sie nicht selten zum Proletariat absinkt. Eindrucksvolle Beispiele für die staatlich geförderte Agrarkolonisation wie auch ungelenkte bäuerliche Landnahme gegenüber solchen vorbesiedelten Räumen geben die Beiträge von Hütteroth, Giese, Born, Hecklau und Zimmermann. Der Beitrag von Scholz behandelt den Fall einer rein kolonial-

politisch motivierten Agrarkolonisation, bei der eine nomadische Bevölkerung im Bereich einer politischen Frontier zur Seßhaftwerdung gezwungen wird.

6. Während in den englischsprachigen Veröffentlichungen zur Pioniersiedlungsforschung die Untersuchung und Bewertung der *Siedlungsformen* als ein wesentlicher Ausdruck der räumlichen Organisation der Landerschließung weitgehend vernachlässigt wird, hat diesen Aspekt vor allem die deutsche Forschung aufgegriffen, auf der Grundlage der in Deutschland aufblühenden Geographie der ländlichen Siedlungen. Welche Bedeutung das gewählte Siedlungsmuster und die damit eng verbundene Besitzstruktur für den Erfolg bzw. Mißerfolg eines Neusiedlungsraumes haben kann, zeigen, um nur wenige Beispiele zu nennen, die Arbeiten von Schmieder/Wilhelmy (1938), Waibel (1955), Sandner (1961), Monheim (1965), Brücher (1968) und Schoop (1970). Eine aufschlußreiche Arbeit hat jüngst auch der amerikanische Geograph R. C. Eidt vorgelegt, der sich dabei eng an die deutsche Forschungstradition anschließt (s. Eidt 1971). Auch in den meisten der folgenden Symposiumsbeiträge wird gerade dieser Aspekt besonders herausgestellt. Welch unterschiedliche siedlungsräumliche Organisationsformen gewählt wurden, zeigt z. B. ein Vergleich der Beiträge von Dettmann über die Schachbrettmuster der Kanalkolonien im Pandschab und von Monheim über Anlagen nach Art der Waldhufensiedlungen in Ostbolivien.

7. Untrennbar verknüpft mit der siedlungsräumlichen Gestaltung der Kolonisationsgebiete ist die *Leistung der Kolonisatoren*, seien es nun staatliche Instanzen oder private Unternehmer, denen als anderes Extrem die individuelle Landnahme durch den einzelnen Siedler gegenübersteht. Von der organisatorischen Leistungsfähigkeit der leitenden Instanzen, die den Besiedlungsprozeß von der Auswahl und Bewertung des Neusiedlungsgebietes über dessen Aufschließung bis zur Besiedlung und infrastrukturellen Organisation lenken oder bis in Einzelheiten dirigieren können, hängt der Erfolg oder Mißerfolg einer Neulanderschließung in entscheidendem Maße ab. Dieser Aspekt wird vor allem in den Beiträgen von Nuhn, Monheim, Kohlhepp, Zimmermann und Dettmann in den Vordergrund gerückt. Hinter und über den Kolonisatoren als Träger der konkreten Neusiedlungsprojekte stehen die Regierungen, deren politische Zielsetzungen die Kolonisation erst ermöglichen und in Gang setzen, wenngleich häufig genug spontane Landnahmebewegungen, aus übervölkerten Räumen kommend, die politischen Entscheidungen gar nicht erst abwarten.

In den auf der Agrarwirtschaft basierenden Siedlungsgrenzräumen der industrialisierten Länder hat dagegen die im Vergleich zu den urbanisierten Kernräumen geringere Attraktivität inzwischen zu einem *Ausklingen der Agrarkolonisation* geführt (Ehlers 1970). Darüber hinaus hat zugleich ein Prozeß der *Umstrukturierung* eingesetzt, der unter dem Einfluß der Industrialisierung zu erheblich größeren Farmeinheiten, Spezialisierung der Produktion mit hoher Rentabilität und Mechanisierung geführt hat und sich in einer erheblichen Verdünnung des Farmnetzes wie auch im Wegfall zahlreicher zentraler Orte zu erkennen gibt (Lenz 1965, Dahlke 1973 und deren Beiträge in diesem Symposiums-Band). Auch an den Meeresgrenzen im Bereich der Kernräume der Ökumene hat dieser Wandel mit einer

Umstrukturierung und Intensivierung der Fischereiwirtschaft eingesetzt. Der Beitrag von Uthoff ist dieser Thematik gewidmet.

Dieser *Kulturlandschaftswandel* hat in den binnenwärtigen Gebieten der Siedlungsgrenzräume durchaus positive Aspekte. In den äußeren, wirklich peripheren Gebieten hat inzwischen eine *regressive Siedlungsentwicklung* eingesetzt: Abwanderung von Siedlern in die Städte führt zur Hofaufgabe mit Verfall der Gebäude und bei nur teilweiser oder ausbleibender Übernahme der Wirtschaftsflächen durch die restlichen Siedler zur Verödung von Kulturland. Wüstungserscheinungen kennzeichnen heute bereits manche durch Agrarkolonisation erst in diesem Jahrhundert erschlossenen Siedlungsgrenzräume in Nordamerika und Nordeuropa (vgl. hierzu Hottenroth 1968, Schott 1972, Ehlers 1973, Norling 1960, Bronny 1972, Volkmann 1973). Auf die vergleichbare Entwicklung an der Höhengrenze – die Entvölkerung der Gebirge – kann hier nur hingewiesen werden. Inzwischen hat die Umstrukturierung des Wirtschafts- und Siedlungsraumes auch den vor der Agrarsiedlungsgrenze gelegenen *polaren Grenzraum* der Semiökumene mit seiner Fischer- und Jägerbevölkerung erfaßt. Treude hat diesem Wandlungsprozeß in Nordlabrador eine umfangreiche Studie gewidmet (Treude 1974; vgl. auch Macdonald 1966). Gormsen berichtet auf diesem Symposium aufgrund eigener Forschungen über einen regionalen Ausschnitt dieses Raumes. Die Wandlungen an der subpolaren Meeresgrenze mit ihren peripheren Fischereistandorten untersucht Bronny in einer jüngeren Arbeit (1972).

Diese Vorgänge einer rückläufigen Kulturlandschaftsentwicklung gehören nicht mehr in den Forschungsbereich einer die Neulanderschließung fördernden Pioniersiedlungswissenschaft. Aber zweifellos könnte auch für diese junge regressive Entwicklung eine anwendungsorientierte geographische Grundlagenforschung ansetzen.

8. Zur Pioniersiedlungsforschung gehört schließlich auch das genaue Studium der *Kernräume der Vollökumene als Abwanderungsgebiete der Neusiedler und als Marktgebiete* für die Produktion der neu erschlossenen Siedlungsräume. Die Beurteilung der Übervölkerung im Hinblick auf die Tragfähigkeit dieser Altsiedelräume bei gegebenem wirtschaftlichen Entwicklungsstand ist eine Seite des Problems (vgl. z. B. Meynen/Pfeifer 1943, Sandner 1970). Die andere ist die vergleichende Abschätzung der *Attraktivität der Neusiedlungsräume*. Bereits Bowman und seine Mitarbeiter mußten um 1930 konstatieren, daß trotz der damals gerade herrschenden Weltwirtschaftskrise aus den in einem zunehmenden Industrialisierungs- und Verstädterungsprozeß stehenden Ländern Europas und Nordamerikas kaum noch Neusiedler zu erwarten waren. Der zunächst niedrige, entbehrungsreiche Lebensstandard in den Pioniergebieten war selbst für ärmere Städter keine akzeptable Alternative mehr, und der ländliche Bevölkerungsüberschuß wurde mehr und mehr von den städtischen Arbeitsplätzen angezogen. Seither konzentriert sich die agrare Neusiedlungsbewegung auf die überbevölkerten Agrarländer der Erde, in Lateinamerika, in Afrika und Asien, auf die sich alle folgenden Beiträge zur aktuellen Landerschließung beziehen.

Eine Sonderstellung in Nordeuropa nahm Finnland nach dem II. Weltkrieg ein, wo bis hinauf nach Lappland noch eine Agrarkolonisation von beachtlichem Umfang erfolgte. Dieses gewissermaßen letzte europäische Neusiedlungsgebiet an der Siedlungsgrenze fand daher ein besonders starkes Interesse deutscher Geographen (Bronny 1966, Ehlers 1967, Lehner 1960, Schlenger 1957, v. Soosten 1970; vgl. auch die Arbeiten von Stone 1962 und 1966).

Hat damit die Erschließung in den Siedlungsgrenzsäumen der Industrieländer ein Ende gefunden? Diese Frage erfordert eine differenzierte Beantwortung. Ein bisher erst in geringem Umfang studiertes Feld ist die bis heute voranschreitende, wenn auch nur punkthafte Erschließung mit *Bergwerks- und Industriestädten*, zu deren Nahrungsversorgung u. U. sogar eine damit kombinierte Agrarkolonisation erfolgt. Sibirien wäre dafür ein Beispiel, ebenso Nordkanada, dessen kombinierte Bergwerks-Holzindustrie-Agrar-Frontier Hottenroth (1968) untersucht hat, während Jüngst (1973) die vielfach vor der Agrar-Frontier liegenden Erzbergbausiedlungen in den kanadischen Kordilleren studierte.

Der weitaus größere Teil der geographischen Forschung über die Siedlungsgrenzräume, auch der zitierten Arbeiten, läßt sich nur bedingt oder gar nicht dieser anwendungsorientierten Pioniersiedlungswissenschaft im Sinne Bowmans zuordnen, obwohl die gleichen Sachverhalte studiert werden. Ihre Fragestellung ist viel eher dem *kulturlandschaftsgeschichtlichen Ansatz* zuzurechnen, der allerdings – wie Waibel es demonstrierte – erfolgreich auch für die angewandte Pionierraumforschung eingesetzt werden kann. Worin liegt das spezifische Erkenntnisinteresse dieses Ansatzes? Dies läßt sich besonders deutlich an Waibels Forschungen in Südbrasilien aufzeigen. Hier stieß er bei seiner Untersuchung der Siedlungskolonisation von ihren Initialstadien bis zur vollausgebauten Kulturlandschaft auf ein Phänomen, auf das bereits Turner aufmerksam gemacht hatte: die Aufeinanderfolge von verschiedenen Lebensformgruppen und deren kulturlandschaftsgestaltender Tätigkeit im selben Raum, wobei jeweils eine die andere verdrängt, die verdrängte sich weiter in Richtung Semiökumene vorschiebt und so gleichzeitig im gesamten Grenzraum am Rande der Vollökumene verschiedene Lebensformtypen und ihre jeweiligen Wirtschaftsräume gestaffelt hintereinanderliegen, jede mit einer expansiven Frontier gegen die andere. Waibel beobachtete ähnliche *Sukzessionen von Lebens- und Wirtschaftsformen* im Waldland Südbrasiliens, wo ebenfalls dem eigentlichen Pionierstadium Vorstadien extensiver Wirtschafts- oder Betriebsformen mit sehr spezifischen Lebensformgruppen vorausgehen: Sägewerksunternehmer, die zunächst die Edelhölzer ausbeuten; Caboclos, die wie die Indianer in primitivem wandernden Brandrodungsfeldbau vor der Pionierfront die Wälder extensiv und rein exploitierend nutzen. Wie Turner definiert Waibel die Pionierzone als Zone stärkster Dynamik, stärksten Wandels zur Kulturlandschaft, verbunden mit wirtschaftlicher und zugleich sozialer Differenzierung. In diesem Aufbauprozeß der Kulturlandschaft können mehrere Phasen unterschieden werden, die es gerechtfertigt erscheinen lassen, im Bereich der Siedlungsgrenzen nicht nur den Vorgang der pionierhaften Landerschließung herauszustellen, sondern auch den dynamischen Aspekt des *Kulturlandschaftswandels* mit zunehmender Auffüllung und Ausdifferenzierung zu betonen, den man auch als Kulturlandschaftsentwicklung bezeichnen darf. In der Herausarbeitung der Sukzession von Stadien oder Phasen der Kulturlandschaftsentwicklung mit ihren Lebensformgruppen in ihrer jeweiligen räumlichen Verwirklichung und in der Analyse der dabei wirkenden Faktorengefüge sehe ich die spezifische Aufgabe des kulturlandschaftsgeschichtlichen Ansatzes in der Erforschung der Siedlungsgrenzräume. Hierein fügt sich auch ganz konsequent die Erforschung der gegenwärtig bedeutsam gewordenen rezessiven Entwicklung, ebenso wie eine solche etwa als spätmittelalterliche Wüstungsperiode in der Kulturlandschaftsgeschichte Mitteleuropas Berücksichtigung erfährt.

Dieser Ansatz liegt dem überwiegenden Teil der deutschen Forschungen bereits seit den dreißiger Jahren zugrunde. So folgen auch die auf diesem Symposium vorgetragenen Arbeiten durchweg dem Konzept, die Genese der untersuchten Siedlungsgrenzräume zum Leitprinzip der Darstellung zu machen. Diese dynamische Perspektive bestimmt daher mit Recht die Formulierung des Rahmenthemas: „Landerschließung und Kulturlandschaftswandel an den Siedlungsgrenzen der Erde".

Literatur

Bartz, F. (1943): Alaska: Rohstoff- und Raumreserve. In: *Schmieder* 1943, S. 183-208.

Blume, H. (1956): Die Entwicklung der Kulturlandschaft des Mississippideltas in kolonialer Zeit. (Schriften d. Geogr. Inst. d. Univ. Kiel XVI, 3) Kiel.

Bowman, L. (1926): The scientific study of settlement. In: Geogr. Review XVI, S. 641-653.

Ders. (1931a): The Pioneer Fringe. (American Geogr. Society, Special Publications 13) New York.

Ders. (Hg.) (1931b): Pioneer settlement. Cooperative Studies by twenty-six Authors. (American Geogr. Society, Special Publicalions 14) New York.

Ders. (1932): Planning in pioneer settlement. In: Annals of the Assoc. of American Geographers 22, S. 93-107

Ders. (Hg.) (1937): Limits of Land Settlement. A Report on Present Day Possibilities. Council of Foreign Relations, New York.

Ders. (1957): Settlement by the modern pioneer. In: G. Taylor (ed.), Geography in the 20th Century. London, S. 248-266.

Bronny, H. (1966): Studien zur Entwicklung und Struktur der Wirtschaft in der Provinz Finnisch-Lappland. (Westfälische Geogr. Studien 19) Münster.

Ders. (1972): Probleme der Fischereiwirtschaft in den subpolaren Gewässern Nordjapans und Nordnorwegens. In: Polarforschung 42, S. 125-137.

Brücher, W. (1968): Die Erschließung des tropischen Regenwaldes am Ostrand der kolumbianischen Anden. Der Raum zwischen Rio Ariari und Ecuador. (Tübinger Geogr. Studien 28) Tübingen.

Czajka, W. (1953): Lebensformen und Pionierarbeit an der Siedlungsgrenze. Hannover und Darmstadt.

Ders. (1962/63): Systematische Anthropogeographie. In: Geogr. Taschenbuch, S. 287-313. [Wiederabdruck in: W. Storkebaum (Hg.), Zum Gegenstand und zur Methode der Geographie. Darmstadt 1967.]

Dahlke, J. (1973): Der Weizengürtel in Südwestaustralien. Anbau und Siedlung an der Trockengrenze. (Erdkundl. Wissen – Beih. z. Geogr. Zeitschrift 34) Wiesbaden.

Ehlers, E. (1965): Das nördliche Peace River Country, Alberta, Kanada. Struktur und Genese eines Pionierraumes im borealen Waldland Nordamerikas. (Tübinger Geogr. Studien 18) Tübingen.

Ders. (1967): Das boreale Waldland in Finnland und Kanada als Siedlungs- und Wirtschaftsraum. In: Geogr. Zeitschrift 57, S. 279-322.

Ders. (1970): Das Ende der Agrarkolonisation in Finnland. In: Geogr. Rundschau 22, S. 31-33.

Ders. (1973): Agrarkolonisation und Agrarlandschaft in Alaska. Probleme und Entwicklungstendenzen der Landwirtschaft in hohen Breiten. In: Geogr. Zeitschrift 61, S. 195-219.

Eidt, R. C. (1971): Pioneer Settlement in Northeast Argentina. Madison, Milwaukee, London.

Gulley, S. H. M. (1959): The Turnerian frontier. In: Tijdschrift voor econ. en soc. Geografie 50, S. 65-72, 81-91.

Hard, G. (1973): Die Geographie. Eine wissenschaftstheoretische Einführung. Berlin.

Hottenroth, H. (1968): The Great Clay Belts in Ontario und Quebec. Struktur und Genese eines Pionierraumes an der nördlichen Siedlungsgrenze Ost-Kanadas. (Marburger Geogr. Schriften 39) Marburg/Lahn.

Jüngst, P. (1973): Erzbergbau in den Kanadischen Kordilleren. (Marburger Geogr. Schriften 57) Marburg/Lahn.

Lauer, W. (1961): Wandlungen im Landschaftsbild des südchilenischen Seengebietes seit Ende der spanischen Kolonialzeit. In: W. Lauer (Hg.), Beiträge zur Geographie der Neuen Welt. Festschrift für Oskar Schmieder zum 70. Geburtstag. (Schriften d. Geogr. Inst. d. Univ. Kiel 20) Kiel, S. 227-276.

Lehner, L. (1960): Die kulturlandschaftliche Entwicklung Finnisch-Lapplands nach dem Zweiten Weltkriege. In: Mitt. d. Geogr. Ges. in München 45, S. 51-147.

Lenz, K. (1965): Die Prärieprovinzen Kanadas. Der Wandel der Kulturlandschaft von der Kolonisation bis zur Gegenwart unter dem Einfluß der Industrie. (Marburger Geogr. Schriften 21) Marburg/Lahn.

Macdonald, R. S. I. [ed.] (1966): The arctic frontier. Toronto.

Mackintosh, W. A. und Joerg, W. L. G. (Hg.) (1934/40): Canadian Frontiers of Settlement. 8 Bde., Toronto.

Meynen, E. (1939): Das pennsylvaniendeutsche Bauernland. In: Dt. Archiv f. Landes- u. Volksforschung 3, Leipzig, S. 253-292.

Meynen, E. und Pfeifer, G. (1943): Die Ausweitung des europäischen Lebensraumes auf die Neue Welt. Die Vereinigten Staaten. Wanderungen zwischen zwei Kontinenten, insbesondere die deutsche Überseewanderung. In: *Schmieder* 1943, S. 351-434.

Monheim, F. (1965): Junge Indianerkolonisation in den Tiefländern Ostboliviens. Braunschweig.

Norling, G. (1960): Abandonment of rural settlement in Västerbotten, Lappmark, North Sweden, 1930-1960. In: Geografiska Annaler 42, S. 232-243.

Nuhn, H. (1969): Landesaufnahme und Entwicklungsplanung im karibischen Tiefland Zentralamerikas. In: Erdkunde 23, S. 142-154.

Pelzer, K. J. (1945): Pioneer settlement in the Asiatic tropics. Studies in land utilization and agricultural colonization in Southeastern Asia. (American Geogr. Society, Special Publications 29) New York.

Pfeifer, G. (1935a): Die Bedeutung der „Frontier" für die Ausbreitung der Vereinigten Staaten bis zum Mississippi. In: Geogr. Zeitschrift 41, S. 138-158.

Ders. (1935b): Die politisch-geographische Entwicklung der Vereinigten Staaten westlich des Mississippi. In: Geogr. Zeitschrift 41, S. 361-380.

Sandner, G. (1961): Agrarkolonisation in Costa Rica. (Schriften d. Geogr. Inst. d. Univ. Kiel 19, Nr. 3) Kiel.

Ders. (1964): Die Erschließung der karibischen Waldregion im südlichen Zentralamerika. In: Die Erde 95, S. 111-131.

Ders. (1970): Ursachen und Konsequenzen wachsenden Bevölkerungsdrucks im zentralamerikanischen Agrarraum. In: Beiträge zur Geographie der Tropen und Subtropen. Festschrift zum 60. Geburtstag von Herbert Wilhelmy, hg. v. H. Blume u. K. H. Schröder. (Tübinger Geogr. Studien 34) Tübingen, S. 279-292.

Sandner, G. und Nuhn, H. (1971): Das nördliche Tiefland von Costa Rica. Geographische Regionalanalyse als Grundlage für die Entwicklungsplanung. (Abh. a. d. Gebiet d. Auslandskunde 72) Berlin.

Schlenger, H. (1957): Der Siedlungsausbau Finnlands nach dem Zweiten Weltkriege. In: Festschrift zur Hundertjahrfeier der Geographischen Gesellschaft in Wien. Wien, S. 374-413.

Schmieder, O. (1928): Die Entwicklung der Pampa zur Kulturlandschaft. In: Verhandlungen und Wissenschaftliche Abhandlungen des 22. Deutschen Geographentages zu Karlsruhe 1927, hg. v. E. Fels. (Verh. d. Dt. Geographentages 22) Breslau, S. 76-86.

Ders. (1932): Länderkunde Südamerikas. Leipzig und Wien.

Ders. (1933): Länderkunde Nordamerikas. Leipzig und Wien.

Ders. [Hg.] (1943): Gegenwartsprobleme der Neuen Welt. Teil I: Nordamerika. (Lebensraumfragen – Geograph. Forschungsergebnisse, Bd. III) Leipzig.

Ders. (1972): Lebenserinnerungen und Tagebuchblätter eines Geographen. (Schriften d. Geogr. Inst. d. Univ. Kiel 40), Kiel.

Schmieder, O. und Wilhelmy, H. (1938): Deutsche Ackerbausiedlungen im südamerikanischen Grasland, Pampa und Gran Chaco. (Wiss. Veröff. d. Dt. Museums f. Länderkunde, Neue Folge 6) Leipzig.

Schoop, W. (1970): Vergleichende Untersuchungen zur Agrarkolonisation der Hochlandindianer am Andenabfall und im Tiefland Ostboliviens. (Aachener Geogr. Arbeiten 4) Wiesbaden.

Schott, C. (1935): Urlandschaft und Rodung. Vergleichende Betrachtungen aus Europa und Kanada. In: Zeitschrift d. Ges. f. Erdkunde zu Berlin, S. 81-102.

Ders. (1936): Landnahme und Kolonisation in Canada (am Beispiel Südontarios). (Schriften d. Geogr. Inst. d. Univ. Kiel VI) Kiel.

Ders. (1972): Die Nordgrenze des kanadischen Wirtschaftsraumes. In: Geogr. Rundschau 24, S. 253-270.

Schrepfer, H. (1943): Neufundland und seine Gewässer. In: *Schmieder* 1943, S. 143-182.

Soosten, P. v. (1970): Finnlands Agrarkolonisation in Lappland nach dem zweiten Weltkrieg. (Marburger Geogr. Schriften 45) Marburg/Lahn.

Stone, K. L. (1962): Swedish fringes of settlement. In: Annals of the Assoc. of American Geographers 52, S. 373-393.

Ders. (1966): Finnish fringe of settlement zones. In: Tijdschrift voor econ. en soc. Geografie 57, S. 222-232.

Taylor, G. (1926): The frontiers of settlement in Australia. In: Geogr. Review XVI, S. 1-25.

Turner, F. J. (1920, 1950): The Frontier in American History. New York, 1920, ²1950. [Deutsche Übersetzung unter dem Titel „Die Grenze. Ihre Bedeutung in der amerikanischen Geschichte". Bremen-Horn 1947.]

Volkmann, H. (1973): Die Kulturlandschaft Norrbottens und ihre Wandlungen seit 1945. (Mainzer Geogr. Studien 6) Mainz.

Waibel, L. (1939): White settlement in Costa Rica. In: Geogr. Review 29, S. 529-560.

Ders. (1955): Die europäische Kolonisation Südbrasiliens. Bearbeitet und mit einem Vorwort versehen von Gottfried Pfeifer. (Colloquium Geographicum 4) Bonn.

Wilhelmy, H. (1949): Wald und Grasland als Siedlungsraum in Südamerika. In: Geogr. Zeitschrift 46, S. 208-219.

Ders. (1940): Probleme der Urwaldkolonisation in Südamerika. In: Zeitschrift d. Ges. f. Erdkunde zu Berlin 1940, S. 303-314.

Ders. (1949): Siedlung im südamerikanischen Urwald. (Schriftenreihe „Aus weiter Welt", Bd. 1) Hamburg-Blankenese.

The temporal and spatial pattern of field reorganization in Europe (18th and 19th centuries). A comparative overview.

Abstract

In this paper the expansion of field reorganization in space and time in Northern and Central Europe is described. A main question is the interpretation of this expansion: can it be interpreted as a diffusion of an innovation or has it to be seen as a series of independent regional movements, even 'from below', originating from local landlords and peasant communities?

The conclusion is that consolidations started earliest in Northern Europe where they were carried out most radically. Later and less radically the consolidations moved southward and finally came to an end in the 'periphery' of the continent, where the traditional open-field pattern survived. To explain these differences economic factors are not sufficient. Socio-cultural factors (smallholders tend to cling to old traditions), too, are not totally satisfying. Of importance are also political factors which can speed up or discourage field reorganization.

Introduction

It was the German geographer Gabriele Schwarz who in 1955 for the first time discussed the theme of field reorganization and land redistribution as part of agricultural reforms ("Agrarreformen") in Central and Northern Europe from the 18th to 20th century in a comparative overview, with emphasis on their impact on the rural settlement pattern. As Staffan Helmfrid (1961, p. 115) stated in his paper on this process in Sweden, "The real revolution of the landscape pattern was a much more complicated and slow process than could be imagined form Schwarz's map. It is of great geographical interest to study this process in its chorological and chronological aspects." It is my intention to take up this theme once again in the light of further research undertaken meanwhile and to try an interpretation along the lines which Helmfrid proposed. It is my aim, as it was of Schwarz, to reveal the motivations of land reorganization in different regions, the conditions which favoured it and the obstacles which worked to maintain traditional patterns.

While "agricultural reform" as the wider concept encompasses especially social reforms, e. g. the enfranchisement of the peasantry from feudal bonds and changes in property rights ("land reform"), field reorganization resp. reparcellation of land, "Flurbereinigung" in German terminology, generally means the reform of traditional open-field patterns, the pattern of scattered narrow strips arranged in furlongs or "Gewanne" (figs. 2, 5 and 7) or the pattern of mixed small blocks and strips

("Block- und Streifen-Gemengeflur"). These were consolidated into a reduced number of large block plots or broad strips (figs. 4 and 6).

Excluded from this kind of field reorganization were those regions in which patterns of the latter type had already existed since the time of colonization; e. g. the medieval row villages with compact "Hufen" strips. They proved well adaptive to modern types of landuse introduced since the 18th century.

After Helmfrid we may discern four stages or types of intensity of field reorganization:

Type 1: The traditional open-field pattern with the individual farm owning tens of scattered tiny strips was replaced by a radically new pattern of large compact farms with all the land of the individual proprietor in only one piece (figs. 2, 3 and 4). This permitted to dissolve the village into isolated farms each with a central location in its land.

Type 2: The large number of furlongs of the traditional open-field pattern were replaced by few large furlongs or field sections each with only one large strip per farm. This type considerably reduced travel time to the fields and permitted to abandon common rotation ("Flurzwang"), but to maintain the village (figs. 5 and 6).

Type 3: The traditional open-field pattern could with only slight reorganization be adapted to modernized forms of arable agriculture which demanded more flexible reactions of the individual farmer. Therefore the necessity to follow common field rotation which in the old system was demanded by the limited number of field lanes with access to many plots only across neighbouring plots had to be abolished. For this aim it was sufficient to rearrange the narrow "Gewann" pattern in the frame of a denser network of new field lanes as to permit individual access to each and every plot, generally from both ends. This type of reorganization led to no, or only a minimal, reduction of strips per farm (figs. 7 and 8).

Type 4: In the 18th and 19th centuries there existed regions where the pressure for modern types of agriculture was more or less absent. Here the village communities even continued the traditional common three-field system and would have preferred to keep the old field pattern to which they were accustomed. They had to be persuaded by the state authorities to at least accept a new, denser network of field lanes which was superimposed on the pre-existing pattern to permit cultivation of a variety of new leaf crops on the former fallow field, which might demand harvest at different times. In this class of villages there was a strong opposition against changes in the scattered distribution of property of the individual farms, even if large ones owned more than one hundred tiny strips.

These types of field reorganization have to be seen and explained in the context of economic changes in Europe which occurred with the evolution of the modern European world economy with its growing demand for agricultural commodities. The 18th to early 20th centuries were the time of strongest economic and social dynamics which led to a rapid introduction of field reorganization, but forerunners appeared as early as in the 16th century.

Drastic changes in economy and society were not limited to modern times nor were field reorganizations. The furlong/"Gewannflur" system which was seen by the adherents of enlightenment and rationalism of the 18th and 19th centuries (and of course of the present, too) as an evil by its real nature with its roots in the dark irrational Middle Ages, had been the progressive system of that time. It was introduced as an innovation along with the feudal type of village and common field organization in the Middle Ages in the Slavonic territories east of the Elbe where it replaced an earlier irregular block field pattern of smaller extension (Nitz 1990). A similar medieval innovation was the "solskifte" furlong system of Scandinavia. Fig. 2 gives an example from Denmark: Though the individual furlongs differ in size and shape, they were regularly divided into as many strips as farms belonged to the village, with one strip per farm in every furlong, following the same sequence as the farmsteads in the village: east to west resp. south to north ("versus solem").

Expansion of field reorganisation in space and time

In the following part of my paper I shall discuss Schwarz's and Helmfrid's findings on the expansion of field reorganization as a movement in space and time as it can be traced from the dates of its legal invention by the respective European states. The question to be raised is: Can this spread be interpreted as a diffusion of an innovation? Or has it to be seen as a series of independent regional movements, even 'from below', originating from local landlords and peasant communities, which occurred just because time was ripe? To answer this question it will be helpful to look not only at the respective state as a whole but also at the spread within its regions or provinces as Helmfrid did for Sweden. Were there core regions of early invention and, on the other hand, latecomers? My findings will raise more questions than provide clear answers. In the last part of my paper I shall discuss certain factors which either favoured or hampered thorough field reorganization or even worked to prevent them.

My first point of discussion is the spatial and temporal diffusion of field reorganization (fig. 1). It is well known that it was England where the earliest field reorganizations of a 'modern' type were carried out as "enclosures" as early as the late Middle Ages in villages with unity of manorial control. Here the dominant landlord could rearrange the land property in favour of his manorial farms which were completely consolidated even with eviction of the peasants. This movement started as individual feudal activities, but properly managed enclosures with agreement among larger bodies of landowners and the engagement of commissioners for reallotment were started around 1500, and finally the state stepped in with enclosures sanctioned by Acts of Parliament, which became the prevailing legal procedure around 1720 when consolidation developed into a real movement (Yelling 1977).

The next regions to introduce consolidation were the Scandinavian countries. As Helmfrid (1961) has shown, the Danish and the Swedish Crown began legislation in the same year, 1749, with later improvements, in Denmark especially that of

1757 (Dombernowsky 1988), in Sweden again in the same year as the "Storskifte" Act (Helmfrid 1961, p. 118) which promoted field reorganisation of type 2. In

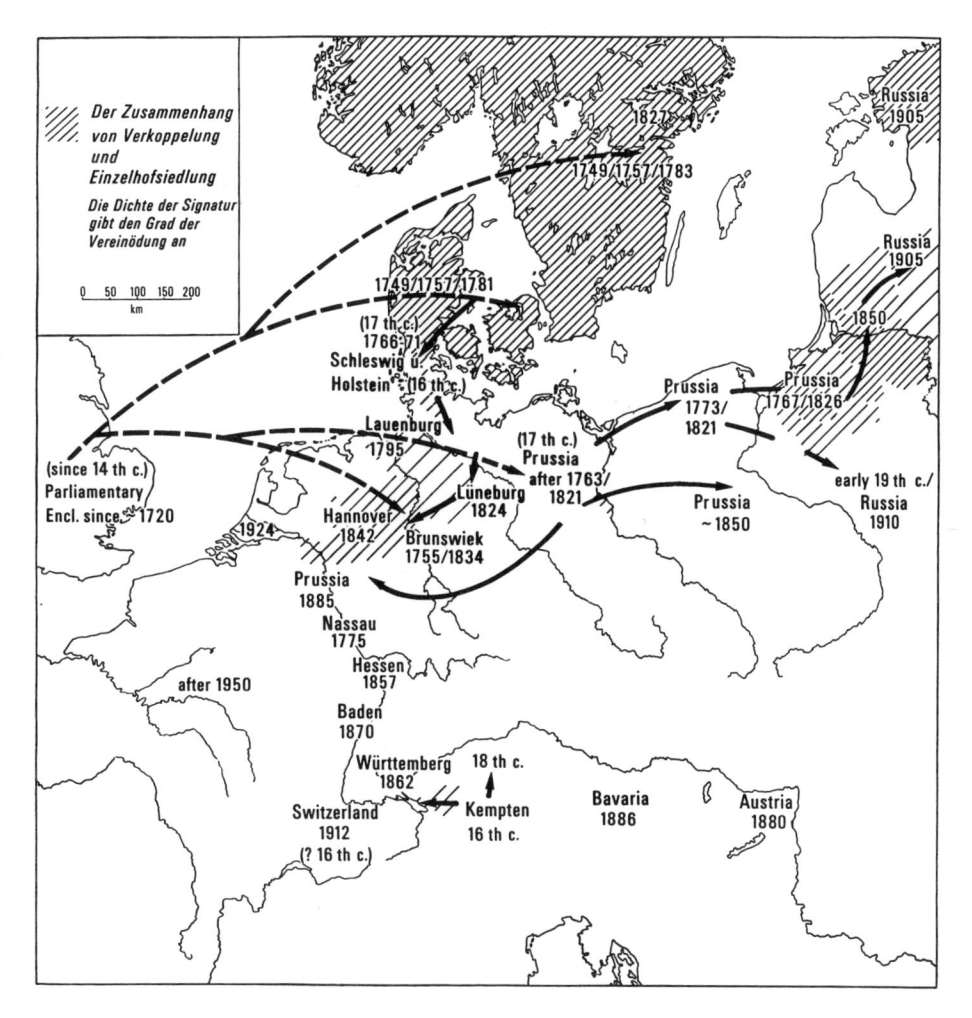

Fig. 1: Interrelation of enclosure and isolated farms. Density of shading indicates extent of farm dispersal (map by G. Schwarz 1955, fig. 2).

Spatial and temporal pattern of the spread of field reorganization in Europe (by H.-J. Nitz, added to map of G. Schwarz).

Legend: (17th century) = Time of early field reorganization 'from below'

1755/1834 = Years of first and later government acts of field reorganization

Denmark this type could easily be adapted to the commonly organized improved field-grass rotation (fig. 3). It suggests itself to assume exchange of reform ideas between the two countries. Indeed Helmfrid (p. 121) quotes the opinion of the biographer of Faggot, the main Swedish reformer of the time, that "Denmark and Prussia had followed the example of these 'storskifte' Acts and had introduced enclosure practices in their countries." On the other hand Denmark was the first of the two countries to successfully introduce the most radical form of compacting the farms (type 1) since the 1760s which received its legal basis in 1781 (as "udskiftning", fig. 4) and in Sweden 1783 (as "enskifte"). This Danish type was first adopted in Sweden by a progressive landlord in Skåne in southernmost Sweden who probably had close contacts to Denmark (Helmfrid 1961, p. 122). These dates are close to the beginning of the British Parliamentary Enclosure Movement, and indeed Dombernowsky (1988, p. 291) could show that Danish economists in their writings on the need for field consolidation clearly reflected inspirations from England in the 1750s. The same is true for Sweden where the

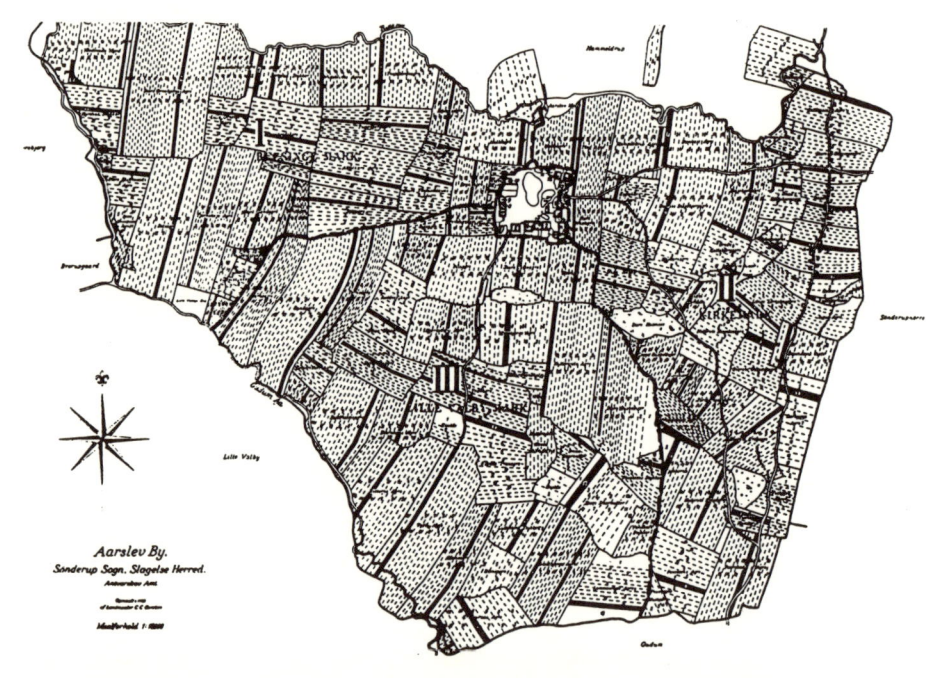

Fig. 2: Arslev (Denmark, West of Sjælland, near Slagelse) in 1786. (After Frandsen 1992, fig. 4)

Furlong field pattern ("Gewannflur") of medieval origin. The property of farm no. 5 – marked in black – consisted of 78 strips, with one in every furlong. I, II, III: the three common fields (Danish: "Mark").

"man behind the reform idea was Jacob Faggot, head of the Swedish Land Survey Board" who took his concept of dissolving the traditional Swedish village communities through consolidating the farms into compact units from England (Helmfrid 1961, p. 115). We may speak of 'parallel introduction' from England and mutual enforcement of the movement between Denmark and Sweden.

No doubts seem possible about the expansion of legislation for the consolidation procedure to the peripheral Danish dukedoms of Schleswig and Holstein in the south to which the respective government orders were extended only a few years later, 1766-1771 (Prange 1971, p. 631). But as Prange in his detailed monography on the beginnings of the great agricultural reforms in Schleswig-Holstein until about 1771 has shown, "Verkoppelung" as the regional German term for enclosure of open furlong fields had already been set in train by peasant communities since the 17th century, with individual application for consent to the princely authorities which reluctantly agreed and only slowly became aware of the improvements for

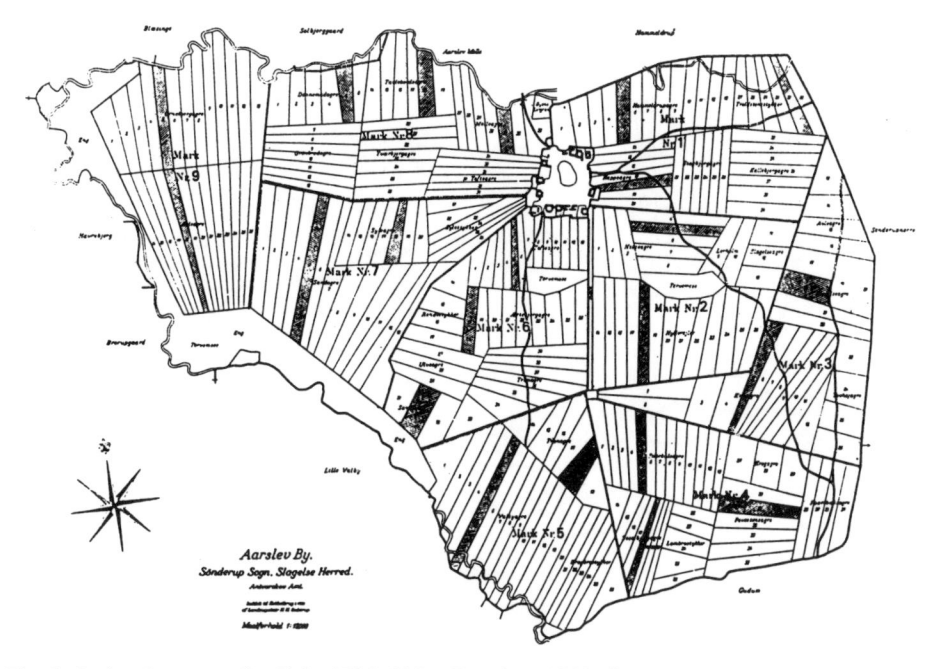

Fig. 3: Arslev (compare fig. 2) in 1786. (After Frandsen 1992, fig. 5)

> Reorganisation of the fields in accordance with the introduction of the common field-grass system ("Koppelwirtschaft") of a 9 years' rotation: Subdivision in 9 "Marks" (common fields), with a reduced number of larger strips (21 per farm), farm no. 5 marked. The "Marks" are enclosed by ditches and earthen embankments planted with hedges which served as natural fences.

the farm economy, which offered them chances to raise higher taxes. This movement 'from below' which similarly and independently developed in southern Jutland (Fink 1941, quoted after Helmfrid 1961, p. 115) got its impetus from the introduction of the more intensive ley farming system ("Koppelwirtschaft"). Initially the villages had to adapt the new farming system to the traditional medieval furlong fields (figs. 2 and 3) which posed many difficulties. Hence the strong desire to introduce larger enclosed field plots on which the new convertible rotation of grain and grass (three to four years each with a fallow after grass) could be carried out individually as did the large estates which had already compacted and enclosed their land. Thus we observe a more progressive economic development in the political periphery of the Kingdom of Denmark, which was more favourably located in respect to the western markets and which pressed for reorganization of the field pattern. But it was the inherent weakness and passivity of the royal Danish administration located far away at Copenhagen which caused the belated introduction of

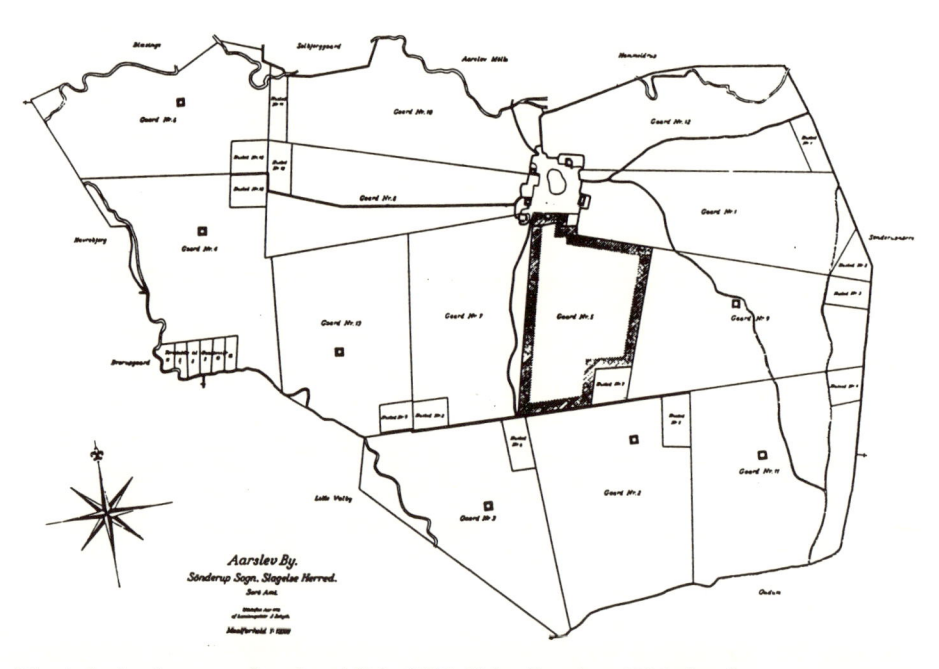

Fig. 4: Arslev (compare figs. 2 and 3) in 1795. (After Frandsen 1992, fig. 6)

    Enclosure ("udskiftning") of compacted farms. Seven farms were shifted from the village into isolated locations amidst their compact property blocks (Danish: "blokudskiftning"), the six others remained in the village (farm no. 5 marked), with a starlike arrangement of the farm areas (Danish: "stjerneudskiftning").

legislation for "Verkoppelung" after 1750 in Denmark and 1766-71 in the southern 'periphery' of the kingdom. Therefore it would not be correct to speak of an 'innovation' for the latter region (Prange 1971, p. 610 ff). But without doubt it was a true diffusion of the innovation into the adjoining Dukedome of Lauenburg (east of Hamburg) where the nobility in view of the success of "Verkoppelung" in Schleswig-Holstein began to copy it in their manorial villages since about 1795 (von Bülow 1990, p. 85).

The innovation of radical compacting (type 1) did not spread to southern Schleswig-Holstein where type 2 prevails. In Denmark and Sweden, villages which had already undergone consolidation of type 2, were taken up again for "udskiftning" resp. "enskifte" of type 1 (fig. 4). The starlike consolidation (Danish: "Stjerneudskiftning") was practised in green-villages, which permitted at least some farms to remain in their place. The most radical version was the complete dispersal of the village into isolated farms. But intermediate solutions are prevailing in both countries (fig. 4, for Sweden: Helmfrid 1961, p. 129). Before enfranchisement of peasants in the early 19th century, these reforms were carried out by the individual feudal landlords for their peasant villages which were under their complete control. Helmfrid (1961, p. 122) reports the case of one of the large landlords, Rudger Maclean, who from 1783 to 1785 radically dissolved his four villages with 51 peasant farms each of which so far had cultivated 60 to 100 tiny strips. They were reorganized into 73 consolidated square units of 40 acres each. The villages were almost completely dissolved and laid down.

During the 19th century consolidation expanded as an innovation from southern to northern Sweden (Helmfrid 1961, fig. 4). In southern Schleswig-Holstein as well as in Lauenburg, in parts of England and in northern Sweden, in consolidations of type 2 the number of plots per farm were reduced to below ten, in Sweden to four and below. Here through the "lagaskifte" Act of 1827 consolidation could be adapted to the ecological conditions of the North "where the arable land is limited to small scattered pieces within large areas of non-arable land" (Helmfrid 1961, p. 122) of which each farm received separate pieces of meadow, pasture and forest.

In Schleswig-Holstein and further south it was this model of 'moderate' consolidation permitting to maintain the village, which most successfully spread into the German princely states. The Dukedome of Brunswick was among the first to adopt the model of type 2 as early as 1755 (Kraatz 1975, p.10) under the aim of improving correct land taxation and landuse, but in the frame of the traditional common-field system. Obviously it was the fiscal policy of the absolutist state which promoted agricultural reforms of this type. So far it is unknown whether the idea was adopted from the progressive kingdoms in the north. Hanover, though through her princes as kings of England closely connected to the state of 'Parliamentary Enclosures', did not introduce this concept immediately from there but, rather late in 1824, copied the type of "Verkoppelung" from its province of Lauenburg whose nobility had invented "Verkoppelung" from neighbouring Holstein. Only the division and enclosure of the commons as a preceding step was generally decreed by the King in 1768 based on experiences in England, but put into effect by law not before 1802. In 1834 Brunswick started a second, more radical version of consolidation with larger plots compared to that of 1755.

The Prussian royal government certainly was inspired by the success of consolidation in England and Scandinavia as mentioned further above (Stichling, manuscript) when King Frederick the Great about 1770 gave first orders to start this process in his state, too, under the term "Separation" which intended to separate the fields of the local nobility from the strip fields of the peasants. But here again we have to take into account earlier consolidation movements 'from below' in the 17th and early 18th century which may have served as practical examples because they were carried out by members of the nobility in their manorial villages, a development which could be compared to that of England. But actually the same can also be traced in Denmark, Schleswig-Holstein and other countries with a strong nobility. They used their political power to consolidate their large estates into compact units in order to improve the economy. In many cases estate property had been gained by forcibly buying-out peasants ("Bauernlegen") and drawing their farms into the demesne. But these former peasant lands lay intermixed in many strip plots in the open furlong fields, which was also true for much of the early demesne lands originating from medieval fiefs ("Ritterhufen", i. e. knight's lands). Hence to rationalize their economy the nobles were interested in separating their numerous strip plots from the peasants' land. This interest grew since the 16th century when the nobility became strongly engaged in commercial grain production including export to western Europe. Consequently many nobles used the manorial control of their villages to separate the demesne lands from the peasant lands which as a rule were reallocated in common fields in peripheral parts of the village lands, while the former were compacted in large blocks in a favourable location close to the manorial farm ("Gutshof"). Enders (1991, p. 14) has termed these early manorial consolidations as "nullte Separation" ('separation number zero') in order to distinguish it from the ensuing official separations under state control.

Prange (1971, p. 618) believes that in Schleswig-Holstein this private separation of demesne lands by the nobility had successfully been finished as early as the 17th century. This was not the case in Prussia because under this very term of "Separation" the government of Frederic the Great after 1763 officially promoted consolidation of demesne and peasant land. Though there can be no doubt that he was influenced by the Parliamentary Enclosure Movement in England and the state activities in Sweden and Denmark with their effective regulations and institutions, we have to consider that his own royal administration in charge of these activities consisted of members from the nobility many of whom knew about the earlier manorial consolidations and probably applied these experiences under the well know earlier term of "Separationen" in Prussia. Nevertheless success was limited because the state commissioners urged for separation of peasant lands, too. But the majority of the nobility blocked this step in order to preserve their traditional manorial privilege of sheep pasture on the common peasant fields, which gave them an additional income from the wool market. This meant that on the consolidated manorial farms improved landuse systems could be introduced, especially the improved field-grass rotation, while the peasant community had to continue the traditional common three-field rotation. Only after the general enfranchisement of the peasantry after 1800 the separation movement was successfully taken up again in 1821 (figs. 5 and 6).

In one respect the development in Prussia is comparable to that in Schleswig-Holstein and in England: The consolidation movement was started 'from below', by individual landlords and village communities, and only after some time it was taken up by the state authorities and transformed into an official activity 'from above' on the basis of state acts and carried out by state institutions or at least by state commissioners. It seems that such incipient movements 'from below' are to be observed mainly in regions which were strongly engaged in agricultural production for the external market for which purpose improved landuse systems were introduced, especially with a change from the the three-field system to the more intensive ley farming system. A proof is the consolidation which several peasant communities in the lower Weser valley and the Frisian marshlands in Holstein carried out as early as the 16th and 17th centuries, in order to improve the plot size of the former "Gewann" fields for intensive inter-pasturing of imported Danish oxen on enclosed large meadows.

A stepwise expansion of governmental consolidation regulations within the individual states as shown for Denmark and its southern provinces can also be observed in Hanover and Prussia. In the former state "Verkoppelung" was first taken up in the Dukedome of Lauenburg in 1795, then in 1824 in the adjoining Dukedome of Lüneburg, 1825 in the Dukedoms of Bremen and Verden and finally in 1842 in the rest of the state. In Prussia it took sixty years before consolidation legislation was introduced in her western provinces of the Rhineland in 1885. According to these state regulations, consolidation was optional for the individual village communities. This resulted in a true diffusion of the movement from core regions around the cities of Lüneburg and Hanover to the periphery of the state. In the south around Göttingen many villages applied for consolidation only in the late 19th and early 20th century, and in the western periphery close to the Dutch border quite a number of villages had not been consolidated by 1950. Reasons for such time-lags are not only to be sought in distance from the core of innovation but are also to be found in the socio-political structure of the respective regions, a factor which will be discussed separately further below.

It is in accordance with our observation of a slow diffusion of the consolidation movement from state to state, that in the interior and southern states of Central Europe the respective laws were decreed only after 1850 (fig. 1), with latecomers like Bavaria in 1886 and Austria-Hungary in 1880. In this state earlier attempts were started in the remote province of Siebenbürgen in Hungary by progressive members of the Agricultural Society ("Landwirtschaftsverein"). On their request the "Nationaluniversität" at Hermannstadt prepared a proposal of statutes for consolidation under the term "Kommassation" to the ministry at Budapest in 1866. In 1871 a decree of "Proportionierung und Kommassierung in Siebenbürgen" was

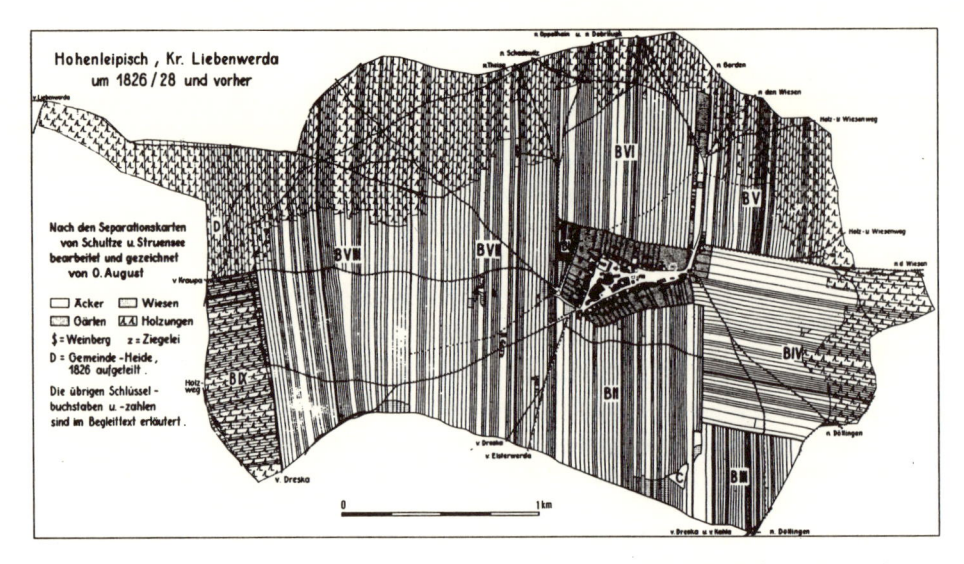

Fig. 5: Hohenleipisch (Niederlausitz, Prussia) before consolidation (Prussian "Separation") 1826/28.

Planned "Gewannflur" dating from medieval colonization, with many strips subdivided through fragmentation of the original farms. Common three-field system (three main fields: B II + B VI, B VII, B VIII). Map by O. August (unpublished), compiled from the "Separations-Karten".

enacted which seems to have been the earliest act of consolidation in Austria-Hungary. But most communities dominated by traditionally minded small landowners were not yet ready to apply for "Kommassierung" (Schobel 1975). It is of no surprise, too, that eastern Poland under Russian rule was not given such a law before 1910, shortly after the introduction of reforms in Russia under Prime Minister Stolypin (1905). In the Prussian part of divided Poland consolidation seems to have been introduced together with Prussia proper, possibly with some delay (about 1850?). Earlier attempts under Frederick the Great (mentioned above) in the new province of Westprussia were undertaken with extreme caution to avoid any political clashes with the Polish nobility (Stichling, manuscript).

Among the latecomers are, quite surprisingly at first glance, Switzerland in 1912 and the Netherlands, as late as 1924. This may be explained by the fact that in large parts of the latter country consolidation was just not necessary because of the prevailing pattern of compact strip farms which had existed from the times of medieval and early modern colonization. Nevertheless it remains an interesting question why for the peripheral Geest regions with their furlong fields, consoli-

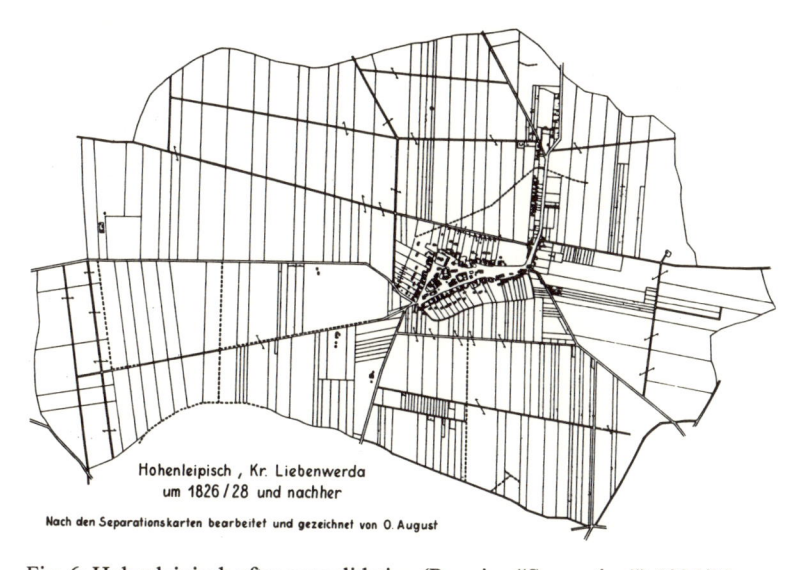

Fig. 6: Hohenleipisch after consolidation (Prussian "Separation") 1826/28.

    Reduction of the number of plots by about 50 %. Map by O. August (unpublished) compiled from the "Separations-Karten".

dation was not introduced before 1924 and put into effect even many years later. The same question arises in respect to France where first attempts at official consolidations were undertaken as late as after the Second World War, a delay which Schwarz (1955, p. 165) tentatively explains as resulting from low population pressure on very fertile soils with no urgent need for intensification of agriculture.

As has already been concluded for the early beginnings of consolidation 'from below', these occurred in regions with strong links to an external market and an innovative trend for new systems of landuse. Two regions from the Alpine foothills and uplands seem to underline this correlation. The one is the small principality of the Imperial Abbey of Kempten where consolidation into compact farms known under the regional term of "Vereinödung" was first tried around 1540, with a peak of the movement in the 18th century. In most cases a considerable proportion of the farms were shifted from the small villages into isolated locations. The commons were divided. The movement spread to the adjoining principalities in the west and north where it ended about 1780 because compacting of farms proved too difficult and expensive in larger villages (Endriss 1961, p. 50) The princely administrations strongly favoured these activities and gave their consent to the applications of individual communities; hence the incentive very clearly came 'from below', from the peasants of the small villages who were interested in an improvement of the fodder economy (especially on meadows) as well as in rising grain yields, at least in the

Alpine foreland (e. g. in the territory of the Abbey of Ochsenhausen) where in the 18th century grain export to Switzerland was of growing importance (Grees 1989, p. 314). It seems that the change from the three-field rotation to the field-grass rotation ("Egartwirtschaft") was an important reason for this movement. The exceptionally early consolidation of Kempten has attracted considerable interest among scholars (see the bibliography of Grees 1990).

It seems possible that part of the isolated compact farms of the grazing regions of the city states of Bern and Freiburg in Switzerland were created through 'consolidation from below', through private exchange of former mixed plots, division of commons by the farming communities or, as south of Freiburg, individual penetration into the common pasturelands by enclosure for new intensive meadows. Since the 15th/16th century peasants of these upland regions changed from mixed farming to a one-sided grass and cattle economy for production of cheese which because of its high quality (durability) was exported to cities of North Italy, France and even the Netherlands. Consolidation in favour of the new cattle economy was strongly supported by the city states though special legislation or official consent is not documented (Peyer 1982, p. 175, Häusler 1968, p. 171 ff).

Looking at the spatio-temporal spread of the movement of field reorganization in Europe, we have also to take into consideration the different types of intensity of change which have already been referred to in the introduction. In the north, in Britain, Denmark and Sweden including Swedish Finland consolidation in its final stage (type 1) was most radical, transforming compact and green villages with furlong fields into isolated farms with compact holdings (fig. 1). On the Continent this class of transformations includes parts of East Prussia (1826-1850) and adjoining Prussian Lithuania (1850-1880) and the Prussian provinces of divided Poland. As Schwarz (1955, p. 164) observed, this type of thorough compacting was first practised in East Prussia from where it spread to the adjoining Prussian provinces and finally to the western territories of Russia, i. e. to Lithuania and Poland in the context of the Stolypin reforms (1905) where it was continued after the First World War by the now independent states. In the southern parts of Poland the owners of compacted farms did not leave the traditional villages (Schwarz 1955, p. 164). From this spatial distribution of compacted and isolated farms Schwarz concludes that the reason behind their limitation to the northern and northeastern regions of Europe has to be seen in the agro-ecological conditions of the latter zone which are less favourable for bread grain, but more for cattle economy (ibidem, p. 166). As to the spread to the Continental east she claims that also socio-cultural reasons were responsible: the conscious orientation of Eastern Europe to its western neighbours.

In a second intermediate zone of Central Europe, which extends from the Prussian provinces of Pomerania and Silesia in the east across southern Brandenburg, Saxonia, Thuringia, Schleswig-Holstein, Hanover, to southern Westfalia and the lower Rhineland, consolidation was less thorough (type 2). In terms of reduction of the number of plots per farm, the ratio generally exceeded 3:1, e. g. from former 30 to below 10 (Schwarz 1955, p. 163). In the case of Hohenleipisch in the

Prussian Niederlausitz (figs. 5 and 6) the average number of plots per farm before consolidation was about ten which was only reduced to about five, and the enormous length of the former strips of up to two kilometers was reduced to 300 to 1000 m. The bredth of the average strip plot of about 20 m before was – in the case of the larger plots – increased to 50 to 150 m, with an area of 5 to more than 10 hectares. In Prussia consolidation of the average farm generally aimed at a reduction to no more than two or three plots of several hectares in size. This type of consolidation did not effect the villages which were maintained in their old structure, though frequently the large farms shifted their yard gates to newly created ring roads around the villages (fig. 6).

Quite different is the new structure of fields after reorganization of type 3 which prevails in the adjoining regions of southern Central Europe, including most parts of the Rhineland, South Hesse, Baden, Württemberg, Bavaria, Austria, and probably southern Poland and Bohemia. In this zone a real abolition of the "Gewann" pattern was not intended (figs. 7 and 8) but its rearrangement in the frame of a dense network of more or less straight field lanes which permit access to each and every strip plot (which was not the case before). The reduction in the number of strips per farm was merely 5 % to 30 %. In Württemberg on average 100 old plots were reduced to only 87 new plots (Schwarz 1955, p. 163) and large farms continued with 50 to even more than 100 strip plots. Hence the main purpose of restructuring was just an adaption of the "Gewann" system to the demands of modern agriculture which included abolition of the common fields and the introduction of new field crops. The improvement of the field lane network ("Wegebereinigung") was thought to suffice this purpose. Consequently a true consolidation was still lacking – in Baden-Württemberg for 72 % of the area (Schwarz 1955, p. 166) – and taken up only after the Second World War.

Earlier attempts at reforming the "Gewann" system and adapting it to more intensive types of landuse had already been undertaken in the 18th century and before in some progressive regions: The storskifte of Sweden and Denmark in the second half of the 18th century have already been mentioned (fig. 3). As Helmfrid (1961, p. 121 and his figs. 5a and 5b) rightly emphasised this was nothing else but applying the traditional order of "solskifte" to fewer and larger furlongs (compare figs. 2 and 3). In northern Central Europe the Dukedome of Brunswick was the most progressive state with her "Generallandesvermessung" carried out from 1746 to 1784 for every village, which since 1755 aimed at a reduction of the number of narrow strips of the individual farms to one per furlong. This meant a true step of consolidation though the furlong-system was maintained, the outlines of which were reshaped into a more geometrical form (Kraatz 1975, p. 37). Another progressive princely state was Nassau-Oranien (now north-western Hesse) whose prince was the elected governor of the Republic of the Netherlands at Den Haag from where the Nassau administration received its orders. It was on the demand of the "deutsche Kanzlei" at Den Haag to increase tax income that the administration of Nassau introduced "Konsolidationen" (consolidations) rather early, since 1775,

Fig. 7: Moosbrunn (Baden), east of Heidelberg before field reorganization ("Wegebereinigung") 1874/80 (F. Tichy 1958, fig. 3).

with regulation of furlongs into a strictly rectangular pattern, with lots of standardized size, accessible by a dense network of field lanes. Born (1972, p. 41) claims that this reorganization of the "Gewann" pattern of Nassau served as a model for the ensuing activities of adjoining Hesse and South German states almost a century later. But to prove this, further research is needed.

A last zone in southernmost Central Europe and beyond comprises states and regions where the "Gewann" fields had not undergone any reorganization before

Fig. 8: Moosbrunn (Baden), east of Heidelberg, after field reorganization ("Wegebereinigung") 1874/80 (F. Tichy 1958, fig. 4). The new field lanes have been marked by heavy lines.

1950 (type 4). In Austria until the 1980s/1990s peripheral regions like Burgenland, Weinviertel and Waldviertel maintained their medieval "Gewann" pattern with extremely long and narrow strips. Only some additional field lanes had been laid out. The same held true for other territories of the former Austrian Empire until the end of the First World War and several regions remained so until the socialist reforms. In parts of Jugoslavia traditional "Gewann" fields can be observed even today.

Thus Schwarz has rightly concluded from her overview that consolidations started earliest in Northern Europe where they were carried out most radically, and were taken up later and later and less and less radically when we move south into the Continent, and finally came to an end in the periphery where the traditional pattern of "Gewannflur" has survived until present.

Conclusion

To explain this spatio-temporal pattern we have already referred to economic factors which are to be seen as responsible for the early and radical transformations in the north – the diffusion of advanced and more intensive types of landuse in the context of the expansion of the international market economy since the early modern centuries. Hence we might come to the conclusion that these forces were less intensive in the interior of the continent and even lacking in its southern periphery. Into this explanation would also fit the early exceptions in the Kempten region of South Germany and parts of Switzerland (mentioned above) which participated in a regional division of labour by specializing in grain or dairy production for the supply of international markets. In the other regions of the south the traditional supply of regional and local markets and even selfsufficiency remained the prime economic goal, and thus there was no real pressure to change the traditional pattern.

But economic factors are not sufficient to fully explain the spatio-temporal differences. Schwarz (1955, p. 162) points to an important historical factor: The existence of large compact "Haufendörfer" many of which had fields of several thousand tiny strip plots which resulted from the centuries-old tradition of divided inheritance ("Realteilung"). It was the large number of participants and the higher costs of consolidation which made a thorough reorganization so difficult. These were the reasons for the state to promote the least radical version of "Wegebereinigung" (type 3, fig. 8). But it was not only these technical and financial reasons. Divided inheritance had resulted in fragmented tiny holdings with a prevalence of smallholders in the village communities. Smallholders who could maintain a poor but save livelihood from a combination of wage labour and subsistence farming were not so much oriented to the market and not inclined to agricultural innovations which might include unforeseeable risks which they had to avoid. For the majority of the villagers information about such innovations and readiness to accept them were limited. Smallholders were and still are conservatively minded, they tend to cling to old traditions.

This is especially true for marginal regions, especially uplands, with poor soils and rough climate where change to innovative practices were viewed as too risky compared to the proved traditions of the forefathers. In addition these uplands with undeveloped access roads were the last to be reached by innovations. These societal factors may explain why in the southern regions of Central Europe the village communities in respect to field reorganization by the state hesitated to accept more than just a denser network of field lanes, with reallocation of the individual property in each and every section of the fields as it had been before. This was simply felt as a 'just' distribution of good and better sites, and of possible natural risks. This strong traditional behaviour especially in remote regions also explains that even the common three-field rotation was continued well into the second half of the 20st century (Herold 1965, pp. 128-136). This very social fact of smallholder communities was behind the belated acceptance of "Verkoppelung" in the Eichsfeld, the southernmost region of Hanover mentioned above, which for centuries had been part of the catholic territory of the Archbishopric of Mainz.

Apart from socio-cultural factors it was political factors which could speed up or discourage field reorganization. For Denmark and Sweden Helmfrid (1979, p. 203) stressed the political authority of the manorial landlords who radically transformed the village and field pattern, which was not only legalized but strongly supported by the Crown, herself the owner of many villages. An impressive example is presented by Frandsen (1992). Butlin (1992) has shown that on the other hand it was the absence of large estates which affected enclosure policy: it accounted for the time-lag of large scale enclosure of open fields in the fen-edge villages of eastern England. Another example of a strong obstructive political influence against consolidation was given by Kielczewska-Zaleska (1979, p. 249) for Mazowia in Poland under Russian rule: In the estates of the Crown, compacting of estates and farms and dispersal of the villages were carried out in the early 19th century, while any consolidation was strictly forbidden for the villages of the Polish nobility in order to maintain the traditional tensions between peasants and landlords and in this way to exercise an easier political control over the fractionated Polish society.

As has been shown, many questions arise from a comparative study of field consolidation and village transformation from the sixteenth to the early twentieth century across Europe. For several points under discussion we were able to offer explanations, but others remain open and will need further regional research. Future research will certainly revise (and add more details to) the picture which has been drawn by Gabriele Schwarz, Staffan Helmfrid and the present author.

References

Born, M. (1972): Siedlungsgang und Siedlungsformen in Hessen. In: Hessisches Jahrbuch für Landesgeschichte 22, pp. 1-89.

Bülow, D. W. von (1990): Zur Geschichte der Lauenburgischen Ritterschaft, insbesondere in dänischer und preußischer Zeit mit besonderer Berücksichtigung der Agrarverfassung. In: K. Jürgensen (Hg.): Ländliche Siedlungs- und Verfassungsgeschichte des Kreises Herzogtum Lauenburg. (Stiftung Herzogtum Lauenburg, Kolloquium III) Lauenburg, pp. 79-88.

Butlin, R. (1992): The restructuring of the agrarian landscapes of fen and fen-edge settlements in North-East Cambridgeshire, c. 1700-1900. In: A. Verhoeve and J. A. J. Vervloet (eds.): The Transformation of the European Rural Landscape: Methodological issues and agrarian change 1770-1914. (Tijdschrift van de Belgische Vereiniging voor Aardrijkskundige Studies – BEVAS; Bulletin de la Société Belge d'Etudes Géographiques – SOBEG, 61) Heverlee, pp. 171-180.

Dombernowsky, L. (1988): Det danske landbrugs historie II: Ca. 1720-1810. In: C. Björn (red.): Det danske landbruks historie II, 1536-1810. Odense, pp. 211-394.

Enders, L. (1991): Bauer und Feudalherr in der Mark Brandenburg vom 13. bis zum 18. Jahrhundert. Forschungsprobleme und -ergebnisse einer flächendeckenden Untersuchung am Beispiel der Uckermark. In: Jahrbuch für Wirtschaftsgeschichte 1991 (2), pp. 9-20.

Endriss, G. (1961): Die Separation im Allgäu. Die von der Reichsabtei Kempten ausgehende Vereinödungsbewegung. In: Geografiska Annaler 43, pp. 46-56.

Fink, T. (1941): Udskiftning i Sönderjylland indtil 1770. Copenhagen.

Frandsen, K.-E. (1992): When the land was sold. The Sale of the Crown Estates in Denmark 1764-1774 and the Impact of the Sale on the Rural Landscape. In: A. Verhoeve and J. A. J. Vervloet (eds.): The Transformation of the European Rural Landscape: Methodological issues and agrarian change 1770-1914. (Tijdschrift van de Belgische Vereniging voor Aardrijkskundige Studies – BEVAS; Bulletin de la Société Belge d'Etudes Géographiques – SOBEG, 61) Heverlee, pp. 190-202.

Grees, H. (1989): Die "Vervieröschung" im Gebiet des Klosters Ochsenhausen (Oberschwaben) – Ansätze zur Modernisierung der Landwirtschaft im ausgehenden 18. Jahrhundert. In: K. Kulinat und H. Pachner (Hg.): Beiträge zur Landeskunde Süddeutschlands. Festschrift für Christoph Borcherdt. (Stuttgarter Geographische Studien 110) Stuttgart, pp. 301-327.

Grees, H. (1990): Sozialstruktur, Agrarreform, Vereinödung in Oberschwaben. Beispiele aus dem Gebiet des Klosters Ochsenhausen. In: Alemannisches Jahrbuch 1989/90, pp. 55-82.

Häusler, F. (1968): Das Emmental im Staate Bern bis 1798. Vol. 2. Bern.

Helmfrid, S. (1961): The storskifte, enskifte and laga skifte in Sweden – general features. In: Geografiska Annaler 43, pp. 114-129.

Helmfrid, S. (1979): Räume und genetische Schichten der skandinavischen Agrarlandschaft. In: J. Hagedorn, J. Hövermann und H.-J. Nitz (Hg.): Gefügemuster der Erdoberfläche. Die genetische Analyse von Reliefkomplexen und Siedlungsräumen. Festschrift zum 42. Deutschen Geographentag in Göttingen 1979. Göttingen, pp. 187-226.

Herold, G. (1965): Der zelgengebundene Anbau im Randgebiet des Fränkischen Gäulandes und seine besondere Stellung innerhalb der südwestdeutschen Agrarlandschaften. (Würzburger Geographische Arbeiten 15) Würzburg.

Kielczewska-Zaleska, M. (1979): Siedlungsperioden und Siedlungsformen in Zentral-Polen, dargestellt am Beispiel von Masowien. In: J. Hagedorn, J. Hövermann und H.-J. Nitz (Hg.): Gefügemuster der Erdoberfläche. Die genetische Analyse von Reliefkomplexen und Siedlungsräumen. Festschrift zum 42. Deutschen Geographentag in Göttingen 1979. Göttingen, pp. 227-260.

Kraatz, H. (1975): Die Generallandesvermessung des Landes Braunschweig von 1746-1784. (Forschungen z. niedersächsischen Landeskunde 104) Göttingen/Hannover.

Nitz, H.-J. (1990): Introduction from above: Intentional spread of common-field systems by feudal authorities through colonization and reorganization. In: U. Sporrong (ed.): The Transformation of Rural Society, Economy and Landscape. Papers from the 1987 meeting of The Permanent European Conference for the Study of the Rural Landscape. (Stockholms universitet, Kulturgeografiska Institutionen, Meddelanden serie B 71) Stockholm, pp. 169-179; also in: Geografiska Annaler 70 B, 1 (1988). Special Issue: Landscape History, pp. 149-159. [In diesem Band enthalten.]

Peyer, H. C. (1982): Wollgewerbe, Viehzucht, Solddienst und Bevölkerungsentwicklung in Stadt und Landschaft Freiburg i.Ü. vom 14. bis zum 16. Jahrhundert. In: idem: Könige, Stadt und Kapital. Aufsätze zur Wirtschafts- und Sozialgeschichte des Mittelalters. Zürich, pp. 163-182.

Prange, W. (1971): Die Anfänge der großen Agrarreformen in Schleswig-Holstein bis um 1771. (Quellen u. Forschungen z. Geschichte Schleswig-Holsteins 60) Neumünster.

Schobel, J. (1975): Beitrag der Siebenbürger Sachsen zur Entwicklung der Landwirtschaft in den Jahren 1840-1918. In: Forschungen zur Volks- und Landeskunde (Bucuresti/Bukarest) 18, Nr. 2, pp. 44-71.

Schwarz, G. (1955): Die Agrarreformen des 18.-20. Jahrhunderts in ihrem Einfluß auf das Siedlungsbild. In: Hannoversches Hochschuljahrbuch 1954/55, pp. 155-167.

Stichling, P. (manuscript [about 1950]): Die friderizianischen Flurbereinigungen.

Tichy, F. (1958): Die Land- und Waldwirtschaftsformationen des Kleinen Odenwaldes. (Heidelberger Geographische Arbeiten 3) Heidelberg.

Yelling, J. A. (1977): Common Fields and Enclosure in England 1450-1850. London.

Kulturlandschaftsverfall und Kulturlandschaftsumbau in der Randökumene der westlichen Industriestaaten[1]

I. Problemstellung

Seit Beginn des Industriezeitalters, jedoch verstärkt in den letzten Jahrzehnten, vollzieht sich in weiten Bereichen der äußeren Peripherie der westlichen Industriestaaten und im oberen Berglandstockwerk, das gewissermaßen deren vertikale äußere Peripherie bildet, ein ausgeprägter Kulturlandschaftswandel, der alle Merkmale eines Wüstungsprozesses trägt und mit einer Bevölkerungsentleerung einhergeht. Doch erreicht dieser Prozeß nicht überall so extreme Ausmaße. In einer ganzen Reihe solcher Räume kommt es zwar zum Rückzug aus der Fläche, wo die Kulturlandschaft verfällt, doch zugleich auch zu einer Konzentration der Bevölkerung auf bestimmte Standorte und Areale, die eine Aufwärtsentwicklung aufweisen. Zu bisherigen Funktionen, die hier eine Modernisierung erfahren, kommt die Erholungs- und Freizeitfunktion als neuer, z. T. starker Impuls für eine Umwertung und einen Umbau, sogar Neubau der Kulturlandschaft hinzu: Wintersport-Städte auf nicht mehr genutzten Almen bilden extreme Beispiele. Zwischen den Polen des völligen Verfalls und der Neusiedlung gibt es eine ganze Reihe von Abstufungen.

Wenn wir hier statt des naheliegenden Begriffs „Peripherie" den der „Randökumene" einführen, so hat dieses seinen Grund vor allem darin, daß der Peripherie-Begriff heute ohne weitere Abstufung und Differenzierung sowohl für alle möglichen Räume außerhalb der Ballungs- und Kernräume der Industriestaaten verwendet wird als auch im Weltmaßstab, in dem die ehemaligen Kolonien und jetzigen Entwicklungsländer als „Peripherien" gegenüber den Industrieländern als „Metropolen" eine bestimmte abhängige Rolle in der weltwirtschaftlichen Arbeitsteilung einnehmen.

Wie die folgenden Ausführungen zeigen sollen, nehmen auch die unter dem Begriff der „Randökumene von Industriestaaten" zusammengefaßten Räume eine bestimmte Rolle in den und für die urban-industriell geprägten Staaten ein, Räume, die man durchaus den anderen Arten von abhängigen Peripherien an die Seite stellen kann. Im Vergleich mit diesen weisen sie jedoch eine Reihe spezifischer Merkmale auf, die sich aus ihrer Randlage innerhalb der Industriestaaten und aus ihrem ökologisch marginalen Nutzungspotential ergeben.

Welches sind nun die *gemeinsamen Schwächen dieser Räume*, die ihnen ihre im Rahmen der Industriestaaten frühere positive Rolle nehmen? Zum einen leiden sie

---

[1] Stark erweiterte Fassung des Referats, das der Verfasser zur Einführung in die Fachsitzung „Siedlungsschwankungen an den Grenzen der Ökumene" auf dem Deutschen Geographentag 1981 in Mannheim hielt und das in Kurzfassung im Verhandlungsband abgedruckt ist. Die einzelnen Beiträge der Fachsitzung sind in den Heften 2 und 3 des Jahrganges 70 (1982) der Geogr. Zeitschrift abgedruckt.

unter einer zu großen Distanz zu den Kernräumen, nicht nur absolut gesehen, sondern auch auf Grund unzureichender Verkehrsanbindung an die Kernräume, wie dieses vor allem für die Bergländer bezeichnend ist. Ungenügende Verkehrsnetze aber sind vielfach eine unmittelbare Konsequenz der zweiten Schwäche: ihres im Leistungsvergleich mit anderen Räumen marginalen natürlichen Produktionspotentials – es sind ökologisch benachteiligte Räume, deren kostenaufwendige Verkehrserschließung sich nicht rentiert. Aus beiden Schwächen heraus läßt sich eine dritte ableiten: Es sind Räume, in denen sich – viel länger als in den kernraumnäheren Räumen – Strukturen der vorindustriezeitlichen traditionellen Agrargesellschaft erhalten haben, sowohl soziale als auch agrartechnische, denn Innovationen erreichen diese abgelegenen Räume nur schwer und spät, und agrarökologisch bedingte Schwierigkeiten begrenzen auch die Anwendbarkeit dieser Neuerungen, denken wir nur an den Einsatz von Maschinen an steilen Berghängen. Gemessen am Entwicklungsstand gelten sie als rückständig. Die Stellung ihrer Bevölkerung in der Gesellschaft der Industriestaaten muß ebenfalls als marginal bewertet werden. „Randökumene" als Begriff soll also die randlich-marginale Situation zugleich in räumlicher Hinsicht wie in Leistungsfähigkeit und Entwicklungsstand innerhalb der Industriestaaten und ihrer Gesellschaft kennzeichnen.

Versuchen wir die Randökumene der europäischen und nordamerikanischen Industriestaaten räumlich-lagemäßig zu typisieren, so sind es vor allem Räume in Gebirgslagen, in hohen Breiten, in atlantischen und vielfach auch in mittelmeerischen Insel- und Halbinsellagen. In Nordamerika kommen Teile der westlichen Trockenräume hinzu. An atlantischen und subpolaren Küsten sind auch die isoliert gelegenen kleinen Fischersiedlungen in eine Randökumene-Situation geraten, und Entsprechendes gilt von den verstreuten kleinen Pelztierjagd-Fischerei-Siedlungen in den hohen Breiten Nordamerikas. Japan scheint nach den wenigen Hinweisen hierzu bei Schwind (1981, S. 476 ff.) überraschenderweise noch nicht entsprechend betroffen zu sein.

Der hier angesprochene Verfall und – im günstigeren Falle – Umbau der Randökumene ist ein seit dem 19. Jh. ablaufender, sich in seinen Auswirkungen allmählich selbst verstärkender Prozeß, der für die westlichen kapitalistischen Industriestaaten gewissermaßen *systemimmanent* ist. Diese Aussage gilt insbesondere für die zweite, heute noch andauernde Phase der Hochindustrialisierung und der Expansion des tertiären Sektors, Fourastiés „Expansionsphase" im Übergang zur „Tertiären Zivilisation". Dies macht bereits deutlich, daß es sich in der Randökumene um einen von außen gesteuerten Prozeß handelt. Dementsprechend ist der Schrumpfungsprozeß noch relativ jung und regional uneinheitlich stark ausgeprägt in solchen Ländern, die erst in der Anfangsphase der Industrialisierung bzw. der Einbeziehung in den europäischen Industrieverbund stehen, wie z. B. Griechenland.

Abgesehen von den nomadischen Lebensräumen fehlen solche Vorgänge bisher in den noch weitgehend agrarischen Entwicklungsländern, wo die Abwanderung aus ländlichen Räumen im wesentlichen nur die agrarisch nicht tragbare Überschußbevölkerung betrifft und sogar die Pioniergrenzen der Agrarkolonisation noch vorgeschoben werden. Auch bei den bereits seit längerem im Industrialisierungsprozeß stehenden zentralwirtschaftlichen sozialistischen Staaten scheint die Schrumpfung der Randökumene erst schwach ausgebildet zu sein oder (noch?) ganz zu fehlen (Heller 1979, S. 233 f.; Lichtenberger 1979, S. 423 f.).

II. Die wirtschaftliche und gesellschaftliche Entwicklung der Industriestaaten in ihrer Bedeutung für die Randökumene

Um die Verfallserscheinungen in der Kulturlandschaft und deren zeitliches Einsetzen zu verstehen, ist es notwendig, sich die Rolle der Randökumene im Rahmen der Entwicklung der Industriegesellschaft zu vergegenwärtigen. In der Frühindustrialisierungsphase der heutigen Industriestaaten konnte der wachsende Bedarf an Nahrungsmitteln aus Landwirtschaft und Fischerei, an Rohstoffen wie Holz und Wolle wegen des noch niedrigen produktionstechnischen Standards nur durch flächenhafte Expansion, durch Kolonisation am Rande der Ökumene gedeckt werden. Die Binnenkolonisation in Europa, beispielsweise in den Heide- und Hochmoorgebieten, vor allem aber die Agrarkolonisation in Übersee, in den Getreidebau- und Viehwirtschaftsgebieten Nord- und Südamerikas, Südafrikas und Australiens finden hierin ihre Begründung. Die Auswanderer aus Europa in diese neuen Farmgebiete kamen aus allen übervölkerten ländlichen Räumen, darunter auch aus der heute schrumpfenden Randökumene, ohne daß diese damals übermäßig unter Abwanderung gelitten hätte. Auch die – wenn auch oft nur geringen – Agrarüberschüsse der heutigen Randökumene Europas waren damals auf den Märkten durchaus absetzbar.

Für die in den Jahrzehnten um die Jahrhundertwende voll einsetzende Reifephase der Hochindustrialisierung sind in unserem Zusammenhang vier Entwicklungen entscheidend:

1. Die Industrialisierung greift als *Vollmechanisierung, Chemisierung und Züchtungstechnik* auf die Landwirtschaft über. Die Erträge pro Flächeneinheit und pro Arbeitskraft werden vervielfacht. So stieg beispielsweise der ha-Ertrag beim Brotgetreide in Mitteleuropa von ca. 15 dz zu Anfang des Jahrhunderts auf 45 bis 50 dz um 1980. Damit kann ein kleineres Agrarareal die erforderliche Nahrungsmenge für die wachsende urban-industrielle Bevölkerung produzieren. Diese Rolle übernehmen die hochleistungsfähigen Agrarregionen in den überwiegend ebenen, klimatisch und bodenmäßig begünstigten Kernräumen der Industriestaaten.

In der nun einsetzenden Konkurrenz der agraren Produktionsräume unterliegen die der Randökumene, weil sie – wie eingangs bereits konstatiert – 1. unter ökologisch ungünstigeren Bedingungen produzieren müssen; weil sie 2. durch ihre Randlage und schlechte Verkehrsanbindung einer höheren Transportkostenbelastung sowohl für die erzeugten Agrarprodukte als auch für die Produktionsmittel unterliegen; weil sie 3. aus diesem Grunde von agrartechnischen und agrarsozialen Innovationen nicht oder erst spät erreicht wurden, und weil 4. vielfach die Agrarbetriebe bzw. deren verstreute Nutzflächen zu klein für einen rentablen Einsatz solcher Techniken waren: Entweder sind sie schon aus ökologischen Gründen auf kleine Flecken verteilt und lassen sich auch bei Betriebszusammenlegungen nicht zu Großflächen vereinigen, oder die geringe Größe ergibt sich aus der Jugendlichkeit der noch gar nicht voll ausgebauten Agrarkolonisationssiedlung. Diese Gründe, die im Extremfall alle zugleich wirksam werden, führen zum relativen (im Vergleich zu den agraren Gunsträumen) oder sogar zum absoluten Rückgang der Einkommen aus der Landwirtschaft und damit zur Bereitschaft, diese aufzugeben und bei fehlenden Verdienstalternativen abzuwandern und den Hof dann verfallen zu lassen.

2. Die zweite Entwicklung ist die gewaltige *Expansion der Industrie* in den Kernräumen. Bis in die sechziger Jahre war dies vor allem eine quantitative Expansion, d. h. neben Facharbeitern benötigte die Industrie auch zahlreiche ungelernte Arbeiter, wie sie aus der Landwirtschaft kommen. Hier boten sich Arbeitsplätze selbst für Abwanderer mit geringem Bildungsstand aus den auch in dieser Hinsicht vielfach unterentwickelten Randökumenegebieten der Industriestaaten und schließlich sogar für Gastarbeiter aus den noch nicht industrialisierten oder erst im Frühstadium der Industrialisierung stehenden Staaten Südeuropas.

3. Die dritte Entwicklung setzt die Wirkungen der beiden vorgenannten erst richtig in Gang: die *Entwicklung der Informations- und Kommunikationssysteme*, die schließlich auch in die Randökumene eindringen und zur Ausweitung des Informationsfeldes ihrer Bewohner führen. Nicht nur werden die Möglichkeiten der urbanen Gesellschaft den Bewohnern der Randökumene bekannt, sondern auch die Lebensphilosophie und die Verheißungen des Sozialstaates. Der Lebensstandard der urban-industriellen Kernräume wird zum Wunsch- und Anspruchsstandard auch für die Bewohner der Randökumene. Vor diesem Idealbild wird die Misere des eigenen Lebens erst bewußt und damit der Wunsch zum Wandel ausgelöst. Da dieser aber unter den gegebenen Bedingungen in der Randökumene nicht zu verwirklichen ist – und auch dies wird hier erkannt, – wird die Abwanderung zur Konsequenz (hierzu ausführlich Kühne am Beispiel des Apennin, 1974, S. 199 ff.).

4. Dieser negativ-fremdbestimmten Schrumpfungsdynamik laufen – ebenfalls von den Kernräumen ausgehend – *Umwertungen und Neuinwertsetzungen der Randökumene* entgegen, unter denen folgende die wichtigsten sind: Einmal die kommerzielle, z. T. vom Staat geförderte Erholungs- und Freizeitnutzung der urban-industriellen Gesellschaft, deren Umfang mit dem wachsenden Lebensstandard breiter Bevölkerungsschichten gewaltig anschwillt und sich vor allem in den letzten beiden Jahrzehnten durchsetzte, jedoch nur dafür geeignete Teile der Randökumene selektiv ergreift. Die andere positive Gegenbewegung besteht in Aktivitäten des Staates, der einerseits mit Subventionen die Bleibebereitschaft der Restbevölkerung zu fördern versucht, um den drohenden Kulturlandschaftsverfall aufzuhalten, und zusätzlich mit Entwicklungsprogrammen eine Modernisierung der Infrastruktur betreibt und so eine langfristige Stabilisierung der ökonomisch lebensfähig gemachten Siedlungen erreichen möchte. Diese positiven Entwicklungen werden in Abschnitt V im einzelnen diskutiert.

Mit der räumlichen Ausbreitung der Industrialisierung und Urbanisierung in Europa expandierte auch die Schrumpfungsdynamik, aber ebenso nahmen auch die von ihr ausgelösten staatlichen Hilfsmaßnahmen und die Umnutzung für die Erholungs- und Freizeitfunktion in immer weiteren Räumen der Randökumene zu.

Während in Frankreich die Randökumene-Gebiete von dieser Dynamik bereits um die Mitte des 19. Jhs. erfaßt wurden (Lichtenberger 1965 u. 1979), erreicht der Prozeß z. B. im südlichsten Italien erst in jüngster Zeit seinen Höhepunkt und schreitet hier von den küstennäheren Gebieten ins Gebirgsinnere allmählich voran (Rother u. Wallbaum 1975, S. 211). In Nordamerika erfaßt der Schrumpfungsprozeß schon Mitte bis Ende des 19. Jhs. das nördliche Neuengland und die Maritimen Provinzen Ostkanadas (Wieger 1982), während erst in jüngster Zeit die letzten „Nischen" abgelegener traditioneller Agrarräume von „Poor Whites" in den südlichen Appalachen erreicht werden (Blume 1979, S. 210 ff.). Wie rasch die Umwertung eines Pionierraumes zur „retreating margin" erfolgen kann, zeigen die erst in den dreißiger Jahren geschaffenen Agrarkolonisationsräume von Nordkanada und die noch jüngeren in Finnisch-Lappland, wo der „Umschlag" erst in den sechziger Jahren sehr kurzfristig einsetzte.

Wieger (1982), dessen Beitrag der frühesten Wüstungsphase im maritimen Ostkanada gewidmet ist, macht auf den gewissermaßen *wellenförmigen Ablauf des langzeitigen Schrumpfungsprozesses* aufmerksam. In ihm spiegelt sich die langfristige wirtschaftliche und politische Dynamik der westlichen Industriegesellschaft wider: Auf eine erste Wüstungsphase, die der industriellen Expansion vom Ende des 19. Jhs. bis in die 20er Jahre dieses Jahrhunderts entspricht, folgt in der Randökumene eine Stabilisierungsphase, in Nordquebec sogar eine Siedlungsexpansion, die mit der Weltwirtschaftskrise der 30er Jahre und dem 2. Weltkrieg synchron verläuft, der dann eine zweite, bis in die Gegenwart anhaltende Wüstungsphase folgt, die intensiver und räumlich weitergreifend ist als die erste und auf die industrielle Aufschwungsphase nach dem Kriege zurückzuführen ist. Dieser für Kanada festgestellte Ablauf findet seine Entsprechung offensichtlich auch in Europa, in Frankreich zwar nur schwach (Blohm 1976, S. 34 f.), deutlicher in Italien (Kühne 1974, S. 204) und Westirland (Glebe 1977, S. 247). Ob die gegenwärtige Weltwirtschaftskrise eine erneute Verlangsamung des Schrumpfungsprozesses nach sich zieht, ist noch nicht klar erkennbar, zumal eine gewisse zeitliche Verzögerung der Wirkung in Rechnung zu stellen ist. Dieses *langfristige Schwanken der Schrumpfungsintensität synchron zur Weltwirtschaftsentwicklung* macht noch einmal deutlich, daß wir es mit einem extern – von den urban-industriellen Kernräumen her – verursachten Prozeß zu tun haben, dem sich die Randökumene als räumlich-funktionales Glied, wenn auch inzwischen vielfach nur noch als ein recht bedeutungsloses, nicht entziehen kann.

III. Versuch einer historisch-genetischen Typologie von Randökumeneräumen heutiger westlicher Industriestaaten im Hinblick auf ihre ererbten Defizite und Anfälligkeiten gegenüber den externen Wirkungen der Kernräume

In ihrem letzten zusammenfassenden Aufsatz hat Lichtenberger (1979, S. 412 ff.) bereits für die Hochgebirge Europas nach agrarsozialem System und Siedlungsweise drei Haupttypen herausgestellt, die aus einem jeweils spezifischen historischen Bedingungsfeld erwachsen sind und sich auf Grund ihrer Merkmale „im Regressionsprozeß deutlich voneinander abheben." Es sind dieses 1. geschlossene Siedlungen mit durch Realteilung zersplitterten Fluren und Allmenden, 2. auf Grund der Hauskommunion aus Einzelhöfen entstandene Weiler- und Schwarmsiedlungen in Südosteuropa, und 3. Einzelhofsiedlungen mit Anerbenrecht, zumeist hervorgegangen aus einer grundherrlichen Kolonisation im mittelalterlichen Landesausbau, z. B. im bajuwarisch erschlossenen Kolonisationsraum der Ostalpen. Im folgenden soll versucht werden, in Fortführung dieser Konzeption weitere Randökumeneräume nach ihren historisch angelegten Merkmalen, die sich heute als Defizite darstellen und als raumimmanente Schwächen die Regression fördern, zu kennzeichnen. Die Gruppierung der erkannten Typen wird eine etwas andere sein als bei Lichtenberger, was sich aus der Einbeziehung weiterer Räume ergibt, und zwar fassen wir in der ersten Hauptgruppe (A) die vollbäuerlichen Randökumeneräume zusammen, und in einer zweiten (B) die Räume mit klein- und kleinstbäuerlichen Wirtschaften, die auf Grund ihrer geringen Leistungsfähigkeit z. T. bereits vor der Industrialisierung zu Notstandsgebieten wurden.

A. Vollbäuerliche Randökumeneräume

1. Unter mittelalterlicher feudaler und stadtbürgerlicher Grundherrschaft ausgebildete Räume

1.1 *Das Waldbauerntum.* Am klarsten ausgeprägt ist es in den österreichischen Ostalpen (Lichtenberger 1965). Agrarwirtschaftlich unspezialisiert, wurden seine Wälder seit dem 18. Jh von wirtschaftlichem Interesse zuerst für die Gewerksherren der Eisenindustrie, im 19. Jh. für die fürstlichen und großbürgerlichen Jagdbesitzer und im 20. Jh. für die holzverarbeitende Industrie. Die Waldbauernhöfe wurden von diesen Interessengruppen, in deren Händen sich bereits die großen Forsten des in grundherrlichem Besitz verbliebenen unbesiedelten „Walddachs" des Berglandes (Lichtenberger) befanden, systematisch aufgekauft, vor allem unter Ausnutzung der Schwäche der insgesamt ertragsarmen Bauernbetriebe in holzwirtschaftlichen Absatzkrisen. Starke externe Interessen und geringe Widerstandkraft haben hier bereits eine außerordentliche Schrumpfung des agraren Siedlungsraumes mit einem Verlust von über der Hälfte der Höfe, die noch Anfang des letzten Jahrhunderts bestanden, zugunsten ausgedehnter Forsten vollzogen.

1.2 *Das Almbauerntum* der mittleren und westlichen österreichischen, der Südtiroler und Teilen der Schweizer Alpen. Die vielfach als viehwirtschaftlich spezialisierte Schwaighöfe seit dem späten Mittelalter von Grundherren gegründeten Betriebe waren bis in die Neuzeit hinein wichtige Lieferanten von Milchprodukten und Schlachtvieh für die Handels- und Gewerbestädte Oberdeutschlands und Oberitaliens. Ihre arbeitsaufwendige und unter dem Hochgebirgsmilieu harte Lebens- und Wirtschaftsweise geriet in eine Krise, als die Gunstgebiete der Talräume und des Alpenvorlandes überaus erfolgreich ihre Milch- und Fleischproduktion erweiterten und die Hochgebirgsweidewirtschaft in der Produktionssteigerung durch Technisierung nicht mithalten konnte, zugleich aber ihr Lohnarbeitspersonal durch Abwanderung verlor. Mit einer Reduzierung der oberen Almstaffeln und einer Intensivierung der tiefergelegenen Grünlandflächen erweist sich im Anpassungsprozeß ein nicht geringer Teil der alpinen Weidewirtschaftsbauernbetriebe als stabilisierbar. Das agrarökologisch schwächste Glied, das oberste Siedlungsstockwerk, sowie generell die kleineren Betriebe mußten ausscheiden (Lichtenberger 1979).

1.3 *Die vollbäuerlichen Mezzadria-Pachthof-Gebiete des Hügel- und Berglandes im nördlichen Italien.* Hierbei handelt es sich um seit dem Mittelalter durch stadtbürgerliche Unternehmer dem Adel entwundene, durch Umstrukturierung bisheriger Gruppensiedlungen entstandene Einzelhof-Halbpachtbetriebe, die unter Kapitaleinsatz der Eigner mit Familien- und Lohnarbeitskräften der Mezzadri eine arbeitsintensive, ertragreiche und für ihre Zeit hochmoderne Coltura-mista-Wirtschaft betrieben (Sabelberg 1975, Kühne 1974). Die Anfälligkeit dieses bis in die Mitte des 20. Jhs. ökonomisch durchaus tragfähigen Systems liegt nach Sabelberg 1. in der von den Mezzadri zunehmend als wirtschaftliche Unfreiheit empfundenen Abhängigkeit vom Verpächter, 2. in der geringen Mechanisierbarkeit der Coltura mista, was zugleich bei Abwandern von Lohnarbeitern und jüngeren Familienmitgliedern einen übermäßigen Arbeitseinsatz der Mezzadri verlangte, 3. in der vielfach schlechten Verkehrserschließung der Mezzadri-Höfe, die von den Pächtern nicht erwartet werden konnte und von den urbanen Eigentümern aus Desinteresse nicht rechtzeitig durchgeführt wurde. Andererseits ist die Gefahr eines völligen Verfalls vergleichsweise gering in der ökologisch begünstigten Hügellandstufe, wo für das Großeigentum eine Umstrukturierung in moderne Großbetriebe durch Zusammenfassung mehrerer Halbpachthöfe leicht möglich ist.

2. Die aus der slawischen Hauskommunion (Zadruga) hervorgegangenen subsistenzorientierten klein- bis mittelbäuerlichen Weiler und Schwarmsiedlungen der südosteuropäischen, vor allem der jugoslawischen Bergländer

Sie waren bis in die jüngste Vergangenheit nur in geringem Maße in die Marktwirtschaft integriert. Ihre mehr passive Widerstandsfähigkeit liegt in der noch anhaltenden Wirksamkeit des agrargesellschaftlichen Traditionalismus, zu dem sicherlich auch die aus der Zadruga-Lokalgesellschaft tradierte starke nachbarliche Bindung beiträgt. Ihre Schwäche ist die aus der Subsistenzwirtschaft folgende geringe Flexibilität zur notwendigen raschen Umstellung auf die Marktwirtschaft, die verschärft wird durch geringe Betriebsgrößen und agrarökologische Ungunst vieler Bergländer, die bei ihrer Besiedlung während der türkischen Herrschaft Rückzugsräume der freiheitsliebenden slawischen Bauern waren.

3. Freie bäuerliche Einzelhofsiedlungen des 17. bis frühen 20. Jahrhunderts in den Pioniersiedlungsräumen der nordamerikanischen Waldgebiete mit primärer Abseitslage (Hinterwäldler-Siedlungen)

3.1 *Squatter-Subsistenzbauerngebiete* in den Appalachen, den Ozark-Plateaus und Ouachita-Mountains. Es sind dies die jenseits der küstennäheren marktorientierten Agrargebiete – gewissermaßen außerhalb des Thünen-Systems – in den „back-woods" seit dem 18. Jh. entstandenen, fast gänzlich auf Selbstversorgung eingestellten Siedlungsgebiete der „poor whites", die sich als echte Hinterwäldler auch in verkehrsmäßig unzugänglichen, ökologisch wenig günstigen Berglandgebieten auf eigene Faust als Squatter niederließen. Heute sind es verarmte, rückständige Reliktgebiete, in denen sich stellenweise noch die primitive Feld-Wald-Wechselwirtschaft erhalten hat (Blume 1979, S. 220). Ihre Schwäche im Rahmen der auf ökonomische Effizienz eingestellten US-amerikanischen Landwirtschaft ist damit offensichtlich, eine Entwicklungs- und Überlebensfähigkeit ist für die große Mehrzahl nicht gegeben.

3.2 Im Hinterwäldlertum steht ihnen ein Großteil der *frankokanadischen Waldbauernsiedlungen* in Quebec nahe, die zunächst im 17./18. Jh. im Rahmen des quasi grundherrlichen Systems der Seigneurien, später durch Kolonisationsgesellschaften und zuletzt durch die katholische Kirche geschaffen wurden. Die Verkehrsabgelegenheit der sich entlang von Nebenflüssen, Bächen und Rodungsschneisen ins Waldland vorschiebenden Siedlungen war unter dem angestrebten Ziel der nahezu subsistenten traditionellen Agrargesellschaft mit bescheidenem, um nicht zu sagen kargem Lebensstandard kein Problem. Obwohl die größeren Teile dieser Siedlungsräume erst im späten 19. und frühen 20. Jh. (bis in die 30er Jahre !) entstanden, expandierten sie, gefördert durch die auf Bewahrung der Identität der frankokanadischen ruralen Kultur und Religiosität gerichtete Politik der katholischen Kirche und quantitativ getragen von einem ungeheuren Kinderreichtum mit Geburtenraten um 60 Promille, als „geschlossene Gesellschaft" losgelöst von gesamtwirtschaftlichen Bindungen immer weiter in das Waldland hinein und immer weiter von den urban-industriellen Kernräumen weg (Hottenroth 1968, S. 50; Blanchard 1960, S. 70).

Auch hier sind die vorprogrammierten Schwächen und Defizite gegenüber der sie nunmehr „einfangenden" Industriegesellschaft und deren Ansprüchen und Einflüssen offensichtlich: Rückständigkeit, Unangepaßtheit auf sozialem, bildungsmäßigem und ökonomischem Gebiet, die so groß ist, daß eine modernisierende Umstellung zum marktorientierten Farmbetrieb für die meisten nicht zu schaffen ist. Erschwerend kommt auch hier wieder hinzu, daß die subsistenzorientierte Siedlungsbewegung auch in agrarökologisch marginale Räume vorstoßen konnte, die nach modernen farmwirtschaftlichen Kriterien nicht rentabel zu bewirtschaften sind.

4. Freie bäuerliche Einzelhof-Siedlungen des 17. bis Mitte des 20. Jahrhunderts in den Pioniersiedlungsräumen der nordskandinavischen und der nordamerikanischen Waldgebiete, die erst sekundär aus der marktwirtschaftlichen Einbindung herausgefallen sind.

4.1 Hiermit sind zum einen jene *küstennahen Gebiete der Maritimen Provinzen Ostkanadas* angesprochen, die im Beitrag von Wieger (1982) näher vorgestellt werden. Sie bildeten noch Ende des 19. Jhs. das agrare Hinterland der damals durch große Handelsflotten und eine sich entwickelnde Industrie florierenden Hafenstädte. Durch die seit dieser Zeit einsetzende Konzentration der Industrie und des Eisenbahnwesens im Raum von Montreal gelangten die Unternehmen der Hafenstädte in den Besitz Montrealer Geschäftsleute und wurden von diesen nicht mehr weiterentwickelt oder sogar verlegt. Mit Stagnation und Schrumpfung der städtischen Wirtschaft der Küstenprovinzen ging auch der regionale Absatzmarkt der Agrarerzeugnisse zurück. Zugleich geriet die Region zum wachsenden Markt des urbanen Kernraumes im Binnenland in eine periphere Lage. Sowohl Markt- als auch Modernisierungsimpulse erreichten die Maritimen Provinzen infolge des nun vernachlässigten Ausbaus des Verkehrsnetzes und der Infrastruktur nur noch unzureichend, die Agrarräume fielen damit relativ zu Gesamtkanada zurück in einen unterentwickelten Zustand. Der Raum wurde damit erst sekundär zur äußeren Peripherie. Da jedoch die ökologischen Gegebenheiten nicht unbedingt ungünstig sind, bieten diese Räume die Möglichkeit, durch gezielte Entwicklungsmaßnahmen des Staates den Trend umzukehren, was sich nach Wieger bereits abzeichnet.

Es wäre lohnend zu untersuchen, ob sich solche Rückentwicklungen der Agrarwirtschaft auch in anderen heutigen Randökumenegebieten vollzogen haben.

4.2 Umfangreicher und zugleich problematischer in ihren Zukunftsaussichten sind jene *waldbäuerlichen Siedlungsräume* Kanadas und Nordskandinaviens, in denen die Agrarwirtschaft oft nur eine sekundäre, vor allem der Selbstversorgung dienende Rolle spielte und die *Holzproduktion für den Absatzmarkt* der urban-industriellen Kernräume die Hauptwirtschaftsgrundlage der Siedler bildete. Im nördlichen kanadischen Pioniersiedlungsraum der Great Clay Belts entstand ein Großteil der Neusiedlungen von vornherein im Zusammenhang mit der Holzwirtschaft. Es ist der bekannte Typ des Waldbauern, der im Winterhalbjahr sowohl aus seinem Privatwald Holz schlägt und verkauft als auch als Saison-Lohnarbeiter in der Einschlagskampagne der großen Holzfirmen tätig ist.

Die Schwäche dieser bäuerlichen Siedlungsräume liegt in ihrer starken Bindung an die Holzindustrie und der daraus folgenden Vernachlässigung des Ausbaus der Agrarbetriebe für eine moderne Marktproduktion. Denn inzwischen sind die großen Holzfirmen von ihrer gewissermaßen noch „manufakturellen" Betriebsform mit zahlreichen Handarbeitskräften zur industriemäßigen Produktion übergegangen unter Einsatz einer wesentlich geringeren Zahl ganzjährig tätiger, vollmechanisch arbeitender Facharbeiter, wobei der Holztransport auf ausgebauten Fahrwegen mit Lastwagen erfolgt. Damit ist ein Großteil der Waldbauern als Arbeitskräfte überflüssig geworden. Die technisch noch unterentwickelte und flächenmäßig zu kleine eigene Landwirtschaft und der ebenfalls größenmäßig nicht ausreichende eigene Waldbesitz allein erlauben keinen angemessenen Lebensstandard mehr, zumal seit Mitte der 70er Jahre eine ungünstige Entwicklung des Weltmarktes für Holzprodukte zu ungewöhnlich starken Preiseinbrüchen führte (Windhorst 1981). Wo wegen bisher fehlender agrarwirtschaftlicher Marktbindung das Netz der Erschließungsstraßen im Streusiedlungsgebiet unzureichend ausgebaut war, wirkt sich dies nun als weiteres schweres Handicap aus. Zudem war in vielen Kolonisationsgebieten wegen der Bindung an die kommerzielle Holzwirtschaft der agrarökologischen Eignung nicht das notwendige Gewicht beigemessen worden. Betriebsaufgabe und Abwanderung sind die Konsequenz. Auch die nun vollberuflich bei den großen Holzfirmen tätigen Bauern geben, aus Zeitmangel wegen der weiten Pendelwege, die Landwirtschaft auf und ziehen an einen verkehrsgünstigeren Wohnplatz, meist in einer Zentralsiedlung, um. Das an eine „Frühform" der kommerziellen Holzeinschlagwirtschaft gebundene bäuerliche Siedlungssystem bricht damit zusammen. So haben wir hier eine Randökumene mit einem doppelten Gesicht: sie bleibt eine produktiv-moderne Randökumene der Holzwirtschaft, wird jedoch zur schrumpfenden Randökumene im Hinblick auf die bäuerlichen Siedlungen.

B. Gebiete klein- bis kleinstbäuerlicher Gruppensiedlungen mit durch Realteilung zersplitterten Fluren, traditionell-agrargesellschaftlichen Feldwirtschaftsformen und extensiver Allmendenutzung

Aus dieser Charakterisierung ergibt sich bereits, daß wir es hierbei mit ausgesprochenen Reliktgebieten in extrem randökumenischen Lagen zu tun haben. Obwohl sich diese auf Europa beschränkten Gebiete in einer großen Bandbreite präsentieren, die sich einer Typisierung nicht leicht fügen, scheint mir doch folgende Gruppenbildung nach gemeinsamen Grundzügen möglich.

1. *Westirische und schottische Kleinstbauerngebiete.* Hier handelt es sich um Bevölkerungen, die bis in die jüngere Vergangenheit unter der Kontrolle von Grundherren standen, auf deren Großgrundbesitz sie an dessen Rand gedrängt waren und im 19. Jh. buchstäblich eine marginale Existenz, vielfach unter Hungerbedingungen, führten. In Irland kam es bekanntlich infolge der Vernichtung der Kartoffelernte 1845 zur „Großen Hungersnot" mit Massensterben und zu einer Massenflucht durch Auswanderung (Leister 1956). Die Ende des 17. Jhs. einsetzende Vertreibung der katholischen Iren und ihre Zusammendrängung im agrarökologisch benachteiligten Westen der Insel durch die britische Kolonialmacht resultierte in einer grenzenlosen Übervölkerung, wobei sich auf den kleinen Pachtflächen immer wieder durch unkontrollierte Realteilung Gruppensiedlungen bildeten, die eine historische Form, den sogenannten clachan, mit rundale-Gemeinschaftsfluren immer wieder reproduzierten (Uhlig 1961, S. 289 ff.; Simms 1979, S. 299). Zwar haben unter den Grundherren und später im Rahmen der staatlichen Entwicklungsmaßnahmen des „Congested Districts Board" Flurbereinigungen und Umsiedlungen in einem Teil Westirlands zu einer Verbesserung der Situation geführt, u. a. zu einer reihenmäßigen Vereinzelung der clachan-Höfchen, jedoch den Entwicklungsabstand zu den östlichen Landesteilen mit ihren modernen Großbetrieben auf fruchtbaren Böden nicht verringern können (Glebe 1977).

Ähnlich bedrängt durch grundherrliche Kontrolle, abgeschlossen von der Außenwelt und gebietsweise noch heute traditionell in der Siedlungs-, Flur- und Pachtbesitzform (runrig-Streifengemengefluren auf den Shetland-Inseln (Heineberg 1972, S. 160 ff.) zeigen sich die crofter-Gebiete Schottlands.

Wie Wehling (1982) zeigt, wurden auch sie von den grundherrlichen Großbesitzern im Interesse der Schafwirtschaft noch im 19. Jh. umgesiedelt. Dies unterstreicht ihre bedrängte, passive Rolle.

Die trotz inzwischen erfolgter „Bauernbefreiung" noch nicht überwundene Rückständigkeit und Schwäche zeigt sich in Westirland wie in Schottland in der Kleinheit der bäuerlichen Besitzungen, in dem wegen bisheriger Subsistenzorientierung noch ganz unzureichenden Verkehrs- und Vermarktungswesen und daraus folgend in der geringen Innovationsfähigkeit und politischen Durchsetzungskraft der ländlichen Bevölkerung. Die Hälfte bis zwei Drittel der Kleinbetriebe sind nicht entwicklungsfähig (Glebe 1977, S. 164).

Mit Vorbehalt könnte man zu dieser Gruppe von Kleinsiedlungsgebieten mit traditioneller Landwirtschaft in marginalen „Nischenlandschaften" auch Teile des französischen Zentralmassivs rechnen (hierzu Blohm 1976). Lichtenberger (1979) rückt sie typologisch allerdings in die Nähe der hier unter A 2 genannten südslawischen Gruppensiedlungen, die m. E. aber noch nicht den gleichen Grad von Besitzzersplitterung und Marginalität erreicht haben, ganz abgesehen von der fehlenden grundherrschaftlichen Wurzel der Zadruga. Hier ist die Isolierung von der übrigen Volkswirtschaft weniger durch historische Herrschaftsformen bedingt als durch die Abgelegenheit und Unzugänglichkeit der Hochflächen und Täler, deren agrarökologische Marginalität die Tendenz zur Beibehaltung traditioneller, gebietsweise geradezu archaischer Wirtschaftsformen förderte. Schafweidewirtschaft auf ausgedehnten Heide- und Garrigue-Allmenden, vielfach mit extremen Erosionsschäden durch Überweidung, bildete ein wesentliches Element. Marktimpulse erreichten diese Gebiete zwar schon im 19. Jh. und führten auch zu Neuerungen, doch waren diese nicht wirksam genug, um die immanenten Schwächen zu überwinden. Zu diesen gehört wie in den westirischen und schottischen Räumen die Kleinheit der Siedlungen, deren Streuung eine Verkehrserschließung außerordentlich aufwendig und im Hinblick auf die ökonomische Leistungsschwäche auch wenig lohnend macht (Lichtenberger 1966, Blohm 1976).

2. Eine zweite Gruppe bilden die bereits von Lichtenberger herausgestellten *geschlossenen Berglanddörfer des südlichen Europa,* vor allem in den von romanischer Bevölkerung besiedelten Teilen der Alpen, in den Bergländern Südfrankreichs und des Apennin, aber auch Iberiens und Griechenlands. Deren Überbevölkerung zeigte sich bereits in der vorindustriellen Zeit durch die Folgen der Realteilung in der Zersplitterung der Flur und der Übernutzung der Allmenden. Saisonarbeiter-Wanderungen und im 19. Jh. dann auch Auswanderung, jedoch vielfach – so vor allem in Italien und Griechenland – mit Rückwanderung in das Heimatdorf am Lebensabend, bildeten ein letztlich nicht ausreichend wirksames Ventil.

Obwohl derartige Dorf-Gewannflur-Gemeinden in vorindustrieller Zeit bekanntlich auch weite Teile Mitteleuropas prägten, haben dort die Impulse der ihnen näherliegenden industrialisierten Kernräume und die Aktivitäten des Staates zu Flurbereinigungen, marktorientierter Landwirtschaft und Alternativen in Pendlerberufen geführt. Die Isolierung in den Bergländern und die Fernlage zu den Kernräumen hat in der hier angesprochenen Gruppe diese Entwicklungsmöglichkeiten blockiert.

Im mediterranen Raum kommt für den regionalen Typ des Großdorfes in Akropolislage als spezielle Schwäche die extrem ungünstige innere Verkehrslage zwischen Dorf und Flur hinzu, die in den unsicheren Zeiten des Mittelalters als Schutzlage eine angemessene Reaktion war, heute aber die Entwicklungsfähigkeit der Betriebe um eine weitere Belastung erschwert. Tatsächlich ist diese aber bereits weitgehend blockiert durch die extreme Verkleinerung der Besitzungen durch generationslange Erbteilung, die bis in die Gegenwart fortgesetzt wird, wobei vielfach durch Besitzhortung bereits Abgewanderter die Stagnation durch zusätzliche Immobilität noch verstärkt wird.

Eine weitere Schwäche gerade der im Bergland liegenden Dörfer ist neben der Kleinheit der Parzellen deren Terrassierung, die eine Zusammenfassung zu größeren Flächen, wie sie für eine mechanisierte Landwirtschaft notwendig wäre, ausschließt: Die dafür aufzuwendenden Kosten würden sich für diese marginalen Berglagen der mediterranen Landnutzung nicht lohnen, da sie eine Konkurrenz mit den agrarökologisch günstigeren und längst modernisiert produzierenden Hügellandgebieten und Ebenen gar nicht bestehen könnten (ausführlich hierzu Lichtenberger 1979, S. 409-411).

3. In vieler Hinsicht mit dem eben genannten Typ nahe verwandt, doch durch eine Reihe sozialer Merkmale eigene Züge und charakteristische Schwächen, aber auch Widerstandsfähigkeit aufweisend, bilden die *Stadtdörfer oder Agrostädte des italienischen Mezzogiorno,* vor allem des äußersten Südens, speziell Siziliens (Monheim 1969, 1971, 1972) und möglicherweise auch die der Bergländer des südlichen Iberien einen eigenen Typ. Ihre historisch angelegte Gesellschaftsstruktur ist bestimmt durch die rentenkapitalistische Form der Feudalherrschaft von Adel und Stadtbürgern. Deren Latifundien werden zum größten Teil in kleinen Teilpachtparzellen mit Kurzzeitverträgen an die landarme oder landlose Masse der in Großsiedlungen konzentrierten Kleinbauern verpachtet, in der Regel unter Einschaltung einer die Ausbeutung noch steigernden Hierarchie von Zwischenpächtern. Bei fehlender Initiative zu ertragssteigernden Investitionen bringt das übernutzte Land, durch Bodenabtragung und Erosion vor allem in bergigen Lagen immer stärker geschädigt, minimale Ernten von oft nur 5-6 dz/ha (Tichy 1966, S. 89). Die auch hier vorherrschende Akropolislage der Agrostädte und deren riesige Gemarkungsausdehnung führen bei archaischen kleinbäuerlichen Transportformen (Maulesel) zu extrem ungünstigen Zeitbelastungen, die ihrerseits eine intensive Nutzung begrenzen. Das für die herrschende Schicht optimal erscheinende Wirtschafts- und Gesellschaftssystem wird durch patriarchalisch verbrämte Verschuldungspraktiken und durch die Institution der Mafia aufrechterhalten (Monheim 1972, S. 13; Reimann u. Reimann 1964, S. 10 f.).

Aus diesem Gesellschaftssystem leiten sich alle weiteren Schwächen und die Unfähigkeit zur aktiven Einfügung in die Volkswirtschaft der urban-industriellen Gesellschaft ab: Die Armut der breiten Bevölkerung und das begründete Desinteresse der herrschenden Schicht erhalten den Analphabetismus, dumpfe Unwissenheit, eine hohe, 1964 noch um das Dreifache über dem Landesdurchschnitt liegende Geburtenrate, die wiederum, trotz Abwanderung, die Zahl der Pächter und Tagelöhner und damit das Ausbeutungsniveau aufrechterhält. Staatliche Entwicklungsversuche werden als störende Eingriffe in das System durch die in alle örtlichen und regionalen Behörden hineinreichenden Beziehungen der Mafiosi blockiert. Die Schwächen und Defizite dieser Regionalgesellschaft sind also zugleich ihre Stärken zur Selbsterhaltung im Interesse der profitierenden Oberschicht.

Diese Immunität oder Resistenz des Systems läßt es sogar zu, in passiver Form mit der Industriegesellschaft zu kooperieren, ohne seinen Bestand zu gefährden: Aus den Agrostädten geht ein hoher Anteil der Arbeitsfähigen als Gastarbeiter nach Norditalien und Mitteleuropa, in manchen Gemeinden bis zu 60% der Männer; in den meisten Fällen aber bleiben die Familien zurück, und selbst wo sie mitziehen, kehrt ein Großteil später in die Heimat zurück, eine Folge der sozialen Kontrolle in der Lokalgesellschaft, aber auch ihrer dort erzeugten geistigen und sozialen Immobilität: „Ohne Vorbildung ausgewandert, meist unter ihresgleichen von einfachsten Arbeiten lebend, lernen sie im Ausland sehr wenig und fügen sich unterschiedslos wieder in das alte Dorfleben ein." Diese von Freund (1970, S. 115) für die Dörfer eines Berglandes in Nordportugal gegebene Charakteristik gilt auch für die unterentwickelt gehaltene Bevölkerung der südmediterranen Stadtdörfer. Die zurückfließenden Lohnüberschüsse werden nur im Konsum verwendet, z. B. für den Bau neuer Wohnhäuser. Monheim (1974, S. 265) weist noch auf eine weitere dieser Gesellschaft innewohnende Schwäche hin: Da die großen Stadtdörfer sich im sekundären und tertiären Sektor auf einem niedrigen Konsumniveau selbst versorgen, sind die zentralen Orte ausgesprochen funktionsschwach und bieten daher keine tragfähigen Ansatzpunkte für eine Regionalentwicklung. Das einzige im Sinne der Industriegesellschaft entwicklungsfähige Element bilden die Latifundien, aus denen moderne Großbetriebe entstehen können, wie dies in Südspanien bereits in Gang gekommen ist.

IV. Die Selbstverstärkung des Abwanderungs- und Wüstungsprozesses

Durch die modernen Kommunikationsmittel und durch den im Rahmen staatlicher Entwicklungsmaßnahmen vorangetriebenen Straßenbau erweitert sich das bisher durch Isolation stark begrenzte Informationsfeld der Bevölkerung der Randökumene und führt dazu, daß diese nun voll, oft geradezu schockartig, von den Push- und Pullfaktoren der urban-industriellen Räume und der hier verwirklichten Lebensform erfaßt wird. Die in übervölkerten Randökumenegebieten schon spätestens im 19. Jh. beginnende Abwanderung aus physischem Elend nimmt nun einen qualitativ und quantitativ anderen Charakter an (Lichtenberger 1979, S. 406). Die Abwanderung führt zu einem absoluten Rückgang der Bevölkerungszahl. Die durch bisherige Abgeschiedenheit und immanente Defizite „aufgestaute" Rückständigkeit wird in der Kontrastierung mit dem Lebensstandard der Industriegesellschaft so stark ins Bewußtsein gehoben, daß auch hier die bisher akzeptierten bäuerlichen und handwerklichen Existenzen samt den Wohnformen und der dörflichen Versorgungsweise plötzlich als untragbar empfunden werden (Kühne 1974, S. 199). Der durch diesen Frustrationsschock anschwellende Exodus erfährt eine psychologisch begründete weitere Selbstverstärkung durch den Nachahmungstrieb. Bewohner, die es wirtschaftlich eigentlich gar nicht nötig hätten, folgen der Mode, in den urbanen Raum umzusiedeln, wobei dieser Sog durch Erfolgsmeldungen von Familienmitgliedern und Freunden noch verstärkt wird (Kühne 1974, S. 266; Lienau 1977, S. 125).

Ein weiterer psychologischer Selbstverstärkungseffekt ergibt sich aus der schrumpfenden Restbevölkerung, die infolge der selektiven Abwanderung der Jüngeren eine zunehmende „Vergreisung" zeigt, wobei zugleich die Kinderzahl drastisch zurückgeht. Das bedrückende Gefühl, in einem „sterbenden Dorf" zu leben mit zugenagelten und zu Ruinen verfallenden Häusern, treibt weitere noch Leistungsfähige fort.

Mit dem Schrumpfen der Bevölkerungszahl beginnt der fortschreitende Zusammenbruch der privaten und öffentlichen Versorgung. Läden und Handwerker verschwinden, Schulen, Poststellen, Kirchen usf. schließen, nicht nur, weil es die verkleinerte Bevölkerung nicht mehr lohnt, sondern auch, weil die Kommunen an Einnahmen verarmen. Der schon geringe Versorgungsstandard sinkt noch weiter und wird damit seinerseits zum negativen Verstärkungsfaktor. Es ist naheliegend, daß dieser Prozeß in kleinen Dörfern am raschesten zum Ende führt (Lienau 1977). Vor allem in den Einzelhofgebieten Kanadas und Skandinaviens verstärkt der Zusammenbruch der Infrastruktur und des Wegenetzes rasch die Isolation der restlichen Höfe und beschleunigt die Entscheidung zur Aufgabe (Hottenroth 1968, S. 347; Eberle 1982). Es ist eine Ironie der meist verspätet einsetzenden Entwicklungsmaßnahmen des Staates, daß nicht selten die in solche Gebiete vorgetriebenen neuen Straßen und Omnibusverbindungen die destruktive Wirkung der Informationsfelderweiterung nur noch verstärken oder im Extremfall, wie Kühne (1974) aus dem Apennin berichtet, die neue Straße die Siedlung erreicht, wenn der letzte Hof gerade wüstgefallen ist.

Eine spezielle Verschärfung erfährt der Schrumpfungsprozeß als „Flucht aus der Landwirtschaft" (Lichtenberger 1979, S. 406) in den höheren Berggebieten. Hoferben finden keine Ehefrauen mehr, weil sie das trotz begrenzter Mechanisierung immer noch harte Arbeitsleben der Berglandwirtschaft nicht mehr auf sich nehmen wollen. Der durch die Abwanderung spürbar gewordene Arbeitskräftemangel in der Berglandwirtschaft, der hier nicht durch Maschinen voll ausgeglichen werden kann wie in den ebenen Gebieten, hat sinkende Erträge zur Folge; diese wiederum mindern den notwendigen Kapitaleinsatz und münden schließlich in sinkender Initiative und Frustration, eine abwärts gerichtete „Teufelsspirale", aus der es kein Entrinnen mehr gibt (Lichtenberger 1979, S. 407).

Daß die agrarökologisch stärker benachteiligten Räume bei gleicher Stärke der Sog-Faktoren auch stärker anfällig für den Schrumpfungsprozeß sind, ist eine in den meisten Untersuchungen gemachte Feststellung. Ob der Flurwüstungsprozeß in seinem Ablauf eine Selbstverstärkung erfährt, ist bisher noch nicht genügend untersucht worden. Zu erwarten ist, daß die bei Weideflächen infolge Arbeitskräftemangel notwendigerweise eintretende Extensivierung der Pflege sehr bald zum Anflug von Wildvegetation führt, die bei verringertem Viehbesatz nicht mehr durch Verbiß beseitigt wird, was Pflegemöglichkeiten und Nutzung noch weiter erschwert und zur endgültigen Nutzungsaufgabe mit Wüstfallen führt. Gemeinschaftsalmen in der Waldstufe sind davon besonders betroffen. Dieser Prozeß schreitet innerhalb einer Flur von außen nach innen voran (Blohm 1976, S. 150).

Auch die Terrassenkulturen der submediterranen Höhenstufe unterliegen einem kumulativen Verfallsprozeß. Wenn ein Teil der Terrassen kaum noch oder nicht mehr genutzt wird und somit die arbeitsaufwendigen Erhaltungsarbeiten nach den herbstlichen Starkregen nicht mehr durchgeführt werden, beginnt die Bodenabspülung und schließlich die Erosion auch die noch intensiver genutzten Flächen in Mitleidenschaft zu ziehen, was deren Auflassung beschleunigt (Blohm 1976, S. 152).

V. Welche passiven und aktiven Rollen können Randökumene-Gebiete im Rahmen der urban-industriellen Gesellschaft übernehmen?

Der völlige Verfall des Wirtschafts- und Siedlungsraumes ist die extreme Konsequenz, mit der die Bevölkerung der Randökumene in die Wirtschaft der urban-industriellen Gesellschaft einbezogen und ihr bisheriger Lebensraum ausgeschieden wird. Daneben gibt es jedoch eine ganze Reihe von Alternativen, in deren Rahmen die Randökumene mit ihrer Bevölkerung, Siedlung und Wirtschaft modernisierten oder sogar völlig neuartigen Funktionen zugeführt wird, wobei sich dies auf alle drei Elemente oder nur auf einzelne von ihnen beziehen kann, je nach den Ansprüchen und Nutzungsinteressen der Kernraumgesellschaft. Mit dem Erholungsbedürfnis hat diese in einigen Randökumene-Gebieten sogar bisher völlig ungenutzte Regionen erschlossen.

1. Die passivste Rolle ist dort gegeben, wo die Bevölkerung in ihrer traditionellen Wirtschafts- und Gesellschaftsform in der Randökumene verharrt oder, wie etwa auf Sizilien, dort geradezu festgehalten wird und für die Kernräume lediglich die Funktion übernimmt, *Arbeitskräfte zu „produzieren"*, sie zeitweilig zu unqualifizierten Arbeiten in die urban-industriellen Räume zu senden und spätestens als Rentner wieder zurückzunehmen. Es ist nicht zu erwarten, daß sich diese passive Rolle auf Dauer durchhalten läßt.

2. Eine neue Rolle übernehmen Randökumene-Gebiete dort, wo die Bevölkerung abwandert und die Siedlungen verfallen, jedoch die bisherigen Wirtschaftsflächen durch Interessenten aus dem Kernraum einer neuen Nutzung zugeführt werden: Die *kommerzielle Holzwirtschaft* kauft Agrarflächen und forstet sie auf, wobei es sogar durch diese Kräfte zu einer aktiven Verdrängung der restlichen Agrarbevölkerung gekommen ist (Lichtenberger 1965; Hendinger 1960), oder aber der Staat übernimmt die aufgegebenen, z. T. bereits wüstgefallenen Fluren zur Aufforstung. Dabei treten in den mediterranen und submediterranen Landschaften

von Frankreich bis Jugoslawien neben die holzwirtschaftlichen vorrangig landschaftsökologische Sanierungs- und Schutzziele. In einem „mittleren" Entsiedlungsstadium kann es dabei zu Interessenkonflikten um das Land zwischen aufstockungswilligen überlebenden Betrieben und der Forstbehörde kommen, wie Leister (1963, S. 362) und Glebe (1977, S. 250 ff.) aus Westirland berichten.

Auch *Großbetriebe mit kommerziell-agrarwirtschaftlicher Nutzung* können die bisherigen bäuerlichen Fluren übernehmen. Auf die Verdrängung der crofter in Schottland im 19. Jh. durch Wollschaf-Großbetriebe wurde oben bereits hingewiesen. In Italien werden von den städtischen Besitzern durch Zusammenfassung der von ihren Pächtern verlassenen Höfe Großbetriebe geschaffen und unter fachmännisch ausgebildeten Verwaltern mit Lohnarbeitern zur agrartechnisch modernisierten und zugleich spezialisierten Erzeugung von Oliven, Obst, Wein, Getreide oder Mastlämmern eingesetzt (Kühne 1974, S. 118; Sabelberg 1975, S. 146ff) Ähnliches berichtet Lichtenberger (1979, S. 417 f.) für Teile des Zentralmassivs und der französischen Alpen, wo die vergrößerten Betriebe als Fortsetzung frühkapitalistischer Vorläufer angesehen werden können. Auch aus der bisher noch rentenkapitalistisch genutzten Latifundienwirtschaft des südlichen Mittelmeerraumes hat sich in Südspanien bereits eine moderne Großbetriebsform entwickelt, die für die Kernraum-Märkte produziert und ihre überflüssig gewordenen Arbeiter und Pächter einfach abstößt, denen dann nur die Arbeitslosigkeit oder die endgültige Abwanderung bleibt. Die übrigen Gebiete werden dieser Entwicklung folgen.

3. *Gesundschrumpfen und Modernisieren der bäuerlichen Landwirtschaft:* Dies ist prinzipiell die gleiche Entwicklung, wie sie sich in den kernraumnahen Agrargebieten bereits weitgehend vollzogen hat. Unter günstigen Voraussetzungen und mit staatlicher Hilfe kann sie sich mit einer gewissen Verzögerung auch in Teilen der Randökumene vollziehen. Günstige Chancen scheinen hierfür die in den humideren Teilen der Alpen gelegenen Weidewirtschaftsgebiete im Bereich des Anerbenrechts mit vergleichsweise noch großen Höfen und Möglichkeiten der Betriebsaufstockung zu haben. Dieses umso mehr, als hier vergleichsweise frühzeitig der Staat (Schweiz, Österreich) mit Bergbauernprogrammen die Modernisierung lebensfähiger sowie das Ausscheiden zu kleiner Betriebe förderte. Nach Volkmann (1982) forciert in Finnland der Staat diesen Prozeß durch eine scharfe Besteuerung der zu kleinen Betriebe. In den Alpen schrumpft dabei das obere Weidewirtschaftsstockwerk bei gleichzeitiger Nutzungsintensivierung der tiefergelegenen Grünlandflächen (zum Niedergang der Hochweidewirtschaft Lichtenberger 1979, S. 415 ff.). Im Vergleich mit den agrarklimatisch nicht viel ungünstigeren nordskandinavischen und westirischen randökumenischen Weidewirtschaftsgebieten haben die Alpen ohne Zweifel den Vorzug einer zentralen Lage zwischen dem norditalienischen und dem süddeutschen Ballungsraum als nahen Märkten.

4. Eine vergleichbare Entwicklung vollzieht sich auch an den randökumenischen *Fischereiküsten*, wo es zur räumlichen Konzentration der bisher auf viele kleine Hafenplätze verstreuten und mit zu kleinen, wenig leistungsfähigen Booten quasi noch „handwerklich" operierenden Fischer und Fischer-Bauern kommt. Im Rahmen staatlicher Entwicklungsprogramme erhalten sie die Möglichkeit, in

modern ausgebaute größere Häfen umzusiedeln, wo nicht nur der Fischgroßhandel, privat oder genossenschaftlich betriebene Kühlhäuser und Fischverarbeitungsbetriebe ansässig werden, sondern auch von Kapitalgesellschaften gegründete Unternehmen mit modernen hochseegängigen Trawlern (Beispiele bei Bronny 1972 für Nordnorwegen und Nordjapan; Dodt 1972 für Westirland; Heineberg 1972 für die Shetlandinseln; Wehling 1982 für Schottland).

Besondere Umstände kennzeichnen den Konzentrations- und Modernisierungsprozeß im *Siedlungsraum der Eskimos* im hohen Norden Kanadas, die z. T. erst in den zwanziger Jahren dieses Jahrhunderts für die Industriegesellschaft durch die Pelzhandelsunternehmen „nutzbar" gemacht und so erst in die Randökumene der Industriestaaten eingegliedert wurden. Nach der krisenhaften Entwicklung des Absatzes von Pelzen wurden sie von den hier wirkenden Missionsgesellschaften und von den Verwaltungsbehörden auf die bald ebenfalls wiederholt von Absatzproblemen empfindlich betroffene motorisierte Fischerei umgestellt. Auch hier bewirkte die Schaffung von zentral gelegenen Vermarktungseinrichtungen eine Konzentration der Bevölkerung an wenigen Punkten unter Wüstfallen zahlreicher traditioneller Wintersiedlungen.

Treude, der in zahlreichen Veröffentlichungen diese Entwicklung dargestellt hat (vgl. z. B. 1973 u. 1974), weist darauf hin, daß zusätzlich auch staatliche Familiensubsidien wie Kindergeld, Altersrente und Sozialfürsorge und das Angebot von Sozial-Miethäusern, Schulen und Krankenstationen in solchen Zentralsiedlungen die Umsiedlung nach dorthin forciert haben. Man wird ohne Einschränkung feststellen dürfen, daß die Industriegesellschaft hier eine ursprünglich subsistent und problemlos lebende Bevölkerung gewissermaßen wirtschaftlich kolonisiert hat. Nachdem ihr ökonomischer Nutzen problematisch geworden ist und die Integration der ethnisch fremdartigen Minorität in den kanadischen Kernraum per Arbeiterwanderung auf vielerlei Schwierigkeiten stößt, leben deren Angehörige nunmehr zu einem nicht geringen Teil als wirtschaftlich marginale Existenzen und Fürsorgeempfänger in einer Art „Armenhaus-Randökumene".

5. Durch die moderne Verkehrserschließung der Haupttäler und von dort später weiterschreitend der Seitentäler der Alpen, des Apennin und der Appalachen, der Marina-Küstenzone Süditaliens und der kernraumnäheren Waldbauerngebiete Skandinaviens und Kanadas wurden Randökumenegebiete wenigstens in ihren günstigsten Teilen an den Kernraum besser angebunden, so daß hier an den zentral gelegenen Orten eine *Gewerbe- und Industrieentwicklung* in Gang kommen kann, die Arbeitsplätze für die Umlandbewohner bietet. Tendenziell sind damit zwei Formen der Siedlungsentwicklung verknüpft: Im positiven Falle kommt es in Verbindung mit der unter (3) angesprochenen Modernisierung der Landwirtschaft und/oder der noch anzusprechenden Fremdenverkehrswirtschaft im bisher verfallsbedrohten Umland zu einer Stabilisierung (Leidlmair 1975); oder aber, wie es Eberle (1982) und Volkmann (1982) für Waldbauerngebiete Kanadas und Nordskandinaviens darstellen, führt die Ausbildung zentraler Gewerbeorte als Pendlerziele zu einer Umsiedlung der Einzelhofbevölkerung dorthin oder doch an die zu diesen führenden Hauptstraßen, so daß der Wüstungsprozeß beschleunigt wird. Er

ist als regionale Gesundschrumpfung zu interpretieren, wenn es sich um eine tragfähige Industrialisierung in den Kernorten handelt.

6. Die vielleicht wichtigste und völlig neue Rolle einer Reihe von Randökumene-Räumen ist die des *Erholungs- und Freizeitraumes* für die urban-industrielle Kernraumbevölkerung. Lichtenberger (1979) hat diesen Punkt bereits so ausführlich abgehandelt, daß wir uns hier mit einer knappen Systematisierung begnügen können. Gemeinsam ist den zu Freizeiträumen gewordenen Teilen der Randökumene ihr natürliches Erholungspotential: Dieses bietet Möglichkeiten für den Wintersport, für Wassersport, Baden und Bräunen, für das Wandern in natur- und kulturlandschaftlich schönen Gegenden, wobei mit steigendem Potential die Distanz zum Kernraum eine geringere Rolle spielt, z. B. bei den Badestränden der fernen Costas und Rivieras Iberiens und Dalmatiens.

In Anlehnung an und Fortführung von Lichtenbergers Typologie sind folgende Arten von randökumenischen Freizeit- und Erholungsräumen herauszustellen, wobei die Abfolge den Intensitätsgrad des Finanzaufwandes und damit zugleich der Neubauinvestitionen in der Randökumene widerspiegelt. Zugleich stuft sich damit die Beteiligung der einheimischen Bevölkerung und die Weiternutzung des alten Siedlungsbestandes ab.

(1) Die *kommerziell-großbetriebliche Neuerschließung* bisher ungenutzter Teilräume der Randökumene durch Unternehmer des Kernraumes: in der schneesicheren Hochgebirgsstufe durch kleinere und größere Skizentren, z. T. als regelrechte „Ski-Städte" wie in den französischen Westalpen im Rahmen der staatlichen „plan neige", sonst als „Hoteldörfer" (Penz 1982) oberhalb der Dauersiedlungsstufe oder randlich nach unten in sie hineinreichend, wo jedoch vorher bereits der Wüstungsprozeß den Siedlungsbestand reduziert hatte; an der Mittelmeerküste in Form von Hotelstädten als Segel- und Badezentren („Marina") in der Strandzone, vielfach abseits der alten Fischerdörfer. Die benachbarte Randökumene-Bevölkerung ist nur zum kleinen Teil im saisonal beschäftigten mobilen Hotelpersonal vertreten.

(2) Die *kommerziell-kleinbetriebliche Entwicklung* des Fremdenverkehrs im Hochgebirge in der oberen Siedlungsstufe mit zweifacher Saison, aber auch in der mittleren Siedlungsstufe als Sommersaisonstufe (Penz 1982 und Loose 1982), sowie in den kernraumnahen Bereichen der höheren Mittelgebirge wie dem emilianischen Apennin oder den östlichen Appalachen. Neben guter Erreichbarkeit und naturräumlicher Attraktivität bildet eine noch intakte bäuerliche Kulturlandschaft ein wichtiges Fremdenverkehrspotential. In starkem Maße trägt hier die einheimische Bevölkerung die Tourismuswirtschaft, vom kleinen Hotel und vergrößerten Dorfgasthof bis zum Bauernhof mit Pensionsgästen („Fremdenverkehrsbauer"). In dieser Form scheint die Randökumenebevölkerung samt ihrem Siedlungsbestand eine optimale Integration in die Industriegesellschaft zu finden.

(3) Die *Parahotellerie*: Ferienhaus- und Zweitwohnsitzsiedlungen und -siedlungsteile in und bei älteren Dörfern, vorzugsweise in der mittleren Siedlungsstufe der Hochgebirge, in Mittelgebirgen, im Südsaum der kanadischen Randökumene (Eberle 1982), in Mittelschweden und an der Westküste Irlands (Glebe 1977, S. 249). Die Ausbreitung dieser „suburbanen" Siedlungsbewegung ist jedoch

selektiv, nämlich verkehrslagemäßig an gute Erreichbarkeit für Wochenendnutzer aus nahen Ballungsräumen gebunden (Loose 1982). Neben der Übernahme bereits leerstehender Häuser handelt es sich vielfach um großunternehmerisch von den Kernräumen aus organisierte Neugründungen in Form von Eigentumshäusern und Appartmentgroßbauten. Verglichen mit dem positiven Effekt eines vorübergehenden Baubooms scheinen mit den hohen Infrastruktur-Folgekosten für die „Gastgemeinden" die Belastungen zu überwiegen (Loose 1982). Positiv zu bewerten ist jedoch, daß bereits angelaufene Wüstungsprozesse zum Stillstand kommen.

(4) Durch Abwanderung und beginnenden Verfall verkümmernde Siedlungen werden zu *Rentner- und Pensionärssiedlungen*, mit häufig multinationaler Zusammensetzung ihrer neuen Eigentümer, die sich aus höheren Einkommensschichten rekrutieren. Lagemäßig handelt es sich ganz überwiegend um ganzjährig warme Räume, vor allem im südlichen Frankreich. Auch die landschaftliche Attraktivität und die Nähe von lokalen Versorgungszentren wirkt selektiv. In besonders begehrten Regionen wie der unteren Hangzone der östlichen französischen Pyrenäen ist sogar ein Neubauboom durch Alterssitzler in Gang gekommen. Die neubelebten Siedlungen haben durch ihre wieder tragfähig gewordenen Versorgungseinrichtungen auch für die Restbevölkerung an Lebensqualität gewonnen. Auch bei Verfall der agraren Wirtschaftsflächen ist diese neue Rolle von Randökumenen positiv zu bewerten.

(5) *Ferien- und Rentnersiedlungen einheimischer Abwanderer*: In mediterranen ländlichen Gebieten mit einer stark heimatverbundenen Bevölkerung kehrt diese nach ihrer Abwanderung alljährlich als Urlauber in ihre Heimatdörfer zurück, wobei allerdings regionale Unterschiede zu bestehen scheinen: Die Nähe zu den Ballungsräumen als den jetzigen Wohnorten der Abwanderer begünstigt diese Weiternutzung, die sowohl von Kühne (1974, S. 248) für den nördlichen Apennin als „tourismo di ritorno" wie auch von Lienau (1982) für die dem Großraum Athen benachbarten Abwanderungsgebiete Südgriechenlands beschrieben wird, wo sich das „urbane" Urlaubsverhalten der ländlichen Abwanderer erst nach einer Reihe von Jahren einstellt und die inzwischen vom Verfall bereits stark mitgenommenen Häuser wieder bewohnbar gemacht werden müssen. Im übrigen spielt in diesen Fällen das Kriterium touristischer oder landschaftlich-klimatischer Attraktivität keine Rolle. Im südlichen Italien und in Jugoslawien, wo trotz Abwanderung die Siedlungen auch landwirtschaftlich durch die zurückgebliebenen Familien noch überleben, ist eine bemerkenswert starke Neubautätigkeit der Familien der Abwanderer zu beobachten, die sich damit offensichtlich als zukünftige Alterssitzler hierher zurückzuziehen gedenken. In Kalabrien und Sizilien vollzieht sich dieser Neubau im Rahmen einer Umsiedlung aus dem küstennahen Bergland in rasch wachsende Tochtersiedlungen in der Marina-Zone. Da hier ohne eine produktive Basis langfristig tragfähige autochthone Entwicklungskräfte fehlen, wird auch hier nur eine Variante des Typs der Rentnersiedlungen herausgebildet (Monheim 1977).

Bei zunehmender Großstadtmüdigkeit als neuem Lebensgefühl der urban-industriellen Gesellschaft könnte für die Randökumene diese neue Rolle als Standort von Alterssitzen eine wachsende Bedeutung gewinnen. In dieser Gegenbewegung zum Schrumpfungsprozeß hätten allerdings wohl nur solche Räume mit dörflichen Siedlungen eine Chance, in denen der Verfallsprozeß der Infrastruktur noch nicht allzuweit fortgeschritten ist.

Literatur

Blanchard, R. (1960): Le Canada français, province de Québec. Étude géographique. Paris.

Blohm, E. (1976): Landflucht und Wüstungserscheinungen im südöstlichen Massif Central und seinem Vorland seit dem 19. Jahrhundert. (Trierer Geogr. Studien 1) Trier.

Blume, H. (1979): USA. Eine geographische Landeskunde. II: Die Regionen der USA. (Wissenschaftl. Länderkunden, Bd. 9/II) Darmstadt.

Bronny, H. M. (1972): Probleme der Fischereiwirtschaft in den subpolaren Gewässern Nordjapans und Nordnorwegens. In: Polarforschung. Zeitschr. d. Dt. Ges. f. Polarforschung 42, S. 125-137.

Degener, C. (1964): Abwanderung, Ortswüstung und Wandel der Landnutzung in den Höhenstufen des Oisans. (Göttinger Geogr. Abhandlungen 32) Göttingen..

Dodt, J. (1972): Die Halbinseln Südwestirlands – Probleme eines agrarischen Entwicklungsgebietes. In: Ländliche Problemgebiete. Beiträge zur Geographie der Agrarwirtschaft in Europa. (Bochumer Geogr. Arbeiten 13) Paderborn, S. 95-140.

Eberle, I. (1982): Einzelhofwüstung und Siedlungskonzentration im ländlichen Raum des Outaouais (Quebec). Jüngere Siedlungsveränderungen als Konsequenz des Strukturwandels in der Holz- und Landwirtschaft einer peripheren Waldbauernregion Ostkanadas. In: Geogr. Zeitschrift 70, S. 81-105.

Fourastié, J. (1969): Die große Hoffnung des zwanzigsten Jahrhunderts. Köln.

Freund, B. (1970): Siedlungs- und agrargeographische Studien in der Terra de Barroso/Nordportugal. (Frankfurter Geogr. Hefte 48) Frankfurt a. M.

Glebe, G. (1977): Wandlungen in der Kulturlandschaft und Agrargesellschaft im Kleinfarmgebiet der Beara- und Iveragh-Halbinsel/Südwestirland. (Düsseldorfer Geogr. Schriften 6) Düsseldorf.

Heineberg, H. (1972): Die Shetland-Inseln – Ein agrarisches Problemgebiet Schottlands. In: Ländliche Problemgebiete. Beiträge zur Geographie der Agrarwirtschaft in Europa. (Bochumer Geogr. Arbeiten 13) Paderborn, S. 141-180.

Heller, W. (1979): Regionale Disparitäten und Urbanisierung in Griechenland und Rumänien. (Göttinger Geogr. Abhandlungen 74) Göttingen.

Hendinger, H. (1960): Der Wandel der mittel- und nordeuropäischen Waldlandschaft durch die Entwicklung der Forstwirtschaft im industriellen Zeitalter. In: Geografiska Annaler XLII, S. 294-305.

Henkel, G. (1978): Die Entsiedlung ländlicher Räume Europas in der Gegenwart. (Fragenkreise) Paderborn.

Hottenroth, H. (1968): The Great Clay Belts in Ontario and Quebec. Struktur und Genese eines Pionierraumes an der nördlichen Siedlungsgrenze Ostkanadas. (Marburger Geogr. Schriften 39) Marburg.

Kühne, I. (1974): Die Gebirgsentvölkerung im nördlichen und mittleren Apennin in der Zeit nach dem Zweiten Weltkrieg. (Erlanger Geogr. Arbeiten, Sonderbd. 1) Erlangen.

Leidlmair, A. (1976): Wandel und Beharrung im „Land der Gebirge". In: 40. Deutscher Geographentag Innsbruck 1975. Tagungsbericht und wissenschaftliche Abhandlungen, hg. v. H. Uhlig u. E. Ehlers. (Verh. d. Dt. Geographentages 42) Wiesbaden, S. 27-46.

Leister, I. (1956): Ursachen und Auswirkungen der Entvölkerung in Eire zwischen 1841 und 1951. In: Erdkunde 10, S. 54-68.

Dies. (1963): Das Werden der Agrarlandschaft in der Grafschaft Tipperary (Irland). (Marburger Geogr. Schriften 18) Marburg.

Lichtenberger, E. (1965): Das Bergbauernproblem in den österreichischen Alpen. Perioden und Typen der Entsiedlung. In: Erdkunde 19, S. 39-57.

Dies. (1966): Die Agrarkrise im Französischen Zentralmassiv im Spiegel seiner Kulturlandschaft. In: Mitt. d. Österr. Geogr. Gesellschaft 108, 1966, S. 1-24.

Dies. (1976): Der Massentourismus als dynamisches System: Das österreichische Beispiel. In: 40. Deutscher Geographentag Innsbruck 1975. Tagungsbericht und wissenschaftliche Abhandlungen, hg. v. H. Uhlig u. E. Ehlers. (Verh. d. Dt. Geographentages 42) Wiesbaden, S. 673-695.

Dies. (1979): Die Sukzession von der Agrar- zur Freizeitgesellschaft in den Hochgebirgen Europas. In: Fragen geographischer Forschung. Festschrift zum 60. Geburtstag von Adolf Leidlmair. (Innsbrucker Geogr. Studien 5) Innsbruck, S. 401-436.

Lienau, C. (1977): Probleme der Bevölkerungsabwanderung in Elis/Peloponnes. In: Aktiv- und Passivräume im mediterranen Südeuropa. Hg. v. K. Rother (Düsseldorfer Geogr. Schriften 7) Düsseldorf, S. 113-134.

Ders. (1982): Beobachtungen zur Siedlungsentwicklung in ländlichen Räumen Griechenlands. In: Geogr. Zeitschrift 70, 1982, S. 230-236.

Loose, R. (1982): Von der Gebirgsentvölkerung zur urbanen Wohnsitz- und Freizeitbevölkerung in den italienischen Zentralalpen. Beobachtungen in Judikarien/SW-Trentino (Prov. Trient/Trento). In: Geogr. Zeitschrift 70, S. 223-226.

Monheim, R. (1969): Die Agrostadt im Siedlungsgefüge Mittelsiziliens. Untersucht am Beispiel Gangi. (Bonner Geogr. Abhandlungen 41) Bonn.

Ders. (1971): Die Agrostadt Siziliens. Ein städtischer Typ agrarischer Großsiedlungen. In: Geogr. Zeitschrift 59, S. 204-225.

Ders. (1972): Sizilien, ein europäisches Entwicklungsland. In: Geogr. Rundschau 24, S. 1-15.

Ders. (1977): Marina-Siedlungen in Kalabrien – Beispiele für Aktivräume? In: Aktiv- und Passivräume im mediterranen Südeuropa, hg. v. K. Rother (Düsseldorfer Geogr. Schriften 7) Düsseldorf, S. 21-37.

Penz, B. (1982): Grundzüge der Siedlungsentwicklung an der Obergrenze der Ökumene im Trentino (Italienische Alpen). Gegenwärtige Wandlungen unter dem Einfluß des Freizeitverkehrs. In: Geogr. Zeitschrift 70, S. 227-229.

Reimann, H. und H. Reimann (1964): Westsizilien, eine Entwicklungsregion in Europa. In: Anlage zur „Ruperto-Carola". (Mitt. d. Ver. d. Freunde d. Studentenschaft d. Univ. Heidelberg 35) Heidelberg, S. 3-31.

Rother, K. und U. Wallbaum (1975): Die Entvölkerung des Apennins 1961-1971. In: Erdkunde 29, S. 209-213.

Sabelberg, E. (1975): Der Zerfall der Mezzadria in der Toscana urbana. Entstehung, Bedeutung und gegenwärtige Auflösung eines agraren Betriebssystems in Mittelitalien. (Kölner Geogr. Arbeiten 33) Köln.

Schwind, M. (1981): Das japanische Inselreich. Bd. 2: Kulturlandschaft. Wirtschaftsgroßmacht auf engem Raum. Berlin u. New York.

Simms, A. (1979): Irland: Überformung eines keltischen Siedlungsraumes am Rande Europas durch externe Kolonisationsbewegungen. In: Gefügemuster der Erdoberfläche, Festschrift zum 42. Deutschen Geographentag in Göttingen 1979, hg. v. J. Hagedorn, J. Hövermann u. H.-J. Nitz. Göttingen, S. 261-308.)

Tichy, F. (1966): Kann die zunehmende Gebirgsentvölkerung des Apennins zur Wiederbewaldung führen? (Nürnberger Wirtschafts- u. Sozialgeogr. Arbeiten 5) Nürnberg, S. 85-92.

Treude, E. (1973): Studien zur Siedlungs- und Wirtschaftsentwicklung in der östlichen kanadischen Zentralarktis. In: Die Erde 104, S. 247-276.

Ders. (1974): Nordlabrador. Entwicklung und Struktur von Siedlung und Wirtschaft in einem polaren Grenzraum der Ökumene. (Westfälische Geogr. Studien 29) Münster.

Uhlig, H. (1961): Old Hamlets with Infield and Outfield Systems in Western and Central Europe. In: Geografiska Annaler XLIII, S. 285-312.

Ulmer, F. (1935): Höhenflucht. (Schlern-Schriften 27) Innsbruck

Volkmann, H. (1982): Funktionale Wandlungen in der Siedlungsstruktur der Stadt Suonenjoki (Mittelfinnland) – besonders ihres ländlichen Gemarkungsgebietes. In: Geogr. Zeitschrift 70, S. 184-200.

Wehling, H.-W. (1982): Strukturwandel ländlicher Siedlungen im Schottischen Hochland – gegenwärtige Tendenzen und zukünftige Perspektiven. In: Geogr. Zeitschrift 70, S. 127-144.

Wieger, A. (1982): Die erste Wüstungsphase in der Atlantischen Provinz New Brunswick (Kanada) – 1871 bis ca. 1930. Zur Siedlungs- und Wirtschaftsentwicklung eines älteren nordamerikanischen Peripherraumes. In: Geogr. Zeitschrift 70, S. 199-222.

Windhorst, H.-W. (1981): Die Krisensituation der nordeuropäischen Holzindustrie in der zweiten Hälfte der siebziger Jahre in Abhängigkeit von konjunkturellen Schwankungen und Strukturproblemen. In: Erdkunde 35, S. 210-222.

Historische Strukturen im Industriezeitalter – Beobachtungen, Fragen und Überlegungen zu einem aktuellen Thema[1]

Die Disziplin der Historischen Geographie in der Bundesrepublik Deutschland war bis vor wenigen Jahren mit der mißlichen Tatsache konfrontiert, daß die in der heutigen Kulturlandschaft noch vorhandenen historischen Strukturen aus der vor- und frühindustriellen Zeit mehr und mehr durch Beseitigung oder Umbau verschwanden. Nur wenige kunsthistorische und kulturhistorische Bauten waren durch den Denkmalschutz gesetzlich davon ausgenommen.

Wir waren der Meinung, dies sei ein seit Beginn des Industriezeitalters wirksamer, unaufhaltsamer Prozeß, der dem Gewohnheitsgesetz folgt, daß durch Alterung oder durch Funktionswandel unbrauchbar Gewordenes durch Modernes ersetzt werden müsse. Aus unserer Beschäftigung mit den vorindustriellen Perioden der Kulturlandschaftsgeschichte wissen wir, daß dieses Gewohnheitsgesetz zu allen Zeiten gegolten hat. Natürlich gab es auch passives Verharren in alten Strukturen. Seit der Zeit etwa um 1970 können wir in der Bundesrepublik Deutschland einen bemerkenswerten Wandel im Umgang mit solchen historischen Strukturen feststellen, und zwar sowohl von Seiten öffentlicher Institutionen wie bei Privatleuten. Vor allem in den Städten kommt es nur noch in wenigen Fällen zum Abriß überalterter, verfallener historischer Bauten, häufiger werden sie restauriert, im Extremfall sogar bereits verschwundene Bauten in der historischen Gestalt rekonstruiert. So werden zum Beispiel auf überwältigenden Wunsch der Öffentlichkeit und sogar gegen die Meinung der Denkmalschutzbehörde in Frankfurt am Main auf dem Römerberg einige im Kriege zerstörte Gebäude in alter Gestalt neu aufgebaut. Wie in vielen Städten wurden in der Göttinger Altstadt ganze Straßenzüge zum Baudenkmal erklärt, die Häuser von der Stadt aufgekauft und Haus für Haus restauriert. Sie werden ohne Beeinträchtigung ihrer historischen Gestalt für Zwecke des modernen Wohnens oder des Geschäftsbetriebes hergerichtet, und zwar mit einem finanziellen Aufwand, der deutlich höher ist als bei totalem Abriß und Neubau. Außerdem veranstaltet die Stadtverwaltung Wettbewerbe der Bürger um die bestgelungene Restauration.

---

1 Hierzu hat der Verf. in einem (in diesem Band abgedruckten) Aufsatz mit dem Titel „Historische Strukturen als Bedingungen der Raumgestaltung im Industriezeitalter" (in: Geographie u. Schule 2, 1980, S. 3-11) bereits einmal Stellung genommen, jedoch primär unter dem Gesichtspunkt des Wandels überkommener historischer Strukturen und der Persistenzen als Sachzwang bei der Raumgestaltung. Der vorliegende Aufsatz ist die erweiterte Fassung eines Vortrages, den der Verf. am 28. April 1981 am University College in Dublin hielt.
Die Akademie für Raumforschung und Landesplanung hat sich in einer Sitzung i. J. 1975 mit einer ähnlichen Thematik befaßt: „Die historischen Gegebenheiten in ihrer Bedeutung für die Stadtentwicklung" (Arbeitsmaterial 1976-4, Hannover 1976). Unter diesem Rahmenthema hat E. Wirth aus der Sicht des Stadtgeographen „Die Vergangenheit der Stadt und ihr Verhältnis zur Gegenwart" behandelt und dabei Überlegungen vorgetragen, die sich in einer ganzen Reihe von Punkten mit den hier erörterten eng berühren.

Aber nicht nur das Bewahren noch vorhandener historischer Restbestände ist festzustellen. Sogar bei bereits völlig modernisierten Elementen der Stadtstruktur wird der bisherige Modernisierungsprozeß gewissermaßen wieder rückgängig gemacht; in Göttingen wurden 1980 zwei seit langem als Parkplätze dienende öffentliche Plätze in der historisierenden Form des 19. Jahrhunderts als Ruhebereiche der Innenstadt wiederhergestellt (Abb. 1). In den zur Fußgängerzone erklärten Bereichen der Innenstadt wurde die Asphaltdecke von Autostraßen weggerissen und mit einem zumindest vom Material her traditionellen Backsteinpflaster gedeckt. Bis in die 60er Jahre hat man bekanntlich daran gearbeitet, die Innenstädte zu autogerechten Cities zu machen. Dieses Konzept wurde in vielen Städten völlig zugunsten einer fußgängerfreundlichen Innenstadt aufgegeben. Während man noch Anfang der 70er Jahre die Parkhäuser als kahle Betonbauten an die Stelle alter Wohnhäuser setzte oder dies plante, hat man in Göttingen das jüngste Parkhaus am Rande der Innenstadt mit einer in historisierendem Stil neugebauten Wohnhausfront eingekleidet, die sich an die noch erhaltenen historischen Fachwerkbauten der Umgebung anpaßt (Abb. 2).

Göttingen ist nur ein Beispiel für einen allgemeinen Trend. Neuformuliertes Ziel ist die „Stadtbildpflege", das heißt die pflegerische Erhaltung und die weitgehende Wiederherstellung des gewordenen Stadtbildes. Nicht mehr müssen alte Bauten einem modernen Stil geopfert werden, sondern genau umgekehrt: Neubauten müssen sich jetzt dem gewordenen historischen Stadtbild in ihrer Gestaltung anpassen.

Das Europäische Denkmalschutzjahr 1975, vom Europarat ausgerufen, und seine weite Resonanz zeigen, daß es sich um eine große Teile Europas erfassende Tendenz, wenn nicht gar Bewegung handelt. Daß sich ebenso in Nordamerika die Bestrebungen zur Bewahrung und Rekonstruktion historischer Strukturen in der Öffentlichkeit und in den Kommunal- und Regionalverwaltungen stark entfaltet haben, belegt *R. M. Newcomb* in seinem Buch „Planning the Past. Historical Landscape Resources and Recreation" (Folkstone 1979) mit zahlreichen Beispielen.

In den Dörfern ist dieser neue Trend bisher nur punktuell zu beobachten. Hier verschwinden immer noch in großer Zahl alte Fachwerkbauten, im günstigsten Falle durch moderne Umkleidung, sonst aber durch Abriß oder Umbau zugunsten moderner landwirtschaftlicher Zweckbauten und Wohnhäuser im Vorstadttyp (Abb. 5 und 6).

Mit diesen einleitenden Bemerkungen sollte zunächst deutlich gemacht werden, daß es offensichtlich Unterschiede im Umgang mit historischen Strukturen gibt – Unterschiede zwischen Stadt und Land, vielleicht sogar besser: zwischen Teilen der Gesellschaft, zwischen Städtern und Landbewohnern, und Unterschiede in der Zeit – in den verschiedenen Phasen des Industriezeitalters, denn dem neuen Trend der bewahrenden und rekonstruierenden Erhaltung historischer Strukturen gingen bekanntlich Phasen mehr oder weniger starker Beseitigung voraus. Diese räumlichen, gesellschaftlichen und zeitlichen Unterschiede im Umgang mit historischen Strukturen sind Gegenstand der folgenden Ausführungen, die als Anregung an historisch arbeitende Geographen und an Stadt- und Dorfplaner verstanden werden sollen, sich mit dieser Thematik verstärkt auseinanderzusetzen.

Wenn bisher von „historischen Strukturen" gesprochen wurde, so waren vor allem solche gemeint, die aus vorindustriellen Perioden der Gesellschafts- und Wirtschaftsentwicklung stammen. Diese Begriffsfassung ist jedoch zu eng. Eine allgemeine Definition für „historische Strukturen" könnte lauten: Es sind Strukturen, die von einer früheren Gesellschaft für ihre damals herrschenden Verhältnisse als sozial, ökonomisch und stilistisch angemessen geschaffen wurden und die von der jeweils gegenwärtigen Gesellschaft mit ihren veränderten Verhältnissen und Vorstellungen so nicht mehr neu geschaffen werden, weil sie ihr nicht mehr entsprechen. In prinzipiell gleichem Sinne verwendet *E. Wirth* den Begriff „persistente Sachverhalte".[2]

So definiert sind demnach auch Strukturen aus früheren Phasen des Industriezeitalters bereits als historische Strukturen zu betrachten, zum Beispiel die back-to-back-Reihenhäuser aus dem 19. Jahrhundert in Großbritannien und Irland, oder die frühen Mietskasernen in den deutschen Industriegroßstädten. Wie steht die heutige Gesellschaft zu solchen bereits historisch gewordenen Strukturen ihres eigenen Zeitalters?

Im Unterschied zu den historischen Strukturen der vorindustriellen Zeit sind die frühindustriezeitlichen Arbeiterwohnbauten bisher in aller Regel eher im negativen Sinne bewertet worden, sowohl wohntechnisch als auch in Hinsicht auf ihre stilästhetische Gestaltung, während den Wohnbauten der mittleren und höheren Schichten des wilhelminischen Zeitalters, in England des viktorianischen, eine eher positive Bewertung entgegengebracht wurde, insbesondere den Villen und den vornehmen Mietshäusern mit Großwohnungen, die in den meisten Städten bis heute als begehrte Wohnadressen gelten, zumal sie sich wegen der Größe der Wohnungen sehr gut als Arzt- und Anwaltspraxen eignen, wo also eine rentable neue Funktion im alten Gehäuse möglich ist. Wo sie jedoch in den Expansionsbereich der Geschäftsviertel großer Städte gerieten, wie zum Beispiel das Westend-Villenviertel von Frankfurt am Main, haben sich höchst unterschiedliche Bewertungen ergeben zwischen kommerziellen Interessengruppen, die abreißen und Bürohochhäuser bauen wollen, und sozialmotivierten Bürger- und vor allem Studenteninitiativen, hinter deren bewahrenden Bestrebungen primär sozialpolitische Ziele stehen, nämlich die Erhaltung von preiswertem Mietwohnraum vor allem für sozial schwache Gruppen wie einfache Arbeiter, Rentner, Studenten. Wo solche Aktionen schließlich vom Erfolg gekrönt werden, tragen sie indirekt zur Bewahrung historischer Baustrukturen bei.

In den Arbeiterkolonien des Ruhrgebiets aus dem 19. Jahrhundert hatten solche Initiativen aber auch das unmittelbare Ziel, historische Strukturen vor der Expansion profitorientierter Wohnungsunternehmer zu bewahren, und zwar nicht nur historische Baustrukturen des frühen Werkswohnungsbaus, sondern mehr noch die

---

2 *E. Wirth:* Theoretische Geographie. (Teubner Studienbücher – Geographie) Stuttgart 1979, S. 94.

ebenfalls bereits historisch gewordenen Sozialstrukturen solcher Werkssiedlungen. Die oft seit mehreren Generationen in solchen Werkssiedlungen aus dem 19. Jahrhundert lebenden Arbeiterfamilien bilden sehr stabile Nachbarschaften mit oft ganz spezifischen Lebensgewohnheiten einer eigenen „Kultur", die sich vor allem bei den Steinkohlenbergleuten seit der frühindustriellen Zeit des Ruhrreviers entwickelt hat, zum Beispiel die Brieftaubenzucht auf den Hausböden der Doppel- und Viererwohnhäuser. Der Abriß solcher Arbeiterkolonien und der Neubau moderner Wohnblöcke würde diese engen, lebendigen, in Generationen gewachsenen Nachbarschaften und ihre Lebenswelten zerstören, die sich in den modernen Wohngebieten mit einer beruflich gemischten Bewohnerschaft in ähnlich „dichter" Weise nicht mehr bilden können und die sich auch aus den alten Bergmannskolonien nicht in eine neue Wohnsiedlung verpflanzen lassen. Sie würden also definitiv zerstört.

Zugleich sind die Bauten solcher Arbeiterkolonien selbst bereits historische Kulturlandschaftsstrukturen eines Kohlenbergbaureviers, wie sie heute nicht mehr neu entstehen. Sie sind gebunden gewesen an die historische Frühphase des Kohlenreviers, als die Zechen auf freiem Feld errichtet wurden und für die aus armen ländlichen Gebieten Ostdeutschlands und Polens stammenden Arbeiter Quartier geschaffen werden mußte.

Abgesehen von der physischen Alterung der Bausubstanz und ihrer technisch primitiven Ausstattung sind die Wohnungen dieser Arbeiterhäuser übrigens größer als die heute gebauten Mietwohnungen, und ihre Modernisierung hat sich keineswegs als sehr kostspielig erwiesen. Auch ihre Verbindung mit großen Gärten macht sie attraktiv. Daher hat nach den ersten modellhaften Erfolgen eine Tendenz zur Erhaltung eingesetzt, ohne daß man bereits sagen könnte, sie habe sich schon durchgesetzt. Eine ganze Reihe von Kolonien sind bereits verschwunden.

Bemerkenswert ist, daß diese Tendenz seit den sechziger Jahren vor allem im Ruhrgebiet auch für die Erhaltung technischer Bauten der Früh- und Hochindustrialisierung des 19. Jahrhunderts gilt. Eine ganze Reihe typischer Bergwerksanlagen, Fabrikbauten, Wassertürme und Bahnhofsgebäude wurde unter Denkmalschutz gestellt. Deren Erhaltung provoziert allerdings Konflikte mit kommerziellen Interessengruppen und den wohnungsbaupolitischen Bestrebungen der Kommunen, denn die frühen Fabrikanlagen liegen meist in der Nähe der Innenstadt, im ersten Wachstumsring des 19. Jahrhunderts, und diese Flächen haben daher einen hohen Lagewert. Im Ruhrgebiet ist die frühe Geschichte des Industriezeitalters zugleich die Geschichte dieses Raumes, und die Erhaltung solcher Industriedenkmäler findet breite Zustimmung. Außerhalb des Ruhrgebietes jedoch ist die Bereitschaft noch deutlich geringer.

So steht man zum Beispiel in Delmenhorst, einer Industriestadt bei Bremen, nach der Stillegung einer 1884 gegründeten Garnspinnerei vor der Entscheidung über die künftige Verwendung einer ganzen Fabriksiedlung, eines eigenständigen Stadtteils, der das charakteristische Ensemble eines gründerzeitlichen Industriekomplexes umfaßt.³ die Fabrikhallen mit einer monumentalen Backsteinschaufront und imposantem Eckturm – als „Wolleturm" seit langem ein Wahrzeichen der Stadt – , die Fabrikantenvilla im Park, die Dienstwohnhauszeilen für die höheren Angestellten, die langen Reihen der Werkswohnhäuser der Arbeiter, Kinderhort, Konsumgeschäft, Mädchenwohnheim und Junggesellenunterkunft, Wöchnerinnenasyl und Werkskrankenhaus, Badehaus und Pastorei für die Kirchengemeinde der Werkssiedlung – all dies seinerzeit im Vergleich zu vielen Arbeiterwohnquartieren in Industriegroßstädten sozial fortschrittlich konzipiert, selbstverständlich auch im wohlbedachten Interesse des Unternehmers, einen verläßlichen und zufriedenen Arbeiterstamm für die Fabrik zu gewinnen.

Inzwischen sind große Teile der Werkssiedlung zum Ausländerghetto geworden. Ein Gutachten aus dem Institut für Bau- und Kunstgeschichte der Universität Hannover beurteilt den Komplex als ein Baudenkmal von nationalem Rang. Der Flächennutzungsplan der Stadt Delmenhorst sieht für das Fabrikareal die Umwandlung in ein neues Wohngebiet vor; in einem Kompromiß zwischen beiden Positionen war die Stadt 1981 bereit, Teile zu erhalten und den Rest zum Abriß freizugeben. Dagegen plädierte die Denkmalpflege: gerade „der Gesamtzusammenhang von Produktion und Wohnen macht den Rang des Denkmals aus" (zitiert nach *I. Rippel-Manss,* ebd.).

Obwohl das Denkmalschutzgesetz auch technische Kulturdenkmale schützt, findet dies seine vom Gesetz zugelassene Grenze dann, wenn der Besitzer nachweisen kann, daß ihm Erhaltung und Pflege des Baudenkmals wirtschaftlich nicht zugemutet werden kann, was bei der Fabrikanlage eines in Konkurs gegangenen Unternehmens offensichtlich gegeben ist.

Die Interessenkonflikte zwischen Denkmalschutz (und dem dahinter stehenden öffentlichen Interesse) auf der einen Seite und potentiellen (und potenten) neuen Nutzern, den Arbeitsuchenden am Ort und der an Steuereinnahmen interessierten Stadtverwaltung (und dem auch dahinter stehenden öffentlichen Interesse) auf der anderen Seite tritt noch offener zutage, wenn expandierende Industrieunternehmen die von der Entscheidung betroffenen Areale historischer industrieller Strukturen für ihre Neubauvorhaben beanspruchen.⁴

Neben ökonomisch begründeten Interessenkonflikten sieht sich die Denkmalpflege auf diesem Feld auch grundsätzlichen Gegenpositionen gegenüber, wie sie zum Beispiel in der von *I. Rippel-Manss* zitierten Auffassung von Prof. A. v. Campenhausen als Präsident der Niedersächsischen Klosterkammer, die auch Mittel für denkmalpflegerische Maßnahmen bereitstellt, zum Ausdruck kommt, wenn er feststellt, der Denkmalsgedanke könnte zu Tode geritten werden, wenn „sozialistische, um nicht zu sagen klassenkämpferische Dokumentationsgedanken sich in den Denkmalschutz einschleichen" (ebd.).

---

3 Artikel von *I. Rippel-Manss*: „Über manchem Baudenkmal hängt schon der Abbruchhammer – Niedersachsen zeigt wenig Interesse an alten Industriebauten", im Göttinger Tageblatt vom 13. März 1981.

4 Ebd.

Dies sind nur einige beispielhafte Indizien dafür, daß sich ein Wandel im Verhalten gegenüber historischen Strukturen zumindest in Teilen der heutigen Gesellschaft der Bundesrepublik Deutschland durchzusetzen scheint, hinter dem – so sollte man annehmen – ein entsprechender Wandel im Bewußtsein steht. Aber wie tiefgreifend ist dieser Bewußtseinswandel? Ist es nur Nostalgie, ein Modetrend, der sich ja auch in der derzeitigen Vorliebe für alte Möbel und Bilder, für Wohnungseinrichtungen in alten oder rustikalen Stilen zeigt, und als Mode vielleicht in einigen Jahren wieder verschwindet? Oder haben wir es hier mit einer echten Besinnung auf die Bedeutung historischer Strukturen als Dokumente unserer lokalen und nationalen Geschichte zu tun, die wir als Eigenwerte anerkennen und vielleicht sogar als wertvoller einschätzen im kritischen Vergleich zu den Erzeugnissen unserer Gegenwart?

Vergleichen wir damit das Verhalten der industriellen Gesellschaft, wie es seit dem Beginn des Industriezeitalters üblich war und noch in den sechziger Jahren vorherrschte, so können wir einen sehr viel radikaleren, unbekümmerten Umgang mit den historischen Strukturen feststellen. Wie die zahlreichen neuen Bauten im Bereich der alten Städte erkennen lassen, war offensichtlich die rücksichtslose Beseitigung des Alten an der Tagesordnung. Allerdings müßte erst noch untersucht werden, ob wirklich in allen bisherigen Phasen des Industriezeitalters dieser Umgang mit historischen Strukturen gleichmäßig radikal war, ob wir nicht eventuell Phasen eines starken, wirklich radikalen Wandels von solchen einer abgeschwächten Radikalität mit einer Zunahme bewahrender Tendenzen unterscheiden können.

Diese Frage nach Phasenunterschieden im Verhalten der Industriegesellschaft gegenüber historischen Strukturen leitet zu einer grundsätzlichen Überlegung über: unter welchen Fragestellungen könnten Geographen den Umgang der Industriegesellschaft mit historischen Strukturen untersuchen? Die folgenden Ausführungen hierzu wollen diese Thematik keineswegs umfassend oder gar abschließend behandeln, sie möchten vielmehr als Anregung verstanden werden, weitere Überlegungen in dieser Richtung anzustellen und sie in dieser Zeitschrift zur Diskussion zu stellen.

(1) Ein erster Hauptgesichtspunkt könnte folgendermaßen formuliert werden: Die Gesellschaft verhält sich bekanntlich nicht als homogene Masse, sondern unterschiedlich nach Schichten, Klassen, sozialen Gruppen, Interessengruppen usw. Dies muß auch für das Verhalten gegenüber historischen Strukturen gelten, wie der eingangs gegebene Hinweis auf das heute unterschiedliche Verhalten von Städtern und Landbevölkerung bereits deutlich macht. Wir können also fragen, wie aktiv oder auch wie passiv sind solche Teilgruppen der Gesellschaft gegenüber alt oder unzeitgemäß gewordenen Strukturen? Aktiv durch Beseitigung oder Veränderung — wir könnten dies „aktiv-destruktiv" nennen, aber aktiv auch im bewußten Bewahren, also „aktiv-protektiv". Passives Verhalten wäre zu verstehen als ein Verharren in alten Strukturen: „passiv-konservativ". Welche Gruppen sind jeweils die Innovatoren neuen Verhaltens gegenüber historischen Strukturen, welche folgen ihnen, welche verharren dagegen im bisherigen Verhalten, unempfänglich gegen-

über Verhaltensinnovationen dieser Art? Diese erste Hauptfrage läßt sich noch weiter differenzieren:

(1a) Wie verhalten sich am selben Standort, zum Beispiel in der Altstadt einer Industriegroßstadt, die verschiedenen sozialökonomischen Gruppen (als Interessengruppen): die Inhaber großer Geschäfte und Banken, die kleinen Ladenbesitzer und Handwerker und die reinen Wohnhausbesitzer? Oder mit einem weiteren Beispiel: in einem Dorf die noch aktiven Bauern gegenüber den aus dem Dorf stammenden Pendlern und den aus der Stadt Zugezogenen, die vielfach Angehörige der gebildeten Mittelschicht sind, die nicht nur Neubauten am Rande des Dorfes beziehen, sondern alte Gebäude im Dorf zu Wohnzwecken kaufen. Hier haben wir es also mit verschiedenen Gruppen am selben Standort zu tun und können ihr Verhalten gegenüber der historischen Substanz vergleichend studieren.

Dies soll an einem konkreten Beispiel erläutert werden: In der Altstadt von Göttingen wird rasch erkennbar, daß bereits in der ersten Boom-Phase der Hochindustrialisierung Deutschlands in den vier Jahrzehnten vor dem Ersten Weltkrieg die Hausbesitzer in den beiden Hauptgeschäftsstraßen in größerem Umfang und sehr radikal alte Fachwerkhäuser abgerissen und durch Neubauten in der damals modernen Backstein- und Zementbauweise und mit reichem Fassadenschmuck der Neo-Gotik, des Neo-Barock usw. ersetzt haben. Obwohl man heute diesen sogenannten wilhelminischen Stil kunsthistorisch durchaus wohlwollend beurteilt, muß man doch feststellen, daß man damit trotz allem Historismus einen viel unbekümmerteren Bruch mit der bisherigen Bautradition vollzog als dies frühere Generationen taten. In diesen zum Teil recht aufwendigen Bauten kommt einerseits der neue Wohlstand zum Ausdruck. Andererseits wird auch deutlich, daß man sich von der jetzt als altmodisch-kleinbürgerlich empfundenen Bauform der Väter abwendet, sich als geschmacksmäßig progressiv, auf der Höhe der Zeit empfindet, denn der neue Stil ist auch jener der Reichshauptstadt Berlin.

Das Kleinbürgertum der Krämer und Handwerker in den zweitrangigen Straßen nimmt am geschäftlichen Aufschwung nicht in gleichem Maße teil, hier wird kaum neu gebaut. Wo von dieser Schicht an der Peripherie der Altstadt neue Häuser errichtet werden, baut man sie zum guten Teil noch im traditionellen Fachwerkstil. Die sich moderner dünkenden „Großbürger" der Geschäftswelt äußern sich mit Hohngelächter und Spott über den schlechten Geschmack ihrer rückständigen Zeitgenossen und zugleich Genugtuung darüber, daß man die „alten Fachwerkkästen der Innenstadt glücklich loswerde".[5]

---

5 Das volle Zitat aus der „Göttinger Zeitung" vom 24. April 1897 („Freier Sprechsaal", den heutigen Leserzuschriften entsprechend) lautet: „Man sollte denken, daß wir an den unschönen Fachwerkbauten, welche im letzten Jahre an der Reinhäuser- und Geismar Chaussee entstanden sind, gerade genug hätten. Müssen denn die alten Kasten, welche wir in der Innenstadt endlich glücklich los werden, zwischen den modernen Bauten vor dem Thore zu neuem Leben wieder auferstehen, um dort dann jedermann zum Ärgerniß zu dienen, der guten Geschmack besitzt und dem die Verschönerung unserer Stadt am Herzen liegt?" (Aufgespürt von *W. Krone*, Die Entwicklung des Eigenheimbaus in Göttingen, dargestellt an ausgewählten Beispielen. Staatsexamensarbeit f. d. Lehramt an Gymnasien, Göttingen 1978).

(1b) Statt des Vergleichs verschiedener Gruppen am selben Ort können wir auch eine bestimmte Sozialgruppe oder Schicht ins Auge fassen und deren Verhalten zu den historischen Strukturen an verschiedenen Standorten vergleichend überprüfen. Genaugenommen wäre dies der Vergleich von Lokal- und Regionalgruppen derselben Schicht oder Klasse. Die Unterschiedlichkeit der Standorte ergibt sich vor allem aus der unterschiedlichen Distanz zu den urban-industriell-kommerziellen Kernräumen, von denen aus sich ja das moderne Verhalten gegenüber überkommenen historischen Strukturen ausbreitet. Es ist aber nicht nur die Ausbreitung von neuen Verhaltensweisen, sondern auch die Ausbreitung der ökonomischen Möglichkeiten: Von den Kernräumen aus erfolgt die zunehmende Industrialisierung des ländlichen Umlandes, das heißt die Zunahme der Verdienstmöglichkeiten und der Kontakte mit urbanem Leben. Und zum zweiten bilden die industriell-kommerziellen Kernräume die großen Absatzmärkte und Impulsgeber für die Agrarproduktion.

Diese Auswirkungen und die aus ihnen folgenden Konsequenzen für die historischen Strukturen zeigten sich bereits in der Frühphase der Industrialisierung, ja sogar schon seit dem 16. Jahrhundert, als sich um Antwerpen, dann Amsterdam und schließlich London der erste moderne Kernraum Europas, der Kern der entstehenden modernen Weltwirtschaft ausbildete. Dessen Nachfrageimpulse erreichten die Landwirtschaftsgebiete Europas je nach ihrer Verkehrslage zu diesem Marktzentrum in unterschiedlicher Stärke, und daraus erklärt sich meines Erachtens die unterschiedliche Intensität, mit der vom 16. bis 19. Jahrhundert die bisherige mittelalterlich-feudale Agrarstruktur in eine moderne transformiert wurde. Gegenstand des Vergleichs wären also die Bauern und ländlichen Herrschaften in ihrem regional unterschiedlichen Verhalten gegenüber Innovations- und Reformimpulsen unterschiedlicher Intensität.

Im Kernraum selbst setzte der Umbau der Agrarlandschaft am frühesten und radikalsten ein, in England als enclosure-Bewegung, vielfach mit Dorfauflösung. Die am zweitstärksten und etwas später durch Agrarreformen transfomierten Räume sind die Küstenländer der Nord- und Ostsee, die durch Getreide-, Butter- und Fleischexport mit dem Kernraum intensiv verbunden waren: Dänemark, Schweden, Schleswig-Holstein, Mecklenburg und Polen. Auch hier verschwanden die alten Gewannfluren zugunsten arrondierter Blöcke und Breitstreifen, und viele Dörfer wurden auch hier wie in England in Einzelhöfe aufgelöst. Demgegenüber wurde das nördliche kontinentale Mitteleuropa erst Anfang des 19. Jahrhunderts von den Neuerungsimpulsen erfaßt. Die hier von den Regierungen vorgesehenen und von den Bauern akzeptierten Reformen wagten keine Dorfauflösung, doch wurden die schmalparzelligen Gewannfluren mit extremer Streulage der Besitzstücke umgelegt. In dem noch weiter vom Kernraum entfernten südlichen Mitteleuropa trafen die Markt- und Rationalisierungsimpulse auf einen größeren Anteil von Kleinbauern. Deren stärker subsistenzwirtschaftliches Interesse und daraus folgendes konservativeres Verhalten ließen einen radikalen Bruch mit den historisch überkommenen, vertrauten Strukturen nicht zu. Im Rhein- und Maingebiet, wo der kleinbäuerliche Anteil nicht ganz so groß ist, kam es immerhin zu einer

Neuordnung der Gewannflur im Rahmen eines neuen, engmaschigen Wegenetzes, das eine individuelle Bewirtschaftung jeder Parzelle ermöglichte. In den kleinbauernreichen südwestdeutschen Gebieten und in den fernen Binnengebieten von Österreich und Jugoslawien dagegen blieb weitgehend alles beim alten. Hier waren die Neuerungsimpulse am schwächsten und zugleich die Kräfte der Tradition am stärksten. So bilden diese Räume bis heute lebende Museen mittelalterlicher Dorf- und Flurformen. Erst seit Mitte des 20. Jahrhunderts erfassen Flurreformen die südwestdeutschen Gebiete. [Vgl. zu diesem Thema jetzt auch den ausführlichen – hier unter III.B.3 abgedruckten – Beitrag „The temporal and spatial pattern of field reorganisation in Europe ...".]

Solchen großräumigen vergleichenden Untersuchungen des Verhaltens von Sozial- oder Berufsgruppen könnte man also als Erklärung das Modell der zentral-peripheren Ausbreitung moderner Ökonomie und modernen urbanen Verhaltens zugrunde legen. Dabei gehen wir allerdings von der Prämisse aus, daß der moderne Mensch des Industriezeitalters der rationale homo oeconomicus ist beziehungsweise zu ihm umgewandelt wird, sobald ihn die Innovationswelle der modernen Marktwirtschaft, der Industrialisierung und Urbanisierung erreicht. Dies trifft sicherlich für einen Großteil unserer Gesellschaft zu, wenn auch mit den Einschränkungen, mit denen man inzwischen das Modell des homo oeconomicus betrachtet, sei es nun in der Abwandlung als „optimizer" oder „nur" als „satisficer". Doch müssen wir mit zwei Randgruppen rechnen, die entweder noch nicht oder aber nicht mehr in diesen Rahmen passen: eine Gruppe, die aus einer historisch bedingten Situation heraus besonders konservativ-widerständig gegenüber Modernisierungsimpulsen ist – sie wurde oben die passiv-konservative genannt –, die also dem konstatierten Trend der rationalen Modernität nachhinkt, und eine zweite Gruppe, welche das rational-wirtschaftliche Denken als einzige Prämisse ihres Handelns bereits wieder aufgegeben hat, die also historischen Strukturen mit Nostalgie oder sogar mit einem echten Bewußtsein von deren Eigenwert gegenübertritt – diese wurden oben als aktiv-protektiv gekennzeichnet.

(1c) Diese letzte Gruppe ist, wie einleitend bereits angemerkt wurde, in der Bundesrepublik Deutschland relativ neu. Wir können sie dadurch charakterisieren, daß sie sich mit einem aktiv-zielgerichteten Bewußtsein und Handeln für die Erhaltung und Weiternutzung historischer Strukturen einsetzt und bereit ist, dafür notfalls einen hohen finanziellen Aufwand und eigene Arbeit zu investieren. Diese Bewegung geht, wenn ich dies recht sehe, vom urbanen gebildeten Mittelstand aus und breitet sich von den größeren Städten in deren ländliche Umgebung aus. Dies ist derzeit weniger eine Ausbreitung der Idee als eine Auswanderung von Städtern aufs Land, und zwar gezielt in solche Orte, wo noch Reste traditioneller Gebäude erhalten sind und von der vom nüchtern-rationalen Zweckdenken erfaßten Landbevölkerung als nutzlos abgestoßen werden: alte Bauernhäuser, ehemalige Landarbeiterhäuser, Scheunen, Ställe und selbst Windmühlen (Abb. 4). Die durch den Pkw mögliche weiträumige Mobilität des täglichen Pendelns und noch stärker des Wochenend- und Ferienwohnens lassen den Aktionsradius dieser Gruppe groß werden.

Die andere, der Gesamtentwicklung der Gesellschaft gewissermaßen nachhinkende Gruppe tritt zwar hauptsächlich an der räumlichen Peripherie der Industriegesellschaft auf, aber durchaus auch noch in Inseln in größerer Nähe zu industrialisierten Kernräumen, wobei die Umstände der Erhaltung solcher „Nischen" konservativ-passiver Bevölkerung jeweils einer speziellen Untersuchung bedarf. So liegen, um ein Beispiel zu geben, auf der Schwäbischen Alb in räumlicher Nachbarschaft zum Industrieraum am oberen Neckar noch heute Dörfer, in denen nicht nur die traditionellen Gehöftformen und die Gewannflur erhalten sind, sondern selbst noch die Dreizelgenwirtschaft geübt wird. Hier ist vermutlich die aus der vorindustriellen Zeit beibehaltene „soziale Kontrolle" der bäuerlich bestimmten Dorfgemeinschaft noch wirksam, die für die Beibehaltung traditioneller Regeln und Normen sorgt und es Innovatoren sehr schwer macht, Neuerungen einzuführen. Besonders stark scheint eine solche Haltung dort zu sein, wo als Resultat der Realteilungssitte die dörfliche Sozialstruktur von kleinbäuerlichen Betrieben bestimmt wird, die zur Zeit der ersten Reformen im 19. Jahrhundert die Kosten einer Flurbereinigung scheuten, deren ökonomische Vorteile nicht überblicken, das Risiko der Neuerung nicht einzugehen wagten und sich vielfach auch heute noch nicht danach drängen. Das Weiterwirtschaften in den alten tradierten Strukturen hat wiederum geringere Effektivität zur Folge, und die daraus resultierenden geringeren Einnahmen verhindern von sich aus eine Modernisierung. Hier ist also das Erhaltenbleiben historischer Strukturen im Industriezeitalter ein Resultat passiven Verharrens.

(2) Während sich der bisher erörterte erste Fragenkomplex auf das Verhalten und Handeln verschiedener Gruppen und Schichten der Industriegesellschaft bezieht, müßte ein zweiter Fragenkomplex auf die historischen Strukturen selbst gerichtet sein. Es wäre zu fragen: Sind bei gleicher Stärke des allgemeinen Veränderungswillens einige historische Strukturen resistenter gegenüber dem Wandel als andere? So fällt zum Beispiel in sehr vielen deutschen Städten auf, daß trotz des unzweifelhaft stark gewachsenen Verwaltungsapparates die alten Rathäuser aus dem Mittelalter nicht abgerissen und durch höhere und größere Neubauten ersetzt wurden, sondern inmitten des in viel stärkerem Maße erneuerten zentralen Geschäftsgebietes in ihrer alten Form erhalten und in Nutzung blieben. Der Mehrbedarf an Verwaltungsräumen wurde durch Neubauten an anderer Stelle gedeckt, unter Umständen durch Abriß von Wohnhäusern im historischen Stadtkern. Sind also historische Rathäuser resistenter als historische Wohnhäuser?

Untersuchungen zu dieser Frage würden Erklärungen für das mit dem Begriff „Persistenz" beschriebene Faktum liefern, daß beharrende, persistente Strukturen, die von vergangenen Generationen geschaffen wurden, die Reaktions- und Aktionsmöglichkeiten der (jeweils) gegenwärtigen Gesellschaft einschränken. In sozialgeographischen Forschungen der Münchener Schule wird diese Einschränkung durch Persistenzen tendenziell eher negativ bewertet, nämlich als hinzunehmende Einengung, als räumliche Sachzwänge, die zu den „constraints" der englischsprachigen Geographie zu rechnen sind. *E. Wirth* stellt aber auch positive Aspekte heraus, Persistenzen als „Werke und Errungenschaften vergangener Generationen" und als „Elemente der Kontinuität gegenüber einem allzu raschen modischen Wandel in unserer schnellebigen Zeit".[6]

Als Eigenschaften, die in den historischen Strukturen selbst liegen und deren Bewertung durch die heutige Gesellschaft (bzw. durch Teile von ihr, welche die Entscheidung darüber treffen) dazu führt, daß man eine bestimmte historische Struktur persistieren läßt, können zumindest die folgenden drei herausgestellt werden:

1. Die Eigenschaft der historischen Struktur, künstlerisch wertvoll oder ein kulturhistorisch bedeutsames Denkmal oder beides zugleich zu sein, wie zum Beispiel Rathäuser.[7] Die Feststellung dieser Bewertung als „Baudenkmal", wie der offizielle Terminus lautet, und die daraus folgende Erhaltung oder Restaurierung wird in Deutschland schon seit dem frühen 19. Jahrhundert nicht der öffentlichen Meinungsbildung oder der lokalen Gemeindeverwaltung überlassen, sondern von einer staatlichen Behörde, dem Amt für Denkmalpflege, nach gesetzlichen Bestimmungen ausgeführt. Dies war offenbar notwendig, da nicht nur Privatleute, sondern auch Kommunen wohl schon immer recht pietätlos und der Rationalität der unmittelbaren Gegenwart folgend zum Beispiel ausgediente Burgen, Klöster und Stadtmauern als Steinbrüche benutzt hatten. Die Stadtverwaltungen waren in der Zeit des ersten Stadtwachstums über die alten Mauergrenzen hinaus verständlicherweise daran interessiert, die Straßenverbindungen zu den Vorstädten zu verbessern und wollten daher die engen Stadttore und bei Straßendurchbrüchen auch Teile der Stadtbefestigung als Verkehrshindernisse wegräumen.[8]

Es ist bemerkenswert, daß von Anfang an nicht allein kunstgeschichtlich bedeutsame Bauwerke geschützt wurden, sondern eben auch Stadtmauern und Tore, und zwar mit der Begründung, sie seien Dokumente der Geschichte der Kommune, in diesem Fall zum Beispiel Dokumente des ihnen im Mittelalter verliehenen Stadtrechtes.[9] Wo allerdings die Stadtverwaltung die Unumgänglichkeit der Beseitigung

---

6 Wie Anm. 2, S. 97. Zur Thematik der Persistenz ausführlich S. 91-97, wobei allerdings die Frage unterschiedlicher Resistenz von historischen Strukturen gegen den Wandel im hier erörterten Sinne nicht näher angesprochen wird.

7 Bei diesen und bei Kirchen kam im 19. Jahrhundert, als in den rasch wachsenden Großstädten Entscheidungen zur Vergrößerung und erstmaligem Neubau anstanden, ohne Zweifel auch die Rolle als Symbol mit emotionaler Wirkung zum Tragen: als Symbol der Bürgergemeinde bzw. der Kirchengemeinde, wobei die tradierte historische Baugestalt so stark mit der Symbolfunktion verbunden war, daß Neubauten in streng historisierender Form – vor allem im neugotischen Stil – errichtet wurden (vgl. hierzu *E. Wirth*, wie Anm. 1, S. 24).

8 Ein charakteristisches Beispiel aus dem 19. Jahrhundert gibt *B. von der Dollen*, Der Kampf um das Sternentor. Die Auseinandersetzung um Abriß oder Erhaltung der letzten mittelalterlichen Torburg Bonns im 19. Jahrhundert. In: Bonner Geschichtsblätter 31 (1979), S. 83-121, insbes. S. 105.

9 Ebd., S. 87. Ein klassisches Exempel bieten die Auseinandersetzungen um die Stadtmauer und die Stadttore Nürnbergs, das Mitte des 19. Jahrhunderts noch Festungsstatus hatte und dessen Aufhebung vom Magistrat 1866 beantragt und vom bayerischen König bewilligt wurde, weil vor den Toren der Stadt inzwischen neue Vorstädte und große Fabriken im Entstehen begriffen waren und damit ein Verkehrsstrom ungeahnten Ausmaßes von und zur Altstadt ausgelöst wurde, der durch die engen, militärisch bewachten Tore stark behindert wurde. Der Charakter der mittelalterlichen Befestigungsanlage, und zwar als nationales

aus Verkehrsgründen nachweisen konnte, mußten die Tore fallen, und die meisten sind gefallen.

Während der Anfangsphase der staatlichen Denkmalpflege im 19. Jahrhundert wurden nur monumentale Bauten wie Burgen, Dome und Kirchen, Rathäuser sowie wenige kunsthistorisch bedeutende Bürgerhäuser unter Schutz gestellt. Seit dem 20. Jahrhundert wurden in zunehmendem Maße auch für einfachere Bürgerhäuser und Bauernhäuser Veränderungsverbote erlassen, ohne daß der Staat allerdings die Mittel zur Verfügung hatte, sie alle zu erhalten und zu restaurieren. Die jüngste Entwicklung geht dahin, ganze Ensembles, zum Beispiel ganze Straßenzüge oder sogar ganze Altstadtviertel unter Denkmalschutz zu stellen mit der Auflage, deren historisches Gesamtbild zu erhalten (Abb. 3).

Die folgende tabellarische Zusammenstellung zeigt am Beispiel der Stadt Göttingen die Zunahme des Umfangs des als „künstlerisch wertvoll" anerkannten, seit 1931 durch ein Ortsstatut denkmalgeschützten Baubestandes (ohne Kirchen) und damit das wachsende Bewußtsein vom Wert historischer Strukturen[10]:

1873: 11 Gebäude in den „Kunstdenkmalen" von *Mithoff* (1873)[10a]

1931: 24 Gebäude nach dem „Ortsstatut der Stadtgemeinde Göttingen zum Schutz gegen Verunstaltung"

1968: 104 Gebäude und 11 Straßenzüge, die unter einen „Situationsschutz" gestellt wurden nach der „Satzung über Baugestaltung"

1970: 340 Gebäude und 17 Straßenzüge (Erweiterungsvorschlag) mit „Schutz des Einzelgebäudes im Ensemble", zusammen 32 Prozent der Innenstadt.

Bei den unter Schutz gestellten Straßenzügen führt dies zur Konsequenz, daß nicht unter Denkmalschutz stehende Einzelbauten zwar abgerissen und Neubauten errichtet werden dürfen, diese sich jedoch im Baustil dem Charakter des historischen Ensembles einpassen müssen. Seitdem sich in jüngerer Zeit der oben bereits angesprochene Wandel im Verhalten gegenüber historischen Strukturen angebahnt hat, konnte die Denkmalpflege aus ihrer bisherigen defensiven Rolle herausrücken,

---

Geschichtsdokument – Nürnberg war *die* Reichsstadt schlechthin! – wurde in einem Gutachten des Gesamtvereins der Deutschen Geschichts- und Altertumsvereine, der 1877 im Germanischen Nationalmuseum in Nürnberg tagte, formuliert: „Nürnberg steht nicht sich und seinen Enkeln allein gegenüber[,] und wenn es auch das Recht in Anspruch nimmt, Herr zu sein in seinem Hause, so ist es darin beschränkter als das erste beste Landstädtchen, denn anerkennen muß es das Recht, das Interesse und die Liebe, die jeder Deutsche dieser Stadt entgegenbringt, die ein so wertvolles Stück Deutschlands ist. Ihr Adel verpflichtet sie!" Zitat nach *H. Glaser u. a. (Hg.)*: Industriekultur in Nürnberg. München 1980, S. 15, dem auch folgender Kommentar dazu entnommen ist (ebd.): „... obwohl der Magistrat durch eigene Beschlüsse und die dazugehörigen Genehmigungen der Regierung rechtlich in der Lage gewesen wäre, den allergrößten Teil der Befestigung abzureißen, blieb sein Vorgehen doch maßvoll. Genau genommen glich seine Haltung einem Eiertanz zwischen wirtschaftlichen Erfordernissen der schnell wachsenden Stadt und der wachsamen Eifersucht der Liebhaber des romantischen Nürnberg."

10 Nach *D. Denecke*: Göttingen – Materialien zur historischen Stadtgeographie und zur Stadtplanung. Erläuterungen zu Karten, Plänen und Diagrammen. (Göttingen. Planung und Aufbau 17) Göttingen 1979, S. 59.

10a *H. W. H. Mithoff*, Kunstdenkmale und Altertümer im Hannöverschen. Band 2: Fürstentümer Göttingen und Grubenhagen. Hannover 1873.

jedenfalls in den Städten, während sie in den Dörfern vielfach immer noch als Feind betrachtet wird, der die Modernisierung verhindert. Städtische Behörden und Stadtparlamente dagegen haben inzwischen Gestaltungsvorschriften in ihre Bauordnungen eingefügt, welche vorschreiben, bauliche Neuerungen nur noch in Anpassung an die historische Gestalt der Altstadt auszuführen.

Inzwischen sind von der staatlichen Denkmalpflege auch Strukturen der früh- und hochindustriellen Zeit als kulturgeschichtliche Dokumente anerkannt und unter Schutz gestellt worden. Auf die Interessenkonflikte mit kommerziellen Interessen wurde bereits hingewiesen. Der Historische Kulturgeograph könnte hier meines Erachtens eine wichtige Rolle übernehmen, indem er bei der Bestandsaufnahme erhaltungswürdiger historischer Kulturlandschaftsstrukturen – die nicht nur Bauten umfassen! – mitwirkt.[11] Eine für ihn betrübliche Tatsache ist es allerdings, daß sich bisher keine Möglichkeiten zu ergeben scheinen, auch historische Flur- und Wirtschaftsformen als kulturgeschichtliche Denkmäler unter Schutz stellen zu lassen, zum Beispiel Gewannfluren und Zelgensysteme. So werden die süddeutschen und österreichischen Gewannfluren sicherlich eines Tages den Zwängen einer rationellen Maschinenbewirtschaftung zum Opfer fallen, es sei denn, der Staat subventioniert das eine oder andere Dorf als historisches Kulturlandschaftsdokument.[12]

2. Ein zweiter Grund, der zur Persistenz historischer Strukturen beiträgt, scheint darin zu liegen, daß sich eine Reihe von ihnen auch bei veränderten oder sogar ganz neuen Funktionen als weiterhin brauchbar erwiesen haben und es daher nicht nötig war, sie durch neue Strukturen zu ersetzen. Zum Beispiel blieben bei den Flurbereinigungen seit dem 19. Jahrhundert alle jene historischen Flurformen unverändert erhalten, bei denen die Besitzfläche der einzelnen Höfe bereits in Form eines zusammenhängenden Breitstreifens arrondiert war, zum Beispiel die Waldhufen-

---

11 Für dieses für die historisch-genetische Siedlungsgeographie neue Aufgabenfeld hat sich *G. Henkel* in mehreren Vorträgen und Aufsätzen nachdrücklich eingesetzt. Siehe hier u. a.: *G. Henkel*: Dorferneuerung. Ein gesellschaftspolitischer Auftrag an die Wissenschaft. In: Ber. z. dt. Landeskunde 53 (1979), S. 49-59; *ders.,* Der Dorferneuerungsplan und seine inhaltliche Ausführung durch die genetische Siedlungsgeographie. Ebd., S. 95-117; *ders.:* Dorferneuerung. (Fragenkreise) Paderborn 1982; *ders.:* Genetische Siedlungsforschung und Dorferneuerung. Das Beispiel Hallenberg. In: Die alte Stadt. Zeitschr. f. Stadtgeschichte, Stadtsoziologie u. Denkmalpflege 9 (1982), S. 323-347.

12 Daß hierbei der Historische Kulturgeograph erfolgreich mit Empfehlungen wirksam werden kann, bewies *F. Eigler*: Durch seine Dissertation über „Die Entwicklung von Plansiedlungen auf der südlichen Frankenalb" (Studien z. bayer. Verfassungs- u. Sozialgeschichte IV, München 1975) ist er als Experte für Angerdörfer mit Gelängefluren ausgewiesen und durch allgemeinverständliche Publikationen hierüber in der breiteren Öffentlichkeit des Weißenburger Raumes bekannt geworden. So bereitete es ihm keine Schwierigkeiten, bei der Flurbereinigung von Ostendorf, eines dieser Angerdörfer, in Gesprächen mit den zuständigen Fachleuten zu erreichen, daß die aus dem Mittelalter überlieferten planmäßigen Langgewanne insoweit erhalten blieben, als lediglich die vielen schmalen Streifen in wenige Breitstreifen umgelegt wurden. Geplant war jedoch zunächst die Verkürzung der Parzellen durch Einziehen neuer Querwege. Es konnten also einige wesentliche Merkmal der historischen Fluranlage bewahrt bleiben, wobei auch die Bauern des Dorfes, durch den Wissenschaftler „aufgeklärt", dieser Lösung zustimmten. Vgl. hierzu auch *M. Kornecki*: Polnische Wege zur Wiederaufwertung des Dorfes. In: Ber. z. dt. Landeskunde 54, 1980, S. 53-81, wo der Verf. über die Schaffung von „Dorfreservaten" berichtet (S. 61 ff.).

und Marschhufenfluren. Dagegen wurden alle Gewannfluren dort, wo Flurreformen durchgeführt wurden, restlos umgelegt in Block- und Breitstreifen-Gemengefluren oder in ein neues engmaschiges Wegenetz eingepaßt.

Im Unterschied zu Großbritannien, Irland, Skandinavien und Polen wurden in Deutschland mit Ausnahme Ostpreußens die historischen geschlossenen Dorfanlagen kaum verändert. Offensichtlich hielt man nach der Flurbereinigung und der Auflösung der Gewannfluren und Zelgensysteme die dorfmäßige Gruppierung der Höfe für eine individuelle Bewirtschaftung durchaus noch für brauchbar. In Nord- und Ostdeutschland erwiesen sich die Hofgrundstücke der historischen Dorfanlagen als groß genug, um darauf neue größere Gehöfte zu errichten. Lediglich in einigen Platz- und Angerdörfern wurden die Gehöftausfahrten vom inneren Dorfplatz weg nach außen auf eine neue Ringstraße umorientiert. Für die viel enger gebauten Haufendörfer Mittel- und Südwestdeutschlands kann diese Erklärung allerdings nicht zutreffen, denn hier wurden in vielen Fällen in den letzten Jahrzehnten die größeren Gehöfte doch ausgesiedelt, weil die Platzverhältnisse im Dorf katastrophal waren.

Auf nutzungsflexible historische Elemente in den Städten macht E. Wirth (wie Anm. 1, S. 23) aufmerksam, nämlich Wochenmärkte und Viktualienmärkte, die nicht nur auf den historischen Marktplätzen, sondern auch an neuen Standorten abgehalten werden.

Im ländlichen Raum hat der Fremdenverkehr historischen Strukturen eine neue Rolle eröffnet. Von den traditionellen ländlichen Häusern und noch stärker von ganzen kulturlandschaftlichen Ensembles gehen „ästhetische und emotionale Wirkungen" aus (*E. Wirth*), die einen solchen Raum für den stadtmüden Erholungssuchenden besonders attraktiv machen. Was für Städte wie Rothenburg oder Dinkelsbühl schon lange Tradition eines florierenden Fremdenverkehrs ist, beginnt sich seit einiger Zeit auch in „gut erhaltenen" ländlichen Siedlungen bezahlt zu machen. Inzwischen werden hier von den davon profitierenden Kommunen und Dorfbewohnern ganz gezielt die historischen dörflichen Kulturlandschaftselemente stilgerecht renoviert und so der Freizeit- und Erholungswert des Fremdenverkehrsortes erhöht. In den Niederlanden haben zum Beispiel die Eschdörfer am Ostrande des Drente-Plateaus sich zum Teil zu „lebenden Museumsdörfern" entwickelt (z. B. Oud Aalden), und ähnliche Tendenzen lassen sich in der Lüneburger Heide, im Solling oder an der Oberweser beobachten.

R. M. Newcomb plädiert in seinem Buch „Planning the Past" (s. o.) unter Bezug auf englische, US-amerikanische und dänische Beispiele für eine planmäßige Inwertsetzung des historischen Erbes, und zwar nicht allein als touristische Kulisse, sondern als Gegenstand historischen Bildungsinteresses, als „recreational use of the past" im weitesten Sinne. Es kann keinem Zweifel unterliegen, daß damit die Chancen zur Bewahrung und Reaktivierung historischer Strukturen erheblich wachsen, denn nicht nur das allgemeine Interesse an ihnen wächst, sondern durch die Zunahme der Freizeit bis hin zum vorgezogenen Rentnerdasein wachsen auch die Möglichkeiten, solche Orte und Kulturlandschaften aufzusuchen.

Um sie über ihre mehr emotionale positive Anmutungsqualität (*E. Wirth*) hinaus zum Gegenstand des Wissens- und Bildungsinteresses, als bewußtes historisches Erbe, zu machen, müßten auch für die ländlichen Kulturlandschaften in stärkerem Maße als bisher Informationen bereitgestellt werden. Hier ist die Historische Kulturlandschaftsforschung aufgerufen. Die Bände der „Historisch-Landeskundlichen Exkursionskarte von Niedersachsen", von *Helmut Jäger* mit ins Leben gerufen, gehen bereits in diese Richtung und damit weit über die traditionellen Führer zu den Bau- und Kunstdenkmälern hinaus.

3. Wir kommen zu einem dritten Grund der Persistenz historischer Strukturen, zur Investitions- beziehungsweise Kostenfrage.[13] Immer wieder stand man seit Beginn des Industriezeitalters vor der Frage, ob bei einer an sich wünschenswerten Erneuerung die Kosten in einem angemessenen Verhältnis zum erhöhten Nutzen stehen. Diese Kosten-Nutzen-Analyse fällt an sehr ertragreichen Standorten und bei sehr profitablen Betriebsarten sicherlich häufig zugunsten des deutlich erhöhten Nutzens aus, und die historische Struktur wird zerstört und durch eine moderne ersetzt.[14] In vielen anderen Fällen hat eine nüchterne Analyse ergeben, daß auch die alte Struktur, vielleicht mit leichter Modifikation, die veränderten oder umfangreicher gewordenen Funktionen noch einigermaßen erfüllen kann, wenn auch nicht in optimaler Weise. Dies erklärt zum Beispiel, daß bis in die Gegenwart noch historische Formen des Bauernhauses in Funktion geblieben sind, vor allem in Kleinbauerngebieten, wo keineswegs nur aus konservativem Traditionsverhalten, sondern aus finanziellen Erwägungen ein Neubau nicht in Frage kommt.

Auch aus den deutschen Städten, sofern sie nicht im Zweiten Weltkrieg zerstört wurden, lassen sich Beispiele für diese Begründung der Persistenz anführen. Selbst in ihren Geschäftszentren als den Bereichen stärkster Erneuerung bleibt vielfach das mittelalterliche enge Straßennetz und das engmaschige Parzellennetz erhalten. Für die autogerechte Innenstadt, wie sie spätestens seit den fünfziger Jahren angestrebt wurde, hätten die meist viel zu engen Straßen verbreitert werden müssen. Dies hätte für die Anlieger den geschlossenen Abriß und die Rückverlegung der Hausfronten zur Konsequenz gehabt. Dieser Kostenaufwand war den Hausbesitzern nicht zuzumuten, und die Kommunen waren finanziell nicht in der Lage, diese Kosten zu übernehmen. Auch stand ihnen kein Raumordnungsgesetz zur Verfügung, um solche Änderungen erzwingen zu können, im Unterschied zu Großbritannien, wo bereits seit Mitte des 19. Jahrhunderts sogenannte Improvement Acts die Verbreiterung alter Straßen und den Durchbruch völlig neuer Straßen

---

13 Diese Eigenschaft historischer Strukturen, daß in ihnen hochwertige Investitionen stecken, deren Vernichtung durch völlige Erneuerung der Struktur eine Rentabilitätsfrage ist, steht in der sozialgeographischen Lehre etwa der Münchener Schule im Vordergrund, so z. B. bei *J. Maier/R. Paesler/K. Ruppert/F. Schaffer*: Sozialgeographie. Braunschweig 1977, S. 79. Erweitert man den Persistenzbegriff über die kulturlandschaftlichen Strukturen hinaus auch auf „Verhaltensweisen, Rangordnungen von Idealen und Werten" und auf die „Institutionalisierung von Kulturmustern", wie dies die vorgenannten Autoren tun (Zitat dort S. 79), dann wird damit das S. 201 unter 1c angesprochene passiv-konservative Traditionsverhalten eingeschlossen.

14 So auch *E. Wirth*, wie Anm. 2, S. 97.

durch die mittelalterliche Altstadt legal möglich machten.[15] Heute sind die Stadtverwaltungen und die Geschäftswelt dagegen froh über die durch den Kostenwiderstand bedingte Erhaltung des historischen Stadtbildes, denn dieses verleiht den an die Stelle der Autostraßen getretenen Fußgänger-Einkaufszonen ein besonders attraktives Flair, das auch den Umsatz hebt.

Wie ist die Zukunftsentwicklung für die noch heute vorhandenen historischen Strukturen zu beurteilen? Die neue Verhaltensweise ihnen gegenüber ist, wie bereits festgestellt wurde, in der gebildeten mittelständischen urbanen Bevölkerungsschicht entstanden und von den Stadtparlamenten und -verwaltungen inzwischen voll akzeptiert und zur Leitlinie einer erhaltenden Stadterneuerung geworden. Sie wird inzwischen sogar entsprechend dem Städtebauförderungsgesetz der Bundesrepublik Deutschland von der öffentlichen Hand finanziell unterstützt. Die noch in den sechziger Jahren geplante flächenhafte Beseitigung baulich veralteter historischer Straßenzüge – die sogenannte Flächensanierung – ist der sorgfältigen Restaurierung jedes einzelnen Hauses gewichen (Abb. 3). Inzwischen greift diese Bewegung auch auf die Wohnviertel der wilhelminische Stadterweiterungen des 19. Jahrhunderts über, vor allem wo es sich um vornehmere Wohnviertel handelt. Allerdings kommt es in den weniger attraktiven Mietskasernenvierteln häufig zu Konflikten mit den Hausbesitzern, die eine Erneuerung durch Abriß bevorzugen, weil die Bausubstanz schlecht ist. Hier bewirkt zur Zeit die sozial-politisch motivierte Bewegung der jugendlichen Hausbesetzer in den Großstädten eine Bremsung der Zerstörung und Erneuerung. Es ist daher gut möglich, daß sich auch hier die erhaltende Erneuerung durchsetzt. Gelungene Beispiele werden dabei als Modelle wirken.[16]

Problematischer ist gegenwärtig und wohl auch noch in der näheren Zukunft die Situation in den Dörfern, und zwar aus drei Gründen: 1. Der Denkmalschutz war bisher auf Städte fixiert, die profanen bäuerlichen Zweckbauten fanden eine viel geringere Beachtung und wurden erst verspätet und nur zum kleinen Teil unter Schutz gestellt. Man hat exemplarische Vertreter aller Bauernhaustypen in spezielle Museumsdörfer retten müssen. 2. Die ländlichen Gemeinden besitzen in der Regel nicht das Personal mit dem nötigen Sachverstand, um Gestaltungssatzungen für eine erhaltende Dorferneuerung auszuarbeiten, und sie haben auch nicht die finanziellen Mittel, um mit Zuschüssen an die Hausbesitzer solche Maßnahmen zu finanzieren. Die Regierung der Bundesrepublik Deutschland hat zwar in den Jahren 1977-1980 mit dem „Zukunftsinvestionsprogramm" (ZIP) Finanzmittel für Dörfer

---

15 *I. Leister:* Wachstum und Erneuerung britischer Industriegroßstädte. (Schriften d. Komm. f. Raumforschung d. Österreich. Akad. d. Wiss., Bd. 2) Wien/Köln/Graz 1970, S. 38 ff. und *M. R. G. Conzen,* Zur Morphologie der englischen Stadt im Industriezeitalter. In: *H. Jäger (Hg.),* Probleme des Städtewesens im Industriezeitalter. (Städteforschung Reihe A, Bd. 5) Köln/Wien 1978.
Daß auch in einigen deutschen Großstädten schon im 19. Jahrhundert radikale flächenhafte Erneuerungen erfolgten, zeigt für Hamburg *H. Specker:* Die großen Sanierungsmaßnahmen Hamburgs seit der zweiten Hälfte des 19. Jahrhunderts. In: Raumforschung u. Raumordnung 25 (1967), S. 257 ff.
16 *M. Semmer:* Sanierung von Mietskasernen. (Stadt- u. Regionalplanung) Berlin 1970.

bereitgestellt, doch konnte nur ein Bruchteil der Dörfer gefördert werden. Die Bundesländer Baden-Württemberg und Hessen haben als erste landeseigene Dorfentwicklungsprogramme aufgestellt, in deren Rahmen auch die erhaltende Dorferneuerung ihren Platz findet. Schließlich hat sich der von den Städtern ausgehende Wandel im Verhalten gegenüber historischen Strukturen bei der dörflichen Bevölkerung noch nicht sehr weit verbreitet – diese Innovation ist, könnte man sagen, von den meisten Landbewohnern noch nicht aufgenommen worden. Zwar wurde oben auf den erhaltend wirkenden passiven Traditionalismus in manchen ländlichen Regionen hingewiesen, und man kann durchaus hoffen, daß dieser unmittelbar in ein aktiv-bewußtes Verhalten gegenüber der historischen Gestalt des Dorfes überleitet. Ob dies eintritt, darüber wissen wir bisher nichts. Dörfer in solchen Regionen sollten daher gezielt von Kulturgeographen in den kommenden Jahren kontinuierlich beobachtet werden, um die Erneuerungstendenzen zu verfolgen. Optimal wäre natürlich eine „aufklärende" Beeinflussung der Entwicklung in Richtung auf die bewußte erhaltende Erneuerung.

In vielen Dörfern aber ist die Entwicklung so gelaufen, daß die über die Pendler-Berufstätigkeit, über Einkäufe, Zeitschriften, Werbeprospekte und Fernsehen mit städtischen Lebensformen vertraut gewordene Landbevölkerung ihr neues, fortschrittlich empfundenes Wohnideal in den modernen kleinbürgerlichen Vorstadtwohnhäusern findet, die ja auch am Rande der Dörfer selbst entstehen. Nach diesen Vorbildern werden nun auch die historischen Altbauten umgestaltet. Der alte bäuerlich-einfache Charakter der Häuser wird oft geradezu als Makel empfunden. Abriß und Neubau, völliger Umbau oder wenigstens die Verkleidung der Naturstein- oder Fachwerkwände mit modernem Wandmaterial werden bevorzugt (Abb. 5). Alte Hauseingänge werden durch moderne Metall-Glas-Türen ersetzt. Viele Dörfer unterliegen seit den sechziger Jahren dieser baulichen Suburbanisation, die nicht nur den *historischen* Charakter der Dörfer, sondern zugleich den *dörflichen* Charakter als solchen auflöst. Weitere moderne Elemente sind die sicherlich nicht zu umgehenden baulichen Modernisierungen der landwirtschaftlichen Betriebe durch nüchterne Zweckbauten (Abb. 6). Auch die Gemeindeverwaltungen wollen in dieser Angleichung an städtische Lebensverhältnisse auf dem Dorfe nicht zurückstehen und bestücken die begradigten und autogerecht verbreiterten und asphaltierten Dorfstraßen mit modernen Peitschenleuchten und die Dorfplätze mit Beton-Blumenkübeln, soweit die Pkw-Parkflächen dafür noch Platz lassen. Derartige Bestrebungen wurden auch bei dem seit 1961 alle zwei Jahre veranstalteten Bundeswettbewerb „Unser Dorf soll schöner werden" durchaus honoriert, denn „schöner" hieß in den sechziger und frühen siebziger Jahren vornehmlich „sauberer, moderner, fortschrittlicher".[17] Letzten Endes wurden die für diese Dorfentwicklung in Richtung städtisches Vorbild Verantwortlichen auch durch das Städtebauförderungsgesetz bestärkt, denn dieses betont auch in seiner Novellierung von 1976 ausdrücklich, daß *„städtebauliche* Sanierungs- und Ent-

---

17 Vgl. hierzu die kritische Kommentierung von *G. Henkel:* Der Wettbewerb „Unser Dorf soll schöner werden" – Beobachtungen und Empfehlungen. In: Natur- u. Landschaftskunde Westfalens 16 (1980), S. 69-80, mit Verweisen auf weitere kritische Stellungnahmen.

wicklungsmaßnahmen in Stadt und *Land* gefordert und durchgeführt" werden (§ 1 Absatz 1 Satz 1, Hervorhebungen vom Verf.). Unsere Städte haben diese Entwicklung schon in den vergangenen Generationen begonnen, und die Dörfer suchen sie mit einem gewissen „time lag" nur nachzuholen. Im Verlaufe diese Suburbanisation haben viele Dörfer wesentliche Elemente ihrer historisch-dörflichen Struktur und damit zugleich ihre Individualität verloren.

Eine Phasenverschiebung auch im Hinblick auf die neue Verhaltensweise einer aktiven Bereitschaft, historische Strukturen, vor allem also die Häuser und Gehöfte im bewahrenden Sinne zu erneuern, ist im Grunde ganz normal. Auf die Ankündigung des Instituts für Denkmalpflege in Niedersachsen, daß es in den Landgemeinden des Kreises Göttingen mit der Auflistung kulturhistorisch interessanter Gebäude begonnen habe, artikulierte der zuständige Kreisbaurat die Bedenken der Landbevölkerung gegenüber der befürchteten Einschränkung der bisher ungehinderten Abriß-, Aus- und Umbaumöglichkeiten mit der Worten: „Wenn das so kommt, dann kriegen wir hier die Revolution im Kreisgebiet".[18]

Gegen diese pessimistische Beurteilung des Schicksals historischer Strukturen der Dörfer kann man allerdings die optimistischere Prognose setzen, daß jenes neue Verhalten, das wir in den Städten konstatieren können, sich ohne Zweifel eines Tages auch bei der Landbevölkerung durchsetzen wird, dies um so mehr, als ja, wie wir bereits feststellten, in Deutschland großstadtmüde „Urbaniten" seit etwa zwei Jahrzehnten in zunehmender Zahl in die Dörfer ziehen und hier alte Bauernhäuser mit viel Einsatz von Sachverstand und Geld renovieren und für ein modernes Wohnen herrichten, ohne die historische Baugestalt zu beeinträchtigen, sondern diese im Gegenteil wieder klar herausarbeiten (Abb. 4). Diese im Dorf unmittelbar sichtbare Vorbildwirkung könnte dafür sorgen, daß das „time lag" in der Übernahme dieser neuen positiven urbanen Verhaltensweise kürzer ist als jener der unkritischen Übernahme suburbaner Bauweise. Diese Entwicklung hat im angelsächsischen Raum schon längst eingesetzt, und dies spricht dafür, daß es auch in Deutschland geschehen wird.

Eine Förderung erfährt diese erwartete Entwicklung auch durch den Wandel in den Beurteilungskriterien des Wettbewerbs „Unser Dorf soll schöner werden", der ja die Gemeindeverwaltungen und Ortsräte unmittelbar anspricht und über diese auch die Bürger der Dörfer erreichen kann. Als neuer Slogan zeichnet sich ab „Unser Dorf soll schön bleiben", wobei mit „schön" nun die Ergebnisse von Maßnahmen beurteilt werden, welche den traditionellen Hausbestand mit dorfgemäßen handwerklichen Maßnahmen erneuert haben (statt mit Kunststoffplatten und Aluminium-Glas-Türen), Zeugnisse der geschichtlichen Entwicklung des Dorfes sichtbar machen und auch die landwirtschaftliche Prägung des Ortsbildes, sofern noch bäuerliche Betriebe vorhanden sind, nicht unterdrücken, sondern bewahren.[19]

Das Deutsche Nationalkomitee für Denkmalschutz, seit dem Internationalen Denkmalschutzjahr 1975 eine Dauereinrichtung beim Bundesinnenministerium der

---

18 Göttinger Tageblatt vom 17. März 1981.
19 *H.-U. Haertel*: „Blumen allein machen ein Dorf nicht schöner", Göttinger Tageblatt vom 10./11. Oktober 1981.

Bundesrepublik Deutschland, hat für eine Presseinformationsfahrt im Herbst 1981 in Franken ein im Bundeswettbewerb „Unser Dorf soll schöner werden" ausgezeichnetes Dorf, das vor Blumenkübeln geradezu überquillt, als Negativbeispiel ausgesucht, als es darum ging, Probleme und neue Kriterien des Bauens und Bewahrens auf dem Lande darzustellen.[20] Insgesamt gesehen könnte man also für die zukünftige Phase des Industriezeitalters, die in den Städten bereits begonnen hat, eine positive Entwicklung für die noch erhaltenen historischen Strukturen erwarten. Welche Konsequenzen könnten aus diesem Urteil und den vorstehend gemachten Feststellungen für das Aufgabenfeld der historischen Kulturgeographie gezogen werden? Mir erscheinen die folgenden notwendig und zukunftsbezogen:

1. Die Historische Geographie sollte die Einstellungen, das Verhalten und Handeln früherer Generationen gegenüber dem historischen Erbe in der Kulturlandschaft untersuchen: Die heutige Generation könnte aus den gemachten Fehlern, aber auch aus dem konstruktiv-bewahrenden Verhalten in der Vergangenheit lernen.

2. Der historisch arbeitende Geograph sollte bereit sein und von sich aus aktiv werden, um bei der erhaltenden Stadt- und Dorferneuerung mitzuwirken. Nicht nur bei der Bestandsaufnahme historischer Kulturlandschaftsstrukturen kann er sein Fachwissen einbringen, sondern auch bei der Aufstellung von Bewertungskriterien, die zugrundegelegt werden müssen, wenn es zu Entscheidungen über Erhalten oder Nichterhalten kommt. Hierzu hat bereits *G. Henkel* in dieser Zeitschrift Anregungen gegeben (vgl. Anm. 11).

3. Der historisch arbeitende Geograph sollte dazu beitragen, das öffentliche Bewußtsein für die Bedeutung historischer Strukturen zu wecken und zu fördern, so daß die Bestrebungen zu deren Erhaltung schließlich vom Willen sowohl der Bevölkerung als auch der Kommunal- und Regionalpolitiker getragen wird. Seine Aufgabe liegt dabei nicht so sehr in der emotionalen Propagierung dieser Ziele, sondern vor allem in der „wissenschaftlichen Aufklärung", das heißt in der Vermittlung von Wissen über die örtlichen historischen Strukturen, denn es muß mit dem Bewahrenwollen zugleich ein Kennen und Verstehen dessen verbunden sein, was da bewahrt werden soll. Die Historische Geographie sollte aufgrund ihrer bisherigen Forschungen vorzüglich in der Lage sein, die Entstehung und den Werdegang historischer Kulturlandschaftsstrukturen, ihre Funktion in früheren Gesellschaften und derem Lebens- und Wirtschaftsraum zu vermitteln und bewußt zu machen. Das allgemeine Interesse am Geschichtlichen im weitesten Sinne ist in den letzten Jahren unzweifelhaft gewachsen, wenn auch frühe Hochkulturen, deutsche Kaiser des Mittelalters und Preußen bisher im Vordergrund stehen.

Auf drei Ebenen sollte diese Vermittlung durch den Historischen Geographen geschehen:

a) Die Historische Geographie muß thematisch im Curriculum der Geographie stärker verankert werden, wobei sich, wie aus den vorhergehenden Überlegungen abzuleiten ist, eine Verknüpfung mit den bisher im Vordergrund stehenden pla-

---

20 Ebd..

nungsorientierten Themen durchaus anbietet (z. B . Stadtsanierung), ohne daß dies der einzige Weg wäre. Die Schüler sind die Erwachsenen von morgen, die wie die heutige Erwachsenengeneration mit historischen Strukturen umgehen muß und dafür besser gerüstet sein sollte. Man kann sogar erwarten, daß „aufgeklärte" und zugleich emotional engagierte Schüler aktiv werden könnten bei der erhaltenden Erneuerung in Dörfern und Kleinstädten. Daraus folgt, daß entsprechend auch die künftigen Geographielehrer in ihrem Studium mit der regionalen und der allgemeinen historischen Geographie Deutschlands und mit den Methoden zur Erarbeitung historisch-geographischer Themen vertraut gemacht werden müssen. Stofflich sollte dies auf Kosten der bisher dominierenden, von Planungs- und Wachstumseuphorie getragenen Themenkreise und Methodenkurse gehen.

b) Der in Planungsberufen künftig tätige Diplomgeograph, der in der Bundesrepublik Deutschland, aber auch in Entwicklungsländern mit historischen Strukturen konfrontiert wird, muß über die bisher gelehrten Sachverhalte und Techniken hinaus zumindest ein grundsätzliches Verständnis für historisch gewordene Kulturlandschaftsstrukturen vermittelt bekommen und sie nicht nur als Planungswiderstände beurteilen können. Es könnte sogar eine bessere zukünftige Berufchance darin liegen, auch Experte in Sachen historische Kulturlandschaft zu sein.

c) Historisch arbeitende Geographen sollten sich auch direkt durch Vorträge an erwachsene Bürger wenden, sei es in Volkshochschulen oder in lokalen und regionalen Heimat- und Geschichtsvereinen. Ein in der Bundesrepublik Deutschland noch fast ungenutztes Medium der Vermittlung ist die an ein breiteres Lesepublikum gerichtete und doch wissenschaftlich anspruchsvolle Zeitschriften-, Zeitungs- und Buchdarstellung von Kulturlandschaftsgeschichte und historischer Siedlungsgeographie, ganz im Unterschied zu Ländern wie den USA, England oder Irland, wo etwa Titel wie „The Making of Urban Amerika, a History of City Planning in the United States" von *T. W. Reps* oder *D. W. Meinig*s „Southwest – Three Peoples in Geographical Change 1600-1970" nicht nur für die wissenschaftlichen Kollegen, sondern „for a general literate public, too" geschrieben werden.

Abb. 1: Göttingen, Wilhelmsplatz mit Dekanaten und altem Mensagebäude, nicht im Bild rechts das Aulagebäude der Universität. Rekonstruktion der Platzanlage 1978 in Anlehnung an den ursprünglichen Zustand in der zweiten Hälfte des 19. Jahrhunderts. Zwischenzeitliche Nutzung seit Ende der fünfziger Jahre als asphaltierter Parkplatz. Foto: H.-J. Nitz

Abb. 2: Göttingen, Kurze Straße: Neubau nach Abriß einer ganzen Staßenzeile im Zuge des Baus eines dahinterliegenden Parkhauses. In Anpassung an die älteren Fachwerkbauten der Straße sind die Neubauten mit einem vorgehängten Fachwerk versehen. Erdgeschosse mit Geschäften. Foto: H.-J. Nitz

Abb. 1

Abb. 2

Abb. 3

Abb. 4

Abb. 3: Göttingen, Rückfront der Straße Papendiek: Erneuerung von Fachwerkwohnhäusern. Diese Sraßenzeile war bis Mitte der 70er Jahre für eine Flächensanierung vorgesehen, jetzt steht sie unter „Situationsschutz". Foto: H.-J. Nitz

Abb. 4: Von einem Städter stilgemäß erneuertes Dreiseitgehöft, im Vordergrund die ehemalige Scheune, im Mittelgrund der ehemalige Stall (Barterode bei Göttingen). Foto: H.-J. Nitz

Abb. 5: Modernisierung eines ehemaligen Kleinbauernhauses im vorstädtischen Stil (Ossenfeld bei Göttingen). Foto: H.-J. Nitz

Abb. 6: Durch Um- und Neubauten völlig modernisiertes Gehöft eines noch voll bewirtschafteten bäuerlichen Betriebes. Die Stallscheune im Hintergrund wurde bereits um die Jahrhundertwende erneuert. Foto: H.-J. Nitz

REIMER

Kleine Geographische Schriften
Herausgegeben von Hanno Beck

Band 1: Herbert Wilhelmy
Geographische Forschungen in Südamerika
Ausgewählte Beiträge
296 Seiten mit 65 Fotos und 15 Zeichnungen
Engl. Broschur / ISBN 3-496-00121-6

Band 2: Gottfried Pfeifer
Beiträge zur Kulturgeographie der Neuen Welt
Ausgewählte Arbeiten
326 Seiten mit 54 Abbildungen und 2 Faltkarten
Engl. Broschur / ISBN 3-496-00166-6

Band 3: Albert Kolb
Die Pazifische Welt
Kultur und Wirtschaftsräume am Stillen Ozean
387 Seiten mit 10 Zeichnungen und 1 Foto
Engl. Broschur / ISBN 3-496-00192-5

Band 4: Angelika Sievers
Südasien
und andere ausgewählte Beiträge
aus Forschung und Praxis
261 Seiten mit 48 Abbildungen und 1 Foto
Engl. Broschur / ISBN 3-496-00695-1

Band 5: Karl Schott
Kanada
Wirtschafts- und siedlungsgeographische
Entwicklungen und Probleme
225 Seiten mit 57 Abbildungen
Engl. Broschur / ISBN 3-496-00809-1

REIMER

Kleine Geographische Schriften
Herausgegeben von Hanno Beck

Band 6: Wolfgang Pillewitzer
Zwischen Alpen, Arktis und Karakorum
Fünf Jahrzehnte kartographische Arbeit
und glaziologische Forschung
211 Seiten mit 31 Textabbildungen, 12 farbigen
und 3 s/w-Kartenbeilagen
Engl. Broschur / ISBN 3-496-00884-9

Band 7: Martin Schwind
Japan – Die neue Mitte Ostasiens
Erlebnisse, Forschungen, Begegnungen
327 Seiten mit 1 farbigen und 14 s/w-Abbildungen
sowie 18 Kartenskizzen
Engl. Broschur / ISBN 3-496-00870-9

Band 8: Hans-Jürgen Nitz
Historische Kolonisation und Plansiedlung in Deutschland
(Ausgewählte Arbeiten, Band 1)
366 Seiten mit 67 Abbildungen
Engl. Broschur / ISBN 3-496-02548-4

Band 9: Hans-Jürgen Nitz
Allgemeine und vergleichende Siedlungsgeographie
(Ausgewählte Arbeiten, Band 2)
421 Seiten mit Abbildungen
Engl. Broschur / ISBN 3-496-02550-6

Topographischer Atlas Berlin
Konzeption und Bearbeitung
Martina Pirch und Ulrich Freitag
Neuausgabe. 238 Seiten mit 20 Luftbildern, 25 farbigen,
61 s/w-Karten, 41 s/w-Abbildungen und 1 Faltkarte
Leinen mit Schutzumschlag / ISBN 3-496-02562-X

REIMER

REIMER

REIMER

Abhandlungen – Anthropogeographie
Hg. Institut für Geographische Wissenschaften
Freie Universität Berlin

Band 55: Wu Ning
Ecological Situation of High-Frigid Rangeland and its Sustainability
A Case Study on the Constraints and Approaches in Pastoral Western Sichuan/China
XXII und 281 Seiten mit 24 Fotos und zahlreichen Figuren und Tafeln
Broschiert / ISBN 3-496-02623-5

Band 56: Christina Alff
Lebens- und Arbeitsbedingungen von Frauen im ländlichen Punjab/Pakistan
Empirische Fallstudien aus der Division Bahawalpur
XXIV und 233 Seiten mit 19 Abbildungen, 11 Karten, 18 Tabellen und 18 Fotos.
Broschiert / ISBN 3-496-02624-3

Band 57: Jörg Zimmermann
Kleinproduktion in Pakistan
Die exportorientierte Sportartikelindustrie in Sialkot, Punjab
XIX und 331 Seiten mit 12 Abbildungen, 122 Tabellen und 16 Fotos
Broschiert / ISBN 3-496-02625-1

Band 58: Maria Tekülve
Krise, Strukturanpassung und bäuerliche Strategien in Kabompo, Sambia
XXXI und 306 Seiten mit 44 Abbildungen und 49 Tabellen
Broschiert / ISBN 3-496-02626-X

REIMER